나합격
제선기능사

필기 X 실기 X 무료특강

나만의 합격비법
나합격은 다르다!

나합격 독자만을 위한
무료 동영상강의

공부가 어려우신가요?
합격을 위한 모든 동영상 강의를 무료로 시청할 수 있습니다.
지금 바로 나합격 쌤을 만나보세요.

> 오리엔테이션 > 필기 특강 > 실기 특강

모든 시험정보가 한곳에!
나합격 수험생지원센터

이제 혼자서 공부하지 마세요.
합격후기, 시험정보, Q&A 등 나합격 독자분들을 위한
다양한 서비스를 네이버 카페를 통해 지원받을 수 있습니다.

> 시험자료 > 질의응답 > 합격후기

본서의 정오사항은 상시 업데이트 해드리고 있습니다.
정오표 확인 및 오류문의는 네이버 카페를 이용해 주세요.

나합격 교재인증 & 무료 동영상 수강방법

나합격 카페 가입하기
공부하는 자격증에 해당하는 카페에 가입합니다.

바로가기

https://cafe.naver.com/napass1   search

교재인증페이지에 닉네임 작성
교재 맨 뒤페이지의 교재인증페이지에
가입하신 카페 닉네임을 지워지지 않는 펜으로 작성합니다.

교재인증페이지 촬영하기
교재인증페이지 전체가 나오게 촬영합니다.
중고도서 및 보정의 여지가 보일 경우 등업이 불가합니다.

나합격 카페에 게시물 작성하기
등업게시판에 촬영한 이미지를 업로드합니다.
평일 1일 3회(오전 9시 ~ 오후 6시 사이) 등업을 진행됩니다.

무료 동영상 시청하기
카페 등업이 완료된 후 해당 카페에서 무료 동영상 시청이 가능합니다.

NOTICE

교재인증 및 무료 강의 수강 방법에 대한 자세한 설명을
QR코드를 찍어 영상으로 확인해보세요!

모바일로
등업하고 싶어요!

PC로
등업하고 싶어요!

시험접수부터 자격증발급까지 응시절차

01
시험일정 & 응시자격조건 확인

- 큐넷 **시험일정 안내**에서 응시 종목의 접수기간과 시험일을 확인합니다.
- 큐넷 **자격정보**에서 응시 종목의 자격조건을 확인합니다(기능사 제외).

04
필기시험 합격자 발표

- 인터넷, ARS 또는 접수한 지사에서 공고됩니다.
- CBT의 경우 큐넷 **합격자 발표조회**에서 바로 확인이 가능합니다.

www.Q-net.or.kr 큐넷은 한국산업인력공단에서 운영하는 국가 자격증 포털 사이트입니다.

02
필기시험
원서접수

- 큐넷 **www.Q-net.or.kr**에 로그인합니다.
  (회원가입 시 반명함판 사진 등록 필수)
- 큐넷 **원서접수**에서 신청 순서에 따라 접수하면 됩니다.
- 시험일자 및 장소는 **현재 접수 가능인원**을 반드시
  확인 후 선택해야 합니다.
- **결제하기**에서 검정수수료 확인 후 결제를 진행합니다.

03
필기시험
응시 및 유의사항

- **신분증은 반드시 지참**해야 하며, 기타 준비물은
  큐넷 **수험자 준비물**에서 확인하시면 됩니다.
- 시험시간 20분 전부터 입실이 가능합니다.
  (시험시간 미준수 시 시험 응시 불가)

05
실기시험
원서접수

- 인터넷 접수 **www.Q-net.or.kr** 만 가능하며,
  필기시험 합격자에 한하여 실기접수기간에 접수합니다.
- 최종합격여부는 큐넷 홈페이지를 통해 확인할 수 있습니다.

06
자격증
신청 및 수령

- 큐넷 **자격증 발급 신청**에서 상장형, 수첩형 자격증 선택
- 상장형 - 무료 / 수첩형 수수료 - 6,110원

콕!집어~ 꼭!필요한 제선기능사 오리엔테이션

제선기능사 시험정보

제선기능사는 철광석 및 기타 원료를 소결 및 코크스 제조 등의 예비처리한 후 용광로(고로)에 넣어 각종 부대시설을 활용하여 철광석을 용해, 환원시켜 용융 선철을 생산하는 작업을 수행하는데 필수적인 국가기술자격증입니다.

시행처 : 한국산업인력공단

[시험과목]
필기 : 1. 금속재료 2. 금속제도 3. 소결 및 코크스 제조 4. 고로작업
실기 : 제선 실무

[검정방법]
필기 : 객관식 4지 택일형 60문항(60분)
실기 : 필답형(1시간 30분, 100점)

[합격기준]
100점 만점으로 하여 60점 이상 득점자

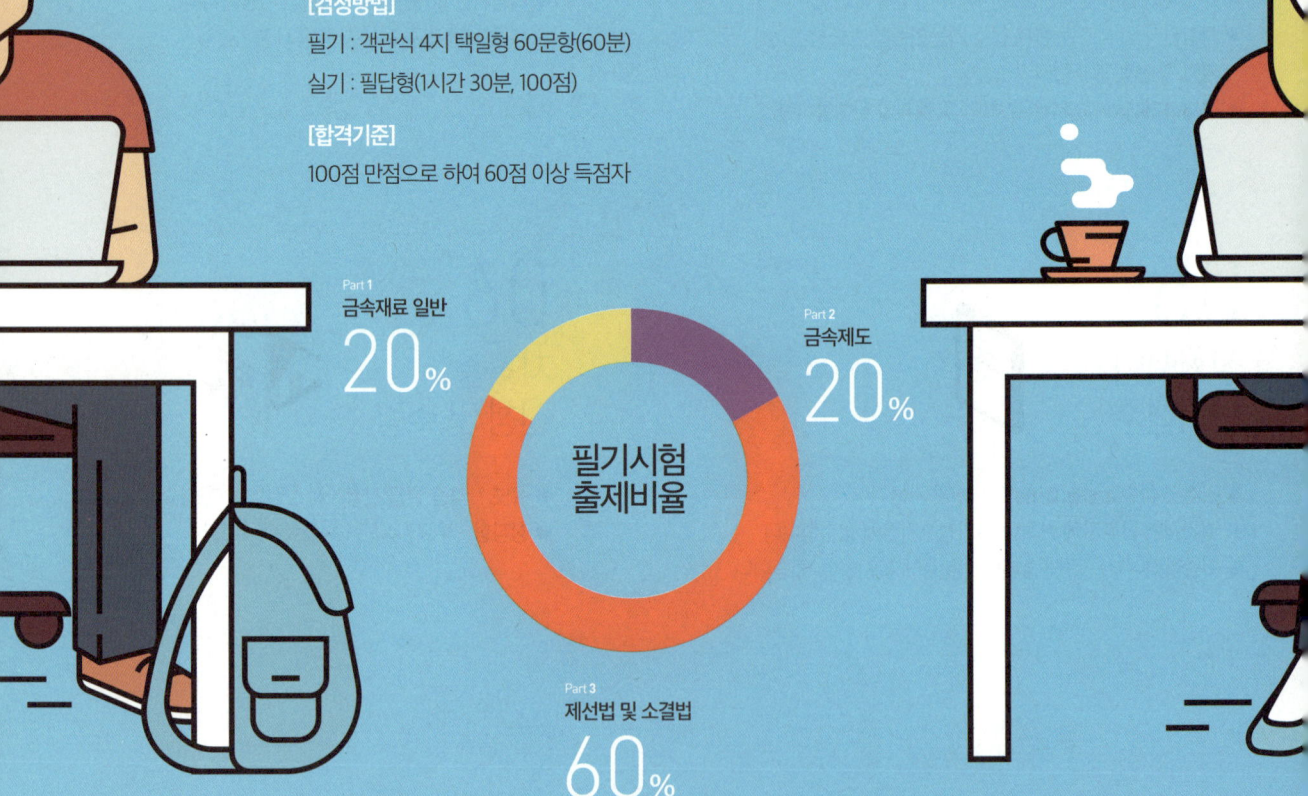

Part 1 금속재료 일반 20%
Part 2 금속제도 20%
Part 3 제선법 및 소결법 60%

필기시험 출제비율

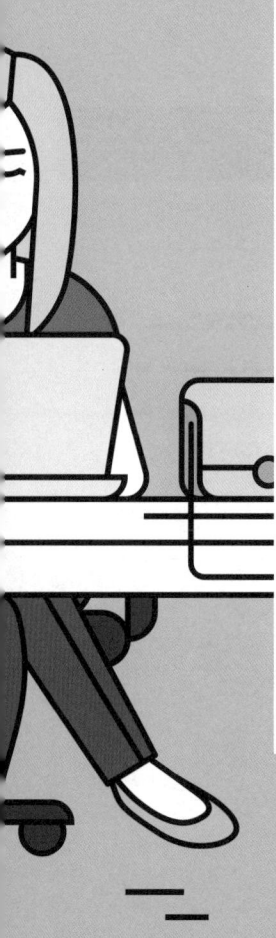

필기시험

01 　제선작업(제선 원료, 소결 조업, 코크스 제조, 고로 제선 설비, 신제철법 및 제선의 계산)을 완벽히 암기

02 　핵심 족보 정리 완벽 암기하기

03 　기출문제 풀면서 본문 내용 정리하기

04 　모의고사 풀면서 기출문제 완벽 정리하기

이 책은 최근 기출문제를 바탕으로 출제된 내용들을 파트별로 정리하여 본문으로 정리하였으며, 그 중 가장 출제 빈도가 높은 부분을 강조하여 표시하였습니다.
필기는 기출문제를 중심으로 공부하되 문제의 정답이 되는 근거를 본문에서 찾아가며 공부하는 방법으로 기출문제를 모두 독파한다면 단순한 정답 암기가 아닌 전체적으로 흐름을 이해할 수 있게 될 것 입니다. 이렇게 해야 필답형 공부하는 것이 훨씬 수월합니다.

실기시험

01 　본문의 제선조업에 관한 내용을 다시 한번 정리하기

02 　예상문제 암기하기

03 　새로운 문제 숙지하기

04 　그림을 보면서 설비에 대한 이해하기

개념잡는 핵심이론
나합격만의 본문구성

NEW DESIGN

나합격만의 아이덴티티를 강조한
새로운 디자인과 함께 최신 출제 경향을
완벽히 반영한 최신 개정판입니다.

본문의 이론을 유기적인 보충설명을 통해
지루하지 않고 탄탄하게 흡수하도록 구성하였습니다.

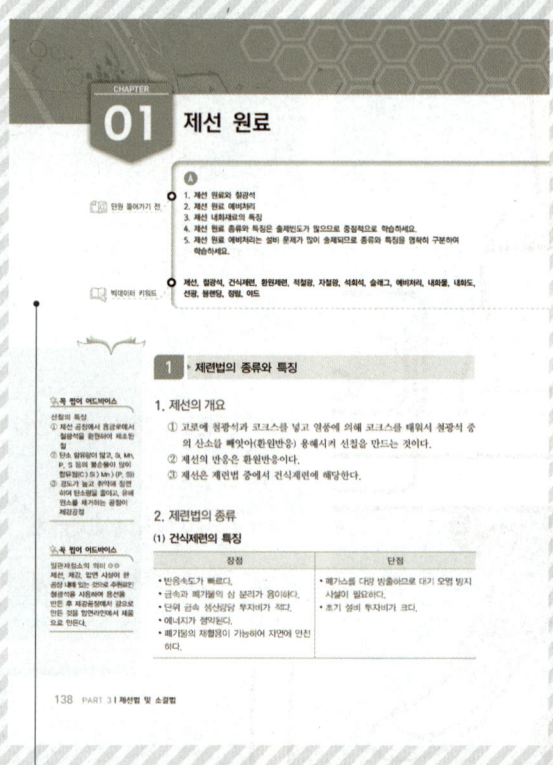

NEW DESIGN

KEYWORD

빅데이터 키워드를 통해
시험에 중요한 키워드를
확인하세요.

본문 날개 구성

독창적인 날개 구성을 통해
이론학습에 도움을 주는
다양한 콘텐츠를 제공합니다.

핵심 KEY

용어정리부터 핵심KEY까지
다양한 보충 설명과 정보로
학습에 도움을 드립니다.

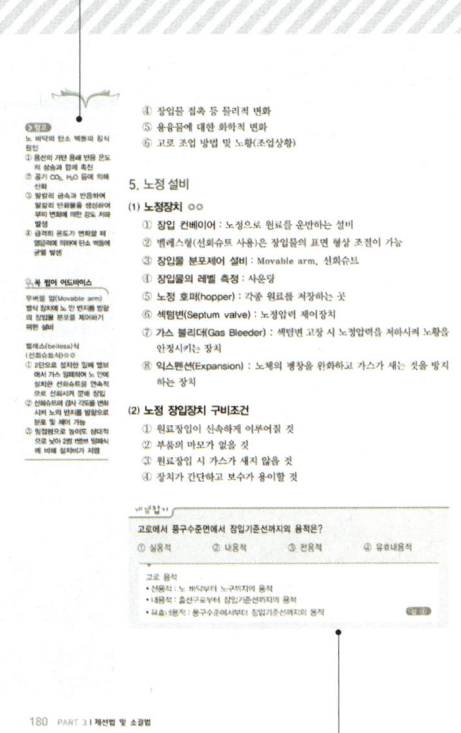

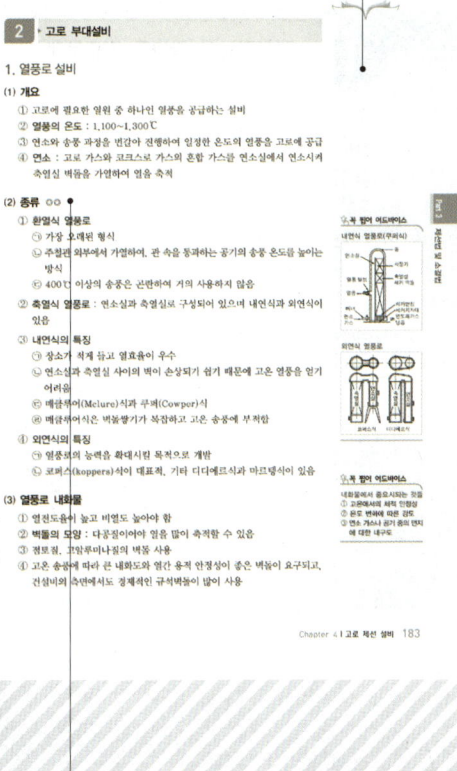

개념잡기

지루한 본문의 흐름을 피하고
문제의 개념잡기를 위해 바로바로
예제를 배치했습니다.

★★★

출제되는 정도에 따라
중요도를 별표로
표기하였습니다.

과년도 기출문제 & CBT기출 복원문제

과년도 기출문제
[2013년 ~ 2016년]

최신기출 복원문제
[2017년 ~ 2024년]

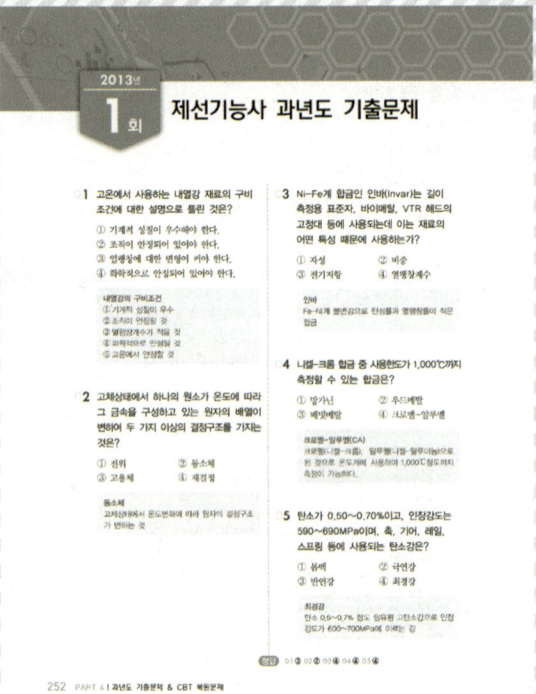

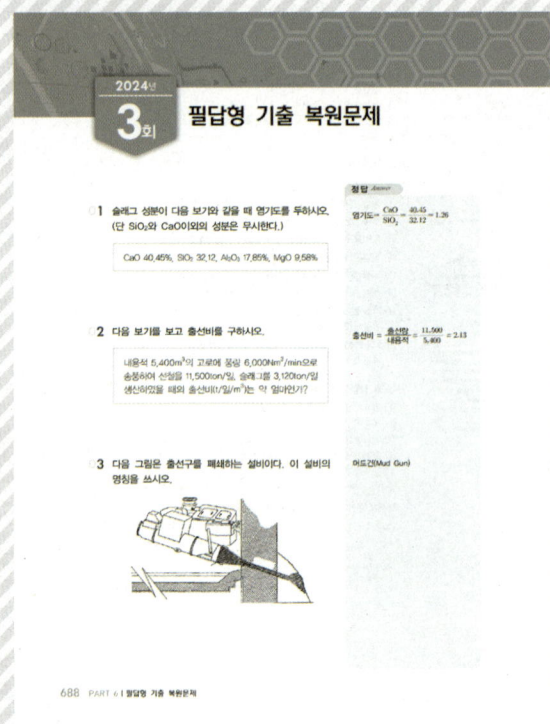

PBT[지면 방식 문제풀이]
실제 지면방식으로 출제되었던 기출문제를
연도별로 구성하였습니다.
완벽히 정리된 해설을 통해 해당 이론을 익혀보세요.

CBT[컴퓨터 방식 문제풀이]
2016년 5회부터 CBT 방식이 전면 시행됨에 따라
복원을 토대로 문제를 구성하였습니다.
최신 문제를 풀어보고 최신 경향을 파악해 보세요.

시험의 흐름을 잡는 나합격만의 합격도우미

합격족보는 핵심 이론 요약집으로, 기출문제를 풀거나 시험장을 가기 전까지도 유용한 합격도우미입니다.

반드시 알아야 할 제강계산식을 따로 정리하였으며, 시험에 자주 출제되는 문제를 분석하여 실기[필답형]문제를 구성하였습니다.

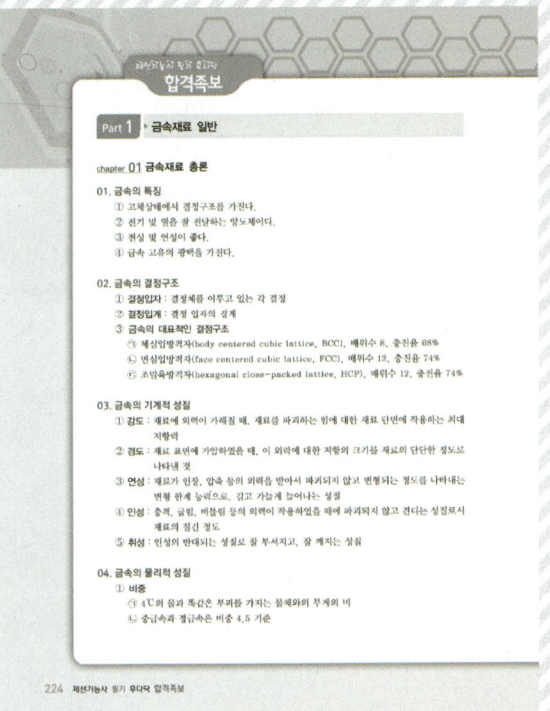

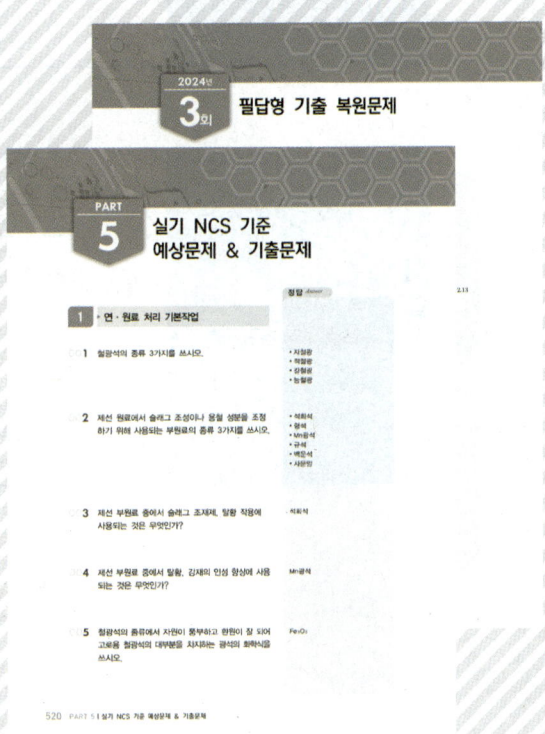

핵심이론 수록
가장 중요한 핵심이론을 파트별, 챕터별로 정리하여 수록하였으며, 필기핵심이론은 기출문제를 풀기 전에 배치하여 독자의 편의를 도왔습니다.

실기[필답형] 수록
필답형 문제를 유형별로 구성하여 출제되는 문제에 대한 이해를 도왔으며, 신유형 문제를 통해 신경향 문제를 파악할 수 있습니다.

SELF-STUDY PLANNER

시험 당일까지 공부 일정 및 계획을 짜는 것은 매우 중요합니다.
셀프스터디 합격 플래너를 통해 스스로의 합격을 만들어 보세요.

나의 목표			시험일
			/

				Study Day	Check
PART 01 금속재료 일반	01	금속재료 총론	18	/	
	02	철과 강	34	/	
	03	비철 금속재료와 특수 금속재료	61	/	
	04	신소재 및 그 밖의 합금	80	/	

			Study Day	Check
PART 02 **금속제도**	01	제도의 기본	88	/
	02	제도의 응용	94	/
	03	기계요소의 제도	113	/

			Study Day	Check
PART 03 **제선법 및** **소결법**	01	제선 원료	138	/
	02	소결 조업	149	/
	03	코크스 제조	166	/
	04	고로 제선 설비	175	/
	05	고로 조업법	189	/
	06	신제철법 및 제선의 계산	211	/
	07	산업안전	218	/

				Study Day	Check
	2013년 1회	과년도 기출문제	252	/	
	2013년 2회	과년도 기출문제	263	/	
	2014년 1회	과년도 기출문제	273	/	
	2014년 2회	과년도 기출문제	284	/	
	2015년 1회	과년도 기출문제	295	/	
	2015년 2회	과년도 기출문제	305	/	
	2015년 3회	과년도 기출문제	316	/	
	2016년 1회	과년도 기출문제	326	/	
	2016년 2회	과년도 기출문제	336	/	
	2017년 1회	CBT 복원문제	346	/	
	2017년 3회	CBT 복원문제	357	/	
PART 04	2018년 1회	CBT 복원문제	368	/	
과년도 기출문제 &	2018년 3회	CBT 복원문제	379	/	
CBT 복원문제	2019년 1회	CBT 복원문제	390	/	
	2019년 3회	CBT 복원문제	400	/	
	2020년 1회	CBT 복원문제	411	/	
	2020년 3회	CBT 복원문제	422	/	
	2021년 1회	CBT 복원문제	432	/	
	2021년 3회	CBT 복원문제	443	/	
	2022년 1회	CBT 복원문제	454	/	
	2022년 3회	CBT 복원문제	465	/	
	2023년 1회	CBT 복원문제	476	/	
	2023년 1회	CBT 복원문제	487	/	
	2024년 1회	CBT 복원문제	498	/	
	2024년 3회	CBT 복원문제	508	/	

* 2016년 5회부터 CBT 방식으로 전면 시행됨에 따라 실제 수험생 분들의 복원을 토대로 문제를 구성하였습니다. 최신 문제를 풀어보고 최신 경향을 파악해 보세요.

				Study Day	Check
PART 05 실기 NCS 기준 예상문제 & 기출문제	01	연·원료 처리 기본작업	520	/	
	02	코크스 제조 기본작업	534	/	
	03	소결광 제조 기본작업	553	/	
	04	고로 기본작업	582	/	
	05	출선 작업	613	/	
	06	고로 설비관리 기본작업	621	/	
	07	제선 환경안전 관리	626	/	
	08	실기[필답형] 기출문제	636	/	

			Study Day	Check
PART 06 필답형 기출 복원문제	2021년 4회 필답형 기출 복원문제	668	/	
	2022년 1회 필답형 기출 복원문제	673	/	
	2023년 1회 필답형 기출 복원문제	678	/	
	2023년 4회 필답형 기출 복원문제	683	/	
	2024년 3회 필답형 기출 복원문제	688	/	

PART 01 금속재료 일반

CHAPTER 01 　금속재료 총론

CHAPTER 02 　철과 강

CHAPTER 03 　비철 금속재료와 특수 금속재료

CHAPTER 04 　신소재 및 그 밖의 합금

CHAPTER 01 금속재료 총론

A
1. 현대 사회는 과학·기술의 발달로 첨단 산업에서 요구되는 신소재 개발에 주력하여 수많은 공업 재료를 개발하여 우리 사회를 크게 변화시키고 있다.
2. 산업 현장에서 가장 널리 활용하고 있는 금속재료의 성질과 특성 및 재료의 중요성을 알아본다.

단원 들어가기 전

빅데이터 키워드: 결정 구조, 변태, 상태도, 기계적 성질, 소성 변형, 가공 일반적 성질, 재료 시험

1  금속의 특성과 결정 구조 ★★

(5년간 12문항 출제, 회당 평균 0.9 문항 출제, 출제율 92.3%)

1. 금속의 특성

① 일반적 특성
  ㉠ 상온에서 고체상태로 존재(수은(Hg) 제외) → 결정 구조를 형성
  ㉡ 특유의 광택을 띠며, 열과 전기를 잘 전달하는 **도체**
  ㉢ 연성과 전성이 우수
  ㉣ 다른 물질보다 비중이 큼

② 금속이 비금속과 구별되는 중요한 특성 : 고체상태의 결정 구조에 따라 달라지며, 전기와 열의 **양도체**이다.

③ **융점** : 수은 −38.4℃로 가장 낮고, 텅스텐 3,410℃로 가장 높다.

④ 비중
  ㉠ 리튬(Li) 0.53으로 가장 작고, 이리듐(Ir) 22.5로 가장 크다.
  ㉡ 경금속 : 비중이 4.5 이하인 금속 (알루미늄, 마그네슘, 타이타늄 등)
  ㉢ 중금속 : 비중이 4.5 이상인 금속 (구리, 철, 납, 니켈, 주석 등 대부분)

> **참고**
> - 준(아)금속 : 금속의 일반적 특성을 부분적으로 지니고 있는 금속
> - 비금속 : 금속의 특성이 전혀 없는 것
>
> **용어정의**
> 양도체
> 전기나 열이 잘 흐르는 물체. 은, 구리 등이 있다.

⑤ 합금
  ㉠ 한 금속에 다른 금속 또는 비금속 원소를 첨가하여 얻은 금속성 물질이다.
  ㉡ 합금을 하면 용융점이 내려간다.
  ㉢ 합금은 강도 및 경도가 증가한다.

2. 금속의 결정 구조

① 금속의 결정 관련 용어
  ㉠ 결정 : 물질을 구성하는 원자가 입체적으로 규칙적인 배열을 이루는 것
  ㉡ 단위 세포 : 결정 구조를 나타내는 가장 작은 단위체
  ㉢ 결정 격자 : 단위 세포가 모인 것
  ㉣ 결정 입자 : 결정체를 이루고 있는 각각의 결정
  ㉤ 결정립계 : 결정 입자의 경계

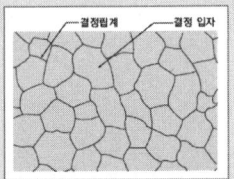

결정 입자와 결정립계

② 금속 결정의 형성
  ㉠ 응고 중에 형성
  ㉡ **결정핵**으로부터 성장한 결정체는 어떤 곳에서나 같은 원자 배열을 가짐

③ 금속 결정의 종류
  ㉠ 단결정(single crystalline) : 금속의 응고 과정에서 결정핵이 한 개인 결정으로 이루어진 결정체(실리콘 등)
  ㉡ 다결정체(poly crystalline) : 대부분의 금속은 무수히 많은 크고 작은 결정이 모여 무질서한 집합체를 이루는데, 이와 같은 결정의 집합체

용어정의
결정핵
과포화 용액이나 과냉각 용액에서 결정이 만들어질 때, 그 중심이 되는 결정의 씨. 이것이 바탕이 되어 결정이 성장한다.

3. 공간격자와 단위격자

① 금속은 용융상태에서 응고될 때 고체상태에서 원자는 결정을 이루며 정렬된 형태로 배열
② 금속은 많은 결정 입자의 집합체로 공간격자(space lattice)에 의하여 이루어짐
③ 공간격자는 최소 단위인 **단위격자**(unit cell)로 구성
④ **격자 상수**(lattice constant) : 단위격자의 세 개 모서리의 길이 a, b, c
⑤ **축각**(axial angle) : 이때 축 간의 각인 α, β, γ

용어정의
단위격자
결정격자의 격자점이 만드는 평행 육면체 가운데 결정격자의 최소 단위로 선택된 것. 크기와 모양은 세 개의 단위 벡터와 각 벡터가 이루는 여섯 개의 상수로 이루어지는 격자 상수에 의하여 규정된다.

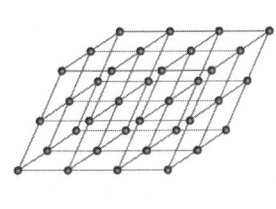 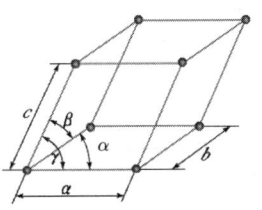

(a) 공간격자 (b) 단위격자
공간격자와 단위격자

4. 결정격자의 종류

① 금속의 대표적인 결정구조
  ㉠ 체심입방격자(body centered cubic lattice, BCC)
  ㉡ 면심입방격자(face centered cubic lattice, FCC)
  ㉢ 조밀육방격자(hexagonal close-packed lattice, HCP)

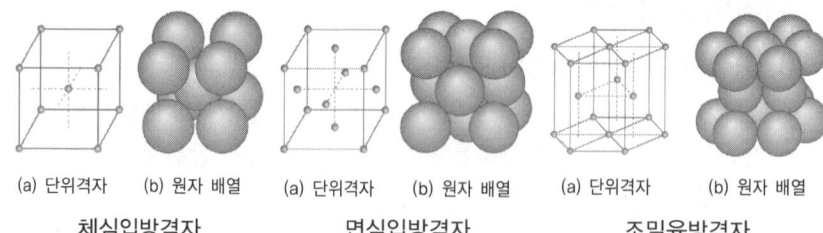

(a) 단위격자   (b) 원자 배열   (a) 단위격자   (b) 원자 배열   (a) 단위격자   (b) 원자 배열
　　체심입방격자　　　　　　　　　　면심입방격자　　　　　　　　　　조밀육방격자

> 참고
>
> **근접 원자 간 거리**
> 원자 간에 서로 접촉하고 있는 원자를 최근접 원자, 그 중심 간의 거리

★ **용어정의**
배위수(配位數)
한 개의 원자를 중심으로 원자 주위에 있는 최근접 원자의 수. 배위 화합물에서 중심 금속 원자에 결합되는 원자나 원자단의 리간드(ligand) 수. 리간드는 착화합물에서 중심 금속 원자에 전자 쌍을 제공하면서 배위 결합을 형성하는 원자나 원자단을 말한다.

★ **용어정의**
• α철 : 순철 조성 중 상온~910℃에서 존재, BCC결정 구조이며, 페라이트 조직 (α페라이트)
• δ철 : 순철 조성 중 1,400~1,539(융점)℃에서 존재, BCC결정 구조이며, 페라이트 조직 (δ페라이트)
• γ철 : 순철 조성 중 상온 910~1,400℃에서 존재, FCC결정 구조이며, 오스테나이트 조직

② 체심입방격자
  ㉠ 입방체의 각 꼭짓점과 중심에 입자가 위치하는 구조
  ㉡ 단위격자에 있는 원자는 입방체의 8개 꼭짓점에 1/8개×8=1개와 단위격자 중심의 원자 한 개를 합하여 2개
  ㉢ 충진율 : 68%
  ㉣ 배위수(coordination number) : 8
  ㉤ 체심입방격자에 속하는 금속 : 철 (α철, δ철), 리튬(Li), 크로뮴(Cr), 몰리브데넘(Mo) 등

③ 면심입방격자
  ㉠ 면심입방격자를 나타낸 것으로 입방체의 각 꼭짓점과 각 면의 중심에 입자가 위치하는 구조
  ㉡ 단위격자 안에는 네 개의 원자를 가지고 있으며, 각 면의 중심에 1/2개×6면=3개와 입방체 각 8개의 꼭짓점에 1/8개×8=1개 원자를 합하면 4개
  ㉢ **배위수** : 12개
  ㉣ 면심입방격자에 속하는 금속 : 철 (γ철), 알루미늄(Al), 금(Au), 구리(Cu), 니켈(Ni) 등
  ㉤ 충진율 : 74%

④ 조밀육방격자
  ㉠ 정육각형의 각 꼭짓점과 그 면의 중심에 입자가 있는 층이 있고, 그 층의 중심 입자 위에 삼각형의 꼭짓점에 입자를 가진 면을 놓고 다시 정육각형의 층을 그 위에 포개어 놓은 밀집 구조
  ㉡ 단위격자 안에 정육각형의 꼭짓점에 1/6개×12개=2개, 정육각형의 중심에 1/2개×2개=1개, 중심 입자의 삼각형 원자 세 개를 합하면 여섯 개

ⓒ 배위수 : 바닥면의 중심에 있는 원자를 보면 알 수 있듯이 12개
② 조밀육방격자에 속하는 금속 : 코발트(Co), 마그네슘(Mg), 아연(Zn) 등
⑩ 충진율 : 74%

⑤ 결정 격자별 특징
㉠ 면심입방격자 : 전연성이 크므로 금속을 가공하는 데 좋다.
㉡ 체심입방격자 : 면심입방격자보다 전연성은 작지만 강하다.
㉢ 조밀육방격자 : 면심입방격자와 체심입방격자에 비하여 취약하며, 전연성이 작다.

개념잡기

금속은 결정격자에 따라 기계적 성질이 달라진다. 전연성이 커서 금속을 가공하는데 좋은 결정격자는 무엇인가?

① 단사정방격자　　　　　② 체심입방격자
③ 조밀육방격자　　　　　④ 면심입방격자

> 결정 격자별 특징
> • 면심입방격자 : 전연성이 크므로 금속을 가공하는데 좋다.
> • 체심입방격자 : 면심입방격자보다 전연성은 작지만 강하다.
> • 조밀육방격자 : 면심입방격자와 체심입방격자에 비하여 취약하며, 전연성이 작다.

답 ④

개념잡기

금속의 결정구조에서 BCC가 의미하는 것은?

① 정방격자　　　　　　　② 면심입방격자
③ 체심입방격자　　　　　④ 조밀육방격자

> 금속의 대표적인 결정구조
> • 체심입방격자(body centered cubic lattice, BCC)
> • 면심입방격자(face centered cubic lattice, FCC)
> • 조밀육방격자(hexagonal close-packed lattice, HCP)

답 ③

2. 금속의 변태와 상태도 및 기계적 성질

(5년간 22문항 출제, 회당 평균 1.9문항 출제, 출제율 192.3%)

1. 금속의 응고

① 응고 잠열 : 응고할 때 방출하는 것, 숨은 열
② 과냉 : 금속이 액체상태에서 냉각될 때 응고점에 도달하였어도 응고가 시작되지 않고 계속 액체상태로 남아있는 것, 과냉의 정도는 냉각속도가 클수록 커지며 결정립은 미세해짐
③ 수지상정 : 용융 금속이 응고할 때는 먼저 작은 결정을 만드는 핵이 생기고, 이 핵을 중심으로 금속이 나뭇가지 모양으로 발달하는 것
④ 평형상태 : 한 계에서 존재하는 각 상의 관계가 시간이 경과해도 변화하지 않는 상태
⑤ 용체 : 한 물질 중에 다른 물질이 용해하여 균일한 물질을 만든 것을 말하는 것

2. 금속의 변태

① 동소변태 : 고체상태에서 온도에 따라 결정 구조의 변화를 가져오는 것
② 순철의 동소변태
　㉠ A_3 동소변태 : 가열 시 910℃에서 α철(체심입방격자)이 γ철(면심입방격자)로 되는 변태
　㉡ A_4 동소변태 : 가열 시 1,400℃에서 γ철(면심입방격자)이 δ철(체심입방격자)로 되는 변태
③ 자기변태 : 원자 배열은 변화하지 않고 **강자성**으로부터 **상자성**으로 자기적 성질만 변화하는 변태
　㉠ 강자성체 금속을 가열하면 어느 일정한 온도 이상에서 금속의 결정 구조는 변하지 않지만 자성을 잃어 상자성체로 변화
　㉡ A_2 자기변태 : 순철은 상온에서 강자성체이지만 가열하면 점점 자성을 잃어 768℃ 부근 큐리점(curie point)에서 급격히 상자성체로 변화
④ Fe-C 상태도에서 변태

종류	형태	온도(℃)	비고
A_0변태	자기변태	210	시멘타이트(6.67%)
A_1변태	공석변태	723	공석강(0.8%)
A_2변태	자기변태	768	순철
A_3변태	동소변태	910	순철
A_4변태	동소변태	1,400	순철

꼭집어 어드바이스

자유도
① 어떤 상태를 그대로 유지하면서 자유롭게 변화시킬 수 있는 변수
② **기브스의 상률** : 다성분계에서 평형을 이루고 있는 상의 수와 자유도와의 관계
③ **물의 경우** : F=C+2-P(2중점 F=1, 3중점 F=0)와 얼음, 수증기가 평형을 이루면서 변화할 수 있는 변수는 한 가지도 없다.
④ **금속의 경우** : F=C-P+1, F=0, 1, 2에 따라 불변계, 1변계, 2변계

참고

강자성체 삼총사 (철니코)
철(Fe), 니켈(Ni), 코발트(Co)는 강자성체를 대표하는 금속이다.

순철의 동소변태
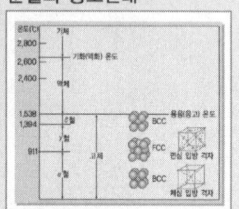

순철의 자기변태
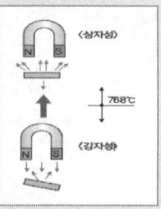

3. 철-탄소계 평형 상태도(Fe-Fe₃C)

① 상태도의 정의
  ㉠ 철-탄소계 평형 상태도 : 가로축을 철과 탄소의 2원 합금 조성(%)으로 하고 세로축을 온도(℃)로 했을 때, 각 조성의 비율에 따라 나타나는 합금의 변태점을 연결하여 만든 선도
  ㉡ 탄소 함유량이 6.67%까지만 표시되어 있는 것은 탄소가 6.67% 이상 함유된 철-탄소의 합금은 너무 취약하여 실제로 사용할 수 없기 때문

4. 철-탄소계 평형 상태도의 상 변태

① 공정반응 (4.3%C, 1,148℃)
  ㉠ 액체 상태에서 두 종류의 결정이 동시에 생기는 반응
  ㉡ 액체 ↔ A결정 + B결정
  ㉢ 용액(L) ↔ 오스테나이트 (γ-Fe) + 시멘타이트(Fe₃C)

② 포정반응 (0.18%C, 1,466℃)
  ㉠ 한 고용체가 다른 고용체를 둘러싸면서 일어나는 반응
  ㉡ A고용체 + 용액 ↔ B고용체
  ㉢ 용액(L) + 페라이트(δ-Fe) ↔ 오스테나이트(γ-Fe)

③ 공석반응 (0.8%C, 723℃)
  ㉠ 한 종류의 고체에서 두 종류의 고체가 동시에 생기는 현상
  ㉡ A고용체(고체) ↔ B고용체(고체) + C고용체(고체)
  ㉢ 오스테나이트(γ-Fe) ↔ 페라이트(α-Fe) + **시멘타이트(Fe₃C)**

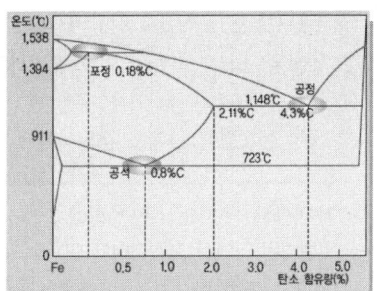

철-탄소계 평형 상태도의 상 변태

> **용어정의**
> 상 변태
> (phase trans formation)
> 한 결정 구조에서 다른 결정 구조로의 고체상태 변화와 액체 상태에서 고체상태로의 변화 또는 상의 개수 변화

> **용어정의**
> 시멘타이트(Fe₃C)
> 고온의 강철 속에 생기는 철과 탄소의 화합물. 강철의 조직성분으로 그 분포와 형상에 따라 강철의 강도가 다르며, 이것이 많을수록 굳고 강하다.

5. 금속의 기계적 성질

① 강도 : 재료에 외력이 가해질 때, 재료를 파괴하는 힘에 대한 재료 단면에 작용하는 최대 저항력
② 경도 : 재료 표면에 가압하였을 때, 이 외력에 대한 저항의 크기를 재료의 단단한 정도로 나타낸 것
③ 연성 : 재료가 인장, 압축 등의 외력을 받아서 파괴되지 않고 변형되는 정도를 나타내는 변형 한계 능력으로, 길고 가늘게 늘어나는 성질
④ 인성 : 충격, 굽힘, 비틀림 등의 외력이 작용하였을 때에 파괴되지 않고 견디는 성질로서 재료의 질긴 정도
⑤ 취성 : 인성의 반대되는 성질로 잘 부서지고, 잘 깨지는 성질

개념잡기

다음의 합금 원소 중 함유량이 많아지면 내마멸성을 크게 증가시키고, 적열 메짐을 방지하는 것은?

① N ② Mn ③ Si ④ Mo

> Mn : 적열취성 방지, 내마멸성 향상, 경도 증가
>
> **답 ②**

개념잡기

자기변태를 설명한 것 중 옳은 것은?

① 고체상태에서 원자배열의 변화이다.
② 일정온도에서 불연속적인 성질변화를 일으킨다.
③ 고체상태에서 서로 다른 공간격자 구조를 갖는다.
④ 일정 온도범위 안에서 점진적이고 연속적으로 변화한다.

> 자기변태는 원자의 스핀 방향에 따라 자성이 강자성에서 상자성체로 바뀌는 것을 의미하여 일정범위 안에서 점진적이고 연속적으로 일어난다.
>
> **답 ④**

개념잡기

용융금속을 주형에 주입할 때 응고하는 과정을 설명한 것으로 틀린 것은?

① 나뭇가지 모양으로 응고하는 것을 수지 상정이라 한다.
② 핵생성 속도가 행성장 속도보다 빠르면 입자가 미세해진다.
③ 주형에 접한 부분이 빠른 속도로 응고하고 차차 내부로 가면서 천천히 응고한다.
④ 주상 결정입자 조직이 생성된 주물에서는 주상결정 입내 부분에 불순물이 집중하므로 메짐이 생긴다.

> 불순물의 편석은 주상 결정의 입내보다는 외곽에서 집중되는 경향이 있다.
>
> **답 ④**

3. 금속의 소성 변형과 가공

(5년간 6문항 출제, 회당 평균 0.5문항 출제, 출제율 46.2%)

1. 재료의 가공성

① 주조성 : 금속이나 합금을 녹여 주물을 만들 수 있는 성질

② 소성
  ㉠ 탄성 : 재료가 외력을 받는 정도에 따라 가해진 외력을 제거하면 변형도 없어져서 원상태로 돌아가는 성질
  ㉡ 소성(가소성) : 변형되어 원래의 형상으로 되돌아가지 않는 성질

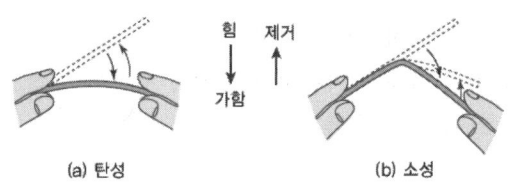

탄성과 소성

③ 피삭성 : 재료가 공구에 의하여 깎이는 정도. 피삭성의 좋고 나쁨은 공구의 수명, 절삭 저항, 절삭면 등에 영향을 줌

④ 접합성 : 재료의 용융성을 이용하여 두 부분을 반영구적으로 접합하는 정도를 나타내는 성질, 이 성질을 이용한 가공 방법으로 납땜, 용접 등이 있음

 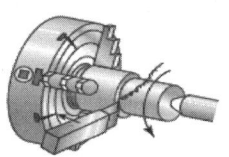 

(a) 전연성(압연)   (b) 절삭성(선삭)   (c) *주조성(주조)

금속재료의 가공성

2. 소성가공의 종류

① 단조(forging) : 해머나 프레스를 이용하여 금속재료를 필요한 형상으로 만드는 가장 오래된 금속 가공법

② 압연(rolling) : 재료를 회전하는 2개의 롤러(roller) 사이에 끼우고 점차 간격을 좁히면서 통과시켜 늘리거나 얇게 성형하여 여러가지 모양의 판재, 관재 등의 소재를 만드는 소성가공 방법

꼭집어 어드바이스

주조성에 미치는 성질
① 금속의 용융점
② 유동성
③ 수축성
④ 가스의 흡수성

용어정의

유동성
용융금속의 주형 내에 있어서의 유동도로서 점도(끈끈한 정도)가 낮을수록, 즉 용융금속이 잘 흐를수록(묽을수록) 유동성이 좋아 용융 금속이 주형의 구석구석에 침투하여 원하는 모양을 주조할 수 있다. 주조성이 좋다는 것은 유동성이 좋다는 말과 일맥상통한다.

꼭집어 어드바이스

절삭성의 영향
① 공구의 수명
② 절삭 저항
③ 절삭면

압출과 인발
압출에는 압축하중이 작용하며, 인발에는 인장하중이 작용한다. 압출과 인발은 비슷한 형상을 생산할 수 있으나, 재료에 가해지는 하중과 생산 방법에서 차이가 있다.

③ 압출 : 재료를 작은 다이 구멍을 통하여 밀어내어 형재를 생산하는 소성 가공법

④ 인발 : 다이 구멍을 통하여 출구 쪽으로 재료를 잡아 당겨 단면적을 줄이는 가공 방법

3. 열간가공과 냉간가공

① 열간가공
  ㉠ 재결정 온도 이상에서의 가공
  ㉡ 가공도가 크고, 대형 가공이 가능, 거친 가공

② 냉간가공
  ㉠ 재결정 온도 이하에서의 가공
  ㉡ 정밀한 치수 가공이 가능하고 기계적 성질이 양호, 마무리 가공
  ㉢ 강도가 크고, 연신율은 감소

개념잡기

그림과 같은 소성가공법은?

① 압연가공　　② 단조가공
③ 인발가공　　④ 전조가공

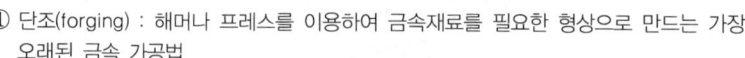

① 단조(forging) : 해머나 프레스를 이용하여 금속재료를 필요한 형상으로 만드는 가장 오래된 금속 가공법
② 압연(rolling) : 재료를 회전하는 2개의 롤러(roller) 사이에 끼우고 점차 간격을 좁히면서 통과시켜 늘리거나 얇게 성형하여 여러가지 모양의 판재, 관재 등의 소재를 만드는 소성 가공 방법
③ 압출 : 재료를 작은 다이 구멍을 통하여 밀어내어 형재를 생산하는 소성 가공법
④ 인발 : 다이 구멍을 통하여 출구 쪽으로 재료를 잡아 당겨 단면적을 줄이는 가공 방법

답 ③

4. 금속재료의 일반적 성질 ●●●

(5년간 15문항 출제, 회당 평균 1.2문항 출제, 출제율 115.4%)

1. 기계적 성질(강도, 경도, 인성, 취성, 연성, 전성)

① 기계를 구성하고 있는 요소는 외력을 받거나 힘을 전달하므로 외력에 의한 파괴나 변형에 대하여 견디는 강도, 인성, 경도 등이 필요하다.
② 원하는 기계 부품의 형상이나 치수로 가공하기 위하여 쉽게 변형할 수 있는 연성 또한 필요하다.
③ 강도
  ㉠ 재료에 작용하는 힘에 대하여 파괴되지 않고 어느 정도 견딜 수 있는 정도
  ㉡ 어떠한 재료에 외력을 가하면 파괴되는데, 이 힘에 대한 재료 단면에 작용하는 최대 저항력
  ㉢ 강도의 종류 : **인장 강도**, **압축 강도**, 굽힘 강도, 전단 강도, 비틀림 강도 등
④ 경도
  ㉠ 재료의 표면이 외력에 저항하는 성질
  ㉡ 재료 표면에 압력을 가하였을 때, 이 외력에 대한 저항의 크기로 재료의 단단한 정도를 나타내는 수치
⑤ 인성
  ㉠ 기계 부품에 충격, 굽힘, 비틀림 등의 외력이 작용하였을 때 파괴되지 않고 견디는 성질로서 재료의 질긴 성질
  ㉡ 구리와 같은 금속은 외력이 가해져도 잘 파괴되지 않는 질긴 성질을 지닌다.
  ㉢ 인성은 주로 충격시험에 의해 측정되어지며, 인성이 좋을수록 충격에 잘 버틴다.
⑥ 취성
  ㉠ 유리와 같이 잘 부서지고 깨지는 성질(여림, 메짐이라고도 함)
  ㉡ 인성의 반대되는 성질
⑦ 연성
  ㉠ 재료를 잡아당기면 외력에 의하여 파괴되지 않고 가늘게 늘어나는 성질
  ㉡ 연성이 우수한 금속 순서 : Au 〉 Ag 〉 Al 〉 Cu 〉 Pt 〉 Pb 〉 Zn 〉 Li
⑧ 전성
  ㉠ 금속재료를 두드리거나 누르면 넓게 퍼지는 성질
  ㉡ 전성이 우수한 금속 순서 : Au 〉 Ag 〉 Pt 〉 Al 〉 Fe 〉 Ni 〉 Cu 〉 Zn

> **용어정의**
>
> **인장 강도**
> 물체가 잡아당기는 힘에 견딜 수 있는 최대한의 응력
>
> **압축 강도**
> 물체가 어느 정도 견딜 수 있는지 그 압축력의 한도를 나타내는 수치. 주로 건축 용재에 쓰인다.

> **참고**
>
> **경도시험**
> 경도시험은 주로 압흔 자국에 의해 단단한 정도를 판단하는 방법이 많이 쓰여진다.
> 이 시험에서는 압흔자국이 클수록 무르다는 것이고 이에 압흔 자국이 작을수록 큰 경도값을 나타낸다.

2. 물리적 성질(비중, 용융점, 전기 전도율, 자성)

① 비중
  ㉠ 어떤 물질의 질량과 같은 부피를 가지는 표준 물질에 대한 질량의 비율
  ㉡ 표준 물질 : 고체 및 액체의 경우 보통 1기압(atm) · 4℃의 물, 기체의 경우에는 0℃ · 1기압하에서의 공기
  ㉢ 비중은 기체의 경우 온도와 압력에 따라 달라짐
  ㉣ 물질의 비중이 크다는 것은 무겁다는 것을 의미
  ㉤ 비중은 4℃의 물과 똑같은 부피를 가진 물체와의 무게의 비

  $$비중 = \frac{물체의\ 무게}{물체와\ 같은\ 체적의\ 물(4℃)의\ 무게}$$

② 용융점
  ㉠ 물질이 고체에서 액체로 상태가 변화될 때의 온도
    (금속을 가열하면 열적 성질이 변화하여 녹아서 액체가 될 때의 온도)
  ㉡ 단일 금속의 경우 **용융점, 응고점** 동일

③ 전기 전도율
  ㉠ 전기가 흐르는 정도
  ㉡ 금속 결정은 많은 전자를 가지고 있어 전기가 흐르는 전기적 성질 지닌다.

④ 자성
  ㉠ 물질이 나타내는 자기적 성질
  ㉡ 강자성체 : 금속을 자석에 가까이 하면 자석의 극과 반대의 극이 생겨서 서로 강하게 잡아당기는 물질(**철**(Fe), **니켈**(Ni), **코발트**(Co))
  ㉢ 상자성체 : 약간 잡아당기는 것
  ㉣ 반자성체 : 서로 잡아당기지 않는 금속(안티모니(Sb))
  ㉤ 비자성체 : 자석을 접근해도 변화가 없는 것(스테인리스강, 나무, 고무, 비금속)

3. 화학적 성질(부식, 내식성)

① 부식
  ㉠ 금속이 산소, 물, 이산화탄소 등의 주위 환경에 따라 화학적 또는 전기 · 화학적인 작용에 의하여 비금속성 화합물을 만들어 점차 재료가 소실되는 현상
  ㉡ 습식 : 전기 · 화학적 부식이며, 이것은 금속 주위의 수분 또는 그 밖의 **전해질**과 작용하여 비금속성의 화합물로 변하는 현상

■ 용어정의
응고점
일정한 압력에서 액체나 기체가 굳을 때의 온도. 보통 액체 응고점은 그 물질의 용융점과 같고, 기체의 응고점은 승화점과 같다.

★ 꼭집어 어드바이스
오스테나이트계 스테인리스강은 금속이면서 비자성체이다.

■ 용어정의
전해질
물 등의 용매에 녹아서 이온화하여 음양의 이온이 생기는 물질 전도성을 띠며, 전기 분해가 가능하다.

ⓒ 건식 : 화학적 부식이라고 하며, 이것은 상온 또는 고온에서 금속의 산화, 황화, 질화 등이 해당

② 내식성
  ㉠ 내식성은 금속의 부식에 대한 저항력
  ㉡ 금속의 조성과 조직, 물이나 산, 알칼리, 염류 등의 종류·농도·온도 및 그밖의 상태에 따라 다르다.
  ㉢ **이온화 경향**이 큰 금속일수록 화합물이 되기 쉬워 부식이 잘 된다.

> 참고
> 이온화 경향
> K〉Ca〉Na〉Mg〉Al〉Zn〉Cr〉Fe〉Ni〉........〉Ag〉Pt〉Au
>
> 이온화 경향의 주문
> 칼카나마알아철니주납수구수은은백금금

개념잡기

반자성체에 해당하는 금속은?

① 철(Fe) ② 니켈(Ni) ③ 안티몬(Sb) ④ 코발트(Co)

자성
- 강자성체 : 금속을 자석에 가까이 하면 자석의 극과 반대의 극이 생겨서 서로 강하게 잡아당기는 물질 (Fe, Ni, Co)
- 상자성체 : 약간 잡아당기는 것
- 반자성체 : 서로 잡아당기지 않는 금속 (Sb)

답 ③

개념잡기

다음 중 비중(Specific Gravity)이 가장 작은 금속은?

① Mg ② Cr ③ Mn ④ Pb

Mg	Cu	Ag	Cr	Mo	Au	Sn	W	Al	Fe	Mn	Zn	Ni	Co	Pb	Ir
1.74	8.9	10.5	7.19	10.2	19.3	7.28	19.2	2.7	7.86	7.43	7.1	8.9	8.8	11.34	22.5

답 ①

개념잡기

다음 중 산과 작용하였을 때 수소가스가 발생하기 가장 어려운 금속은?

① Ca ② Na ③ Al ④ Au

이온화 경향
K〉Ca〉Na〉Mg〉Al〉Zn〉Cr〉Fe〉Ni〉........〉Ag〉Pt〉Au

이온화 경향의 주문
칼카나마알아철니주납수구수은은백금금

답 ④

5 ▶ 금속재료의 시험과 검사

(5년간 6문항 출제, 회당 평균 0.5문항 출제, 출제율 46.2%)

1. 인장시험

① 시편의 양 끝을 시험기에 고정시키고 시편의 축방향으로 천천히 잡아당겨 끊어질 때까지의 변형과 이에 대응하는 하중을 측정하여 금속재료의 여러 가지 기계적 성질을 측정하는 시험 방법

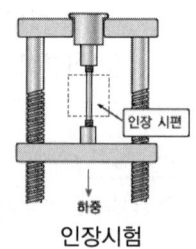

인장시험

② 시험 결과로 알 수 있는 것 : 인장강도, 연신율, 단면 수축률, 항복점, 비례 한도, 탄성 한도, 응력-변형률 곡선 등

③ 응력-변형률 곡선
  ㉠ A(비례한도) : 비례한도 이내에서는 응력을 제거하면 원상태로 돌아간다.
  ㉡ B(탄성한도) : 재료가 탄성을 잃어버리는 최대한의 응력
  ㉢ C(상부 항복점) : 영구변형이 명확하게 나타나기 시작
  ㉣ D(하부 항복점) : 소성변형 – 항복점 이상의 응력을 받는 재료가 영구변형을 일으키는 과정
  ㉤ E(최대응력) : 최대응력을 가지고 인장강도 계산
  ㉥ F(파단점) : 재료에 파괴가 일어나서 절단됨

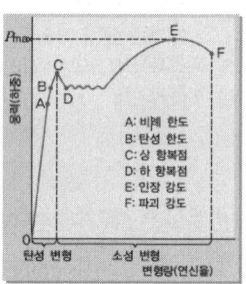

응력-변형률 곡선

> **용어정의**
> 네킹(necking)
> 연성이 있는 재료를 잡아 당길 때 파괴되기 직전에 심하게 국부 수축을 일으키는 현상

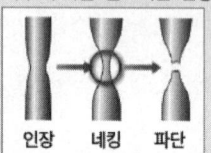

> **용어정의**
> 변형량(L_1-L_0)
> 인장시험 후 시편이 파괴되기 직전의 표점 거리(L_1)와 시험 전 원표점 거리(L_0)와의 차

④ 인장강도
  ㉠ 인장시험을 하는 도중 시편이 견디는 최대의 하중
  ㉡ 산출 방법

$$\text{최대 인장 강도}(\sigma_{max}) = \frac{\text{최대 인장 하중}(P_{max})}{\text{원 단면적}(A_0)}(\text{N/mm}^2)$$

⑤ 연신율(elongation ratio)
  ㉠ **변형량**을 원 표점 거리로 나누어 백분율(%)로 표시한 것
  ㉡ 연성을 나타내는 척도 (대체적으로 연강 50%, 경강 25% 정도)
  ㉢ 산출 방법

$$\text{연신율}(\varepsilon) = \frac{L_1 - L_0}{L_0} \times 100(\%)$$

2. 압축시험(compression test)

① 재료에 압력을 가하여 파괴에 견디는 힘을 구하는 시험
② 주로 주철이나 콘크리트와 같이 내압에 사용되는 재료의 압축 강도, 비례 한도, 항복점 등과 같은 기계적 성질을 알아보고자 할 때 하는 시험

3. 굽힘시험(bending test)

① 시편에 길이 방향의 직각 방향에서 하중을 가하여 재료의 연성, 전성 및 균열의 발생 유무를 판정하는 시험
② **굽힘균열시험(굽힘시험)** : 심하게 굽힐 때에 균열이 발생하는가의 여부를 조사
③ **굽힘저항시험(항절시험)** : 파단할 때까지 변형시켜서 파단에 필요로 하는 힘을 구할 때 하는 시험
④ **굽힘시험방법** : 눌러 굽히는 방법, 감아 굽히는 방법, V-블록을 사용하여 굽히는 방법

4. 경도시험

① 재료의 단단함과 무른 정도를 나타내는 것, 압입에 대한 저항으로 나타낸다.
② **경도시험의 종류** : 브리넬 경도시험, 로크웰 경도시험, 비커스 경도시험, 쇼어 경도시험 등
③ 시험별 특징

종류	압입자	기호	하중	계산식	기타
브리넬	10mm 강구	HB	3,000kg	$\dfrac{2P}{\pi D(D-\sqrt{D^2-d^2})} = \dfrac{P}{\pi Dt}$	
로크웰	1/16인치 강구	HRB	100kg, 예비 10kg	$130-500h$	
로크웰	120원뿔 다이아몬드	HRC	150kg, 예비 10kg	$100-500h$	
비커스	대면각 136도 다이아몬드	HV	1~120kg	$\dfrac{1.8544P}{d^2}$	미세조직의 경도측정가능
쇼어	다이아몬드	HS	반발 높이	$\dfrac{10,000}{64} \times \dfrac{h}{h_0}$	표면에 자국이 남지 않음

> **참고**
> **경도시험의 목적**
> ① 재료의 경도값을 알고자
> ② 경도값에서 강도를 추정
> ③ 경도 값으로부터 시편의 가공 상태나 열처리 상태를 비교

5. 충격시험

① 충격력에 대한 재료의 저항력(인성)을 알아보는 시험
② 충격시험은 일반적으로 재료의 인성 또는 취성을 시험
③ 종류 : 샤르피 충격시험, 아이조드 충격시험

6. 비파괴시험

① 자기탐상시험
   ㉠ 누설 자속을 자분 또는 검사 코일을 사용하여 검출하여 결함 존재를 발견하는 검사 방법을 나타낸 것
   ㉡ 표면부 및 표면직하의 결함 검출

② 침투탐상시험
   ㉠ 시험편의 표면에 생긴 결함에 침투액을 스며들게 한 다음 현상액으로 결함을 검출하는 시험법
   ㉡ 침투액 종류 : 염색침투액, 형광침투액
   ㉢ 표면부의 결함 검출

③ 초음파탐상시험
   ㉠ 초음파를 시험편 내부에 투사하여 결함부에서 반사되는 초음파로 결함의 크기와 위치를 알아보는 시험
   ㉡ 방법 : 투과법, 반사법, 공진법
   ㉢ 내부결함 검출

④ 방사선투과시험
   ㉠ X선이나 γ선은 금속재료를 투과할 때 재료내부의 결함이나 불균일한 조직 등에 의해 투과량에 차이가 생긴다. 이 차이를 사진 필름에 감광시켜 결함을 찾아내는 시험법
   ㉡ X-선 투과 검사법 : X-선의 투과선을 사진 건판에 취하여 나타나는 명함도로 검사
   ㉢ γ-선 검사법(gamma ray inspection) : Tm-170, Ir-192, Cs-137, Co-60, Ra-226 등과 같은 방사성 동위원소 등에서 방사하는 γ-선 등에 의해 투과 검사

7. 금속 현미경 조직 관찰

① 특징
   ㉠ 금속 조직의 구분 및 결정 입도의 크기
   ㉡ 주조, 열처리, 단조 등에 의한 조직의 변화

자기탐상 시험편의 자화방법
① **축 통전법** : 시험편의 축방향의 끝에 전극을 대고 전류를 흘려 원형 자화시키는 방법으로 축방향 즉 전류에 평행한 결함 검출 방법
② **직각 통전법** : 시험편의 축에 대해 직각인 방향에 직접 전류를 흘려서 전류 주위에 생기는 자장을 원형 자화시키는 방법
③ **관통법** : 시험편의 구멍에 철심을 통해 교류 자속을 흘림으로써 그 주위에 유도 전류를 발생시켜 그 전류가 만드는 자기장에 의해 원형 자화시키는 방법
④ **코일법** : 시험편을 전자석으로 자화하고 시험편에 따라 탐상 코일을 이동시키면서 전자 유도 전류로 검출하는 직선 자화 방법
⑤ **극간법** : 시험편의 전체 또는 일부분을 전자석 또는 영구 자석의 자극 사이에 놓고 직선 자화시키는 방법

X-선과 γ-선의 비교

구 분	X선 장치	γ선 장치
전원	있다	없다
선의 크기	크다	작다
가격	비싸다	싸다
에너지	임의선택	고정
촬영 장소	비교적 넓은 곳	협소한 곳도 가능
촬영 범위	대개 2인치 미만	3~4인치도 가능
고장률	많다	적다

ⓒ 비금속 개재물의 종류와 형상, 크기 및 편석 부분의 상향
ⓔ 균열의 형상과 성장 상황
ⓜ 파단면 관찰에 의한 파괴 양상의 파악 등에 따른 상세한 검토
② 현미경 조직 검사 순서 : 시료 채취 및 제작 → 연마 → 부식 → 조직 관찰

8. 그 밖의 시험법

① 피로시험
 ㉠ 재료에 반복 하중이 작용하여도 영구히 파괴되지 않는 최대 응력
 ㉡ S-N 곡선 : 그 응력과 반복 횟수의 관계를 그래프로 그린 것
② 크리프시험 : 재료를 고온에서 내력보다 작은 응력을 장시간 작용하면 시간이 지나면서 변형이 진행되는 현상
③ 마멸시험 : 마찰력에 의해 감소되는 현상을 마멸이라 하며, 마멸에 대한 강도를 내마멸성이라 한다.
④ 불꽃시험
 ㉠ 강재를 그라인더에 눌러서 나오는 불꽃의 모양, 색, 크기, 개수 등으로 재질을 판별한다.
 ㉡ 뿌리 부분 : C나 Ni 함유량이 미량 나타난다.
 ㉢ 중앙 부분 : 유선의 밝기, 불꽃의 모양에 따라 Ni, Cr, Al, Mn, Si, V 등이 판별된다.
 ㉣ 끝 부분 : 꼬리 불꽃의 변화에 따라 Mn, Mo, W 등의 원소를 판별할 수 있다.
 ㉤ 불꽃의 색깔을 보면 밝을수록 탄소량이 많고, 눌림의 느낌 강도에 따라 특수 원소의 함량을 느낄 수 있다.

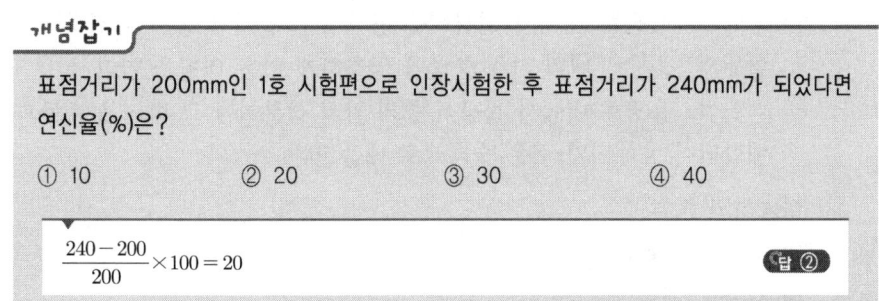

개념잡기

표점거리가 200mm인 1호 시험편으로 인장시험한 후 표점거리가 240mm가 되었다면 연신율(%)은?

① 10　　② 20　　③ 30　　④ 40

$$\frac{240-200}{200} \times 100 = 20$$

답 ②

CHAPTER 02 철과 강

A
우리들의 일상생활과 산업 현장에서 가장 많이 사용되는 공업용 재료가 철강 재료이다. 철기 시대 이후 인간은 철강 재료를 이용하여 다양한 제품들을 제작하고 활용하고 있다. 철강의 분류 방법과 용도를 이해하고, 철강의 용도별 재료의 특성과 제조 방법을 학습함으로써 실생활과 산업 현장에서 철강 재료와 관련이 있는 직무를 수행하는데 필요한 실무능력을 향상시킬 수 있도록 하자.

단원 들어가기 전

빅데이터 키워드

순철, 탄소강, 합금강, 열처리, 주철, 주강

1 ▶ 순철과 탄소강 ★★★

(5년간 20문항 출제, 회당 평균 1.5문항 출제, 출제율 153.8%)

1. 선철의 제조

① 선철 제조 원료
  ㉠ 철광석 : 철분이 풍부하고 동시에 환원성이 좋아야 하고, 황·인·구리 등의 유해 성분이 적어야 하며, 입도가 적당해야 한다.
  ㉡ 코크스 : 용광로 내에서 철광석을 용해하는 열원인 동시에 철광석의 환원제, 용광로 내의 가스 통풍을 양호하게 하는 역할을 한다.
  ㉢ 석회석 : 용광로 내에서 철광석 중의 암석 성분이나 그 밖의 불순물과 배합되어 용해되기 쉬운 슬래그로 배출된다.

② 철광석의 종류
  ㉠ 적철광 : Fe_2O_3
  ㉡ 자철광 : Fe_3O_4
  ㉢ 갈철광 : $2Fe_2O_3 \cdot 3H_2O$
  ㉣ 능철광 : $FeCO_3$

2. 철과 강의 분류

① 파면에 따라 : 회선철, 반선철, 백선철
② 용도에 따라 : 제강용 선철, 주물용 선철
③ 제조법에 따른 분류
  ㉠ 제강방법 : 전로강, 평로강, 전기로강
  ㉡ 탈산도 : 림드강, 캡드강, 세미킬드강, 킬드강
  ㉢ 가공방법 : 압연강, 단조강, 주강
④ 용도에 따른 분류
  ㉠ 구조용 강 : 보통강, 저합금강, 침탄강, 질화강, 스프링강, 쾌삭강
  ㉡ 공구용 강 : 탄소 공구강, 특수 공구강, 다이스강, 고속도강, 기타
  ㉢ 특수 용도용 강 : 베어링강, 자석강, 내식강, 내열강, 기타
⑤ 탈산에 따른 강괴의 종류
  ㉠ 킬드강 : 용강 중에 Fe-Si 또는 Al 분말 등의 강한 탈산제를 첨가하여 완전히 탈산한 것
  ㉡ 림드강 : 탈산 및 기타 가스 처리가 불충분한 상태의 용강을 그대로 주형에 주입하여 응고한 것
  ㉢ 세미킬드강 : 탈산 정도가 킬드강과 림드강의 중간 정도의 것
  ㉣ 캡드강 : 림드강에서 리밍작용을 억제하려고 뚜껑을 띄워 응고한 것

꼭집어 어드바이스

철의 탄소 함유량에 따른 분류
① 순철 : 0.02%C 이하
② 강 : 0.02~2.01%C
  ㉠ 아공석강
    : 0.02~0.77%C
  ㉡ 공석강
    : 0.77%C
  ㉢ 과공석강
    : 0.77~2.01%C
③ 주철 : 2.01~6.67%C
  ㉠ 아공정주철
    : 2.01~4.3%C
  ㉡ 공정주철
    : 4.3%C
  ㉢ 과공정주철
    : 4.3~6.67%C

3. 순철의 상태 변화

① 동소변태
  ㉠ 동소(격자)변태 : **동소체** 상호 간의 변화에 따라 나타나는 현상
  ㉡ 고체상태에서 순철은 온도의 변화에 따라 결정 구조가 다른 α철, γ철, δ철의 세 종류로 존재
  ㉢ 순철은 용융 상태에서 냉각시키면 1,538℃에서 응고되기 시작하여 그 후 실온까지 냉각되는 동안에 원자 배열이 변화하여 δ철, γ철, α철의 **동소체로 존재**
  ㉣ α철 : 순철 조성 중 상온~910℃에서 존재, BCC결정 구조이며, 페라이트 조직 (α 페라이트)

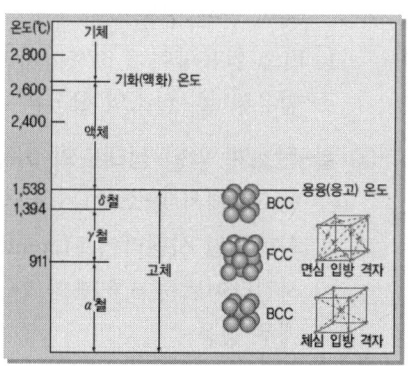

공간격자와 단위격자

용어정의

변태(transformation)
특정 온도를 경계로 하여 고체 내에서 원자의 배열이 변화하여 하나의 결정 구조에서 다른 결정 구조로 상태가 변화하는 현상

동소체(allotropy)
변태에 의하여 서로 다른 상태로 존재하는 같은 원소의 두 고체

참고
강자성체 삼총사 (철니코)
철(Fe), 니켈(Ni), 코발트(Co)는 강자성체를 대표하는 금속이다.

ⓜ γ철 : 순철 조성 중 상온 910~1,400℃에서 존재, FCC결정 구조이며, 오스테나이트 조직(γ 오스테나이트)
ⓑ δ철 : 순철 조성 중 1,400~1,539(융점)℃에서 존재, BCC결정 구조이며, 페라이트 조직(δ 페라이트)
ⓢ A_3 동소변태 : 910℃에서 α철이 γ철로 되는 변태
ⓞ A_4 동소변태 : 1,400℃에서 γ철이 δ철로 되어 다시 체심입방격자로 바뀌는 변태

② 자기변태
  ㉠ 자기변태 : 원자 배열은 변화하지 않고 **강자성**으로부터 **상자성**으로 자기적 성질만 변화하는 변태
  ㉡ 철(Fe), 니켈(Ni), 코발트(Co) 등과 같은 강자성체 금속을 가열하면 어느 일정한 온도 이상에서 금속의 결정 구조는 변하지 않지만 자성을 잃어 상자성체로 변화
  ㉢ A_2 자기변태 : 순철은 상온에서 강자성체이지만 가열하면 점점 자성을 잃어 768℃ 부근 큐리점(curie point)에서 점진적이고 연속적으로 급격하게 상자성체로 변화

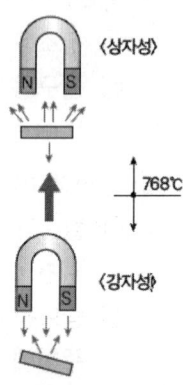

순철의 자기변태

4. 탄소강

① 철-탄소계 평형 상태도(Fe-Fe₃C)
  ㉠ 가로축을 철과 탄소의 2원 합금 조성(%)으로 하고 세로축을 온도(℃)로 했을 때, 각 조성의 비율에 따라 나타나는 합금의 변태점을 연결하여 만든 선도
  ㉡ 탄소 함유량이 6.67%까지만 표시되어 있는 것은 탄소가 6.67% 이상 함유된 철-탄소의 합금은 너무 취약하여 실제로 사용할 수 없기 때문

② 철-탄소계 평형 상태도의 이해
  ㉠ 탄소강에서 탄소(C)는 유리된 흑연으로 존재하지 않고, 철(Fe)과의 화합물인 **시멘타이트**(cementite: Fe₃C) 상태로 존재
  ㉡ 시멘타이트는 6.67%의 탄소를 포함하는 금속간 화합물이며 경도가 매우 높음

용어정의
시멘타이트(Fe₃C)
고온의 강철 속에 생기는 철과 탄소의 화합물. 강철의 조직 성분으로 그 분포와 형상에 따라 강철의 강도가 다르며, 이것이 많을수록 굳고 강하다.

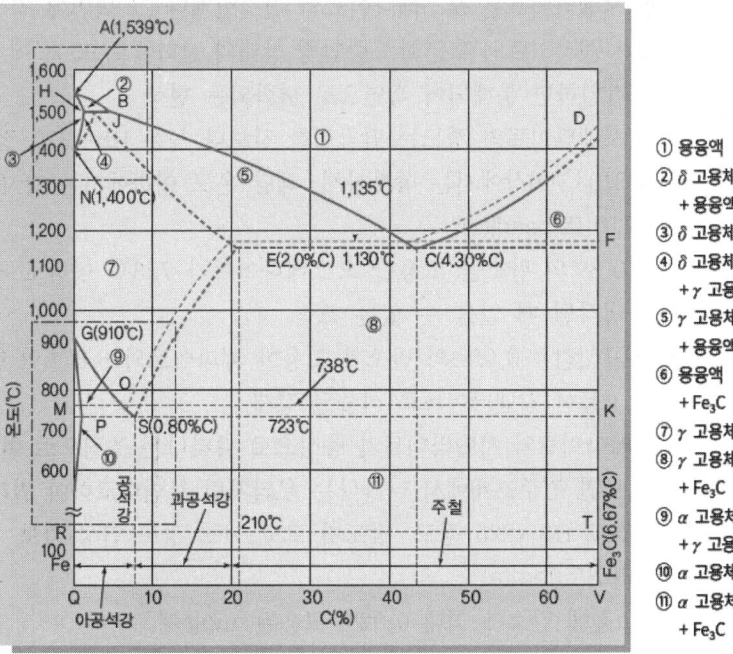

- 실선 : Fe-Fe₃C계
- 점선 : Fe-C의 평형 상태도

Fe-Fe₃C계 평형 상태도

포정
① 온도 : 1,495℃
② 조성 : 0.09%C
③ 용융+페라이트(δ) ↔ 오스테나이트

공정
① 온도 : 1,148℃
② 조성 : 4.3%C
③ 용액 ↔ 오스테나이트+시멘타이트

공석
① 온도 : 723℃
② 조성 : 0.8%C
③ 오스테나이트 ↔ 페라이트(α)+시멘타이트

③ 탄소강의 표준조직(normal structure)
  ㉠ 표준조직의 특징
    ⓐ 탄소강은 탄소 함유량과 냉각속도 등에 따라 조성된 조직에 의하여 그 성질이 다름
    ⓑ 탄소강의 표준조직 : 강의 종류에 따라 A_3점 또는 A_{cm}보다 30~50℃ 높은 온도로 강을 가열하여 균일한 오스테나이트 조직 상태에서 대기 중에 서서히 냉각하여(노멀라이징) 얻은 상온 조직
    ⓒ 표준조직에 의하여 탄소강의 탄소 함유량을 추정
    ⓓ 탄소강은 탄소 함유량이 많을수록 페라이트(흰색 부분)가 줄어들고 펄라이트(흑색 부분)와 시멘타이트(흰색 경계)가 늘어난다.
  ㉡ 오스테나이트(austenite)
    ⓐ γ철에 탄소를 최대 2.0% 고용한 γ 고용체
    ⓑ A_1 변태점 이상으로 가열했을 때 얻을 수 있는 조직
    ⓒ 결정 구조 : FCC(면심입방격자)
    ⓓ 상자성체, 전기저항과 인성이 크고, 경도가 HB≒155 정도
  ㉢ 시멘타이트(cementite)
    ⓐ 6.67%의 탄소와 철의 화합물(Fe_3C)로 매우 단단하고 부스러지기 쉬운 조직

오스테나이트
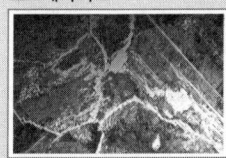

시멘타이트

> 참고
> **펄라이트**

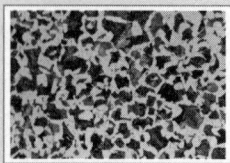

흰부분 : 페라이트
검정 : 펄라이트

　　　ⓑ 시멘타이트는 오스테나이트의 결정립계나 그 벽면에 침상 형성
　　　ⓒ 시멘타이트의 흑연화 : 준안정 상태의 탄화물로 900℃에서 장시간 가열하면 분해되어 흑연으로 변화되는 현상
　　　ⓓ 시멘타이트의 경도는 담금질한 강보다 높은 HB≒820 정도
　　　ⓔ 210℃ 이상에서는 상자성체, 해당 온도 이하에서는 강자성체
　　ⓛ 펄라이트(pearlite)
　　　ⓐ 0.8%의 탄소를 고용한 오스테나이트가 723℃ 이하로 서서히 냉각될 때 얻을 수 있는 조직
　　　ⓑ 공석강 : 0.02%의 탄소를 고용한 페라이트와 6.67%의 탄소를 고용한 시멘타이트로 석출된 강재
　　　ⓒ 페라이트와 시멘타이트가 층상으로 나타나는 조직으로 현미경으로 보면 진주조개에서 나타나는 무늬처럼 보인다고하여 펄라이트
　　　ⓓ 경도 HB≒225 정도, 강도가 크고 어느 정도 연성 확보
　　ⓜ 페라이트(ferrite)
　　　ⓐ α철에 탄소가 최대 0.02% 고용된 α고용체
　　　ⓑ 거의 순철에 가까우며, 매우 연한 성질을 지니고 있어 전연성이 크다.
　　　ⓒ A_2 변태점(자기변태 768℃) 이하에서는 강자성체
　　　ⓓ 경도 HB≒90 정도
　④ **탄소강의 변태**
　　㉠ 아공석강
　　　ⓐ 아공석강 : 0.02~0.8%의 탄소 조성
　　　ⓑ 초석 페라이트와 펄라이트의 혼합 조직
　　　ⓒ 탄소 함유량이 많아질수록 펄라이트의 양 증가 → 경도와 인장 강도 증가
　　㉡ 공석강
　　　ⓐ 공석강 : 0.8% 탄소 조성
　　　ⓑ 공석 반응 : 723℃ 이하로 냉각 → 오스테나이트가 페라이트와 시멘타이트로 동시에 석출
　　　ⓒ 100% 펄라이트 조성으로 인장 강도가 가장 큰 탄소강
　　㉢ 과공석강
　　　ⓐ 과공석강 : 0.8~2.0%의 탄소 조성
　　　ⓑ 초석 시멘타이트와 펄라이트의 혼합 조직
　　　ⓒ 탄소 함유량이 증가할수록 경도가 증가
　　　ⓓ 그러나 인장 강도 감소하고 메짐 성질이 증가 → 깨지기 쉽다.
　　　ⓔ 공업적으로 생산되는 과공석강은 탄소 함유량이 1.2% 이상인 경우 강의 성질이 매우 취약 → 거의 사용하지 않음

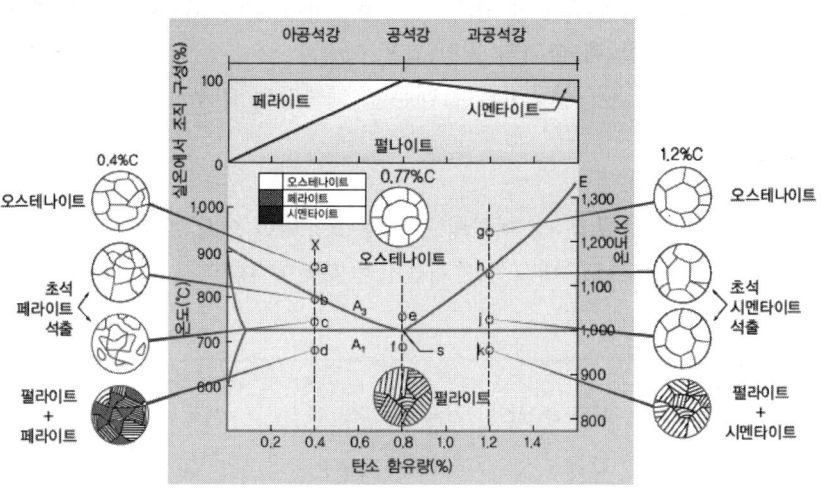

탄소 함유량에 따른 탄소강의 조직 변화

⑤ 탄소강에 함유된 원소의 영향
  ㉠ 망가니즈(Mn)
    ⓐ 망가니즈는 제강 원료로 사용, 선철 중에 0.2~0.8% 함유
    ⓑ 일부는 탄소강에 고용되고, 나머지는 황(S)과 결합하여 **황화 망가니즈(MnS)** 를 만들어 탈황효과 및 탈산효과도 있다.
    ⓒ 강도와 고온 가공성을 증가
    ⓓ 연신율의 감소를 억제시켜 주조성과 담금질 효과를 향상
  ㉡ 규소(Si)
    ⓐ 합금 원소 또는 **탈산제**의 잔류 원소로 고용
    ⓑ 0.3% 이상 함유되면 인장 강도, 경도, 탄성 한도는 높아지지만 연신율과 충격값은 감소한다.
    ⓒ 결정 입자의 성장을 크게 하여 단접성과 냉간 가공성 저하
  ㉢ 인(P)
    ⓐ 결정 입자를 크고 거칠게 하여 강도와 경도는 다소 증가, 연신율은 감소
    ⓑ 탄소강에 함유된 인은 철과 화합하여 인화 철(Fe_3P)을 만들어 결정 립계에 **편석** 생성
    ⓒ 충격값을 떨어뜨리고 균열을 일으킴
    ⓓ 충격값을 저하시켜 상온 메짐의 원인이 됨
    ⓔ 절삭 성능을 개선시키는 효과 → **쾌삭강**에 이용
  ㉣ 황(S)
    ⓐ 선철의 불순물로 남아 철과 반응하여 황화 철(FeS) 형성

용어정의

황화 망가니즈(MnS)
망가니즈 황화물을 통틀어 이르는 말. 분석 시약으로 쓰이며, 일황화 망가니즈, 이황화 망가니즈가 있다.

탈산제
녹인 금속으로부터 산소를 없애는데 쓰는 약제. 구리나 그 합금에는 인이나 규소가 쓰이고 제강에는 망가니즈나 알루미늄이 쓰인다.

편석
금속이나 합금이 응고될 때 성분이 고르지 않게 분포하는 현상

쾌삭강
저탄소강의 하나로 절삭 가공을 쉽게 하기 위하여 황, 납, 인, 망가니즈 등을 미량으로 혼합하여 만든 특수한 강

ⓑ 탄소강에 고용된 황화 철은 용융점이 낮아 고온에서 취약하여 → 가공할 때 파괴의 원인(고온 메짐)
ⓒ 절삭성을 향상시키기 때문에 쾌삭강의 경우 0.08~0.35% 정도 함유
㉺ 구리(Cu)
ⓐ 탄소강에 0.3% 이하의 구리가 고용되면 인장 강도와 탄성 한도를 높여 주고, 내식성을 개선시켜 부식에 대한 저항 증가

개념잡기

다음 중 강괴의 탈산제로 부적합한 것은?

① Al ② Fe-Mn ③ Cu-P ④ Fe-Si

주요 탈산제
알루미늄(Al), 페로실리콘(Fe-Si), 페로망간(Fe-Mn)

답 ③

개념잡기

강에 탄소량이 증가할수록 증가하는 것은?

① 경도 ② 연신율
③ 충격값 ④ 단면수축률

탄소량 증가
향상성질 : 강도, 경도
감소성질 : 연성, 전성, 연신율

답 ①

개념잡기

탄화철(Fe_3C)의 금속간 화합물에 있어 탄소(C)의 원자비는?

① 15% ② 25% ③ 45% ④ 75%

- 원자비 : 총 원자 개수에 대한 성분 원소의 비
- 총원자 : 4개 (Fe 3개, C 1개)
- 탄소원자 : 1개
- 원자비 : 1/4 × 100 = 25%

답 ②

2. 합금강 ●●●

(5년간 30문항 출제, 회당 평균 2.3문항 출제, 출제율 230.8%)

1. 합금강의 특성과 합금 원소의 영향

① 합금강의 특성
  ㉠ 첨가하는 원소에 따라 탄소강과 다른 새로운 특성과 성질이 나타남
  ㉡ 탄소강에 비하여 강의 열처리성을 향상시켜 기계적 성질 및 강인성 향상
  ㉢ 강의 내식성과 내마멸성을 증대시키고 전자기적 성질 변화

② 합금 원소의 영향
  ㉠ 높은 강도와 연성 유지
  ㉡ 내식성과 내고온산화성 개선
  ㉢ 고온과 저온의 기계적 성질 개선
  ㉣ 내마멸성 및 피로 특성 등의 특수한 성질 개선
  ㉤ 강의 **표면 경화** 깊이를 증가시켜 기계적 성질 개선

> **용어정의**
>
> **합금강**
> 탄소강에서 얻을 수 없는 특별한 성질을 얻기 위하여 탄소강에 탄소 이외의 합금 원소를 한 가지 또는 두 가지 이상 첨가한 것을 합금강 또는 특수강이라고 한다.
>
> **합금**
> 금속에 한 가지 이상의 다른 원소를 첨가하여 새로운 성질의 금속을 만드는 것
>
> **표면 경화**
> 철강의 열처리에서 표면의 내마모성, 내피로성을 증가시키기 위하여 철강의 표면층만을 경화하여 내부에는 인성을 보존하는 일

합금 원소	효 과
니켈(Ni)	강인성, 내식성 및 내마멸성을 증가시킨다.
크로뮴(Cr)	함유량이 적어도 강도와 경도를 증가시키며, 함유량이 많아지면 내식성, 내열성 및 자경성을 크게 증가시키는 외에 탄화물의 생성을 용이하게 하여 내마멸성도 증가시킨다.
망가니즈(Mn)	강도, 경도, 내마멸성을 증가시키고 적열 취성을 방지한다.
몰리브데넘(Mo)	함유량이 적으면 니켈과 거의 비슷한 작용밖에 하지 못하지만 함유량이 많아지면 내마멸성을 크게 증가시키고 뜨임 취성을 방지한다.
규소(Si)	함유량이 적으면 강도와 경도를 조금 향상시키지만 함유량이 많아지면 내식성과 내마멸성을 크게 증가시키고, 전자기적 성질도 개선시킨다.
텅스텐(W)	함유량이 적으면 크로뮴과 거의 비슷한 작용밖에 하지 못하지만 함유량이 많아지면 탄화물 생성을 용이하게 하여 경도와 내마멸성을 크게 증가시킨다. 특히, 고온 강도와 경도를 증가시킨다.
코발트(Co)	크로뮴과 함께 사용하여 고온 강도와 고온 경도를 크게 증가시킨다.
바나듐(V)	몰리브데넘과 비슷한 작용을 하지만 경화성을 증가시킨다.
구리(Cu)	크로뮴 또는 크로뮴-텅스텐과 함께 사용해야 그 효과가 크다. 석출 경화가 일어나기 쉽게 하고 내산화성을 증가시킨다.
타이타늄(Ti)	규소나 바나듐과 비슷한 작용을 하고, 탄화물의 생성을 용이하게 하며, 결정 입자 사이의 부식에 대한 저항성을 증가시킨다.

2. 합금강의 종류와 용도

분류	종류	주요 용도
구조용 합금강	강인강 표면 경화용 강 침탄강, 질화강	크랭크축, 기어, 볼트, 너트, 키축 등 기어축, 피스톤 핀, 스플라인축 등
공구용 합금강	합금 공구강 고속도 공구강	절삭 공구, 프레스 금형, 정, 펀치 등 절삭 공구, 금형 등
내식·내열용 합금강	스테인리스강 내열강 내식·내열 초합금	칼, 식기, 취사 용구, 화학 공업 장치 등 내열 기관의 흡기·배기 밸브, 터빈 날개 고온·고압 용기 제트 엔진 부품, 터빈 날개
특수 목적용 합금강	쾌삭강 스프링강 내마멸강 베어링강 자석용 강 규소강(철심재료) 불변강	볼트, 너트, 기어축 등 스프링축 등 크로스 레일, 파쇄기 등 볼 베어링, 전동체(강구, 롤러) 등 전력 기기, 자석 등 변압기, 발전기, 차단기 커버 및 배전판 바이메탈, 계측기 부품, 시계 진자 등

① 구조용 합금강
  ㉠ 목적
    ⓐ 구조용 탄소강보다 큰 강도 및 우수한 기계적 성질이 요구될 때 사용
    ⓑ 조직상으로는 탄소강과 별 차이가 없지만 담금질성 우수
    ⓒ 기계를 구성하는 주요 부품 또는 구조물을 만드는 강재로 사용
  ㉡ 강인강
    ⓐ 강인강은 탄소강에서 얻을 수 없는 강인성을 가지는 재료를 얻기 위하여 탄소강에 니켈, 크로뮴, 텅스텐, 몰리브데넘, 규소 등을 첨가한 것
    ⓑ 합금한 상태 그대로 사용하기도 하지만, 적당히 **담금질**, **뜨임** 등의 열처리로 그 성질을 개선하여 사용

강 인 강	
종류	주요 특징 및 용도
니켈(Ni)강	• 강인성과 열처리성, 내마멸성, 내식성을 향상시키기 위하여 탄소강에 니켈(Ni)을 첨가시킨 강 • 니켈강을 적절하게 열처리하면 인성이 탄소강의 5~6배로 증가하고 내식성과 마멸성도 개선 • 니켈 자원의 한정으로 고가

용어정의

담금질
고온으로 열처리한 금속재료를 물이나 기름 속에 담가 식히는 일

뜨임
담금질한 강철을 A_3변태점 이하의 알맞은 온도로 다시 가열하였다가 물 또는 공기 중에서 식혀 조직을 무르게 하여 내부 응력을 없애는 조작

종류	내용
크로뮴(Cr)강	• 담금질성과 뜨임 효과를 크게 개선하기 위하여 0.14~0.48%의 탄소를 함유한 탄소강에 0.9~1.2%의 크로뮴(Cr)을 첨가 • 크로뮴은 자원이 풍부하고 값도 저렴하여 경제적인 합금용 원소로 널리 이용 • 크로뮴 함유량 2% 이하의 저탄소 크로뮴강은 침탄용 강으로 사용, 고탄소 크로뮴강은 베어링, 줄, 다이스 등에 이용
망가니즈(Mn)강	• 망가니즈(Mn)는 강도를 증가시키는 가장 경제적인 합금 원소 • 망가니즈는 탄소강에 **자경성** 부여 • 다량으로 첨가한 망가니즈강은 공기 중에서 냉각하여도 쉽게 마텐자이트 또는 오스테나이트 조직 형성 • 강인강으로서 망가니즈강은 중탄소강의 기본 조성에 1.2~1.65%의 망가니즈를 함유시켜 황에 의한 취성화를 방지 → 담금질성 향상 • 저망가니즈강(듀콜강) : 망가니즈 함유량 2% 이하, 강하고 연신율도 양호하여 조선, 차량, 건축, 교량 등 일반 구조용 강으로 사용 • 고망가니즈강(해드필드강) : 망가니즈 함유량 10~14%, 내마멸성과 내충격성이 우수. 특히 조직이 오스테나이트이므로 인성이 우수하여 각종 광산 기계의 파쇄 장치, 임펠러 플레이트 등이나 기차 레일, 굴착기 등의 재료로 사용
니켈-크로뮴(Ni-Cr)강	• 탄소강에 니켈과 크로뮴을 첨가하여 열처리 효과가 크며, 질량 효과가 적음 • 큰 지름의 단면이더라도 중심부까지 균일하게 담금질 가능 • 내마멸성과 내식성이 우수 • 고온에서 장시간 가열하여도 결정립이 성장하지 않음 → 고온 가공의 작업 온도 범위가 넓음 • 열전도성이 나쁘기 때문에 서서히 가열 • 강도를 필요로 하는 봉재, 관재, 선재 및 기어, 캠, 피스톤 핀 등의 단조용 소재로 널리 사용
니켈-크로뮴·몰리브데넘(Ni-Cr-Mo)강	• 구조용 니켈-크로뮴강에 0.3% 이하의 몰리브데넘(Mo) 첨가 • 강인성을 증가시키고 담금질성을 향상시킬 뿐만 아니라, 템퍼취성(뜨임취성)을 완화 • 몰리브데넘은 고온에서도 점성이 좋아 단조 및 압연이 용이 • 스케일 분리가 잘되어 표면이 수려함 • 고급 내연 기관의 크랭크축, 강력 볼트, 기어 등 중요 기계 부품에 사용
크로뮴-몰리브데넘(Cr-Mo)강	• 니켈-크로뮴강에서 니켈 대신 몰리브데넘을 소량 첨가하여 강인성과 내식성을 향상시킨 저합금강 • 값이 비싼 니켈을 대신하기 위하여 개발 • 용접성이 우수, **경화능**이 크고 템퍼취성(뜨임취성)도 적으며, 고온 가공성 우수 • 가공면이 깨끗하여 얇은 강판이나 관의 제조에 많이 사용

용어정의

자경성
담금질 온도에서 대기 속에 방랭(放冷)하는 것만으로도 마텐자이트 조직이 생성되어 단단해지는 성질을 말하며 니켈, 크롬, 망간 등이 함유된 특수강에서 볼 수 있는 현상이다. 기경성(氣硬性)이라고도 한다.

용어정의

질량 효과
금속의 열처리에서 금속의 질량에 따라 얼마나 균일한 조직을 얻을 수 있는지를 보는 척도로, 즉 두께에 따라 중심과 겉 쪽의 조직의 균일 정도를 말한다. 예를 들면, 합금강의 질량 효과가 작다는 의미는 질량이 커도(두께가 두꺼워도) 중심과 겉 쪽에서 균일한 조직을 얻을 수 있다는 의미

용어정의

경화능
강을 담금질시켜 경화(단단하고 강하게 하는 것)를 쉽게 할 수 있는 정도를 말한다.

용어정의

질화(窒化)
강철을 암모니아 또는 질소로 처리하여 표면을 단단하게 만드는 일 또는 그 방법

ⓒ 표면 경화용 합금강
　ⓐ 강의 표면이 높은 경도를 가지고, 내부가 강인성을 필요로 할 때 사용
　ⓑ 이때 사용하는 강은 경화시키기 위하여 **침탄이나 질화** 효과가 큰 것이 필요
　ⓒ 표면 경화 작업시간이 길어 오래 가열하여도 조직이나 성질이 나빠지지 않아야 함

표면 경화용 합금강	
종류	주요 특징 및 용도
침탄용 합금강	• 담금질성의 개선과 중심부의 강인성 증대 • 가열에 의한 결정립의 크기가 커지는 것을 방지 • 니켈-크로뮴-몰리브데넘(Ni-Cr-Mo)강 → 가혹한 조건에서 사용하는 부품이나 중요한 기계 부품 제작에 사용
질화용 강	• 알루미늄(Al), 크로뮴(Cr), 바나듐(V) 등의 합금 원소를 함유하는 중탄소의 저합금강 • 강의 표면을 질화하여 높은 표면 경도 부여 • 질화하기 전에 담금질과 뜨임, 질화 후에는 열처리하지 않음 • 질화 제품 변형 극히 작음 • 가열도 저온의 영역에서 실시 → 열처리에 따른 변형이나 모재의 결정립 성장 미비 • 질화용 강은 중심부가 양호한 기계적 성질을 가지면서 경화층의 경도를 높일 수 있는 조성
고주파 경화용 강	• 탄소강에 크로뮴, 몰리브데넘 등의 원소를 첨가 • 내부의 인성과 높은 강도가 요구될 때에는 저합금강 사용

② 공구용 합금강
　㉠ 특성과 구비조건
　　ⓐ 칼날, 바이트, 커터, 드릴에는 절삭성, 정이나 펀치 등에는 내충격성, 게이지나 다이스 등에는 내마멸성과 불변형성이 필요
　　ⓑ 각각 알맞은 특성을 지닌 재료 필요
　　ⓒ 상온 및 고온에서 경도가 크고, 가열에 의한 경도 변화가 적음
　　ⓓ 인성과 마멸 저항이 크고, 가공이 쉬우며, 열처리에 의한 변형이 적음
　　ⓔ 공구 재료로서 구비해야 할 조건

> ① 상온과 고온에서 경도가 높아야 한다.
> ② 내마멸성이 커야 한다.
> ③ 강인성이 커야 한다.
> ④ 열처리와 공작이 용이해야 한다.
> ⑤ 가격이 저렴해야 한다.

ⓒ 합금 공구강
  ⓐ **탄소 공구강** : 고온 경도가 낮고 고속 절삭과 강력 절삭 공구 또는 단조, 주조 등에 부적합
  ⓑ 합금 공구강 : 결점을 보완하기 위하여 탄소 공구강에 특수 원소로서 크로뮴, 텅스텐, 망가니즈, 니켈, 바나듐 등을 한 종 또는 두 종 이상 첨가하여 성능을 개선한 강

합금 공구강	
종류	주요 특징 및 용도
절삭용 합금 공구강	• 탄소 함유량 높이고 크로뮴, 텅스텐, 바나듐 등 첨가 • 고경도, 절삭성 증가
내충격용 합금 공구강	• 절삭용 공구강에 비하여 탄소 함유량을 낮추고 크로뮴, 텅스텐, 바나듐 등 원소 첨가 • 정이나 펀치, 스냅과 같은 충격을 흡수해야 하는 공구재료 → 인성 부여
게이지용 합금 공구강	• 게이지용 합금 공구강은 정밀 기계·기구, 게이지 등에 사용 • 담금질에 의한 변형, 담금질 균열 없음 • **팽창 계수가 보통 강보다 작음** • 시간이 지남에 따른 치수 변화 없음

ⓒ 고속도 공구강
  ⓐ 18%텅스텐, 4%크로뮴, 1%바나듐이고 탄소를 0.8~1.5% 함유
  ⓑ 절삭 공구강의 일종
  ⓒ 500~600℃까지 가열하여도 뜨임에 의한 연화 없음
  ⓓ 고온에서도 경도 감소 적음

고속도 공구강	
종류	주요 특징 및 용도
텅스텐(W)계 고속도강	• 고속도강의 표준적 조성 • 풀림 처리를 하면 경도가 낮아짐 • 어떤 형상의 공구 제작도 용이 • 담금질한 후 뜨임 처리를 하면 고온 경도, 내마모성 크게 향상 • 기본 조성 : 18%W·4%Cr·1%V
몰리브데넘 고속도강	• 텅스텐(W)의 양을 줄이고 대신에 강에서 석출 경화를 일으키는 몰리브데넘(Mo)과 바나듐을 첨가하여 **복합 탄화물의 생성으로** 경화된 고속도 공구 • 가격 저렴, 비중 작음, 인성 높음 • 담금질 온도가 낮아 열처리가 용이

용어정의

탄소 공구강
구조강에 비하여 탄소가 많이 들어 있는 공구를 만드는데 쓰는 강철. 압착 가공을 한 다음 열처리를 한 것으로 굳고 세며 잘 견디는 특성이 있음

팽창 계수(팽창률)
물체가 온도 1℃ 상승할 때마다 증가하는 길이 또는 체적과 원래 길이 또는 체적의 비

ⓔ 경질 공구용 합금

경질 공구용 합금	
종류	주요 특징 및 용도
소결 초경합금 (sintered hard metal)	• 탄화 텅스텐(WC), 탄화 타이타늄(탄화 티탄 : TiC), 탄화 탄탈럼(TaC) 등의 미세한 분말 형태의 금속을 코발트(Co)로 소결한 탄화물 소결 공구
주조 경질 합금 (casted hard metal)	• 스텔라이트(stellite) : 코발트를 주성분으로 하는 코발트-크로뮴-텅스텐-탄소(Co-Cr-W-C)계의 합금 • 금형 주조에 의하여 일정한 형상으로 만들어 연삭하여 사용하는 경질 주조 합금 공구재료 • 상온에서는 담금질한 고속도강보다 다소 연하지만 600℃ 이상에서는 고속도강보다 경도가 높아 절삭 능력이 좋지만 취약하여 충격으로 쉽게 파손

③ 내식·내열용 합금강
  ㉠ 내식강
    ⓐ 금속의 **부식** 현상을 개선하기 위하여 부식에 강하거나 표면에 보호막을 형성하여 부식이 내부로 진행하지 않도록 내식성을 부여한 강
    ⓑ **스테인리스강**(stainless steel)
    ⓒ 성분에 따라 크로뮴(Cr)계, 크로뮴-니켈(Cr-Ni)계로 구분
    ⓓ 금속 조직에 따라 페라이트(ferrite)계, 마텐자이트(martensite)계, 오스테나이트(austenite)계로 분류

스테인리스강	
종류	주요 특징 및 용도
페라이트계 스테인리스강 (고Cr계)	• 크로뮴은 페라이트에 고용되어 내식성 증가 • 일반적으로 크로뮴 13%인 것과 크로뮴 18%인 것을 사용 • 탄소 함유량 0.12% 이하로 담금질 효과가 없는 페라이트 조직 • 페라이트계 스테인리스강 연마 표면 → 공기, 수증기 내식성 우수 • 내산성이 오스테나이트계에 비하여 작고 담금질 상태에서는 내식성 우수
오스테나이트계 스테인리스강 (고Cr, 고Ni계)	• 18-8 스테인리스강 : 표준 조성은 (Cr)18%, (Ni)8% • 고크로뮴계보다도 내식성과 내산화성 더 우수 • 상온에서 오스테나이트 조직으로 변하여 가공성이 좋음 • 18-8 스테인리스강의 입계 부식 : 600~800℃에서 단시간 내에 탄화물이 결정립계에 석출되어 입계 부근의 내식성이 저하되어 점진적으로 부식 • 입계부식 방지 : 고온에서 담금질하여 탄화물을 고용 • 화학 공업, 건축, 자동차, 의료기기, 가구, 식기 등에 사용

용어정의
부식
금속이 가스 또는 수용액에 의하여 녹슬거나 산화물질로 변화하여 금속 표면이 점차적으로 소모되어 들어가는 현상

스테인리스강
크로뮴과 탄소 외에 용도에 따라 니켈, 텅스텐, 바나듐, 구리, 규소 등의 원소를 함유한 내식성 강철. 녹이 슬지 않고 약품에도 부식되지 않는다.

마텐자이트계 스테인리스강 (고Cr, 고C계)	• 이 합금은 12~17%의 크로뮴(Cr)과 충분한 탄소를 함유하여 담금질한 후에 뜨임 처리하여 마텐자이트 조직 형성 • 높은 강도와 경도를 목적으로 하였기 때문에 내식성이 고크로뮴(Cr)계 및 고크로뮴-니켈(Cr-Ni)계에 비하여 나쁘다. • 인장 강도는 열처리에 의하여 어느 정도 조정 가능 • 담금질 온도는 크로뮴(Cr)의 함유량이 많을수록 높으며, 크로뮴 함유량이 높기 때문에 공기 중에서 냉각하여도 마텐자이트를 얻을 수 있고 계속하여 뜨임 가능 • 페라이트계에 비하여 내식성이 좀 떨어지지만 강도가 크므로 일반 구조용과 내식 공구 등에 사용

ⓒ 내열강
  ⓐ 고온에서 산화 또는 가스 침식에 견디며, 사용 중에 조직의 변화를 일으키지 않고 기계적 성질 유지
  ⓑ 크로뮴, 규소, 알루미늄, 니켈 : 내열, 내산화성 개선
  ⓒ 텅스텐, 코발트, 몰리브데넘 : 고온 강도 향상
  ⓓ 조직에 따른 분류 : 페라이트계의 크로뮴강, 오스테나이트계 크로뮴-니켈강
  ⓔ 오스테나이트계는 상당히 높은 온도까지 사용하지만, 페라이트계는 비교적 낮은 온도 범위에서 사용

④ 특수 목적용 합금강
  ㉠ 쾌삭강
    ⓐ 쾌삭강 : 가공재료의 피삭성을 높이고, 절삭 공구의 수명을 길게 하기 위하여 요구되는 성질을 부여한 강재
    ⓑ 절삭 중 절삭되어 나오는 칩(chip) 처리 능률을 높이고, 가공면의 정밀도와 표면 거칠기 등 향상
    ⓒ 강에 황(S), 납(Pb), 흑연을 첨가하여 절삭성 향상
    ⓓ 가공 후 고온에서 확산풀림 열처리 후 사용

쾌삭강	
종류	주요 특징 및 용도
황 쾌삭강	• 탄소강에 황 0.1~0.25% 증가시켜 쾌삭성을 높인 것 • 황은 망가니즈와 화합하여 황화물을 형성하여 절삭성 향상 • 인(P)을 첨가하면 인성은 다소 저하하나 절삭성을 높이는 데 유용 • 경도를 고려하지 않는 정밀 나사의 작은 부품용 사용
납 쾌삭강	• 탄소강 또는 합금강에 납(Pb)을 0.10~0.30% 첨가 • 절삭성을 크게 향상시킨 합금강 • 약간의 납은 기계적 성질에 큰 영향을 끼치지 않으므로 납 쾌삭강은 보통의 강과 같이 열처리를 하여 사용 • 자동차 중요 부품 제작에 대량 생산용으로 널리 사용

○ 스프링강
  ⓐ 탄성 한도와 항복점이 높고 충격이나 반복 응력에 잘 견디는 성질이 요구되는 스프링을 만드는데 사용되는 재료
  ⓑ 탄소를 0.5~1.0% 함유한 고탄소강 사용
  ⓒ 고탄소강의 사용 목적에 맞게 담금질과 뜨임을 하거나 경강선, 피아노선을 냉간 가공하여 경화시켜 탄성 한도를 높임
  ⓓ 판 스프링, 선 스프링 등 고성능이 요구되는 것은 고탄소강 사용
  ⓔ 대부분은 규소-망가니즈강, 규소-크로뮴강, 크로뮴-바나듐강, 망가니즈-크로뮴강 등의 합금강 사용

ⓒ 베어링강
  ⓐ 베어링은 동력을 전달하는 회전축과 접촉하므로 베어링강은 내마멸성과 강성이 요구됨
  ⓑ 고탄소-크로뮴강으로 표준 조성이 1.0% 탄소, 1.5% 크로뮴
  ⓒ 고탄소-크로뮴강은 탄화물의 구상화가 용이하나 베어링으로서의 내마멸성을 향상시키기 위하여 완전 구상화 처리

② 철심재료
  ⓐ 순철, 규소강, 철-규소-알루미늄 합금 등은 투자율과 전기저항이 크고, **보자력, 이력 현상(hysterisis)** 등이 작음
  ⓑ 전동기, 발전기, 변압기 등의 철심재료로 사용
  ⓒ 순도가 높은 순철은 우수한 자성을 띠지만 고유 전기저항과 강도가 작고 제련하기가 어려워 공업용 철심으로 사용하기에는 부적당
  ⓓ 탄소강에 규소를 첨가한 규소강은 규소의 탈산작용으로 자성을 나쁘게 하는 산소를 제거하여 자성이 개선되며, 전기저항도 향상되어 철심재료로 많이 사용
  ⓔ 규소의 함유량에 따른 철심용 재료의 용도

  - 1.5% 규소 : 발전기 또는 전동기의 철심
  - 1.5~2.5% 규소 : 발전기의 발전자, 유도 전동기의 회전자
  - 2.5~3.5% 규소 : 유도 전동기의 고정자용 철심, 변압기 및 발전기의 철심
  - 3.5~4.5% 규소 : 변압기의 철심, 전화기

◎ 영구 자석강
  ⓐ 영구 자석강으로 사용하는 강은 보자력과 잔류 자기가 크고 투자율이 작은 것 필요
  ⓑ 온도 변화, 기계적 진동, 자기장 변화 등의 영향에 의하여 쉽게 자기의 강도를 감소시키지 않고 점성이 강하며 가공이 쉬워야 한다.

■ 용어정의

보자력 [coercive force, 保磁力]
자화된 자성체의 자화도를 0으로 만들기 위해 걸어주는 역자기장의 세기이다. 이 값은 물질에 따라 고유한 값을 가지며, 영구 자석으로 사용할 물질은 이 값이 클수록 좋다. 항자기력이라고도 한다.

이력 곡선 [Hysteresis Loop, Hysteresis Curve, 履歷曲線]
자계의 세기의 증감에 따라 발생하는 자속밀도의 이력현상을 나타내는 곡선

★ 꼭찝어 어드바이스

경질 자석의 종류
알니코 자석, 페라이트 자석, ND 자석

연질 자석의 종류
센더스트, 규소강판

ⓒ 영구 자석용 재료를 분류하면 담금질 경화형 영구 자석강, 석출 경화형 영구 자석강, 미립자형 영구 자석강 등
ⓑ 전기저항용 합금
  ⓐ 내열성, 전기 비저항이 크고 연성이 풍부하며 고온 강도가 큼
  ⓑ 일반적으로 많이 사용하는 전기저항용 재료 니켈-크로뮴계 합금 및 철-크로뮴계 합금

전기저항용 합금	
종류	주요 특징 및 용도
니켈-크로뮴계 합금	• 니켈-크로뮴계 합금은 전기저항이 크고 내식성 및 내열성 우수 • 1,100℃ 정도의 고온까지 사용 • 니크롬(nichrome)이라고 불림 • 크로뮴 함유량이 증가함에 따라 합금의 전기 비저항이 증가하며, 약 40% 크로뮴에서 최대
철-크로뮴계 합금	• 철-크로뮴계 합금은 값이 비싼 니켈 대신에 철과 알루미늄을 사용한 전열 합금 • 내열성과 전기저항을 높이기 위하여 2~6%의 알루미늄(Al)을 첨가 • 니켈-크로뮴계 합금에 비하여 전기저항이 20~40% 높으며 내식성과 내열성이 우수하고 최고 1,200℃까지 사용

ⓐ 불변강 : 주변의 온도가 변화하더라도 재료가 가지고 있는 열팽창 계수나 탄성 계수 등의 특성이 변하지 않는 강

불변강	
종류	주요 특징 및 용도
인바 (invar)	• 탄소 0.2% 이하, 니켈 35~36%, 망가니즈 0.4% 정도의 조성 • 200℃ 이하의 온도에서 열팽창 계수가 현저하게 작은 것이 특징 • 줄자, 표준자, 시계추 등의 재료
엘린바 (elinvar)	• 약 36%의 니켈, 약 12%의 크로뮴(Cr), 나머지는 철로 조성 • 온도 변화에 따른 탄성률의 변화가 매우 작음 • 지진계 및 정밀기계의 주요 재료에 사용
초인바 (superinvar)	• 약 36%의 니켈, 약 11%의 코발트(Co), 나머지는 철로 조성 • 온도 변화에 따른 탄성률의 변화가 매우 작고, 공기나 물 속에서 부식되지 않음 • 특수용 스프링, 기상 관측용 기구 부품의 재료에 사용
플래티나이트	• 약 46%의 니켈, 나머지는 철로 조성 • 열팽창계수가 백금과 거의 동일 • 전구의 도입선 등에 사용

용어정의

비저항
단면적이 같은 등질의 전기 도체가 갖는 전기저항의 비율. 각각의 물질에 따라 일정한 상수로 나타낸다.

3. 마레이징강(maraging steel)

① 특징
  ㉠ 탄소 함유량 미비, 일반적인 담금질에 의해서 경화되지 않는다는 점에서 기존의 강과는 다른 초고장력강(ultra high strength steel)
  ㉡ 탄소량이 매우 적은 마텐자이트 기지를 용체화처리와 시효(aging) 처리하여 생긴 금속간 화합물의 석출에 의해 경화
  ㉢ 탄소 : 마레이징강에서는 불순물이므로 가능한 한 양이 적을수록 좋음
  ㉣ 시효 경화하기 전에 필히 상온까지 냉각
  ㉤ 냉각 부족 시 잔류 오스테나이트를 함유하게 되어 예상하는 강도 및 경도 형성 불가
  ㉥ 탄소량은 극히 적기 때문에 형성된 마텐자이트는 비교적 연성이 크며, 재가열해도 뜨임 반응 없다.

② 18[%] Ni 마레이징강
  ㉠ 오스테나이트화 온도로부터 냉각 시에 마텐자이트로 변태
  ㉡ 마텐자이트 형성은 냉각속도와 무관하므로 두께가 큰 부품도 공랭으로써 완전한 마텐자이트 조직 생성
  ㉢ M_s 온도 : 약 155℃, M_f 온도 : 약 98℃

개념잡기

고속도강의 대표 강종인 SKH2 텅스텐계 고속도강의 기본 조성으로 옳은 것은?

① 18%Cu-4%Cr-1%Sn
② 18%W-4%Cr-1%V
③ 18%Cr-4%Al-1%W
④ 18%W-4%Cr-1%Pb

표준 고속도강의 주요 성분은 18%W · 4%Cr · 1%V이다.   **답 ②**

개념잡기

공구강의 구비조건으로 틀린 것은?

① 마멸성이 클 것
② 열처리가 용이할 것
③ 열처리변형이 작을 것
④ 상온 및 고온에서 경도가 클 것

공구강은 마멸에 견디는 내마멸성이 커야 한다.   **답 ①**

개념잡기

특수강에서 다음 금속이 미치는 영향으로 틀린 것은?

① Si : 전자기적 성질을 개선한다.
② Cr : 내마멸성을 증가시킨다.
③ Mo : 뜨임 메짐을 방지한다.
④ Ni : 탄화물을 만든다.

> Ni
> 오스테나이트 구역 확대 원소로 내식, 내산성이 증가하며, 시멘타이트를 불안정하게 만들어 흑연화를 촉진시킨다.
>
> 답 ④

개념잡기

마레이징(Maraging) 강의 열처리 방법으로 옳은 것은?

① 담금질과 뜨임처리를 한다.
② 뜨임과 풀림처리를 한다.
③ 항온처리와 풀림처리를 한다.
④ 용체화처리와 시효처리를 한다.

> 마레이징강의 열처리
> 마텐자이트+에이징(시효)으로 탄소를 거의 함유하지 않고 일반적인 담금질에 의해 경화되지 않으므로 오스테나이트화 온도로부터 상온까지 냉각하여 마텐자이트로 변태시키고 시효 경화를 통해 강도와 경도를 증가시키는 열처리를 의미
>
> 답 ④

3. 강의 열처리

1. 탄소강의 열처리 기초

① 열처리 : 고체 금속을 적당한 온도로 가열한 후에 적당한 속도로 냉각시켜 그 성질을 향상시키고 개선을 꾀하는 조작

② 열처리의 기초적인 요인
- ㉠ 적당한 가열 온도의 설정 : 변태점, 고용한도
- ㉡ 가열 속도 : 급속한 가열, 서서히 가열
- ㉢ 적당한 온도 범위 : 임계구역, 위험구역
- ㉣ 적당한 냉각속도 : 급랭, 서랭

> 참고
> **열처리법의 분류**
> ① **일반 열처리** : 불림(노멀라이징), 풀림(어닐링), 담금질(퀜칭), 뜨임(템퍼링)
> ② **항온 열처리** : 오스템퍼링, 마템퍼링, 마퀜칭
> ③ **표면 경화 열처리** : 침탄법, 질화법, 화염 경화법, 고주파 경화법

2. 담금질

① 강의 강도나 경도를 높이기 위하여 강을 오스테나이트 조직으로 될 때까지 $A_1 \sim A_3$변태점보다 30~50℃ 높은 온도로 가열한 후 물이나 기름에 급랭하여 마텐자이트 변태가 생기도록 하는 조직

② 냉각속도에 따라(빠른-느린)
   : 오스테나이트 〉 마텐자이트 〉 트루스타이트 〉 소르바이트

③ 경도에 따라(강함-약함)
   : 마텐자이트 〉 트루스타이트 〉 소르바이트 〉 오스테나이트

④ 탄소량이 많거나 냉각속도가 빠를수록 담금질 효과가 큼

3. 뜨임

① 적당한 강인성을 주기 위해서 A_1변태점 이하의 온도에서 재가열하는 열처리

② 목적
- ㉠ 조직 및 기계적 성질을 안정화시키기 위함
- ㉡ 경도는 조금 낮아지나 인성을 좋게 하기 위함
- ㉢ 잔류 응력을 감소시키거나 제거하고 탄성 한계, 항복강도가 향상시키기 위함

> 참고
> **풀림의 종류**
> ① **완전 풀림** : 강을 연하게 하여 기계 가공성을 향상시키기 위한 것
> ② **응력 제거 풀림** : 내부 응력을 제거하기 위한 것
> ③ **구상화 풀림** : 기계적 성질을 개선하기 위한 것

4. 풀림

① 방법 : $A_1 \sim A_3$ 변태점보다 30~50℃ 높은 온도로 가열하여 오스테나이트로 변환시킨 후 노나 재 속에서 서서히 냉각시켜 연화시키는 작업

② 풀림 처리하는 목적
　㉠ 주조, 단조, 기계 가공에서 생긴 내부 응력을 제거하기 위함
　㉡ 열처리로 말미암아 경화된 재료를 연화시키기 위함
　㉢ 가공 또는 공장에서 경화된 재료를 연화시키기 위함
　㉣ 금속 결정 입자의 균일화하고 미세화시키기 위함

5. 불림

① 방법 : A_1~A_{cm}변태점보다 40~60℃ 정도의 높은 온도로 가열하여 균일한 오스테나이트 조직으로 개선한 후에 공기 중에서 냉각시키는 작업
② 목적 : 단조된 재료나 주조된 재료내부에 생긴 내부 응력을 제거하거나 결정 조직을 균일화시키는데 있음

6. 심랭처리

① 방법 : 담금질한 강을 실온까지 냉각한 다음 다시 계속하여 실온 이하(영하 50~70℃)의 마텐자이트 변태 종료 온도까지 냉각
② 목적 : 잔류 오스테나이트를 마텐자이트로 변태
③ 후처리 : 심랭처리 후 반드시 뜨임 실시

7. 강의 열처리에서 냉각속도의 영향

① 질량 효과 : 질량이 무거운 제품을 담금질할 때, 질량이 큰 제품일수록 내부의 열이 많기 때문에 천천히 냉각되고 그 결과 조직과 경도가 변하는 현상
② 형상 효과 : 제품의 생긴 모양이나 위치에 따라 냉각속도가 달라 열처리 효과가 다른 현상
③ 크기 효과 : 제품의 크기에 따라 냉각속도가 변하는 현상
④ 냉각능 : 냉각하는 물질인 물, 공기, 기름이 강을 냉각하는 능력

8. 강의 취성(메짐)

① 청열 취성 : 200~300℃에서 연강은 상온에서보다 연신율은 낮아지고 강도와 경도는 높아진다. 곧, 이 온도 범위에서 강은 부스러지기 쉬운 성질을 가지게 되는 현상으로 인(P)으로 인하여 발생
② 저온 취성 : 온도가 낮아짐에 따라 강도가 급격히 증가하면서 인성이 저하하는 현상

> 참고
① CCT 처리 : 고온에서부터 연속적으로 냉각하는 방법 하여 금속 조직을 변화시키는 방법
② TTT 처리 : 고온에서 냉각하는 도중에 어떤 임의의 온도에서 일정시간 정지하였다가 다시 냉각하는 방법

> 참고
각종 심랭 처리용 냉각제
① 소금 24.8% + 얼음 75.2%
② 에테르 + 드라이아이스
③ 액체 산소
④ 액체 질소

③ 고온 취성(적열 취성) : 적열상태에서 FeS가 존재할 때 가열로 인하여 용해되어 강의 결정 사이의 응집력을 파괴하여 취성이 발생하는 현상
④ 뜨임 취성 : 500~600℃ 사이에서 담금질 후 뜨임을 하면 충격값이 감소하는 현상

9. 표면 경화 열처리

① **표면 경화 열처리** : 금속의 표면부만 전혀 다른 조성으로 변화시키거나, 조성은 변화시키지 않더라도 성질을 변화시켜 재료의 표면 성질을 개선하는 방법

② **분류**
  ㉠ 화학적 방법 : 침탄법, 질화법, 침탄 질화법
  ㉡ 물리적 방법 : 화염 경화법, 고주파 경화법, 금속 용사법

③ **표면 경화 열처리의 종류**
  ㉠ 침탄법 : 표면에 탄소를 침투시키는 방법
  ㉡ 질화법 : 강철을 암모니아가스와 같이 질소를 함유한 물질 속에서 500℃ 정도로 50~100시간 가열하여 질소 화합물을 만들어 표면을 경화하는 방법
  ㉢ 청화법(침탄질화법) : NaCN, KCN을 용융시킨 고온의 염욕로에 20~60분간 넣어 침탄과 질화를 동시에 하는 것
  ㉣ 화염 경화법 : 산소와 아세틸렌가스 등의 화염으로 일부를 가열한 뒤에 공기 제트나 물로 냉각시키는 방법
  ㉤ 고주파 경화법 : 가열물의 표면만을 담금질 온도로 가열하기 위해 고주파 유도 전류를 이용하여 표면층을 가열한 뒤에 급랭하는 방법

10. 금속 침투법

① **금속 침투법** : 제품을 가열하여 표면에 다른 종류의 금속을 피복시키는 동시에, 확산에 의하여 합금 피복층을 얻는 방법

② **종류**

명칭	침투금속	성질
세라다이징	Zn	내식성, 방청성
크로마이징	Cr	내식성, 내열성, 내마모성, 경도 증가
칼로라이징	Al	고온산화방지, 내열성
보로나이징	B	내식성, 경도 증가
실리코나이징	Si	내산성, 내열성

기타 표면 경화법
① **금속 용사법** : 강의 표면에 용융 또는 반용융 상태의 미립자를 고속으로 분사시키는 방법
② **하드 페이싱** : 금속 표면에 스텔라이트, 초경합금 등의 금속을 용착시켜 표면 경화층을 만드는 방법
③ **숏 피닝** : 금속재료의 표면에 강이나 주철의 작은 입자를 고속으로 분사시켜, 표면층을 가공 경화에 의하여 경도를 높이는 방법

4 ▶ 주철과 주강 ★★★

(5년간 17문항 출제, 회당 평균 1.3문항 출제, 출제율 130.8%)

1. 주철의 정의

① 주철(cast iron)은 탄소 함유량이 2.0~6.67%인 철 합금으로 규소, 망가니즈, 인, 황 등을 함유하고 있는 합금
② 장점 : 용융점이 낮고 주조성이 우수하여 복잡한 형상도 쉽게 주조, 값이 저렴하여 널리 사용
③ 단점 : 탄소강에 비하여 취성이 크고 소성 변형 어려움
④ 일반적으로 주철은 탄소를 2.5~4.6% 함유
⑤ 주철의 조직은 **유리 탄소**(free carbon), **흑연**(graphite), **화합 탄소**(combined carbon)로 구성
⑥ 주철의 탄소 함유량은 보통 흑연과 화합 탄소를 합한 전체의 탄소 함유량으로 나타냄

2. 주철의 성질과 조직

① 주철의 성질

성질	내용
물리적 성질	• 화학 조성과 조직에 따라 크게 다르다. • 비중, 용융점 : 규소와 탄소가 많을수록 작다. • 조직에서 흑연의 분포가 클수록 전기 전도도 및 열전도도 나빠진다.
화학적 성질	• 주철은 염산, 질산 등의 산에 약하지만 알칼리에는 강하다. • 내식성이 좋아 상수도용 관으로 많이 사용된다(그러나 물살이 빨라 마찰 저항이 커지는 곳은 쉽게 침식).
기계적 성질	• 주철의 기계적 성질은 흑연의 모양과 분포 등에 의하여 크게 영향을 받는다. • 주철은 경도를 측정하여 그 값에 따라 재질을 판단한다.
고온 성질	• 주철의 성장 : 600℃ 이상의 온도에서 가열과 냉각을 반복하면 부피가 증가하여 파열되는 현상 • 내열성 : 주철은 400℃ 정도까지는 상온에서와 같은 내열성을 가지지만, 400℃를 넘으면 강도가 점차 저하되고 내열성도 나빠진다. • 일반적으로, 주철의 내마멸성은 고온에서도 우수하므로 자동차 내연 기관의 실린더, 실린더 라이너, 피스톤 링 등의 재료로 많이 사용
주조성	• 유동성 : 철을 용해한 후 주형에 주입할 때 주철 쇳물이 흐르는 정도 • 주철은 탄소, 인, 망가니즈 등의 함유량이 많을수록 유동성이 좋아지지만 황은 유동성 저하 • 수축 : 냉각 응고 시에는 부피가 수축되며, 응고 후에도 온도의 강하에 따라 수축

용어정의

유리 탄소
[遊離炭素, free carbon]
주철에 있어서 시멘타이트형의 탄소를 화합 탄소라는 데 대해 흑연으로서 유리하고 있는 탄소를 말한다. 백선 중의 탄소는 화합 탄소이고 회주철 중의 탄소는 대부분 유리 탄소이다.

흑연
탄소의 동소체 중 하나이다. 천연에서 산출되기도 하고, 인공적으로 제조되기도 한다. 흑연의 영어 이름인 Graphite는 "(글 따위를) 쓰다"라는 뜻을 가진 그리스어 Graphein에서 나왔다.

화합 탄소
주철의 조직에서 화합 상태의 펄라이트 또는 시멘타이트로 존재하는 결정체

꼭찍어 어드바이스

주철 성장의 원인
• 시멘타이트의 흑연화에 의한 팽창
• 페라이트 중에 고용되어 있는 규소의 산화에 의한 팽창
• A_1 변태점(723℃) 이상의 온도에서 부피 변화로 인한 팽창
• 불균일한 가열로 생기는 균열에 의한 팽창, 흡수한 가스에 의한 팽창 등

용어정의

감쇠능
일반적으로 어떠한 물체에 진동을 주면 진동 에너지가 그 물체에 흡수되어 점차 약화되면서 정지한다. 이와 같이 물체가 진동을 흡수하는 능력을 진동의 감쇠능이라고 한다.

감쇠능	• 회주철은 편상 흑연이 있어 진동을 잘 흡수하므로 진동을 많이 받는 방직기의 부품이나 기어, 기어 박스, 기계 몸체 등의 재료로 많이 사용
피삭성	• 흑연의 윤활작용은 절삭 칩을 쉽게 파쇄하는 효과 • 주철의 절삭성은 매우 좋음 • 경도와 강도가 높아지면 절삭성 저하

② 주철의 조직

㉠ 주철의 파단면에 따른 분류

종류	내용
회주철	• 주철의 조직 중에 흑연이 많을 경우 탄소가 전부 흑연으로 변하여 그 파단면의 광택이 회색을 띰 • 일반적으로 주물 두께가 두껍고 규소의 양이 많은 경우, 응고 시 냉각 속도가 느린 경우 회주철 생성
백주철	• 주철의 조직에서 흑연의 양이 적어 대부분의 탄소가 화합 탄소인 시멘타이트로 구성된 것 • 파단면이 흰색을 띤 백주철
반주철	• 주철의 조직에서 시멘타이트와 흑연이 혼합되어 백주철과 회주철의 중간 상태로 존재하여 파단면에 반점이 있는 반주철

㉡ 주철 조직의 상과 특성

종류	내용
흑연	• 연하고 메짐성이 있어 인장 강도 저하 • 흑연의 양과 크기 및 모양, 분포 상태에 따라 주조성, 내마멸성, 절삭성, 인성 등을 좋게 하는 데 영향 • 흑연을 구상화하면 흑연이 철 중에 미세한 알갱이 상태로 존재하여 주철을 탄소강과 유사한 강인한 조직 생성
시멘타이트	• 주철 조직 중 가장 단단하며 경도 HV=1,100 정도 • 시멘타이트의 양이 증가하고 흑연 생성이 없어져 시멘타이트로 조직이 변화되면 백주철이 되어 매우 단단하지만 절삭성이 크게 저하
페라이트	• 페라이트는 철을 고용한 고용체 • 주철에서는 규소의 양이 대부분을 차지, 일부의 망가니즈 및 극히 소량의 탄소를 함유
펄라이트	• 펄라이트는 단단한 시멘타이트와 연한 페라이트가 층상으로 혼합된 조직 • 양자의 중간 정도의 성질, 회주철에는 대체로 펄라이트를 바탕으로 흑연과 조합을 이룸

ⓒ 마우러의 조직도 : 탄소 및 규소의 양, 냉각속도의 관계

영역	조직	주철의 종류
Ⅰ	펄라이트+시멘타이트	백주철(극경주철)
Ⅱ	펄라이트+시멘타이트+흑연	반주철(경질주철)
Ⅱ$_a$	펄라이트+흑연	펄라이트주철(강력주철)
Ⅱ$_b$	펄라이트+페라이트+흑연	회주철(주철)
Ⅳ	페라이트+흑연	페라이트주철(연질주철)

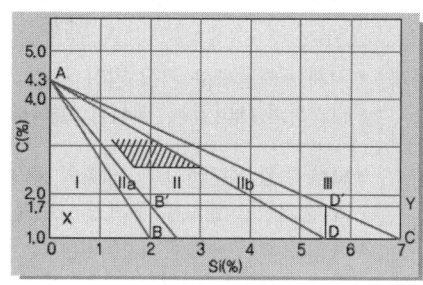

마우러의 조직도

3. 주철의 종류와 용도

① 보통 주철(ordinary cast iron)
  ㉠ 회주철을 대표하는 주철
  ㉡ 조성 : 탄소 3.2~3.8%, 규소 1.4~2.5%, 망가니즈 0.4~1.0%, 인 0.3~0.8%, 황 0.01~0.12% 미만
  ㉢ 인장 강도 : 98~196MPa
  ㉣ 조직 : 주로 편상 흑연과 페라이드, 약간의 펄라이트 함유
  ㉤ 특징 : 기계 가공성이 좋고 경제적이다.
  ㉥ 사용 : 일반 기계 부품, 수도관, 난방기, 공작 기계의 베드(bed), 프레임(frame) 및 기계 구조물의 몸체 등

② 고급 주철(high grade cast iron)
  ㉠ 인장 강도가 245MPa 이상인 주철
  ㉡ 강력하고 내마멸성이 요구되는 곳에 이용
  ㉢ 조직 : 흑연이 미세하고 균일하게 활 모양으로 구부러져 분포되어 있으며, 바탕이 펄라이트 조직 (펄라이트 주철이라고도 함)
  ㉣ 미하나이트 주철 : 연성과 인성이 매우 크며 두께의 차에 의한 성질의 변화가 매우 적다.
  ㉤ 사용 : 자동차의 피스톤 링 등에 사용

용어정의

합금 주철
물리적·화학적 성질, 기계적 성질을 좋게 하기 위하여 특별히 합금 원소를 넣어 만든 주철. 니켈·크로뮴·몰리브데넘·구리 등을 넣어 고장력·내마모성·내열성 등의 특성을 가지도록 만듦

구상 흑연 주철
주철의 조직 속에 주로 납작한 모양의 흑연을 둥근 모양으로 변화시켜 더욱 단단하게 만든 주철. 마그네슘 등의 원소를 첨가하여 만드는데 강도와 가소성이 높음

미하나이트 주철
미국의 미한(Meehan, G.E.)이 1922년에 발명한 강인 주철의 하나. 시멘타이트 또는 펄라이트 일부분을 남겨서 적당한 강도와 경도 등을 유지하게 한 것으로 강도를 필요로 하는 기계 부품 등에 쓰인다.

③ 합금 주철(alloy cast iron)
  ㉠ 합금강의 경우와 같이 주철에 특수 원소를 첨가하여 보통 주철보다 기계적 성질을 개선하거나 내식성, 내열성, 내마멸성, 내충격성 등의 특성을 가지도록 한 주철
  ㉡ 고력 합금 주철
    ⓐ 보통 주철에 니켈(Ni)을 0.5~2.0% 첨가하거나 여기에 약간의 크로뮴, 몰리브데넘을 배합(강도 향상)
    ⓑ 일반 공작 기계 및 자동차용 주물로 사용

종류	내용
니켈-크로뮴계 주철	• 기계 구조용으로 가장 많이 사용 • 강인하며 내마멸성, 내식성, 절삭성 우수
침상 주철 (acicular cast iron)	• 보통 주철 성분에 0.7~1.5%의 몰리브데넘, 0.5~4.0%의 니켈을 첨가하고 별도로 구리와 크로뮴을 소량 첨가 • 흑연은 보통 주철과 같은 편상 흑연이나 조직이 베이나이트의 침상 조직으로 인장 강도가 440~640MPa • 경도가 HB=300 정도로 강인하며 내마멸성도 우수 • 크랭크축, 캠축, 실린더 압연용 롤 등의 재료

  ㉢ 내마멸성 합금 주철
    ⓐ 크로뮴, 몰리브데넘, 구리 등의 원소를 하나 또는 둘 이상 소량 첨가한 주철 → 내마멸성 더욱 향상
    ⓑ 탄소 및 규소의 함유량을 낮게 → 유리 시멘타이트나 인화철(Fe_3P)을 균일하게 분산 → 내마멸성 향상(대형 디젤 기관의 실린더 라이너 사용)
  ㉣ 내열 주철
    ⓐ 내산화성, 내성장성, 고온 강도를 향상시킨 주철(보통 주철은 400℃ 정도의 고온까지는 강도가 유지 → 600℃ 이상 고온에서는 주철 성장)
  ㉤ 내식 내열 주철
    ⓐ 조성 : 주철에 규소 5~6%, 크로뮴 1~2%, 알루미늄 7~9%를 첨가 → 내열성, 내식성 향상(단, 여리고 절삭 어려움)
    ⓑ 니켈을 함유시킨 내식-내열 주철은 고가 페라이트계의 주철로 대체
    ⓒ 규소를 13~14.5% 함유한 규소 주철은 내산성이 우수(절삭 가공 불가능 → 그라인더(연삭로 가공한다)
  ㉥ 특수 주철
    ⓐ 보통 주철이나 합금 주철에 비하여 기계적인 성질이 뛰어난 주철을 얻기 위하여 배합 성분이나 주조 처리 및 열처리 등의 특별한 방법으로 제조

용어정의

크랭크축
크랭크에 의하여 회전되는 회전축

캠축
배기 밸브를 개폐하기 위한 캠이 붙어 있는 회전축

종류	내용
가단주철 (malleable cast iron)	• 백주철을 장시간 열처리하여 탄소를 분해시켜 탈탄 또는 흑연화하여 강도와 연성을 향상시킨 주철 • **흑심 가단주철** : 저탄소, 저규소의 백주철을 풀림 상자 속에서 2단계의 열처리 공정을 거쳐 시멘타이트를 분해시켜 흑연을 입상으로 석출시킨 것 • **백심 가단주철** : 표면에서 내부까지 탈탄이 되어 표면이 페라이트로 변하여 연해지고, 내부로 들어갈수록 펄라이트가 많아져 풀림 처리에 의한 흑연과 시멘타이트가 남아 굳은 조직이 되어 가단성을 부여한 것 • **펄라이트 가단주철** : 흑심 가단주철 공정에서 제1단계의 흑연화 처리만 한 다음 500℃ 전후로 서랭하고, 다시 700℃ 부근에서 20~30시간 유지하여 필요한 조직과 성질을 얻는 것
구상 흑연 주철	• 용융 상태의 주철 중에 마그네슘, 세륨 또는 칼슘 등을 첨가하여 편상 흑연을 구상화한 것 → 주철의 강도와 연성 등 개선 • 노듈러 주철(nodular cast iron), 덕타일 주철(ductile cast iron) 등으로 불림 • 강인하고 주조 상태에서 구조용 강이나 주강에 가까운 기계적 성질을 얻을 수 있음 • 열처리에 의하여 조직을 개선할 수 있음 • 편상 흑연에 비해 강도, 내마멸성, 내열성, 내식성 등 우수 • 소형 자동차의 크랭크축을 비롯하여 캠축, 브레이크 드럼 등의 자동차용 주물이나 구조용 재료로 널리 사용
칠드 주철	• 보통 주철보다 규소 함유량을 적게하고 적당량의 망가니즈를 첨가한 쇳물을 주형에 주입 → 경도를 필요로 하는 부분에만 칠 메탈(chill metal)을 사용하여 빨리 냉각 → 단단한 칠 층 형성 (해당 부분 조직만 백선화되어 경화) • 칠 현상에 영향을 미치는 원소는 탄소, 규소, 망가니즈 • 탄소 : 칠 깊이를 감소시키지만 경도를 증가 • 규소 : 칠 깊이에 영향을 주며, 규소 함유량이 많아지면 칠 층 저하 • 망가니즈 : 백선 부분, 회주철 부분 사이 반선 부분을 생성 → 칠 깊이 증가(많으면 수축성이 증가하고 균열이 생기기 쉬우므로 망가니즈 함유량 0.4~1.1% 조정)

꼭찝어 어드바이스

구상흑연주철의 구상화제
Mg, Ce, Ca 등

4. 주강의 특성

① **주강품**(steel casting) : 용융된 탄소강 또는 합금강을 주형에 주입하여 만든 제품

② **주강**(cast steel) : 강주물에 사용한 탄소강이나 합금강

③ 주강은 모양이 크고 복잡하여 단조 가공이 곤란하거나 주철 주물보다 강도가 큰 기계재료에 사용
④ 주철에 비하여 용융 온도가 높기 때문에 주조하기가 어렵고 고비용

개념잡기

주철의 기계적 성질에 대한 설명 중 틀린 것은?

① 경도는 C + Si의 함유량이 많을수록 높아진다.
② 주철의 압축강도는 인장강도의 3~4배 정도이다.
③ 고C, 고Si의 크고 거친 흑연편을 함유하는 주철은 충격값이 작다.
④ 주철은 자체의 흑연이 윤활제 역할을 하며, 내마멸성이 우수하다.

주철에서 경도는 탄소와 규소가 많을수록 작아지고 인, 황, 망간이 많을수록 증가한다.

답 ①

개념잡기

주철의 조직을 지배하는 주요한 요소는 C, Si의 양과 냉각속도이다. 이들의 요소와 조직의 관계를 나타낸 것은?

① TTT곡선
② 마우러 조직도
③ Fe-C 평형 상태도
④ 히스테리시스 곡선

마우러 조직도
주철의 조직에 영향을 미치는 주요한 요소는 탄소 및 규소의 양과 냉각속도이다. 이들의 요소와 조직의 변화를 나타내기 위하여 탄소와 규소의 양과 냉각속도에 따라 주철을 백주철, 반주철, 펄라이트주철, 회주철, 페라이트주철로 도식화한 그림

답 ②

개념잡기

보통주철 성분에 1~1.5%Mo, 0.5~4.0%Ni 첨가 외에 소량의 Cu, Cr을 첨가한 것으로서 바탕조직이 침상 조직으로 강인하고 내마멸성도 우수하여 크랭크 축, 캠축 압연용 롤 등의 재료로 사용되는 것은?

① 미하나이트 주철
② 애시큘러 주철
③ 니크로 실랄
④ 니 레지스트

애시큘러 주철(Acicular Cast Iron)
보통주철 + 0.5~4.0%Ni, 1.0~1.5%Mo + 소량의 Cu, Cr 등을 첨가한 것으로 강인하며 내마멸성이 우수하다. 소형엔진의 크랭크축 캠축 실린더 압연용 롤 등의 재료로 사용한다. 흑연이 보통 주철과 같은 편상 흑연이나 조직의 바탕이 침상조직이다.

답 ②

CHAPTER 03 비철 금속재료와 특수 금속재료

📖 단원 들어가기 전

Ⓐ 비철 금속재료는 철을 소재로 한 재료를 제외한 기타 모든 금속재료를 말하는데, 여러 가지 특수한 성질이 요구되는 기계의 구조 및 부품의 재료로 많이 사용하고 있다. 비철 금속재료에는 항공기나 차량 등의 구조물에 사용되는 알루미늄과 그 합금, 내식성이 요구되는 부품이나 열교환기에 쓰이는 구리와 그 합금 등이 있다. 비철 금속재료의 종류와 특성을 알아보자.

📖 빅데이터 키워드

구리와 그 합금, 알루미늄, 마그네슘, 니켈, 아연, 납, 주석, 저용융점 금속,

1 ▶ 구리와 그 합금 ❋❋❋

(5년간 19문항 출제, 회당 평균 1.5문항 출제, 출제율 146.2%)

1. 구리와 구리 합금의 개요

① 전기 및 열전도율이 다른 금속에 비하여 높고 전연성이 좋아 가공이 용이
② 구리 합금은 황동과 청동이 많이 사용
③ 냉·난방 기기, 화학 공업용 급수관, 송유관, 가스관, 기계 부품, 건축 재료, 가구 장식, 화폐 등 이용

2. 구리

① 비중 8.96, 용융점 1,083℃
② 가공성, 내식성 합금성 우수
③ 물리적 성질
  ㉠ 구리의 빛깔은 고유한 담적색 → 공기 중 표면 산화되어 암적색
  ㉡ 전기 전도율과 열전도율이 금속 중에서 은 다음으로 높음
  ㉢ 비자성체
  ㉣ 결정격자 : 면심입방격자(변태점이 없음)

◎ 전기 전도율 : 감소시키는 원소(타이타늄, 인, 철, 규소, 비소 등), 적게 감소시키는 원소(카드뮴, 아연, 칼슘, 납)

④ 기계적 성질
  ㉠ 연하고 가공성이 풍부하여 냉간 가공으로 적당한 강도 부여 가능
  ㉡ 밴드(band), 관, 선, 주발(bowl), 플랜지(flange) 등 사용
  ㉢ 상온에서 가공할 때 가공도에 따라 인장 강도가 증가하여 가공도 70~80% 부근에서 최대(상온 가공 후 풀림 작업 중요)

⑤ 화학적 성질
  ㉠ 구리는 건조한 공기 중에서는 산화하지 않지만, 이산화탄소 또는 습기가 있으면 염기성 황산구리 [$CuSO_4 \cdot Cu(OH)_2$], 염기성 탄산구리 [$CuCO_3 \cdot Cu(OH)_2$]가 생겨 산화(녹청색이 됨)
  ㉡ 맑은 물에는 거의 침식되지 않지만, 소금물에는 빨리 부식되어 염기성 산화물이 생기고 묽은 황산이나 염산에는 서서히 용해

용어정의

구리 합금
순수한 구리보다 주조성, 가공성, 내식성 등 여러가지 성질을 개선하기 위하여 대표적으로 아연이나 주석을 합금하여 사용

황동
구리와 아연의 합금

청동
구리와 주석의 합금

3. 황동

① 황동의 성질
  ㉠ 황동은 구리와 아연의 2원 합금(놋쇠라고도 함)
  ㉡ 구리에 비하여 주조성, 가공성, 내식성 우수
  ㉢ 가장 많이 사용되는 합금은 30~40%아연
  ㉣ 공업용으로 많이 사용 → 봉, 관, 선 등의 가공재 또는 주물 사용

② 물리적 성질
  ㉠ 비중 : 황동에 함유되어 있는 아연의 함유량이 증가함에 순 구리의 8.9에서 50%아연의 황동은 8.29까지 직선적으로 낮아진다.
  ㉡ 전기 전도율, 열전도율 : 40%아연까지의 α고용체 범위에서는 낮아지다가 그 이상이 되어 β상이 나오면 전기 전도율은 다시 증가한다.
  ㉢ 황동선 냉간가공 시 전기 전도율이 저하되며, 아연 함유량이 많을수록 잘 나타난다.
  ㉣ 7-3황동 1,150℃, 6-4황동 1,100℃가 넘으면 아연이 끓는다(용해 시 주의).

③ 기계적 성질
  ㉠ 연신율 : 30% 아연 부근에서 최대, 40~50%아연에서 급격히 감소
  ㉡ 인장 강도 : 아연의 증가와 함께 커지고, 45%아연일 때 최대
  ㉢ 아연이 더 증가하여 γ상이 나타나면 급격히 감소
  ㉣ 상온 가공 : 7-3황동이 강도가 약하며 전연성 우수

ⓜ 고온 가공
  ⓐ 7-3황동 : 600℃ 이상에서 메짐성 생겨 높은 온도에서 가공 부적합
  ⓑ 6-4황동 : 600℃까지는 연신율이 감소, 그 이상이 되면 연신율 급격히 증가 → 300~500℃ 가공을 피하고, 그 이상의 고온에서 가공

④ 화학적 성질
  ㉠ 탈아연 부식 : 불순한 물질 또는 부식성 물질이 녹아 있는 수용액의 작용에 의하여 황동의 표면 또는 깊은 곳까지 탈아연되는 현상
  ㉡ 자연 균열(season cracking)
    ⓐ 가공재(관, 봉 등)의 잔류 응력에 의하여 균열 생성
    ⓑ 응력 부식 균열 : 잔류 응력에만 국한되지 않고 외부에서의 인장 하중에 의해서도 일어나는 균열
    ⓒ 자연 균열 : 저장 중에 갈라지는 현상으로 공기 중의 암모니아나 염소류에 의해 입계부식 및 상온가공에 의한 내부응력 때문에 생긴 균열
  ㉢ 고온 탈아연 : 높은 온도에서 증발에 의하여 황동 표면으로부터 아연이 탈출하는 현상

⑤ 황동의 종류와 용도

종류	내용
톰백 tombac	• 5~20%아연의 황동 • 5%아연 합금 : 순 구리와 같이 연하고 코이닝(coining)이 쉬워 동전이나 메달 등에 사용 • 10%아연 황동 : 톰백의 대표적인 것으로, 딥 드로잉(deep drawing)용 재료, 건축용, 가구용 등에 사용(색깔이 청동과 비슷 청동 대용) • 15%아연 황동 : 연하고 내식성이 좋아 건축용, 금속 잡화, 소켓 체결구 등에 사용 • 20%아연 황동 : 전연성이 좋고 색깔이 아름다워 장식 용품, 악기 등에 사용 • 납을 첨가한 것은 금박의 대용으로도 사용
7-3황동 cartridge brass	• 70%구리-30%아연 합금으로 가공용 황동의 대표 • 연신율이 크고 인장 강도가 매우 높아 판, 막대, 관, 선 등으로 널리 사용 • 자동차용 방열기 부품, 계기 부품, 전구 소켓, 여러가지 일용품, 장식품, 탄피 등으로 가공하여 이용
6-4황동 muntz metal	• 60%구리-40%아연 합금 ($\alpha+\beta$ 조직) • 상온 중 7-3황동에 비하여 전연성이 낮고 인장 강도 큼 • 황동 중에서 아연 함유량이 많아 값이 싸므로 많이 사용 • 내식성이 다소 낮아 판재, 선재, 볼트, 너트, 열교환기, 파이프, 밸브, 탄피 등에 많이 사용

> 꼭집어 어드바이스

탈아연 부식 방지법
0.1~0.5%의 비소나 안티모니, 1% 정도의 주석을 첨가

자연 균열 방지법
도료, 아연 도금 실시, 가공재를 180~260℃로 응력 제거 풀림 하여 내부 변형을 완전히 제거

고온 탈아연 방지법
표면 산화물 피막 형성

> 참고

황동 주물
① 적색 황동 주물 : 20% 아연 이하로 붉은빛을 띤 아름다운 합금으로 납땜하기 쉽다 (납땜 황동).
② 황색 황동 주물 : 30% 아연 이상을 함유하는 놋쇠 빛깔의 합금으로 강도가 비교적 큼, 주성분 외에 주석, 납 등 배합(일반 황동 주물)

꼭집어 어드바이스

애드미럴티 황동
7-3황동에 주석을 1% 첨가한 것(70% 구리, 29% 아연, 1% 주석). 전연성이 좋아 관 또는 판을 만들어 증발기, 열교환기 등에 사용

네이벌 황동
6-4황동에 주석을 1% 첨가한 것(62% 구리, 37% 아연, 1% 주석). 판, 봉으로 가공하여 용접봉, 밸브대 등에 사용

알브락(albrac)
22% Zn, 1.5~2% Al, 나머지 구리. 고온 가공으로 관을 만들어 열교환기, 증류기관, 급수 가열기 등에 사용

델타 메탈(delta metal)
6-4황동에 1~2% 철을 넣은 것으로, 강도가 크고 내식성이 좋아 광산 기계, 선박용 기계, 화학 기계 등에 사용

망가니즈 황동
6-4황동에 철, 망가니즈, 알루미늄, 니켈, 주석 등을 넣어, 바닷물이나 광산물 등에 대한 내식성을 좋게 한 황동, 광산용 기계 부품, 밸브, 스크루, 프로펠러, 피스톤 등에 사용

⑥ 특수 황동

종류	내용
납 황동	• 황동에 납을 첨가하여 절삭성을 좋게 한 황동 • 쾌삭 황동 또는 하드 브래스(hard brass)라고도 함 • 스크루(screw), 시계용 기어 등 정밀 가공 필요 부품 사용
주석 황동	• 황동에 소량의 주석을 첨가, 탈아연 부식이 억제 • 0.5% 주석을 첨가하면 탈아연 속도가 1/2 이하로 저하 • 애드미럴티 황동, 네이벌 황동
알루미늄 황동	• 7-3황동에 2%알루미늄을 넣으면 강도, 경도 증가 • 바닷물에 부식이 잘 되지 않음 • 알브락(albrac)
규소 황동	• 10~16%아연의 황동에 4~5%규소를 넣은 것 • 주조성, 내해수성, 강도 우수, 경제적 • 선박 부품 등의 주물에 사용
고강도 황동	• 고강도 황동 : 6-4황동에 철, 망가니즈, 니켈 등을 넣어서 더욱 강력하면서도 내식성, 내해수성을 증가시킨 것 • 철 황동(델타 메탈), 망가니즈 황동
니켈 황동	• 양은, 양백 : 황동에 10~20%니켈을 넣은 것, 색깔이 은과 비슷하여 예부터 장식, 식기, 악기 및 은 대용품으로 사용 • 탄성과 내식성이 좋아 탄성 재료, 화학 기계용 재료에 사용 • 10~20%니켈, 15~30%아연인 것을 많이 사용

4. 청동

① 청동의 성질
   ㉠ 넓은 의미 : 황동이 아닌 구리 합금
   ㉡ 좁은 의미 : Cu-Sn 합금 → 주석 청동(tin bronze)

② 물리적 성질
   ㉠ 비중 : 순 구리 8.89, 20%주석 8.85
   ㉡ 선팽창 계수 : 주석 함유량에 따라 거의 변화 없음
   ㉢ 전기 전도율 : 순 구리의 $61m/\Omega \cdot mm^2$에서 약 3%주석까지 급격히 감소, 10%주석에서 순 구리의 1/10 정도
   ㉣ 전기저항, 온도 계수, 열전도율 : 순 구리에 비하여 낮음

③ 기계적 성질
   ㉠ 주석 함유량, 열처리, 냉각속도에 따라 조직과 성질이 다름
   ㉡ 연신율 : 4~5%주석 부근에서 최대, 주석의 함유량에 따라 적어지며, 25%주석 이상에서 메짐성 생성

ⓒ 인장 강도 : 17~18%주석 부근에서 최대
　　ⓔ 경도 : 30%주석에서 최대
④ 화학적 성질
　　㉠ 대기 중에서 내식성 우수(부식률 : 0.00015~0.002mm/년)
　　㉡ 내해수성 우수(부식률이 낮아 선박용 부품에 사용)
　　㉢ 진한 질산, 염산의 부식률 높고, 5%황산에서 부식률 매우 낮음
⑤ 청동의 종류와 용도
　　㉠ 포금(gun metal)
　　　ⓐ 8~12%주석에 1~2%아연을 넣은 것
　　　ⓑ 예전에 포신 재료로 많이 사용 → 포금이라 불림
　　　ⓒ 강도, 연성, 내식성, 내마멸성 우수
　　㉡ 베어링용 청동
　　　ⓐ 10~14% 주석을 함유한 것 : 연성은 떨어지지만 경도가 크고 내마멸성 매우 우수 → 베어링, 차축 등의 마멸이 많은 부분에 사용
　　　ⓑ 특히, 5~15%납을 첨가한 것 : 윤활성 우수 → 철도 차량, 공작 기계, 압연기 등의 고압용 베어링에 적합
　　㉢ 화폐용 청동
　　　ⓐ 단조성, 내마모성, 내식성 우수 → 화폐, 메달 등에 많이 사용
　　　ⓑ 주조성을 좋게 하기 위하여 1% 내외의 아연을 첨가
　　㉣ 미술용 청동
　　　ⓐ 동상이나 실내 장식 또는 건축물 등에 사용
　　　ⓑ 2~8%주석, 1~12%아연, 1~3%납을 함유한 구리 합금
　　　ⓒ 유동성을 좋게 하기 위하여 정밀한 주물에 아연 다량 첨가
　　㉤ 특수 청동

종류	내용
인 청동	• 청동에 1% 이하의 인을 첨가한 합금 • 청동 용탕의 유동성이 좋아지고, 합금의 경도와 강도가 증가하며, 내마멸성과 탄성 향상 • 선, 스프링, 펌프 부품, 기어, 선박용 부품, 화학 기계용 부품 등
니켈 청동	• 조성 : 10~15%니켈, 2~3%알루미늄, 나머지는 구리(Cu-Ni-Al계 합금) • 풀림 **시효 경화** 현상에 의하여 고온 강도가 높고 내마멸성과 내식성도 양호 • 항공기 기관용 부품, 선박용 기관, 주요 기계 부품 등에 사용
알루미늄 청동	• 알루미늄 청동은 12% 이하의 알루미늄을 첨가한 합금 • 주조성, 가공성, 용접성은 나쁘지만 내식성, 내열성, 내마멸성이 황동 또는 다른 청동에 비하여 우수 • 화학 공업용 기계, 선박, 항공기, 차량용 부품 등에 사용

> **꼭집어 어드바이스**
>
> **애드미럴티 포금**
> 88% 구리, 10% 주석, 2% 아연 합금. 주조성과 내압력성이 좋아 수압과 증기압에 잘 견디므로 선박 등에 널리 사용
>
> **켈밋(kelmet)**
> 28~42% 납, 2% 이하의 니켈 또는 은, 0.8% 이하의 철, 1% 이하의 주석을 함유한 구리 합금 → 고속 회전용 베어링으로 항공기, 자동차 등에 사용

꼭찝어 어드바이스

망가닌(manganin)
대표적 합금, 80~88%구리, 10~15%망가니즈, 2~5%니켈 및 1%철 정도의 화학 조성

베릴륨 청동
구리 합금 중 가장 강도가 크다.

규소 청동	• 4%규소 이하의 구리 합금 • 높은 온도와 낮은 온도에서 내식성이 좋고 용접성이 우수 • 가솔린 저장 탱크, 피스톤 링, 화학 공업용 기구 등 사용
망가니즈 청동	• 5~15%망가니즈를 첨가한 구리 합금 • 기계적 성질이 우수하고 소금물, 광산물 등에 대한 내식성 우수 • 선박용, 증기 터빈 날개, 증기 밸브, 정밀 계기 부품에 많이 사용
베릴륨 청동	• 2~3%베릴륨을 첨가한 구리 합금 • 시효 경화성, 구리 합금 중에서 강도와 경도가 가장 큼 • 베어링, 고급 스프링, 전기 접점, 용접용 전극 등으로 사용

개념잡기

문쯔메탈(Muntz Metal)이라 하며 탈아연부식이 발생하기 쉬운 동합금은?

① 6-4황동   ② 주석청동   ③ 네이벌황동   ④ 애드미럴티황동

> **탈아연 부식**
> 6-4황동에서 주로 나타나며 황동의 표면 또는 내부가 해수 혹은 부식성 물질이 있는 액체와 접촉되면 아연이 녹아버리는 현상
>
> 답 ①

개념잡기

구리의 성질을 철과 비교하였을 때의 설명 중 틀린 것은?

① 경도가 높다.
② 전성과 연성이 크다.
③ 부식이 잘 되지 않는다.
④ 열전도율 및 전기전도율이 크다.

> 구리는 상대적으로 강도와 경도가 떨어지나 전성, 연성, 연신율이 높아 가공이 용이하다.
>
> 답 ①

개념잡기

구리 및 구리합금에 대한 설명으로 옳은 것은?

① 구리는 자성체이다.
② 금속 중에 Fe 다음으로 열전도율이 높다.
③ 황동은 주로 구리와 주석으로 된 합금이다.
④ 구리는 이산화탄소가 포함되어 있는 공기 중에서 녹청색 녹이 발생된다.

> 구리는 내식성이 우수하고 산에는 부식된다.
>
> 답 ④

2. 알루미늄, 마그네슘과 그 합금 ★★★

(5년간 23문항 출제, 회당 평균 1.8문항 출제, 출제율 179.6%)

1. 알루미늄과 알루미늄 합금의 개요

① 알루미늄(Al)은 규소 다음으로 지구상에 많이 존재하는 원소
② 가볍고 내식성이 좋아 다양하게 사용
③ 용융점이 660℃인 은백색의 전연성이 좋은 금속
④ 주조가 쉽고, 다른 금속과 합금이 잘되며, 상온 및 고온 가공이 용이하여 압연품, 주물, 단조품으로 이용

2. 알루미늄

① 알루미늄의 제조 : **보크사이트**(bauxite, $Al_2O_3 \cdot 2H_2O$)를 정제하여 알루미나(Al_2O_3)를 만들고, 그것을 용융염에서 전기 분해하여 제조

② 물리적 성질
  ㉠ 비중 : 2.7(백색의 **경금속**)
  ㉡ 무게가 철의 1/3 정도이지만 합금을 만들 경우에는 강도 우수
  ㉢ 전기 전도율 : 구리의 65%로 은, 구리, 금 다음으로 좋음

③ 기계적 성질
  ㉠ 순도가 높을수록 연성이 크며 강도와 경도가 저하
  ㉡ 상온에서 판, 선으로 압연 가공하면 가공 정도에 따라 강도와 경도가 높아지지만 연신율은 저하

④ 화학적 성질
  ㉠ 보호 피막 : 표면에 산화 알루미늄 얇게 생성되어 대기 중 내식성 향상
  ㉡ 내식성
    ⓐ 저해 원소 : 구리, 은, 니켈, 철 등
    ⓑ 탄산염, 크로뮴산염, 초산염, 황화물 등의 중성 수용액에서는 내식성이 우수 ↔ 염화물 용액 중에서 내식성이 나쁨
  ㉢ 부식 방지법

종류	내용
수산법	• 알루마이트(alumite)법 • 알루미늄 제품을 2%수산 용액에 넣고 직류, 교류 또는 직류에 교류를 동시에 보내면 표면에 단단하고 치밀한 산화막이 형성
황산법	• 알루미라이트(alumilite)법 • 15~20%황산액(H_2SO_4)을 사용하여 피막을 형성하는 방법
크로뮴산법	• 3%의 산화 크로뮴(Cr_2O_3) 수용액 사용 • 전압을 가감하면서 통전 시간을 조정하며, 전해액 기계 교반

용어정의

보크사이트
알루미늄의 수산화물을 주성분으로 하는 산화 광물. 덩이 모양 또는 진흙 모양으로 나타나며, 알루미늄의 원광 또는 내화재나 명반의 원료로 쓰인다.

참고

경금속
금속재료 중 비중이 4.5 이하인 금속 : Al(2.7), Mg(1.74), Be(1.85), Na(0.97), Li(0.53), Rb(1.53) 등이 있다.

> 참고

알루미늄 합금
- 알루미늄은 순금속 상태에서는 경도와 강도가 낮아 구조용 재료로는 적당하지 않음
- 알루미늄에 구리, 아연, 마그네슘 등의 금속을 첨가하여 강도와 내식성을 향상시켜 항공기, 자동차 부품, 건축 재료 등에서 무게를 감소시키는 경량화에 많이 사용
- 알루미늄 합금은 주물용 알루미늄 합금과 가공용 알루미늄 합금으로 구분

꼭집어 어드바이스

개량처리
① 실루민의 기계적 성질 보완
② 나트륨, 플루오린화 알칼리, 금속 나트륨, 수산화 나트륨, 알칼리염 등 첨가

꼭집어 어드바이스

코비탈륨
① Y 합금의 일종
② Ti과 Cr를 0.2% 정도씩 첨가한 것
③ 피스톤용 합금

★ 용어정의

다이 캐스팅(die casting)
정밀 가공하여 제작한 금형에 용융 상태의 합금에 압력을 가하여 주입하여 치수가 정밀하고 동일형의 주물을 대량 생산하는 주조 방법

3. 주물용 알루미늄 합금

① 주물용 알루미늄 합금의 특징
　㉠ 알루미늄-구리 합금, 알루미늄-규소 합금, 알루미늄-마그네슘 합금을 기본으로 하고, 망가니즈와 니켈을 첨가한 다원계 합금
　㉡ 주물용 알루미늄 합금은 주철 주물보다 경량
　㉢ 자동차 부품, 광학 기계, 조명 및 통신 기구, 위생 용기 등 널리 사용

② Al-Cu계 합금
　㉠ 순수한 알루미늄에 구리가 함유된 것
　㉡ 담금질과 시효에 의하여 강도가 증가
　㉢ 내열성과 강도, 연신율, 절삭성 등 우수
　㉣ 단점 : 고온 여림이 크고, 주물의 수축에 의한 균열 발생

③ Al-Si계 합금
　㉠ 단순히 공정형으로 규소의 용해도가 작아 열처리 효과 미비
　㉡ 공정점 부근 조직 : 기계적 성질이 우수하고 용융점이 낮아 많이 사용
　　실루민(silumin) : 11~14%의 규소 함유
　㉢ 용융점이 낮고 유동성이 좋아 넓고 복잡한 모래형 주물에 이용

④ Al-Cu-Si계 합금
　㉠ Al-Cu-Si계 합금은 **라우탈(lautal)**이라 하며, 실루민의 결점인 가공 표면의 거침 제거
　㉡ 주조 균열이 작고 금형 주조에도 적합 → 자동차 및 선박용 피스톤, 분배관 밸브 등에 사용

⑤ 내열성 알루미늄 합금
　㉠ 로엑스(Lo-Ex) 합금
　　ⓐ 12%규소, 1.0%구리, 1.0%마그네슘, 1.8%니켈 등 함유
　　ⓑ 고온 강도가 우수, 팽창률이 낮음
　㉡ Y 합금
　　ⓐ Al-Cu-Ni-Mg계 합금
　　ⓑ 시효 경화성이 있어 모래형 또는 금형 및 단조용으로 사용
　　ⓒ 내열성 우수 → 자동차, 항공기용 엔진의 공랭 실린더 헤드와 피스톤 등에 많이 사용

⑥ 다이 캐스팅용 알루미늄 합금
　㉠ 다이 캐스팅용 합금으로 특히 필요한 성질
　　ⓐ 유동성이 좋을 것
　　ⓑ 열간 메짐성이 적을 것

ⓒ 응고·수축에 대한 용탕 보충이 용이할 것
ⓓ 금형에서 잘 떨어질 것
ⓛ 다이 캐스팅용 알루미늄 합금의 종류 : 라우탈, 실루민, 하이드로날륨, Y 합금 등
ⓒ 자동차 부품, 통신 기기 부품, 철도 차량 부품, 가정용 기구 등

4. 가공용 알루미늄 합금

① 고강도 알루미늄 합금

종류	내용
두랄루민	• 주성분이 Al-Cu-Mg이며 4%구리, 0.5%마그네슘, 0.5%망가니즈, 0.5%규소이고 나머지는 알루미늄 • 시효 경화에 의해 강도가 증가 • 가볍고 고강도 → 항공기, 자동차, 운반 기계 등에 사용
초두랄루민	• 두랄루민에서 마그네슘을 다소 증가시킨 4.5%구리, 1.5%마그네슘, 0.6%망가니즈의 Al-Cu-Mg계 합금 • 인장 강도가 490MPa 이상 • 항공기와 같이 가벼운 것의 중요한 부재나 부품의 재료로 사용
초(초)강 두랄루민 (extra super duralumin, ESD)	• 1.5~2.5%구리, 7~9%아연, 1.2~1.8%마그네슘, 0.3~1.5% 망가니즈, 0.1~0.4%크로뮴을 함유한 Al-Zn-Mn-Mg계 합금 • 인장 강도가 530MPa 이상인 고강력 합금 • 주로 항공기의 구조용 재료로 사용

② 내식성 알루미늄 합금

종류	내용
하이드로날륨 (hydronalium, Al-Mg계 합금)	• 6~10%마그네슘 합금 • 바닷물과 알칼리성에 대한 내식성이 강하고 용접성이 매우 우수 • 선박용, 조리용, 화학 장치용 부품 등 사용
알민 (almin, Al-Mn계 합금)	• 알루미늄에 1~1.5%망가니즈를 함유 • 가공성, 용접성 우수 • 저장 탱크, 기름 탱크 등에 사용
알드리 (aldrey, Al-Mg-Si계 합금)	• 0.5%규소, 0.43%마그네슘을 함유 • 담금질 후에 상온 가공에 의하여 기계적 성질을 개선 • 용접성, 내식성, 인성, 전기 전도율 우수 • 송전선에 많이 사용
알클래드 (alclad)	• 고강도 합금 판재인 두랄루민의 내식성을 향상시키기 위하여 순수 알루미늄 또는 알루미늄 합금을 피복한 것 • 강도와 내식성을 동시에 증가시킬 목적으로 주로 사용

> 참고

알루미늄 분말 소결체
① 알루미늄 가루와 알루미나 가루를 압축 성형하고 500~600℃로 소결
② 열간에서 압출 가공한 일종의 분산 강화형 합금
③ 순수 알루미늄에 비하여 내식성 및 열과 전기 전도율이 떨어지지 않고, 내산화성 고온 강도가 우수
④ 500℃ 정도까지 내열 재료 → 피스톤과 추진기의 날개 등에 사용

5. 마그네슘과 그 합금

① 비중 1.74로 알루미늄에 비하여 약 35% 정도 가볍고, **마그네슘 합금은 실용하는 합금 중에서 가장 가벼움**

② 비강도가 알루미늄 합금보다 우수하여 항공기나 자동차 부품, 전기 기기, 선박, 광학 기계, 인쇄 제판 등에 이용

③ 구상 흑연 주철의 첨가제로도 많이 사용

④ 마그네슘 합금은 부식되기 쉽고, 탄성 한도와 연신율이 작아 알루미늄, 아연, 망간, 지르코늄 등을 첨가한 합금으로 제조

⑤ 마그네슘 합금의 종류
  ㉠ **다우메탈**(Dow Metal) : Mg – Al
  ㉡ **엘렉트론**(Elektron) : Mg – Al – Zn

용어정의
마그네슘의 물리적 특징
① 마그네슘은 용해하면 폭발, 발화하므로 주의 요망
② 건조한 공기 중에서는 산화하지 않지만 습한 공기 중에서는 표면이 산화 마그네슘 또는 탄산 마그네슘으로 되어 이것이 내부의 부식 방지
③ 바닷물에 매우 약하여 수소를 방출하면서 용해
④ 내산성이 극히 나쁘지만 내알칼리성은 강하다.

개념잡기

Al에 1~1.5%의 Mn을 합금한 내식성 알루미늄합금으로 가공성, 용접성이 우수하여 저장탱크, 기름탱크 등에 상용되는 것은?

① 알민   ② 알드리   ③ 알크래드   ④ 하이드로날륨

Al-Mn
알민, 가공성, 용접성 우수, 저장탱크, 기름탱크에 사용   답 ①

개념잡기

Al·Cu·Ni·Mg합금으로 내열성이 우수한 주물로서 공랭 실린더 헤드, 피스톤 등에 사용되는 합금은?

① 실루민   ② 라우탈   ③ Y합금   ④ 두랄루민

• Al-Cu-Ni-Mg : Y합금, 석출 경화용 합금
• 용도 : 실린더, 피스톤, 실린더 헤드   답 ③

개념잡기

Y합금의 일종으로 Ti과 Cr를 0.2% 정도씩 첨가한 합금으로 피스톤에 사용되는 합금의 명칭은?

① 라우탈   ② 엘린바   ③ 문쯔메탈   ④ 코비탈륨

코비탈륨
Y합금에 Ti, Cr를 0.2% 정도씩 첨가한 것으로 피스톤에 사용   답 ④

3. 니켈 금속과 그 합금

(5년간 4문항 출제, 회당 평균 0.3문항 출제, 출제율 30.8%)

1. 니켈과 니켈 합금의 개요

① 물리적 성질
  ㉠ 면심입방격자의 원자 배열
  ㉡ 은백색의 금속으로 비중이 8.9이며, 용융 온도는 1,455℃

② 기계적 성질
  ㉠ 백색의 인성이 풍부한 금속
  ㉡ 열간 및 냉간 가공 가능

③ 화학적 성질
  ㉠ 증류수, 수돗물, 바닷물 등에 내식성이 강하며 내열성 우수
  ㉡ 내식성이 좋아 대기 중에서는 부식되지 않지만, 아황산 가스를 함유한 대기 중에서는 심하게 부식

2. 니켈 합금

① Ni-Cu계 합금

종류	내용
콘스탄탄 (constantan, 55~60%구리)	• 45%의 니켈과 55%의 구리로 이루어진 합금. 전기저항률이 높아 저항기로 쓰거나 철·구리와 짝지어 열전쌍으로 사용
어드밴스 (advamce, 54%구리, 1%망가니즈, 0.5%철)	• 인발 가공이 쉬운 선은 표준 저항성 또는 열전쌍용 선으로 사용
모넬 메탈 (monel metal)	• 60~70%니켈을 함유 • 내식성 및 기계적·화학적 성질이 매우 우수 • R 모넬(0.035%황 함유), KR 모넬(0.28%탄소 함유) 등은 쾌삭성 우수 • H 모넬(3%규소 함유)과 S 모넬(4%규소 함유) 메탈은 경화성 및 강도 우수
MMM합금 (modified monel metal)	• 60~65%니켈, 24~28%구리, 9~11%주석 및 소량의 철, 규소, 망가니즈 등을 함유한 것 • 압력 용기, 밸브 등에 사용

② Ni-Fe계 합금

종류	내용
인바 (invar)	• 36%니켈, 0.1~0.3%코발트, 0.4%망가니즈, 나머지는 철인 합금 • 열팽창 계수(0.97×10^{-7})가 상온 부근에서 매우 작음 → 길이의 변화가 거의 없음 • 길이 측정용 표준 자, 전자 분야의 바이메탈, VTR의 헤드 고정대 등에 널리 이용
슈퍼 인바 (super invar)	• 30~32%니켈, 4~6%코발트, 나머지는 철인 합금 • 20℃의 팽창 계수가 0에 가깝다.
엘린바 (elinvar)	• 36%니켈, 12%크로뮴, 나머지는 철로 된 합금 • 온도에 대한 탄성률의 변화가 거의 없음 • 고급 시계, 지진계, 압력계, 스프링 저울, 다이얼 게이지, 유량계, 계측 기기 등의 부품에 사용
플래티나이트 (platinite)	• 44~47.5%니켈과 철 등을 함유한 합금 • 열팽창 계수(9×10^{-6})가 유리나 백금 등에 가까우므로 전등의 봉입선에 이용 • 두멧(dumet) 선 : 합금선에 구리를 피복하고 다시 표면을 산화 처리 또는 붕사 처리한 제품 • 두멧 선은 전자관 전구 방전 램프 반도체 디바이스 등의 연질 유리에 들어가는 선으로 이용
니칼로이 (nickalloy)	• 50%니켈, 50%철인 합금 • 초투자율 포화 자기 전기저항 큼 • 저출력 변성기, 저주파 변성기 등의 **자심**으로 널리 사용
퍼멀로이 (permalloy)	• 70~90%니켈, 10~30%철인 합금 • 투자율이 높고 약한 자기장 내에서의 초투자율 높음
퍼민바 (perminvar)	• 20~75%니켈, 5~40%코발트, 나머지는 철인 합금 • 자기장 강도의 어느 범위 내에서 일정한 투자율 유지 • 고주파용 철심이나 오디오 헤드로 사용

꼭찝어 어드바이스

Fe-Ni계 불변강
① 인바 : Fe+Ni(36%)
② 초인바 : Fe+Ni+Co
③ 엘린바 : Fe+Ni+Cr
④ 플래티나이트 : Fe+Ni(46%)
⑤ 코엘린바 : Fe+Ni+Co+Cr

용어정의

자심(磁心)
자기적인 성질을 이용하거나 전류를 이송시키는 도체와 관련하여 위치하는 자성 물질을 통틀어 이르는 말

③ Ni-Cr계 합금

종류	내용
니크롬	• 15~20%크로뮴의 합금으로 전열선으로 널리 사용 • 철을 첨가한 전열선은 전기저항 및 온도 계수가 증가하지만 고온에서의 내산성 저하 • Ni-Cr선은 1,100℃까지, 그리고 철을 첨가한 Ni-Cr-Fe선은 1,000℃ 이하에서 사용
열전대선	• 열전대에는 Ni-Cr계 합금과 Ni-Cu계 합금 사용 • 800℃ 이하에는 철과 콘스탄탄(constantan) 사용 • 1,000~1,200℃에는 크로멜-알루멜(chromel-alumel) 사용 • 1,600℃에는 백금-로듐 Pt-Pt.Rh(13% Rh) 열전대 사용
전기저항선	• 목적 : 전기의 저항이 클 것 • 양백 및 Ni-Cr 등과 같은 저항의 온도 계수가 0에 가까운 망가닌(manganin), 콘스탄탄(constantan), 어드밴스(advance) 등 • 전열용, 정밀 측정기 및 표준 저항으로 사용
내열성 및 내식용 니켈계 합금	• 내열용 : 해스텔로이(hastelloy), 인코(inco), 인코넬(inconell), 니모닉(nimonic), 일리움(illium) 등 • 고온에서 산화에 잘 견디고 또한 내식성 우수
바이메탈	• 열팽창이 작은 Fe-Ni계의 인바(invar)와 열팽창 계수가 비교적 큰 황동의 두 종류의 금속을 합판으로 제조 • 항온기(thermostat)의 온도 조절용 변환기 부분에 사용

> **용어정의**
>
> **인코넬**
> 주성분인 니켈에 크로뮴, 철, 탄소 등을 섞은 합금. 열에 견디는 성질과 녹슬지 않는 성질이 강하여 항공기의 배기관, 절연기의 부품, 진공관의 필라멘트 등에 쓰인다.

개념잡기

Ni에 Cu를 약 50~60% 정도 함유한 합금으로 열전대용 재료로 사용되는 것은?

① 인코넬　　② 퍼멀로이　　③ 하스텔로이　　④ 콘스탄탄

콘스탄탄(40%Ni-55~60%Cu)
열전쌍온도계의 음극선의 재료로 사용된다.　　**답 ④**

4. 아연, 납, 주석, 저용융점 금속과 그 합금

(5년간 2문항 출제, 회당 평균 0.2문항 출제, 출제율 15.4%)

1. 아연과 아연 합금

① 아연과 아연 합금의 개요
  ㉠ 알루미늄, 구리 다음으로 많이 생산하는 비철 금속
  ㉡ 주조성이 좋아 다이 캐스팅(die casting)용 합금으로서 유용
  ㉢ 용융 아연 도금, 건전지, 인쇄판 등 아연판, 황동 및 기타 합금으로 사용

② 물리적 성질
  ㉠ 비중 : 7.14
  ㉡ 용융점 : 419℃
  ㉢ 조밀육방격자, 회백색 금속

③ 기계적 성질
  ㉠ 주조상태에서 조대 결정이 되므로 인장강도나 연신율이 낮고 여려서 상온가공이 어려움
  ㉡ 열간가공하여 결정을 미세화하면 가공이 가능

④ 화학적 성질
  ㉠ 건조한 공기 중에서 얇은 막이 생성(광택 상실) → 내부 보호 산화 방지
  ㉡ 습기와 이산화탄소가 있으면 염기성 탄산아연을 만들어 부식 진행
  ㉢ 철이나 구리와 같은 금속과 접촉하거나 도금을 하면 전기·화학적으로 이들의 부식 방지(음극화 보호)
  ㉣ 용융 아연 도금, 전기 도금, 피복 등으로 철강의 방식에 중요한 금속

⑤ 다이 캐스팅용 아연 합금
  ㉠ 다이 캐스팅용 아연 합금은 용융점이 낮고 유동성 기계적 성질 우수
  ㉡ Zn-Al-Cu계 합금, Zn-Al-Cu-Mg계 합금, Zn-Al계 합금, Zn-Cu계 합금 등

⑥ 가공용 아연 합금
  ㉠ Zn-Cu계 합금, Zn-Cu-Mg계 합금, Zn-Cu-Ti계 합금 등
  ㉡ 아연판 및 아연 동판으로 가장 많이 사용
  ㉢ 하이드로-티-메탈(hydro-T-metal)
    ⓐ Zn-Cu-Ti 합금, 강도, 고온 크리프 특성 우수
    ⓑ 봉재, 선재, 판재, 건축용, 탱크용, 전기 기기 부품, 자동차 부품, 일상용품 등에 널리 사용

> 참고
> **아연 합금**
> - 용융점이 낮고 주조성 및 기계적 성질도 우수하여 다이 캐스팅용 아연 합금, 금형용 아연 합금, 베어링용 아연 합금, 가공용 아연 합금 등으로 사용
> - 이들 합금에 첨가하는 원소는 주로 알루미늄, 구리, 마그네슘 등이며 용도에 따라 주석, 안티모니, 납 등
> - 대부분 다이 캐스팅용 합금이며 금형용 합금과 가공용 합금에도 널리 이용

⑦ 베어링용 아연 합금
　㉠ 아연에 3~6%구리, 2~3%알루미늄, 5~6%구리, 10~20%주석, 5%납 함유한 합금
　㉡ 다른 합금에 비하여 비중이 작고 경도, 마찰계수 크다.
　㉢ 내해수성 우수 → 선박의 스턴 튜브(sterntube)의 베어링에 사용

⑧ 금형용 아연 합금
　㉠ 알루미늄과 구리의 양을 증가시켜 강도와 경도 향상
　㉡ 아연에 4%알루미늄, 3%구리에 소량의 마그네슘을 첨가 → 강도, 경도 매우 우수

> 참고
> 그무다이 합금
> 금형용 아연 합금으로 0.8%니켈, 0.2%타이타늄을 첨가하여 내마멸성 우수

2. 주석과 주석 합금

① 주석과 주석 합금의 개요
　㉠ 주석(Sn)은 은백색의 연한 금속으로 주석석에서 선광하여 용광로에서 환원 정련하여 제조
　㉡ 종류 : 백주석, 회주석
　㉢ 용도 : 주석 도금, 구리 합금, 베어링 메탈, 땜납

② 물리적 성질
　㉠ 비중 7.3, 용융점 231.9℃, 13℃에서 동소변태
　㉡ 13℃ 이하 → 다이아몬드형 구조(회주석), 13℃ 이상 → 주석(백주석)

③ 기계적 성질
　㉠ 납 다음으로 연질 금속, 전연성이 우수(얇은 박 형태 제조 가능)
　㉡ 주석 주조품의 인장 강도 : 30MPa 정도
　㉢ 고온에서 온도가 높아짐에 따라 인장 강도, 경도 및 연신율 모두 저하

④ 화학적 성질
　㉠ 주석은 공기 중에서 거의 변색되지 않음
　㉡ 표면에 생기는 산화물의 얇은 막으로 인해 내식성 우수
　㉢ **연수**에는 잘 견디지만 **경수**에서는 탄산염이 석출하여 부식
　㉣ 독성이 없어 의약품・식품 등의 포장용 튜브, 주석박(foil), 식기, 장식기 등에 사용

> 용어정의
> 연수
> 칼슘 및 마그네슘 염류가 적은 물
>
> 경수
> 칼슘 이온이나 마그네슘이온 등을 비교적 많이 함유하고 있는 천연수

⑤ 주석 합금

종류	내용
Sn-Pb계 합금	• 연납용으로 사용 • 연납은 용융점이 낮으며, 용도에 따라 주석 25~90%의 범위 안에서 사용하지만 40~50%주석을 가장 많이 사용
Sn-Sb-Cu계 합금	• 백랍 : 4~7%안티모니, 1~3%구리를 함유한 주석 합금 • 경석 : 0.4%구리를 함유한 주석 • 의약품, 그림물감 등의 튜브용 기재로 사용

3. 납과 납 합금

① 납과 납 합금의 개요
　㉠ 회백색의 금속으로 화학적으로 안정하여 축전지, 수도관, 케이블 피복 및 패킹(packing)재 등에 사용
　㉡ 활자 합금, 베어링 합금, 쾌삭강 등의 합금용 첨가 원소로 사용

② 물리적 성질
　㉠ 비중은 11.34로 공업용 금속 중 가장 큼
　㉡ 용융온도가 325.6℃로 낮음

③ 기계적 성질
　㉠ 연성이 풍부하여 소성 가공 용이
　㉡ 주조성, 윤활성, 내식성 등 우수 ↔ 전기 전도율 나쁨

④ 화학적 성질
　㉠ 방사선 투과도가 낮아 원자로나 X선의 차단 재료로 적합
　㉡ 불용성 피막이 표면을 형성 → 내식성 우수
　㉢ 인체에 유해하므로 식기, 장난감 등에는 절대 함유되지 않도록 주의

⑤ 납 합금

종류	내용
Pb-As계 합금	• 강도, 크리프 저항 우수, 케이블 피복용 주로 사용 • 0.12~0.2%비소, 0.8~0.12%주석, 0.05~0.15%비스무트(Bi)
Pb-Ca계 합금	• 케이블 피복재, 기타 크리프 저항이 필요한 관과 판 등에 이용 • 0.023~0.033%칼슘, 0.02~0.1%구리, 0.002~0.02%은
Pb-Sb계 합금	• 경연 : 4~8%안티모니를 함유한 납 합금, 판, 관 등에 사용 • 구리, 텔루륨(Te) 등을 소량 첨가하면 결정 입자가 미세화되어 입계 석출에 의한 피로 강도의 저하를 억제하는 효과
Pb-Sn-Sb계 합금	• 주로 인쇄 공업의 활자 합금으로 사용 • 안티모니를 넣어 응고 시 약 1% 팽창하여 경도를 상승시키고 용융점을 저하, 특히 경도가 필요할 때에는 구리를 첨가

> **참고**
> 활자 합금의 조건
> ① 용융점이 낮을 것
> ② 주조성이 좋아 요철이 주조면에 잘 나타날 것
> ③ 적당한 강도와 내마멸성 및 내식성을 가질 것
> ④ 가격이 저렴할 것

개념잡기

비중 7.3 용융점 232℃, 13℃에서 동소변태하는 금속으로 전연성이 우수하며, 의약품, 식품 등의 포장용튜브, 식기, 장식기 등에 사용되는 것은?

① Al　　　② Ag　　　③ Ti　　　④ Sn

주석 Sn, 원자량 118.7g/mol, 녹는점 231.93℃, 끓는점 2,602℃이다. 모든 원소 중 동위원소가 가장 많으며 전성, 연성과 내식성이 크고 쉽게 녹기 때문에 주조성이 좋아 널리 사용되는 전이후 금속이다.　　　답 ④

5 귀금속, 희토류 금속과 그 밖의 금속

(5년간 5문항 출제, 회당 평균 0.4문항 출제, 출제율 38.5%)

1. 금과 금 합금

① 금과 금 합금의 개요
  ㉠ 금(Au)은 황금색의 아름다운 광택을 가진다.
  ㉡ 면심입방격자 금속

② 물리적 성질
  ㉠ 비중 : 19.32
  ㉡ 용융 온도 : 1,063℃

③ 기계적 성질
  ㉠ 전연성이 매우 커서 6~10cm 두께의 박이나 가는 선으로 가공 가능
  ㉡ 다른 귀금속과 비교하면 가공성, 전기 전도율 및 내식성이 우수
  ㉢ 공업적으로 사용되는 순수한 금은 순도가 99.96% 이상

④ 금의 사용
  ㉠ 지름이 7.5~50nm(나노 미터)인 금 세선은 전자 기판에서 칩(chip)과 판 간의 도체 접합에 사용
  ㉡ 치과 등 의료용으로 사용
  ㉢ 금의 순도 : 단위는 캐럿(carat, K), 순금 24캐럿으로 24K로 표기

> 참고
> 금 18K의 금 함유량
> 24K일 때 금이 100%이므로
> 24:100=18:x
> x=100×18/24=75%

⑤ 금 합금

종류	내용
Au-Cu계 합금	• 10%구리가 첨가되면 붉은색 생성 • 금화는 약 10%구리를 가하여 경도 향상 • 반지나 장신구는 9~22K까지의 것을 사용
Au-Ag-Cu계 합금	• 5%은에서 녹색 생성, 그 이상의 은이 들어가면 백색 증가 • 치과용에는 5%은, 3%구리의 합금을 사용 • 금선으로는 15%은, 13%구리를 사용
Au-Ag-Cu-Ni-Zn 계 합금	• 핑크 골드(pink gold) • 14캐럿은 조성이 58.3%금, 3.3%은, 31.0%리, 3.5%니켈, 3.9%아연 등 • 장식용 모조금으로 사용
Au-Ni-Cu-Zn 계 합금	• 화이트 골드(white gold) • 주로 18, 14, 12캐럿으로 제조 • 조성 : 금, 13~27%니켈, 1.6~4.5%구리, 1.3~1.7%아연 • 치과용, 장식용 사용
Au-Pt계 합금	• 화학 공업용으로 20~30%백금은 노즐 재료로 사용

2. 백금과 백금 합금

① 백금과 백금 합금의 개요
　㉠ 회백색
　㉡ 면심입방격자 금속

② 물리적 성질
　㉠ 비중 : 21.46
　㉡ 용융점 : 1,774℃

③ 기계적 성질
　㉠ 인장 강도 : 120~150MPa(12~15kg$_f$/mm^2)
　㉡ 연신율 : 30~50%
　㉢ 경도 : HB 150 정도

④ 화학적 성질
　㉠ 산소 친화력 적음 → 화학 약품에 대하여 안정
　㉡ 전기・화학에서 전극과 실험 장치, 용해로, 교반기, 광학, 전기 가열 기구, 열전쌍 보호관 제작 등에 널리 사용

⑤ 백금 합금

종류	내용
Pt-Rh계 합금	• 10~13%로듐(Rh) 함유 백금 합금 → 열전쌍 고온계 (1,500~1,600℃) 사용
Pt-Pd계 합금	• 10~75%팔라듐(Pd) 함유 → 장식품에 사용
Pt-Ir계 합금	• 10~20%이리듐(Ir) 함유 : 경도, 내산성 우수 • 15%이리듐 합금 : 표준자 • 20%이리듐 합금 : 표준 중추, 전기 접점, 화학 공업용 도화선 등에 사용

3. 은과 은 합금

① 은과 은 합금의 개요
　㉠ 보통 사용하는 은의 순도는 99.99% 정도
　㉡ 은백색 금속으로 비중이 10.497, 용융점이 960.5℃
　㉢ 전기 전도율이 금속 중 가장 우수
　㉣ 전연성이 금 다음으로 양호하여 얇은 판, 가느다란 선으로 가공 가능

② 화학적 성질
　㉠ 대기 중에 방치하거나 가열하여도 녹이 슬지 않음 ↔ 황화 수소(H_2S)에는 검게 변하고 진한 염화 수소(HCl), 황산(H_2SO_4), 질산(HNO_3) 등에 의하여 부식
　㉡ 오래 전부터 알려진 장식품, 가정용 기구, 화폐 등에 사용

③ 은의 사용
  ㉠ 전자·전기 재료 등으로 사용
  ㉡ 은화용 합금
    ⓐ 화폐 은(sterling silver) : 92.5%은, 7.5%구리
    ⓑ 주화용 은 : 90%은, 10%구리
  ㉢ 전기 접점용 합금 : Ag-Mo계 합금, Ag-W계 합금, Ag-Ni계 합금

④ 은 합금

종류	내용
Ag-Cu 합금	• 화폐용 : 7.5%구리인 은화 → (영국) 스털링 실버(sterling silver), 10%구리 : (구리) 코인 실버(coin silver) • 식기용 : 스털링, 80%은, 20%구리 합금 • 은납 : Ag-Cu 합금에 아연 첨가한 것
Ag-Cd계 합금	• 전기 접점 합금 : Ag-Cd 합금, Ag-Cd-Ni 합금, Ag-Cu-Ni 합금 • 은-15%, 인듐-15%, 카드뮴 합금은 원자로에도 사용
Ag-Au-Zn계 합금	• 은납 : Ag-Au 합금은 72%은에서 공정 조성을 나타내지만 여기에 아연을 첨가하면 응고점이 저하하는 것 • 저용융점을 필요로 할 경우에는 15%카드뮴, 5%주석을 첨가
Ag-Pd계 합금	• 팔라듐 첨가로 전기저항이 뚜렷이 상승, 변형성과 도금성이 감소 • 전기 접점재 : 1~10%팔라듐을 함유한 Ag-Pd 합금 사용 • 치과용 : 25%팔라듐 0~10%구리를 함유한 합금 사용
Ag-Hg-Cu-Sn계 합금	• 치과용 아말감(amalgam) : 33%은, 52%수은, 12.5%주석, 2%구리, 0.5%아연 등을 함유한 합금 사용

개념잡기

금(Au)의 일반적인 성질에 대한 설명 중 옳은 것은?
① 금(Au)은 내식성이 매우 나쁘다.
② 금(Au)의 순도는 캐럿(K)으로 표시한다.
③ 금(Au)은 강도, 경도, 내마멸성이 높다.
④ 금(Au)은 조밀육방격자에 해당하는 금속이다.

> **금의 특성**
> • 내식성 우수
> • FCC(면심입방격자) : 전성, 연성, 가공성 우수 ↔ 강도, 경도, 내마멸성 미비
> • 24(100%Au), 18(75%Au), 14K(58.3%Au) 등으로 순도를 표시하여 사용
> • 예) 18K의 금 함량 → 24:100 = 18:x, x=75%
>
> 답 ②

CHAPTER 04 신소재 및 그 밖의 합금

A
1. 신소재 개발은 금속, 세라믹, 고분자 재료 등의 소재를 새로운 제조 기술을 이용하여 특수한 기능과 성질을 지닌 재료로 만들어 내는 것을 말한다. 신소재는 전자, 정보 통신, 에너지, 우주 항공, 의료, 자동차, 컴퓨터 등 첨단 기술 산업에 반드시 필요한 핵심 소재로 여겨지고 있다.
2. 금속 기지 복합재료, 형상 기억 합금, 제진 합금, 비정질 합금, 초전도 재료, 자성 재료 및 그 밖의 새로운 금속재료를 알아보자.

단원 들어가기 전

고강도 재료, 기능성 재료

빅데이터 키워드

1 ▶ 고강도 재료

(5년간 6문항 출제, 회당 평균 0.5문항 출제, 출제율 46.2%)

1. 고강도 재료의 개요

① 금속재료의 고강도화 기구
  기본적으로 격자결함의 이동성을 방해하는 메커니즘
  ㉠ 고용강화
  ㉡ 입계강화
  ㉢ 석출강화
  ㉣ 가공강화

② 고강도 재료의 구분
  ㉠ **고비강도** 재료
  ㉡ 구조재료용 금속간 화합물
  ㉢ 섬유강화 금속복합재료
  ㉣ 입자분산 복합재료
  ㉤ 극저온용 구조재료

용어정의
비강도
강도를 비중으로 나눈 값으로 단위 중량에 대한 강도를 나타낸 것

2. 고강도 재료의 종류

① **초강력강**
  ㉠ 초강력강은 비중이 큰 불리한 조건을 가진 고비강도화를 꾀하지 않으면서 고강도화를 최대로 추구하여 달성한 재료
  ㉡ 종류 : **마레이징강**, 스테인리스강
  ㉢ 조직 : 뜨임 마텐자이트 조직, 2차 경화조직, 금속간화합물 석출경화 조직

② **타이타늄합금**
  ㉠ 비중이 4.54로 가벼우며, 용융점이 1,670℃로 강보다 높음
  ㉡ 고온에서 산소, 질소, 탄소와 반응하기 쉬워 용해 및 주조 어려움
  ㉢ 전기 및 열의 전도성이 철보다 나쁨
  ㉣ 가공 경화성이 크고, 강도가 알루미늄이나 마그네슘보다 큼
  ㉤ 고온 비강도가 뛰어남 → 가스 터빈용, 항공기 구조용, 화학 공업용 내식 재료, 원자로 구조용 재료로 많이 사용
  ㉥ 내식성이 좋으며 바닷물에 대해서는 18-8 스테인리스강보다 우수
  ㉦ 내열성 500℃ 정도에서는 스테인리스강보다 우수
  ㉧ 철 함유량의 증가에 따라 인장 강도와 경도 증가, 연신은 감소
  ㉨ 가공 경화성 큼 → 기계적 성질은 냉간 가공도에 따라 크게 변화
  ㉩ 표면에 안정된 TiO_2의 보호 피막이 생겨 내식성 우수

> **참고**
> 고비강도 재료
> • 초고층 빌딩이나 원자로 압력 용기, 항공기나 로켓의 고속 비상체 등에 사용
> • 고비강도 재료에는 초강력강, 티타늄합금, 알루미늄 합금이 있다.

개념잡기

Ti금속의 특징을 설명한 것 중 옳은 것은?
① Ti 및 그 합금은 비강도가 높다.
② 저용융점 금속이며, 열전도율이 높다.
③ 상온에서 면심입방격자(FCC)의 구조를 갖는다.
④ Ti은 화학적으로 반응성이 없어 내식성이 나쁘다.

티타늄은 비중 4.5, 융점 1,800℃
상자성체이며 매우 경도가 높고 여림
강도는 거의 탄소강과 같음
비강도는 비중이 철보다 작으므로 철의 약 2배
열전도와 열팽창률도 작은 편
타이타늄은 전형적인 금속 조밀육방격자(hcp) 구조(α형)를 갖는데, 882℃ 이상에서는 β형 체심입방(bcc) 구조로 변한다.
단점 : 고온에서 쉽게 산화하는 것과 값이 고가인 점
항공기, 우주 개발 등에 사용되는 이외에 고도의 내식재료로서 중용

답 ①

2 기능성 재료 ★★★

(5년간 13문항 출제, 회당 평균 1.0문항 출제, 출제율 100%)

1. 금속 기지 복합재료

① 섬유 강화금속 복합재료
  ㉠ 금속 모재 중에 **휘스커**와 같은 대단히 강한 섬유상의 물질을 분산시켜 요구되는 특징을 가지도록 만든 것
  ㉡ 강화 섬유(크게 비금속계와 금속계로 구분)
    ⓐ 비금속계 : C, B, SiC, Al_2O_3, AlN, ZrO_2 등
    ⓑ 금속계 : Be, W, Mo, Fe, Ti 및 그 합금

② 분산 강화금속 복합재료
  ㉠ 금속 합금에 기지 금속과 반응하지 않고 열적·화학적으로 안정한 0.01~0.1nm의 산화물 등의 미세한 입자를 소량으로 균일하게 분포시킨 재료
  ㉡ 분산 강화된 재료는 고온에서도 오랫동안 강도 유지 → 고온 **크리프** 특성이 우수
  ㉢ 분산 미립자 : 산화 알루미늄(Al_2O_3), 산화 토륨(ThO_2) 등 이용 → 기지 금속 중에서 화학적으로 안정적이며 용융점이 높고, 고용하지 않는 화합물
  ㉣ 기지 금속 : 알루미늄, 니켈, 니켈-크로뮴, 니켈-몰리브데넘, 철-크로뮴 등
  ㉤ 분산 강화 복합재료의 성질 및 종류
    ⓐ SAP(sintered aluminium powder product) : 저온 내열재료
    ⓑ TD Ni(thoria dispersion strengthened nickel) : 고온 내열재료

③ 입자 강화금속 복합재료
  ㉠ 금속이나 합금의 기지 중 1~5nm의 비금속 입자를 분산시켜 만든 재료
  ㉡ 서멧 : 탄화 텅스텐(WC)입자와 코발트(Co)입자를 혼합하고 소결하여 경질 공구 재료에 사용

④ 클래드 재료
  ㉠ 두 종 이상의 금속재료에 높은 압력을 가한 상태에서 압연 공정을 이용하여 금속 결합을 시키는 방법
  ㉡ 단일 금속으로는 가질 수 없는 전기적·물리적 특성을 지닌 재료
  ㉢ 니켈 합금, 스테인리스강 등의 내식성 재료와 저탄소강을 서로 조합한 클래드 재료가 화학 공업의 장치로 사용
  ㉣ 제조 방법 : 폭발 압착법, 압연법, 확산 결합법, 단접법, 압출법

용어정의

휘스커(whisker)
단결정으로 이루어진 섬유로 높은 강도를 가진다.

용어정의

크리프(creep)
물체가 일정한 변형력 아래서 시간의 흐름에 따라 천천히 변형하여 가는 현상
온도가 높고 변형력이 클수록 그 변형은 빠르다. 플라스틱 같은 고분자 물질에서 현저하게 볼 수 있다.

⑤ 다공질 재료
  ㉠ 내부에 15~95%의 체적이 기공으로 이루어진 재료
  ㉡ 기존 치밀한 재료가 갖지 못하는 분리, 저장, 열차단 등의 특성 부여
  ㉢ 제조 방법 : 용융 금속의 발포법, 압분 성형체의 발포법
  ㉣ 충격 흡수성이 우수하고 가공성 우수
  ㉤ 단열성과 흡음성이 우수하며, 앞으로 자동차 등의 경량재료나 충격 흡수재료, 건축재료 등에 사용

2. 형상기억합금

① 형상기억합금의 세 가지 공통 기능
  ㉠ 소성 변형이 일어나도 가열하면 그 변형이 소실되는 기능
  ㉡ 탄성 회복량이 매우 큰 **초탄성**(의탄성) 효과
  ㉢ 진동 흡수능(제진성)
② 고상에서 모상(austenite)의 형상기억합금을 냉각하면 변태가 일어나 결정 구조가 변하고 마텐자이트강이 생성
③ 마텐자이트(maretensite)는 강을 담금질하였을 때 생성되는 마텐자이트와 달리 열탄성형 마텐자이트라고 하는 특수한 마텐자이트
④ 형상기억합금의 활용 : 인공위성 안테나, 휴대전화 안테나, 로봇의 관절부, 전동차선 이상 발열 검출 센서, 창문 자동 개폐 장치, 온도 조절기, 전기 밥솥의 압력 조절기, 브레지어용 와이어에 실용화

3. 제진 합금

① 제진 합금의 개요
  ㉠ 고체음이나 고체 진동이 문제가 되는 경우 음원이나 진동원에 사용하여 진동 에너지를 열에너지로 변화시켜 공진, 진폭, 진동 속도를 감소시키는 재료
  ㉡ 방진재료 : 진동음을 방지해 주는 재료
  ㉢ 흡음재료 : 소음의 대책으로 공기압의 진동을 열에너지로 변환시켜 흡수하는 재료
  ㉣ 차음재료 : 공기압 진동의 전파를 차단시키는 재료
② 제진 합금의 특성 및 종류
  ㉠ 마그네슘-지르코늄, 망가니즈-구리, 타이타늄-니켈, 구리-알루미늄-니켈, 알루미늄-아연, 철-크로뮴-알루미늄 등
  ㉡ 편상 흑연을 가진 회주철은 강에 비하여 소리의 감쇠가 빠름 → 비감쇠능이 커서 공작 기계의 베드(bed)에 사용

꼭찝어 어드바이스

다공질 재료의 종류
① 오일리스 베어링 : 소결체의 다공성을 이용한 함유 베어링은 체적비로 10~30%의 기름을 함유시킨 자기 급유 상태로 사용되는 베어링
② 다공질 금속 필터 : 여과성 좋고, 고온에서 사용할 수 있으며, 수명 우수, 기계적 성질이 양호하여 용접·납땜 등의 접합도 용이하기 때문에 유체를 취급하는 공업 분야에서 실용화
③ 소결 다공성 금속 제품 : 방직기용 소결 링크, 열교환기 전극 촉매 등

꼭찝어 어드바이스

초탄성(superelastic)
① 하중을 제거하면 곧 원래의 모상으로 되돌아가는 현상
② 응력 유기 마텐자이트의 생성에 의하여 나타난다.

꼭집어 어드바이스

비정질재료 제조법
① 기체 급랭법
- 진공증착법 : 진공용기에서 금속을 가열하여 기체 상태로 만들어 세라믹 기판에 그 기체를 부착시키는 방법
- 스퍼터링법 : 불활성가스 이온을 모합금에 충돌시켜 튀어나오는 원자를 기판에 부착시키는 방법 (희토류금속에 많이 이용)

② 액체 급랭법
- 단롤법 : 고속 회전하는 1개의 롤 표면에 용융 금속을 분출시켜 냉각하는 방법
- 쌍롤법 : 회전하는 2개의 롤 사이에 용융금속을 공급하여 냉각하는 방법
- 원심급랭법 : 회전하는 냉각체 내부에 용융금속을 공급하여 냉각하는 방법
- 분무법 : 고속으로 분출하는 물의 흐름 중에 적당한 용융 금속을 떨어뜨려 미분화 하는 방법

용어정의

YBCO
이트륨-바륨-구리 산화물. 초전도체 물질 중의 하나, 임계 온도가 90~93K로 비교적 높아 경제적인 초전도 합금 중의 하나

4. 비정질 합금

① 비정질 합금의 개요
  ㉠ 비정질(amorphous) : 원자의 배열이 불규칙한 상태
  ㉡ 금속을 가열하여 액체 상태로 만든 후 $10^5 K/s$ 이상의 고속으로 급랭 원자가 규칙적인 배열을 하지 못한 무질서한 배열의 금속

② 비정질 합금의 특성 및 활용
  ㉠ 전기저항이 크고 온도 의존성이 적다.
  ㉡ 열에 약하고 고온에서 결정화한다.
  ㉢ 구조적으로 결정의 방향성이 없다.
  ㉣ 경도가 높고 연성이 양호하며 가공경화 현상이 나타나지 않는다.
  ㉤ 용접이 불가능하다.

5. 초전도 재료

① 초전도 재료의 특성 및 종류
  ㉠ 초전도 현상 : 어떤 종류의 금속에서는 일정한 온도에서 갑자기 전기저항이 0이 되어 전기를 무제한으로 흘려보내는 상태
  ㉡ 초전도체 : 절대 온도 0도(-273℃)로 급속히 냉각시킬 때 전기저항이 없어져 전류를 무제한으로 흘려보내는 도체
  ㉢ 자기장 차폐 효과 : 초전도 덩어리 내부에서는 항상 자기장이 존재하지 않는 성질 → "마이스너 효과(Meissner's effect)"
  ㉣ 조셉슨 효과(Josephson effect) : 두 개의 초전도 물질 사이에 매우 얇은 절연체를 끼워도 한쪽 초전도 물질로부터 다른 쪽 초전도 물질로 전류가 흐른다는 현상
  ㉤ 종류
    ⓐ 순수한 금속 물질로 대표적인 금속으로는 수은(Hg)
    ⓑ 저온 초전도체 : 4K(-269℃) 영역에서 초전도성 발휘(나이오븀-타이타늄 계열의 합금 재료)
    ⓒ 고온 초전도체 : 100K(-180℃) 이하에서 초전도성 발휘(YBCO : 화합물(세라믹) 계열)

② 초전도 재료의 응용
  ㉠ 고압 송전선, 전자석용 선재, 감지기 및 기억 소자
  ㉡ 전력 시스템의 초전도화, 핵융합, MHD발전(magnetohydrodynamic power generation), 자기 부상 열차, 핵자기 공명 단층 영상 장치, 컴퓨터 및 계측기 등의 여러 분야 응용 가능

개념잡기

분산강화 금속 복합재료에 대한 설명으로 틀린 것은?

① 고온에서 크리프 특성이 우수하다. 단단함과 거리가 멀다.
② 실용재료로는 SAP, TD Ni이 대표적이다.
③ 제조방법은 일반적으로 단접법이 사용된다.
④ 기지 금속 중에 0.01~0.1μm 정도의 미세한 입자를 분산시켜 만든 재료이다.

> **분산강화 금속 복합재료**
> - 금속에 0.01~0.1μm 정도의 산화물을 분산시킨 재료
> - 고온에서 크리프 특성이 우수
> - Al, Ni, Ni-Cr, Ni-Mo, Fe-Cr 등이 기지로 사용
> - 혼합법, 표면산화법, 공침법, 용융체 포화법 등의 제조방법이 있음
>
> **답 ③**

개념잡기

제진재료에 대한 설명으로 틀린 것은?

① 제진합금으로는 Mg-Zr, Mn-Cu 등이 있다.
② 제진합금에서 제진기구는 마텐자이트변태와 같다.
③ 제진재료는 진동을 제어하기 위하여 사용되는 재료이다.
④ 제진합금이란 큰 의미에서 두드려도 소리가 나지 않는 합금이다.

> **제진재료**
> - 진동과 소음을 줄여주는 재료로 제진계수가 높을수록 감쇠능이 좋다.
> - 제진합금 : Mg-Zr, Mn-Cu, Ti-Ni, Cu-Al-Ni, Al-Zn, Fe-Cr-Al, 등이 있다.
> - 내부 마찰이 매우 크며 진동 에너지를 열에너지로 변환시키는 능력이 크다.
> - 제진기구는 훅의 법칙을 따르며 외부에서 주어진 에너지가 재료에 흡수되어 진동이 감쇠하게 되며 열에너지로 변환된다.
>
> **답 ②**

개념잡기

특정온도 이상으로 가열하면 변형되기 이전의 원래 상태로 되돌아가는 현상을 이용하여 만든 신소재는?

① 형상기억합금
② 제진합금
③ 비정질합금
④ 초전도합금

> **형상기억합금**
> 힘에 의해 변형되더라도 특정온도에 올라가면 본래의 모양으로 들어오는 합금이다.
> Ti-Ni이 대표적으로 마텐자이트 상변태를 일으킨다.
>
> **답 ①**

PART 02 금속제도

CHAPTER 01 제도의 기본

CHAPTER 02 제도의 응용

CHAPTER 03 기계요소의 제도

CHAPTER 01 제도의 기본

A
1. 도면은 보는 사람이 정확하게 알아볼 수 있도록 제품의 모양, 크기, 정밀도, 생산 방법 등 제품을 생산하는데 필요한 모든 정보를 명확하게 나타내야 한다.
2. 도면을 그리기 위한 여러 가지 기본적인 방법에 대하여 알아보자.

단원 들어가기 전

제도 용어, 척도, 문자, 선, 기호

빅데이터 키워드

1 제도 용어 및 통칙

(5년간 6문항 출제, 회당 평균 0.5 문항 출제, 출제율 46.2%)

제도 규격에 의하여 작성된 도면으로 제품을 생산하게 되면 제품의 호환성, 품질 향상, 원가 절감, 생산성 향상 및 소비자에게도 많은 편리함을 준다. 세계 각국에서는 각 나라의 실정에 맞는 표준 규격을 제정하여 사용하고 있으며, 국가 규격은 다시 국제단위로 단일화가 되고 있다.

○ 각 국의 공업규격

명 칭	표준 규격 기호
국제 표준화 기구 (International Organization for Standardization)	ISO
한국 공업 규격(Korean Industrial Standards)	KS
영국 규격(British Standards)	BS
독일 규격(Deutsches instiute fur Normung)	DIN
미국 규격(American National Standards)	ANSI
스위스 규격(Schweitzerih Normen-Vereingung)	SNV
프랑스 규격(Norme Francaise)	NF
일본 공업 규격(Japanese Industrial Standards)	JIS

★ 용어정의

우리나라의 제도 통칙
우리나라에서는 1966년도에 제도 통칙(KS A0005)이 제정되었고 1967년도에 기계 분야에 적용되는 기계제도 통칙(KS B0001)이 제정되었다.

기호	A	B
부분	기본	기계
기호	G	H
부분	일용품	식료품
기호	C	D
부분	전기	금속
기호	M	V
부분	화학	조선

▶ 참고

KS B(기계)부분의 분류

KS 규격번호	분 류
B 0001~0891	기계기본
B 1000~2403	기계요소
B 3001~3402	공 구
B 4001~4606	공작기계
B 5301~5531	물리기계
B 6001~6430	일반기계
B 7001~7702	산업기계
B 8007~8591	수송기계

개념잡기

KS의 부문별 기호 중 기계 기본 기계요소, 공구 및 공작기계 등을 규정하고 있는 영역은?

① KS A ② KS B ③ KS C ④ KS D

▼

KS A : 기본
KS B : 기계
KS C : 전기
KS D : 금속

답 ②

2. 도면의 크기, 종류, 양식 ★★

(5년간 10문항 출제, 회당 평균 0.8문항 출제, 출제율 76.9%)

1. 도면의 크기

① 도면의 크기는 A열 사이즈를 사용하여 A0~A4로 구분한다.
② 제도용지의 폭과 길이의 비는 $1 : \sqrt{2}$ 로 한다.

(단위 : mm)

용지크기의 호칭		A0	A1	A2	A3	A4
a×b		1,189×841	841×594	594×420	420×297	297×210
도면의 테두리 (최소)	c(최소)	20	20	10	10	10
	d (최소) 철하지 않을 때	20	20	10	10	10
	철할 때	25	25	25	25	25

비고 d의 부분은 도면을 접었을 때, 표제란의 좌측이 되는 쪽에 설치한다.

③ 도면은 긴 쪽을 좌우 방향으로 놓고서 사용한다. 다만 A4는 짧은 쪽을 좌우 방향으로 놓고서 사용하여도 좋다.
④ 도면을 접을 때는 그 크기는 원칙적으로 297 × 210mm(A4의 크기)로 하며 표제란이 겉으로 나오게 한다.

> 참고

도면이 구비해야 할 요건
• 대상물의 도형과 함께 필요로 하는 구조, 조립상태, 치수, 가공법 등의 정보를 포함하여야 한다.
• 애매한 해석이 생기지 않도록 표현상 명확한 뜻을 가져야 한다.
• 무역 및 기술의 국제교류의 입장에서 국제성을 가져야 한다.

🌟 꼭집어 어드바이스

도면 필수 기재사항
• 윤곽선
• 표제란
• 중심마크

2. 도면의 양식

① 도면에 반드시 마련하는 사항
  ㉠ 윤곽선(테두리선) : 도면의 윤곽에 사용하는 윤곽선은 굵기 0.5mm 이상의 실선으로 한다.
  ㉡ 표제란 : 도면의 오른쪽 아래 구석에 표제란을 그리고 원칙적으로 도면번호, 도명, 기업(단체명), 책임자 서명(도장), 도면 작성 연월일, 척도 및 투상법을 기입한다.
  ㉢ 중심마크 : 도면의 마이크로필름 촬영, 복사 등의 편의를 위하여 도면에 0.5mm 굵기의 직선으로 긋는다.

② 도면에 마련하는 것이 바람직한 사항
  ㉠ 비교 눈금 : 도면의 축소 또는 확대 복사의 작업 및 이들의 복사도면을 취급할 때의 편의를 위하여 도면에 비교눈금을 마련하는 것이 바람직하다.
  ㉡ 도면의 구역 : 도면 중의 특정부분의 위치를 지시하는 편의를 위하여 도면의 구역을 표시하는 것이 좋다.
  ㉢ 재단 마크 : 복사한 도면을 재단하는 경우의 편의를 위하여 원도에 재단 마크를 마련하는 것이 바람직하다.

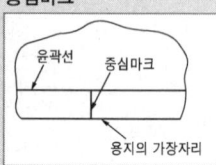
중심마크

개념잡기

다음 보기에서 도면의 양식에 대한 설명으로 옳은 것을 모두 고른 것은?

> 보기
> a. 윤곽선 : 도면에 그려야 할 내용의 영역을 명확하게 하고 제도용지 가장자리 손상으로 생기는 기재사항을 보호하기 위해 그리는 선
> b. 중심마크 : 도면의 사진촬영 및 복사 등의 작업을 위하여 도면의 바깥 상하좌우 4개소에 표시해 놓은 선
> c. 표제란 : 도면번호, 도면이름, 척도, 투상법 등을 기입하여 도면의 오른쪽 하단에 그리는 것
> d. 재단마크 : 복사한 도면을 재단할 때 편의를 위해 그려 놓은 선

① a,c　　② a,b,c　　③ b,c,d　　④ a,b,c,d

답 ④

개념잡기

실물을 보고 프리핸드로 그린 도면은?

① 계획도　　② 제작도　　③ 평면도　　④ 스케치도

> **스케치 방법**
> - 프리핸드법 : 자유롭게 손으로 그리는 스케치 기법으로 모눈종이를 사용하면 편한 방법
> - 프린트법 : 광명단 등을 발라 스케치 용지에 찍어 그 면의 실형을 얻거나 면에 용지를 대고 연필 등으로 문질러서 도형을 얻는 방법
> - 본뜨기법 : 불규칙한 곡선부분이 있는 부품은 납선, 구리선 등을 부품의 윤곽에 따라 굽혀서 그 선의 윤곽을 지면에 대고 본뜨거나 부품을 직접 용지 위에 놓고 본뜨는 방법
> - 사진촬영법 : 복잡한 기계의 조립상태나 부품을 여러 방향에서 사진을 찍어두어서 제도 및 도면에 활용하는 방법
>
> **답 ④**

3 ▶ 척도, 문자, 선 및 기호 ★★★

(5년간 26문항 출제, 회당 평균 2.0문항 출제, 출제율 200%)

1. 도면의 척도

도면에서 척도는 A : B로 표시한다.

$$A : B$$

- A : 그린 도형에서의 대응하는 길이
- B : 대상물의 실제 길이

척도의 종류	란	값
축 척	1	1 : 2, 1 : 5, 1 : 10, 1 : 20, 1 : 50, 1 : 100, 1 : 200
축 척	2	1 : $\sqrt{2}$, 1 : 2.5, 1 : 2$\sqrt{2}$, 1 : 3, 1 : 4, 1 : 5$\sqrt{2}$, 1 : 250
현 척	—	1 : 1
배 척	1	2 : 1, 5 : 1, 10 : 1, 20 : 1, 50 : 1
배 척	2	$\sqrt{2}$: 1, 2.5$\sqrt{2}$: 1, 100 : 1

비고 1란의 척도를 우선으로 사용한다.

① 척도는 도면의 표제란에 기입하나, 같은 도면 다른 척도를 사용할 때는 필요에 따라 그 그림 부근에도 기입한다.

> **핵심 Key**
>
> **축척**
> 실물을 축소해서 그린 도면
> **현척(실척)**
> 실물과 같은 크기로 그린 도면
> **배척**
> 실물을 확대해서 그린 도면
> **N.S(None Scale)**
> 비례척이 아닌 도면

② 도형이 치수에 비례하지 않는 경우에는 그 취지를 적당한 곳에 명기한다. 또한, 이들 척도의 표시는 잘못 볼 염려가 없을 경우에는 기입하지 않아도 좋다.

2. 선의 종류와 용도

> 참고
>
> 선의 종류
> 실선 ─────
> 파선 ─ ─ ─ ─ ─
> 1점 쇄선 ─·─·─·─
> 2점 쇄선 ─··─··─

> ★ 용어정의
> • 실선 : 연속된 선
> • 파선 : 일정한 간격으로 짧은 선의 요소가 규칙적으로 반복되는 선
> • 1점 쇄선 : 장단 2 종류 길이의 선의 요소가 번갈아 반복되는 선
> • 2점 쇄선 : 장단 2 종류 길이의 선의 요소가 장, 단, 단, 장, 단, 단의 순서로 반복되는 선

> 참고
> 1점 쇄선 및 2점 쇄선은 긴 쪽 선의 요소에서 시작하고 끝나도록 그린다.

용도에 의한 명칭	굵기 (mm)	선의 모양	선의 용도
외형선 (굵은 실선)	0.5~0.7	─────	물체의 보이는 부분의 모양을 나타내는 선
숨은선 (파선, 은선)	0.3~0.4	─ ─ ─ ─	물체의 보이지 않는 부분의 모양을 나타내는 선
중심선 (가는 1점 쇄선)	0.1~0.25	─·─·─	도형의 중심을 표시하는 데 쓰이는 선 중심이 이동한 중심궤적을 표시하는 선
가상선 (가는 2점 쇄선)	0.1~0.25	─··─··─	인접부분을 참고로 표시하는 선 물체가 이동할 운동범위를 나타내는 선 되풀이되는 도형을 나타내는 선
특수 지정선 (굵은 1점 쇄선)	0.8~1.0	─·─·─	특수 가공을 하는 부분에 특별한 요구사항을 적용할 수 있는 범위를 표시하는 선
파단선 (자유 실선)	0.1~0.25	∼∼∼	대상물의 일부를 파단한 경계 또는 일부를 떼어낸 경계를 표시하는 데 쓰이는 선
해칭 (가는 실선)	0.1~0.25	/////	도형의 한정된 특정 부분을 다른 부분과 구별하고 단면도의 절단된 부분을 나타내는 선
가는 실선	0.1~0.25	─────	치수선, 치수보조선, 지시선, 회전단면선, 공차문자 등을 나타내는 선
절단선 (가는 1점 쇄선)	0.1~0.25	─·─┐ 　 └─	단면도를 그리는 경우, 그 절단 위치를 대응하는 그림에 표시하는 선 (절단선이 꺾이는 부분은 굵은 실선으로 표시한다)
기준선 (가는 1점 쇄선)	0.1~0.25	─·─·─	특히 위치 결정의 근거가 된다는 것을 명시할 때 쓰이는 선
피치선 (가는 1점 쇄선)	0.1~0.25	─·─·─	되풀이 하는 도형의 피치를 취하는 기준을 표시하는 데 쓰이는 선
무게 중심선 (가는 2점 쇄선)	0.1~0.25	─··─··─	단면의 무게 중심을 연결한 선을 표시하는 선

3. 선의 굵기 및 우선순위

① 선의 굵기의 비율

선 굵기의 비율에 따른 분류	굵기의 비율
가는 선	1
굵은 선	2
아주 굵은 선	4

선의 굵기의 기준은 0.18mm, 0.25mm, 0.35mm, 0.5mm, 0.7mm, 및 1mm로 한다.

② 겹치는 선의 우선순위
도면에서 2종류 이상의 선이 같은 장소에 겹치게 될 경우에는 다음에 나타낸 순위에 따라 우선되는 종류의 선으로 그린다.
㉠ 외형선　　　㉡ 숨은선　　　㉢ 절단선
㉣ 중심선　　　㉤ 무게 중심선　　㉥ 치수 보조선

> **참고**
> 문자와 문자와의 간격(문자의 간격 그림에 b)은 문자 굵기의 2배 이상으로 한다.

> **꼭집어 어드바이스**
> 문자의 간격
>

> **꼭집어 어드바이스**
> 선의 우선순위
> ① 기호, 문자, 숫자
> ② 외형선
> ③ 숨은선(=파선=은선)
> ④ 절단선
> ⑤ 중심선
> ⑥ 무게 중심선
> ⑦ 치수 보조선

4. 도면의 사용하는 문자

① 일반사항
　㉠ 같은 크기의 문자는 그 선의 굵기를 되도록 맞춘다.
　㉡ 글자는 명백히 쓰고 글자체는 고딕체로 하여 수직 또는 15°경사로
　　 씀을 원칙으로 한다.

② 문자의 크기 및 굵기
문자의 크기는 높이 2.24, 3.15, 4.5, 6.3, 9(mm)의 5종류로 함을 원칙(KS B 기계)으로 한다.

크기	한자	3.15, 4.5, 6.3, 9, 12.5, 18mm
	한글자, 숫자, 영자	2.24, 3.15, 4.5, 6.3, 9, 12.5, 18mm
굵기	한자	1/12.5
	한글자	1/9

> **개념잡기**
>
> 침탄, 질화 등 특수 가공할 부분을 표시할 때 나타내는 선으로 옳은 것은?
> ① 가는 파선　　　　　② 가는 2점 쇄선
> ③ 가는 1점 쇄선　　　④ 굵은 1점 쇄선
>
> 특수 지정선은 특수한 가공을 하는 부분 등 특별한 요구사항을 적용할 수 있는 범위를 표시한 선으로 굵은 1점 쇄선으로 나타낸다.　　**답 ④**

CHAPTER 02 제도의 응용

> Ⓐ 물체의 모양을 표현하기 위한 투상법, 치수기입법, 요소 치수기입 방법 등을 정확히 숙지하여 부품의 제도에 응용하는 방법을 알아보자.
>
> 📖 단원 들어가기 전
>
> 📖 빅데이터 키워드
> 투상도법, 단면도, 치수기입법, 요소 치수기입

꼭찝어 어드바이스
투상법의 종류
- 정투상
- 등각투상
- 사투상

1 ▶ 투상도법 ★★

(5년간 12문항 출제, 회당 평균 0.9문항 출제, 출제율 92.3%)

1. 투상법의 종류

제도에 사용하는 투상법은 특별한 이유가 없는 한 평행 투상에 따르는 것 중, 표에 표시하는 3종류로 한다.

○ 투상법의 종류

투상법의 종류	사용하는 그림의 종류	특징	주된용어
정투상	정투상도	모양을 엄밀하고 정확하게 표시할 수 있다.	일반도면
등각투상	등각도	하나의 그림으로 정육면체의 세 면을 같은 정도로 표시할 수 있다.	설명용 도면
사투상	캐비닛도	하나의 그림으로 정육면체의 세 면 중의 한 면만을 중점적으로 엄밀, 정확하게 표시할 수 있다.	

① 등각 투상도, 캐비닛도(사투상)
하나의 그림에 의해 대상물을 알기 쉽게 도시하는 설명용 등의 그림에는 등각 투상 및 캐비닛도를 사용한다.

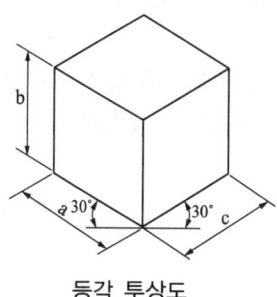
등각 투상도

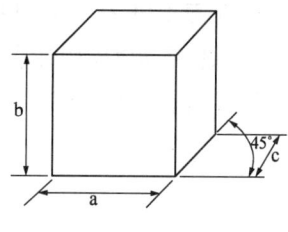
사투상도(캐비닛도)

② 정투상도
투상법은 제3각법에 따르는 것을 원칙으로 하고 다만 필요한 경우(토목, 선박제도)에는 제1각법을 쓴다.

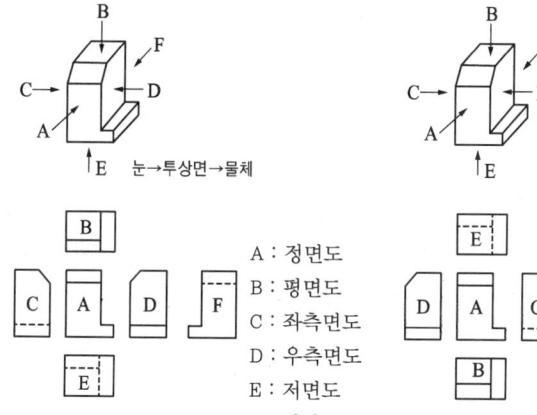

A : 정면도
B : 평면도
C : 좌측면도
D : 우측면도
E : 저면도
F : 배면도

비고 : 배면도의 위치는 한 보기를 나타낸다.

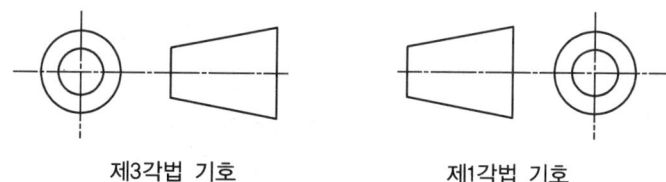
제3각법 기호   제1각법 기호

용어정의

투시도
원근감을 갖도록 그리는 방법으로 건축이나 토목제도에 주로 사용되는 도법이다.

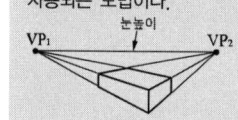

꼭집어 어드바이스

투상면의 공간

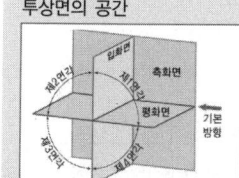

2. 제1각법과 제3각법

① 제1각법
  ㉠ 제1각법은 물체를 제1각에 놓고 정투상하는 방법이다. 따라서 물체는 눈과 투상면 사이에 있게 된다.
  ㉡ 평화면, 측화면을 입화면과 같은 평면이 되도록 회전시키면 정면도의 왼쪽에 우측면도가 놓이고, 평면도는 정면도의 아래쪽에 놓이게 된다.

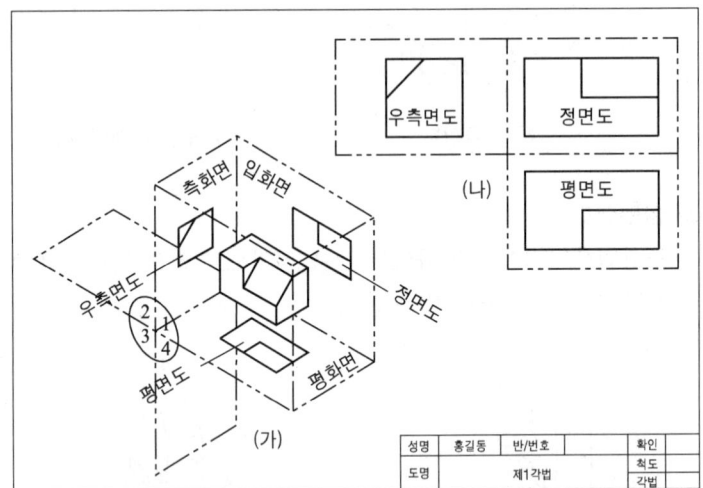

② 제3각법
  ㉠ 가장 많이 사용되는 정 투상도법으로 우리나라에서 제도 통칙으로 사용하고 미국에서 사용하고 있는 투상법이다.
  ㉡ 제3각 안에 놓고 투상하므로 투사선이 투사면을 통과하여 입체에 이르게 된다.
  ㉢ 평화면, 측화면을 입화면과 같은 평면이 되도록 회전시키면 정면도의 위에 평면도가 놓이고, 정면도의 오른쪽에 우측면도가 놓이게 된다.

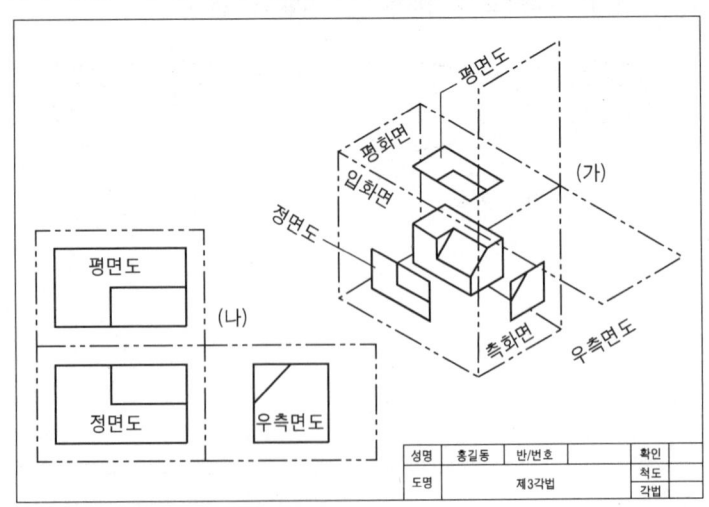

핵심 Key

시점, 화면, 물체의 관계
• 제1각법
눈(시점)-물체-투상면
• 제3각법
눈(시점)-투상면-물체

제3각법은 제1각법에 비하여 도면을 이해하기 쉬우며, 치수 기입이 편리하고, 보조투상도를 사용하여 복잡한 물체도 쉽고 정확하게 나타낼 수 있다.

꼭집어 어드바이스

1각법과 3각법의 혼용
• 원칙적으로 동일 도면 내에 제1각법과 제3각법의 혼용을 피해야 하나 부득이하게 혼용할 경우 투시 방향을 화살표로 명시해야 한다.
• 한국, 미국, 캐나다 등은 제3각법, 독일은 제1각법을 사용하고, 일본, 영국 및 국제 규격은 제1각법과 제3각법을 혼용한다.

3. 투상도의 표시방법

① 주 투상도의 선택
  ㉠ 주 투상도에는 대상물의 모양, 기능을 가장 명확하게 표시하는 면을 그린다. 또한 대상물을 도시하는 상태는 도면의 목적에 따라 다음 하나를 따른다.
    ⓐ 조립도 등 주로 기능을 표시하는 도면에서는 대상물을 사용하는 상태
    ⓑ 부품도 등 가공하기 위한 도면에서는 가공에 있어서 도면을 가장 많이 이용하는 공정에서 대상물을 놓은 상태 (①)
    ⓒ 특별한 이유가 없는 경우, 대상물을 가로길이로 놓은 상태 (②)

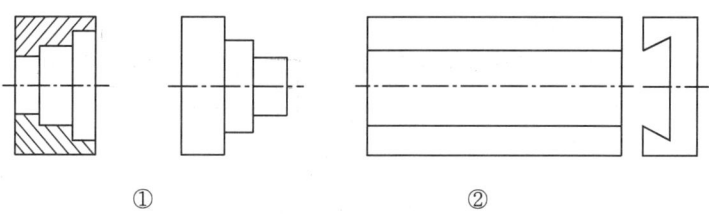

  ㉡ 주 투상도를 보충하는 다른 투상도는 되도록 적게 하고 주 투상도만으로 표시할 수 있는 것에 대하여는 다른 투상도는 그리지 않는다.

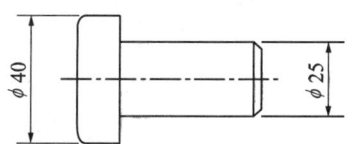

  ㉢ 서로 관련되는 그림의 배치는 되도록 숨은선을 쓰지 않도록 한다. 다만, 비교 대조하기 불편할 경우에는 예외로 한다.

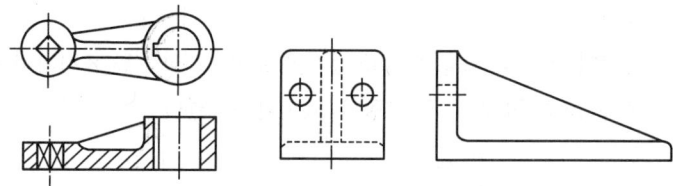

비교 대조 편리

② 투상도 표시방법
  ㉠ 투상법의 기호는 표제란 또는 그 근처에 나타낸다.
  ㉡ 지면의 형편 등으로 투상도를 제3각법에 의한 정확한 위치로 그리지 못하는 경우에 상호 관계를 화살표와 문자로 사용하여 표시하고 그 글자로 투상의 방향과 관계없이 전부 위 방향으로 나타낸다.

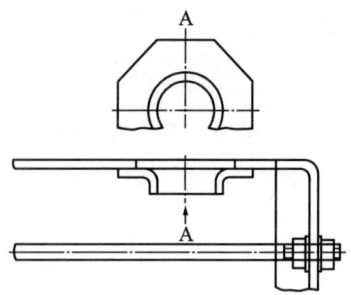

4. 투상도의 종류

① 보조 투상도

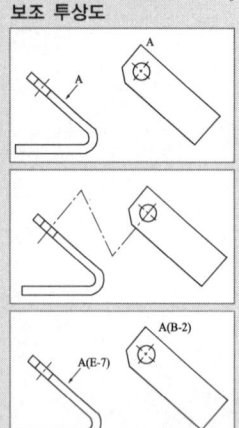
보조 투상도

㉠ 대상물 경사면의 실형을 도시할 필요가 있을 경우에는 그 경사면과 맞서는 위치에 보조 투상도로서 표시한다.

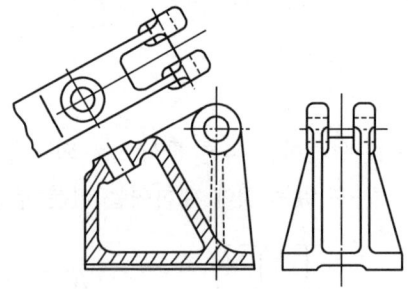

㉡ 지면의 관계 등으로 보조 투상도로 경사면에 맞서는 위치에 배치할 수 없는 경우에는 그 뜻을 화살표와 영자의 대문자로 나타낸다. 다만, 그림에 나타낸 것과 같이 구부린 중심선에서 연결하여 투상관계를 나타내도 좋다.

② 회전 투상도

투상면이 어느 각도를 가지고 있기 때문에 그 실형을 표시하지 못할 때에는 그 부분을 회전해서 그 실형을 도시할 수 있다.

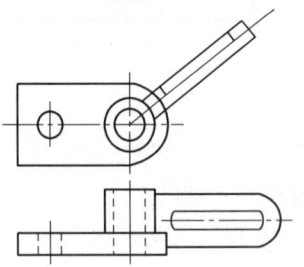 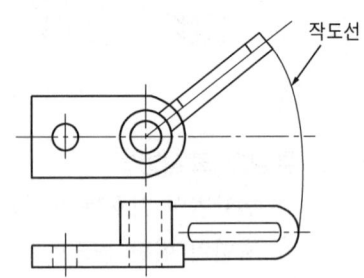

작도선

③ 부분 투상도

그림의 일부를 도시하는 것으로 충분한 경우에는 그 필요 부분만을 부분 투상도로서 표시한다. 이 경우에는 생략한 부분과의 경계를 파단선으로 나타낸다. 다만, 명확한 경우에는 파단선을 생략하여도 좋다.

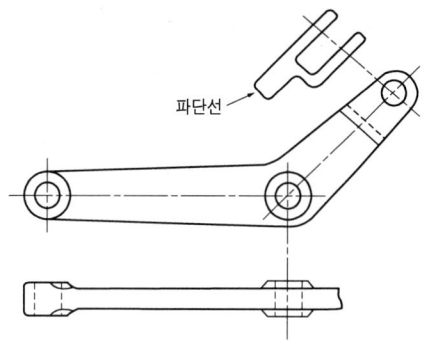

④ 국부 투상도

대상물의 구멍, 홈 등 한 국부만의 모양을 도시하는 것으로 충분한 경우에는 그 필요 부분을 국부 투상도로서 나타낸다.

> 참고
투상 관계를 나타내기 위하여 원칙으로 주된 그림에 중심선, 기준선, 치수 보조선 등으로 연결한다.

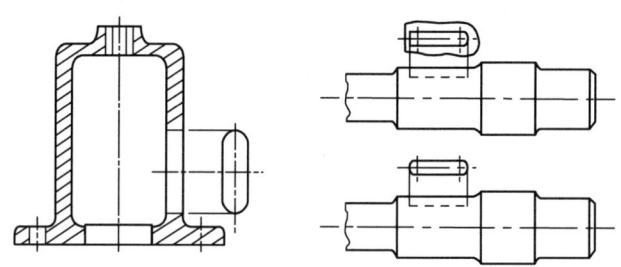

⑤ 부분 확대도

특정 부분의 도형이 작은 까닭으로 그 부분의 상세한 도시나 치수기입을 할 수 없을 때는 그 부분을 가는 실선으로 에워싸고, 영자의 대문자로 표시함과 동시에 그 해당 부분을 다른 장소에 확대하여 그리고, 표시하는 글자 및 척도를 부기한다.

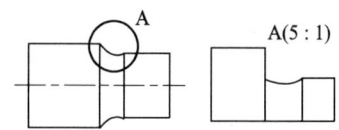

개념잡기

물체를 투상면에 대하여 한쪽으로 경사지게 투상하여 입체적으로 나타내는 것으로 물체를 입체적으로 나타내기 위해 수평선에 대하여 30°, 45°, 60° 경사각을 주어 삼각자를 편리하게 사용하게 한 것은?

① 투시도   ② 사투상도   ③ 등각투상도   ④ 부등각투상도

> **사투상도**
> 투상선이 투상면을 사선으로 평행하도록 하기 위해 무한대의 수평 시선으로 얻은 물체의 윤곽을 그리게 되면 육면체의 세 모서리는 경사축이 a각을 이루는 입체도가 되는데, 이를 그린 그림을 의미한다. 45°의 경사 축으로 그린 것은 카발리에도이며, 60°의 경사 축으로 그린 것은 캐비닛도이다.
>
> **답 ②**

개념잡기

다음 투상도 중 물체의 높이를 알 수 없는 것은?

① 정면도   ② 평면도   ③ 우측면도   ④ 좌측면도

> 평면도는 물체를 위 쪽에서 본 것으로 가로 및 세로방향의 치수만 확인할 수 있고 높이 방향의 값은 알 수가 없다.
>
> **답 ②**

2 단면도의 표시방법 ★★★

(5년간 19문항 출제, 회당 평균 1.5문항 출제, 출제율 146.2%)

1. 단면도의 표시방법

① 단면의 표시

물체의 내부 구조가 복잡할 때 가려져서 보이지 않는 부분을 알기 쉽게 나타내기 위하여 단면도로 도시할 수 있다. 단면도의 도형은 절단면을 사용하여 대상물을 절단하였다고 가정하고 절단면의 앞부분을 제거하고 그린다.

② 단면으로 표시하지 않는 부품

단면하기 때문에 이해를 방해하는 것 또는 절단하여도 의미가 없는 것은 원칙적으로 긴 쪽 방향으로는 절단하지 않는다.
㉠ 리브, 바퀴의 암, 기어의 이
㉡ 축, 핀, 볼트, 너트, 와셔, 작은 나사, 리벳 키, 강구, 원통 롤러

2. 단면도의 종류

① 온 단면도(전 단면도)

원칙적으로 대상물의 기본적인 모양을 가장 좋게 표시할 수 있도록 물체의 중심에 절단면을 정하여 그린다. 이 경우에는 절단선은 기입하지 않는다.

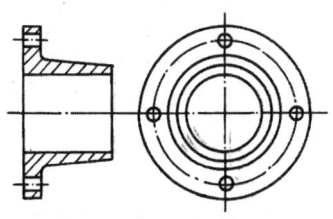
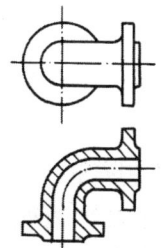

② 한쪽 단면도(반 단면도)

대칭형의 대상물은 외형도의 절반과 온단면도의 절반을 조합하여 표시할 수 있다.

③ 부분 단면도

외형도에 있어서 필요로 하는 요소의 일부만을 부분 단면도로 표시할 수 있다. 이 경우, 파단선에 의하여 그 경계를 나타낸다.

> **핵심 Key**
> • 온 단면도(=전 단면도)
> • 한쪽 단면도(=반 단면도)
> • 부분 단면도
> • 회전 단면도
> • 계단 단면도
> • 예각 단면도
> • 곡면 단면도

> **꼭집어 어드바이스**
> 단면부의 선
> 단면도에서 단면은 해칭선(가는 실선)으로 나타낸다.

④ 회전 단면도

핸들이나 바퀴 등의 암 및 링, 리브, 훅, 축, 구조물의 부재 등의 절단면을 다음에 따라 90° 회전하여 표시하여도 좋다.

㉠ 절단할 곳의 전후를 끊어서 그 사이에 그린다(그림 A).
㉡ 절단선의 연장선 위에 그린다(그림 B).
㉢ 도형 내의 절단한 곳에 겹쳐서 가는 실선을 사용하여 그린다(그림 C).

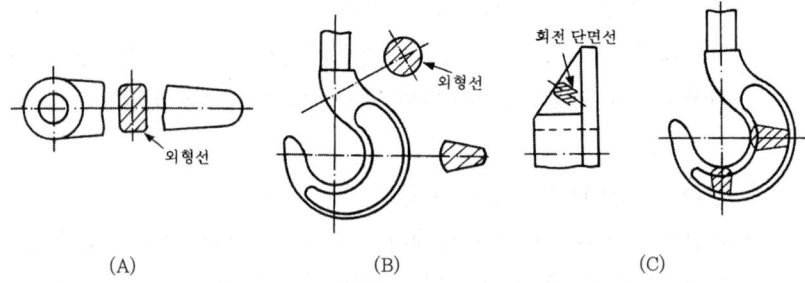

(A)　　　　　　　　(B)　　　　　　　　(C)

⑤ 계단 단면도

단면도는 평행한 2개 이상의 평면에서 절단한 단면도의 필요 부분만을 합성시켜 나타낼 수가 있다. 이 경우, 절단선에 따라 절단의 위치를 나타내고 조합에 의한 단면도라는 것을 나타내기 위하여 2개의 절단선을 임의의 위치에서 이어지게 한다.

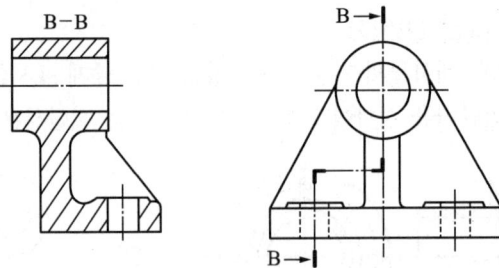

⑥ 예각 단면도

대칭형 또는 가까운 형의 대상물의 경우에는 대칭의 중심선을 경계로 하여 그 한쪽을 투상면에 평행하게 절단하고, 다른 쪽을 투상면과 어느 각도를 이루는 방향으로 절단할 수 있다. 이 경우, 후자의 단면도는 그 각도만큼 투상면 쪽으로 회전시켜서 도시한다.

⑦ 곡면 단면도

구부러진 관 등의 단면을 표시하는 경우에는 그 구부러진 중심선에 따라 절단하고 그대로 투상할 수 있다.

개념잡기

다음과 같은 단면도는?

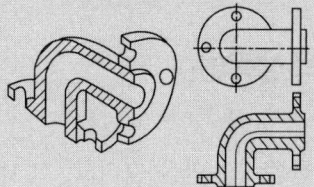

① 전 단면도　　② 한쪽 단면도　　③ 부분 단면도　　④ 회전 단면도

물체의 절반을 단면하여 전체 영역에 해칭이 있는 방법으로 내부를 투영하는 단면도는 온 단면도(전 단면도)이다.

답 ①

개념잡기

단면도를 나타낼 때 길이 방향으로 절단하여 도시할 수 있는 것은?

① 볼트　　② 기어의 이　　③ 바퀴 암　　④ 풀리의 보스

절단하지 않는 부품
리브, 바퀴의 암, 기어의 이, 축, 핀, 볼트, 너트, 와셔, 작은 나사, 키, 강구, 원통롤러

답 ②

개념잡기

다음 투상도에서 A-A와 같이 단면했을 때 가장 올바르게 나타낸 단면도는?

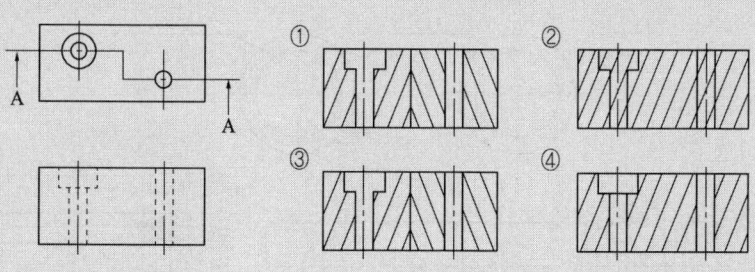

계단 단면도는 평행한 2개 이상의 평면에서 절단한 단면도의 필요 부분만을 합성시켜 나타낼 수가 있다. 이 경우, 절단선에 따라 절단의 위치를 나타내고 조합에 의한 단면도라는 것을 나타내기 위하여 2개의 절단선을 임의의 위치에서 이어지게 한다.

답 ④

3. 도면의 생략(단면도 등)

(5년간 2문항 출제, 회당 평균 0.2문항 출제, 출제율 15.4%)

1. 대칭 및 반복 도형의 생략법

① 대칭 도형의 생략
  ㉠ 대칭 중심선의 한쪽 도형만을 그리고, 그 대칭 중심선의 양끝 부분에 짧은 2개의 나란한 가는선(대칭 도시기호라 한다)을 그린다.
  ㉡ 대칭 중심선의 한쪽의 도형을 대칭 중심선을 조금 넘은 부분까지 그린다. 이때 대칭 도시기호를 생략할 수 있다.

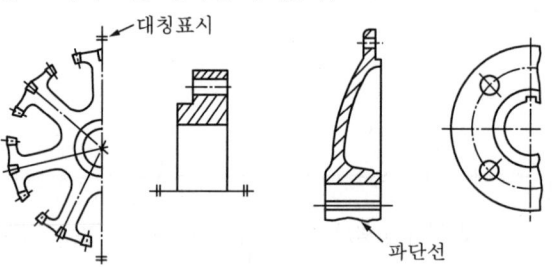

② 반복 도형의 생략
  ㉠ 실형 대신 그림 기호를 피치선과 중심선과의 교점에 기입한다.
  ㉡ 잘못 볼 우려가 있을 경우에는 양끝부(한 끝은 1피치분), 또는 요점만을 실형 또는 도면 기호로 나타내고 다른 쪽은 피치선과 중심선과의 교점으로 나타낸다.
  ㉢ 치수기입에 의하여 교점의 위치가 명확할 때는 피치선에 교차되는 중심선을 생략하여도 좋다. 또, 이 경우에는 반복 부분의 수를 치수기입 또는 주기에 의하여 지시하여야 한다.

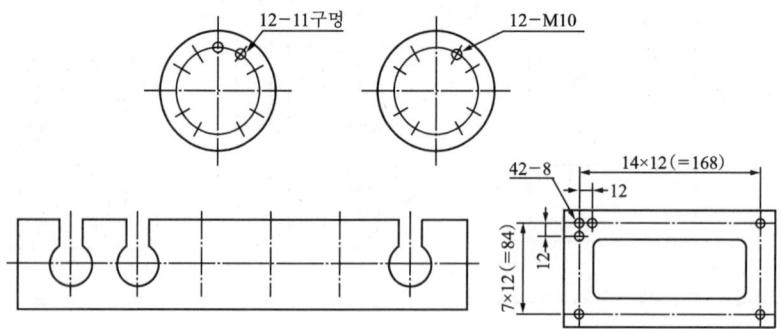

③ 도면의 중간부분 생략
  동일 단면형의 부분, 같은 모양이 규칙적으로 줄지어 있는 부분 또는 긴 테이퍼 등의 부분은 지면을 생략하기 위하여 중간부분을 잘라내서 그 긴 부분만을 가까이 하여 도시할 수 있다. 이 경우, 잘라낸 끝 부분은 파단선으로 나타낸다.

2. 도형의 단축 그리기

① 일부분에 특정한 모양을 가진 것은 되도록 그 부분이 그림의 위쪽에 나타나도록 그리는 것이 좋다.
② 피치원 위에 배치하는 구멍 등은 측면의 투상도(단면도도 포함)에서는 피치원이 만드는 원통을 표시하는 가는 1점 쇄선과 그 한쪽에만 1개의 구멍을 도시(투상관계에 불구하고)하고 다른 구멍의 도시를 생략할 수 있다.
③ 숨은선은 그것이 없어도 이해할 수 있는 경우에는 생략할 수 있다.
④ 절단면의 앞쪽에 보이는 선은 그것이 없어도 이해할 수 있는 경우에는 생략할 수 있다.

개념잡기

〈보기〉에서 도면을 작성할 때 도형의 일부를 생략할 수 있는 경우를 모두 나열한 것은?

보기
ㄱ. 도형이 대칭인 경우
ㄴ. 물체의 길이가 긴 중간 부분의 경우
ㄷ. 물체의 단면이 얇은 경우
ㄹ. 같은 모양이 계속 반복되는 경우
ㅁ. 짧은축, 핀, 키, 볼트, 너트 등과 같은 기계요소의 경우

① ㄱ,ㄴ,ㄷ
② ㄱ,ㄴ,ㄹ
③ ㄴ,ㄷ,ㅁ
④ ㄱ,ㄴ,ㄷ,ㄹ,ㅁ

도형은 대칭인 경우, 길이가 긴 부품의 중간 부분, 같은 모양으로 반복되는 경우 생략하여 도시할 수 있다.
답 ②

4 ▶ 치수기입법 ★★★

(5년간 13문항 출제, 회당 평균 1.0문항 출제, 출제율 100.0%)

1. 치수의 표시 방법

① 치수선
  ㉠ 치수선은 0.3mm 이하의 가는 실선으로 외형선에 평행하게 긋고 선의 양끝에는 끝부분 기호를 붙인다.
  ㉡ 치수선의 간격은 외형선으로부터 약 10~15mm 띄어서 긋고, 다음 치수선을 그을 때는 같은 간격으로 긋는다(8~10mm).
  ㉢ 치수선은 원칙으로 치수 보조선을 사용하여 기입한다. 다만, 치수 보조선을 빼내면 그림을 혼동하기 쉬울 때는 이것에 따르지 않아도 좋다.

② 치수 보조선
  ㉠ 치수 보조선은 지시하는 치수의 끝에 닿는 도형상의 점 또는 선의 중심을 통과하고 치수선에 직각되게 그어서 치수선을 약간(3mm 정도) 지날 때까지 연장한다. 다만, 치수 보조선과 도형 사이를 약간 떼어 놓아도 좋다.
  ㉡ 치수를 지시하는 점 또는 선을 명확히 하기 위하여 특히 필요한 경우에는 치수선에 대하여 적당한 각도를 가진 서로 평행한 치수 보조선을 그을 수 있다. 이 각도는 되도록 60°가 좋다.

③ 지시선
  가공 구멍의 치수 또는 가공방법, 부품번호 등을 기입하기 위한 선으로 수평선에 대하여 60°의 직선으로 긋고 지시되는 쪽에 화살표를 그리고 반대쪽 끝을 수평으로 그은 다음 그 위에 지시사항이나 치수를 기입한다.

④ 화살표
  치수선이나 지시선 끝에 붙여 사용되며 길이와 폭의 비율이 약 3 : 1이 되고 2.5~3mm 길이로 한다.

⑤ 치수 수치의 표시 방법
  ㉠ 길이의 치수 수치는 원칙으로 mm의 단위로 기입하고, 단위 기호는 붙이지 않는다.
  ㉡ 각도의 치수 수치는 일반적으로 도의 단위로 기입하고, 필요한 경우에는 분 및 초를 병용할 수 있다. 도, 분, 초를 표시할때는 숫자의 오른쪽 어깨에 각각 °, ', ",를 기입한다.

> 참고
90° 22.5° 6° 21' 5" (또는 6° 21' 05") (또는 8° 00' 12") 3 ' 21" 또, 각도의 치수 수치를 라디안의 단위로 기입하는 경우에는 그 단위 기호 rad를 기입한다.

2. 치수기입의 원칙

① 대상물의 기능, 제작, 조립 등을 고려하여, 필요하다고 생각되는 치수를 명료하게 도면에 지시한다.
② 치수는 대상물의 크기, 자세 및 위치를 가장 명확하게 표시하는 데 필요하고 충분한 것을 기입한다.
③ 도면에 나타내는 치수는 특별히 명시하지 않는 한, 그 도면에 도시한 대상물의 다듬질 치수를 표시한다.
④ 치수에는 기능상(호환성을 포함) 필요한 경우 치수의 허용한계를 지시한다. 다만, 이론적으로 정확한 치수를 제외한다.
⑤ 치수는 되도록 주 투상도에 집중한다.
⑥ 치수는 중복 기입을 피한다.
⑦ 치수는 되도록 계산해서 구할 필요가 없도록 기입한다.
⑧ 치수는 필요에 따라 기준으로 하는 점, 선 또는 면을 기준으로 하여 기입한다.
⑨ 관련되는 치수는 되도록 한 곳에 모아서 기입한다.
⑩ 치수는 되도록 공정마다 배열을 분리하여 기입한다.
⑪ 치수 중 참고 치수에 대하여는 치수 수치에 괄호를 붙인다.

3. 치수보조 기호의 종류와 용도

① 치수보조 기호

치수 표시 기호는 다음 표와 같으며 치수 숫자 앞에 쓰는 것이 원칙이고 숫자와 같은 크기로 기입한다.

기 호	구 분	기 호	구 분
ϕ	지 름	□	정사각형
R	반지름	C	45° 모따기
$S\phi$	구의 지름	t	두께
SR	구의 반지름	P	피치

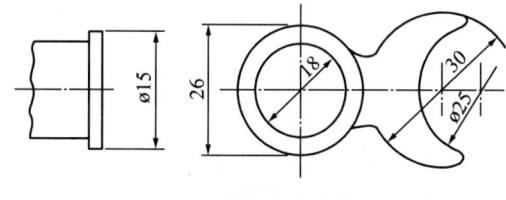

지름 치수기입

② 원형치수 기호
원형의 그림에 지름의 치수를 기입할 때는, 치수 수치의 앞에 지름의 기호 Ø는 기입하지 않는다.

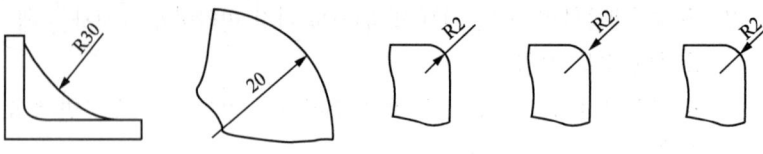

반지름 치수기입

4. 치수 보조기호 기입

① 치수의 배치
　㉠ 직렬 치수기입법 : 직렬로 나란히 연결된 개개의 치수에 주어진 치수 공차가 축차로 누적되어도 좋은 경우에 사용한다.

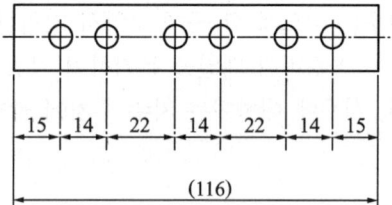

　㉡ 병렬 치수기입법 : 병렬로 기입하는 개개의 치수 공차는 다른 치수의 공차에는 영향을 주지 않는다. 이 경우, 공통 쪽의 치수 보조선의 위치는 기능, 가공 등의 조건을 고려하여 적절히 선택한다.

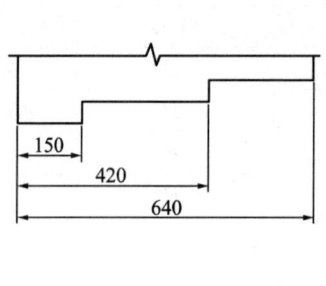 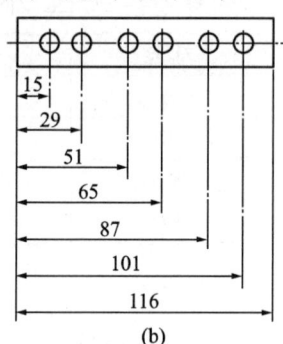

　　　　(a)　　　　　　　　　(b)

ⓒ 누진 치수기입법 : 치수 공차에 관하여 병렬 치수기입법과 완전히 동등한 의미를 가지면서, 한 개의 연속된 치수선으로 간편하게 표시된다.
이 경우, 치수의 기점의 위치는 기점 기호(O)로 나타내고, 치수선의 다른 끝은 화살표로 나타낸다. 치수 수치는 치수 보조선에 나란히 기입하거나 화살표 가까운 곳에 치수선의 위쪽에 이어 연하여 쓴다. 또한 2개의 형체 사이의 치수선에도 준용할 수 있다.

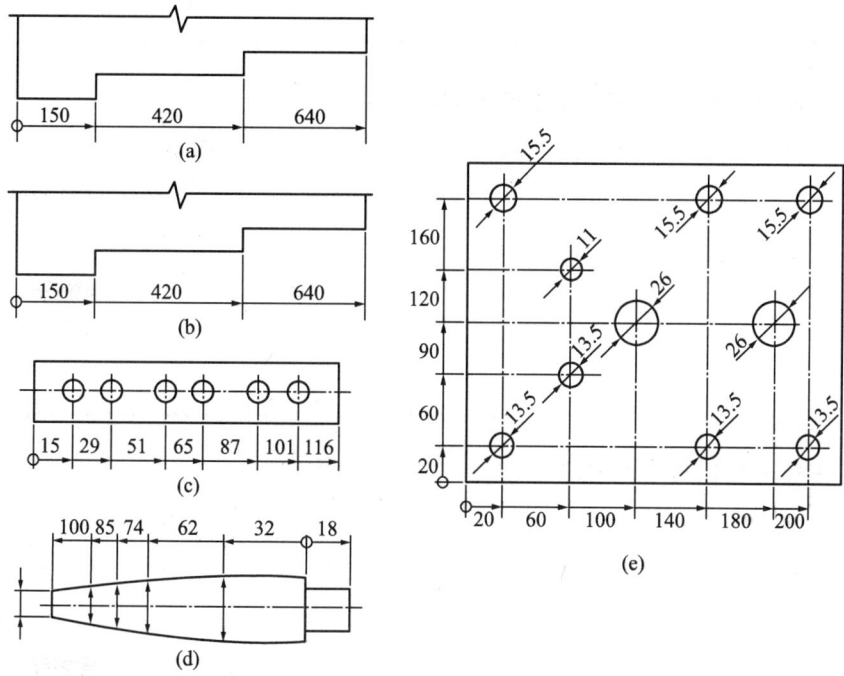

ⓔ 좌표 치수기입법 : 구멍의 위치나 크기 등의 치수는 좌표를 사용하여 표로 하여도 좋다.

② **치수 수치를 기입하는 위치 및 방향**
  ㉠ 치수 수치는 수평방향의 치수선에 대하여 위쪽에, 수직방향의 치수선에 대하여 왼쪽에 기입하고 치수선에서 약간 띄워서 거의 중앙에 쓰는 것이 좋다.
  ㉡ 수직선에 대하여 좌상(左上)에서 우하(右下)로 향하여 약 30° 이하의 각도를 이루는 방향에는 치수선의 기입을 피한다.
  ㉢ 치수 수치 대신 글자 기호를 써도 좋다. 이 경우, 그 수치를 별도로 표시한다.
  ㉣ 도형이 치수 비례대로 그려져 있지 않을 때는 치수 밑에 밑줄을 친다.

개념잡기

미터 나사의 표시가 "M 30 X 2"로 되어 있을 때 2가 의미하는 것은?

① 등급　　② 피치　　③ 리드　　④ 거칠기

> 미터 가는 나사의 외경은 30mm, 피치는 2mm를 의미한다.
>
> 답 ②

개념잡기

다음 기호 중 치수 보조기호가 아닌 것은?

① C　　② R　　③ t　　④ △

> C : 45° 모따기
> R : 반지름
> t : 두께
>
> 답 ④

개념잡기

도면 치수기입에서 반지름을 나타내는 치수 보조기호는?

① R　　② t　　③ ∅　　④ SR

> t : 두께
> ∅ : 지름
> SR : 구의 반지름
>
> 답 ①

5 ▶ 여러 가지 요소 치수기입 ✦✦✦

(5년간 17문항 출제, 회당 평균 1.3문항 출제, 출제율 130.8%)

1. 여러 가지 치수기입

① 좁은 부분 치수기입

치수기입에 있어서 간격이 좁고 기입이 연속될 때에는 치수선의 위쪽과 아래쪽에 번갈아 치수를 기입하거나 지시선을 써서 치수를 기입한다.

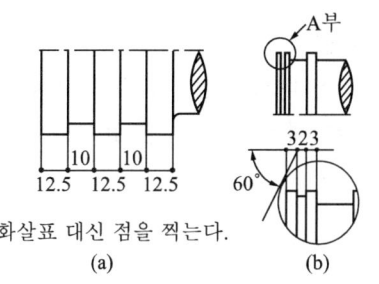
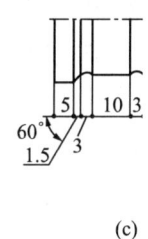

A부 상세도. 척도 2:1

② 구멍의 표시 방법

드릴 구멍, 리머 구멍, 펀칭 구멍, 코어 구멍 등의 구별을 표시할 필요가 있을 때에는 그림과 같이 치수 숫자에 그 명칭을 기입한다.

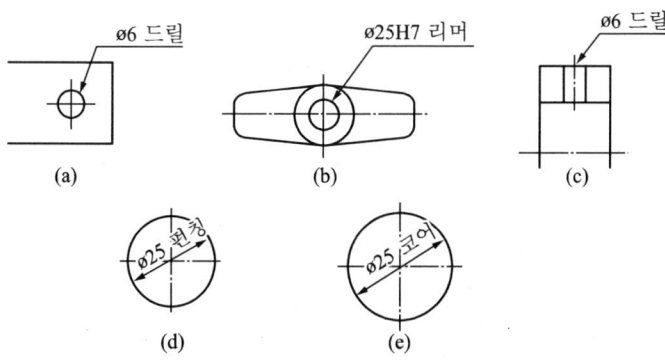

구멍의 치수기입

③ 현·호의 치수기입

㉠ 현의 길이 표시 방법 : 현의 길이는 원칙으로 현에 직각으로 치수 보조선을 긋고, 현에 평행한 치수선을 사용하여 표시한다.

㉡ 원호의 길이 표시 방법 : 현의 경우와 같은 치수 보조선을 긋고 그 원호와 동심의 원호를 치수선으로 하고, 치수 수치의 위에 원호의 길이 기호를 붙인다.

꼭찝어 어드바이스

현 및 호의 치수기입

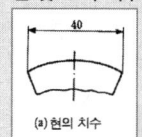
(a) 현의 치수

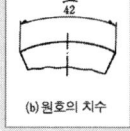
(b) 원호의 치수

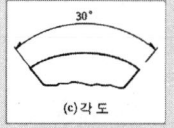
(c) 각도

④ 테이퍼와 기울기의 치수기입

아래 그림과 같이 테이퍼는 중심선에 따라 치수를 기입하고 기울기는 변에 따라 기입하는 것이 원칙이다.

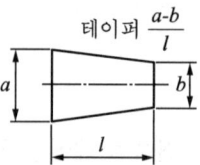 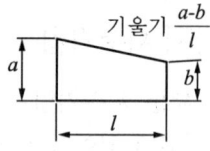

테이퍼와 기울기의 치수기입

⑤ 같은 간격의 구멍 치수기입

같은 치수의 볼트 구멍, 작은 나사 구멍, 핀 구멍, 리벳 구멍 등의 치수는 구멍으로부터 지시선을 끌어내어 그 총 수를 표시하는 숫자 다음에 짧은 선을 넣어서 기입한다.

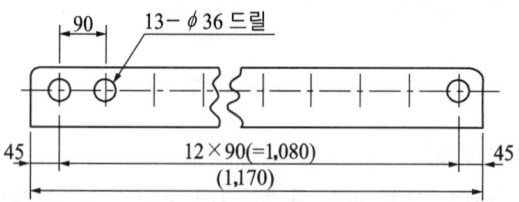

같은 간격의 구멍 치수기입

⑥ 평강 및 형강의 치수기입

평강의 단면 치수는 너비 × 두께로서 표시한다.

개념잡기

도면에 대한 내용으로 가장 올바른 것은?

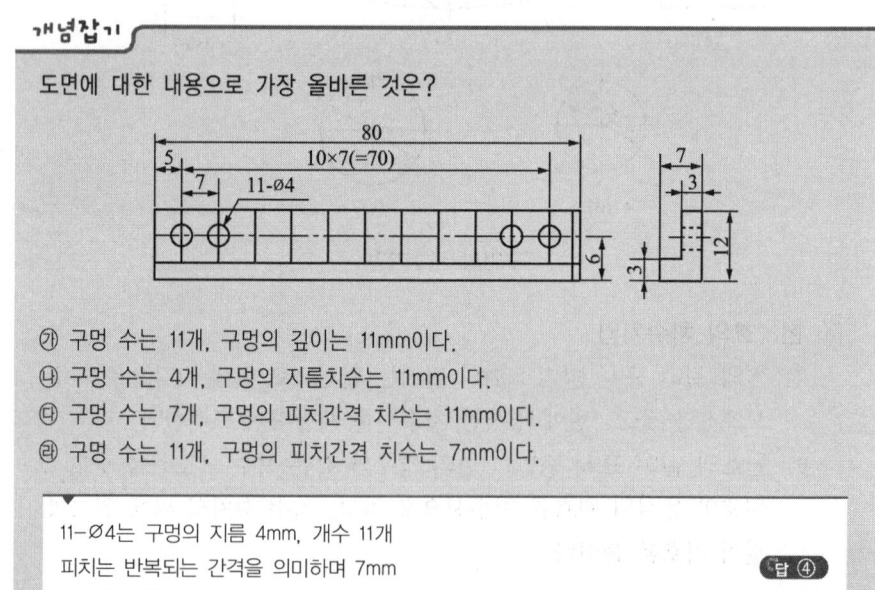

㉮ 구멍 수는 11개, 구멍의 깊이는 11mm이다.
㉯ 구멍 수는 4개, 구멍의 지름치수는 11mm이다.
㉰ 구멍 수는 7개, 구멍의 피치간격 치수는 11mm이다.
㉱ 구멍 수는 11개, 구멍의 피치간격 치수는 7mm이다.

11-Ø4는 구멍의 지름 4mm, 개수 11개
피치는 반복되는 간격을 의미하며 7mm

답 ④

CHAPTER 03 기계요소의 제도

> **단원 들어가기 전**
>
> ⓐ 하나의 기계에는 여러 가지 부품들로 조립되어 있는데, 기계를 구성하는 기본이 되는 부품인 기계요소를 구분하여 제도 방법을 알아보자.
>
> **빅데이터 키워드**
>
> 표면 거칠기, 치수공차, 끼워맞춤, 투상도면 해독, 금속재료 기호, 체결용 기계요소, 전동용 기계요소

1 ▶ 도면의 결 도시방법

(5년간 6문항 출제, 회당 평균 0.5문항 출제, 출제율 46.2%)

1. 표면거칠기 기호의 종류

① 표면거칠기

다듬질의 매끄러운 정도는 KS B 0161에 규정하는 표면거칠기(surface roughness)에 따른다. 최대 높이(R_{max}), 10점 평균 거칠기(R_z), 중심선 평균 거칠기(R_a)의 세 가지 방법으로 나타내고 있으나, 최대 높이에 의한 방법이 일반적으로 많이 쓰이고 있다.

㉠ 최대 높이 거칠기(R_{max}) : 단면 곡선에서 기준 길이를 잡고, 이 사이에 높은 곳과 낮은 곳의 차이를 측정하여 미크론(μ)단위로 나타낸다.

㉡ 10점 평균 거칠기(R_z) : 기준 길이(Lmm)의 사이에서 셋째 번의 높은 산과 셋째 번의 낮은 골을 지나는 두 직선의 간격을 측정하여 미크론(μ)단위로 나타낸 것이다.

㉢ 중심선 평균 거칠기(R_a) : 기준 길이(Lmm)의 사이에서 중심선 X−X를 위쪽의 산 나비와 아래쪽의 골 나비가 같게 긋고, 아래쪽의 골을 중심선 X−X에 대칭되는 산으로 생각하여 이 산과 중심선 X−X의 위쪽에 있는 처음 산과의 높이를 중심선 X−X를 기준으로 각각 측정하고 그 평균 높이를 해당하는 곳에 평균선 X'−X'를 그었을 때, 이 높이 R_a를 미크론(μ)단위로 나타낸 것이다.

> **참고**
>
> 최대 높이
>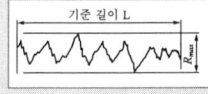
>
> 10점 평균 거칠기
>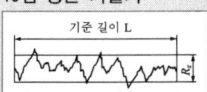
>
> 중심선 평균 거칠기
>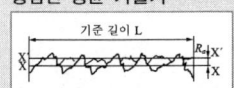

② 다듬질 기호

다듬질 기호		정도(精度)	사용보기	분류	R_max	Rz	Ra
—	~~~~~	일체의 가공이 없는 자연면	압력에 견디어야 하는 곳	자연면	특히 규정 없음		
∇	~	고운 자연면은 그대로 두고 아주 거친 곳만 조금 가공	스패너자루, 핸들 휠의 바퀴	주조면, 단조면			
W/∇	▽	가공 흔적이 남을 정도의 막다듬질	피스톤의 내면, 샤프트의 끝면	거친 다듬면	100S	100Z	25a
X/∇	▽▽	가공 흔적이 거의 없는 중다듬질	기어의 크랭크의 측면	보통 (중간) 다듬면	25S	25Z	6.3a
Y/∇	▽▽▽	가공 흔적이 전혀 없는 상다듬질	게이지의 측정면, 공작기계의 미끄럼면	고운 다듬면	6.3S	6.3Z	1.6a
Z/∇	▽▽▽▽	광택이 나는 고급 다듬질	래핑, 버핑에 의한 특수용도의 고급 플랜지면	정밀 다듬면	0.8S	0.8Z	0.2a

③ 표면거칠기의 표시

㉠ 대상면을 지시하는 기호는 60°로 벌린 길이가 다른 절선으로 하는 면의 지시 기호를 사용하며, 지시하는 대상 면을 나타내는 선의 바깥쪽에 붙여서 쓴다. 주로, 절삭 등 제거 가공의 필요 여부를 문제 삼지 않는 경우에 사용한다(a).

㉡ 제거 가공을 필요로 한다는 것을 지시하려면, 면의 지시 기호의 짧은 쪽의 다리 끝에 가로선을 부가한다(b).

㉢ 제거 가공을 허용하지 않는다는 것을 지시하려면 면의 지시기호에 내접하는 원을 부가한다(c). (최대높이(R_max) = ~(주조면 = 비절삭가공))

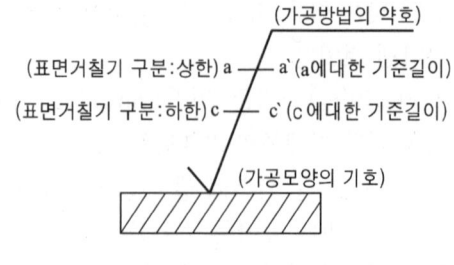

표면거칠기 기호의 구성

○ 표면 기호의 구성과 사용 예

(a)	(b)	(c)	(d)	(e)
	0.4S FL/0.25 0.2S /0.25 M	3Z / 0.8	G 0.4a / 2.5 =	12.5S /
a : 표면 거칠기의 구분치(상한) a' : 표면 거칠기의 구분치(하한) c : a에 대한 기준 길이 또는 커트 오프 값 c' : a'에 대한 기준 길이 또는 커트 오프 값 X : 가공 방법의 기호(약호) Y : 가공 모양의 기호	(상한) 최대 높이 0.4μ 기준 길이 0.25mm (하한) 최대 높이 0.2μ 기준 길이 0.25mm 래프 가공 가공 모양 : M	10점 평균 거칠기 6.3μ 기준 길이 0.8mm 가공 방법 : 지시없음 가공 모양 : 지시없음	중심선 평균 거칠기 0.4μ 커트 오프 값 2.5mm 연삭 가공 모양 : =	최대 높이 12.5μ 기준 길이 0.25mm 가공 방법 : 지시없음 가공 모양 : 지시없음

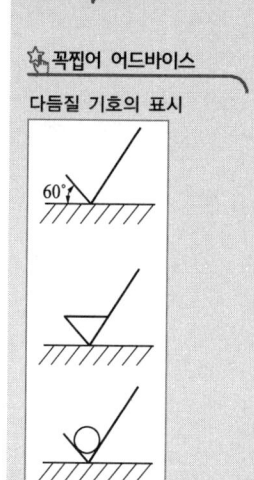

꼭집어 어드바이스
다듬질 기호의 표시

2. 표면거칠기 기호 기입

① 표면 기호 또는 다듬질 기호는 지정하는 면, 면의 연장선 또는 면의 치수 보조선에 접하도록 실체의 바깥쪽에 기입한다.

② 표면 기호 또는 다듬질 기호는 도면의 아래쪽 또는 오른쪽에서 읽을 수 있는 방향으로 기입한다.

③ 표면 기호 또는 다듬질 기호는 지정면을 가장 잘 나타내는 투상면에 기입 하고, 같은 지정면에 대하여 두 곳 이상에는 기입하지 않는다.

3. 면의 가공 방법 기호

가공방법	약 호		가공방법	약 호	
	I	II		I	II
선반 가공	L	선반	호닝 가공	GH	호닝
드릴 가공	D	드릴	액체 호닝 가공	SPL	액체호닝
보링 머신 가공	B	보링	배럴 연마 가공	SPBR	배럴
밀링 가공	M	밀링	버프 다듬질	FB	버프
평삭반 가공	P	평삭	블라스트 다듬질	SB	블라스트
형삭반 가공	SH	형삭	랩핑 다듬질	FL	랩핑
브로치 가공	BR	브로치	줄 다듬질	FF	줄
리머가공	FR	리머	스크레이퍼 다듬질	FS	스크레이퍼
연삭가공	G	연삭	페이퍼 다듬질	FCA	페이퍼
벨트 샌딩 가공	GB	포인	주조	C	주조

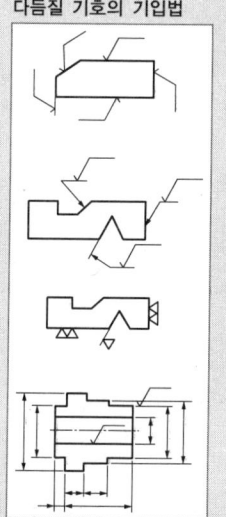

꼭집어 어드바이스
표면기호 및 다듬질 기호의 기입법

4. 줄무늬 방향 기호와 의미

○ 표면 기호의 구성과 사용 예

기호	=	⊥	X	M	C	R
의미	가공으로 생긴 앞줄의 방향이 기호를 기입한 그림의 투영면에 평행	가공으로 생긴 앞줄의 방향이 기호를 기입한 그림의 투영면에 수직	가공으로 생긴 선이 두 방향으로 교차	가공으로 생긴 선이 다방면으로 교차 또는 무방향	가공으로 생긴 선이 거의 동심원	가공으로 생긴 선이 거의 방사상
설명도	(그림)	(그림)	(그림)	(그림)	(그림)	(그림)

개념잡기

가공면의 줄무늬 방향 표시기호 중 기호를 기입한 면의 중심에 대하여 대략 동심원인 경우 기입하는 기호는?

① X ② M ③ R ④ C

기호	뜻	모양
C	가공으로 생긴 선이 거의 동심원	(그림)

답 ④

개념잡기

다음 그림 중에서 FL이 의미하는 것은?

① 밀링가공을 나타낸다.
② 래핑가공을 나타낸다.
③ 가공으로 생긴 선이 거의 동심원임을 나타낸다.
④ 가공으로 생긴 선이 2방향으로 교차하는 것을 나타낸다.

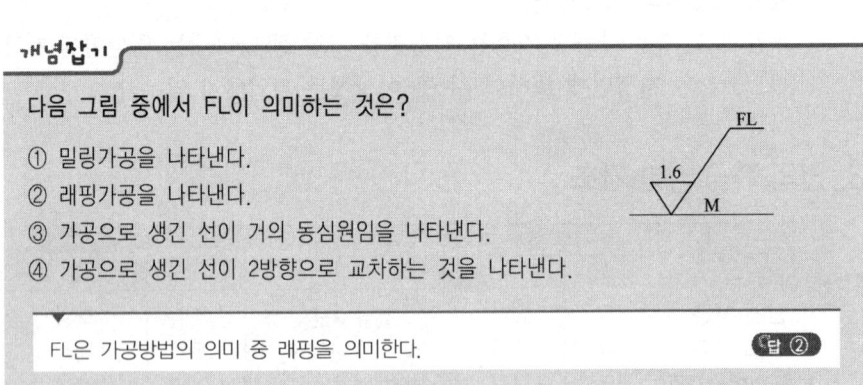

FL은 가공방법의 의미 중 래핑을 의미한다.

답 ②

2. 치수공차와 끼워맞춤

(5년간 12문항 출제, 회당 평균 0.9문항 출제, 출제율 92.3%)

1. 치수공차의 용어

① **구멍** : 주로 원통형 부분의 내측 윤곽을 말한다.
② **축** : 주로 원통형 부분의 외측 윤곽을 말한다.
③ **치수** : mm를 단위로 하며 두 점 사이의 거리를 나타내는 수치이다.
④ **허용 한계 치수(limits of size)** : 미리 정한 치수에 대해 사용 목적에 따라 적당한 대소 두 한계 사이로 다듬질하는 것을 허용했을 때 이 두 한계를 표시하는 치수를 말한다.
⑤ **실치수(actual size)** : 어떤 부품에 대하여 실제로 측정한 치수이다.
⑥ **최대 허용치수(maximum limit of size)** : 기준치수에 대해 허용되는 최대 치수
⑦ **최소 허용치수(minimun limits of size)** : 기준치수에 대해 허용되는 최소 치수
⑧ **기준 치수(basic size)** : 허용 한계 치수의 기준이 되며 호칭 치수라고도 한다.
⑨ **치수 허용차(deviation)** : 허용 한계 치수에서 기준 치수를 뺀 값으로서 허용차라고도 한다.
⑩ **위 치수 허용차(ipper deviation)** : 최대 허용치수에서 기준 치수를 뺀 값을 위 치수 허용차라고 한다.
⑪ **아래 치수 허용차(lower deviation)** : 최소 허용치수에서 기준 치수를 뺀 값을 아래 치수 허용차라고 한다.
⑫ **기준선(zero line)** : 허용 한계 치수와 끼워맞춤을 도시할 때 치수 허용차의 기준이 되는 선으로 기준 치수를 나타낸다.
⑬ **치수공차(tolerance)** : 최대 허용치수와 최소 허용치수와의 차를 말하며, 공차라고도 한다.

  예) 구멍 T=A-B=50.025-50.000=0.025mm
  축 T=a-b=49.975-49.950=0.025mm

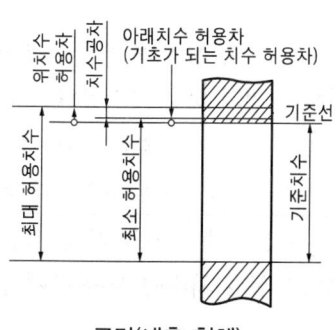
구멍(내측 형체)

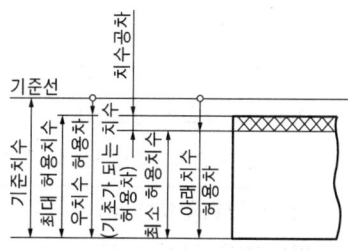
축(외측 형체)

○ 기준 치수 50,000mm의 경우(보기)

단위 : mm

구 분	축	구 멍	축
기준 치수	c = 50.000	C = 50.000	c = 50.000
최대 허용치수	a = 49.975	A = 50.034	a = 50.015
최소 허용치수	b = 49.950	B = 50.0009	b = 49.990
위 치수 허용차	d = −0.025	D = 0.034	d = 0.015
아래 치수 허용차	e = −0.050	E = 0.009	e = −0.01
치수 공차	T = 0.025	T = 0.025	T = 0.025

2. IT 기본 공차

① 기본 공차(ISO tolerance)

ISO 공차 방식에 따른 기본 공차를 IT 기본 공차라 하며 IT 01, IT 0 … IT 18 급의 20등급으로 구분하여 규정되어 있으며 적용은 아래 표 1과 같다.

○ 기본 공차의 적용

용 도	게이지 제작공차	끼워맞춤 공차	끼워맞춤 이외 공차
구 멍	IT 01~IT 5	IT 6~IT 10	IT 11~IT 18
축	IT 01~IT 4	IT 5~IT 9	IT 10~IT 18

② 구멍과 축의 표시 기호

기호의 종류는 기초된 치수 허용차에 따라 나누면 구멍에서는 로마자의 대문자를 사용하여 J를 중심으로 +의 치수 허용차 쪽에서 H, G, FG, F, EF, E, D, CD, C, B, A 11종, −의 치수 허용차 쪽에서 K, M, N, P, R, S, T, U, V, X, Y, Z, ZA, ZB, ZC의 15종으로 합계 27종이 된다. 축의 경우는 구멍과 같이 J를 중심으로 247종의 기호를 로마자의 소문자로 쓴다.

3. 끼워맞춤의 종류

① 헐거운 끼워맞춤(clearande fit) : 구멍과 축 사이에 항상 틈새가 있는 끼워맞춤으로 축 허용 구역은 완전히 구멍의 허용 구역보다 아래이다.

② 억지 끼워맞춤(interference fit) : 축과 구멍 사이에 항상 죔새가 있는 끼워맞춤으로 축의 허용 구역이 완전히 구멍의 허용 구역보다 위이다.

③ 중간 끼워맞춤(transition fit) : 축, 구멍을 각각 허용 한계 치수 내에서 다듬질을 하여 그들을 끼워 맞출 때 그 실제 치수에 따라 틈새가 있거나 죔새가 있을 때의 끼워맞춤이다.

1. 구멍 기준식

구멍 기준식 끼워맞춤
아래 치수 허용차가 0인 H 기호 구멍을 기준 구멍으로 하고, 이에 적당한 축을 선정하여 필요한 죔새나 틈새를 얻는 끼워맞춤이다. H6~H10의 다섯 가지 구멍을 기준 구멍으로 사용한다.
es : 위 치수 허용차
ei : 아래 치수 허용차

기초가 되는 허용차
기준선에 대한 공차역의 위치를 정한 치수 허용차이다. 위 치수 허용차 또는 아래 치수 허용차의 한쪽이며, 기준선과 가까운 쪽이 된다.

2. 축 기준식

축 기준식 끼워맞춤
위 치수 허용차가 0인 h축을 기준으로 하고, 이에 적당한 구멍을 선정하여 필요한 죔새나 틈새를 얻는 끼워 맞춤이다. h5~h9의 다섯 가지 축을 기준 축으로 사용한다.
ES : 위 치수 허용차
EI : 아래 치수 허용차

기초가 되는 치수 허용차
ES 또는 EI 중 기준선과 가까운 것

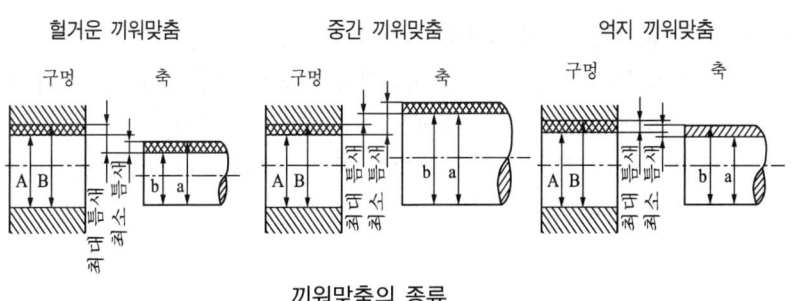

끼워맞춤의 종류

4. 치수공차 기입방법

① 치수공차를 수치에 의해 기입하는 방법
  ㉠ 기준 치수에 다음에 치수 허용차의 수치를 기입하여 표시한다.
    ⓐ 외측 형체, 내측 형체에 관계없이 위 치수 허용차는 위에, 아래 치수 허용차는 아래에 기입한다.
    ⓑ 위·아래 치수 허용차의 어느 한 쪽이 0일 때는 숫자 0으로 표시하고 부호는 붙이지 않는다.
    ⓒ 위·아래 치수 허용차와의 수치가 같을 때는 수치를 하나만 쓰고 위치 앞에 ±기호를 붙인다.

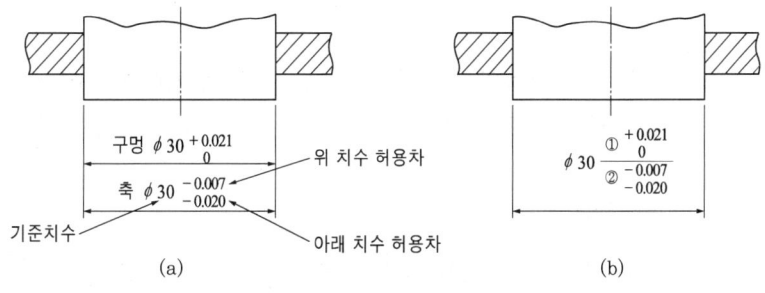

  ㉡ 치수 공차를 허용 한계 치수로 나타낼 때에는 최대 허용치수를 위에, 최소 허용치수를 아래에 기입한다.

② 치수 공차를 기호에 의해 기입하는 방법
  ㉠ 기준 치수 다음에 치수 허용차의 기호를 기입하여 표시한다. 이때 구멍에는 대문자로, 축에는 소문자로 표시한다.
  ㉡ 위·아래 치수 허용차를 괄호 안에 부기하거나, 허용 한계 치수를 괄호 안에 부기하여도 된다.

5. 끼워맞춤 공차 기입방법

① 끼워맞춤과 방식
  ㉠ 구멍 기준식 끼워맞춤 : 아래 치수 허용차가 0인 H 기호 구멍을 기준 구멍으로 하고 이에 필요한 죔새나 틈새를 얻는 끼워맞춤으로 H6~H10의 다섯 가지를 기준 구멍으로 사용
  ㉡ 축 기준식 끼워맞춤 : h축을 기준으로 하고 이에 적당한 구멍을 선정하여 필요한 죔새나 틈새를 얻는 끼워맞춤으로 h5~h9의 5가지를 기준 축으로 사용

② 틈새값 계산
  ㉠ 최소 틈새＝(구멍의 최소 허용치수)−(축의 최대 허용치수)
  ㉡ 최대 틈새＝(구멍의 최대 허용치수)−(축의 최소 허용치수)

③ 죔새값 계산
  ㉠ 최소 죔새＝(축의 최소 허용치수)−(구멍의 최대 허용치수)
  ㉡ 최대 죔새＝(축의 최대 허용치수)−(구멍의 최소 허용치수)

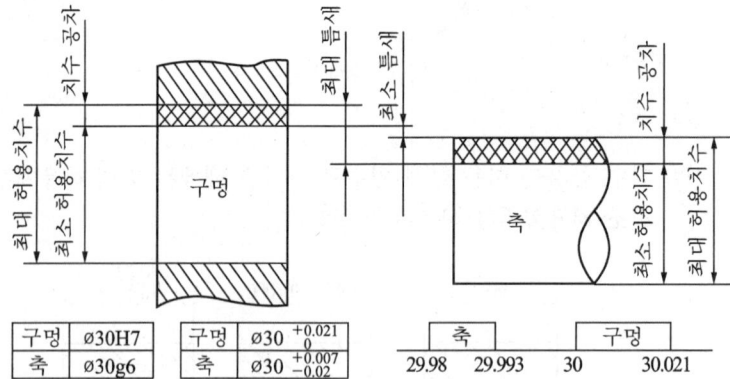

개념잡기

구멍 $\varnothing 42^{+0.009}_{0}$, 축 $\varnothing 42^{+0.009}_{-0.025}$ 일 때 최대 죔새는?

① 0.009　　② 0.025　　③ 0.018　　④ 0.034

최대 죔새 = 축의 최대 허용치수 − 구멍의 최대 허용치수

답 ①

개념잡기

끼워맞춤에 관한 설명으로 옳은 것은?

① 최대죔새는 구멍의 최대 허용치수에서 축의 최소 허용치수를 뺀 치수이다.
② 최소죔새는 구멍의 최소 허용치수에서 축의 최대 허용치수를 뺀 치수이다.
③ 구멍의 최소치수가 축의 최대 치수보다 작은 경우 헐거운 끼워맞춤이 된다.
④ 구멍과 축의 끼워맞춤에서 틈새가 없이 죔새만 있으면 억지 끼워맞춤이 된다.

- 헐거운 끼워맞춤 : 항상 틈새가 생기는 상태로 구멍의 최소 치수가 축의 최대 치수보다 큰 경우
- 억지 끼워맞춤 : 항상 죔새가 생기는 상태로 구멍의 최대 치수가 축의 최소 치수보다 작은 경우
- 중간 끼워맞춤 : 상황에 따라서 틈새와 죔새가 발생할 수 있는 경우

답 ④

3. 금속재료의 재료기호 ★★

(5년간 8문항 출제, 회당 평균 0.6문항 출제, 출제율 61.5%)

1. 기계재료 기호의 표시법

① 재료의 기호

KS 규격에는 같은 명칭의 재료에는 첨가 원소의 함유량, 최저 인장 강도 등에 따라 여러 종류로 세분화되어 있다.

㉠ 제1위 문자 : 재질을 표시하는 기호로서 영어의 머리 문자나 원소 기호를 표시

기 호	재 질	비 고
Al	알루미늄	aluminium
AlBr	알루미늄 청동	aluminium bronze
Br	청동	bronze
Bs	황동	brass
Cu	구리 또는 구리합금	copper
HBs	고강도 황동	high strength brass
HMn	고망간	high manganese
F	철	ferrum
MS	연강	mild steel
NiCu	니켈 구리 합금	nickel-copper alloy
PB	인 청동	phosphor bronze
S	강	steel
SM	기계 구조용 강	machine structure steel
WM	화이트 메탈	white metal

㉡ 제2위 문자 : 규격명과 제품명을 표시하는 기호로서 판, 봉, 광, 선, 주조품 등 제품의 형상별 종류 등과 용도를 표시

기 호	재질명	기 호	재질명
B	봉(Bar)	HG	고압 가스용기
C	주조품(Castings)	HP	열간 압연강판
CD	구상 흑연 주철	HR	연간 압연
CP	냉간 압연 강판	HS	열간 압연 강대
CS	냉간 압연 강대	K	공구강
DC	다이 캐스팅 (Die Castings)	MC	가단주철품 (Malleable Iron Casting)
F	단조품(Forgings)	P	판(Plate)
PS	일반 구조용 관	WR	선(Wire Rod)
PW	피아노선	WS	구조용 압연강
S	일반 구조용 압연재		

기 호	재질명	기 호	재질명
SW	강선(Steel Wire)		
T	관(Tube)		
TC	탄소 공구강		
W	선(Wire)		

ⓒ 제3위 문자 : 금속 종별의 기호로서 최저 인장 강도 또는 재질, 종류, 기호를 숫자 다음에 기입한다.

ⓔ 제4위 문자 : 제조법을 표시한다.

ⓜ 제5위 문자 : 제품 형상 기호를 표시한다.

ⓐ SF 34 : 탄소강 단조품 → S(강), F(단조품), 34(최저 인장 강도)

ⓑ SC 37 : 탄소강 주강품 → S(강), C(주조품), 37(최저 인장 강도)

ⓒ S 1 : 초경합금 1종 → S(초경합금), 1(1호)

ⓓ SHP1 : 열간 압연 연강판 1종 → S(강), H(열간 가공품), P(강판), 1(1종)

ⓔ SM 20C : 기계 구조용 탄소강 강제 → SM(기계 구조용), 20C(탄소 함유량 0.15~0.25%의 중간 값)

ⓕ PW 1 : 피아노선 1종 → PW(피아노선), 1(1호)

【보기】 일반 구조용 압연 강재 2종을 표시할 때는 SS41로 기입한다.

S	S	400
강재(Steel)	일반구조용 압연재 (General Structural Purposes)	최저인장강도 (400N/mm^2)

개념잡기

한국산업표준에서 규정한 탄소공구강의 기호로 옳은 것은?

① SCM　　② SKH　　③ STC　　④ SPS

SCM : 크롬몰리브덴강, SKH : 고속도강, SPS : 스프링강　　**답 ③**

개념잡기

다음 도면에 〈보기〉와 같이 표시된 금속재료의 기호 중 330이 의미하는 것은?

KS D 3503 SS 330

① 최저인장강도　　　　② KS 분류기호
③ 제품의 형상별 종류　　④ 재질을 나타내는 기호

SS 330은 일반구조용 압연강재로 최저인장강도가 330N/mm^{3}임을 나타낸다.　　**답 ①**

4. 체결용 기계요소의 제도

(5년간 8문항 출제, 회당 평균 0.6문항 출제, 출제율 61.5%)

1. 나사의 표시방법

| 나사산의 감긴 방향 | 나사산 줄의 수 | 나사의 호칭 | 나사의 등급 |

예 나사의 표시법

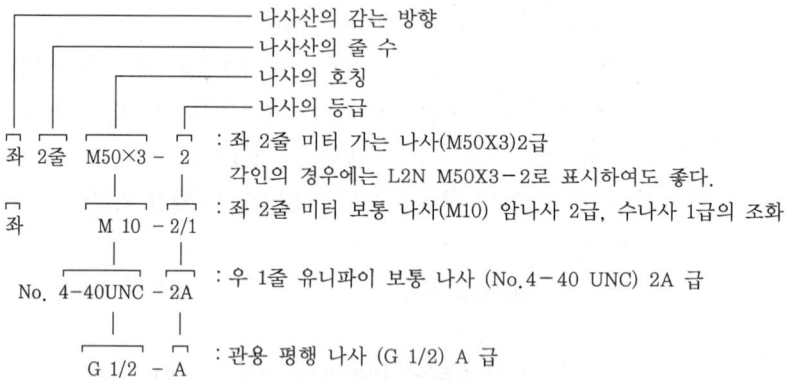

2. 나사의 종류

① 삼각나사 미터나사
  ㉠ 나사의 지름과 피치를 mm로 표시한 미터계 나사
  ㉡ 나사산의 각도 60

② 삼각나사 유니파이나사
  ㉠ ABC나사, 나사산의 각도 60인 인치계 나사
  ㉡ 항공기용 및 계측기용 정밀 조립에 사용

③ 관용나사
  ㉠ 나사산의 각도가 55인 인치계 나사
  ㉡ 관용 부품, 유체 기기 등의 결합에 사용

④ 관용 테이퍼나사 : 나사부의 기밀성을 유지하기 위해 사용

⑤ 사각나사
  ㉠ 축방향의 큰 하중을 받는 곳에 적합하도록 나사산을 사각 모양으로 만든 나사
  ㉡ 프레스 등의 동력 전달용으로 사용

⑥ 사다리꼴나사
  ㉠ 나사산의 각도가 30°인 사다리꼴로 된 나사
  ㉡ 선반 등과 같은 공작 기계의 이송 나사로 널리 사용
⑦ 톱니나사
  ㉠ 힘을 한쪽 방향으로만 받는 곳에 사용하는 나사
  ㉡ 나사산의 모양이 톱니 모양, 바이스, 압착기 등의 이송나사로 사용
⑧ 둥근나사
  ㉠ 나사산이 둥근 모양, 먼지나 모래 등이 많은 곳에 사용
  ㉡ 전구나 소켓 등에 사용
⑨ 볼나사
  ㉠ 나사축과 너트 사이에 강재 볼을 넣어 힘을 전달하는 나사
  ㉡ 마찰이 매우 작고 백래시가 작아, 정밀 공작 기계의 이송장치에 사용

○ 나사의 종류를 표시하는 기호 및 나사의 호칭에 대한 표시 방법

구 분		나사의 종류	나사의 종류를 표시하는 기호	나사의 호칭에 대한 표시방법의 보기
일반용	ISO 규격에 있는 것	미터 보통나사	M	M 8
		미터 가는나사		M 8×1
		미니추어나사	S	S 05
		유니파이 보통나사	UNC	3/8−16 UNC
		유니파이 가는나사	UNF	No.8−36 UNF
		미터 사다리꼴나사	Tr	Tr 10×2
		관용 테이퍼 나사 테이퍼 수나사	R	R 3/4
		관용 테이퍼 나사 테이퍼 암나사	Rc	Rc 3/4
		관용 테이퍼 나사 평행 암나사	Rp	Rp 3/4
		관용 평행나사	G	G 1/2
	ISO 규격에 없는 것	30°사다리꼴나사	TM	TM 18
		29°사디리꼴나사	TW	TW 20

꼭집어 어드바이스

나사 표시의 유의사항
- 나사의 방향 표시는 왼쪽 나사에만 표시한다. 표시는 '좌' 또는 'L'을 사용한다.
- 나사의 줄수 표시는 두 줄 이상인 경우만 표시한다. 표시는 '줄' 또는 'N'을 사용한다.

▶참고
- 나사 종류에 따라 좌에서 우로 갈수록 등급이 낮아진다.
- 휘트워드 나사 등급은 KS에서 폐기되었다.

구 분		나사의 종류		나사의 종류를 표시하는 기호	나사의 호칭에 대한 표시방법의 보기
일반용	ISO 규격에 없는 것	관용 테이퍼 나사	테이퍼 수나사	PT	PT 7
			평행 암나사	PS	PS 7
		관용 평행나사		PF	PF 7
특수용		후강 전선관나사		CTG	CTG 16
		박강 전선관나사		CTC	CTC 19
		자전거 나사	일반용	BC	BC 3/4
			스포크용		BC 2.6
		미싱나사		SM	SM 1/4 산 40
		전구나사		E	E 10
		자동차용 타이어 밸브나사		TV	TV 8
		자전거용 타이어 밸브나사		CTV	CTV 8 산 30

① 특별히 가는 나사임을 뚜렷하게 나타낼 필요가 있을 때에는 피치 또는 산의 수 다음에 '가는 눈'의 글자를 ( )안에 넣어서 기입할 수 있다.
② 이 평행 암나사(Rp)는 테이퍼 수나사(R)에 대해서만 사용한다.
③ 이 평행 암나사(PS)는 테이퍼 수나사(PT)에 대해서만 사용한다.
④ 미터 보통나사 중 M1.7, M2.3 및 M2.6은 ISO 규격에 규정되어 있지 않다.

3. 나사의 도시법

① 일반나사의 제도법
  ㉠ 수나사의 바깥지름과 암나사의 안지름을 나타내는 선은 굵은 실선으로 그린다.
  ㉡ 수나사와 암나사의 골을 표시하는 선은 가는 실선으로 그린다.
  ㉢ 완전 나사부와 불완전 나사부의 경계선은 굵은 실선으로 그린다. 단, 보이지 않을 때는 굵은 파선으로 그린다.
  ㉣ 불완전 나사부의 골밑을 나타내는 선은 축선에 대하여 30°의 가는 실선으로 한다. 다만, 필요에 따라서는 불완전 나사부의 동시를 생략한다.
  ㉤ 암나사 탭구멍의 드릴 자리는 120°의 굵은 실선으로 그린다.
  ㉥ 보이지 않는 나사부의 산봉우리와 골을 나타내는 선은 굵은 파선으로 서로 어긋나게 그린다.

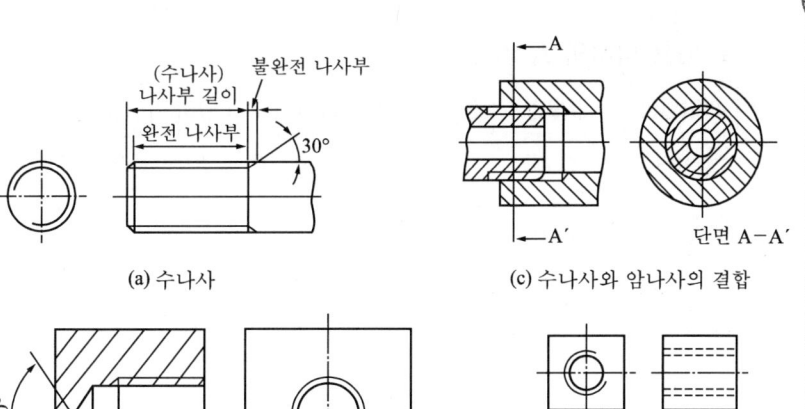

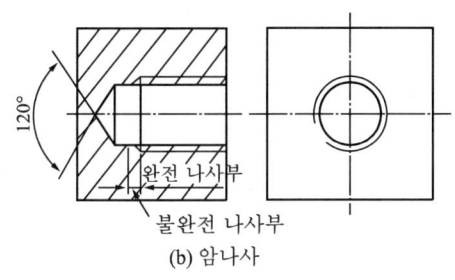
(b) 암나사

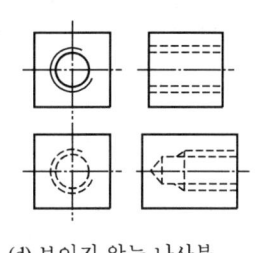
(d) 보이지 않는 나사부

② 나사의 피치
　㉠ 피치=리드/줄수
　㉡ 예시 : 피치가 3이고 줄수가 3일 때 리드 계산
　　　피치=리드/줄수 에서
　　　리드=피치×줄수=3×3=9

4. 볼트 · 너트의 호칭방법

① 볼트의 호칭법

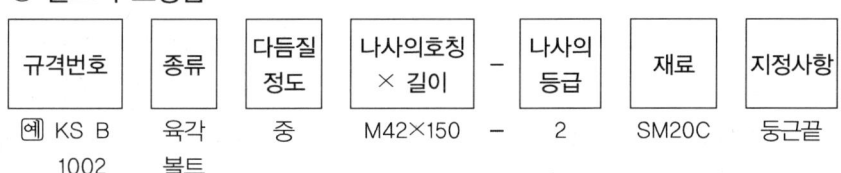

② 너트의 호칭법

③ 작은 나사의 호칭법

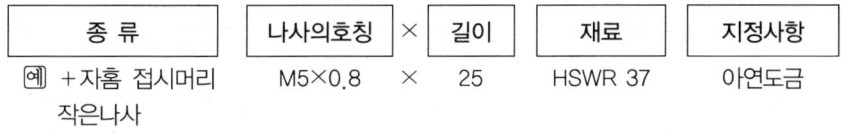

④ 멈춤 나사의 호칭법

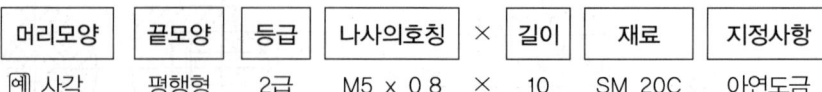

머리모양	끝모양	등급	나사의호칭	×	길이	재료	지정사항
예 사각	평행형	2급	M5 × 0.8	×	10	SM 20C	아연도금

⑤ 나사못의 호칭법

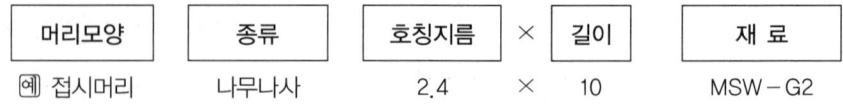

머리모양	종류	호칭지름	×	길이	재료
예 접시머리	나무나사	2.4	×	10	MSW-G2

5. 볼트의 종류

① **관통볼트** : 결합하고자 하는 두 물체에 구멍을 뚫고 여기에 볼트를 관통시킨 다음, 반대쪽에서 너트로 죈다.

② **탭볼트** : 물체의 한쪽에 암나사를 깎은 다음 나사박기를 하여 죄며, 너트는 사용하지 않는다. 결합하려고 하는 부분이 너무 두꺼워 관통 구멍을 뚫을 수 없을 경우에 사용된다.

③ **스터드볼트** : 양 끝에 나사를 깎은 머리없는 볼트로서, 한 끝은 본체에 박고, 다른 끝에는 너트를 끼워 죈다.

④ **아이볼트** : 볼트의 머리부에 고리가 있어 로프나 훅을 걸어 무거운 물건을 들어올리기에 적당하다.

⑤ **스테이볼트** : 두 물체 사이의 간격을 일정하게 유지하면서 체결하는 작용

⑥ **기초볼트** : 기계 구조물 등을 바닥에 고정시키기 위하여 사용하는 볼트

⑦ **T볼트** : 머리 부분을 T 자형으로 만들어 공작 기계 테이블의 T홈에 끼워 일감이나 기계 바이스 등을 적당한 위치에 고정시킬 때 사용하는 볼트

⑧ **연신볼트** : 충격적인 인장력이 작용하는 곳에 사용하기 위하여 원통의 일부 지름을 가늘게 하여 늘어나기 쉽게 한 볼트

⑨ **테이퍼볼트** : 다듬질 구멍에 꼭 맞게 끼워 미끄럼을 방지할 수 있도록 원통부에 테이퍼를 주고 머리를 없앤 볼트

6. 키의 호칭방법과 도시법

① 키의 호칭법

규격 번호 또는 명칭	호칭 치수	×	길이	끝모양의 특별 지정	재료
예 KS B 1313 또는	12×8	×	50	양끝 동글기	SM45C
미끄럼키 평행키	25×14	×	90	양끝 모짐	SM40C

② 키의 종류 및 보조 기호

키의 종류	모양	보조 기호
평행 키	나사용 구멍 없음	P
	나사용 구멍 있음	PS
경사 키	머리 없음	T
	머리 있음	TG
반달 키	둥근 바닥	WA
	납작 바닥	WB

7. 핀의 호칭방법과 도시법

① 평행 핀의 호칭법

| 평행 핀 또는 KS B 1320 | – | 호칭지름 | 공차 | × | 호칭 길이 | – | 재질 |

예) KS B 1320 또는 평행 핀 – 6 m6 × 30 – St

② 테이퍼 핀의 호칭법

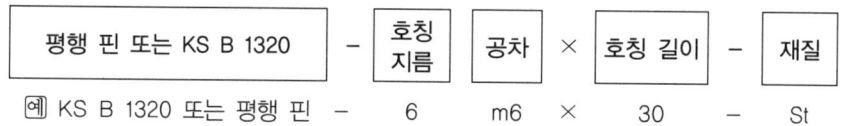

예) KS B 1322 또는 테이퍼 핀   2급   2 × 20   SM 25C

8. 리벳의 호칭방법과 도시법

① 리벳의 호칭법

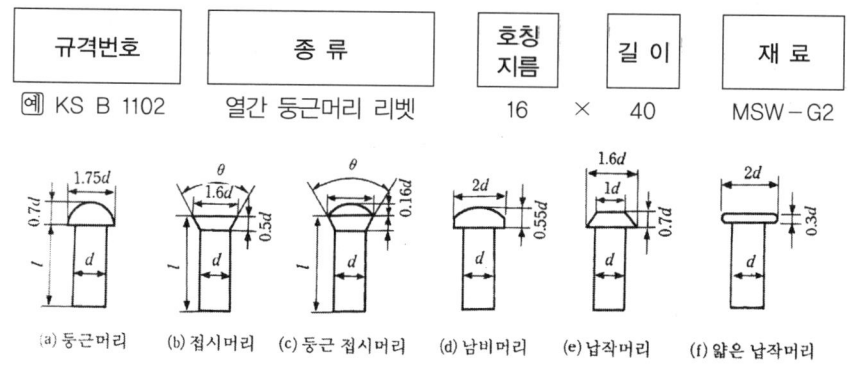

예) KS B 1102   열간 둥근머리 리벳   16 × 40   MSW – G2

(a) 둥근머리   (b) 접시머리   (c) 둥근 접시머리   (d) 남비머리   (e) 납작머리   (f) 얇은 납작머리

리벳의 머리모양에 따른 규격

> **참고**
>
> **리벳의 호칭길이**
> 접시머리 리벳만 머리부를 포함한 전체의 길이로 호칭되고 그 외의 리벳은 머리부를 제외한 길이로 호칭한다.
> ① **접시머리 리벳** : 머리까지 포함한 전체의 길이
> ② **둥근 접시머리 리벳** : 둥근 부분을 제외한 전체의 길이 이외의 리벳의 호칭길이는 머리부분을 제외한 전체의 길이로 표시한다.

② 리벳 이음과 도시법
  ㉠ 리벳을 크게 도시할 필요가 없을 때에는 리벳 구멍을 약도로 도시한다.
  ㉡ 리벳의 체결 위치만 표시할 경우에는 중심선만을 그린다.
  ㉢ 같은 간격으로 연속하는 같은 종류의 구멍 표시 방법은 간단히 기입한다.
  ㉣ 여러 장의 얇은 판의 단면 도시에서 각 판의 파단선은 서로 어긋나게 긋는다.
  ㉤ 리벳은 길이 방향으로 절단하여 도시하지 않는다.
  ㉥ 얇은 판, 형강 등의 단면은 굵은 실선으로 도시한다.
  ㉦ 형강의 치수기입은 형강 도면 위쪽에 기입한다.

개념잡기

나사의 일반 도시방법에 관한 설명 중 옳은 것은?

① 수나사의 바깥지름과 암나사의 안지름은 가는 실선으로 도시한다.
② 완전 나사부와 불완전 나사부의 경계는 가는 실선으로 도시한다.
③ 수나사와 암나사의 측면 도시에서의 골지름은 굵은 실선으로 도시한다.
④ 불완전 나사부의 끝 밑선은 축선에 대하여 30°경 사진 가는 실선으로 그린다.

나사의 도시방법
- 수나사의 바깥지름과 암나사의 안지름을 표시하는 선은 굵은 실선으로 그린다.
- 수나사, 암나사의 골을 표시하는 선은 가는 실선으로 그린다.
- 완전 나사부와 불완전 나사부의 경계선은 굵은 실선으로 그린다.
- 불완전 나사부의 골을 나타내는 선은 축선에 대하여 30°의 가는 실선으로 그리고, 필요에 따라 불완전 나사부의 길이를 기입한다.
- 암나사의 단면 도시에서 드릴 구멍이 나타날 때에는 굵은 실선으로 120°가 되게 그린다.
- 수나사와 암나사의 결합부의 단면은 수나사로 나타낸다.
- 수나사와 암나사의 측면 도시에서 각각의 골지름은 가는 실선으로 약 3/4원으로 그린다.

답 ④

5 ▶ 전동용 기계요소의 제도

(5년간 10문항 출제, 회당 평균 0.8문항 출제, 출제율 76.9%)

1. 축용 기계요소

① 축은 길이 방향으로 단면도시를 하지 않으나 부분 단면은 가능하다(a).
② 긴 축은 중간을 파단하여 짧게 그리며, 치수는 실제 길이를 기입한다(b).
③ 축에 있는 널링(knurling)의 도시는 빗줄인 경우에 축선에 대하여 30°로 서로 엇갈리게 그린다(c).
④ 축의 모따기 및 평면부 표시는 치수기입법에 따른다(d).
⑤ 축의 단을 주는 부분의 치수와 가공하기 위한 센터의 도시는 그림 (e), (f)와 같이 나타낸다.

> **참고**
> 축의 도시법
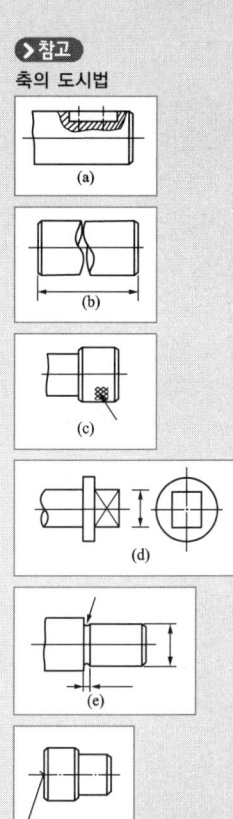

2. 축의 분류

① **차축** : 휨 하중을 받는 축(자동차, 철도차량)
② **스핀들** : 비틀림 하중을 받는 축(선반, 밀링머신)
③ **전동축** : 휨과 비틀림을 동시에 받는 축(동력 전달용)

3. 베어링

기호도는 계통도 등에서 구름 베어링임을 나타내는 데 쓰이는 도면으로 축은 굵은 실선으로 긋고 축의 양쪽에 기호를 그림(구름 베어링의 약도와 형식 기호)과 같이 나타낸다.

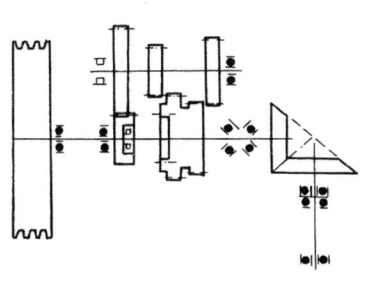
구름 베어링 계통도

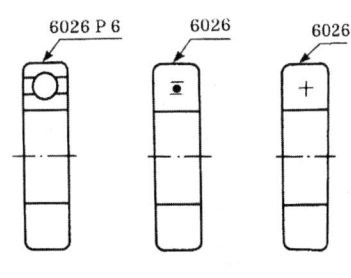
호칭번호 기입보기

○ **구름 베어링의 약도와 형식 기호**

구름 베어링	깊은홈 볼 베어링	앵귤러 볼 베어링	자동 조심 볼 베어링	원통 롤러 베어링				
				NJ	NU	NF	N	NN
1.1	1.2	1.3	1.4	1.5	1.6	1.7	1.8	1.9
2.1	2.2	2.3	2.4	2.5	2.6	2.7	2.8	2.9
3.1	3.2	3.3	3.4	3.5	3.6	3.7	3.8	3.9

4. 기어의 도시법

① 기어의 도시법

㉠ 이끝원은 굵은 실선, 피치원은 가는 1점 쇄선, 이뿌리원은 가는 실선으로 그리며 정면도를 단면으로 도시할 때에는 이뿌리원은 굵은 실선으로 도시한다.

㉡ 이뿌리원은 생략하여도 되며 베벨기어 및 웜 휠의 측면도에서는 원칙적으로 생략한다.

㉢ 헬리컬 기어와 웜 기어 잇줄 방향은 보통 3개의 가는 실선으로 그리며 스파이럴 베벨기어 및 하이포드 기어에서는 1개의 굵은 실선으로 그린다.

(㉣ 내접 헬리컬 기어의 단면으로 도시할 때에는 잇줄 방향은 3개의 가는 실선)

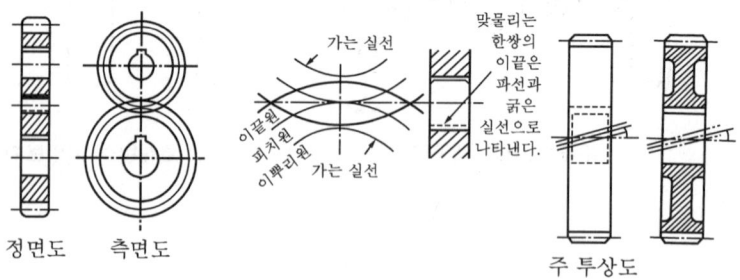

(a) 스퍼 기어의 도시   (b) 헬리컬 기어의 도시

기어의 도시법

㉤ 헬리컬 기어의 정면도를 단면으로 도시할 때에는 지면보다 앞의 이의 잇줄방향을 3개의 가는 2점 쇄선으로 그린다. (❑수평과 30°로 표시하고 치수기입은 실제의 비틀림 각도를 기입한다)
㉥ 맞물리는 한 쌍의 기어에서 측면도의 양쪽 이끝원은 굵은 실선으로 그리고 정면도의 단면에서는 한쪽의 이끝원은 파선, 다른 한쪽 이끝원은 굵은 실선으로 그린다.

5. 벨트 풀리의 종류와 용도

양축에 고정한 벨트 풀리(belt pulley)에 벨트를 걸어서 마찰력에 의하여 동력을 전달하는 장치로 축간 거리가 10(m) 이하이고, 속도비는 1 : 6 이하, 속도는 10~20m/sec, 평벨트와 V벨트가 있다.

① 평벨트
  ㉠ 벨트 재료 : 벨트는 유연성과 탄력성이 있고 인장강도, 마찰계수가 커야하므로 가죽, 직물, 고무, 강철 벨트를 사용한다.
  ㉡ 벨트 풀리(belt pulley) : 주철제로 암의 수는 4~8개이며 보통 원주형인 것이 사용되나 속도비를 변화시킬 때는 원뿔형도 사용한다. 벨트가 벗겨지는 것을 방지하기 위하여 바깥면의 중앙부분을 볼록하게 만든다.
  ㉢ 벨트 풀리에 의한 변속장치
    ⓐ 단차에 의한 변속 : 지름이 다른 벨트 풀리 몇 개를 한 몸으로 묶은 것은 단차(cone pulley)라 하며 서로 반대방향으로 놓아서 평벨트를 건다.
    ⓑ 원뿔벨트 풀리에 의한 방법

② V벨트
  ㉠ V 벨트의 종류 : 단면의 크기에 따라서 M, A, B, C, D, E 의 6가지가 있으며 M형이 제일 작고 E형이 가장 단면이 크다.
  ㉡ V 벨트의 호칭 번호

$$호칭번호 = \frac{벨트의 \; 유효둘레(mm)}{25.4}$$

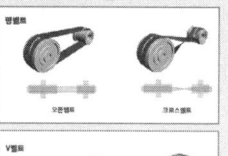
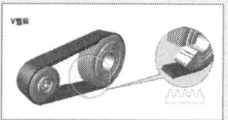

6. 벨트 풀리의 호칭방법과 도시법

① 벨트 풀리의 호칭법

㉠ 평벨트 풀리 호칭법

명칭	종류	호칭 지름	×	호칭 폭	재료
예 평벨트 풀리 일체형	1	125	×	25	주철

㉡ V벨트 풀리의 호칭법

규격 번호 또는 규격 명칭	호칭 지름	풀리의 종류	보스 위치의 구별	구멍의 치수	구멍의 종류 및 등급
예 KS B 1400	250	A1	II	40	H8
주철제 V벨트 풀리	200	B3	V		

② 벨트 풀리의 도시법

㉠ 벨트 풀리는 축 직각 방향의 투상을 정면도로 한다.
㉡ 벨트 풀리와 같이 대칭형인 것은 그 일부분만을 도시한다.
㉢ 암과 같은 방사형의 것은 수직 중심선 또는 수평 중심선까지 회전하여 투상한다.
㉣ 암은 길이 방향으로 절단하여 단면의 도시를 하지 않는다.
㉤ 암의 단면형은 도형의 안이나 밖에 회전 단면을 도시한다. 도형 안에 도시할 때에는 가는 실선으로, 도형 밖에 도시할 때에는 굵은 실선으로 그린다.
㉥ 암의 테이퍼 부분의 치수를 기입할 때 치수보조선은 경사선으로 긋는다. (수평과 60° 또는 30°)

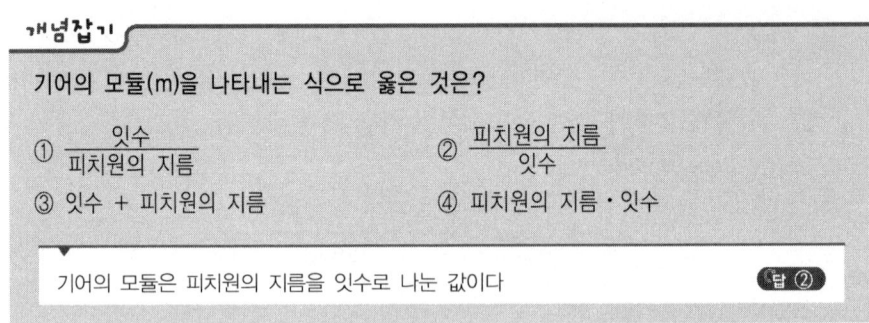

개념잡기

기어의 모듈(m)을 나타내는 식으로 옳은 것은?

① $\dfrac{\text{잇수}}{\text{피치원의 지름}}$ ② $\dfrac{\text{피치원의 지름}}{\text{잇수}}$

③ 잇수 + 피치원의 지름 ④ 피치원의 지름 · 잇수

기어의 모듈은 피치원의 지름을 잇수로 나눈 값이다   답 ②

개념잡기

다음 도형에서 테이퍼 값을 구하는 식으로 옳은 것은?

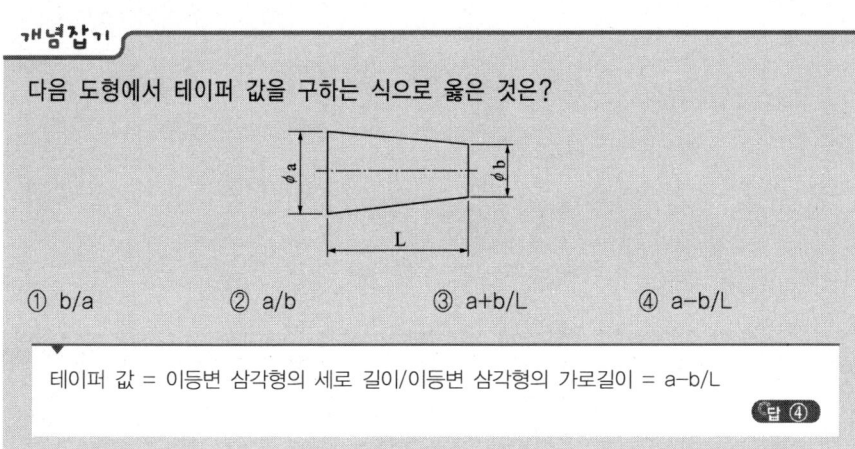

① b/a ② a/b ③ a+b/L ④ a−b/L

테이퍼 값 = 이등변 삼각형의 세로 길이/이등변 삼각형의 가로길이 = a−b/L

답 ④

개념잡기

스퍼기어 제도에서 피치원은 어떤 선으로 그리는가?

① 가는 실선 ② 굵은 실선
③ 가는 은선 ④ 가는 1점 쇄선

가는 1점 쇄선은 중심선, 기준선, 피치선을 그릴 때 사용된다.

답 ④

PART 03 제선법 및 소결법

CHAPTER 01 제선 원료

CHAPTER 02 소결 조업

CHAPTER 03 코크스 제조

CHAPTER 04 고로 제선 설비

CHAPTER 05 고로 조업법

CHAPTER 06 신제철법 및 제선의 계산

CHAPTER 07 산업안전

CHAPTER 01 제선 원료

단원 들어가기 전
1. 제선 원료와 철광석
2. 제선 원료 예비처리
3. 제선 내화재료의 특징
4. 제선 원료 종류와 특징은 출제빈도가 많으므로 중점적으로 학습하세요.
5. 제선 원료 예비처리는 설비 문제가 많이 출제되므로 종류와 특징을 명확히 구분하여 학습하세요.

빅데이터 키워드
제선, 철광석, 건식제련, 환원제련, 적철광, 자철광, 석회석, 슬래그, 예비처리, 내화물, 내화도, 선광, 블랜딩, 정립, 야드

1 ▶ 제련법의 종류와 특징

🌟 꼭 찝어 어드바이스
선철의 특징
① 제선 공정에서 용광로에서 철광석을 환원하여 제조된 철
② 탄소 함유량이 많고, Si, Mn, P, S 등의 불순물이 많이 함유됨(C 〉 Si 〉 Mn 〉 (P, S))
③ 경도가 높고 취약해 정련하여 탄소량을 줄이고, 유해 원소를 제거하는 공정이 제강공정

🌟 꼭 찝어 어드바이스
일관제철소의 의미 ❶❷
제선, 제강, 압연 시설이 한 공장 내에 있는 것으로 주원료인 철광석을 사용하여 용선을 만든 후 제강공장에서 강으로 만든 것을 압연라인에서 제품으로 만든다.

1. 제선의 개요
① 고로에 철광석과 코크스를 넣고 열풍에 의해 코크스를 태워서 철광석 중의 산소를 빼앗아(환원반응) 용해시켜 선철을 만드는 것이다.
② 제선의 반응은 **환원반응**이다.
③ 제선은 제련법 중에서 **건식제련**에 해당한다.

2. 제련법의 종류

(1) 건식제련의 특징

장점	단점
• 반응속도가 빠르다. • 금속과 폐기물의 상 분리가 용이하다. • 단위 금속 생산량당 투자비가 적다. • 에너지가 절약된다. • 폐기물의 재활용이 가능하여 자연에 안전하다.	• 폐가스를 다량 방출하므로 대기 오염 방지 시설이 필요하다. • 초기 설비 투자비가 크다.

(2) 환원제련의 특징

① 산화광을 환원제와 반응시켜 산소를 제거함으로써 금속을 얻는 방법
② 환원제 : 산소와의 결합력이 목적 금속보다 커야 함
③ 철광석을 비롯한 대부분의 금속에 적용
④ 종류
　㉠ 기체 환원제에 의한 방법 : CO 가스와 반응(적철광 반응)
　㉡ 고체 환원제에 의한 방법 : C(코크스)와 반응(자철광 반응)
　㉢ 금속 환원제에 의한 방법 : Al, Si, Mn

> **참고**
> 건식제련 주원료
> ① 정광
> ② 연료 및 환원제
>
> 건식제련 생성물
> ① **조금속** : 제련 과정에서 1차 생성된 용융 금속
> ② **매트** : 구리, 니켈, 납 등의 황화광을 산화 제련하여 얻어지는 중간 산물
> ③ **스파이스** : 중금속과 비소 등이 용융상태로 혼합 상을 유지하고 있는 인공 화합물

개념잡기

선철 중 철(Fe)과 탄소(C) 이외의 원소에서 함량이 가장 많은 성분은?

① S　　　　② Si　　　　③ P　　　　④ Cu

선철 성분
Fe > C > Si > Mn > (P, S)

답 ②

2 ▶ 제선 원료

1. 주원료

고로 장입 원료 : 철광석, 코크스, 석회석

(1) 철광석의 종류 ✪✪✪

명칭	분자식	Fe함유량%	특징
적철광	Fe_2O_3	70	• 생산량이 많고 불순물이 적음 • 환원성이 우수하여 고로용, 소결용, 펠렛용으로 다양하게 사용
자철광	Fe_3O_4	72	• 고로 내에서 열균열을 일으키지 않음 • 적철광보다 환원성이 떨어짐 • 적은 열량으로 소결이 잘되므로 소결하여 환원성과 경도를 높여 사용 • 소결용 펠렛 원료로 사용
갈철광	Fe_2O_3, nH_2O	59.8	• 배소하면 다공질의 Fe_2O_3가 됨 • 현재 많이 이용하지 않지만 적철광과 자철광이 고갈되면 애용 철광석으로 주목 받음
능철광	$FeCO_3$	48.2	• 하소하면 FeO와 CO_2가 됨

> **꼭 찝어 어드바이스**
> 철광석 중의 맥석 성분
> ① 산화규소(SiO_2)
> ② 알루미나(Al_2O_3)
> ③ 그 외에 황화물, 인산염 등

꼭 찝어 어드바이스

고로 조업에서 철광석이 환원이 되려면 산화도가 높은 것이 환원속도가 빨라지므로 산소와의 결합도가 높은 Fe_2O_3가 많은 소결광이 환원성을 좋아지게 한다.

철광석에서 피환원성 향상
① 기공률이 클 것
② 입도가 작을 것
③ 산화도가 높을 것
④ 페이어라이트(fayalite), 일루미나이트(ilumenite) 등이 적을 것

피환원성 순서
소결광 〉 펠렛 〉 생광석 〉 자철광

(2) **철광석의 조건**

① 철광석의 구비조건 ✪✪✪
  ㉠ 철분이 높을 것
  ㉡ 유해 불순물(S, P, Cu, Ti 등)이 적을 것
  ㉢ 피환원성이 좋을 것
  ㉣ 맥석의 분리가 쉬울 것
  ㉤ 적당한 물리적 강도를 가질 것
  ㉥ 품질이나 성분이 균일할 것
② 철은 지구상에서 약 5% 정도 차지하고 있다.
③ 철광석의 선광 : 자력선광
④ 철분 함량 : **적철광** 40%, **자철광** 57%, 갈철광 40%, 능철광 25%
⑤ 선철 1톤을 생산하는 데 철광석은 약 1.5~1.7톤이 필요하다.

2. 부원료

(1) **용제**

① 용제는 광석에 들어있는 맥석성분과 연료에 들어있는 회분 및 불순물과 결합하여 용융점을 낮추고, 유동성을 좋게 하며, 슬래그를 금속으로부터 잘 분리되도록 하기 위하여 첨가하는 것이다.

② 용제의 분류
  ㉠ 산성 용제 : 규암, 규석, 모래
  ㉡ 염기성 용제 : 석회석, 감람석, 사문암, 백운석, 망간 광석
  ㉢ 중성 용제 : 형석

꼭 찝어 어드바이스

주로 사용하는 용제
석회석, 생석회, 형석, 망간 광석

(2) **슬래그** ✪✪

① 목적 금속이나 매트상에 용해되는 것이 바람직하지 않은 불순물 등이 주로 산화물의 형태로 혼합·용융되어 균일한 조성을 이룬 액체

② 슬래그를 구성하는 산화물
  ㉠ 염기성 산화물 : 산소 이온을 쉽게 내보내어 상대방에게 주는 산화물
    CaO, MgO, FeO, Na_2O 등
  ㉡ 산성 산화물 : 산소 이온을 받아 강하게 결합된 것
    SiO_2, P_2O_5, B_2O_3 등
  ㉢ 중성 산화물 : Al_2O_3, Cr_2O_3, FeO 등

③ 규산도 = $\dfrac{SiO_2 \text{ 중의 산소 무게}}{\text{염기성 산화물 중의 전체 산소 무게}}$

④ 염기도 = $\dfrac{\text{염기성 성분의 합}}{\text{산성 성분의 합}} = \dfrac{CaO}{SiO_2}$

⑤ 좋은 슬래그를 만들기 위하여 용제가 지녀야 할 조건 ●●
  ㉠ 용융점이 낮을 것
  ㉡ 점성이 낮고 좋은 유동성을 지닐 것
  ㉢ 조금속과 비중차가 클 것
  ㉣ 불순물의 용해도는 크고, 목적 금속의 용해도가 작을 것
  ㉤ 쉽게 구입이 가능하며, 가격이 저렴할 것
  ㉥ 환경에 유해한 성분이 없을 것

(3) **석회석** ●●●
  ① 석회석($CaCO_3$)의 성질
    ㉠ 탄산칼슘을 주성분으로 하는 백색, 흑회색의 광석($CaCO_3$, CaO : 56%)
    ㉡ 석회석 중의 CaO 성분을 이용하므로 이 성분이 높아야 함
    ㉢ 불순물 : SiO_2(<2%), Fe_2O_3, Al_2O_3, P(<0.1%), S(<0.1%), $MgCO_3$
    ㉣ 고로용 석회석은 치밀하고 균일한 입도(25~50mm) 유지
  ② 고로 내 반응
    ㉠ 노 내 열에 의해 하소 분해 반응 일으킴
    ㉡ 반응식 : $CaCO_3 \rightarrow CaO + CO_2 - 42,500$(cal/mol) (흡열반응)
  ③ 저급 코크스를 이용하여 소결광이나 펠렛을 만들 때 석회석을 혼합하여 자용성 소결광, 자용성 펠렛으로 이용

(4) **생석회(산화칼슘, CaO)**
  ① 석회석을 소성하여 제조한 것으로 염기성로에서 반드시 사용
  ② 생석회는 이산화탄소가 남지 않도록 소성한 것이 가장 품질이 우수
  ③ 황과 함께 이산화규소가 적은 것이 좋음(이산화규소는 2% 이하로 할 것)
  ④ 소성한 다음, 시간이 지나면 대기 중의 수분을 흡수하므로 빨리 사용해야 함

(5) **형석**
  ① 주성분 : 플루오르화칼슘(CaF_2)
  ② 불순물 : $CaCO_3$, SiO_2, Fe_2O_3, Al_2O_3, S 등
  ③ 용융점 : 935~950℃
  ④ 특징
    ㉠ 염기성 강재는 산화칼슘이 많아서 **유동성**을 저해하므로 형석을 첨가하여 유동성을 증가시킴
    ㉡ 유동성 증가는 정련의 속도를 촉진(**탈황 효과**)
    ㉢ 너무 많이 사용하면 내화물의 침식이 증가
  ⑤ 사용량 : 산화칼슘의 5% 정도, 원단위로는 2~3kg_f/t·pig

> **꼭 찝어 어드바이스**
> 용제로 사용되는 주요 광물들
> 석회석, 산화칼슘, 규석, 철광석, 망간광, 형석, 백운석, 사문석, 탄산나트륨, 수산화나트륨, 염화나트륨, 칼륨염, 빙정석, 붕사 등

> **참고**
> 제강작업에서의 석회석 이용
> ① 용강 교반을 목적으로 투입
> ② 950℃ 이상으로 충분히 소성한 소석회(slaked lime)가 염기성 제강법에서 중요한 용제로 사용
> ③ 이 용제는 S 성분이 0.01% 이하로 제한
> ④ 소석회에는 S 성분이 0.1% 이하로 제한

> **참고**
> 형석 대용품
> ① 산성 벽돌 부스러기, 규사, 모래 및 슬래그 가루 등을 사용
> ② 탈황 작용이 없음
> ③ 이산화규소가 많아 강재의 염기도가 저하

꼭 찝어 어드바이스

망간광
① 철광석보다 산화력이 떨어짐
② Mn 50% 이상 함유된 광석 사용
③ S, P의 함유량이 적은 것 사용

꼭 찝어 어드바이스

규석(규사, SiO_2) 투입 시기
① 고로에 슬래그가 너무 적을 때
② 슬래그 중의 Al_2O_3가 높을 때
③ 슬래그의 유동성이 나쁠 때
④ 조재제로서 석회석과 함께 사용

꼭 찝어 어드바이스

플럭스 기타 특징
① 염기성 플럭스 : 돌로마이트, 형석 등
② 조재성분 중에 CaO, SiO_2 성분은 슬래그 형성에 좋은 영향을 주지만, Al_2O_3, MgO 등은 악영향을 끼친다.

참고

복합 플럭스 제조방법
① 산화철로 평로 및 전로의 먼지에 산화칼슘 가루 40~95%를 혼합하여 40mm 크기로 성형, 이를 배소로에서 1,100~1,250℃로 소성
② 5~20mm로 정립된 석회석에 산화철 2%, 수분 2%를 넣고 회전로(Rotary Kiln)에서 1,300℃로 소성

(6) 백운석(돌로마이트)

① 백운석(dolomite) : $CaCO_3 \cdot MgCO_3$의 복합산염($CaCO_3$ 45.6%, $MgCO_3$ 54.35%)
② 석회석보다 값이 고가
③ 방해석과 마그네사이트의 중간 성질
④ 제선용 : 고로 조업에서는 Al_2O_3가 많은 광재의 유동성을 개선하기 위해 사용

(7) 감람석과 사문암

① 감람석
  ㉠ 규산염으로 구성
  ㉡ 조성(화학식) : $MgFe_2SiO_2$

② 사문암
  ㉠ 함수 광물
  ㉡ 조성(화학식) : $3MgO \cdot 2SiO_2 \cdot 2H_2O$

③ MgO를 함유하고 있어 고로에 사용하면 백운석과 같이 광재의 유동성을 개선, 탈황성능 향상
④ 고로에 직접 장입, 소결광에 첨가하여 사용
⑤ 가격이 저렴해서 노의 내화재로도 많이 사용

(8) 복합 플럭스(Flux)

① 산화철과 산화칼슘을 혼합한 것을 소성하여 칼슘 페라이트로 복합 플럭스 제조하여 사용

② 특징 및 효과
  ㉠ 칼슘 페라이트의 용융점 : 1,400℃
  ㉡ 산화칼슘의 용융점이 낮아져 취련 초기의 재화성이 향상
  ㉢ 탈인율이 향상

개념잡기

고로에 사용되는 철광석의 구비조건으로 틀린 것은?

① 성분이 균일해야 한다.
② 철 함유량이 높아야 한다.
③ 피환원성이 우수해야 한다.
④ 노 내에서 환원분화성이 좋아야 한다.

> **철광석 조건**
> 철광석은 노 내 장입 후 환원분화성이 좋으면 쉽게 분상의 광석이 되므로 통기성에 악영향을 미치므로 환원분화성이 낮은 것이 좋다.
>
> **답 ④**

개념잡기

용제에 대한 설명으로 틀린 것은?

① 유동성을 좋게 한다.
② 슬래그의 용융점을 높인다.
③ 맥석 같은 불순물과 결합한다.
④ 슬래그를 금속으로부터 잘 분리되도록 한다.

> 용제는 슬래그의 용융점을 낮춘다.
>
> **답 ②**

개념잡기

함수 광물로써 산화마그네슘(MgO)을 함유하고 있으며, 고로에서 슬래그 성분 조절용으로 사용하며 광재의 유동성을 개선하고 탈황성능을 향상시키는 것은?

① 규암　　② 형석　　③ 백운석　　④ 사문암

> **사문암**
> 조성이 $3MgO \cdot 2SiO_2 \cdot 2H_2O$으로 수분을 함유하고 있다.
>
> **답 ④**

꼭 찝어 어드바이스

원료 처리 중요 용어
① 블랜딩 : 원료를 배합하는 과정
② 워싱 : 원료를 청정 처리하는 과정
③ 정립 : 원료를 일정 크기로 분류하는 과정
④ 선광 : 원료에서 유용한 성분을 선별하는 과정
⑤ 하소 : 광석을 용융온도 이하의 고온으로 가열하여 이산화탄소 또는 결정수 등을 제거
⑥ 배소 : 광석을 저온으로 가열하여 결정수 또는 휘발분을 제거
⑦ 소결 : 분말의 자철광을 환원성이 좋은 적철광으로 바꾸는 조작

꼭 찝어 어드바이스

배소법
① 광석이 녹지 않을 정도로 가열하고 화합물 및 탄산염을 분해하여 유해한 S, As 등을 제거
② 철광석의 부착수분은 110℃로 가열하여 제거
③ 화합수의 분해 : 소철광 500℃, 점토광물함유 철광 800 ~ 1,000℃
④ 탄산염 분해 : $FeCO_3$ 500℃, $CaCO_3$ 800℃
⑤ 황철광(FeS_2)의 탈황 : 420 ~ 650℃
⑥ 비소 : 850℃에서 배소

참고

야드 저장 계획에 고려할 사항
① 원료는 사용처에 가깝게 저장 위치를 결정
② 스태커, 리클레이머의 Boom의 높이와 선회각도 및 반경
③ 원료의 종류별로 독립된 파일로 적치
④ 원료의 종류에 따른 겉보기 비중과 안식각
⑤ 야드 보호벽 유무에 따른 야드 면적당 이용 효율
⑥ 원료반입주기와 선박이나 화차에 의한 1회 반입량

3. 원료 예비처리

1. 선광

(1) 원료의 예비처리 방법의 분류
① 선광, 소결, 침출 : 화학적 성질 향상
② 정립 : 장입물의 입도를 일정하게 하여 노 내 통기성 향상
③ 균광법 : 장입물의 물리적 성질(입도, 수분, 열균열지수, 피환원성, 점성도) 및 화학적 성질 개선
④ 분광의 괴상화 : 소결광, 펠렛, 단광 등으로 괴상화
⑤ 예비환원법 : 최근 신기술, 광석을 고로 장입 전에 환원, 고로의 생산성 향상, 코크스비 저하

(2) 선광법의 종류 ◐◐
① 비중선광 : 수조 중의 베드 위에 물의 맥류를 주어 비중 차로 광석을 분리
② 중액선광 : 미분광을 물과 혼합하여 농축한 중액을 분광기나 싸이클론 등을 이용하여 비중 차로 분리
③ 자력선광 : **강자성체**를 이용하여 분리, 철광석의 선광에 이용
④ 부유선광 : 미분상의 광물을 수중에서 기포에 부착시켜 부유물과 침강물로 분리

2. 야드 관리

(1) 야드 관리
① 야드 : 각종 원료의 수입, 저장, 불출을 원활하게 하기 위한 저광장
② 원료의 소요량, 안전재고 일수, 운반거리, 원료의 종류, 환경관리, 지역의 기상 등을 고려하여 관리

(2) 야드 설비 ◐◐
① 하역설비 : **언로더(Unloader)**, 스태커(Stacker), 카댐퍼(Car-Damper)
② 불출설비 : 리클레이머(Reclaimer), 비상 트리퍼(Tripper)
③ 수송설비 : 벨트 콘베이어 트리퍼(Belt Conveyor Tripper), 트레인, 트럭
④ 부대설비 : 살수설비, 조명설비, 보호벽 등

(3) 파쇄 및 선별

① 야드에 입하된 광석을 고로 및 소결공장에서 필요로 하는 입도로 파쇄하여 골라내는 공정
② 파쇄설비 : **로드밀, 볼밀,** 크러셔(Crusher)와 스크린(Screen) 등으로 구성
③ 조광 호퍼(Hopper) : 괴광을 저장
④ 광석 릴레이 조(Ore Relay Bin) : 파쇄, 선별 광석을 크기별로 임시 저광

(4) 정립(균광)의 효과

① 고로의 출선비를 높이고 코크스비를 낮추기 위해서 장입물의 피환원성과 통기성 향상
② 철광석의 파쇄 및 체질(screen) 설비를 갖추어 고로의 능률 향상에 기여
③ 광석의 정립
  ㉠ 고로 샤프트부의 가스 분포 균일화
  ㉡ 장입물과 가스와의 접촉 상태 양호
  ㉢ 열교환이 잘 되어 코크스비가 저하
④ 입자 지름이 9mm 이상으로 클 경우 통기 저항이 낮아져 통기가 잘 이루어짐

> **꼭 찝어 어드바이스**
> 고로 장입물의 입도
> ① 광석 : 하한 8~10mm, 상한 25~30mm
> ② 소결광 : 하한 5~6mm, 상한 50~75mm
> ③ 코크스 : 하한 15~30mm, 상한 75~90mm

3. 블랜딩(Blending)

(1) 블랜딩

① 블랜딩 : 원료 야드에 적치된 소결용 각종 원료를 혼합 적치하는 것
② 블랜딩은 다음 사항을 감소시키는 사전 처리 공정
  ㉠ 원료의 입도편석
  ㉡ 원료의 부분 불출로 인한 편석
  ㉢ 원료 자체의 성분 변동
  ㉣ 타원료의 혼합적 성분 변동
③ 블랜딩 공정 과정에서 혼합효율을 향상시켜 품질의 안정을 기할 수 있음
④ 블랜딩광은 소결원료로 약 80% 정도 차지
  ㉠ 소결의 품질 및 성분변동에 큰 영향을 주고 있음
  ㉡ 고로의 노황 및 조업에 미치는 영향이 매우 큼

(2) 블랜딩 설비 ◐◐

① 저광조(Blending Bin) 및 **정량절출장치(CFW)**
② 스태커(Stacker) : 원료를 단계적으로 적부시키는 장치

> **참고**
> 블랜딩 방법
> : 동시 블랜딩하는 품종의 적정 혼합
> ① 각 품종 간의 혼합 효율을 높이기 위해 2품종 이상 동시 블랜딩
> ② 안식각 및 성분차이가 있는 사하분, 부원료, 잡원료는 구입 분광과 혼합하여 블랜딩
> ③ 점착성이 없는 소결반광, 전로 슬래그 등은 서로 혼합 블랜딩 금지
> ④ 점착성이 강한 고로 Dust, Mn광 등은 특수 품종과 혼합 블랜딩 금지
>
> 블랜딩 방법
> : 단위작업당 최대 적부량의 제한
>   두꺼운 층으로 적부되지 않도록 수회로 나누어 블랜딩

③ 리클레이머(Reclaimer) : 프리즘(Prism)형으로 적부된 Pile을 일단으로 원료를 긁어내려 불출하는 장치

개념잡기

광물을 분쇄시켜 미립자를 물에 넣고 적당한 부선제를 첨가하여 기포를 발생시켜 광물과 맥석을 분리하는 방법은?

① 부유 선광 ② 자력 선광 ③ 중액 선광 ④ 비중 선광

선광의 종류
- 부유 선광 : 광석을 물에 넣고 부유제(부선제)를 첨가하여 기포를 발생시켜 부유물과 침강물에 의해 광물과 맥석을 분리하는 방법
- 자력 선광 : 강력자석을 이용하여 광석과 맥석을 분리하는 방법(자철광의 선광에 이용)
- 중액 선광 : 물과 혼합하여 농축한 중액을 이용하여 비중차로 광물과 맥석을 분리하는 방법
- 비중 선광 : 광물과 맥석의 비중 차를 이용하여 분리하는 방법

답 ①

개념잡기

원료 처리설비 중 파쇄설비로 옳은 것은?

① 언로더(unloader) ② 로드 밀(rod mill)
③ 리클레이머(reclaimar) ④ 벨트 컨베이어(belt conveyor)

파쇄설비
로드 밀, 볼 밀, 콘 크러셔 등

답 ②

개념잡기

리클레이머(reclaimer)의 기능으로 옳은 것은?

① 원료의 적치 ② 원료의 불출
③ 원료의 정립 ④ 원료의 입조

야드설비
리클레이머 : 원료 불출설비

답 ②

4 ▶ 내화물

1. 내화물의 분류 ●●

① **염기성 내화물** : 마그네시아질, 크롬 마그네시아질, **백운석질(돌로마이트)**, 석회질
② **산성 내화물** : 샤모트질, 점토질, 규석질, 납석질, 내화점토
③ **중성 내화물** : 알루미나질, 크롬질, 탄소질, 탄화규소질

2. 각종 내화재료의 구비조건

(1) 내화벽돌의 구비조건

① 내화도가 높아야 한다.
② **내스폴링성이 좋아야 한다.**
③ 치수가 정확해야 한다.
④ 침식과 마모에 견딜 수 있어야 한다(내식성과 내마모성 우수).
⑤ 비중이 작아야 한다.

(2) 고로 내화재 구비조건 ●●

① 내열충격, 내마모성이 클 것
② 내스폴링성이 클 것
③ 고온, 고압에서 강도가 클 것
④ 고온에서 연화, 휘발하지 않을 것
⑤ 용선, 슬래그, 가스에 대하여 화학적으로 안정할 것
⑥ 적당한 열전도를 가지고 냉각효과가 있을 것

(3) 열풍로 내화물의 구비조건

① 열전도도가 좋아야 한다.
② 비열, 열용량이 커야 한다.
③ 기공이 많은 다공질이어야 한다.
④ 비중이 가벼워야 한다.
⑤ 내식성이 우수해야 한다.

> 🌟 **꼭 찝어 어드바이스**
>
> **내화도 ●●**
> SK 30이 1,670℃이며 SK 1 증가 또는 감소할 때 20℃ 차이가 난다.
>
> **내화벽돌 참기공**
> 참기공 $= \left(1 - \dfrac{D_b}{D_t}\right) \times 100$
> D_b : 벽돌의 부피 비중
> D_t : 벽돌의 참 비중

> 🌟 **꼭 찝어 어드바이스**
>
> **고로 사용 내화물**
> ① 노벽 : 점토질 벽돌
>   (내마모성이 중요)
> ② 내화물의 손상이 큰 보시(bosh), 바람 구멍 : 고알루미나질 벽돌(내알칼리성, 내슬래그성, 내용선성 요구)
> ③ 노 바닥, 노 상부 : 탄소질 내화물(열전도율이 좋아 냉각효과 우수)

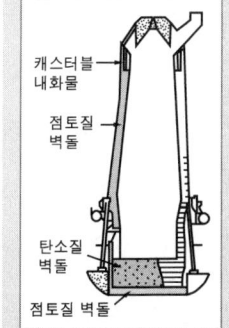

개념잡기

다음 중 산성 내화물이 아닌 것은?

① 규석질　　② 납석질　　③ 샤모트질　　④ 돌로마이트질

> **내화물의 분류**
> ① 염기성 내화물 : 마그네시아질, 크롬 마그네시아질, 백운석질(돌로마이트), 석회질
> ② 산성 내화물 : 샤모트질, 점토질, 규석질, 납석질, 내화점토
> ③ 중성 내화물 : 알루미나질, 크롬질, 탄소질, 탄화규소질
>
> 답 ④

개념잡기

제게르 추의 번호 SK31의 용융 연화점 온도는 몇 ℃인가?

① 1,530　　② 1,690　　③ 1,730　　④ 1,850

> **내화도**
> SK30이 1,670℃이며 SK1 증가 또는 감소할 때 20℃ 차이가 나므로 1,670+20 = 1,690℃
>
> 답 ②

개념잡기

고로용 내화물의 구비조건이 아닌 것은?

① 고온에서 용융, 휘발하지 않을 것
② 열전도가 잘 안 되고 발열효과가 있을 것
③ 고온, 고압하에서 상당한 강도를 가질 것
④ 용선, 가스에 대하여 화학적으로 안정할 것

> 고로 내화물은 열전도가 적당해야 하며, 냉각효과가 있어야 한다.
>
> 답 ②

CHAPTER 02 소결 조업

단원 들어가기 전
1. 소결 원료와 특징
2. 소결 설비와 소결 조업
3. 펠레타이징의 특징
4. 소결 단원은 출제 비중이 상당 부분을 차지하므로 전체적으로 반복적인 학습을 통해 완전히 숙지할 수 있도록 해야 합니다.

빅데이터 키워드
제선, 고로, 괴광, 소결, 펠레타이징, 철광석, 자철광, 코크스, 석회석, 드와이드 로이드 소결기, 화격자, 상부광, 냉각, 선별, 용융결합, 확산결합, 반광

1 소결의 기초

1. 괴상화 작업

(1) 괴상화 효과
① 분상 원료 사용에 따른 원료의 처리
② 출선율 향상
③ 코크스비 저하

(2) 고로에 분상원료 사용 시 문제점
① 장입물의 강하가 불균일하여 걸림이 많아진다.
② 통기성이 악화된다.
③ 송풍압력에 의해 노정으로 비산되어 손실이 많아진다.
④ CO 가스와 접촉이 나빠져서 환원성이 떨어진다.

(3) 광석의 괴상화 방법
① 소결법
② 펠레타이징법
③ 단광법 : 다이스법, 프레스법, 플런저법
④ 입광법(입철법)

> **꼭 찝어 어드바이스**
>
> **괴광의 성질**
> ① 강도가 커서 운반, 저장, 노 내 강하 중 파쇄되지 않을 것
> ② 다공질로 환원성이 좋을 것
> ③ 선철의 품질을 저하시키는 유해성분이 적을 것
> ④ 고로 내화물을 침식시키는 알칼리 성분이 적을 것
> ⑤ 장기 저장할 때 풍화, 팽창 및 수축에 의한 붕괴를 일으키지 않을 것

(4) 괴상화된 고로 원료의 조건

① 다공질이어서 고로 내에서 환원이 잘될 것
② 모양이 구형에 가까울 것
③ 장기간 보관 시 풍화되지 않을 것
④ 열팽창, 수축 등에 의해 파괴되지 않을 것
⑤ 어느 정도 강도(낙하강도)가 있어 장입 시 파괴되지 않을 것
⑥ 환원에 의해 분상화가 잘되지 않을 것

2. 소결법의 특징

(1) 소결법의 장점

① 환원성 증가로 출선량 증가
② 코크스 원단위 감소
③ 조업 능률 향상
④ 입도 유지로 노황 안정
⑤ 환원성이 나쁜 자철광을 환원성이 좋은 적철광으로 변화

(2) 소결 공정 ★★

※ 혼합 및 조립 → 원료장입 → 점화 → 소결 → 배광 → 냉각 → 파쇄 → 선별 → 소결광

개념잡기

분광석의 괴상화 방법이 아닌 것은?

① 세광(washing)   ② 소결법(sintering)
③ 단광법(briquetting)   ④ 펠레타이징(Pelletizing)

괴상화 방법
소결, 펠렛, 단광, 입철

답 ①

개념잡기

소결의 일반적인 공정 순서로 옳은 것은?

① 혼합 및 조립 → 원료장입 → 소결 → 점화 → 냉각
② 혼합 및 조립 → 원료장입 → 점화 → 소결 → 냉각
③ 원료장입 → 혼합 및 조립 → 소결 → 점화 → 냉각
④ 원료장입 → 점화 → 혼합 및 조립 → 소결 → 냉각

소결 공정
혼합 및 조립 → 원료장입 → 점화 → 소결 → 냉각 → 파쇄 → 선별

답 ②

> **참고**
> 철광석은 고로 생산성 및 피환원성 향상을 위해서 적정한 입도로 괴상화하여 고로에 장입해야 한다.
> 소결법은 분철광석에 열을 가함으로써 부분 용융시켜 괴상화시키는 공정으로 대량생산에 유리하며 용선성분을 안정시킬 수 있는 장점이 있어 고로원료의 예비 처리방법으로 널리 채용되고 있다.

> **꼭 찝어 어드바이스**
> 철광석 입도가 제선조업에 미치는 영향
> 철광석의 입도가 작은 분광석은 제선조업 시 피환원성은 양호하나 통기성을 저하시켜 걸림(Hanging)의 원인이 되며, 철광석 입도가 크면 통기성은 양호하나 피환원성이 불량하게 되어 적정입도로 사전에 처리해야 한다.
> 고로에 장입되는 철광석의 적정 입도는 자연 그대로의 광석인 정립광의 입도로 8~30mm가 적당하며, 입도 8mm 이하인 분광석은 고로 조업에 적합하도록 소결공정을 거쳐 5~50mm로 괴상화한 소결광을 제조한다.

2 소결 원료

1. 소결 기초

(1) 소결 원료 ❋❋❋
① 주원료 : 자철광
② 잡원료 : 스케일, 분광, 연진
③ 부원료 : 석회석(결합제 역할)
④ 연료 : 코크스

(2) 배합원료
① 혼합원료 : 주원료 + 잡원료
② 신원료 : 혼합원료 + 부원료(석회석)
③ 전원료(배합 원료) : 신원료 + 반광 + 연료(코크스)

(3) 소결성이 좋은 원료 ❋❋
① 소결광의 환원율이 높아야 한다.
② 소결광의 강도가 높아야 한다.
③ 적은 원료로 소결광을 생산할 수 있어야 한다(생산성이 좋은 원료).
④ 소결광의 분율이 낮아야 한다.
⑤ 소결광의 기공이 많아야 한다.
⑥ 소결광의 불순물이 적어야 한다.

2. 배합 원료의 특징

(1) 배합 원료 성분
① Fe분 45~55% 범위
② 소결광 강도 유지를 위하여 FeO, SiO_2 관리가 중요

(2) 분코크스
① 입도 15~25mm 이하의 코크스를 rod mill에서 분쇄하여 사용
② 분쇄 후 전동체를 사용하여 미분을 완전히 제거하기도 함
③ 평균입도 1.0~1.2mm 또는 1.5~1.6mm
④ 코크스 입도는 배합원료의 입도, 생산율 및 코크스 원단위와 관계가 있음
⑤ 분코크스 배합율은 3~10% 정도
⑥ 분코크스의 원단위는 소결광 톤당 45~55kg 범위

🔖 **꼭 찝어 어드바이스**

소결 원료의 특징
① 자철광을 소결하면 Fe_3O_4가 Fe_2O_3로 되는데 이 반응은 산화반응이므로 발열반응에 해당하여 연료가 적게 소비된다.
② 고로 조업에서 철광석이 환원이 되려면 산화도가 높은 것이 환원속도가 빨라지므로 산소와의 결합도가 높은 Fe_2O_3가 많은 소결광이 환원성이 좋아지게 된다.
③ 소결광에 페이어라이트 많으면 환원성이 떨어지게 된다.
④ 페이어라이트는 환원성을 저하시키고, 해머타이트는 강도를 저하시키며 환원 분화를 촉진한다.
⑤ 규산염이 많으면 슬래그가 많이 형성되어 용융결합이 강해지므로 소결광의 강도는 커지고, 기공이 적어져서 환원성은 떨어진다.
⑥ 소결 시 SiO_2, CaO는 소결 강도를 높이고 생산성을 향상시킨다.

🔖 **꼭 찝어 어드바이스**

배합 원료 입도
① 불균일 소결의 원인이 되는 10mm 이상의 세립은 제거
② 통기성을 해치는 125㎛ 이하의 미분은 적게 유지
③ 평균 입도는 2.0~4.5mm 범위가 사용
④ 조립을 적당히 섞으면 통기도가 증가하여 생산율 향상
⑤ 조립광이 너무 증가하면 강도를 저하시키므로 주의

(3) 분석회석

① 배합량 : 10~20%(목표염기도 및 신원료 중 SiO_2의 함량에 따라 변동)
② 입도는 3mm 이하가 적당하나 신원료 입도가 작을 때는 6mm 이하로 거칠게 해야 생산능률을 높일 수 있음
③ 일반적으로 광산에서 파쇄한 분석회석을 사용

(4) 반광 ✪✪

① 반광 사용량은 전원료의 30~35% 이하로 제한
② 입도는 보통 5mm 이상이 20~30%
③ 소결작업에 큰 영향을 미치므로 철저한 관리가 필요

(5) 잡원료

① 고로 Dust
  ㉠ 고로 발생 가스로부터 포집된 Dust로서 C가 30~50% 함유
  ㉡ 열원으로 사용

② Mill Scale
  ㉠ 압연공장에서 발생되는 부산물
  ㉡ FeO 함유량이 많으므로 소결 사용 시 소요열량을 감소

③ 자선분광, 전로 슬래그
  ㉠ 자선분광 : 전로 취련 시 발생되는 슬래그로서 파쇄 자선처리된 것
  ㉡ 전로 슬래그 : 자선처리 시 부산물로 발생
  ㉢ P성분이 많으므로 사용상 제한을 받음

④ Mini-Pellet
  ㉠ 고로 Dust, 고로 Sludge, 전로 Sludge, 전로 Dust 등 미분 원료의 적정수분 및 점결제를 펠렛기로 조립한 것
  ㉡ 고로에 유해한 Zn 함유량이 높아 사용상 제한을 받음

(6) 배합원료 수분값 결정 요인

① 원료 입도
② 원료 통기도
③ 풍상 압력
④ 풍상 온도
⑤ 배광부 상태

(7) 원료 중 MgO, Al_2O_3의 영향

① 소결광 강도가 저하된다.

꼭 찝어 어드바이스

생석회의 영향
① 의사 입자의 촉진
② 소결광 강도 향상
③ 소결 베드 내에서의 통기성 향상
④ 열효율 향상으로 분코크스 사용량 감소
⑤ 고층 후 조업 가능 및 생산성 향상
⑥ NOx 가스 발생 감소

꼭 찝어 어드바이스

반광이란?✪✪
① 소결광 파쇄 후 입도가 6mm 이하의 소결광
② 고로 이송 중 파쇄되어 반송된 소결광
③ 미소결 등 소결불량에 의한 소결광

꼭 찝어 어드바이스

소결조업에서 수분의 역할
① 미분 원료의 응집에 의한 통기성 향상
② 연진의 흡인 비산 방지
③ 소결층 온도구배 개선으로 열효율 향상

꼭 찝어 어드바이스

최대팽윤수분
부피 비중이 최소로 되는 수분 백분율(%)

소결 원료의 수분 함유량
5~8%

② 코크스비가 증가한다.
③ 고로 조업에서 슬래그의 용융점을 높여서 유동성을 저해한다.

(8) 자철광 원료 배합율 증가의 영향 ●●
① 실수율 향상
② 산화열이 발생하여 코크스 원단위가 절약
③ 소결시간이 길어짐
④ 생산율, 제품강도, 열간환원성이 향상

개념잡기

소결용 연료인 코크스의 구비 조건이 아닌 것은?

① 소결성이 좋을 것
② 발열량이 높을 것
③ 적당한 입도를 가질 것
④ 수분함량과 P, S의 양이 많을 것

> **분코크스 조건**
> 분코크스는 수분함량, 회분, P 및 S 성분이 적어야 한다.   답 ④

개념잡기

다음 설명 중 소결성이 좋은 원료라고 볼 수 없는 것은?

① 생산성이 높은 원료
② 분율이 높은 소결광을 제조할 수 있는 원료
③ 강도가 높은 소결광을 제조할 수 있는 원료
④ 적은 원료로서 소결광을 제조할 수 있는 원료

> **소결성이 좋은 원료**
> ①소결광의 환원율이 높아야 한다.
> ②소결광의 강도가 높아야 한다.
> ③적은 원료로 소결광을 생산할 수 있어야 한다(생산성이 좋은 원료).
> ④소결광의 분율이 낮아야 한다.
> ⑤소결광의 기공이 많아야 한다.
> ⑥소결광의 불순물이 적어야 한다.   답 ②

꼭 찝어 어드바이스

생산율
① CaO, SiO_2의 증가에 따라 향상
② Al_2O_3, MgO의 증가는 생산성 저하

코크스 원단위
① CaO가 증가하면 배합원료의 융점이 저하하여 코크스량 저하
② Al_2O_3, MgO가 증가하면 강도를 높이기 위해 코크스량 증가

제품강도
① CaO, SiO_2는 증가
② Al_2O_3, MgO 결정수는 저하

조재 성분의 조정이 필요할 때
① CaO에 석회석 첨가
② SiO_2에 천사, 규석, 고로제 첨가
③ MgO에 사문암, 돌로마이트 첨가

개념잡기

소결에 사용되는 배합수분을 결정하는데 고려하지 않아도 되는 것은?

① 원료의 열량　② 원료의 입도　③ 원료의 통기도　④ 풍압 및 온도

> 소결 배합수분 결정에 고려할 사항
> ① 장입원료의 통기도
> ② 풍상온도
> ③ 풍상부압
> ④ 배광부의 상태
> ⑤ 원료입도
>
> 답 ①

개념잡기

소결 원료에서 반광의 입도는 일반적으로 몇 mm 이하의 소결광인가?

① 6　　② 12　　③ 24　　④ 48

> 반광
> 소결광 파쇄 후 입도가 6mm 이하의 소결광
>
> 답 ①

개념잡기

생석회 사용 시 소결 조업상의 효과가 아닌 것은?

① 고층 후 조업 가능
② NOx 가스 발생 감소
③ 열효율 감소로 인한 분코크스 사용량의 증가
④ 의사 입자화 촉진 및 강도 향상으로 통기성 향상

> 생석회 사용 효과
> 소결 조업에서 생석회를 사용하면 열효율이 증가하여 분코크스 사용량을 줄일 수 있다.
>
> 답 ③

3 소결 설비

1. 소결기 형식

(1) 그리나발트식 소결기
① 소결기 구조 : 소결 냄비, 장입차, 점화차, 원료 혼합기, 배풍기로 구성
② 단속식(batch process)으로 장입, 점화, 냄비의 전복 등 시간적 손실이 많음
③ 방진, 수진 장치를 설치하기 어려움
④ 현재는 거의 사용하지 않음

(2) 드와이트-로이드식(DL식)
① 소결기 구조 : 화상이라고 하는 소결 상자를 연쇄식으로 연결하여 양 끝의 스프로킷 휠(sprocket wheel)로 천천히 회전
② 소결시간 : 15~30분 정도
③ **연속식**으로 대량생산 및 조업의 자동화가 용이
④ 자동화가 가능하여 인건비 절약
⑤ 집진 장치 설치가 용이
⑥ 소결광의 피환원성 향상
⑦ 소결광의 상온강도 향상
⑧ 코크스 원단위 감소

> **참고**
> 그리나발트식 소결기 작업 순서
> ① 바닥에 격자로 된 주철제 또는 주강제의 직사각형 냄비에 장입차로 원료를 편평하게 장입
> ② 점화차로 중유, 가스를 불어 점화
> ③ 배풍기로 하방으로 흡인하면서 위층에서 아래층으로 소결
> ④ 소결 종료 후 냄비를 180° 회전하여 소결광을 배출시켜 봉체(bar screen)에 떨어뜨려 큰 덩어리를 파쇄
> ⑤ 체 밑의 자루는 다시 원료로 사용

그리나발트식 소결기

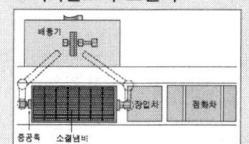

(3) 각 소결기의 장단점 비교

종류	장점	단점
그리나 발트식	• 항상 동일한 조업 상태로 작업이 가능 • 소결 냄비가 고정되어 있어 장입 밀도에 변화가 없음 • 1기가 고장나도 다른 소결 냄비로 조업이 가능	• 드와이트-로이드식에 비해 대량 생산에 부적합 • 조작이 복잡하여 사람의 노동력이 많이 필요
드와이트 -로이드 식	• 연속적이므로 대량생산에 적합 • 고로의 자동화가 가능 • 인건비가 적음 • 집진 장치의 설비가 용이	• 배기 장치의 누풍량이 많음 (20~60%) • 기계 부품의 손상과 마멸이 심함 • 1개소 고장만으로도 전체가 정지 • 소결이 불량할 때 재점화 불가능 • 전력소비가 많음

> **참고**
> DL식 소결기 작업 순서
> ① 화상이 소결기의 장입 장치 밑에 오면 배합 원료를 장입
> ② 장입 두께 30cm가 표준이나 40~70cm로 대형화 추세
> ③ 화상이 점화부에 오면 점화부에서 착화
> ④ 흡입 상자를 통하여 불꽃이 흡인되어 소결
> ⑤ 소결이 완료되면 소결광이 제거되고 화상은 비워지고 출발점으로 이동
> ⑥ 소결광은 냉각기, 파쇄기, 체 등에 의해 냉각 및 적합한 입도로 분류

2. 소결 설비

(1) 소결 원료 공급 장치

① 혼화기(Drum Mixer)의 역할 : **혼합, 조립, 수분첨가(조습)**
② 급광 장치 : 각종 피더, 게이트, 컨베이어 등
  ㉠ 호퍼 : 원료를 보관하여 드럼 피더로 공급
  ㉡ 게이트 : 호퍼에서 피더로 원료가 공급되는 양을 조절
  ㉢ 경사판 : 드럼 피더에서 낙하되는 광석을 파레트에 수직장입이 되도록 조절
  ㉣ 컷오프 게이트 : 원료가 파레트에 장입되는 층후를 일정하게 조절
  ㉤ 피더 : 벨트 피더, 테이블 피더, 진동 피더
  ㉥ 셔틀 컨베이어 : 원료 절출장치에서 절출량을 조절
③ CFW(Constant Feed Weigher) : **정량절출장치**
④ 소결원료는 수직방향으로 편석이 되도록 장입한다.

(2) 소결기 본체 설비(DL식) ◐◑

① 파레트 : 소결원료가 장입되어 있으며 소결 작용이 일어난다.
② 화격자(Grate Bar) : 파레트 대차 내에 배합 원료를 받쳐주는 역할
③ 윈드 박스(Wind Box) : 공기를 흡입하는 상자
④ 열간 크러셔(Hot Crusher) : 배광부에서 낙하되는 소결광을 150mm 이하로 파쇄하는 역할
⑤ 열간 스크린(Hot Screen) : 크러셔에서 파쇄된 소결광을 진동 스크린으로 선별하는 설비. 5mm 이하는 팬 컨베이어를 통해 반광 저장고로 입조되며, 5~150mm는 냉각기로 이송됨
⑥ 냉각기(Cooler) : 열간 스크린으로부터 이송된 약 700~800℃의 소결광을 30~40℃로 냉각시키는 설비

꼭 찝어 어드바이스

점화 장치
① 점화로 : 장입된 소결원료 표면에 착화시키는 소결설비
② 점화용 연료 : COG, BFG, LDG, LPG, 믹스가스 등
③ 점화로에서 코크스(연료)에 점화

꼭 찝어 어드바이스

화격자(grate bar)가 갖추어야 할 성질
① 고온에서 강도가 높을 것
② 고온에서 내산화성이 클 것
③ 가열냉각해도 변형균열이 일어나지 않을 것

개념잡기

소결공정에서 혼화기(Drum Mixer)의 역할이 아닌 것은?

① 조립　　② 장입　　③ 혼합　　④ 수분 첨가

믹서 역할
혼합, 조립, 조습(수분 첨가)

답 ②

개념잡기

다음 중 소결기의 급광 장치에 속하지 않는 것은?

① Hopper
② Wind box
③ Cut gate
④ Shuttle Conveyor

- 윈드 박스 : 흡인 장치
- 급광 장치 : 호퍼, 컷 게이트, 셔틀 컨베이어, 피더

답 ②

개념잡기

소결설비 중 윈드 박스(wind box)의 역할은?

① 흡인장치 ② 점화장치 ③ 집진장치 ④ 파쇄장치

윈드 박스
소결기에서 소결기 내 연소공기를 흡인하는 장치

답 ①

개념잡기

소결기에서 연속 조업을 할 수 있는 것은?

① 드와이트 – 로이드식
② 그리나 발트식
③ 로타리 킬른식
④ AIB식

DL식(드와이트-로이드식) 소결기
연속 조업을 할 수 있는 소결기

답 ①

개념잡기

DL식 소결법의 효과에 대한 설명으로 틀린 것은?

① 코크스 원단위 증가
② 생산성 향상
③ 피환원성 향상
④ 상온강도 향상

DL(Dwight Lloyd)식 소결기(연속식) 장점
① 연속적이므로 대량생산에 적합
② 자동화가 가능하여 인건비가 적음
③ 집진장치 설치가 용이
④ 소결광의 피환원성 향상
⑤ 소결광의 상온강도 향상
⑥ 코크스 원단위 감소

답 ①

4. 소결 조업

> **꼭 집어 어드바이스**
>
> **소결 반응대 작용**
> ① **건조대** : 소결 원료의 부착 수분이 증발
> ② **하소대** : 소결 원료의 결합 수분 및 휘발분이 분해, 증발
> ③ **연소대** : 입자 표면부가 용융하여 규산염과 반응하여 슬래그를 만들어 광석 입자를 결합

1. 소결 작용

(1) 소결 순서
① 장입 원료 표면에 열을 가하여 원료 점화
② 코크스를 하방 흡인에 의해 열이 아래로 이동
③ 소결 원료가 연속된 층으로 분리
④ 소결 시간과 소결 과정(아래 그림 참조)
⑤ 표면의 연소대가 아래로 이동하면 젖은 원료는 부착수가 증발하여 건조
⑥ 하소대에서 화합수 및 휘발분이 분해
⑦ 1,200~1,300℃의 최고온도가 되는 연소대에서 입자 일부가 용융하여 규산염과 반응하여 슬래그를 만들어 광물 입자를 서로 결합시킴

> **꼭 집어 어드바이스**
>
> **상부광의 역할**
> ① 그레이트 바에 적열소결광 용융부착 방지
> ② 그레이트 바에 신원료에 의한 구멍 막힘을 방지
> ③ 그레이트 바 사이로 세립 원료가 빠져나감을 방지
> ④ 그레이트 바의 적열을 방지하여 수명을 연장
> ⑤ 배광부에서 소결광 분리를 용이하게 함

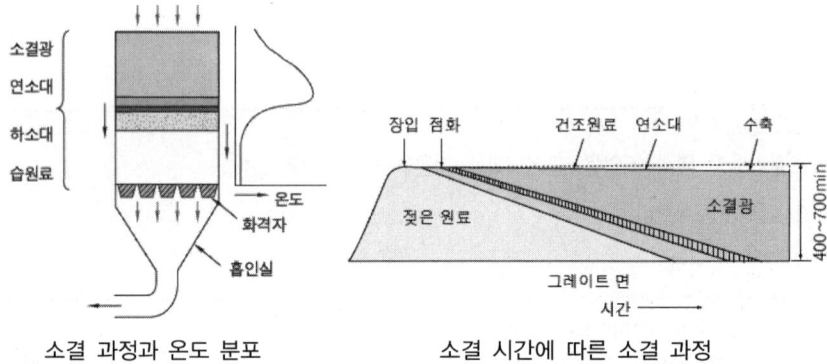

소결 과정과 온도 분포   소결 시간에 따른 소결 과정

(2) 결합의 종류
① 용융결합
  ㉠ 비교적 고온에서 원료 중의 슬래그 성분이 **용융**되어, 입자가 슬래그 성분으로 견고한 결합 작용
  ㉡ 용융 규산염을 발생시키므로 유리질 규산염이 광석 표면을 덮어버림
  ㉢ 피환원성이 저하되지만, 강도가 우수하여 고로용으로 적합

> **꼭 집어 어드바이스**
>
> **소결광의 품질관리 요소**
> ① 산화율, 강도, 기공율, 철분, 화학적 결합, 조성(성분), 입도
> ② 석회석을 첨가한 자용성 소결광은 규산염의 생성을 방지

② 확산결합
  ㉠ 비교적 저온에서 소결이 행하여질 때 일어나는 결합 작용
  ㉡ 입자가 용융되지 않고 입자표면 접촉부에서의 확산 반응에 의한 결합
  ㉢ 원자의 이동(**원자의 확산**)에 의한 결합
  ㉣ 기공률이 높고, 가스의 침투성이 양호하여 피환원성이 우수
  ㉤ 강도가 취약한 단점이 있음

2. 소결 조업

(1) 생산량 결정 시 고려사항
① 용선 Balance 및 가동계획에 의한 고로 목표 출선량
② 고로 광석 소요량 : 출선량×광석비
③ 소결용 분코크스 및 원료수급 평형에 의한 원료조건
④ 야드 소결광 재고추이(최저확보량 : 1일분 사용량)
⑤ 고로조업에 적합한 최적의 품질유지
⑥ 가동계획(정기수리 및 작업율)

(2) 조업, 생산관리 기준의 결정 및 관리
① 장입층후(소결 속도, 화염전진 속도)
  ㉠ 사용원료의 조건, 목표로 하는 생산량 및 품질에 의해 결정
  ㉡ 낮게 하면 : bed 내 통기성 향상으로 화염전진 속도 및 소결기 속도 증가, 생산성 증가, 소결광 품질 및 회수율의 저하
② B.T.P : 항상 배광부에서 2~3개전 바람 상자의 일정한 위치에 오도록 소결기 속도 제어
③ 배합원료 수분 : 배합원료 최대 통기성을 주는 수분으로 설정(6.0±0.5%)
④ 코크스 배합비 : 소결광의 생산, 품질안정을 목표로 화염전진 속도, 소결광 성품의 물리화학적 성상, FeO 및 carbon source 배합비 등에 의해 결정
⑤ 생석회 배합비 : 생석회 배합비 증가에 따라 Bed 내 통기성 향상, 강도는 저하
⑥ 소결광의 염기도 관리 ❷❷
  ㉠ 고로에 사용하는 석회석의 85~100%가 소결광에서 배합
  ㉡ SiO_2의 90~100%가 소결광을 통해 고로에 장입
  ㉢ 소결광 중 염기도가 변동하면, 고로 슬래그의 염기도도 변동되어 고로 조업에 악영향을 미침
  ㉣ 염기도 관리는 강도관리와 함께 큰 비중을 차지함
  ㉤ 관리도 변동 폭 : <±0.05로 억제

(3) 소결 진행 속도 조건
① 통기성이 좋아야 한다.
② 반광을 혼합하여, 반광을 핵으로 소결반응이 진행되도록 한다.
③ 소결대의 폭이 두꺼워야 한다.
④ 점화 후에는 풍상 압력을 높인다.

꼭 찝어 어드바이스

점화온도 및 압력
① 점화온도 : 1,100~1,200℃
② 내압력 : -5~+5mmAq
③ 최대팽윤수분 : 부피 비중이 최소가 되는 수분 백분율

꼭 찝어 어드바이스

코크스 배합비를 결정하는 요인
① 소결광의 목표 FeO
② 배광부 소결광 배광상태
③ 고로 dust 배합비
④ 자철광 및 밀 스케일 배합비
⑤ 반광 발생 및 사용비
⑥ 코크스 입도 분포

꼭 찝어 어드바이스

소결광의 염기도 변동요인
① 각 광석의 절출오차
② 각 광석의 성분변동
③ 석회석, 규석 등의 편석 및 혼합불량
④ Sampling 분석오차

꼭 찝어 어드바이스

FFS(Flame Front Speed)
화염진행속도

$$(FFS) = \frac{P.S \times h}{L}$$

여기서, P.S : 소결기 속도
  h : 장입 층후
  L : 스탠드 길이

(4) 소결의 열정산

① 소결 조업에서 입열 항목 : 코크스 산화열, 점화로 점화열, 보조연료 산화열

② 소결 조업에서 출열 항목 : 수분 증발열, 휘발분 증발열, 하소 분해열, 환원열, 소결광 현열, 배풍 현열

(5) 소결광 감산 조업법

① 장입 층후를 높인다.
② 주배풍기 댐퍼를 닫는다.
③ 배합원료의 압장입을 실시한다.
※ 미분 원료의 배합비를 줄이면 원료 내 입도가 비교적 커지므로 생산량은 증가하게 된다.

(6) 조업 유의점

① 유효 슬래그의 양이 많을 때 용융결합에 의한 강도가 높은 소결광을 얻을 수 있다.
② 소결광은 배소광보다 밀도가 커서 크기 및 기공도가 크다.
③ 광석의 입도가 작으면 소결 과정에서 통기도를 저해하여 소결시간이 길어지는 단점이 있다.
④ 소결원료의 입도가 작으면 통기성이 나빠지므로 소결시간이 길어지게 된다.
⑤ 분광의 사용량이 증가하면 통기성이 저하되어 불완전연소가 많아진다.
⑥ 소결조업에서 코크스량이 증가하면 소결광의 생산량은 감소한다.

(7) 자용성 소결광 ●●

① 원료 중에 CaO를 5~15% 함유한 소결광(석회소결광)이다.
② 비교적 낮은 온도에서 석회석이 용융하여 소결이 진행된다.
③ 소결작용이 **용융결합**으로 이루어지므로 소결광의 강도가 우수하다.
④ 페이얼라이트 성분이 적고, 소결광의 환원성 및 고로 조업성이 양호하다.
⑤ 노황 안정으로 고온송풍이 가능하다.

꼭 찝어 어드바이스

소결원료 배합 시 의사입화의 장점
① 소결광 품질 향상
② 회수율 증가
③ 생산성 증가
④ 원단위 감소

꼭 찝어 어드바이스

소결광 품질지수
① 낙하강도(SI) : 낙하강도가 저하하면 고로 장입 시 분율 발생이 증가되어 고로 통기성 저하의 원인이 된다.
② 환원분화지수(RDI) : 환원 분위기에 의해 저온에서 분화하는 성질로 환원성이 좋은 소결광일수록 분화되기 쉽다.

개념잡기

소결조업의 목표인 소결광의 품질관리 기준이 아닌 것은?

① 성분　　② 입도　　③ 연성　　④ 강도

> 소결광 품질관리 기준
> 강도, 입도, 성분, 환원분화도, 철분, 기공율
>
> 답 ③

개념잡기

소결작업에서 상부광 작용이 아닌 것은?

① 화격자의 열에 의한 휨을 방지한다.
② 화격자에 적열 소결광 용융부착을 방지한다.
③ 화격자 사이로 세립 원료가 새어 나감을 막아준다.
④ 신원료에 의한 화격자의 구멍 막힘이 없도록 한다.

> 상부광의 역할
> ① 그레이트 바(화격자)에 적열소결광 용융부착 방지
> ② 그레이트 바에 신원료에 의한 구멍 막힘을 방지
> ③ 그레이트 바 사이로 세립원료가 빠져나감을 방지
> ④ 그레이트 바의 적열을 방지하여 수명을 연장
> ⑤ 배광부에서 소결광 분리 용이
>
> 답 ①

개념잡기

소결에서의 열정산 중 입열 항목에 해당되는 것은?

① 증발　　② 하소　　③ 가스 현열　　④ 예열 공기

> 소결의 열정산
> • 입열 : 예열 공기의 현열, 점화열, 코크스 산화열
> • 출열 : 증발열, 하소 분해열, COG 가스의 현열, 냉각열, 노외 방산열
>
> 답 ④

개념잡기

소결조업에서의 확산결합에 관한 설명이 아닌 것은?

① 확산결합은 동종광물의 재결정이 결합의 기초가 된다.
② 분광석의 입자를 미세하게 하여 원료 간의 접촉 면적을 증가시키면 확산결합이 용이해진다.
③ 자철광의 경우 발열 반응을 하므로 원자의 이동도를 증가시켜 강력한 확산결합을 만든다.
④ 고온에서 소결이 행하여진 경우 원료 중의 슬래그 성분이 용융되어 입자가 슬래그 성분으로 견고하게 결합되는 것이다.

> 고온에서 슬래그 성분이 용융되어 견고하게 결합하는 것은 용융결합에 해당한다.
>
> **답 ④**

개념잡기

자용성 소결광 조업에 대한 설명으로 틀린 것은?

① 노황이 안정되어 고온 송풍이 가능하다.
② 노 내 탈황률이 향상되어 선철 중의 황을 저하시킬 수 있다.
③ 소결광 중에 페이얼라이트 함유량이 많아 산화성이 크다.
④ 하소된 상태에 있으므로 노 안에서의 열량 소비가 감소된다.

> **자용성 소결광**
> 자용성 소결광 중에는 페이얼라이트 함유량이 적고, 환원성이 우수하다.
>
> **답 ③**

개념잡기

소결원료의 배합 시 의사입화에 대한 설명으로 틀린 것은?

① 품질이 향상된다.　　　② 회수율이 증가한다.
③ 생산성이 증가한다.　　④ 원단위가 증가한다.

> 의사입화에 의해 원단위는 감소한다.
>
> **답 ④**

5. 펠레타이징(Pelletizing)

1. 펠레타이징 개요

(1) 의미
① 펠렛
  ㉠ 분체를 둥근 모양으로 제조한 것
  ㉡ 미세한 분광을 드럼 또는 디스크에서 입상화한 뒤 소성 경화하여 달걀 노른자 크기의 **펠렛**으로 만드는 괴상법
  ㉢ 단광과 소결을 합한 방법이라 할 수 있음

(2) 제조 공정
※ 마광(원료의 분쇄) → 생펠렛(green pellet)의 성형 → 소성

> **참고**
> 펠레타이징이 최근 발달하게 된 요인
> ① 저품위광의 선광 강화와 미활용 분상 자원에 의해 미분 처리량이 증대
> ② 제철소 내에서 발생하는 폐기물 이용 가능
> ③ 미세 분광에는 통풍 소결법보다 우수

2. 소성로 조업

(1) 성형 작업
① 생펠렛 성형기 : 디스크형, 드럼형, 팬형
② 단순 단광법과 달리 틀과 가압이 필요하지 않고, 물리적 원심력을 이용하여 성형
③ 원료 입자가 조립이면 불가능하므로, 광석의 종류와 배합 비율에 의하여 입도를 적당히 조절
④ 325mesh 이하를 60~80%로 하여 마광이 필요하며, 마광 비용이 많이 발생
⑤ 생펠렛의 강도를 높이기 위해 석회(CaO), 염화나트륨(NaCl), 붕사(B_2O_3), **벤토나이트** 등의 첨가제를 혼합하기도 함
⑥ 광석에 수분을 약 10% 정도 가하면 분상의 입자가 구상의 덩어리로 뭉침
⑦ 생펠렛의 표면에 녹말액을 바른 다음 건조하는 방법도 있음
⑧ 생펠렛은 체로 분리해서 체 위의 것은 소성과정으로 넘기고 밑의 것은 다시 원료로 사용

> **꼭 찝어 어드바이스**
> 생펠렛의 생성기구
> ① 원료 광석분이 전동에 의해서 입자표면의 수막이 서로 접촉
> ② 수막의 표면장력으로 입자들이 서로 결합하여 작은 핵이 생성
> ③ 전동이 진행됨에 따라 압착되고, 표면수에 다른 핵 및 원료광석이 부착하여 성장
> ④ 이상과 같은 과정을 되풀이하면서 입상의 생펠렛으로 성장
>
> 생펠렛의 강도
> 펠렛을 형성하는 입자 간 모세관 중의 물의 표면장력에 영향을 받음

(2) 소성로 작업
※ 소성 : 수분을 매개체로, 물리적 결합을 한 생펠렛을 가열하여 화학적 결합을 하는 공정

① 직립로(shaft furnace)
  ㉠ 열효율은 좋으나 균일한 소성이 어려움
  ㉡ 저온 소성이 가능한 자철광을 원료로 사용

직립로 층후 구조도

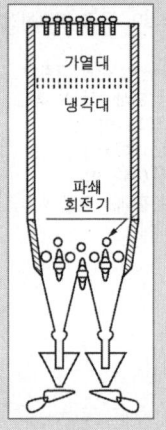

펠렛의 성질
① 크기 : 20mm
② 비중 : 2.7~3.1
③ 기공율 : 15~30%
④ 내압강도 : 1,961~2,942MPa

ⓒ 소성 온도 : 1,300℃ 정도
ⓓ 샤프트로(직립로)의 층후 구조(위에서 아래로) : 건조대 → 가열대 → 균열대 → 냉각대
② 격자식로(이동 그레이트식 : travelling grate furnace) : 드와이트-로이드식 소결기와 동일한 구조
③ 격자원통식로
④ 그레이트-킬른로

(3) 펠렛의 소성기구(결합양식)
① 산화성 분위기에서 소성이 이루어지지만 소성경화기구는 원료조건에 따라 달라짐
② 산성 펠렛의 원료가 자철광(magnesite)일 때는 광석입자는 산화하면서 확산에 의해 결합
③ 적철광(hematite)은 그대로 확산 결합
④ 원료 중에 염기성 맥석이 존재하거나 석회석을 배합한 경우는 슬래그 결합 또는 calcium-ferrite 결합 발생

(4) 펠렛의 품질 특성
① 펠렛의 장점
　㉠ 분쇄한 것이므로 야금 반응에 민감
　㉡ 점결제 없이 성형되므로 순도가 높고, 고로 안에서 반응이 순조로우며, 해면철을 거쳐 용해
　㉢ 가압하지 않는 자연적인 굴림에 의한 제조이므로 기공률이 높음
　㉣ 해면철과 유사한 조직으로, 점성이 강하고 균열강도가 높으며, 가루 발생이 적음
　㉤ 산화 배소를 받아 적철광으로 변하며, 환원성이 우수
　㉥ S 성분이 적고, Si의 흡수가 적음
　㉦ 저온 배소가 되므로 규산철광이라 하더라도 철감람석(fayalite : $2FeO \cdot SiO_2$)의 생산이 억제되고, 고로에서 Ti의 환원율이 낮음
　㉧ 입도가 일정하고 입도편석을 일으키지 않으며 공극률도 우수
　㉨ 고로 안에서 소결과는 달리 급격한 수축을 일으키지 않음
② 단점
　㉠ 제조비가 높음
　㉡ 고로 내에서 부풀음(swelling) 현상이 발생

개념잡기

다음 원료 중 피환원성이 가장 우수한 것은?

① 자철광　　　② 보통 펠렛　　　③ 자용성 펠렛　　　④ 자용성 소결광

> 자용성 펠렛이 피환원성이 가장 우수하다.　　　**답 ③**

개념잡기

소성 펠렛의 특징을 설명한 것 중 옳은 것은?

① 고로 안에서 소결광보다 급격한 수축을 일으킨다.
② 분쇄한 원료로 만든 것으로 야금 반응에 민감하지 않다.
③ 입도가 일정하고 입도 편석을 일으키며, 공극률이 작다.
④ 황 성분이 적고, 그 밖에 해면철 상태를 통해 용해되므로 규소의 흡수가 적다.

> 펠렛의 특징
> ① 분쇄한 것으로 야금 반응에 민감
> ② 점결제 없이 성형되므로 순도가 높음
> ③ 고로 내에서 반응이 용이하며 해면철을 거쳐 용해
> ④ 가압하지 않는 자연적인 굴림에 의해 제조되므로 기공이 높아 환원성이 우수
> ⑤ S성분이 적고, Si의 흡수가 적음
> ⑥ 입도가 일정하고 입도편석을 일으키지 않으며 공극률도 우수
> ⑦ 소결광과 달리 고로 내에서 급격한 수축을 일으키지 않음
> 　　　**답 ④**

개념잡기

생펠렛에 강도를 주기 위해 첨가하는 물질이 아닌 것은?

① 붕사　　　② 규사　　　③ 벤토나이트　　　④ 염화나트륨

> 펠렛의 첨가제
> 석회, 붕사, 염화나트륨, 벤토나이트　　　**답 ②**

CHAPTER 03 코크스 제조

A
1. 제선 조업에 필요한 연료
2. 코크스 설비와 특징
3. 코크스 설비와 조업은 필기시험에 자주 출제됩니다.
4. 코크스 설비와 조업은 실기시험의 필답형 시험에서도 출제빈도가 많으므로 중점적으로 학습하세요.

단원 들어가기 전

빅데이터 키워드
제선, 제강, 철강재료, 철광석, 소결, 코크스, 고로, BFG, COG, LDG, 코퍼스식, 연소실, 축열실, 탄화실, 배풍기, CDQ, CWQ

1. 제선 연료

1. 연료의 종류

연료의 구비조건
① 인, 황 등의 불순물이 적어야 한다.
② 회분이 적어야 한다.
③ 발열량이 커야 한다.

제철공업 필수 연료
코크스, 미분탄, 중유, 고로가스, 코크스로가스, 혼합가스 등

구분	1차연료	2차연료	
	천연물	제조물	부생물
고체	무연탄 역청탄 갈탄 토탄 목재	• 반성 코크스(저온 탄화 찌끼(dross)) • 코크스 • 숯 • 연탄 – 분탄 및 탄분, 갈탄, 토탄, 톱밥, 석유 정제 찌끼 • 미분탄	• 숯 – 목재의 저온 증류 • 목재 찌끼 – 부스러기(깎거나 잘라낸), 탄 껍질, 톱밥 등 • 무연탄분 – 체질한 미분 무연탄 • 코크스분 – 부생물 코크스(체질한 분말), 석유 코크스, 석유 정제 찌끼 • 가공으로부터의 폐물 – 옥수수, 보리, 밀, 메밀, 수수
액체	석유	• 가솔린, 등유, 알코올 • 콜로이드 연료 • 연료유 – 잔류 연료, 증류유, 원유 • 나프타 • 식물성 기름 – 야자나무, 목화씨	• 석탄 증류 – 타르, 나프탈렌, 피치 • 벤졸 – 코크스 제조 • 유기산 찌끼 – 석유 정제 찌끼 • 펄프 밀 웨이스트
기체	천연 가스	발생로가스, 수성가스, 기화수성가스, 석탄가스, 유가스, 개량 천연가스, 부탄가스, 프로판가스, 아세틸렌가스	• 고로가스 – 선철 제조 • 코크스로 가스 – 코크스 제조 • 정유가스 • 하수가스 – 하수 찌끼

2. 각 연료의 특징

(1) 중유의 특징

① 중유는 비중, 점도, 발열량이 중요(화학성분은 중요하지 않음)
② 비중, 점도는 온도에 영향을 받으므로 온도에 유의
③ 발열량이 우수(41,870kcal으로 석탄의 약 2배)
④ 연소 효율이 우수(효율 80%, 석탄은 50~60%)
⑤ 연소 설비가 간단하고 조절이 용이

(2) 가스

① 가스의 종류
  ㉠ COG : 코크스로가스
  ㉡ BFG : 고로가스
  ㉢ LDG : 전로가스
  ㉣ 믹스가스 : COG, BFG, LDG 등을 혼합한 가스
  ㉤ LPG : 액화석유가스, LNG : 액화천연가스

② 가스 발열량 ●●
  ㉠ COG : $4,500 \sim 4,800 kcal/m^3$
  ㉡ BFG : $680 \sim 850 kcal/m^3$
  ㉢ LDG : $2,000 kcal/m^3$
  ㉣ LPG : $22,000 kcal/m^3$

③ 가스 성분 ●●
  ㉠ BFG 성분 : $N_2 > CO > CO_2 > H_2$
  ㉡ COG 성분 : $H_2 > CH_4 > CO > N_2$
  ㉢ LDG 성분 : $CO > CO_2 > N_2 > H_2$

> **참고**
> 중유 사용 시 주의사항
> ① 온도에 따른 유동성이 큰 점
> ② 미세 불순물의 개재 여부
> ③ 유리 탄소나 물이 분리되기 쉬운 점
> ④ 인화하기 쉬운 점 : 불에 가까이 해서는 안됨(폭발 위험)
> ⑤ S이 많이 들어 있는 점

> **꼭 찝어 어드바이스**
> 가스 취급상 주의사항
> ① 가스의 유독성
> ㉠ 코크스로 가스(COG)에는 CO가스가 다량 함유되어 있어 주의해야 함
> ㉡ 원인 : 적혈구의 헤모글로빈이 CO가스와 작용
> ② 가스의 폭발성
> ㉠ 가연성 가스에 공기의 혼합률이 한계에 이르면 폭발
> ㉡ 작업 시 더 주의할 점은 가스 압력 변동에 유의
> ㉢ 압력이 높아지면 역류현상이 발생하여 공기를 흡입하여 폭발 위험성이 커짐

개념잡기

다음 중 코크스를 건류하는 과정에 발생되는 가스의 명칭은?
① BFG   ② LDG   ③ COG   ④ LPG

- 코크스로가스 : COG
- 전로가스 : LDG
- 고로가스 : BFG

답 ③

개념잡기

고로가스의 성분 조성 중 가장 많은 것은?

① N_2 ② CO   ③ H_2 ④ CO_2

고로가스 성분
N_2 > CO > CO_2 > H_2

답 ①

개념잡기

고로가스(BFG)의 발열량은 약 몇 $kcal/m^3$인가?

① 850   ② 1,200   ③ 2,500   ④ 4,500

가스 발열량
① COG : 4,500~4,800$kcal/m^3$
② BFG : 680~850$kcal/m^3$
③ LDG : 2,000$kcal/m^3$
④ LPG : 22,000$kcal/m^3$

답 ①

2 코크스 원료

1. 코크스 개요

(1) 코크스 제조 공정

※ 공정 순서 : coal banker(석탄저장고) → coke oven(코크스로) → quenching tower(소화탑) → coke wharf(코크스 저장)

(2) 코크스(coke)의 역할 ❸❸❸

① 바람 구멍 앞에서 연소하여 제선에 필요한 열원으로서의 역할
② CO가스를 생산하여 철광석을 **간접 환원**하는 역할
③ 고체 탄소(C)로 **직접 환원**하는 역할
④ 철 중에 용해되어 선철을 만들고, 철의 용융점을 낮추는 역할
⑤ 고로 안의 통기성을 좋게 하기 위한 통로 역할
⑥ 코크스가 노 용적의 60% 이상 차지

꼭 찝어 어드바이스

코크스의 특징 ❷❷
① 다공질이어야 한다.
② 회분이 낮아야 한다.
③ P 및 S 성분이 낮아야 한다.
④ 적당한 반응성이 있어야 한다.
⑤ 적당한 강도를 가져야 한다.

2. 코크스 원료

(1) 원료탄(coking coal)
① 점결탄 : 역청탄을 건류하여 석탄 입자끼리 서로 점결해서 얻어진 괴상의 다공질 코크스 석탄
② 비점결탄 : 점결하지 않은 석탄
③ 원료탄의 배합, 입도, 건류 온도, 건류 속도, 장입 밀도 등에 따라 코크스의 성질이 달라짐

(2) 석탄의 성질 ❖❖
① 점결성 : 건류할 때 괴상으로 코크스가 되는 성질이 있어야 함
② 코크스화성
  ㉠ 석탄을 건류할 때 코크스화가 잘되는 성질이어야 함
  ㉡ 코크스화성이 큰 것을 강점결탄, 작은 것을 약점결탄이라고 함
③ 휘발분, 회분, 황 등이 적어야 함
  ㉠ 회분 주성분 : SiO_2, Al_2O_3, Fe_2O_3
  ㉡ 회분은 거의 코크스에 잔류하므로 용제(석회석) 소모가 많고 코크스비 상승의 원인
  ㉢ 황 : 60~65%가 코크스 중에 잔류하므로 탈황처리에 유의해야 함
④ 석탄이 산화 현상이 일어나면 휘발분이 증발되어 감소
⑤ 탄화도가 높으면 강점결탄이 되므로 풍화에 강함
⑥ 탄화도는 휘발분(VM)으로 표시

(3) 코크스 품질
① 강도
  ㉠ 고로 안에서 부서져 분상화되면 통풍이 나빠져서 조업에 악영향을 끼치므로 강도가 중요
  ㉡ 고로의 대형화에 따른 생산성의 증가와, 코크스비의 저하에 강도가 큰 영향을 미침
  ㉢ 코크스 강도 시험법
② 회분과 황
  ㉠ 장입탄의 회분에 따라 결정
  ㉡ 장입탄의 회분은 건류 뒤에는 거의 코크스 중에 잔류
  ㉢ 회분의 주성분 : SiO_2, Al_2O_3, Fe_2O_3
  ㉣ 장입탄 중의 S 성분은 60~65%가 코크스 중에 잔류
  ㉤ 코크스 중의 S 성분 = (장입탄 중의 S 성분)×(0.6~0.65)

꼭 찝어 어드바이스
원료탄의 성질 ❖❖
① 점결성이 있어야 함
② 코크스화성이 있어야 함
③ 휘발분, 회분 등이 적은 강점결탄이어야 함

꼭 찝어 어드바이스
코크스 반응성 ❖❖
① 탄소용해(carbon solution) 또는 용해손실(solution loss)
② 코크스가 고로 안에서 CO_2와 반응하여 CO를 생성하는 반응
③ $C + CO_2 \rightarrow 2CO$
④ 코크스 쪽에서는 코크스의 반응성이라고 함
⑤ 흡열반응이므로 반응성이 낮은 것이 좋음

코크스 반응성지수(R) ❖❖
① CO_2의 환원비율로 표시
② 또는 CO의 유속으로도 표시
③ $R = \dfrac{CO}{CO + CO_2}$

▶참고
불량 코크스가 고로 상황에 미치는 영향
① 노구부 : Flue Dust의 증가
② 노흉부 : 고체 영역(Solid Zone)과 연소 영역(Combustion Zone)을 통하는 통기성의 불량
③ 노복부 : 노벽에 온도 상승(Thermal Load 상승) 노열의 상승
④ 보시부 : 연적 Unbalance 및 불안정
⑤ 풍구 상부 : 용융물의 집중적인 유동
⑥ 노상부 : 파쇄된 코크스의 증가로 인한 액상 물질의 통액성 불량
⑦ 출선구 : 출선구의 길이 감소

> **참고**
> 불량 코크스가 고로 풍구 전면 Race way에 미치는 영향
> ① Race way의 변형
> ② Compact Coke Zone의 확대
> ③ Gas 유동의 변화
> ④ Race way하 Coke Zone의 통액성 악화
> ⑤ 송풍구에 대한 용선의 공격 발생

③ 입도
  ㉠ 입도가 고로에 직접적인 영향을 주고 있음(통풍)
  ㉡ 코크스가 전체 고로 용적의 2/3를 차지하므로 입도가 균일해야 함
  ㉢ 소결용 코크스의 입도 : 1.0~1.6mm
  ㉣ 고로용 코크스의 입도 : 25~75mm
  ㉤ 코크스, 소결광 등의 강도는 충격강도를 측정한 것이다.

개념잡기

코크스의 제조공정 순서로 옳은 것은?

① 원료 분쇄 → 압축 → 장입 → 가열 건류 → 배합 → 소화
② 원료 분쇄 → 가열 건류 → 장입 → 배합 → 압출 → 소화
③ 원료 분쇄 → 배합 → 장입 → 가열 건류 → 압출 → 소화
④ 원료 분쇄 → 장입 → 가열 건류 → 배합 → 압출 → 소화

> 코크스 제조공정
> 원료 분쇄 → 배합 → 장입 → 건류 → 압출 → 소화 → 분쇄

답 ③

개념잡기

코크스(coke) 중 회분(ash)의 조성 성분에 해당되지 않는 것은?

① SiO_2 ② Al_2O_3 ③ Fe_2O_3 ④ CO_2

> 회분의 주성분
> SiO_2, Al_2O_3, Fe_2O_3

답 ④

개념잡기

고로 내에서 코크스의 역할이 아닌 것은?

① 산화제로서의 역할
② 연소에 따른 열원으로서의 역할
③ 고로 내의 통기를 잘하기 위한 Spacer로서의 역할
④ 선철, 슬래그에 열을 주는 열교환 매개체로서의 역할

> 고로에서 코크스의 역할
> ① 열풍과 연소해서 고로 내 에너지를 공급(열원)
> ② 연소가스(CO가스)가 철광석을 간접환원
> ③ 고체 탄소가 철광석을 직접환원
> ④ 선철 중에 용해되어(가탄) 선철의 용융점을 낮춤
> ⑤ 연소하고 남은 자리가 통기의 역할

답 ①

3 코크스 제조 조업

1. 코크스 로 설비

(1) 로의 형식
① 부산물을 회수하는 로 : 코퍼스식(Koppers Type), 오토식(Otto Type), 솔베이식(Solvay Type), 디디에르식(Didier Type), 구로다식(Kuroda Type)
② 부산물을 회수하지 않는 로 : 비하이브식(Beehive Type), 코프식(Coope Type)

(2) 축열식(코퍼스식) 코크스 로 구조 ❀❀
① 부산물을 회수하고, 열효율이 높아 가장 많이 사용
② 탄화실 양쪽에 가열실을 설치, 아랫부분에 축열실 설치
③ 내화벽돌로 축조, 보통 50~70조의 1단으로 설치
④ 장입구 : 탄화실 윗부분에 설치, 장입차(탄차 Tripper car)를 이용하여 압출기로 장입
⑤ 탄화실 : 코크스 원료인 무연탄(석탄 등)이 장입되어 건류되는 곳으로, 폭 400~500mm, 높이 2.5~3.0m, 길이 9~10m
⑥ 축열실 : 공기가 예열되는 곳
⑦ 상승관 : 노의 윗부분 한쪽 끝에 설치(휘발된 가스가 상승관을 통하여 부산물 회수 공장으로 흡입)
⑧ 소화탑 : 코크스 로에서 나온 적열 코크스를 냉각하는 곳
⑨ 코크스 분쇄기 : 로드 밀, 볼밀, 크러셔
⑩ 연료(BFG, COG)는 가열실의 하부에 설치된 작은 구멍으로 분출
⑪ 공기는 축열실에서 예열되어 연료 분출구 옆의 작은 구멍으로 분출
⑫ **연소온도** 1,000~1,200℃ → 내화벽돌을 통하여 탄화실 내의 석탄을 가열 및 건류
⑬ 폐가스는 배기관을 거쳐 다른 축열실 내로 들어가 격자 벽돌을 가열하고 연돌로 빠져나감
⑭ 가스와 공기의 흐름 방향은 약 30분 주기로 교대

> **참고**
> **석탄의 열분해 과정**
> ① 100~200℃ 부근에서 석탄에 흡착된 수분, CO_2, CH_4를 방출한다.
> ② 300~400℃가 되면 열분해를 시작하여 가수, 분해수 및 타르(Tar)가 급격히 발생한다.
> ③ 500℃정도까지 열분해가 왕성하게 일어나며 타르의 발생은 거의 없어지고 괴상이 된다.
> ④ 600℃에서 반성코크스(Semi-Coke)가 얻어진다.
> ⑤ 1,000℃부근에서 분해가스의 발생은 거의 완료되고 잔분이 코크스가 된다.
> ⑥ 1,000~1,300℃에서 코크스(Coke)화 한다.

> **참고**
> **코크스 연소 계통**
> ① Gas Main 배관 : 연소에 필요한 공급량을 자동제어 한다.
> ② AIB : 대기 중의 공기를 Air Flap 간격 조정에 의해 공급량을 조절하며 부압에 의해 공급된다.
> ③ GIB : Orifice에 의해 분배된 가스를 가스 압력 및 부압에 의해 공급된다.
> ④ Sole Flue : 각 로별로 공급된 공기를 Nozzle Piece에 의해 연소실별로 분배 공급된다.
> ⑤ 축열실 : 상온의 공기가 예열된다.
> ⑥ 연소실 : 연소실에서 가스가 공기와 합쳐 연소되고 인접 연소실을 통하여 배출된다.
> ⑦ 축열실 : 폐 가스의 열을 축적한다.
> ⑧ Flue top : 1wall(32개 연소실)의 폐가스가 합쳐지며 배출된다.
> ⑨ WHV : 폐가스 압력 1차 조정
> ⑩ 연도 및 연돌 : 폐가스 압력 2차 조정(연도) 및 폐가스 대기 방출(연돌)

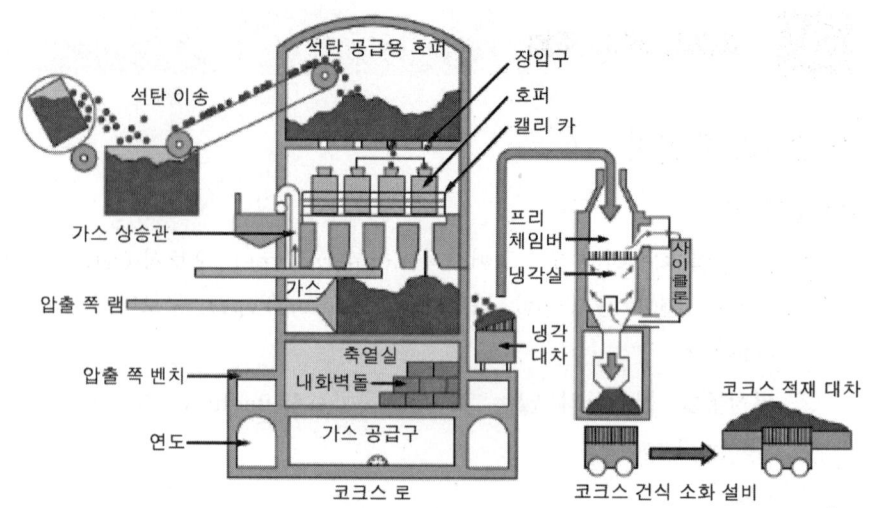

코크스 제조 공정도

> **꼭 찝어 어드바이스**
> 코크스 고정탄소
> ① 고정탄소=100-(회분+수분+휘발분)
> ② 연료비=고정탄소/휘발분

> **꼭 찝어 어드바이스**
> 코크스 오븐의 노온 관리 목적
> ① 코크스 품질 유지 및 균일화에 의한 고로 조업 안정
> ② 코크스 오븐 수명 연장
> ③ 코크스 제조 열 원단위 절감

> **▶참고**
> 노온 관리
> ① 열간 온도 관리(노의 길이 방향 P/S, Mi, C/S)
> ② 열내 온도 관리(노의 폭 방향 #1 ↔ #32 Flue)
> ③ 단 Flue 온도 관리(노의 양 끝 #1, #32 Flue)
> ④ Eord Wall 온도 관리(노단의 양 끝)
> ⑤ 탄화실 온도 관리
> ⑥ 최고 온도 관리
> ⑦ 최저 온도 관리

> **▶참고**
> 노온에 변동을 주는 요인
> ① 장입 경과 시간 및 형상
> ② Reversing 경과 시간
> ③ 공급 가스 칼로리 변동
> ④ 장입탄의 수분 및 VM 증감
> ⑤ 작업지연 및 감산
> ⑥ 기후 변화 등 기타 요인

2. 코크스 로 작업

(1) 코크스 로의 작업

① 가스는 장입 초기부터 발생되며, 노 윗부분에 설치된 가스 흡입구를 통하여 흡입
② 12~18시간이면 건류가 완료
③ 탄화실로부터 압출기에 의한 배출 작업과 부착된 탄소의 조기 제거 실시가 중요
④ 노에서 꺼낸 적열 코크스는 **소화탑**에서 소화, 냉각
⑤ 소화에 사용하는 수량은 코크스 무게의 약 1.5~2배(최근에는 건식 소화 방법 사용)
⑥ 소화된 코크스는 고로 코크스 탱크로 이송
⑦ 탄화시간 : 석탄이 장입되어 압출될 때까지 코크스 노 내에 머무르는 시간

(2) 코크스 로 가스의 부산물 회수

① 코크스 건류 부산물 : 암모니아, 벤젠, 타르, 경유, 황산암모늄
② 부산물의 용도 : 염료의 원료, 비료, 유류, 가스의 연료

(3) 새로운 코크스 제조법

① 예열탄 장입법 : 석탄을 코크스 로에 장입하기 전에 가열하여 장입탄의 수분을 감소시키거나, 약 200℃로 예열하는 방법
② 성형탄 배합법 : 장입석탄을 성형기로 압축하여 브리켓으로 만든 후 이것을 30~40% 취하고 나머지는 역청탄과 혼합하는 방법

③ 점결제 첨가법(SRC 첨가법) : SRC를 점결제 및 성형용 결합제로 사용
④ 성형 코크스법 : 석탄을 가압, 성형하면 석탄의 코크스화성이 개선

> 🌟 꼭 찝어 어드바이스
> **SRC**
> 0.15mm 이하로 부서뜨린 건조 석탄을 용제와 혼합하고 420℃에서 높은 압력으로 석탄을 액화하여 바닥에서 얻어지는 것

3. 코크스 소화작업

(1) 습식소화(CWQ : Coke Wet Quenching) 작업
① 상부에서 다량의 물을 살수하여 적열 코크스를 소화 및 냉각시킴
② 수증기 중에 다량의 더스트(Dust)가 동반되어 비산함
③ 건식소화와 대비하여 코크스의 입경이 크다는 장점이 있음
④ 코크스 표면에 수성가스 반응이 발생하여 코크스 표면조직이 약화됨
⑤ 코크스의 급랭으로 인한 열 충격 발생
⑥ 코크스가 수분을 함유하여 고정 탄소비가 감소함
⑦ 코크스의 수분 함유로 고로 내에서 통기성과 통액성을 저하시킴

(2) 건식소화(CDQ : Coke Dry Quenching) 작업 ◐◐
① CDQ 설비 : 코크스 장입을 위한 권상설비, 냉각탑, 폐열회수 Boiler, Turbine 및 Generator, 순수처리설비, 집진설비, 벨트 컨베이어
② 적열 코크스 폐열회수 가능(에너지 절감)
③ 발생 분진 해소
④ 코크스 회수율 감소 및 분화 손실 발생

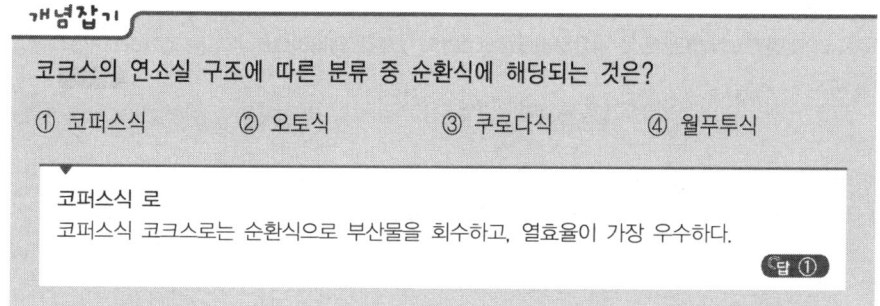

코크스의 연소실 구조에 따른 분류 중 순환식에 해당되는 것은?
① 코퍼스식   ② 오토식   ③ 쿠로다식   ④ 월푸투식

코퍼스식 로
코퍼스식 코크스로는 순환식으로 부산물을 회수하고, 열효율이 가장 우수하다.
답 ①

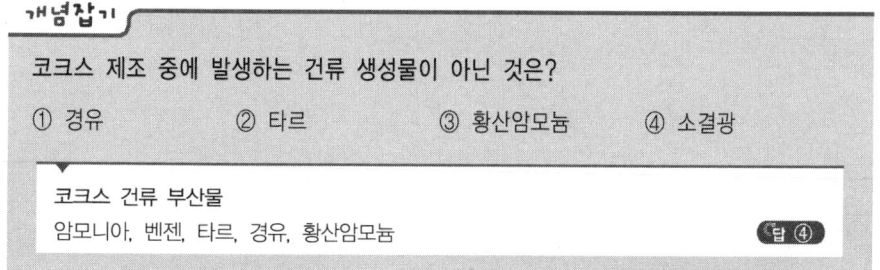

코크스 제조 중에 발생하는 건류 생성물이 아닌 것은?
① 경유   ② 타르   ③ 황산암모늄   ④ 소결광

코크스 건류 부산물
암모니아, 벤젠, 타르, 경유, 황산암모늄
답 ④

개념잡기

코크스 로에 원료를 장입하여 압출될 때까지 석탄이나 코크스가 노 내에 머무르는 시간을 무엇이라 하는가?

① 탄화시간　　② 장입시간　　③ 압출시간　　④ 방치시간

탄화시간
석탄이 노 내에 머무는 시간

답 ①

개념잡기

코크스 로 내에서 석탄을 건류하는 설비는?

① 연소실　　② 축열실　　③ 가열실　　④ 탄화실

탄화실
코크스 원료인 무연탄(석탄 등)이 장입되어 건류되는 곳

답 ④

개념잡기

적열 코크스를 불활성가스로 냉각소화하는 건식소화(CDQ : Coke Dry Quenching)법의 효과가 아닌 것은?

① 강도 향상　　② 수분 증가　　③ 현열 회수　　④ 분진 감소

CDQ 조업
CDQ(건식소화법)은 물을 사용하지 않고 고압의 질소로 냉각하므로 수분은 증가하지 않음

답 ②

CHAPTER 04 고로 제선 설비

단원 들어가기 전

1. 고로 구조와 특징
2. 고로 설비와 특징
3. 고로 구조에서 각 부분의 특징은 필기시험에 자주 출제됩니다.
4. 고로 집진장치 및 주상설비는 필기시험 및 실기시험에도 자주 출제됩니다.
5. 열풍로 설비는 필기시험 및 실기시험의 필답형 시험에서도 자주 출제됩니다.

빅데이터 키워드

제선, 제강, 철강재료, 고로, 노흉, 노복, 보시, 노상, 집진장치, 열풍로, BFG, 철광석, 슬래그

1 고로 설비

1. 고로 본체

(1) 고로

① 고로(shaft furnace)는 용광로(blast furnace)라고도 함
② 제선 설비의 주체
③ 장입된 제선 원료에 화학 변화를 가하여 용융상태의 선철과 슬래그를 생산
④ 노정으로 가스 배출 : 가스는 제철소 안의 각 공장의 열원으로 사용
⑤ 고로는 조업이 개시되면 노의 수명이 다할 때까지 지속

(2) 최근 이용하고 있는 고로의 특징

① 생산증가에 따른 건설비의 절감을 위해 대형화
② 제선 능률을 높이기 위해 노의 기계화, 자동화 추진

(3) 설비와 관계

① 장입 장치를 사용하여 노정에서 코크스, 철광석 및 석회석을 노의 단면에 대하여 균일하게 장입(노정 장치 설비)
② 노 바닥의 바람 구멍을 통하여 미리 가열된 열풍을 공급(열풍로)

③ 노정 가스는 제진기, 가스청정기에서 연진을 제거한 뒤에 열풍로에서 연소시켜 축열실 벽돌과 열교환 저장, 나머지는 각 공장의 열원으로 사용 (고로 가스의 청정 설비)
④ 고로 안에서 환원, 용해된 선철은 출선구를 통하여 배출, 용선차로 운반
⑤ 고로 안에서 생긴 슬래그는 고로로부터 출재구를 통하여 배출하여 슬래그 처리장으로 운반

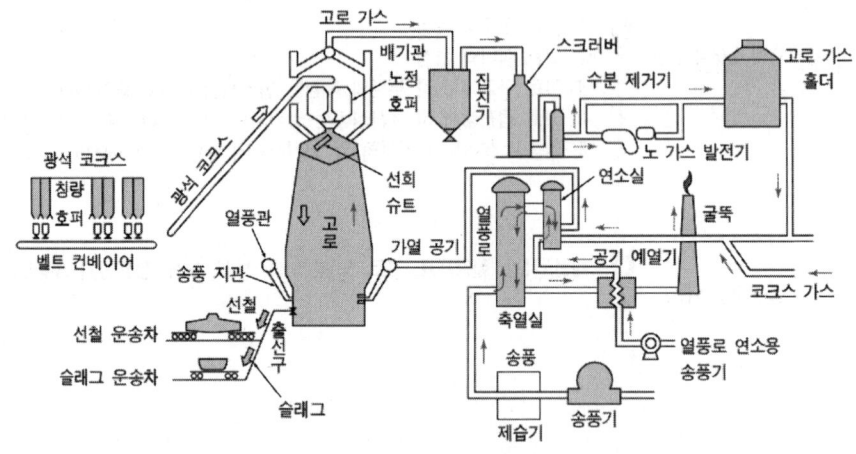

고로의 구조와 명칭

2. 고로의 구조

(1) 고로의 외형

① 형태 : 원통형
② 주요부 : 노구(throat), 노흉(shaft), 노복(belly), 보시(bosh), 노상(hearth)
③ 고로가 원형인 이유 : 고로가 원형일 때 열 발산을 최소화할 수 있다.

(2) 고로 본체 구조 ●●

① 전체 구성
  ㉠ 외부는 철피(mantle)
  ㉡ 내부는 내화물
  ㉢ 철피와 내화물을 보호하기 위한 냉각장치
② 최상부 노정에는 원료를 균일하게 장입하는 동시에 노 내 가스를 차단하는 장입장치가 설치
③ 노구(Throat)
  ㉠ 가스의 유속과 관련이 있으므로 연진(flue dust)을 줄이기 위해 유속을 알맞게 조정

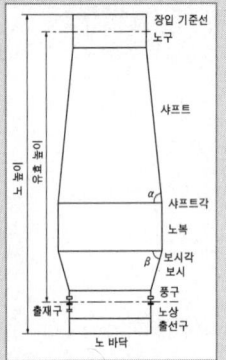

꼭 찝어 어드바이스
고로의 각부 명칭

꼭 찝어 어드바이스
고로 설계상 가장 중요한 점
노상의 지름, 보시의 높이, 보시의 각도

- ⓒ 노구 지름이 너무 크면 장입물이 고로 단면에 균일하게 분포되지 않음
- ⓓ 노 중심부에서 장입물의 적정 분포가 어려우므로 보조분배장치(M/A, 선회 슈트)가 필요

④ **노흉(Shaft)**
- ㉠ 노흉각 : 82~85°
- ㉡ 노흉각이 너무 크면 노벽과 장입물과의 마찰이 크게 되어 노벽이 손상
- ㉢ 노흉각이 작으면 노벽을 따라 가스가 상승하여 균일한 가스분포를 저해

⑤ **노복(belly)**
- ㉠ 고로에서 가장 지름이 큰 곳
- ㉡ 노흉의 맨 아랫부분에서부터 용융이 시작되므로 균일한 용융을 돕기 위해 수직 부위에 노복이 위치
- ㉢ 노복 최하부는 고온으로 급격한 용융작용이 이루어지므로 보시부를 좁혀 장입물의 급강하를 방지

⑥ **보시부(Bosh)** ◐◐
- ㉠ 장입물이 용해되어 미환원의 Fe, Si, Mn이 직접 환원되는 부분
- ㉡ 보시부 주위에는 바람 구멍(풍구, tuyere)에 연결되는 환상관이 설치
- ㉢ 보시각 : 아래쪽으로 좁아져 있음, 80~84°
- ㉣ 고온에서 장입물이 용해되는 영역이므로 내화물의 침식이 가장 심함

⑦ **노상(Hearth)**
- ㉠ 용선과 용제를 저장하는 부분
- ㉡ 바람구멍 앞에서 연료를 연소시키는 부분
- ㉢ 1회의 출선량과 일부의 슬래그를 충분히 저장할 수 있는 용적이 필요
- ㉣ 선철의 생산량(출선량)과 밀접한 관계

⑧ 풍구 : 열풍로에서 나온 열풍을 환상관을 통하여 고로에 송입하는 장치
⑨ 환상관 : 열풍로에서 나온 열풍을 풍구에 일정한 압력으로 분배하는 장치
⑩ 출선구 : 고로의 용선과 슬래그를 동시에 출탕
⑪ 노정장치 : 원료장입장치와 고로가스 배출장치로 구성

3. 고로의 크기와 능력

(1) 능력

① 고로의 생산 능력 : 1일 출선량(톤/일)
② 생산량은 장입원료, 제조할 선철의 종류, 조업법 등에 따라 달라짐
③ 공칭능력 : 보통조업 조건에서 설계할 때 목표로 한 출선량

꼭 찝어 어드바이스
노흉각을 주는 이유
① 장입물의 강하를 쉽게 하기 위해
② 상승 가스에 의한 환원이 손쉽게 이루어지도록 하기 위해
③ 노흉각(샤프트각)을 두어 밑 부분이 넓게 되어 있음

꼭 찝어 어드바이스
보시각을 주는 이유
① 보시부에서의 장입물 용융에 따른 부피 감소의 영향을 줄이기 위해
② 용융 선철 및 슬래그가 노상으로 잘 흘러내리도록 하기 위해

> 참고
바람구멍 구조도

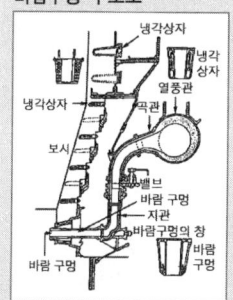

꼭 찝어 어드바이스
출선부 하부에 어느 정도 깊이를 유지하는 이유
① 출선 이후에도 일정량의 용선이 저장되어 열을 유지
② 바람구멍 앞의 고열이 노저 벽돌에 직접 닿는 것을 방지

(2) 높이
① 고로 높이 : 노 바닥면에서부터 노구까지의 수직 거리
② 노 높이 : 노 바닥에서부터 장입기준선까지의 높이
③ 유효 높이 : 바람구멍 중심선에서부터 장입기준선까지의 높이

(3) 내용적 ❋❋
① 내용적은 출선 능력에 가장 큰 영향을 줌
② 전용적 : 노 바닥으로부터 노구까지의 용적
③ 내용적 : 출선구로부터 장입기준선까지의 용적
④ 유효 내용적 : 풍구(바람 구멍) 수준면에서부터 장입기준선까지의 용적
⑤ 내용적과 출선량은 비례 관계가 성립

(4) 고로 생산물 ❋❋
① 슬래그 : 출선구로 선철과 함께 배출되고, 대탕도의 스키머에서 분리된다.
② 선철 : 주기적으로 출선구를 통하여 유출시켜 레이들, **용선차(TLC)**에 실려 제강공장으로 운반된다.
③ 고로가스(BFG) : 별도의 집진장치에서 분리 회수하여 가열로 등의 연료로 사용된다.

4. 고로 노체 설비

(1) 고로의 노체지지 장치
① 철대식(german type)
  ㉠ 노정의 하중은 철탑으로 지지
  ㉡ 노체 상부의 하중은 6~8개의 기둥으로 지지, 보시 이하는 노 바닥의 기초로 지지
② 철피식(american type)
  ㉠ 강판으로 노의 외벽을 만들고 이 철피 안쪽에 벽돌을 쌓은 것
  ㉡ 대형 고로에는 적합하지 않음
③ 자립식(free standing type)
  ㉠ 노정의 하중은 철탑으로 지지
  ㉡ 노체의 철피와 벽돌 하중은 노 바닥의 기초로 지지
  ㉢ 대형 고로에 많이 사용
④ 철골철피식
  ㉠ 고로의 대형화에 따라 개발된 형식
  ㉡ 노정의 하중은 철탑으로 지지

꼭 찝어 어드바이스
유효 내용적
바람구멍 선단에서 발생한 가스가 노안을 올라갈 때 가스가 장입물과 접촉해서 반응하는 용적

꼭 찝어 어드바이스
출선비(출선율)
① 고로의 출선량(톤/일)을 고로의 내용적(m³)으로 나눈 값
② 출선비 = 출선량/내용적
③ 고로의 능률을 나타내는 중요한 수치

ⓒ 노체 상부하중은 이중 거더(Girder)를 사용한 기둥으로 지지
　　ⓔ 노체 하부하중은 노 바닥의 기초로 지지
　　ⓜ 지반이 약하거나 지진이 많은 곳에서 채용

(2) 노체 냉각장치

① 스테이브(stave) 냉각식
　ⓐ 강관을 철피 내면에 설치
　ⓑ 증발냉각 방식 : 냉각수가 자연 순환하는 방식
　ⓒ 수랭식 : 강제 순환하는 방식
　ⓓ 고압로의 가스 seal 면에서 유리하여 최근 많이 사용

② 냉각반 냉각식
　ⓐ 고로 내화벽돌 내부로 냉각장치를 넣으므로 연와와의 접촉면이 커서 냉각효과 우수
　ⓑ 냉각반 제작 시 중요점 : 기밀성
　ⓒ 사용 수 : 해수, 담수 모두 사용 가능하나 공극, 부식 등이 적은 담수가 더 좋음

③ 살수 냉각식
　ⓐ 철피의 외면으로부터 냉각하여 내면내화물을 냉각
　ⓑ 철피에 개구부가 없어 가스 seal면에서 우수

④ 재킷(jacket) 방식
　ⓐ 철피의 외면에 재킷을 설치하여 물을 공급하여 냉각
　ⓑ 살수식의 자연순환 방식과 달리 강제공급이 가능

(3) 노체 관리

① 노벽 손상 원인
　ⓐ 장입물에 의한 마멸
　ⓑ 노 안의 온도 변화에 의한 스폴링
　ⓒ 벽돌 가열 때의 팽창에 의한 탈락
　ⓓ 화학 반응에 의한 벽돌 조직의 파괴

② 노 바닥 관리 : 고로 조업에서 노저가 침식되면 **사철(TiO_2)**을 장입하여 노 바닥으로 침전시켜 노저를 보호

(4) 고로 수명을 지배하는 요인 ●●

① 노의 설계 및 구성(구조)
② 장입 원료의 성상 및 상태
③ 노체를 구성하는 내화물 및 축조 기술

> 참고
> **냉각기 형태**

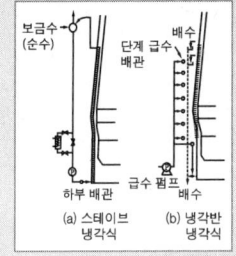

(a) 스테이브 냉각식　(b) 냉각반 냉각식

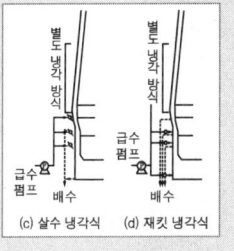

(c) 살수 냉각식　(d) 재킷 냉각식

> 꼭 찝어 어드바이스
> **노저면의 냉각**
> ① 기초 콘크리트의 보호가 주목적
> ② 현재는 내화물의 수명 연장이 목적
> ③ 강제 공랭법 : 노저 하부에 연와 도관(duct)을 만들어 공랭
> ④ 강관과 강판으로 만든 도관 중에 공기나 물을 유입하여 냉각하는 방식

> 참고
> **노체 관리 목적**
> ① 정확한 관리로 노의 수명을 연장
> ② 노의 장기 및 단기적 경향을 정확히 파악하여 노 관리 효율화
> ③ 노체에 각종 계측기를 유용하게 활용하여 노 관리 효율화

> 참고

노 바닥의 탄소 벽돌의 침식 원인
① 용선의 가탄 용해 반응 온도의 상승과 함께 촉진
② 공기 CO_2, H_2O 등에 의해 산화
③ 알칼리 금속과 반응하여 알칼리 탄화물을 생성하여 부피 변화에 의한 강도 저하 발생
④ 급격히 온도가 변화할 때 열응력에 의하여 탄소 벽돌에 균열 발생

 꼭 찝어 어드바이스

무버블 암(Movable arm)
벨식 장치에 노 안 반지름 방향의 장입물 분포를 제어하기 위한 설비

벨레스(belless)식 (선회슈트식) ●●
① 2단으로 설치한 밀폐 밸브에서 가스 밀폐하여 노 안에 설치한 선회슈트를 연속적으로 선회시켜 분배 장입
② 선회슈트의 경사 각도를 변화시켜 노의 반지름 방향으로 분포 및 제어 가능
③ 밀접형으로 높이도 상대적으로 낮아 2벨 1밸브 밀폐식에 비해 설치비가 저렴

---

④ 장입물 접촉 등 물리적 변화
⑤ 용융물에 대한 화학적 변화
⑥ 고로 조업 방법 및 노황(조업상황)

5. 노정 설비

(1) 노정장치 ●●

① 장입 컨베이어 : 노정으로 원료를 운반하는 설비
② 벨레스형(선회슈트 사용)은 장입물의 표면 형상 조절이 가능
③ 장입물 분포제어 설비 : Movable arm, 선회슈트
④ 장입물의 레벨 측정 : 사운딩
⑤ 노정 호퍼(hopper) : 각종 원료를 저장하는 곳
⑥ 섹텀변(Septum valve) : 노정압력 제어장치
⑦ 가스 블리더(Gas Bleeder) : 섹텀변 고장 시 노정압력을 저하시켜 노황을 안정시키는 장치
⑧ 익스펜션(Expansion) : 노체의 팽창을 완화하고 가스가 새는 것을 방지하는 장치

(2) 노정 장입장치 구비조건

① 원료장입이 신속하게 이루어질 것
② 부품의 마모가 없을 것
③ 원료장입 시 가스가 새지 않을 것
④ 장치가 간단하고 보수가 용이할 것

개념잡기

고로에서 풍구수준면에서 장입기준선까지의 용적은?

① 실용적   ② 내용적   ③ 전용적   ④ 유효내용적

고로 용적
• 전용적 : 노 바닥부터 노구까지의 용적
• 내용적 : 출선구로부터 장입기준선까지의 용적
• 유효내용적 : 풍구수준에서부터 장입기준선까지의 용적

답 ④

개념잡기

다음 중 노복(belly) 부위에 해당되는 곳은?

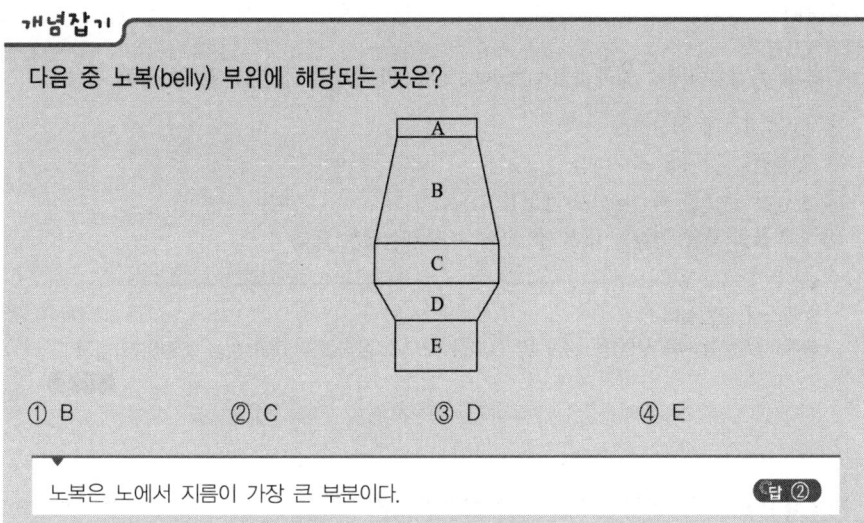

① B ② C ③ D ④ E

노복은 노에서 지름이 가장 큰 부분이다. 답 ②

개념잡기

고로 상부에서부터 하부로의 순서가 옳은 것은?

① 노구 → 샤프트 → 노복 → 보시 → 노상
② 노구 → 보시 → 샤프트 → 노복 → 노상
③ 노구 → 샤프트 → 보시 → 노복 → 노상
④ 노구 → 노복 → 샤프트 → 노상 → 보시

고로의 구조 순서
노구 → 노흉(샤프트) → 노복(벨리) → 조안(보시) → 노상   답 ①

개념잡기

고로 노체냉각 방식 중 고압 조업하에서 가스 실(seal)면에서 유리하며 연와가 마모될 때 평활하게 되는 장점이 있어 차츰 많이 채용되고 있는 냉각방식은?

① 살수식   ② 냉각반식
③ 자켓(jacket)식   ④ 스토브(stave) 냉각방식

냉각반 방식
냉각반 방식은 고로 내화벽돌 내부로 냉각장치를 삽입하는 형태로 내화물과의 접촉면적이 커서 냉각효과가 우수하여 많이 사용하고 있다.   답 ②

개념잡기

고로의 장입설비에서 벨레스형(bell-less type)의 특징을 설명한 것 중 틀린 것은?

① 대형 고로에 적합하다.
② 성형원료 장입에 최적이다.
③ 장입물 분포를 중심부까지 제어가 가능하다.
④ 장입물의 표면 형상을 바꿀 수 없어 가스 이용률은 낮다.

> **벨레스식 장입설비**
> 벨레스형(선회슈트 사용)은 경동 및 선회를 하므로 장입물의 표면 형상 조절이 가능하다.
>
> 답 ④

개념잡기

고로의 노정설비 중 노 내 장입물의 레벨(level)을 측정하는 것은?

① 사운딩(sounding)
② 라지 벨(large bell)
③ 디스트리뷰터(disteibutor)
④ 서지 호퍼(surge hopper)

> **사운딩**
> 노 내 장입물 레벨 측정
>
> 답 ①

개념잡기

고로에서 노정압력을 제어하는 설비는?

① 셉텀변(septum valve)
② 고글변(goggle valve)
③ 스노트변(snort valve)
④ 블리드변(bleeder valve)

> **셉텀변**
> 노정압 제어 설비, 고압조업에 사용
>
> 답 ①

개념잡기

노체의 팽창을 완화하고 가스가 새는 것을 막기 위해 설치하는 것은?

① 냉각판
② 로암(loam)
③ 광석받침철판
④ 익스펜션(expension)

> **익스펜션**
> 가스 팽창 완화 및 실링
>
> 답 ④

2. 고로 부대설비

1. 열풍로 설비

(1) 개요
① 고로에 필요한 열원 중 하나인 열풍을 공급하는 설비
② **열풍의 온도** : 1,100~1,300℃
③ 연소와 송풍 과정을 번갈아 진행하여 일정한 온도의 열풍을 고로에 공급
④ **연소** : 고로 가스와 코크스로 가스의 혼합 가스를 연소실에서 연소시켜 축열실 벽돌을 가열하여 열을 축적

(2) 종류 ✪✪
① 환열식 열풍로
  ㉠ 가장 오래된 형식
  ㉡ 주철관 외부에서 가열하여, 관 속을 통과하는 공기의 송풍 온도를 높이는 방식
  ㉢ 400℃ 이상의 송풍은 곤란하여 거의 사용하지 않음
② 축열식 열풍로 : **연소실과 축열실**로 구성되어 있으며 내연식과 외연식이 있음
③ 내연식의 특징
  ㉠ 장소가 적게 들고 열효율이 우수
  ㉡ 연소실과 축열실 사이의 벽이 손상되기 쉽기 때문에 고온 열풍을 얻기 어려움
  ㉢ 매클루어(Mclure)식과 쿠퍼(Cowper)식
  ㉣ 매클루어식은 벽돌쌓기가 복잡하고 고온 송풍에 부적합
④ 외연식의 특징
  ㉠ 열풍로의 능력을 확대시킬 목적으로 개발
  ㉡ **코퍼스(koppers)식**이 대표적, 기타 디디에르식과 마르텡식이 있음

(3) 열풍로 내화물
① 열전도율이 높고 비열도 높아야 함
② 벽돌의 모양 : 다공질이어야 열을 많이 축적할 수 있음
③ 점토질, 고알루미나질의 벽돌 사용
④ 고온 송풍에 따라 큰 내화도와 열간 용적 안정성이 좋은 벽돌이 요구되고, 건설비의 측면에서도 경제적인 규석벽돌이 많이 사용

🌟 꼭 찝어 어드바이스

내연식 열풍로(쿠퍼식)
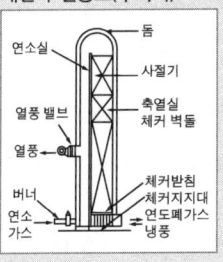

외연식 열풍로
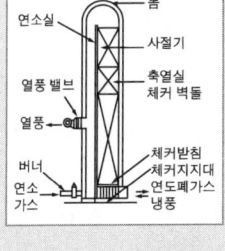

🌟 꼭 찝어 어드바이스

내화물에서 중요시되는 것들
① 고온에서의 체적 안정성
② 온도 변화에 따른 강도
③ 연소 가스나 공기 중의 먼지에 대한 내구도

(4) 열풍로 밸브

① HBV : 열풍이 통과하는 밸브
② CBV : 블로어에서 오는 냉풍을 열풍으로 통과하는 밸브
③ CHV : 열풍로 연소 가스가 굴뚝으로 나가도록 하는 밸브
④ CBMV : 혼합 냉풍을 송풍하고 중지하는 밸브
⑤ SV : 돌발사고 시 송풍되는 냉풍을 방산하는 밸브

(5) 열풍로 연료

① 고로가스(BFG)와 코크스 가스(COG)를 혼합하여 사용
② 때로는 LPG도 사용
③ 가스의 주성분이 CO로서, 누출되면 중독의 위험이 있음
④ S 성분은 거의 없음

(6) 송풍기

① 왕복 피스톤식 송풍기 : 가장 오랫동안 사용되어 왔음
② 터보 송풍기(원심형 송풍기) : 터빈 또는 전동기로 회전하는 축 위에 여러개의 회전 날개를 붙인 것
③ 축류 송풍기
  ㉠ 크기가 작고 효율이 우수하며 압축된 유체의 통로가 단순하고 짧음
  ㉡ 고로의 대형화, 고압화에 적합
  ㉢ 송풍 압력이 커서 고로의 조업특성에 맞는 고효율의 송풍이 가능
④ 송풍 단위 : $Nm^3/T-P$

2. 고로가스 청정설비

(1) 고로가스 청정의 목적

① 노정에서 나오는 100~400℃의 가스를 노정가스(BFG, blast frunace gas) 또는 고로가스라고 함
② 고로가스 연진의 주성분은 철광석이나 코크스분으로 구성
③ 열풍로와 코크스로에는 함진량이 낮은 가스가 요구
④ 송풍에 의해 날아 들어오는 장입물의 작은 연진이 15~35Nm^3의 수분 및 가연 성분을 포함하고 있음
⑤ 열원으로 사용하기 위해 가스 중의 연진 제거, 청정가스를 사용

송풍기 surging 현상
① 송풍기의 풍압에 대하여 풍량이 비정상적으로 낮아질 때에 송풍기 속도가 떨어지는 실속 현상
② 실속 현상이 발생하면 송풍기가 파괴
③ 노 내의 급격한 풍압 저하에 의하여 용선, 용재가 풍구쪽으로 역류
④ 노 내 가스가 송풍계통으로 역류
⑤ 정상조업에서 벗어나서 surging 방지선에 걸리면 안전변이 작동하도록 하여 surging 현상 방지

고로가스 주성분
CO_2 18%, CO 24%, H_2 3%, N_2 55%

고로가스 발열량
800kcal/Nm^3

(2) 가스 청정장치의 종류

① 장치의 조합
  ㉠ 제진기 → 벤투리 스크러버 → 전기 집진기
  ㉡ 제진기 → 1차 벤투리 스크러버 → 2차 벤투리 스크러버
  ㉢ 5~10mg/Nm^3 이하의 가스 청정도를 얻을 수 있음
② 제진기 : 노정가스의 유속을 낮추고, 조립의 연진을 제거하는 설비
③ 싸이클론(Cyclone) : 원심력을 이용하여 분진을 제거하는 설비
④ 수봉변(Water sealing valve) : 가스차단 밸브로, 수압에 의해 가스를 완전하게 차단
⑤ 더스트 케쳐(Dust catcher) : 집진장치
⑥ 익스펜션(Expansion) : 가스 팽창 완화 및 실링
⑦ 벤투리 스크러버(Venturi scrubber) : 도입관을 한번 벤투리형으로 좁혀 물을 분사하여 가스를 세정하는 집진장치
⑧ 전기 집진기 : 2개의 전극으로 구성되어 있으며, 최종단계에서 미세한 연진을 제거
⑨ 스트레이너(Strainer) : 수봉변 펌프 흡입관의 말단 등에 설치하여 연진 등의 불순물의 유입을 막고 물만을 유입시키는 장치

> **꼭 찝어 어드바이스**
> 집진 효율
> ① 제진기 : 50~75%
> ② 벤투리 : 80~95%
> ③ 전기집진기 : 99.5%

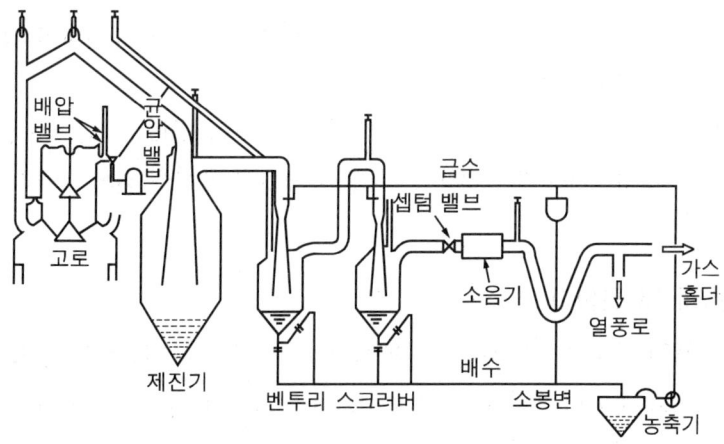

BFG 가스 청정 설비

(3) 풍상(Wind box)의 구비조건

① 흡인용량이 충분할 것
② 분광이나 연진이 퇴적하지 않을 것
③ 열팽창이 적고 내식성과 내열성이 우수한 강판재일 것

3. 주상설비

(1) 주상설비 ○○

① 주상설비 : 출선구 개공기, 머드건(폐색기), 주상 집진기, 스키머, 용선대통

② 스키머(skimmer) : 용선과 슬래그를 비중 차에 의해 분리하는 장치

③ 출선구 개공기
  ㉠ air motor에 의한 드릴 천공
  ㉡ air hammer에 의한 강봉(ϕ36~42mm)을 두드려 천공
  ㉢ 산소절단기로 개공(위의 작업이 불가능할 경우 사용)

④ 머드건(mud gun, 폐색기) : 출선구를 점토(머드)로 막아주는 설비

⑤ 폐색용 점토
  ㉠ 미분 코크스, 샤모트분 등에 타르를 첨가 후 혼련하여 사용
  ㉡ SiC, 알루미나 등을 첨가하여 성능을 향상

⑥ 용선대통 : 고로에서 나온 용선의 통로

(2) 용선처리설비

① 주선기 : 용선을 냉선으로 만드는 것

② 입선기 : 용선을 film 상으로 유하시켜서 jet 수를 분사하여 입선조에 투입하여 입선을 제조

③ 용선이송설비 : 레이들(ladle), 토페도카(toperdo car), 믹서(mixer)

④ 용선차(토페도카, TLC) : 고로에서 생산된 용선을 전로 공장으로 이송하는 설비

(3) 슬래그처리설비

① 용재차(slag buggy, cinder ladle) : 슬래그를 이송하는 설비

② slag dry pit : 주상 주위에 설치하여 유입과 냉각파쇄 제거가 교대로 반복해서 처리하는 설비

③ 수재통 : 용재통로에 설치한 살수설비에 의하여 용재에 Jet 수를 분사해서 직접 또는 강판통을 통하여 수재지에 유입시켜 수재를 만드는 설비

꼭 찝어 어드바이스
스키머의 구조

참고
머드건의 출선구 폐색
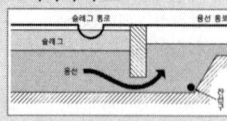

꼭 찝어 어드바이스
주상작업 시 발생하는 오염
① 출선구 개폐 시 발생하는 분진
② 용선 및 용재에서 발생하는 연기(fume)

오염에 대한 대책
① 통 cover 설치, air curtain 설치로 분진의 유출을 억제
② 경주통 부근의 방진에 유의 (가장 발진이 심함)
③ 흡인 덕트를 주상 하부에 매설

제진장치의 종류
① 습식충돌형
② 벤투리형
③ 필터형

개념잡기

그림과 같은 내연식 열풍로의 연소실에 해당되는 곳은?

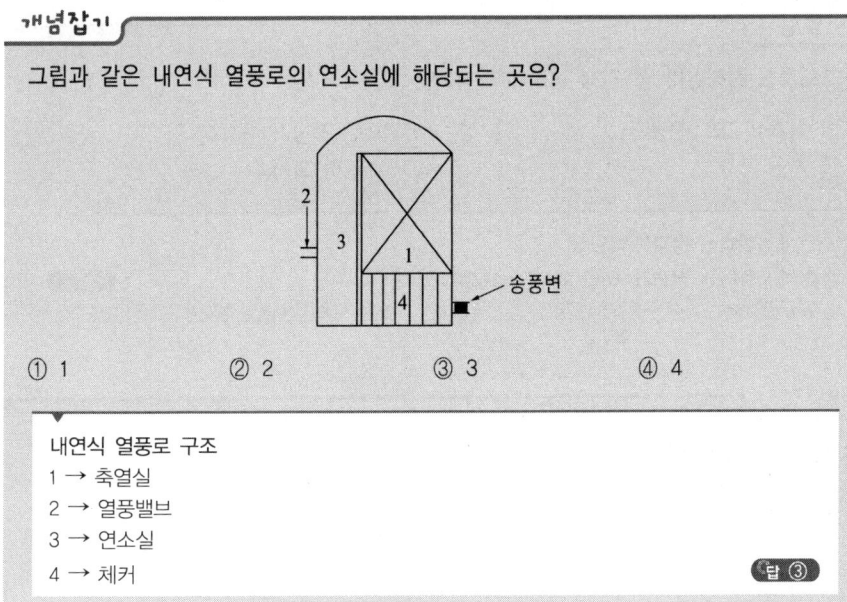

① 1　　　　② 2　　　　③ 3　　　　④ 4

내연식 열풍로 구조
1 → 축열실
2 → 열풍밸브
3 → 연소실
4 → 체커

답 ③

개념잡기

열풍로의 송풍계통 중 혼합 내풍을 송풍하고 중지하는 밸브는?

① HBV　　　　② CBV　　　　③ ECV　　　　④ CBMV

열풍로 밸브
- HBV : 열풍이 통과하는 밸브
- CBV : 블로어에서 오는 냉풍을 열풍으로 통과하는 밸브
- CHV : 열풍로 연소 가스가 굴뚝으로 나가도록 하는 밸브
- CBMV : 혼합 냉풍을 송풍하고 중지하는 밸브
- SV : 돌발사고 시 송풍되는 냉풍을 방산하는 밸브

답 ④

개념잡기

다음 풍상(wind box)의 구비조건을 설명한 것 중 틀린 것은?

① 흡인용량이 충분할 것
② 분광이나 연진이 퇴적하지 않는 형상일 것
③ 강판으로 필요에 따라 자주 교체할 수 있을 것
④ 재질은 열팽창이 적고 부식에 잘 견딜 것

풍상의 강판재는 자주 교체하지 않는다.

답 ③

개념잡기

고로가스 청정설비 중 건식 장비에 해당되는 것은?

① 여과식 가스 청정기 ② 다이센 청정기
③ 허들 와셔 ④ 스프레이 와셔

건식 : 여과식 청정기(백필터)
습식 : 다이센 청정기, 허들 와셔, 스프레이 와셔

답 ①

개념잡기

다음 중 고로의 주상설비가 아닌 것은?

① Mud Gun ② 개공기 ③ 주선기 ④ 집진장치

주상설비
머드건, 개공기, 집진장치, 용선대통, 스키머
주선기는 용선을 냉선으로 만드는 것이다.

답 ③

개념잡기

용선을 따라서 흘러나오는 슬래그는 어디에서 분리하는가?

① 용선 레이들 ② 토페도 카 ③ 주선기 ④ 스키머

스키머(skimmer)
용선과 슬래그를 비중 차에 의해 분리하는 장치

답 ④

CHAPTER 05 고로 조업법

단원 들어가기 전

1. 고로 구조와 특징
2. 고로 설비와 특징
3. 고로 구조에서 각 부분의 특징은 필기시험에 자주 출제됩니다.
4. 고로 송풍 조업에서 고압조업 및 산소부화송풍은 필기시험에 자주 출제됩니다.
5. 열풍로 설비는 필기시험 및 실기시험의 필답형 시험에서도 자주 출제됩니다.

빅데이터 키워드

고압조업, 고온송풍, 연료취입조업, PCI조업, 산소부화송풍, 조습송풍, 제강용선, 주물용선, 통기성, 안식각, 직접환원, 간접환원, 레이스웨이, 노전작업

1 ▶ 원료 장입

1. 고로 조업의 개요

(1) 고로 조업의 목적
① 고로 조업은 철광석, 석회석, 코크스를 고로에 장입하여 용융 상태의 선철과 슬래그를 얻어서 비중 차로 분리
② 질이 좋은 선철(S, P 등이 적은 선철)을 값싸게 많이 생산하기 위함
③ 원료조건, 설비조건 하에서 원료 장입, 송풍, 용선용재추출, 노정가스제어 작업을 실시함에 있어 노 상황을 안정하고 능률좋게 관리하기 위함

(2) 고로 조업의 기술적 방안
① 고로의 대형화
② 원료의 품위와 광석의 피환원성
  ㉠ 광석은 Fe 분이 높고 피환원성이 좋고, 열붕괴성이 없을 것
  ㉡ 코크스는 회분이 낮고 강도가 크고 반응성이 낮아서 carbon solution 을 적게 일으킬 것
③ 장입물의 정립 : 장입원료는 각 원료마다 적당한 크기로 정립

꼭 찝어 어드바이스

철광석의 고로 내 변화
장입 → 예열 → 환원(간접환원) → 가탄(탄소흡수) → 용해 → 선철

참고

고로 대형화 효과
① 단위용적당 출선량이 증가
② 고로공장의 건설비 절감
③ 연료비 저하
④ 생산량 증가를 기대

> **참고**
> **장입물 정립 효과**
> ① 걸림(hanging) 현상이 줄어들고 가스저항이 감소
> ② 송풍량 증가 및 송풍온도 상승이 가능
> ③ 송풍량의 증가는 출선량의 증가
> ④ 송풍온도의 상승은 연료비의 저하

> **꼭 찍어 어드바이스**
> 간접환원율을 촉진시키려면 피환원성이 좋은 소결광, 펠렛을 사용하고 노상부에서 환원되도록 할 것

④ 장입물의 분포 : 상승하는 가스의 분포에 영향을 미치므로 균일한 장입이 필요
⑤ 간접환원율과 직접환원율 : 간접환원율이 많을수록 연료비 저하
  ㉠ 간접환원 : CO 가스에 의한 환원, 발열반응
  ㉡ 직접환원 : 고체 C에 의한 환원, 흡열반응
⑥ 송풍기술의 개선 : 고온송풍, 산소부화송풍, 조습송풍, 연료취입송풍, 고압조업 등은 생산량 증가와 연료비 절감에 기여

2. 원료 배합

(1) 원료 배합 ◐◐

① 일정량의 코크스에 대하여 광석량을 증감
② 광석/코크스비의 값이 큰 편이 코크스비가 적어져서 바람직
③ 중장입(heavy charge) : 일상 조업에서 코크스비를 크게 하는 배합
④ 경장입(light charge) : 코크스비를 작게 하는 배합
⑤ 공장입(blank charge) : 필요에 따라 광석을 전혀 넣지 않는 장입
⑥ 제조하려는 용선의 종류에 따라, 또는 양호한 광재를 얻기 위하여 석회량을 가감

(2) 주물용선의 원료 배합

① 주물선은 C와 Si 함유량을 높인 용선으로 주물용으로 사용
② Si는 C의 용해도를 낮추어 흑연을 정출시키는 원소
③ 주물용 선철은 C, Si의 양이 제강용 선철보다 많고, Mn은 적게 함
④ 주물용선 제조조건
  ㉠ 송풍량을 감소시킨다.
  ㉡ 코크스비를 증가시킨다.
  ㉢ 고온도 조업을 한다.
  ㉣ 슬래그 염기도를 낮춘다.
  ㉤ 조업속도(장입물 강하 속도)를 낮춘다.

> **꼭 찍어 어드바이스**
> **염기도에 따른 제강용 선철 분류**
> ① 염기성선 : 염기성 평로선, 순산소 전로선, 토마스선 등
> ② 산성선 : 베세머선, 산성 평로선 등

(3) 제강용선의 원료 배합 ◐◐◐

① C와 Si 함유량을 낮춘 용선을 제강용으로 사용
② Si가 적은 것이 특징이므로 조업법은 주물선과 반대
③ 생광석은 가급적 고품위 정립괴광을 사용
④ 자용성 소결광 또는 펠렛은 연료비를 낮추고 통기성을 개선하므로 가급적 많이 배합하는 것이 좋음

⑤ 슬래그비 : 너무 적으면 성분 변동에 의한 광재 성분의 변동을 일으키고, 탈황능력을 저하시킴
⑥ Al_2O_3 함량 : 증가하면 광재 용융점을 상승시키고 유동성을 저해
⑦ P, S, As 등 유해원소의 첨가량은 적게 유지, P는 전로에서의 취련강종에 따라 조정
⑧ 열균열성 광석, 강도가 낮은 소결광, 펠렛, 환원분화성 광석, 점성 광석 및 난환원성 광석 등을 배합할 때 과거의 사용량을 감안하고 사용량을 제한
⑨ 강재(평로재, 전로재)는 석회분, Fe분, Mn분 등 유용성분을 많이 함유하므로 전로에 이용되고 있으나 P 함량이 많은 것은 사용이 제한
⑩ 노열의 안정을 위해 광석/코크스비(ore/coke ratio)를 변동시키지 않도록 광석과 코크스의 함수량 변동을 파악하는 방법을 확립

(4) 장입물 입도 관리
① 고로에 분상 원료를 장입하면 통기성이 불량하여 연료 손실이 많고, 실수율이 떨어지며, 분진 발생량이 증가하고, **걸림** 현상이 발생하여 생산량 저하 및 노황이 불안정해진다.
② **낙하강도**가 저하되면 고로 장입 시 쉽게 깨져서 분상으로 되므로 통기성이 악화되고, 노황이 불안정하게 되고, 원단위는 상승하게 된다.
③ 생광석 입도 : 상한 50mm, 하한 8~10mm, 보통 8~30mm
④ 소결광 입도 : 상한 50~70mm, 하한 6~7mm
⑤ 펠렛 입도 : 9~16mm
⑥ 코크스 입도 : 상한 75mm, 하한 10~25mm

(5) 소결광과 펠렛의 배합효과
① 출선비의 증대
② 연료비 저하 효과
③ 입도가 고르고 형상이 구형이므로 노 내 공극률 확보가 우수
④ 통기성 향상으로 증풍이 가능
⑤ 코크스비 상승없이 증산이 가능

(6) 염기성 선철 제조법
① 염기도를 높인다.
② 강하시간을 빠르게 한다.
③ 중장입으로 송풍량을 높인다.
④ 규소량을 적게 유지하고, 석회석은 증가시킨다.

꼭 찝어 어드바이스

제강용선 제조조건
① 송풍량을 증가시킨다.
② 코크스비를 적게 한다.
③ 저온도 조업을 한다.
④ 슬래그 염기도를 높인다.
⑤ 조업속도(장입물 강하 속도)를 빠르게 한다.

참고

제강용선에서의 Al_2O_3 조정
① 가급적 13~16% 정도로 조정
② 많을 때는 규석 등으로 희석, MgO를 5~6% 첨가하여 유동성을 개선
③ MgO 원 : 감람암, 사문암, 백운석 등을 직접 또는 소결 원료에 배합

꼭 찝어 어드바이스

고로 장입물 입도가 작을 경우
① 통기성 저하
② 환원성 저하
③ 걸림의 원인
④ 노황 불안정

꼭 찝어 어드바이스

Si성분을 높이는 방법 ❶❷
① 염기도를 낮게 한다.
② 노상 온도를 높인다.
③ SiO_2성분이 많은 장입물을 사용한다.
④ 코크스비를 낮춘다.
⑤ 조업속도를 낮춘다.

선철 중 P 성분을 적게 하기 위한 조건 ❶❷
① 장입물(광석, 코크스) 중에 P을 적게 할 것
② 노상 온도를 낮출 것
③ 염기도를 높게 할 것
④ 고로 조업 속도를 높일 것

(7) 기타 성분 원소의 영향
① Zn : 광석 중 아연이 많으면 내화물을 침식시킨다.
② 고로 내에서 탈인과 탈황으로 성분 조절이 어렵기 때문에 원료 성분에 인, 황이 적은 것을 사용해야 한다.
③ Ti : 선철 중 Ti은 유동성을 저하시키고 노상 부착물을 형성하므로 원료 광석 중 함유량이 적은 것을 사용해야 한다. 특별한 경우(노 바닥 이상) TiO_2를 장입하여 노 바닥에 가라앉히면 노 바닥을 보호할 수 있다.

3. 원료 장입 방법

(1) 샤프트 부에서의 노 내 통기성
① 가스 : 노상으로부터 노정까지 저항이 적은 부분으로 상승한다.
② 샤프트 부에서의 가스저항
  ㉠ 가스의 상승속도가 클수록 커짐
  ㉡ 공극률이 작을수록 커짐
  ㉢ 공극형상이 작을수록 커짐
③ 가스속도 : 고로의 조업도와 노정압에 따라 변화
④ 가스속도가 일정한 경우
  ㉠ 가스의 상승저항은 공극률, 공극형상 크기에 따라 결정
  ㉡ 구경의 차가 클수록 공극률은 감소
  ㉢ 소경의 혼합비율이 1/3 전후에서 공극률 최저

(2) 장입 원료의 안식각과 장입물 분포
① 안식각(정지각) : 분괴의 혼합원료를 쌓을 경우 산처럼 쌓이게 되며, 미분은 중심부에, 괴는 굴러서 하부에 쌓이는데 이때 하부의 각도를 안식각이라고 함
② 안식각이 작을수록 장입물의 분포가 고르게 되어 노황에 유리
③ 장입물의 안식각 : 정립광 > 코크스 > 펠렛 > 소결광
④ 대괴는 떨어지는 속도가 커서 멀리 튀어나가고, 세립은 바로 아래에 떨어짐
⑤ 노구벽과 종 사이의 거리(bell clearance)와의 관계
  ㉠ 클 경우 노벽 주변에 대괴가 집중
  ㉡ 작을 경우 중심부를 향하여 세립, 조립, 중괴, 대괴의 순으로 배열

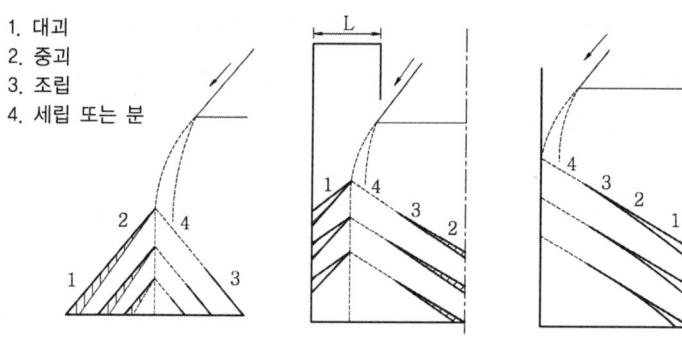

1. 대괴
2. 중괴
3. 조립
4. 세립 또는 분

원료의 입도분포

(3) 노 내의 가스 분포 ◎◎

① 노 내를 급속히 상승하는 가스의 환열과 환원능력을 유효하게 이용하려면 가스와 장입물이 충분히 접촉해야 함
② 노정의 전 단면적에 걸쳐서 균일한 가스 분포가 이루어져야 함
③ 장입물의 원활한 강하를 위해서 노벽구의 가스류를 다른 부분에 비하여 강하게 유지
④ 노 내의 장입물과 노벽과의 마찰에 의한 장입물 강하의 정체 및 광석의 노벽 부착을 방지하기 위함
⑤ 노 내 가스가 노벽 주변을 통과하기 쉬우려면 노벽에 따른 공극은 직선적이어서 가스저항이 적어야 하며, 괴상의 것이 쌓이기 쉬움
⑥ 노 내 가스 이용률이 향상되면 환원성이 향상되므로 코크스비를 낮출 수 있음
⑦ 벤틸레이션(날바람, 취발) : 고로의 일부분이 통기성이 적어 바람이 잘 통하지 않아 가스 흐름의 차가 발생하는 현상
⑧ 국부 관통류(특정 부분으로 집중해서 가스가 흐르는 것)는 장입분포, 입도, 방법 등의 문제이다.

(4) 장입순서

① 분할장입 : 광석(O)과 코크스(C)를 동시에 장입
② 정분할장입 : 광석이 아래일 때(OC↓OC↓)
③ 역분할장입 : 코크스가 아래일 때(CO↓CO↓)
④ 추가장입 : 초반 charge를 장입하고 후반에 반 charge를 장입
⑤ 별도장입 : 처음에 광석 다음에 코크스(OO↓CC↓), 또는 처음에 코크스 다음에 광석(CC↓OO↓)을 장입
⑥ 2개의 반 chagre의 간격이 일정할 때 : 장입물이 일정한 level로 내려갈 때 후반 charge를 장입하는 방법, 일정한 level을 유지

꼭 찝어 어드바이스

노내 장입물의 분포를 변경하는 방법
① 장입선을 변경
② 층 두께를 변경
③ 장입 순서를 변경

꼭 찝어 어드바이스

균일한 가스 흐름
① 샤프트 중심부의 가스저항을 적게해서 주변부로부터 중심부로 가스를 보내 줄 필요가 있음
② 극단의 주변은 약하게 되고 주변과 중심과의 중간부에 있는 장입물은 가스와의 접촉이 좋아짐
③ 노벽 주변에는 괴광, 중심부에서는 코크스가 모이도록
④ 주변과 중심의 가스류를 활발하게 하여 가스의 유효이용과 원활한 장입물 강하를 확보

꼭 찝어 어드바이스

노황에 따른 장입순서 변경
① 기본 장입법 : 광석을 먼저 넣는 별도장입(OO↓CC)
② 주변류를 강화하기 위하여 : 코크스를 먼저 넣는 별도장입(CC↓OO↓)
③ 중심류 억제하여 가스분포 개선 : 역분할장입(CO↓CO↓)
④ moval armour 채용하면 장입물 분포를 자유롭게 조정할 수 있는 batch 장입(C↓C↓O↓O↓, 또는 O↓O↓C↓C↓) 실시

개념잡기

고로조업 시 장입물이 노 안으로 하강함과 동시에 복잡한 변화를 받는데 그 변화의 일반적인 과정으로 옳은 것은?

① 용해 → 산화 → 예열
② 환원 → 예열 → 용해
③ 예열 → 산화 → 용해
④ 예열 → 환원 → 용해

> 철광석의 고로 내 변화
> 장입 → 예열 → 환원(간접환원) → 가탄(탄소흡수) → 용해 → 선철
>
> **답 ④**

개념잡기

용광로에서 분상의 광석을 사용하지 않는 이유와 가장 관계가 없는 것은?

① 노 내의 용탕이 불량해지기 때문이다.
② 통풍의 약화 현상을 가져오기 때문이다.
③ 장입물의 강하가 불균일하기 때문이다.
④ 노정가스에 의한 미분광의 손실이 우려되기 때문이다.

> 분상의 광석은 통기성을 나쁘게 하여, 장입물의 강하가 불량하고, 고압가스에 의한 분광의 손실이 증가한다.
>
> **답 ①**

개념잡기

제강용선과 비교한 주물용선의 특징으로 옳은 것은?

① 고열로 조업을 한다.
② Si의 함량이 낮다.
③ Mn의 함량이 높다.
④ 고염기도 슬래그 조업을 한다.

> 주물용선
> ① C, Si 함량이 높다.
> ② 코크스비를 증가시킨다.
> ③ 고온도 조업을 한다.
> ④ 슬래그 염기도를 낮춘다.
> ⑤ 조업속도(장입물 강하 속도)를 낮춘다.
>
> **답 ①**

개념잡기

용선 중 황(S) 함량을 저하시키기 위한 조치를 틀린 것은?

① 고로 내의 노열을 높인다.
② 슬래그의 염기도를 높인다.
③ 슬래그 중 Al_2O_3 함량을 높인다.
④ 슬래그 중 MgO 함량을 높인다.

> 탈황율을 높이려면 Al_2O_3의 함량을 낮추어야 한다.
>
> **답 ③**

개념잡기

고로에서 인(P) 성분이 선철 중에 적게 유입되도록 하는 방법 중 틀린 것은?

① 급속조업을 한다. ② 노상온도를 높인다.
③ 염기도를 높인다. ④ 장입물 중 인(P) 성분을 적게 한다.

노상온도를 낮추어야 한다.

답 ②

개념잡기

고로 내에서 노 내벽 연와를 침식하여 노체 수명을 단축시키는 원소는?

① Zn ② P ③ Al ④ Ti

- Zn : 노벽을 침식시켜 노체 수명을 단축시킨다.
- Ti : 노저로 가라앉아서 노바닥 보호용으로 사용한다.

답 ①

개념잡기

고로조업 시 화입할 때나 로황이 아주 나쁠 때 코크스와 석회석만 장입하는 것은 무엇이라 하는가?

① 연장입(蓮裝入) ② 중장입(重裝入)
③ 경장입(輕裝入) ④ 공장입(空裝入)

장입법
- 공장입 : 광석을 장입하지 않고, 석회석과 코크스만 장입
- 중장입 : 코크스비를 크게 하는 조업
- 경장입 : 코크스비를 적게 하는 조업

답 ④

개념잡기

고로의 어떤 부분만 통기저항이 작아 바람이 잘 통해서 다른 부분과 가스 상승에 차가 생기는 현상은?

① 슬립 ② 석회과잉 ③ 행깅드롭 ④ 벤틸레이션

벤틸레이션(날바람, 취발)
고로의 일부분이 통기성이 적어 바람이 잘 통하지 않아 가스 흐름의 차가 발생하는 현상

답 ④

> **개념잡기**
>
> 노 내 장입물의 분포상태를 변경하는 방법이 아닌 것은?
> ① 장입선의 변경 ② 층두께의 변경
> ③ 용선차의 변경 ④ 장입순서의 변경
>
> 용선차는 용선을 전로 공장으로 이송하는 설비이다. **답 ③**

2. 고로 송풍 조업법

1. 송풍 기초

① 송풍은 고로의 출선량과 선철의 품질을 좌우하는 중요한 인자
② **고온송풍** : 송풍온도를 고온으로 하는 조업
③ **고압조업** : 노정압을 높이는 조업
④ **복합조업** : 조습송풍, 산소부화송풍, 연료취입송풍
⑤ **PCI 조업** : 산소부화에 의한 중유 또는 미분탄, 환원가스 취입

2. 송풍 방법

(1) 고온 송풍

① 송풍 온도 : 1,200~1,300℃
② 고온 송풍의 특징
  ㉠ 코크스비 저하
  ㉡ 코크스 내의 회분이 적어지므로 석회석량도 적어져 출선량을 높이는 효과
  ㉢ 고온송풍은 통기성을 악화시키므로 장입물의 예비처리 강화가 필요

> **참고**
> 대기 공기 그대로 송풍할 때의 문제점
> ① 풍압 변동이 심하여 노황 불안정의 원인
> ② 대기 습분이 높은 하절기에는 걸림(hanging)이 적고 습분이 적은 동절기는 걸림(hanging)이 많음

(2) 조습 송풍

① 고온송풍에 따른 hanging 등 노황 불안정 방지를 위한 조습(수증기 첨가)
② 조습 송풍의 효과
  ㉠ 생산성 향상
  ㉡ 코크스비 저하
  ㉢ 송풍온도의 상승

(3) 산소 부화송풍
① 일반 공기에서 산소 비율이 21%인데 비해 산소를 증가시키는 방법
② 산소 부화송풍의 효과
  ㉠ 풍구 앞의 연소대 온도 상승
  ㉡ 연소 속도가 빨라 단위시간당 출선량 증가
  ㉢ 발열량 증가로 송풍량 감소 효과
  ㉣ 노정가스 온도 저하 효과
  ㉤ 코크스비 저하, 출선량 증가

(4) 고압조업
① 고압조업 : 고로의 노정가스 관에 밸브를 설치해서 저항을 주어 노 내 가스 압력을 통상보다도 높게 조업하는 방법이 고압조업
② 고압조업의 효과
  ㉠ 출선량 증가
  ㉡ 연료비 저하
  ㉢ **노황의 안정**
  ㉣ 연진의 감소

(5) 연료취입 조업
① 코크스 대용으로 중유나 다른 연료를 풍구로 취입하는 기술
② 중유 취입방식
  ㉠ 풍구 주입식
  ㉡ 블로어 파이프식 : 주로 사용
  ㉢ 펜스토크 커버식
③ 중유 취입은 코크스비 저하에 가장 큰 효과가 있음

(6) 미분탄취입(PCI) 조업 ◎◎
① PCI 조업 : 연료취입송풍에서 중유 대신 미분탄을 취입하는 방법
② PCI 조업 효과
  ㉠ 코크스비 저하 및 광석량 증가
  ㉡ 간접환원 능력 증가
  ㉢ 노정 가스 현열 감소 및 BFG 발생량 저하
  ㉣ 출선율 향상

> **참고**
> 고로 노정압
> ① 보통의 노정압
> $0.04 \sim 0.1 kg_f/cm^2$
> ② 고압조업 시 노정압
> $0.5 \sim 2.5 kg_f/cm^2$

> **꼭 찝어 어드바이스**
> 노정압 제어 설비
> 셉텀변

> **꼭 찝어 어드바이스**
> 취입연료
> ① **취입연료** : 중유, 경유, 타르, 천연가스, 코크스 가스, 미분탄 등
> ② 주로 중유나 미분탄 사용 (코크스 가격이 비싸기 때문)

> **꼭 찝어 어드바이스**
> 중유 무화 방법
> ① 중유를 그대로 취입하는 형식
> ② 기계적 압력으로 분무하는 방법(mechanical-automize) : 주로 사용
> ③ 압축공기에 의한 분무법 (air-automize)

개념잡기

고로의 조업에서 고압조업의 효과로 옳지 않은 것은?

① 고[S]의 용선 생산 ② 출선량의 증대
③ 연료비 저하 ④ 노황의 안정

> **고압조업 효과**
> • 출선량 증가
> • 연료비 저하
> • 노황의 안정
> • 연진의 감소
>
> 답 ①

개념잡기

다음 중 산소 부화에 의한 효과로 틀린 것은?

① 질소 감소에 의해 발열량을 감소시킨다.
② 바람 구멍 앞의 온도가 높아진다.
③ 코크스의 연소 속도가 빠르다.
④ 출선량을 증대시킨다.

> **산소 부화송풍의 특징**
> • 풍구 앞의 연소대 온도 상승
> • 연소속도가 빨라 단위시간당 출선량 증가
> • 발열량 증가로 송풍량 감소 효과
> • 노정가스 온도 저하 효과
> • 코크스비 저하, 출선량 증가
>
> 답 ①

개념잡기

미분탄 취입(Pulverized Coal Injection) 조업에 대한 설명으로 옳은 것은?

① 미분탄의 입도가 작을수록 연소 시간이 길어진다.
② 산소 부화를 하게 되면 PCI 조업 효과가 낮아진다.
③ 미분탄 연소 분위기가 높을수록 연소 속도에 의해 연소 효율은 증가한다.
④ 휘발분이 높을수록 탄(Coal)의 열분해가 지연되어 연소 효율은 감소한다.

> **PCI 조업**
> PCI 조업은 미분탄의 입도가 작을수록 연소가 쉽게 되며, 휘발분이 높을수록 열분해가 빨라지게 되고, 연소 효율은 증가하고, 산소 부화송풍을 하면 효과가 더 증가한다.
>
> 답 ③

3 고로 내 반응

1. 고로 반응

(1) 고로 내 각 구역별 반응 ●●
① 예열층 : 철광석이 가스에 의해 가열되고 부착수분이 제거되는 단계
② 환원층 : 철광석이 CO 가스에 의해 환원되어 **해면철**로 변하는 단계 (간접환원)
③ 가탄층 : 환원에 의해 생성된 해면철 내부로 탄소가 들어와 용융점이 점점 낮아지는 단계
④ 용해층 : 하부에서는 고로의 온도가 올라가고, 해면철이 가탄에 의해 용융점이 낮아져서 용해하면서 흘러내리는 단계
⑤ 연소층 : 취입되는 열풍에 의해 레이스 웨이를 형성, 고로에서 가장 온도가 높음
⑥ 노상부 : 선철, 슬래그가 흘러서 고이는 부분

(2) 용해대 상황
① 괴상대 : 장입물에서 부착수분, 결합수 제거, 석회석 분해, 슬래그 형성
② 융착대 : 장입물의 온도가 상승하며, FeO의 간접환원이 진행, 미환원철 광석의 직접환원이 시작
③ 적하대 : 선철과 슬래그가 동시에 상승하는 가스로부터 **탈황**, **침탄**이 발생
④ 용융대 : 선철 입자가 정지된 슬래그 층 안을 적하하는 과정에서 slag-metal 반응이 발생, 선철의 탈황 반응 진행

(3) 레이스 웨이 ●●
① 풍구 앞부분에서 풍구압력에 의해 발생한 공간으로 코크스가 열풍에 의해 2단계로 CO가스가 생성
② 1영역 : $C+O_2 \rightarrow CO_2$
③ 2영역 : $CO_2+C \rightarrow 2CO$

> 참고
> 고로 반응대

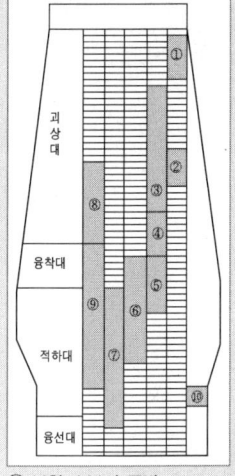

① 부착 수분의 증발
② 결정수의 분해
③ 광석의 간접환원
④ 광석의 직접환원, C용해 손실
⑤ 광석의 직접환원
⑥ 합금원소의 환원, 침탄
⑦ 탈황
⑧ 석회석의 분해
⑨ 슬래그 생성
⑩ C의 연소

> 참고
> 풍구 레이스 웨이의 C-O의 반응
> ① 바람구멍으로부터 다량의 공기가 압력에 의해 취입될 때 연소와 풍압 때문에 생기는 공간
> ② 위에서 낙하하는 코크스 입자가 비산되어 속의 벽에 충돌되어 상하좌우 노 분산되면서 생기는 공간
> ③ 좌우와 속의 코크스의 전체 영역
> ④ 충전층으로서 상부의 장입물의 하중을 지지
> ⑤ 송풍량을 증가시키면 상하좌우로 커짐
> ⑥ 유속을 증가시키면 속으로 깊게 형성
> ⑦ 바람이 온도나 코크스 입자 지름에 의해서도 변화
> ⑧ 노 안에서의 환원가스의 균일한 공급, 충전층의 형태에도 관련이 있음

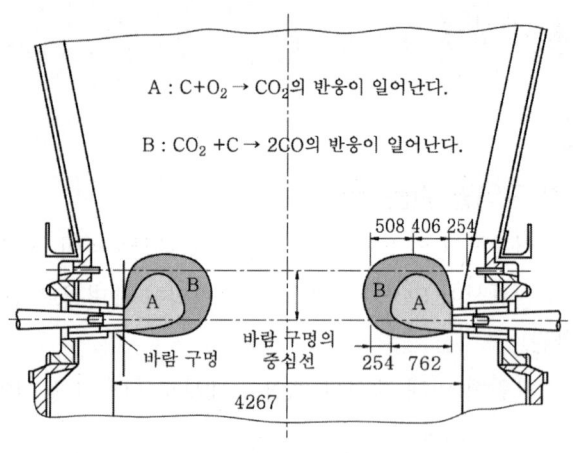

레이스 웨이 반응

2. 환원 반응

(1) 간접환원 ❂❂❂

① 노흉부 중상부에서 일어남
② CO 가스에 의한 환원
③ 저온에서 일어남
④ 발열반응에 해당함
⑤ 가급적 간접환원이 일어나는 것이 좋음

(2) 직접환원 ❂❂

① 보시대 상부에서 일어남
② 고체탄소(코크스)에 의한 환원
③ 고온에서 일어남
④ 흡열반응에 해당함

(3) 간접환원을 위한 장입법 ❂❂

① 장입물을 작게 파쇄하여 가스와 접촉면적을 증가
② 정립하여 가스의 통기성을 향상
③ 반응성이 적당하고 강도가 큰 코크스 장입(직접환원 반응 억제)
④ 산화도가 높고 기공이 많은 적철광 사용(자철광보다 가스 환원에 유리)
⑤ 요철(凹凸)이 많고 다공질인 소결광 사용

꼭 찝어 어드바이스

간접환원 반응식
① 200℃ 이상
　$3Fe_2O_3 + CO$
　$\rightarrow 2Fe_3O_4 + CO_2 + 15.7kcal$
② 500℃ 이상
　$Fe_3O_4 + CO$
　$\rightarrow 3FeO + CO_2 - 5.0kcal$
③ 700℃ 이상
　$FeO + 3CO$
　$\rightarrow Fe + CO_2 - 3.0kcal$
④ 결과적으로
　$Fe_2O_3 + 3CO$
　$\rightarrow 2Fe + 3CO_2 + 7.9kcal$의
　발열 반응 발생

꼭 찝어 어드바이스

직접환원 반응식
① $3Fe_2O_3 + C$
　$\rightarrow 2Fe_3O_4 + CO - 25.2kcal$
② $Fe_3O_4 + C$
　$\rightarrow 3FeO + CO - 45.9kcal$
③ $FeO + C$
　$\rightarrow Fe + CO - 37.9kcal$
④ 결과적으로
　$Fe_2O_3 + 3C$
　$\rightarrow 2Fe + 3CO - 90kcal$의
　흡열 반응 발생

3. 열정산과 생성물

(1) 열정산
① 입열 : 철광석 환원열, 코크스 연소열, 송풍 현열
② 출열 : 노정가스 현열, 석회석 분해(하소)열, 코크스 solution loss, Si · Mn · P의 환원열, 슬래그 현열, 용선 현열, 방산열

입열	고로 부위별 열정산	출열
④ 환원열 ⑦ C가 CO가 되는 열 ⑧ 송풍현열 ⑨ 송풍 중 수분현열	① ② ③ ④ ⑤ ⑥ ⑦ ⑧ ⑨ ⑩ ⑪ ⑫ ⑬ ⑭	① 노정가스가 갖고 나가는 열 ② 노정가스 수분이 갖고 나가는 열 ③ 석회석 하소 ⑤ Solution Loss ⑥ Si, Mn, P 환원열 ⑩ 송풍 중 수분 분해열 ⑪ 중유분해열 ⑫ 용선이 갖고 나가는 열 ⑬ 용재가 갖고 나가는 열 ⑭ 복사, 전도, 기타 잃는 열

고로 부분별 열 정산

(2) 선철 ○○
① 종류 : 제강용(KS D2102), 주물용(KS D2103)
② Si(제강 용선 중의 Si 성분을 낮게 유지)
③ Mn : 0.50~0.80% 정도 함유
④ P : 고탄소 저 P 강종을 전로에서 정련하기 위해서 P 함량이 낮은 용선 필요
⑤ S : 낮을수록 좋음, 코크스 중의 S가 85~95% 차지함
⑥ C : 4.6~4.7% 정도 함유. C 상승은 연료비 증가, 전로 산소원단위 증가, 실수율이 감소
⑦ Ti : 0.10~0.20% 정도 함유
⑧ 주물용선 : 고탄소, 고규소, 고망간
⑨ 냉선(형선)
   ㉠ 전기로에서 제강할 경우 30~40kgf의 형선으로 공급
   ㉡ 주물용선의 형선은 취급하기 쉬운 형상으로 주조하고 중량은 2~10kg 정도

꼭 찝어 어드바이스

Mn의 제강에서 영향
① 탈황효과
② 탈산효과
③ 인성향상

인(P)의 영향
Fe_3P 형성으로 상온취성 및 저온취성의 원인

황(S)의 영향
FeS 형성으로 고온취성의 원인

Ti를 투입하는 경우
노저가 손상되었을 경우 사철(TiO_2)을 장입하여 노 바닥으로 가라앉혀 노저 보호

꼭 집어 어드바이스

고로 시멘트의 특징
① 내산성이 우수하다.
② 고온의 열에는 약하다.
③ 오랫동안 강도가 크다.
④ 내화성이 우수하다.

(3) 고로 슬래그 및 부산물

① 고로 슬래그 용도 : 비료용, 시멘트용, 골재대용
② 고로 슬래그 : $CaO > SiO_2 > Al_2O_3$
③ 고로 부산물 중 비료로 사용하는 유안은 건식법으로 건조

(4) 고로 가스(BFG)

① 고로 가스(BFG) 주성분
② N_2, CO_2, CO, H_2
③ CO, H_2는 철광석의 환원에 이용 : 이용률은 50% 정도
④ 680~850kcal/Nm^3으로 다른 가스보다 낮으므로 빈가스(lean gas)라고도 함

(5) 고로 연진

① dust는 고로 가스의 청정 시에 포함된 분진(건연진, 습연진)
② 장입원료 중의 미립자가 날아나온 것
③ 고로 내에서 기화한 물질이 노상부에서 냉각 응고하여 배출된 것
④ 중유를 많이 사용할 때 풍구앞에서 완전히 가스화하지 않고 매연으로 배출되는 것
⑤ Zn, Na_2O, K_2O, S 등을 함유

개념잡기

고로 내에서 광석의 직접환원과 침탄반응이 주로 이루어지는 곳은?

① 괴상대　　　② 융착대　　　③ 연소대　　　④ 로상부

환원반응
간접환원은 온도가 낮은 노흉부에서 이루어지지만, 직접환원은 온도가 높은 융착대에서 이루어진다.

답 ②

개념잡기

고로의 풍구로부터 들어오는 압풍에 의하여 생기는 풍구 앞의 공간을 무엇이라고 하는가?

① 행잉(hanging)　　　② 레이스 웨이(race way)
③ 풀루딩(flooding)　　　④ 슬로핑(slopping)

레이스 웨이
풍구 앞부분에서 풍구압력에 의해 발생한 공간으로 코크스가 열풍에 의해 2단계로 CO가스가 생성된다.

답 ②

> **개념잡기**
>
> 소결에서의 열정산 중 입열 항목에 해당되는 것은?
>
> ① 증발　② 하소　③ 가스 현열　④ 예열 공기
>
> ---
> 열정산
> - 입열 : 예열 공기의 현열, 점화열, 코크스 산화열
> - 출열 : 증발열, 하소 분해열, COG 가스의 현열, 냉각열, 노외 방산열
>
> **답 ④**

> **개념잡기**
>
> 고로 슬래그의 용도로 부적합한 것은?
>
> ① 시멘트용　② 비료용　③ 골재대용　④ 탈황용
>
> ---
> 고로 슬래그 용도
> 비료용, 시멘트용, 골재대용
>
> **답 ④**

4 ▶ 노전작업과 조업이상

1. 노전작업

(1) 주상의 구조

① 주상 : 출선출재 작업을 위한 설비기 설치

② 설치설비

　㉠ iron runner : 용선을 유도

　㉡ slag runner : 슬래그 배출

　㉢ 경주통 : 탕도에서 흘러온 용선을 TLC로 공급

　㉣ 개공작업을 위한 개공기

　㉤ 폐쇄작업을 위한 mud gun

(2) 주상작업

① 대탕도에서 출선 시 슬래그와 용선이 혼합되어 나와 skimmer에서 비중 차이로 용선과 슬래그를 분리

② 용선은 iron runner를 통해 경주통에 받아서 제강공장으로 이송

③ 슬래그는 slag runner로 보내져 dry pit에 받아져 괴재로 처리, 수재 설비로 들어가 수재로 처리

꼭 찝어 어드바이스

개공작업
① 압축공기를 동력원으로 한 개공기로 실시
② 공기 압력이 다운되어 개공이 안 될 경우 산소에 의해 실시
③ 일정량의 위치, 각도, 깊이를 유지
④ 위치와 각도는 정해져 있고, 깊이의 변화에 주의
⑤ 출선량, 출선간각, mud량 등과 관계가 있으므로 깊이에 주의

> 참고

시료채취
① 용선의 시료채취는 목시판정용과 분석용 시료로 나누어 채취
② 목시판정용 시료 : 금형, 사형에서 채취하여 파면에 의하여 SiO_2를 판정
③ 분석용 시료 : 각 혼선차마다 금형시료를 채취해 분석 실시
④ 분석항목 : C, Si, S, Mn, P, Ti, 미량의 원소(Ni, As, Sn 등)

🌟 꼭 찝어 어드바이스

머드재 성분 비율

성분	함유비율
납석	20~35
점토	20~30
SiC	5~20
분코크스	15~30
Pitch Pellet	5~10
타르	20~30

> 참고

머드재 충진 조건
① 머드건 내 충진이 가능해야 하고, 충진 시 가스 폭발과 자파를 방지하기 위한 충진성이 양호할 것
② 소요 시간 내 소결이 잘 되어 과소결로 인한 개공이 불가능해지는 것을 방지하고, 개공 시간까지의 심도를 유지할 수 있도록 소결성이 있을 것
③ 개공기 공기압의 범위 내에서 개공이 되고, 개공 시 생취 및 혈절을 방지할 수 있는 개공성이 있을 것

(3) 출선작업
① 출선, 출재를 충분히 실시하여 노 내에 남아있지 않도록 해야 함
② 출선중지 시각은 시간을 지켜야 함
③ 출선 시 용선온도 측정 및 용선의 시료채취를 실시
④ 용선 온도 측정은 열전대를 이용

(4) 조출선을 할 경우 ●●
① 출선구가 약하고 다량의 출선에 견디지 못할 때
② 출선, 출재가 불충분한 경우
③ 레이들 부족, 기타 양적인 제약이 생긴 경우
④ 노황 냉기미로서 풍구에 재가 보일 때
⑤ 장입물 하강이 빠를 때
⑥ 감압, 휴풍이 예상될 때

(5) 출선구 폐색
① 전동식, 유압식 mud gun 사용
② mud가 갖추어야 할 사항으로 충진성, 소결성, 개공성, 기타 작업성이 있으며, 출선구 관리 및 노황 변동 요인이 되므로 항상 주의
③ mud gun의 후퇴 : 출선구 폐쇄 30~40분 후
④ 최근 작업 형태 : 금봉 타입으로 20~25분 정도 후퇴 후 금봉을 막아 놓고 차기 출선 시(약 2~6시간 후) 금봉을 뽑아 출선
⑤ 머드건의 동작 : 선회, 경동, 충진 ●●

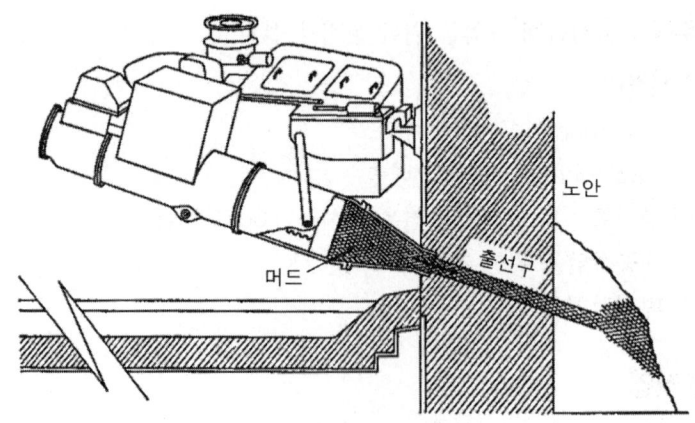

머드건과 출선구 개폐

(6) 출재작업 ◐◐

① 출재구 관리, 노저 보호 등의 목적으로 장입 TiO_2를 증가시키면 출재구에서 출재를 하지 않음
② 출재작업이 출선작업과 동시에 실시
③ 출선구로서 용선과 같이 배출하여 대탕도의 skimmer에서 용선과 분리시켜 slag runner로 흘려보냄

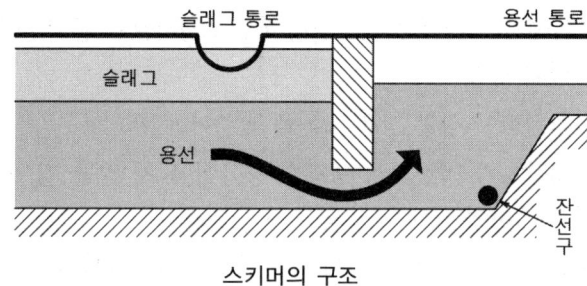

스키머의 구조

2. 화입 및 종풍조업

(1) 화입

① 축로 : 노를 제조
② 건조 : 고로 내화벽돌 축로 후 수분을 제거하여 모르타르의 접착강도를 증대시키는 작업
③ 충전 : 고로 축조 후 침목 및 장입원료를 채우는 것
④ 화입 : 노 내 충진을 마치고 충진물에 점화, 송풍하는 것

(2) 종풍조업 ◐◐

① 종풍조업 순서 : 클리닝조업 → 감척종풍조업 → 노저출선작업 → 주수냉각작업
② 클리닝조업 : 샤프트부 부착물 제거 및 노상부 부착물 용해 제거
③ 감척종풍조업 : 고로 조업을 종료하는 조업
④ 노저출선작업 : 감척이 완료된 후 용융물을 배출하는 작업
⑤ 주수냉각작업 : 노벽 및 노저 내화물에 주수하여 냉각하는 작업

> **참고**
>
> 고로 건조 중 내화벽돌의 spalling 원인
> ① 연와 균열은 승온 과정보다는 항온 과정에서 급격한 항온에 의한 것이 대부분
> ② 연와를 균일한 승온 속도보다 높을수록 승온 과정에서 많은 균열이 발생

> **참고**
>
> 감척 조업 계획 시 포함해야 할 사항
> ① **고로 내용적의 추정** : Mn 투입 및 노체 boring에 의해 추정
> ② **종풍용 장입 물량 결정** : O/C 결정, Mn광 장입량 결정, 종풍용 코크스 결정
> ③ **소요 풍량 결정** : 노 내 광석 잔존 시 소요 풍량, 노 내 코크스만 연소 시 소요 풍량, 종풍 총 소요 풍량
> ④ **종풍 조업 시간의 결정** : 취발 방지, 가스 칼로리 제어, 노정 온도 제어
> ⑤ **감척 속도의 계산** : 감척 체적 계산, 감척 레벨 계산
> ⑥ **감척 계획 시 고려할 사항** : 송풍량, 풍온, 노정압, 코크스 장입, 질소 취입, 노정살수 등

3. 조업 이상 및 대책

(1) 조업 사고 ○○

① 행깅, 행잉(Hanging) : 고로 장입물이 일시적으로(30분 이상) 낙하하지 않는 현상
② 슬립(Slip) : 걸려있던 장입물이 일시에 급격히 떨어지는 상태
③ 날바람 : 슬립 발생으로 가스가 빠져나가 노정압이 급격히 높아질 때
④ 고로조업에서는 송풍유량을 일정하게 조정하므로 통기성이 약화되면 송풍압력이 상승
⑤ 노체연와침식이 심할 경우 노온을 낮추어야 함
⑥ 노정장입장치가 정전되서 냉각수 공급이 되지 않을 경우 불활성가스인 질소를 투입하여 공랭
⑦ 적열(Hot spot) : 고로 내벽에 국부적으로 얇아져서 노 내 가스나 용융물이 분출하는 현상
⑧ 급작스런 연료 취입증가가 일어나면 고로의 온도가 일시적으로 상승

(2) 휴풍

① 휴풍 : 노체 및 고로관련 설비의 보전, 수리, 개조, 용선 원료의 수급조정 등으로 고로에 대한 송풍을 일시 중지하는 것
② 휴풍의 종류
  ㉠ 예정휴풍 : 월 생산계획 및 정비계획에 의하여 예정된 휴풍
  ㉡ 임시예정 휴풍 : 월 생산계획 및 정비계획에 포함되지 않으나 미리 계획된 단시간 휴풍
  ㉢ 임시휴풍 : 정비, 보수, 수리로 원료 수급상 정지를 않고 행하는 휴풍
  ㉣ 긴급휴풍 : 돌발사고에 의해 즉시 행하여지는 휴풍

(3) 냉입

① 냉입 : 노상부의 열이 현저하게 저하되므로 인해 발생하는 사고
② 노 내 침수 : 풍구, 냉각반, 스토브 등 냉각장치의 파손에 의한 노 내 침수
③ 장시간 휴풍 : 돌발 휴풍으로 장시간 휴풍이 준비없이 행할 경우 발생
④ 노황 부조 : 날바람, 벽락 등에 의한 열 밸런스 이상
⑤ 이상 조업 : 장입물의 평량 이상, 연료취입 정지 등에 의한 열 밸런스 붕괴, 휴풍 시 침수 등

꼭 찝어 어드바이스

행깅의 원인(샤프트 상부에서 발생하는 원인)
① 노 내 분이 많을 경우
② 부착물 등에 의해 부분적으로 노 내 가스 압력이 상승할 경우

행깅의 원인(샤프트 하부에서 발생하는 원인)
① 선재의 양, 유동성, 코크스 입도의 영향
② 노열의 저하, 선재의 유동성 악화, 저 선재의 양이 많을 때

행깅의 문제점
① hanging이 발생한 상태에서 계속 조업하면 노 내에 공동이 발생
② 상승하는 가스에 대하여 장입물의 공급이 없기 때문에 노정 가스 온도 상승
③ 노 내 반응면, 설비면에서 상당히 위험

참고

고로의 통기성 변동을 가져오는 요인
① 장입물의 입도 구성의 변동
② 장입물의 노 내에서의 분화 현상의 변동
③ 노 내에서의 장입물 분포 및 입도분포의 변동
④ 노열의 변동
⑤ 송풍 성분의 변동
⑥ 융착층 분포의 변동

(4) 풍구 파손 원인
① 걸림과 슬립이 많을 때
② 슬래그 염기도가 높을 때
③ 코크스 강도가 낮을 때
④ 슬래그 점성이 높을 때
⑤ 맥석 및 회분이 많을 때
⑥ 송풍온도가 높을 때

(5) 노저 용선
① 노저 용선 : 살수가 불충분하거나 노 내 용선의 유동상태 변동에 따라 carbon 연와가 침식되어 용선에 의해 철판이 파손되어 용선이 냉각수와 접촉하여 폭발과 함께 분출
② 대책
  ㉠ 노저 연와의 침식 방지가 가장 중요
  ㉡ 양질의 carbon 연와를 세밀하게 축조하고 외부 냉각을 강화
  ㉢ 노저 mantle을 체크
  ㉣ 살수관의 막힘 제거, 철저한 정비
  ㉤ 노저 철판의 온도가 60℃ 이상일 경우 보충 살수가 필요

(6) 출선구 파손 원인
① 출선구 위치 및 각도 불량
② mud량 및 재질 불량
③ 출선구 냉각반의 파손
④ 출선 시 개공 불량

4. 혼선로와 용선차

(1) 개요
① 제강 주원료인 용선은 고로에서 곧바로 전로에 주입하여 제강 작업을 진행하지 않고 보관을 하기 때문에 혼선로나 용선차가 필요
② 고로에서 나온 용선을 저장 후 필요에 따라 제강로에 공급, 공급 전 예비 정련 실시
③ 주입하는 용선의 온도 : 1,200~1,300℃
④ 보관 중 용선의 온도는 1,300℃ 이상을 유지 : COG, BFG로 가열

> **참고**
> 풍구 파손이 조업의 생산량 저하에 가장 큰 영향을 미친다.
>
> **풍구파손 대책**
> ① 선단부에 의한 용손을 피하기 위해 세라믹 코팅 또는 특수합금으로 가공
> ② 급수량을 증가시키거나 수류 속도를 상승시키는 구조의 풍구 사용
> ③ 해수를 담수로 바꾸기도 함

> **참고**
> **노 내 변동 사항**
> ① 고로는 끊임없이 변동을 하고 있음
> ② 고로의 중요 변동 사항 : 열량 변동, 온도 변동, 성분 변동, 통기성 변동
> ③ 변동 사항에 대하여 여유를 가져두는 것이 조업상 필수 조건
> ④ 너무 여유가 많으면 조업 성적이 저하
> ⑤ 너무 적으면 노황의 안정을 해칠 trouble을 일으킴

> **참고**
> **혼선로의 모양**
> ① 초기 모양은 배 모양이었으나 지금은 거의 사용하지 않음
> ② 현재는 지름과 길이가 1:1인 룬트미셔(Rundmischer), 1:2인 발젠미셔(Walzenmischer)라는 원통형을 사용
> ③ **혼선로 외형** : 20~40mm 두께의 강철판으로 만든 원통형으로 수선구, 출선구, 출재구, 노체를 기울일 수 있는 경동장치가 설치되어 있음

> 참고

혼선로 내부 내화재료
① 부위에 따라 다른 내화 벽돌을 200~600mm 두께로
② 천장 부분은 고알루미나 벽돌이나 샤모트 벽돌 사용
③ 슬래그가 닿는 슬래그 라인이나 출선구는 고온 소성 마그네시아 벽돌 사용

(2) 혼선로의 기능
① 열방산 방지 및 가열 가능
② 용선의 성분 균일화
③ 용선의 임시 저장
④ 탈황이 가능

(3) 용선차(TLC : Toperdo ladle car) ◐◐
① 기능
  ㉠ 고로에 공급하는 용선을 보온·저장하며, 이것을 제강 공장으로 운반하는 역할
  ㉡ 용선의 온도는 8시간 후부터 8℃/h, 15시간부터 5℃씩 하강하므로 30시간 정도 저장 가능

> 참고

토페도카의 구조
① 노체 중심부에 수선과 출선을 겸하는 노구를 설치
② 노체 벽돌은 점토질, 고알루미나질 벽돌 사용
③ 벽돌 두께 300~400mm, 용탕 접촉부 500~600mm
④ 출선할 때 노체가 120~145° 정도 기울일 수 있음

② 토페도카의 특징
  ㉠ 용강의 보온 및 온도 강하가 적고 전로에 직접 장입할 수 있다.
  ㉡ 혼선로에 비해 건설비가 싸다.
  ㉢ 작업 인원 및 장비가 많지 않다.
  ㉣ 부착금속이 되는 선철 손실이 적다.
  ㉤ 성분 조정 및 탈황, 탈인이 가능하다.
  ㉥ 용선 장입 및 출강이 하나의 입구로 가능하다.
  ㉦ 입구가 넓어 출강 시 슬래그가 혼입될 수 있는 단점이 있다.

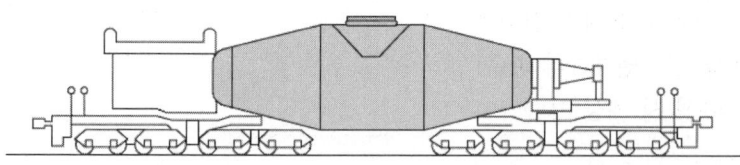

토페도카

개념잡기

노황 및 출선, 출재가 정상적이지 않아 조기 출선을 해야 하는 경우가 아닌 것은?
① 감압, 휴풍이 예상될 경우
② 노열 저하 현상이 보일 경우
③ 장입물의 하강이 느린 경우
④ 출선구가 약하고 다량의 출선에 견디지 못할 경우

조출선
조출선은 장입물의 하강이 빠를 경우 행한다.

답 ③

개념잡기

고로 노체의 건조 후 침목 및 장입원료를 노 내에 채우는 것을 무엇이라 하는가?

① 화입   ② 지화   ③ 충전   ④ 축로

- 축로 : 노를 축조하는 것
- 충전 : 노체 건조 후 침목 및 장입원료를 채우는 작업
- 화입 : 충전이 완료된 고로에 송풍을 시작하는 것

답 ③

개념잡기

고로에서 출선구 머드건(폐색기)의 성능을 향상시키기 위하여 첨가하는 원료는?

① SiC   ② CaO   ③ MgO   ④ FeO

머드건
머드건의 성능을 향상시키기 위해서 머드에 SiC성분을 첨가한다.

답 ①

개념잡기

용선을 따라서 흘러나오는 슬래그는 어디에서 분리하는가?

① 용선 레이들   ② 토페도카   ③ 주선기   ④ 스키머

스키머(skimmer)
용선과 슬래그를 비중 차에 의해 분리하는 장치

답 ④

개념잡기

고로 휴풍 후 노정 점화를 실시하기 전에 가스검지를 하는 이유는?

① 오염방지   ② 폭발방지   ③ 중독방지   ④ 누수방지

휴풍 후 재점화 시 잔류 가스에 의한 폭발을 방지하기 위해 가스검지를 해야 한다.

답 ②

개념잡기

풍구 부분의 손상 원인이 아닌 것은?

① 풍구 주변 누수
② 강하물에 의한 마모 균열
③ 냉각 배수 중 노 내 가스 혼입
④ 노정 가스 중 수소함량 급감소

> **풍구 손상 원인**
> - 풍구 주변의 누수
> - 걸림이나 슬립에 의한 장입물의 강하
> - 냉각수 중 노 내 가스 혼입
> - 급수압의 저하 및 단수
> - 장입물 중의 분율이 증가에 의한 급격한 풍압 상승

답 ④

개념잡기

고로 조업에서 냉입사고의 원인이 아닌 것은?

① 유동성이 불량할 때
② 미분탄 등 보조연료를 다량으로 취입할 때
③ 장입물의 얹힘 및 슬립이 연속적으로 발생할 때
④ 풍구, 냉각반의 파손에 의한 노 내 침수가 일어날 때

> **냉입사고**
> 미분탄 등 보조연료를 다량취입하면 노 온도는 올라가므로 냉입은 일어나지 않는다.

답 ②

개념잡기

용선을 고로에서 제강의 전로까지 옮기는 데 이용되는 설비에 해당되지 않는 것은?

① ladle   ② soaking pit   ③ torpedo car   ④ mixer

> **용선 이송설비**
> 레이들(ladle), 토페도카(toperdo car), 믹서(mixer)

답 ②

CHAPTER 06 신제철법 및 제선의 계산

📖 **단원 들어가기 전**

Ⓐ
1. 용융 환원법(코렉스법과 파이넥스법)의 특징
2. 제선 조업 관련 계산
3. 코렉스법에서 용융로의 반응에 관한 사항은 필기시험에 자주 출제됩니다.
4. 신제철법(코렉스법과 파이넥스법)의 의미에 관한 사항은 실기시험의 필답형 시험에서도 자주 출제됩니다.
5. 제선 조업에 관련한 계산식은 예시 문제를 참고하여 자주 풀어봐야 합니다.

📖 **빅데이터 키워드**

제선, 제강, 철강재료, 용융환원법, 코렉스법, 파이넥스법, 직접제철법, 염기도, 출선비, 광석량, 내화도, 고정탄소

1 ▶ 신제철법

1. 코렉스법(Corex)

(1) 개요

① 코렉스법 : 환원로와 용융로를 사용하여 소결공정과 코크스 공정을 없애는 조업
  ㉠ 환원로 : 용융로에서 생성된 가스를 이용하여 광석을 환원
  ㉡ 용융로 : 석탄은 산소에 의해 가스화되고, 환원된 DRI는 일부 직접 환원을 거쳐 용선과 슬래그로 용해
② 원료조건, 설비조건하에서 원료 장입, 송풍, 용선·용재추출, 노정가스 제어 작업을 실시함에 있어 노 상황을 안정하고 능률 좋게 관리

(2) 코렉스법의 장단점

① 장점
  ㉠ 제조원가 및 투자비를 절감할 수 있음
  ㉡ 기존 고로법에 비해 소결, 코크스 설비가 필요 없으므로 SO_2 등 공해 물질 발생량이 적어 환경규제에 능동적 대응이 용이
  ㉢ 고로 대비 생산량 조절이 용이하여 수요변화에 신축적 대응이 가능

용융환원 공정 개발에 따른 효과
① 설비 투자 절감
② 설비 규모 축소 가능
③ 생산 탄력성 증가
④ 기존 공정과의 조화
⑤ 원료비 절감
⑥ 공해 감소

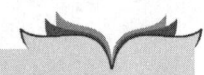

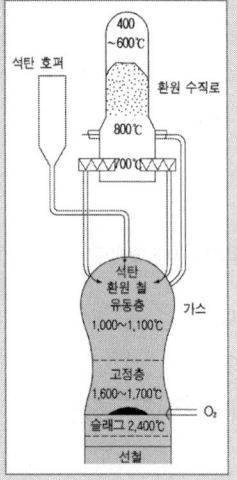

② 단점
  ㉠ 대량생산체제 구축 미흡
  ㉡ 원료비가 고가
  ㉢ 공정 중에 발생하는 가루형태의 석탄을 처리해야 함

(3) 코렉스 조업에 따른 효과
  ① 석탄과 광석을 직접 이용할 수 있어 원료 선택의 폭이 증대
  ② 조업의 시작, 중지가 비교적 용이하기 때문에 생산 탄력성이 증대
  ③ 소결 및 코크스화 공정의 생략에 의해 생산비 및 조업의 비용을 절감
  ④ 주차적으로 발생하는 에너지 발생량의 조정이 쉽고, 에너지 탄력성이 풍부
  ⑤ 소비 에너지 절감이 가능하고, 수소분이 높은 일반탄 사용이 가능하므로 CO_2 발생량을 낮출 수 있음
  ⑥ 규모의 확대와 분광 사용비율을 증가시키는 것이 중요

2. 파이넥스법(Finex)

(1) 파이넥스법의 특징 ●●

  ① 가루 형태의 분철광석을 가공없이 **유동로**에 투입, 환원반응으로 철 성분을 분리하여 용융로에서 유연탄과 녹여 최종 선철을 제조
  ② 코크스 공정이나 소결 공정 등의 예비처리 공정이 필요 없음
  ③ 고로 대비 설비 투자비는 20%, 제조 원가는 15% 절감
  ④ 환경 오염 물질(NO_2, SO_2, CO_2 등)도 고로에 비해 크게 줄일 수 있는 친환경 기술(유동 환원로가 탈황작용, 용융로에서 순산소를 사용하기 때문)
  ⑤ 환원로 반응
    ㉠ 부원료의 소성 반응
    ㉡ $Fe + H_2S \rightarrow FeS + H_2$
    ㉢ $Fe_2O_3 + 3CO \rightarrow 2Fe + 3CO_2$
  ⑥ 용융로 반응
    ㉠ $C + \frac{1}{2}O_2 \rightarrow CO$

(2) 파이넥스 환원율에 미치는 인자 ●●

  ① 환원가스 중 CO, H_2 농도
  ② 환원가스 원단위
  ③ 환원가스 온도

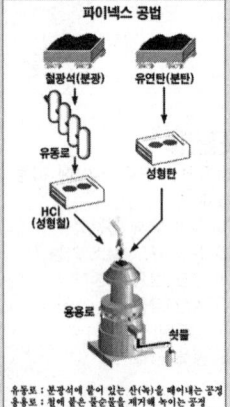

3. 기타 용융 환원법

(1) 디오스법(DIOS)
① 원료 및 연료는 8mm 이하의 분광과 일반탄을 사용하며, 설비 유지 및 가동이 용이하다.
② 광석은 먼저 예비로에서 500℃까지 가열하면서 5% 가량 환원하고 환원물을 석탄과 함께 전로형 용융 환원로에 장입한다.
③ 랜스를 이용하여 상부 산소 취입 및 하부의 질소 취입으로 교반하며 용선을 제조한다.

(2) 하이 스멜트(Hi-Smelt)법
① 전로를 이용한 고철 용해 기술을 기본으로 고철 대신 분광을 취입하는 대체 기술로 개발된 방법으로, 일반탄과 분탄 모두 연료로 사용 가능하다.
② 철광석은 순환 유동층 형태의 예비 환원로와 전로형 용융 환원로를 거쳐 용선으로 제조한다.

> **참고**
> **미드렉스법(Midrex)**
> ① 펠렛은 노의 상부에서 장입하며, 환원가스는 노의 하부에서 불어넣음
> ② 환원가스와 펠렛이 상호 반대 방향으로 흐르면서 교차되므로 장입물의 온도를 올리면서 환원이 진행
> ③ 환원제 주성분은 수소이므로 흡열반응이 일어남
>
> **하일법(Hyl)**
> ① 미드렉스법과 같이 반응기가 용광로 형태이나 고압(2~4기압)조업을 하는 것이 특징
> ② 천연가스를 개질하여 환원가스로 사용
>
> **피오르법(FIOR)**
> 괴광이나 펠렛이 아닌 분광을 그대로 사용하는 기술
>
> **핀메트(FINMET)법**
> 피오르법을 개조한 것
>
> **탄화철(Iron Carbide)법**
> ① 저온(570℃)의 환원 가스를 사용
> ② 환원가스로 분광으로부터 탄화철을 생산하는 공정

개념잡기

용융 환원로(COREX)는 환원로와 용융로 두 개의 반응기로 구분한다. 이 때 용융로의 역할이 아닌 것은?

① 슬래그의 용해   ② 환원가스의 생성
③ 철광석의 간접환원   ④ 석탄의 건조 및 탈가스화

> **코렉스로 구성**
> ① 환원로 : 용융로에서 생성된 가스를 이용하여 광석을 간접환원
> ② 용융로 : 석탄은 산소에 의해 가스화되고, 환원된 DRI는 일부 직접환원을 거쳐 용선과 슬래그로 용해
>
> 답 ③

개념잡기

파이넥스 조업설비 중 환원로에서의 반응이 아닌 것은?

① 부원료의 소성 반응
② $C + \dfrac{1}{2}O_2 \rightarrow CO$
③ $Fe + H_2S \rightarrow FeS + H_2$
④ $Fe_2O_3 + 3CO \rightarrow 2Fe + 3CO_2$

> **환원로 반응**
> $C + \dfrac{1}{2}O_2 \rightarrow CO$ 반응은 용융로의 반응이다.
>
> 답 ②

개념잡기

파이넥스 유동로의 환원율에 영향을 미치는 인자가 아닌 것은?

① 환원가스 성분 중 CO, H_2 농도
② 광석 1t 당 환원가스 원단위
③ 유동로 압력
④ 환원가스 온도

> 파이넥스법의 환원율에 미치는 인자
> ① 환원가스 중 CO, H_2 농도
> ② 환원가스 원단위
> ③ 환원가스 온도
>
> 답 ③

개념잡기

다음 중 고로제선법의 문제점을 보완하여 저렴한 분광석, 분탄을 직접 노에 넣어 용선을 생산하는 차세대 제선법은?

① BF법
② LD법
③ 파이넥스법
④ 스트립 캐스팅법

> 파이넥스법
> 분광석과 분탄을 노에 직접 넣고 용선을 생산하는 방식
>
> 답 ③

2 제선 조업의 계산

1. 제선 조업 관련 문제 해설

① 선광비 = $\dfrac{원광석}{정광산물}$ ★★★

예 철광 2kg을 자력 선별하여 850g의 정광 산물을 얻었다면 선광비는 약 얼마인가?

풀이 선광비 = $\dfrac{원광석}{정광산물} = \dfrac{2,000}{850} = 2.35$

② 염기도 = $\dfrac{CaO}{SiO_2}$ ★★★

예 소결광 성분이 보기와 같을 때 염기도는?
    CaO : 9.9%, FeO : 6.5%, SiO_2 : 6.0%

풀이 염기도 = $\dfrac{CaO}{SiO_2} = \dfrac{9.9}{6.0} = 1.65$

③ 필요 광석량 = $\dfrac{\text{목표생산량} \times \text{철분함량}}{\text{품위}}$ ★★★

예1 철분의 품위가 57.6%인 철광석으로부터 철분 94%의 선철 1톤을 제조하는데 필요한 철광석 양은 약 몇 kg_f인가?

풀이 필요 광석량 = $\dfrac{\text{목표생산량} \times \text{철분함량}}{\text{품위}} = \dfrac{1,000(1톤) \times 0.94(철분함량)}{0.576} = 1,632$

예2 고로에서 선철 1톤을 생산하는데 소요되는 철광석(소결용 분광 + 괴광석)의 양은 약 얼마인가?

풀이 선철 1톤을 생산하려면 품위가 약 55%~63%이므로 필요 광석량은 다음과 같이 계산할 수 있다.

※ 품위를 60%라고 할 경우 : 광석량 = $\dfrac{\text{목표량}}{\text{품위}} = \dfrac{1톤}{0.6} = 1.6톤$

④ 고정탄소 = 100 - (회분 + 수분 + 휘발분) ★★

예 코크스 중에 회분이 7%, 휘발분이 5%, 수분이 4% 있다면 고정탄소의 양은 몇 %인가?

풀이 고정탄소(%) = 100 - (회분 + 수분 + 휘발분) = 100 - (7 + 5 + 4) = 84%

⑤ 출선비 = $\dfrac{\text{출선량}}{\text{내용적}}$ ★★

예 내용적 $3,795 m^3$의 고로에 풍량 $6,000\ Nm^3/min$으로 송풍하여 선철을 8,160ton/일, 슬래그를 2,690ton/일 생산하였을 때의 출선비(t/일/m^3)는 약 얼마인가?

풀이 출선비 = $\dfrac{\text{출선량}}{\text{내용적}} = \dfrac{8,160}{3,795} = 2.15$

⑥ 가스발생량 = $\dfrac{\text{송풍량} \times \text{공기 중 질소비}}{\text{노정가스 질소비}}$

예 송풍량이 $1,680 m^3$이고 노정가스 중 N_2가 57%일 때 노정가스량은 약 몇 m^3인가? (단, 공기 중의 산소는 21%이다)

풀이 가스 발생량 = $\dfrac{\text{송풍량} \times \text{공기 중 질소비}}{\text{노정가스 질소비}} = \dfrac{1,680 \times 0.79}{0.57} = 2,328$

⑦ Mn필요성분 = 목표량 - 현재량 ★★

선철 중 전 Mn필요량 = 선철생산량 × Mn필요성분

필요Mn량 = $\dfrac{\text{Mn필요량}}{\text{Mn환원율}}$

필요 장입Mn광 = $\dfrac{\text{필요Mn량}}{\text{광석 중 Mn함량}}$

예 제강공장으로부터 용선 중 망간 [Mn]%를 현재의 0.4%에서 0.55%까지 높여달라는 요청이 왔다. 이를 위해 용광로에 장입해야 할 망간 광석량은? (단, 1ch당 선철 생성량 : 65,000kg/ch, 용광로 내에서의 망간 환원율 : 70%, 망간광 중 망간 함량 : 31%)

풀이 Mn 필요성분 = 0.55 − 0.4 = 0.15
선철 중 전 Mn필요량 = 선철생산량 × Mn필요성분
    = 65,000 × 0.0015
    = 97.5

필요Mn량 = $\dfrac{\text{Mn필요량}}{\text{Mn환원율}} = \dfrac{97.5}{0.7}$ = 139.286

필요 장입Mn광 = $\dfrac{\text{필요Mn량}}{\text{광석 중 Mn함량}}$
    = $\dfrac{139.286}{0.31}$ = 449kg

⑧ 내화도(SK) 계산 ❋❋❋

예 제게르 추의 번호 SK33의 용융 연화점 온도는 몇 ℃인가?

풀이 SK 30이 1,670℃이며 SK 1차이는 20℃ 차이가 난다.
따라서 SK 33은 1,730℃(1,670 + 20×3)이다.

⑨ 황의 산화 반응 연소 가스량 계산

예 황(S) 1kg$_f$을 이론 공기량으로 완전 연소시킬 때 발생하는 연소 가스량은 약 몇 Nm^3인가? (단, S의 원자량은 32, O_2의 분자량은 32, 공기 중의 산소는 약 21%이다)

풀이 S : 32(분자량),
O : 32(분자량)
부피일 경우(22.4 : 1기압에서의 산소 당량)
따라서 C : O = 32 : 22.4 = 1 : 0.7(부피비)이므로
S 1kg$_f$ → O 0.7Nm^3이며,
공기 중에는 산소가 21% 있으므로
∴ $\dfrac{0.7}{0.21}$ = 3.33Nm^3

2. 기타 제선 계산식

① 기공율 = $1 - \dfrac{\text{겉보기비중}}{\text{진비중}} \times 100$

② 소결기 생산성 = $\left(\dfrac{\text{생산량}}{\text{유효화상면적}}\right) / \text{가동률}$

③ 소결공장 광석비 = $\dfrac{\text{신원료}}{\text{소결광생산량}}$

④ 광석비 = $\dfrac{\text{사용량}}{\text{생산량}} \times \dfrac{1}{\text{소결광비}}$

⑤ 성품회수율 = $\dfrac{\text{소결순생산량}+\text{고로반광 발생량}}{\text{신원료}+\text{자체반광 발생량}} \times 100$

⑥ 신원료 = $\dfrac{\text{일총생산량} \times \text{광석비} \times \text{안전율}}{24\text{시간(1일)}}$

⑦ 화염진행속도(FFS) = $\dfrac{P.S \times h}{L}$

　　　　　┌ P.S : 소결기 속도
　　　　　├ h : 장입 층후
　　　　　└ L : 스탠드 길이

⑧ 공연비 = $\dfrac{\text{전체연료성분량}}{\text{공기사용량}}$

⑨ 무연탄 연료비 = $\dfrac{\text{고정탄소\%}}{\text{휘발분\%}}$

⑩ 코크스 생산량 = (오븐당 석탄 장입량)×(압출문수)×(코크스 실수율)

⑪ 코크스 반응성 = $\dfrac{CO}{CO_2 + CO} \times 100$

⑫ 낙하강도(SI)는 2m 높이에서 4회 낙하시험한 후 다음 식에 의해 구한다.

$SI = \dfrac{\text{시험후}+10mm\text{중량}}{\text{시험전}+10mm\text{중량}} \times 100$

⑬ 고로 내용적 $V = KD^2H$

⑭ 송풍량 = 가스발생량 $\times N_2\% \times \dfrac{1}{100} \times \dfrac{1}{0.79(\text{공기중 질소비})}$

⑮ BFG생산량 = 분당 송풍량×60분(1시간)×(1+BFG 중 공기량)

⑯ 증가송풍량 = $\dfrac{\text{증가 생산량} \times \text{원 송풍량}}{\text{원 생산량}}$

⑰ 표준장입량(N·C) = $\dfrac{\text{최상단 입량(T·C)}}{0.65}$

CHAPTER 07 산업안전

단원 들어가기 전
1. 산업안전관리
2. 제선조업 안전관리
3. 산업안전 및 제선조업 안전관리는 필기시험에서 필수로 출제됩니다.
4. 제선조업 안전장비 및 보호구에 대한 출제빈도가 많으므로 중점적으로 학습하세요.

빅데이터 키워드
산업안전, 화재, 재해예방, 가스안전, 하인리히, 브레인스토밍, 강도율, 도수율, 안전장비, 보호구

1. 산업안전관리

> **꼭 찝어 어드바이스**
>
> **화재의 원인**
> ① 유류에 의한 착화 : 유류의 증기, 유류 기구의 과열, 유류 누출 등
> ② 유류에 의한 발화 : 연소 기구의 전도 또는 가연물의 낙하
> ③ 전기에 의한 발화 : 단락, 누전, 과전류 등
>
> **화재의 3요소**
> 연료, 산소, 점화원
>
> **화재 예방**
> 3요소 중 하나를 제거
> ① 연료를 제거하거나 연소 범위 밖의 농도 유지
> ② 공기(산소 또는 산화제)를 최소 농도 이하로 유지

1. 화재의 종류

구분	명칭	내용	소화방법
A급	일반 화재	• 연소 후 재가 남는 화재(일반 가연물) • 목재, 섬유류, 플라스틱 등	분말 소화기, CO_2 소화기, 물, 모래
B급	유류 화재	• 연소 후 재가 없는 화재(유류 및 가스) • 가연성 액체(가솔린, 석유 등) 및 기체(프로판 등)	분말 소화기, CO_2 소화기
C급	전기 화재	• 전기 기구 및 기계에 의한 화재 • 변압기, 개폐기, 전기 다리미 등	CO_2 소화기, 분말 소화기
D급	금속 화재	• 금속(마그네슘, 알루미늄 등)에 의한 화재 • 금속이 물과 접촉하면 열을 내며 분해되어 폭발하며, 소화 시에는 모래나 질석 또는 팽창 질석을 사용	건조 모래, 할로겐 소화기

2. 가스 안전 색채 표시

① 산소 : 녹색
② 액화 이산화탄소 : 파랑색
③ 액화 암모니아 : 흰색
④ 액화 염소 : 갈색
⑤ 아세틸렌 : 노란색
⑥ LPG, 기타 : 회색

> 참고
> 재해의 경향
> ① 재해가 가장 많은 계절
>   : 여름(7~8월)
> ② 재해가 가장 많은 요일
>   : 토요일
> ③ 재해가 가장 많은 작업
>   : 운반 작업
> ④ 재해가 가장 많은 전동장치
>   : 벨트

3. 재해 이론

(1) 무재해 3원칙

① 무의 원칙
② 전원 참여의 원칙
③ 선취 해결의 원칙

(2) 위험예지훈련 4단계

① 1단계 : 현상 파악
② 2단계 : 본질 추구
③ 3단계 : 대책 수립
④ 4단계 : 목표 설정

(3) 하인리히 사고예방 5단계(하인리히 도미노 이론)

① 1단계 : 유전적 요소 및 사회적 환경
② 2단계 : 개인적 결함
③ 3단계 : 불안전한 행동 또는 상태
④ 4단계 : 사고
⑤ 5단계 : 재해

> 꼭 찝어 어드바이스
> 불안전한 행동(인적요인)
> 장치의 기능을 제거, 잘못 사용, 조작 미숙, 자세 및 동작의 불안전, 취급 부주의 등
>
> 불안전한 상태(물적 요인)
> 기계, 방호장치, 보호구, 작업환경, 생산공정이나 배치의 결함 등

(4) 브레인스토밍 4원칙

① 비판금지(support)
② 대량발언(speed)
③ 수정발언(synergy)
④ 자유분방(silly)

> 참고
> 버즈의 수정 도미노 이론
> ① 통제의 부족(관리)
> ② 기본 원리(기원)
> ③ 직접 원인(징후)
> ④ 사고(접촉)
> ⑤ 상해 및 손상(손실)

(5) 재해의 기본원인 4M

① 사람(Man)
② 설비(Machine)

> **참고**
> 재해율
> ① 재해 발생의 빈도 및 손실의 정도를 나타내는 비율
> ② 재해 발생의 빈도 : 연 천인율, 도수율
> ③ 재해 발생에 의한 손실 정도 : 강도율
>
> 천인율과 도수율의 관계
> 천인율=도수율×2.4
> 도수율=연 천인율/2.4

③ 작업(Media)
④ 관리(Management)

(6) 재해관련 계산식

① 강도율 = $\dfrac{\text{근로손실일수}}{\text{연 근로시간수}} \times 1{,}000$

② 도수율 = $\dfrac{\text{재해발생건수}}{\text{연 근로시간수}} \times 100\text{만 시간}$

③ 천인율 = $\dfrac{\text{재해자수}}{\text{평균 근로자수}} \times 1{,}000$

> **참고**
> 재해원인과 상호관계
> ① 불안전 행동
>   ㉠ 인간의 작업행동의 결함 (전체 재해의 54%)
>   ㉡ 무리한 행동(16%)
>   ㉢ 필요이상 급한 행동(15%)
>   ㉣ 위험한 자세, 위치, 동작 (8%)
>   ㉤ 작업상태 미확인(6%)
> ② 불안전 상태
>   ㉠ 기계 설비의 결함 (전체 재해의 46%)
>   ㉡ 보전불비(17%)
>   ㉢ 안전을 고려하지 않은 구조 (15%)
>   ㉣ 안전커버가 없는 상태 (6%)
>   ㉤ 통로, 작업장 협소(7%)

4. 재해 예방

(1) 사고의 간접 원인 ★★

① 교육적 원인 : 안전의식의 부족, 안전의식의 오해, 경험·훈련의 부족 및 미숙, 작업방법의 교육 불충분, 유해 위험작업의 교육 불충분

② 기술적 원인 : 건물 및 기계장치 설계불량, 구조 및 재료의 부적합, 생산 공정의 부적당, 점검 및 정비보존 불량

③ 작업관리적 원인 : 안전관리 조직 결함, 안전수칙 미제정, 작업준비 불충분, 인원배치 부적당, 작업지시 부적당

> **꼭 찝어 어드바이스**
> 재해예방의 4원칙
> ① 손실 우연의 원칙
> ② 원인 계기의 원칙
> ③ 예방 가능의 원칙
> ④ 대책 선정의 원칙

(2) 재해 누발자 유형 ★★

① 미숙성 누발자
  ㉠ 기능 미숙 때문에
  ㉡ 환경에 익숙하지 못하기 때문에

② 상황성 누발자
  ㉠ 작업이 어렵기 때문에
  ㉡ 기계 설비에 결함이 있기 때문에
  ㉢ 환경상 주의력의 집중이 혼란되기 때문에
  ㉣ 심신에 근심이 있기 때문에

③ 습관성 누발자
  ㉠ 재해의 경험에 의해 겁쟁이가 되거나 신경과민이 되기 때문에
  ㉡ 일종의 슬럼프 상태에 빠져 있기 때문에

④ 소질성 누발자
  ㉠ 개인적 소질 가운데서 재해 원인의 요소를 가지고 있는 자
  ㉡ 개인의 특수 성격 소유자

(3) 재해발생 조치 순서

재해발생 → 긴급조치 → 재해조치 → 원인분석 → 대책수립 → 평가

(4) 사고에 의한 부상

① 협착 : 물건에 끼워진 상태, 말려든 상태
② 파열 : 용기 또는 장치가 물리적인 압력에 의해 파열한 경우
③ 충돌 : 사람이 정지물에 부딪친 경우
④ 낙하, 비래 : 물건이 주체가 되어 사람이 맞은 경우
⑤ 절상 : 뼈가 부러지는 상해
⑥ 찰과상 : 스치거나 문질러서 벗겨진 상해
⑦ 부종 : 인체 내부에 수액이 축적되어 몸이 붓는 상해
⑧ 자상 : 칼같은 물건에 찔린 상해

개념잡기

산업재해의 원인을 교육적, 기술적, 작업관리상의 원인으로 분류할 때 교육적 원인에 해당되는 것은?

① 작업준비가 충분하지 못할 때
② 생산방법이 적당하지 못할 때
③ 작업지시가 적당하지 못할 때
④ 안전수칙을 잘못 알고 있을 때

교육적 원인
안전 의식의 부족, 안전 의식의 오해, 경험·훈련의 부족 및 미숙, 작업방법의 교육 불충분, 유해 위험작업의 교육 불충분

답 ④

2. 제선조업 현장 안전사항

1. 일반 현장 안전사항

① 현장점검은 정해진 안전통로로 하며, 절대로 뛰어서는 안 된다.
② 주차는 주차선 안에 한다.
③ 재해사고 조사는 유사한 종류의 재해에 대한 예방 및 재발방지 차원에서 한다.
④ 출입금지 구역의 안전장치는 항상 설치되어 있어야 한다.
⑤ 불안전한 행동은 작업 방법이 잘못된 것이며, 불안전한 상태는 작업 전 안전에 필요한 조치를 하지 않은 상태로 보호구 미착용 등이 해당한다.
⑥ 자체 점검은 위험성이 크거나 긴급을 요하는 것부터 먼저 해야 한다.
⑦ **불안전한 상태** : 작업 상태가 불량한 상태를 뜻한다.
⑧ 재해발생 시 즉시 응급조치를 하고 119에 신고한다.
⑨ 가연성 가스는 폭발한계의 1/4 이하이어야 한다.
⑩ 가스가 새면 압력계의 계기가 하락한다.
⑪ 차량운전자, 고소작업자 등은 안전벨트를 반드시 착용한다.
⑫ 보호구를 부식성 액체, 유기용제, 기름, 산과 같이 보관하면 오염이 되어 인체에 해를 끼친다.
⑬ 산업재해를 예방하려면 계획단계부터 철저히 해야 한다.
⑭ 공기 중에 산소 농도가 감소하면 연소가 잘 안되어 불완전연소를 하게 된다.
⑮ 산소가 결핍된 장소에서는 산소 공급기가 달린 송기 마스크를 착용해야 한다.
⑯ CO가스(일산화탄소)는 인체에 흡입되면 적혈구의 산소 이동을 방해하여 사망에 이르게 하는 치명적인 가스이다.
⑰ **산소결핍** : 산소 18% 이하

2. 제선조업 중 안전사항

① **출강 안전장비** : 방열복, 방호면, 보안경, 안전화 등
② 용광로의 철피(외부표면)의 상태 점검 시 신체 접촉은 고열에 의해 화상을 입으므로 절대로 해서는 안 된다.
③ 용선차에 출선 시 용선의 비산은 제선 주상작업 시 안전사항이다.
④ 노벽으로 가스 또는 용융물이 흐르면 폭발의 위험이 있으므로 즉시 냉각 조치를 하고 보수를 해야 한다.

⑤ 용융물이 유출되었을 때 수랭을 위하여 물을 뿌리면 급격한 수증기 발생에 의해 폭발이 일어날 수 있다.
⑥ 분진은 건식작업에서 많이 발생하므로 습식으로 바꾸는 것이 좋다.

개념잡기

제선작업 중 산소가 결핍되어 있는 장소에서 사용할 수 있는 가장 적합한 마스크는?
① 송기 마스크　　　　② 방진 마스크
③ 방독 마스크　　　　④ 위생 마스크

산소가 결핍된 장소에서는 산소 공급기가 달린 송기 마스크를 착용해야 한다.

답 ①

개념잡기

보호구의 보관방법에 대한 설명으로 틀린 것은?
① 발열체가 주변에 없을 것
② 햇빛이 들지 않고 통풍이 잘 되는 곳에 보관할 것
③ 땀 등으로 오염된 경우는 세탁하고 건조시킨 후 보관할 것
④ 부식성 액체, 유기용제, 기름, 산 등과 혼합하여 보관할 것

보호구를 부식성 액체, 유기용제, 기름, 산과 같이 보관하면 오염이 되어 인체에 해를 끼친다.

답 ④

개념잡기

산업재해의 문제해결 방법은 다음 중 어느 단계에서 적용해야 가장 적절한가?
① 검토　　　② 조치　　　③ 실시　　　④ 계획

산업재해를 예방하려면 계획단계부터 철저히 해야 한다.

답 ④

합격족보

Part 1 ▶ 금속재료 일반

chapter 01 금속재료 총론

01. 금속의 특징
① 고체상태에서 결정구조를 가진다.
② 전기 및 열을 잘 전달하는 양도체이다.
③ 전성 및 연성이 좋다.
④ 금속 고유의 광택을 가진다.

02. 금속의 결정구조
① 결정입자 : 결정체를 이루고 있는 각 결정
② 결정입계 : 결정 입자의 경계
③ 금속의 대표적인 결정구조
  ㉠ 체심입방격자(body centered cubic lattice, BCC), 배위수 8, 충진율 68%
  ㉡ 면심입방격자(face centered cubic lattice, FCC), 배위수 12, 충진율 74%
  ㉢ 조밀육방격자(hexagonal close-packed lattice, HCP), 배위수 12, 충진율 74%

03. 금속의 기계적 성질
① 강도 : 재료에 외력이 가해질 때, 재료를 파괴하는 힘에 대한 재료 단면에 작용하는 최대 저항력
② 경도 : 재료 표면에 가압하였을 때, 이 외력에 대한 저항의 크기를 재료의 단단한 정도로 나타낸 것
③ 연성 : 재료가 인장, 압축 등의 외력을 받아서 파괴되지 않고 변형되는 정도를 나타내는 변형 한계 능력으로, 길고 가늘게 늘어나는 성질
④ 인성 : 충격, 굽힘, 비틀림 등의 외력이 작용하였을 때에 파괴되지 않고 견디는 성질로서 재료의 질긴 정도
⑤ 취성 : 인성의 반대되는 성질로 잘 부서지고, 잘 깨지는 성질

04. 금속의 물리적 성질
① 비중
  ㉠ 4℃의 물과 똑같은 부피를 가지는 물체와의 무게의 비
  ㉡ 중금속과 경금속은 비중 4.5 기준

② 용융 온도
　㉠ 금속을 가열하면 열적 성질이 변화하여 녹아서 액체가 되는 온도
　㉡ 저융점 금속과 고융점 금속은 235℃ 기준
③ 전기 전도율 : 전기가 흐르는 정도
④ 자성 : 물질이 나타내는 자기적 성질

05. 금속의 화학적 성질
① 부식
　㉠ 습식 : 전기·화학적 부식이며, 금속 주위의 수분 또는 그 밖의 전해질과 작용하여 비금속성의 화합물로 변하는 현상
　㉡ 건식 : 화학적 부식이라고 하며, 상온 또는 고온에서 금속의 산화, 황화, 질화 등 금속과 가스의 접촉에 의해 일어나는 현상
② 내식성 : 이온화 경향이 큰 금속일수록 화합물이 되기 쉬워 부식이 잘 된다.

06. 금속의 변태

종류	형태	온도(℃)	비고
A_0변태	자기변태	210	시멘타이트(6.67%)
A_1변태	공석변태	723	공석강(0.8%)
A_2변태	자기변태	768	순철
A_3변태	동소변태	910	순철
A_4변태	동소변태	1,400	순철

07. 금속의 응고
① 응고 잠열 : 응고할 때 방출하는 것, 숨은 열
② 과냉 : 금속이 액체 상태에서 냉각될 때 응고점에 도달하였어도 응고가 시작되지 않고 계속 액체 상태로 남아있는 것(과냉의 정도는 냉각 속도가 클수록 커지며 결정립은 미세해진다)
③ 수지상정 : 용융 금속이 응고할 때 먼저 작은 결정을 만드는 핵이 생기는데, 이 핵을 중심으로 금속이 나뭇가지 모양으로 발달하는 것
④ 동소변태 : 고체 상태에서 온도에 따라 결정 구조의 변화를 가져오는 것
⑤ 평형상태 : 한 계에서 존재하는 각 상의 관계가 시간이 경과해도 변화하지 않는 상태
⑥ 용체 : 한 물질 중에 다른 물질이 용해하여 균일한 물질을 만든 것

08. 인장시험
  ① 항복점 : 하중이 일정한 상태에서 하중의 증가없이 연신율이 증가되는 점

  $$항복강도 = \frac{항복점}{원래의\ 단면적}$$

  ② 연신율 $= \dfrac{시험\ 후\ 늘어난\ 길이}{표점\ 길이} = \dfrac{L-L_0}{L_0} \times 100$

  ③ 인장강도 $= \dfrac{최대하중}{원\ 단면적}$

  ④ 내력 : 주철과 같이 항복점이 없는 재료에서는 0.2%의 영구변형이 일어날 때의 응력 값을 내력으로 표시

chapter 02 철과 강

01. 순철의 결정격자
  ① 알파철 : 911℃ 이하 체심입방격자(BCC)
  ② 감마철 : 1,394℃ 이하 면심입방격자(FCC)
  ③ 델타철 : 1,538℃ 이하 체심입방격자(BCC)

02. 탄소강의 조직
  ① 페라이트 : α-Fe에 미량의 C가 고용한 고용체
  ② 오스테나이트 : γ-Fe에 C를 고용한 고용체, 면심 입방 격자, 강을 A_1변태점 이상 가열했을 때 얻을 수 있는 조직
  ③ 시멘타이트 : Fe_3C로 나타내며 6.67%의 C와 Fe의 화합물
  ④ 펄라이트 : 오스테나이트 상태에서 서서히 냉각하면 723℃에서 분해하여 나오는 페라이트와 시멘타이트의 공석정

03. 탄소강의 열처리
  ① 열처리의 기초적인 요인
    ㉠ 적당한 가열 온도의 설정 : 변태점, 고용화
    ㉡ 가열 속도 : 급속한 가열, 서서히 가열
    ㉢ 적당한 온도 범위 : 임계 구역, 위험 구역
    ㉣ 적당한 냉각 속도 : 급랭, 서랭
  ② 열처리법의 분류
    ㉠ 일반열처리 : 불림(노멀라이징), 풀림(어닐링), 담금질(퀜칭), 뜨임(템퍼링)

ⓒ 항온 열처리 : 오스템퍼링, 마템퍼링, 마퀜칭
　　ⓒ 표면 경화 열처리 : 침탄법, 질화법, 화염 경화법, 고주파 경화법

04. 합금강의 특성
① 첨가하는 원소에 따라 탄소강과 다른 새로운 특성과 성질이 나타남
② 탄소강에 비하여 강의 열처리성을 향상시켜 기계적 성질과 강인성 향상
③ 강의 내식성과 내마멸성을 증대시키고 전자기적 성질 변화

05. 합금강의 종류와 용도

분류	종류	주요 용도
구조용 합금강	강인강 표면 경화용 강 침탄강, 질화강	크랭크축, 기어, 볼트, 너트, 키축 등 기어축, 피스톤 핀, 스플라인축 등
공구용 합금강	합금 공구강 고속도 공구강	절삭 공구, 프레스 금형, 정, 펀치 등 절삭 공구, 금형 등
내식·내열용 합금강	스테인리스강 내열강 내식·내열 초합금	칼, 식기, 취사 용구, 화학 공업 장치 등 내열 기관의 흡기·배기 밸브, 터빈 날개, 고온·고압 용기 제트 엔진 부품, 터빈 날개
특수 목적용 합금강	쾌삭강 스프링강 내마멸강 베어링강 자석용 강 규소강(철심 재료) 불변강	볼트, 너트, 기어축 등 스프링축 등 크로스 레일, 파쇄기 등 볼 베어링, 전동체(강구, 롤러) 등 전력 기기, 자석 등 변압기, 발전기, 차단기 커버 및 배전판 바이메탈, 계측기 부품, 시계 진자 등

06. 공구용 합금강의 특성과 구비조건
① 칼날, 바이트, 커터, 드릴에는 절삭성, 정이나 펀치 등에는 내충격성, 게이지나 다이스 등에는 내마멸성과 불변형성이 필요
② 각각 알맞은 특성을 지닌 재료 필요
③ 상온 및 고온에서 경도가 크고, 가열에 의한 경도 변화가 적어야 함
④ 인성과 마멸 저항이 크고, 가공이 쉬우며, 열처리에 의한 변형이 적어야 함

07. 고속도강
① 고속도강은 절삭 공구강의 일종이며 500~600℃까지 가열하여도 뜨임에 의해서 연화되지 않고, 고온에서도 경도 감소가 적은 것이 특징

② 기본 성분 : 18-4-1형 18%W, 4%Cr, 1%V이고 0.8-1.5%C를 함유
③ W계 고속도강 : KS D 3522는 고속도강의 규격이며 SKH 2가 표준형의 조성이고, 여기에 Co를 5~10% 첨가해서 재질을 향상
④ Mo계 고속도강 : 강에서 석출 경화를 일으키는 원소로는 Mo이 가장 대표적이며, V이 그 영향이 강함

08. 담금질
① 강의 강도나 경도를 높이기 위하여 강을 오스테나이트 조직으로 될 때까지 A_1~A_3변태점보다 30~50℃ 높은 온도로 가열한 후 물이나 기름에 급랭하여 마텐자이트 변태가 생기도록 하는 조직
② 냉각속도에 따라(빠른-느린)
오스테나이트 > 마텐자이트 > 트루스타이트 > 소르바이트
③ 경도에 따라(강함-약함)
마텐자이트 > 트루스타이트 > 소르바이트 > 오스테나이트
④ 탄소량이 많거나 냉각 속도가 빠를수록 담금질 효과가 큼

09. 뜨임
① 적당한 강인성을 주기 위해서 A_1변태점 이하의 온도에서 재가열하는 열처리
② 목적
  ㉠ 조직 및 기계적 성질을 안정화시키기 위함
  ㉡ 경도는 조금 낮아지나 인성을 좋게 함
  ㉢ 잔류 응력을 감소시키거나 제거하고 탄성 한계, 항복강도를 향상시키기 위함

10. 풀림
① A_1~A_3 변태점보다 30~50℃ 높은 온도로 가열하여 오스테나이트로 변환시킨 후 노나 재 속에서 서서히 냉각시켜 연화시키는 작업
② 풀림 처리하는 목적
  ㉠ 주조, 단조, 기계 가공에서 생긴 내부 응력을 제거하기 위함
  ㉡ 열처리로 인해 경화된 재료를 연화시키기 위함
  ㉢ 가공 또는 공장에서 경화된 재료를 연화시키기 위함
  ㉣ 금속 결정 입자를 균일화하고 미세화시키기 위함

11. 불림
① A_1~A_{cm}변태점보다 40~60℃ 정도의 높은 온도로 가열하여 균일한 오스테나이트 조직으로 개선한 후에 공기 중에서 냉각시키는 작업

② 목적 : 단조된 재료나 주조된 재료 내부에 생긴 내부 응력을 제거하거나 결정 조직을 균일화시키는 데 있음

12. 표면경화법
① 표면 경화 열처리의 종류
   ㉠ 침탄법 : 표면에 탄소를 침투시키는 방법
   ㉡ 질화법 : 강철을 암모니아 가스와 같이 질소를 함유한 물질 속에서 500℃ 정도로 50~100시간 가열하여 질소 화합물을 만들어 표면을 경화하는 방법
   ㉢ 청화법(침탄질화법) : NaCN, KCN을 용융시킨 고온의 염욕로에 20~60분간 넣어 침탄과 질화를 동시에 하는 것
   ㉣ 화염 경화법 : 담금질 효과를 나타낼 수 있는 0.35~0.7%의 탄소를 함유한 탄소강이나 합금강을 산소와 아세틸렌가스 등의 화염으로 일부를 가열한 뒤에 공기 제트나 물로 냉각시키는 방법
   ㉤ 고주파 경화법 : 가열물의 표면만을 담금질 온도로 가열하기 위해 고주파 유도 전류를 이용하여 표면층을 가열한 뒤에 급랭하는 방법

13. 기타 표면경화법
① **금속 용사법** : 강의 표면에 용융 또는 반용융 상태의 미립자를 고속으로 분사시키는 방법
② **하드 페이싱** : 금속 표면에 스텔라이트, 초경합금 등의 금속을 융착시켜 표면 경화층을 만드는 방법
③ **숏 피닝** : 금속 재료의 표면에 강이나 주철의 작은 입자를 고속으로 분사시켜, 표면층을 가공 경화에 의하여 경도를 높이는 방법
④ **금속 침투법** : 제품을 가열하여 표면에 다른 종류의 금속을 피복시키는 동시에, 확산에 의하여 합금 피복층을 얻는 방법

14. 불변강의 종류
① **인바** : Fe-Ni계, 선팽창 계수가 현저하게 작음(줄자, 표준 자, 시계 추 등)
② **엘린바** : Fe-Ni-Cr계, 탄성률의 변화가 거의 없음(지진계의 부품, 고급 시계 유사, 정밀 저울의 스프링 등)
③ **초인바** : Fe-Ni-Co계. 온도 변화에 따른 탄성률의 변화가 매우 작고, 공기나 물 속에서 부식되지 않는 특성을 가짐(특수용 스프링, 기상 관측용 기구 부품 등)
④ **플래티나이트** : Fe-Ni(45%)계, 열팽창계수가 백금과 거의 동일(전구의 도입선 등)

15. 주철
   ① 주철의 성질과 조직
      ㉠ 주철은 철강보다 낮은 온도에서 용해되어 유동성이 좋고 복잡한 형상의 부품 제작 용이
      ㉡ 표면은 단단하고 녹이 잘 슬지 않으며, 절삭 가공 용이
      ㉢ 충격에 약하고 인성이 낮아 소성 가공이 어려움
      ㉣ 압축 강도가 커 공작 기계 베드와 프레임, 기계 구조물 몸체 등에 사용
   ② 주철의 종류
      ㉠ 백주철 : 흑연의 생성이 없고, 시멘타이트로 구성 주물의 두께가 얇고, 규소량이 적으며, 냉각 속도가 빠른 경우에 형성
      ㉡ 회주철 : 탄소가 전부 흑연으로 변한 것으로 파면이 회색. 주로 주물의 두께가 두껍고, 규소량이 많으며, 냉각 속도가 느린 경우에 형성
      ㉢ 반주철 : 시멘타이트와 흑연이 혼합되어 있는 상태

chapter 03 비철 금속재료와 특수 금속재료

01. 구리
   ① 비중 8.96, 용융점 1,083℃
   ② 가공성, 내식성, 합금성 우수
   ③ 물리적 성질
      ㉠ 구리의 빛깔은 고유한 담적색 → 공기 중 표면 산화되어 암적색
      ㉡ 전기 전도율과 열전도율이 금속 중에서 은 다음으로 높음
      ㉢ 비자성체
      ㉣ 결정격자 : 면심입방격자(변태점이 없음)
   ④ 기계적 성질
      ㉠ 연하고 가공성이 풍부하여, 냉간 가공으로 적당한 강도 부여 가능
      ㉡ 밴드(band), 관, 선, 주발(bowl), 플랜지(flange) 등 사용
      ㉢ 상온에서 가공할 때 가공도에 따라 인장 강도가 증가하여 가공도 70~80% 부근에서 최대(상온 가공 후 풀림 작업 중요)
   ⑤ 화학적 성질
      ㉠ 구리는 건조한 공기 중에서는 산화하지 않지만, 이산화탄소 또는 습기가 있으면 염기성 황산구리[$CuSO_4 \cdot Cu(OH)_2$], 염기성 탄산구리[$CuCO_3 \cdot Cu(OH)_2$]가 생겨 산화됨. (녹청색이 됨)
      ㉡ 맑은 물에는 거의 침식되지 않지만, 소금물에는 빨리 부식되어 염기성 산화물이 생기고 묽은 황산이나 염산에는 서서히 용해

02. 황동
    ① 기계적 성질
        ㉠ 연율 : Zn 30% 부근에서 최댓값
        ㉡ 인장강도 : Zn 45%(γ상)에서 최대
    ② 화학적 성질
        ㉠ 응력 부식 균열
            ⓐ 공기 중의 암모니아나 염소류에 의해 입계 부식을 일으키는데, 이는 상온 가공에 의한 내부 응력 때문에 발생
            ⓑ 방지법 : 도금을 하는 방법, 칠을 하는 방법, 가공재를 180~260℃로 응력 제거, 풀림을 하는 방법
        ㉡ 탈아연 부식
        ㉢ 불순한 물질 또는 부식성 물질이 녹아 있는 수용액의 작용에 의해 황동의 표면 또는 깊은 곳까지 탈아연되는 현상
        ㉣ 방지법 : Sn을 1~2% 첨가
        ㉤ 고온 탈아연
            ⓐ 높은 온도에서 증발에 의해 황동 표면으로부터 Zn이 탈출되는 현상
            ⓑ 방지법 : 표면에 산화물 피막을 형성시키면 효과

03. 청동
    ① 청동의 조직
        ㉠ Cu에 Sn이 첨가되면 응고점이 내려간다.
        ㉡ 주조상태는 수지상 조직이며 부드럽고 전연성이 좋다.
    ② 물리적 성질 : Sn의 증가하면 전기전도율이 악화되고 비중이 감소된다.
    ③ 기계적 성질
        ㉠ 인장강도의 최대값은 Sn 17~20%에서 최대이다.
        ㉡ 풀림 시 경도는 Sn의 증가에 따라 감소한다.
        ㉢ 경도는 Sn 30%에서 최대이고 유동성이 좋고 수축율이 적다.

04. 알루미늄
    ① 백색, 비중 약 2.7
    ② 순도가 높을수록 연성을 가짐
    ③ 가공도에 따라 강도와 경도가 높아짐
    ④ 연신율은 감소

⑤ 알루미늄 방식법
  ㉠ 수산법(알루마이트법)
  ㉡ 황산법
  ㉢ 크롬산법

05. 니켈
① 물리적 성질 : Ni은 은백색이며 인성이 있다.
② 기계적 성질
  ㉠ Ni은 열간 및 냉간 가공이 가능하다.
  ㉡ 열간 가공은 1,000~1,200℃에서 실시하고, 재결정은 500℃ 정도에서 시작하며, 풀림 열처리는 800℃ 정도에서 한다.
③ 화학적 성질
  ㉠ 내식성이 좋아 대기 중에서는 부식되지 않으나, 이산화황을 함유한 대기 중에서는 심하게 부식된다.
  ㉡ 증류수, 수돗물, 바닷물 등에는 내식성이 강하며, 내열성이 있다.

06. Ni-Fe계 합금
① 인바
  ㉠ 열팽창 계수가 상온 부근에서 매우 작아 길이의 변화가 거의 없다.
  ㉡ 길이 측정용 표준 자, 바이메탈, VTR의 헤드 고정대 등에 널리 사용된다.
② 슈퍼 인바(Fe-Ni 합금) : 20℃의 팽창 계수가 0에 가깝다.
③ 엘린바
  ㉠ 온도에 따른 탄성률의 변화가 없다.
  ㉡ 고급 시계, 지진계, 압력계, 스프링 저울, 다이얼 게이지, 유량계, 계측 기기 등의 부품에 사용된다.
④ 플래티나이트 : 전등의 봉입선 등에 사용된다.
⑤ 니칼로이 : 초투자율, 포화 자기, 전기 저항이 크므로 저출력 변성기, 저주파 변성기 등의 자심으로 널리 사용된다.
⑥ 퍼멀로이 : 투자율이 높고, 약한 자기장 내에서의 초투자율도 높다.
⑦ 퍼민바 : 자기장 강도의 어느 범위 내에서 일정한 투자율을 가지며, 고주파용 철심이나 오디오 헤드로 사용된다.

Part 2 ▶ 금속제도

chapter 01 제도의 기본

01. 사용 목적에 따른 분류
① 계획도 ② 제작도 ③ 견적도
④ 주문도 ⑤ 승인도 ⑥ 설명도

02. 내용에 따른 분류
① 스케치도 ② 조립도 ③ 부분 조립도
④ 부품도 ⑤ 공정도 ⑥ 상세도
⑦ 전기 회로도 ⑧ 전자 회로도

03. 상태를 나타내는 도면
① 배선도 ② 배관도 ③ 화학 장치도
④ 화학 제조 공정도 ⑤ 섬유 기계 장치도 ⑥ 축로도

04. 작성방법에 따른 분류
① 연필도 ② 먹물 제도 ③ 착색도

05. 스케치 용구
① 작도 용구 : 스케치 용지, 연필, 지우개
② 측정 용구 : 자, 캘리퍼스, 버니어 캘리퍼스, 마이크로미터, 각도기, 게이지, 정반
③ 분해용 공구 : 렌치, 플라이어, 드라이버 세트, 스패너, 해머

06. 도면의 크기
① 도면의 크기는 A열 사이즈를 사용하여 A_0~A_4로 구분한다.
② 제도용지의 폭과 길이의 비는 $1 : \sqrt{2}$로 한다.

07. 도면의 양식

① 윤곽선 : 도면에 그려야 할 내용의 영역을 명확하게 하고, 제도 용지의 가장자리에 생기는 손상으로 기재 사항을 해치지 않도록 하기 위하여 윤곽선을 그린다.

② 중심마크 : 도면을 마이크로필름을 사용하여 사진 촬영을 하거나 복사 등의 작업을 하기 위하여 도면의 테두리 바깥 상하좌우 4개소에 중심 마크를 표시해 놓으면 편리하다.

③ 표제란 : 도면의 오른쪽 아래에 표제란을 그리고, 그 곳에 도면 번호, 도면 이름, 척도, 투상법, 도면 작성일, 제도자 이름 등을 기입한다.

④ 재단 마크 : 복사한 도면을 재단할 때의 편의를 위하여 재단 마크를 표시한다.

08. KS 제도 통칙

분류기호	KS A	KS B	KS C	KS D	KS E
부문	기본	기계	전기	금속	광산

chapter 02 제도의 응용

01. 투상도법

투상법의 종류	사용하는 그림의 종류	특징	주된용어
정투상	정투상도	모양을 엄밀하고 정확하게 표시할 수 있다.	일반 도면
등각투상	등각도	하나의 그림으로 정육면체의 세 면을 같은 정도로 표시할 수 있다.	설명용 도면
사투상	캐비닛도	하나의 그림으로 정육면체의 세 면 중의 한 면만을 중점적으로 엄밀, 정확하게 표시할 수 있다.	

02. 단면도

① 전 단면도(온 단면도)
② 한쪽 단면도
③ 부분 단면도
④ 계단 단면도(조합에 의한 단면도)
⑤ 회전 단면도
⑥ 국부 단면도

03. 가공 방법 기호

가공방법	약호 I	약호 II	가공방법	약호 I	약호 II
선반가공	L	선삭	호닝가공	GH	호닝
드릴가공	D	드릴상	버프다듬질	SPBF	버핑
밀링가공	M	밀링	줄다듬질	FF	줄다듬질
리머가공	FR	리밍	스크레이퍼다듬질	FS	스크레이핑
연삭가공	G	연삭	주조	C	주조

04. 치수 공차

① 실치수 : 실제로 측정하는 치수
② 허용 한계 치수 : 허용할 수 있는 대소의 치수
③ 기준치수 : 치수 허용 한계의 기준이 되는 치수
④ 기준선 : 허용 한계 치수나 끼워맞춤을 지시할 때 기준이 되는 선
⑤ 치수 허용차 : 허용 한계 치수에서 그 기준 치수를 뺀 값
⑥ 기초가 되는 치수 허용차 : 허용 한계 치수와 기준 치수와 관계를 결정하는 데 기초가 되는 치수의 차
⑦ 치수 공차 : 최대 허용 한계 치수와 최소 허용 한계 치수의 차이 값을 공차라 하며, 위 치수 허용차와 아래 치수 허용차의 차이 값을 의미

05. 끼워맞춤

① 헐거운 끼워맞춤 : 구멍의 최소 치수가 축의 최대 치수보다 큰 경우
② 억지 끼워맞춤 : 구멍의 최대 치수가 축의 최소 치수보다 작은 경우로서 틈새가 없이 항상 죔새가 생기는 끼워맞춤
③ 중간 끼워맞춤 : 부품의 기능과 역할에 따라 틈새 또는 죔새가 생기게 하는 끼워맞춤

chapter 03 제도의 응용 및 기계 요소의 제도

01. 나사의 종류별 기호

나사의 종류	나사의 종류를 표시하는 기호	나사의 호칭에 대한 표시방법의 보기
미터 보통나사	M	M 8
미터 가는나사		M 8×1
유니파이 보통나사	UNC	3/8-16 UNC
유니파이 가는나사	UNF	No. 8-36 UNF
미터 사다리꼴나사	Tr	Tr 10×2

02. 나사의 피치

① 피치 = $\dfrac{리드}{줄수}$

② 리드 = 피치×줄수

03. 기어의 분류

① 축이 평행한 경우 : 스퍼기어, 더블 헬리컬 기어, 헬리컬 기어, 래크
② 축이 교차하는 경우 : 베벨 기어, 스파이럴 베벨 기어, 마이터 기어
③ 축이 평행하지도 교차하지도 않는 경우 : 웜 기어, 하이포이드 기어

04. 축의 분류

① 차축 : 휨 하중을 받는 축(자동차, 철도차량)
② 스핀들 : 비틀림 하중을 받는 축(선반, 밀링머신)
③ 전동축 : 휨과 비틀림을 동시에 받는 축(동력 전달용)

05. 기어의 모듈

① 모듈$(m) = \dfrac{피치원의\ 지름(d)}{기어의\ 잇수(z)}$

② 예시 : 피치원의 지름이 200mm이고, 잇수가 50일 때 모듈 계산

  모듈 $= \dfrac{d}{z} = \dfrac{200}{50} = 4$

Part 3 ▶ 제선법 및 소결법

chapter 01 제선 원료

01. 건식 제련의 특징

장 점	단 점
• 반응속도가 빠르다. • 금속과 폐기물의 상 분리가 용이하다. • 단위 금속 생산량당 투자비가 적다. • 에너지가 절약된다. • 폐기물의 재활용이 가능하여 자연에 안전하다.	• 폐가스를 다량 방출하므로 대기 오염 방지 시설이 필요하다. • 초기 설비 투자비가 크다.

02. 철광석의 구비조건
① 철분이 높을 것
② 유해 불순물(S, P, Cu, Ti 등)이 적을 것
③ 피환원성이 좋을 것
④ 맥석의 분리가 쉬울 것
⑤ 적당한 물리적 강도를 가질 것
⑥ 품질이나 성분이 균일할 것

03. 슬래그
① 슬래그를 구성하는 산화물
 ㉠ 염기성 산화물 : 산소 이온을 쉽게 내보내어 상대방에게 주는 산화물(CaO, MgO, FeO, Na_2O 등)
 ㉡ 산성 산화물 : 산소 이온을 받아 강하게 결합하는 것(SiO_2, P_2O_5, B_2O_3 등)
 ㉢ 중성 산화물 : Al_2O_3, Cr_2O_3, FeO 등
② 규산도 = $\dfrac{SiO_2 \text{ 중 산소무게}}{\text{염기성 산화물 중의 전체 산소무게}}$
③ 염기도 = $\dfrac{\text{염기성 성분의 합}}{\text{산성 성분의 합}} = \dfrac{CaO}{SiO_2}$

04. 좋은 슬래그를 만들기 위하여 용제가 지녀야 할 조건
① 용융점이 낮을 것
② 점성이 낮고 좋은 유동성을 지닐 것
③ 조금속과 비중차가 클 것
④ 불순물의 용해도는 크고, 목적 금속의 용해도가 작을 것
⑤ 쉽게 구입이 가능하며, 가격이 저렴할 것
⑥ 환경에 유해한 성분이 없을 것

05. 석회석($CaCO_3$)의 성질
① 탄산칼슘을 주성분으로 하는 백색, 흑회색의 광석($CaCO_3$, CaO : 56%)
② 석회석 중의 CaO 성분을 이용하므로 이 성분이 높아야 함
③ 불순물 : SiO_2(<2%), Fe_2O_3, Al_2O_3, P(<0.1%), S(<0.1%), $MgCO_3$
④ 고로용 석회석은 치밀하고 균일한 입도(25~50mm) 유지

06. 고로에 분상원료 사용 시 문제점
① 장입물의 강하가 불균일하여 걸림이 많아진다.
② 통기성이 악화된다.
③ 송풍압력에 의해 노정으로 비산되어 손실이 많아진다.
④ CO 가스와 접촉이 나빠져서 환원성이 떨어진다.

07. 야드설비
① 하역설비 : 언로더(Unloader), 스태커(Stacker), 카댐퍼(Car-Damper)
② 불출설비 : 리클레이머(Reclaimer), 비상 트리퍼(Tripper)
③ 수송설비 : 벨트 콘베이어 트리퍼(Belt Conveyor Tripper), 트레인, 트럭
④ 부대설비 : 살수설비, 조명설비, 보호벽 등

08. 내화도
SK 30이 1,670℃이며 SK 1 증가 또는 감소할 때 20℃ 차이가 난다.

09. 고로 내화재 구비조건
① 내열충격, 내마모성이 클 것
② 내스폴링성이 클 것
③ 고온, 고압에서 강도가 클 것
④ 고온에서 연화, 휘발하지 않을 것

⑤ 용선, 슬래그, 가스에 대하여 화학적으로 안정할 것
⑥ 적당한 열전도를 가지고 냉각효과가 있을 것

10. 열풍로 내화물의 구비조건
① 열전도도가 좋아야 한다.
② 비열, 열용량이 커야 한다.
③ 기공이 많은 다공질이어야 한다.
④ 비중이 가벼워야 한다.
⑤ 내식성이 우수해야 한다.

chapter 02 소결 조업

01. 소결의 특징
① 환원성 증가로 출선량 증가
② 코크스 원단위 감소
③ 조업 능률 향상
④ 입도 유지로 노황 안정
⑤ 환원성이 나쁜 자철광을 환원성이 좋은 적철광으로 변화
⑥ 공정 : 혼합 및 조립 → 원료장입 → 점화 → 소결 → 배광 → 냉각
　　　　→ 파쇄 → 선별 → 소결광

02. 소결 원료
① **주원료** : 자철광
② **잡원료** : 스케일, 분광, 연진
③ **부원료** : 석회석(결합제 역할)
④ **연료** : 코크스

03. 소결성이 좋은 원료
① 소결광의 환원율이 높아야 한다.
② 소결광의 강도가 높아야 한다.
③ 적은 원료로 소결광을 생산할 수 있어야 한다.(생산성이 좋은 원료)
④ 소결광의 분율이 낮아야 한다.
⑤ 소결광의 기공이 많아야 한다.
⑥ 소결광의 불순물이 적어야 한다.

04. 소결 원료의 특징

① 자철광을 소결하면 Fe_3O_4가 Fe_2O_3로 되는데 이 반응은 산화반응이므로 발열반응에 해당하여 연료가 적게 소비된다.
② 고로 조업에서 철광석이 환원이 되려면 산화도가 높은 것이 환원속도가 빨라지므로 산소와의 결합도가 높은 Fe_2O_3가 많은 소결광은 환원성이 좋아지게 된다.
③ 소결광에 페이어라이트가 많으면 환원성이 떨어지게 된다.
④ 페이어라이트는 환원성을 저하시키며, 해머타이트는 강도를 저하시키고 환원분화를 촉진한다.
⑤ 규산염이 많으면 슬래그가 많이 형성되어 용융결합이 강해지므로 소결광의 강도는 커지고, 기공이 적어져서 환원성은 떨어진다.
⑥ 소결 시 SiO_2, CaO는 소결강도를 높이고 생산성을 향상시킨다.

05. 소결 점화

① **점화로** : 장입된 소결원료 표면에 착화시키는 소결설비
② **점화로용 연료** : COG, BFG, LDG, LPG, 믹스가스 등
③ 점화로에서 코크스(연료)에 점화

06. 소결의 작용

① 소결과정 : 소결대 → 연소대(용융대) → 하소대(건조대) → 습원료대
② 소결 연소대 온도 : 1,200~1,300℃
③ 유효 슬래그의 양이 많아야 용융결합에 의한 강도가 높은 소결광을 얻을 수 있다.
④ 소결광은 배소광보다 밀도가 커서 크기가 크며, 기공도가 크다.
⑤ 광석의 입도가 작으면 소결 과정에서 통기도를 저해하여 소결시간이 길어지는 단점이 있다.
⑥ 소결원료의 입도가 작으면 통기성이 나빠지므로 소결시간이 길어지게 된다.
⑦ 분광의 사용량이 증가하면 통기성이 저하되어 불완전연소가 많아진다.
⑧ 소결조업에서 코크스량이 증가하면 소결광의 생산량은 감소한다.
⑨ FFS(Flame Front Speed) : 화염진행속도

07. 각 소결기의 장단점

종류	장점	단점
그리나 발트식	• 항상 동일한 조업 상태로 작업이 가능 • 소결 냄비가 고정되어 있어 장입 밀도에 변화가 없음 • 1기가 고장나도 다른 소결냄비로 조업이 가능	• 드와트-로이드식에 비해 대량생산에 부적합 • 조작이 복잡하여 사람의 노동력이 많이 필요
드와이트-로이드식	• 연속적이므로 대량생산에 적합 • 고로의 자동화가 가능 • 인건비가 적음 • 집진 장치의 설비가 용이	• 배기 장치의 누풍량이 많음(20~60%) • 기계 부품의 손상과 마멸이 심함 • 1개소 고장만으로도 전체가 정지 • 소결이 불량할 때 재점화가 불가능 • 전력소비가 많음

08. 상부광의 역할

① 그레이트 바에 적열소결광 용융부착 방지
② 그레이트 바에 신원료에 의한 구멍 막힘을 방지
③ 그레이트 바 사이로 세립원료가 빠져나감을 방지
④ 그레이트 바의 적열을 방지하여 수명을 연장
⑤ 배광부에서 소결광 분리 용이

09. 소결광의 염기도 관리

① 고로에 사용하는 석회석의 85~100%가 소결광에서 배합
② SiO_2의 90~100%가 소결광을 통해 고로에 장입
③ 소결광 중 염기도가 변동하면 고로 슬래그의 염기도가 변동되어 고로 조업에 악영향을 미침
④ 염기도 관리는 강도관리와 함께 큰 비중을 차지함
⑤ 관리도 변동 폭 : <±0.05로 억제

10. 펠레타이징

① 펠레타이징 : 미세 분광을 드럼 또는 디스크에서 노른자 크기의 입상으로 만든 후 소성하는 괴상법
② 생펠렛 성형기 : 디스크형, 드럼형, 팬형
③ 펠릿의 첨가제 : 석회, 붕사, 염화나트륨, 벤토나이트
④ 생펠렛의 제조 시에는 수분이 있어야 분상의 입자가 구상의 덩어리로 뭉치게 된다.
⑤ 샤프트로(직립로)의 층후 구조(위에서 아래로) : 건조대 → 가열대 → 균열대 → 냉각대
⑥ 펠렛의 소성온도 : 1,300℃

chapter 03 코크스 제조

01. 연료의 구비조건
① 인, 황 등의 불순물이 적어야 한다.
② 회분이 적어야 한다.
③ 발열량이 커야 한다.

02. 코크스 반응성
① 탄소용해(carbon solution) 또는 용해손실(solution loss)
② 코크스가 고로 안에서 CO_2와 반응하여 CO를 생성하는 반응
③ $C + CO_2 \rightarrow 2CO$
④ 코크스 쪽에서는 코크스의 반응성이라고 함
⑤ 흡열반응이므로 반응성이 낮은 것이 좋음

03. 코크스 반응성지수(R)
① CO_2의 환원비율로 표시
② 또는 CO의 유속으로도 표시
③ $R = \dfrac{CO}{CO + CO_2}$

04. 석탄의 성질
① **점결성** : 건류할 때 괴상으로 코크스가 되는 성질이 있어야 함
② **코크스화성** : 석탄을 건류할 때 코크스화가 잘되는 성질
③ 휘발분, 회분, 황 등이 적어야 함
④ 석탄이 산화 현상이 일어나면 휘발분이 증발되어 감소
⑤ 탄화도가 높으면 강점결탄이 되므로 풍화에 강함
⑥ 탄화도는 휘발분(VM)으로 표시

05. 코크스 입도
① 소결용 코크스는 소결을 위한 연료 역할을 하므로 산화가 잘 되고 적절한 열분포를 위해서 세립으로 한다.
② 소결용 코크스의 입도 : 1.0~1.6mm
③ 고로용 코크스의 입도 : 15~90mm
④ 코크스, 소결광 등의 강도는 충격강도를 측정한 것이다.

chapter 04 고로 설비

01. 고로 생산물
① 슬래그 : 출선구로 선철과 함께 배출되고, 대탕도의 스키머에서 분리된다.
② 선철 : 주기적으로 출선구를 통하여 유출시켜 레이들, 용선차(TLC)에 실려 제강공장으로 운반된다.
③ 고로 가스(BFG) : 별도의 집진장치에서 분리 회수하여 가열로 등의 연료로 사용된다.

02. 고로 수명을 지배하는 요인
① 노의 설계 및 구성(구조)
② 장입 원료의 성상 및 상태
③ 노체를 구성하는 내화물 및 축조 기술
④ 장입물 접촉 등 물리적 변화
⑤ 용융물에 대한 화학적 변화
⑥ 고로 조업 방법 및 노황(조업상황)

03. 노정장치
① 장입 컨베이어 : 노정으로 원료를 운반하는 설비
② 벨레스형(선회슈트 사용)은 장입물의 표면 형상 조절이 가능하다.
③ 장입물 분포제어 설비 : Movable arm, 선회슈트
④ 장입물의 레벨 측정 : 사운딩
⑤ 노정 호퍼(Hopper) : 각종 원료를 저장하는 곳
⑥ 섹텀변(Septum valve) : 노정압제어장치
⑦ 가스 블리더(Gas Bleeder) : 섹텀변 고장 시 노정압력을 저하시켜 노황을 안정시키는 장치
⑧ 익스펜션(Expansion) : 노체의 팽창을 완화하고 가스가 새는 것을 방지하는 장치

04. 노체냉각 방식
① 스테이브(stave) 냉각식 : 강관을 철피 내면에 설치, 고압로의 가스 seal 면에서 유리하여 최근 많이 사용
② 냉각반 냉각식 : 고로 내화벽돌 내부로 냉각장치를 넣으므로 연와와의 접촉면이 커서 냉각효과 우수
③ 살수 냉각식 : 철피의 외면으로부터 냉각하여 내면내화물을 냉각, 철피에 개구부가 없어 가스 seal은 우수
④ 재킷(jacket) 방식 : 철피 외면에 재킷을 설치하여 물을 공급하여 냉각

05. 열풍로 설비
① 고로에 필요한 열원 중 하나인 열풍을 공급하는 설비
② 열풍의 온도 : 1,100~1,300℃
③ 축열식 열풍로
  ㉠ 연소실과 축열실로 구성
  ㉡ 내연식 : 연소실과 축열실이 하나의 노 내에 구성, 매클루어(mclure)식과 쿠퍼(cowper)식
  ㉢ 외연식 : 열풍로의 능력을 확대시킬 목적으로 연소실과 축열실을 별도로 구성, 코퍼스(koppers)식이 대표적, 기타 디디에르식과 마르텡식이 있음

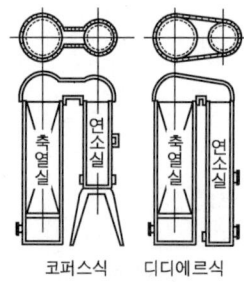

외연식 열풍로

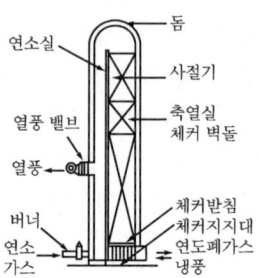

내연식 열풍로(쿠퍼식)

06. 용선처리 설비
① 주선기는 용선을 냉선으로 만드는 것이다.
② 용선 이송설비 : 레이들(ladle), 토페도카(toperdo car), 믹서(mixer)
③ 용선차(토페도카) : 고로에서 생산된 용선을 전로 공장으로 이송하는 설비

07. 머드건의 동작 : 선회, 경동, 충진

08. 용선차(TLC : Toperdo ladle car)의 기능
① 고로에 공급하는 용선을 보온, 저장하며, 이것을 제강 공장으로 운반 역할
② 용선의 온도는 8시간 후부터 8℃/h, 15시간부터 5℃씩 하강하므로 30시간 정도 저장 가능

chapter 05 고로 조업법

01. 원료 배합
① 일정량의 코크스에 대하여 광석량을 증감
② 광석/코크스비의 값이 큰 편이 코크스비가 적어져서 바람직함

③ 중장입(heavy charge) : 일상조업에서 코크스비를 크게 하는 배합
④ 경장입(light charge) : 코크스비를 작게 하는 배합
⑤ 공장입(blank charge) : 필요에 따라 광석을 전혀 넣지 않는 장입
⑥ 제조하려는 용선의 종류에 따라, 또는 양호한 광재를 얻기 위하여 석회량을 가감

02. 제강용선의 원료 배합
① C와 Si 함유량을 낮춘 용선을 제강용으로 사용
② Si이 적은 것이 특징이므로 조업법은 주물선과 반대
③ 생광석은 가급적 고품위 정립괴광을 사용
④ 자용성 소결광 또는 펠렛은 연료비를 낮추고 통기성을 개선하므로 가급적 많이 배합
⑤ 슬래그비 : 너무 적으면, 성분변동에 의한 광재성분의 변동을 일으키고 탈황능력을 저하시킴

03. 철광석의 고로 내 변화
장입 → 예열 → 환원(간접환원) → 가탄(탄소흡수) → 용해 → 선철

04. 레이스 웨이
① 풍구 앞부분에서 풍구압력에 의해 발생한 공간으로 코크스가 열풍에 의해 2단계로 CO 가스가 생성된다.
② 1영역 : $C + O_2 \rightarrow CO_2$
③ 2영역 : $CO_2 + C \rightarrow 2CO$

05. 간접환원 반응식
① 200℃ 이상 $3Fe_2O_3 + CO \rightarrow 2Fe_3O_4 + CO_2 + 15.7kcal$
② 500℃ 이상 $Fe_3O_4 + CO \rightarrow 3FeO + CO_2 - 5.0kcal$
③ 700℃ 이상 $FeO + 3CO \rightarrow Fe + CO_2 - 3.0kcal$
④ 결과적으로 $Fe_2O_3 + 3CO \rightarrow 2Fe + 3CO_2 + 7.9kcal$의 발열 반응 발생

06. 직접환원 반응식
① $3Fe_2O_3 + C \rightarrow 2Fe_3O_4 + CO - 25.2kcal$
② $Fe_3O_4 + C \rightarrow 3FeO + CO - 45.9kcal$
③ $FeO + C \rightarrow Fe + CO - 37.9kcal$
④ 결과적으로 $Fe_2O_3 + 3C \rightarrow 2Fe + 3CO - 90kcal$의 흡열반응 발생

07. 장입물의 입도
① 장입물 입도가 작을 경우 : 통기성 저하, 환원성 저하, 걸림의 원인, 노황 불안정
② 생광석 입도 : 상한 50mm, 하한 8~10mm, 보통 8~30mm
③ 소결광 입도 : 상한 50~70mm, 하한 6~7mm
④ 펠렛 입도 : 9~16mm
⑤ 코크스 입도 : 상한 75mm, 하한 10~25mm

08. 장입원료 안식각
① 안식각(정지각) : 분괴의 혼합원료를 쌓을 경우 산처럼 쌓이고, 미분은 중심부에, 괴는 굴러서 하부에 쌓이는데 이때 하부의 각도를 안식각이라고 함
② 장입물의 안식각 : 정립광 > 코크스 > 펠렛 > 소결광

09. 고온 송풍
① 송풍 온도 : 1,200~1,300℃
② 고온송풍의 특징
  ㉠ 코크스비 저하
  ㉡ 코크스 내의 회분이 적어지므로 석회석량도 적어져 출선량을 높이는 효과
  ㉢ 고온송풍은 통기성을 악화시키므로 장입물의 예비처리 강화가 필요

10. 조습송풍
① 고온송풍에 따라 하절기 및 동절기 풍압 변동으로 hanging 등 노황 불안정 방지를 위한 조습(수증기 첨가)
② 조습송풍의 효과
  ㉠ 생산성 향상
  ㉡ 코크스비 저하
  ㉢ 송풍온도의 상승

11. 산소부화송풍
① 풍구 앞의 연소대 온도 상승
② 연소속도가 빨라 단위시간당 출선량 증가
③ 발열량 증가로 송풍량 감소 효과
④ 노정가스 온도 저하 효과
⑤ 코크스비 저하, 출선량 증가

12. 미분탄취입(PCI) 조업
① PCI 조업 : 연료취입송풍에서 중유 대신 미분탄을 취입하는 방법
② PCI 조업 효과
  ㉠ 코크스비 저하 및 광석량 증가
  ㉡ 간접환원 능력 증가
  ㉢ 노정 가스 현열 감소 및 BFG 발생량 저하
  ㉣ 출선율 향상

13. 종풍조업
① 종풍조업 순서 : 클리닝 조업 → 감척종풍조업 → 노저출선작업 → 주수 냉각작업
② 클리닝 조업 : 샤프트부 부착물 제거 및 노상부 부착물 용해 제거
③ 감척종풍 조업 : 고로 조업을 종료하는 조업
④ 노저출선 작업 : 감척이 완료된 후 용융물을 배출하는 작업
⑤ 주수냉각 작업 : 노벽 및 노저 내화물에 주수하여 냉각하는 작업

14. 냉입 사고 원인
① 노 내 침수 : 풍구, 냉각반, 스토브 등 냉각장치의 파손에 의한 노 내 침수
② 장시간 휴풍 : 돌발 휴풍으로 장시간 휴풍이 준비없이 행할 경우 발생
③ 노황 부조 : 날바람, 벽락 등에 의한 열 밸런스 이상
④ 이상 조업 : 장입물의 평량 이상, 연료취입 정지 등에 의한 열 밸런스 붕괴, 휴풍 시 침수 등
※ 냉입 : 노상부의 열이 현저하게 저하되므로 인해 발생하는 사고

15. 풍구 파손 원인
① 걸림과 슬립이 많을 때
② 슬래그 염기도가 높을 때
③ 코크스 강도가 낮을 때
④ 슬래그 점성이 높을 때
⑤ 맥석 및 회분이 많을 때
⑥ 송풍온도가 높을 때

16. 출선구 파손 원인
① 출선구 위치 및 각도 불량
② mud량 및 재질 불량
③ 출선구 냉각반의 파손
④ 출선 시 개공 불량

17. 고로 슬래그 및 부산물
① 고로 슬래그 용도 : 비료용, 시멘트용, 골재대용
② 고로 슬래그 : $CaO > SiO_2 > Al_2O_3$

③ 고로 시멘트의 특징
  ㉠ 내산성이 우수하다.
  ㉡ 고온의 열에는 약하다.
  ㉢ 오랫동안 강도가 크다.
  ㉣ 내화성이 우수하다.
④ 고로 부산물 중 비료로 사용하는 유안은 건식법으로 건조

chapter 06 신제철법 및 제선의 계산

01. 코렉스법(Corex)
① **코렉스법** : 환원로와 용융로를 사용하여 소결 공정과 코크스 공정을 없애는 조업
② **환원로** : 용융로에서 생성된 가스를 이용하여 광석을 환원
③ **용융로** : 석탄은 산소에 의해 가스화되고, 환원된 DRI는 일부 직접환원을 거쳐 용선과 슬래그로 용해

02. 파이넥스법(Finex)
① 가루 형태의 분철광석을 가공없이 유동로에 투입, 환원반응으로 철 성분을 분리하여 용융로에서 유연탄과 녹여 최종 선철을 제조
② 코크스 공정이나 소결 공정 등의 예비처리 공정이 필요없음
③ 고로 대비 설비 투자비는 20%, 제조 원가는 15% 절감
④ 환경 오염 물질(NO_2, SO_2, CO_2 등)도 고로에 비해 크게 줄일 수 있는 친환경 기술
  (유동 환원로가 탈황작용, 용융로에서 순산소를 사용하기 때문)

03. 제선 조업의 계산
① 선광비 = $\dfrac{원광석}{정광산물}$

② 염기도 = $\dfrac{CaO}{SiO_2}$

③ 필요 광석량 = $\dfrac{목표생산량 \times 철분함량}{품위}$

④ 고정탄소 = 100 - (회분 + 수분 + 휘발분)

⑤ 출선비 = $\dfrac{출선량}{용적}$

⑥ 고정탄소 = 100 - (회분 + 수분 + 휘발분)

⑦ 코크스 반응성 = $\dfrac{CO}{CO_2+CO} \times 100$

⑧ 코크스 생산량 = (오븐당 석탄 장입량)×(압출문수)×(코크스 실수율)

⑨ 무연탄 연료비 = $\dfrac{고정탄소\%}{휘발분\%}$

⑩ 고로 내용적 $V = KD^2H$

⑪ 송풍량 = 가스발생량×$N_2\%$×$\dfrac{1}{100}$×$\dfrac{1}{0.79(공기 중 질소비)}$

chapter 07 산업안전

01. 화재의 종류

구분	명칭	내용	소화방법
A급	일반 화재	• 연소 후 재가 남는 화재(일반 가연물) • 목재, 섬유류, 플라스틱 등	분말 소화기, CO_2 소화기, 물, 모래
B급	유류 화재	• 연소 후 재가 없는 화재(유류 및 가스) • 가연성 액체(가솔린, 석유 등) 및 기체(프로판 등)	분말 소화기, CO_2 소화기
C급	전기 화재	• 전기 기구 및 기계에 의한 화재 • 변압기, 개폐기, 전기 다리미 등	CO_2 소화기, 분말 소화기
D급	금속 화재	• 금속(마그네슘, 알루미늄 등)에 의한 화재 • 금속이 물과 접촉하면 열을 내며 분해되어 폭발하며, 소화 시에는 모래나 질석 또는 팽창 질석을 사용	건조 모래, 할로겐 소화기

02. 재해관련 계산식

① 강도율 = $\dfrac{근로손실일수}{연\ 근로시간수} \times 1{,}000$

② 도수율 = $\dfrac{재해발생건수}{연\ 근로시간수} \times 100만\ 시간$

③ 천인율 = $\dfrac{재해자수}{평균\ 근로자수} \times 1{,}000$

03. 재해관련 조치 순서

재해발생 → 긴급조치 → 재해조치 → 원인분석 → 대책수립 → 평가

PART 04 과년도 기출문제 & CBT 복원문제

2013년
- 1회 제선기능사 과년도 기출문제
- 2회 제선기능사 과년도 기출문제

2014년
- 1회 제선기능사 과년도 기출문제
- 2회 제선기능사 과년도 기출문제

2015년
- 1회 제선기능사 과년도 기출문제
- 2회 제선기능사 과년도 기출문제
- 3회 제선기능사 과년도 기출문제

2016년
- 1회 제선기능사 과년도 기출문제
- 2회 제선기능사 과년도 기출문제

2017년
- 1회 제선기능사 CBT 복원문제
- 3회 제선기능사 CBT 복원문제

2018년
- 1회 제선기능사 CBT 복원문제
- 3회 제선기능사 CBT 복원문제

2019년
- 1회 제선기능사 CBT 복원문제
- 3회 제선기능사 CBT 복원문제

2020년
- 1회 제선기능사 CBT 복원문제
- 3회 제선기능사 CBT 복원문제

2021년
- 1회 제선기능사 CBT 복원문제
- 3회 제선기능사 CBT 복원문제

2022년
- 1회 제선기능사 CBT 복원문제
- 3회 제선기능사 CBT 복원문제

2023년
- 1회 제선기능사 CBT 복원문제
- 3회 제선기능사 CBT 복원문제

2024년
- 1회 제선기능사 CBT 복원문제
- 3회 제선기능사 CBT 복원문제

2013년 1회 제선기능사 과년도 기출문제

01 고온에서 사용하는 내열강 재료의 구비조건에 대한 설명으로 틀린 것은?

① 기계적 성질이 우수해야 한다.
② 조직이 안정되어 있어야 한다.
③ 열팽창에 대한 변형이 커야 한다.
④ 화학적으로 안정되어 있어야 한다.

> **내열강의 구비조건**
> ① 기계적 성질이 우수
> ② 조직이 안정할 것
> ③ 열팽창계수가 적을 것
> ④ 화학적으로 안정될 것
> ⑤ 고온에서 안정할 것

02 고체상태에서 하나의 원소가 온도에 따라 그 금속을 구성하고 있는 원자의 배열이 변하여 두 가지 이상의 결정구조를 가지는 것은?

① 전위   ② 동소체
③ 고용체   ④ 재결정

> **동소체**
> 고체상태에서 온도변화에 따라 원자의 결정구조가 변하는 것

03 Ni-Fe계 합금인 인바(Invar)는 길이 측정용 표준자, 바이메탈, VTR 헤드의 고정대 등에 사용되는데 이는 재료의 어떤 특성 때문에 사용하는가?

① 자성   ② 비중
③ 전기저항   ④ 열팽창계수

> **인바**
> Fe-Ni계 불변강으로 탄성률과 열팽창률이 적은 합금

04 니켈-크롬 합금 중 사용한도가 1,000℃까지 측정할 수 있는 합금은?

① 망가닌   ② 우드메탈
③ 배빗메탈   ④ 크로멜-알루멜

> **크로멜-알루멜(CA)**
> 크로멜(니켈-크롬), 알루멜(니켈-알루미늄)으로 된 것으로 온도계에 사용하며 1,000℃ 정도까지 측정이 가능하다.

05 탄소가 0.50~0.70%이고, 인장강도는 590~690MPa이며, 축, 기어, 레일, 스프링 등에 사용되는 탄소강은?

① 톰백   ② 극연강
③ 반연강   ④ 최경강

> **최경강**
> 탄소 0.5~0.7% 정도 함유된 고탄소강으로 인장강도가 600~700MPa에 이르는 강

정답 01 ③ 02 ② 03 ④ 04 ④ 05 ④

06 다음 중 청동과 황동 및 합금에 대한 설명으로 틀린 것은?

① 청동은 구리와 주석의 합금이다.
② 황동은 구리와 아연의 합금이다.
③ 톰백은 구리에 5~20%의 아연을 함유한 것으로, 강도는 높으나 전연성이 없다.
④ 포금은 구리에 8~12% 주석을 함유한 것으로 포신의 재료 등에 사용되었다.

톰백
구리에 5~20%의 아연을 합금한 것으로 비교적 강도가 높고, 전연성도 우수

07 내마멸용으로 사용되는 애시큘러 주철의 기지(바탕)조직은?

① 베이나이트
② 소르바이트
③ 마텐자이트
④ 오스테나이트

- **애시큘러 주철** : 회주철 + Ni, Cr, Mo, Cu의 주철로 기지조직은 베이나이트(bainite)로 내마모용 주철
- **Ni-hard 주철** : 회주철 + Ni, Cr, Mo, Cu의 주철로 기지조직은 마텐자이트로 내마모, 내식용 주철

08 다음 중 순철의 자기변태 온도는 약 몇 ℃인가?

① 100 ② 768
③ 910 ④ 1,400

순철의 자기변태(A_2 변태) : 768℃

분류	온도(℃)	변태종류	내용
A_0	210	자기변태	시멘타이트의 자기변태점
A_1	723	공석변태	공석반응 : 오스테나이트 ↔ 펄라이트(페라이트+시멘타이트)
A_2	768	자기변태	순철(α철)의 자기변태
A_3	910	동소변태	BCC(α철, 페라이트) ↔ FCC(γ철, 오스테나이트)
A_4	1,400	동소변태	FCC(γ철, 오스테나이트) ↔ BCC(δ철, 페라이트)

09 동일 조건에서 전기전도율이 가장 큰 것은?

① Fe ② Cr
③ Mo ④ Pb

전기전도율
Mo > Fe > Pb > Cr

10 다음 마그네슘에 대한 설명 중 틀린 것은?

① 고온에서 발화되기 쉽고, 분말은 폭발하기 쉽다.
② 해수에 대한 내식성이 풍부하다.
③ 비중이 1.74, 용융점이 650℃인 조밀육방격자이다.
④ 경합금 재료로 좋으며 마그네슘 합금은 절삭성이 좋다.

Mg
비중 1.74, 용융점 650℃, 결정구조 HCP(조밀육방격자), 알칼리에는 강하나 산이나 염수에는 침식됨. 열전도율과 전기전도율은 다소 떨어짐

정답 06 ③ 07 ① 08 ② 09 ③ 10 ②

11 Au의 순도를 나타내는 단위는?

① K(carat)　　② P(pound)
③ %(percent)　④ μm(micron)

> 귀금속의 순도는 K(캐럿)으로 나타내며 24K가 순금속이다.

12 탄소강 중에 포함된 구리(Cu)의 영향으로 틀린 것은?

① 내식성을 향상시킨다.
② Ar_1의 변태점을 증가시킨다.
③ 강재 압연 시 균열의 원인이 된다.
④ 강도, 경도, 탄성한도를 증가시킨다.

> 탄소강 중의 구리의 영향
> 내식성 증가, Ar_1 변태점 하강, 강도·경도·탄성한도 증가, 압연 등의 가공 시 균열이 발생

13 다음 중 비중이 가장 무거운 금속은?

① Mg　　② Al
③ Cu　　④ W

> Mg 1.74, Al 2.7, Cu 8.96, W 19.3

14 주강과 주철을 비교 설명한 것 중 틀린 것은?

① 주강은 주철에 비해 용접이 쉽다.
② 주강은 주철에 비해 용융점이 높다.
③ 주강은 주철에 비해 탄소량이 적다.
④ 주강은 주철에 비해 수축률이 적다.

> 주강은 탄소강을 주조한 것으로 주철보다 용융점이 높고, 용접이 쉬우며, 탄소량이 적으며, 수축률은 크다.

15 다음의 금속 결함 중 체적결함에 해당되는 것은?

① 전위
② 수축공
③ 결정립계 경계
④ 침입형 불순물 원자

> • 점결함 : 공공, 불순물 원자
> • 선결함 : 전위, 쌍정
> • 면결함 : 결정입계
> • 체적결함 : 수축공

16 제도에서 치수 기입법에 관한 설명으로 틀린 것은?

① 치수는 가급적 정면도에 기입한다.
② 치수는 계산할 필요가 없도록 기입해야 한다.
③ 치수는 정면도, 평면도, 측면도에 골고루 기입한다.
④ 2개의 투상도에 관계되는 치수는 가급적 투상도 사이에 기입한다.

> 치수는 가급적 정면도에 기입한다.

17 나사의 제도에서 수나사의 골 지름은 어떤 선으로 도시하는가?

① 굵은 실선
② 가는 실선
③ 가는 1점 쇄선
④ 가는 2점 쇄선

> 수나사의 골지름은 가는 실선, 산지름은 굵은 실선으로 한다.

정답　11① 12② 13④ 14④ 15② 16③ 17②

18 다음의 현과 호에 대한 설명 중 옳은 것은?

① 호의 길이를 표시하는 치수선은 호에 평행인 직선으로 표시한다.
② 현의 길이를 표시하는 치수선은 그 현과 동심인 원호로 표시한다.
③ 원호와 현을 구별해야 할 때에는 호의 치수숫자 위에 ⌒표시를 한다.
④ 원호로 구성되는 곡선의 치수는 원호의 반지름과 그 중심 또는 원호와의 접선 위치를 기입할 필요가 없다.

> 호의 길이는 호와 동심원인 원호로 표시하고, 현은 호에 평행인 직선으로 표시하며, 원호와 현을 구분할 때는 호의 치수숫자 위에 ⌒표시를 한다.

19 가공에 의한 커터 줄무늬가 거의 여러 방향으로 교차일 때 나타내는 기호는?

① ⊥　　② M
③ R　　④ X

> 여러 방향 교차는 M으로 도시한다.

20 축에 풀리, 기어 등의 회전체를 고정시켜 축과 회전체가 미끄러지지 않고 회전을 정확하게 전달하는데 사용하는 기계요소는?

① 키　　② 핀
③ 벨트　④ 볼트

> 키
> 축에 풀리, 기어 등의 회전체를 고정시켜 축과 회전체가 미끄러지지 않도록 고정하는 기계요소

21 도면에서 가상선으로 사용되는 선의 명칭은?

① 파선　　② 가는 실선
③ 1점 쇄선　④ 2점 쇄선

> 가상선은 2점 쇄선으로 도시한다.

22 다음과 같이 물체의 형상을 쉽게 이해하기 위한 도시한 단면도는?

① 반 단면도　　② 부분 단면도
③ 계단 단면도　④ 회전 단면도

> 회전 단면도
> 핸들이나 바퀴 등의 암 및 림, 리브, 축, 구조물의 부재 등의 절단면은 90도 회전하여 표시한다.

23 제도 용구 중 디바이더의 용도가 아닌 것은?

① 치수를 옮길 때 사용
② 원호를 그릴 때 사용
③ 선을 같은 길이로 나눌 때 사용
④ 도면을 축소하거나 확대한 치수로 복사할 때 사용

> 원호를 그릴 때는 컴퍼스를 사용한다.

24 반지름이 10mm인 원을 표시하는 올바른 방법은?

① t10　　② 10SR
③ φ10　　④ R10

> 반지름 기호 R

25 대상물의 표면으로부터 임의로 채취한 각 부분에서의 표면거칠기를 나타내는 기호가 아닌 것은?

① S_{tp} ② S_m
③ R_z ④ R_a

> 표면거칠기
> R_a(중심선 평균 거칠기), R_{max}(최대 높이 거칠기), R_z(10점 평균 거칠기), S_m(평균 요철 폭 간격)

26 투상도 중에서 화살표 방향에서 본 정면도는?

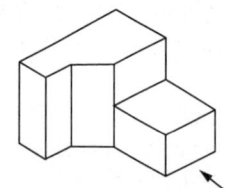

① 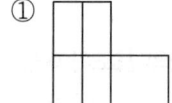   ②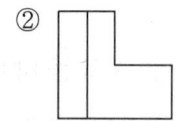

③    ④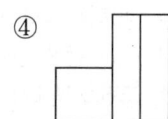

> 정면도는 사각형 모양이며, 좌측에 상하로 연결되는 선이 있어야 하며, 우측에는 상하로 구분되는 선이 있어야 한다.

27 다음의 재료기호의 표기에서 밑줄 친 부분이 의미하는 것은?

> KS D 3752 <u>SM45C</u>

① 탄소함유량을 의미한다.
② 제조방법에 대한 수치 표시이다.
③ 최저 인장강도가 $45kg_f/mm^2$이다.
④ 열처리 강도 $45kg_f/cm^2$를 표시한다.

> SM45C
> 탄소함유량이 0.45%

28 일일 생산량이 8,300t/d인 고로에서 연료로 코크스 3,700ton, 오일 200ton을 사용하고 있다. 이 고로의 출선비(t/d/m³)는? (단, 고로의 내용적은 3,900m³이다)

① 약 1.76   ② 약 2.13
③ 약 3.76   ④ 약 4.13

> 출선비 = $\frac{생산량}{내용적} = \frac{8,300}{3,900} = 2.13$

29 고로의 어떤 부분만 통기저항이 작아 바람이 잘 통해서 다른 부분과 가스 상승에 차가 생기는 현상은?

① 슬립
② 석회과잉
③ 행깅드롭
④ 벤틸레이션

> 벤틸레이션(날바람, 취발)
> 고로의 일부분이 통기성이 적어 바람이 잘 통하지 않아 가스 흐름의 차가 발생하는 현상

30 용광로 노전 작업 중 출선을 앞당겨 실시하는 경우에 해당되지 않는 것은?

① 장입물 하강이 빠른 경우
② 휴풍 및 감압이 예상되는 경우
③ 출선구 심도(深度)가 깊은 경우
④ 출선구가 약하고 다량의 출선량에 견디지 못하는 경우

> **조출선하는 경우**
> ① 출선구가 약하고 다량의 출선에 견디지 못할 때
> ② 출선, 출재가 불충분한 경우
> ③ 래이들 부족, 기타 양적인 제약이 생긴 경우
> ④ 노황 냉기미로서 풍구에 재가 보일 때
> ⑤ 장입물 하강이 빠를 때
> ⑥ 감압, 휴풍이 예상될 때

31 코크스의 강도는 어떤 강도를 측정한 것인가?

① 충격 강도   ② 압축 강도
③ 인장 강도   ④ 내압 강도

> 코크스, 소결광 등의 강도는 충격 강도를 측정한 것이다.

32 야금용 및 제선용 연료의 구비조건 중 틀린 것은?

① 인(P)이 적어야 한다.
② 황(S)이 적어야 한다.
③ 회분이 많아야 한다.
④ 발열량이 커야 한다.

> **연료의 구비조건**
> ① 인, 황 등의 불순물이 적어야 한다.
> ② 회분이 적어야 한다.
> ③ 발열량이 커야 한다.

33 송풍량이 1,680m³이고 노정가스 중 N_2가 57%일 때 노정가스량은 약 몇 m³인가? (단, 공기 중의 산소는 21%이다)

① 1,212   ② 2,172
③ 2,328   ④ 2,545

> 가스 발생량 = $\dfrac{송풍량 \times 공기\ 중\ 질소비}{노정가스\ 질소비}$
> = $\dfrac{1,680 \times 0.79}{0.57}$
> = 2,328

34 산소 부하 조업의 효과가 아닌 것은?

① 바람 구멍 앞의 온도가 높아진다.
② 고로의 높이를 낮추며, 저로법을 적용할 수 있다.
③ 코크스 연소속도가 빠르고 출선량을 증대시킨다.
④ 노정가스의 온도가 높게 되고, 질소를 증가시킨다.

> **산소 부화 송풍의 효과**
> ① 풍구 앞의 연소대 온도 상승
> ② 연소속도가 빨라 단위시간당 출선량 증가
> ③ 발열량 증가로 송풍량 감소 효과
> ④ 노정가스 온도 저하 효과
> ⑤ 코크스비 저하, 출선량 증가

정답 30 ③ 31 ① 32 ③ 33 ③ 34 ④

35 고로조업 시 바람구멍의 파손 원인으로 틀린 것은?

① 슬립이 많을 때
② 회분이 많을 때
③ 송풍온도가 낮을 때
④ 코크스의 균열강도가 낮을 때

풍구 파손 원인
① 걸림과 슬립이 많을 때
② 슬래그 염기도가 높을 때
③ 코크스 강도가 낮을 때
④ 슬래그 점성이 높을 때
⑤ 맥석 및 회분이 많을 때
⑥ 송풍온도가 높을 때

36 Bell-Less 구동장치를 고열로부터 보호하기 위해 냉각수를 순환시키고 있는데, 정전으로 인해 순환수 펌프 가동 불능 시 구동장치를 보호하기 위한 냉각 방법은?

① 고로가스를 공급한다.
② 질소가스를 공급한다.
③ 고압 담수를 공급한다.
④ 노정 살수작업을 실시한다.

노정장입장치가 정전돼서 냉각수 공급이 되지 않을 경우 불활성가스인 질소를 투입하여 공랭시켜야 한다.

37 선철 중의 Si를 높게 하기 위한 방법이 아닌 것은?

① 염기도를 높게 한다.
② 노상 온도를 높게 한다.
③ 규산분이 많은 장입물을 사용한다.
④ 코크스에 대한 광석의 비율을 적게 하고 고온 송풍을 한다.

Si를 높이는 방법
① 염기도를 낮게 한다.
② 노상 온도를 높인다.
③ SiO_2 성분이 많은 장입물을 사용한다.
④ 코크스비를 낮춘다.
⑤ 조업속도를 낮춘다.

38 용선의 불순물 중 고로 내에서 조정이 불가능한 성분은?

① Si ② Mn
③ Ti ④ P

고로 내에서 탈인과 탈황으로 성분 조절이 어렵기 때문에 원료 성분에 인, 황이 적은 것을 사용해야 한다.

39 제선작업 중 산소가 결핍되어 있는 장소에서 사용할 수 있는 가장 적합한 마스크는?

① 송기 마스크
② 방진 마스크
③ 방독 마스크
④ 위생 마스크

산소가 결핍된 장소에서는 산소 공급기가 달린 송기 마스크를 착용해야 한다.

40 미세한 분광을 드럼 또는 디스크에서 입상화한 후 소성경화해서 얻는 괴상법은?

① A.I.B법
② 그리나발트법
③ 펠레타이징법
④ 스크레이퍼법

펠레타이징법
분광을 드럼 또는 디스크에서 회전시켜 구상화한 후 소성하는 방법

41 합금철을 만들기 위한 장치와 그 제조 방법이 옳게 연결된 것은?

① thermit-산소 취정
② 고로-탄소 환원
③ 전로-전해 환원
④ 전기로-진공 탈탄

> Fe-Mn, Fe-Si 등의 합금철을 제조할 때는 전기로에서 용해를 하고 진공 분위기에서 완전 탈탄을 해야 한다.

42 파이넥스 조업 설비 중 환원로에서의 반응이 아닌 것은?

① 부원료의 소성 반응
② $C + \frac{1}{2}O_2 \rightarrow CO$
③ $Fe + H_2S \rightarrow FeS + H_2$
④ $Fe_2O_3 + 3CO \rightarrow 2Fe + 3CO_2$

> 코크스에 의한 산화반응은 고로 조업에서 일어난다.

43 고로에서 고압조업의 효과가 아닌 것은?

① 연진의 저하
② 송풍량의 저하
③ 출선량 증가
④ 코크스비의 저하

> 고압조업의 효과
> ① 출선량 증가
> ② 연료비 저하(코크스 저하)
> ③ 노황의 안정
> ④ 노정분진 발생 방지

44 용광로에 분상 원료를 사용했을 때 일어나는 현상이 아닌 것은?

① 출선량이 증가한다.
② 고로의 통풍을 해친다.
③ 연진 손실을 증가시킨다.
④ 고로 장애인 걸림이 일어난다.

> 고로에 분상 원료를 장입하면 통기성이 불량하여 연료 손실이 많고, 실수율이 떨어지며, 분진 발생량이 증가하고, 걸림 현상이 발생하여 생산량 저하 및 노황이 불안정해진다.

45 선철 중에 이 원소가 많이 함유되면 유동성을 나쁘게 하고 노상부착물을 형성시키므로 특별히 관리하여야 할 이 성분은?

① Ti   ② C
③ P   ④ Si

> 선철 중 Ti은 유동성을 저하시키고 노상 부착물을 형성하므로 원료 광석 중 함유량이 적은 것을 사용해야 한다. 특별한 경우(노바닥 이상) TiO_2를 장입하여 노바닥에 가라앉히면 노바닥을 보호할 수 있다.

46 폐기가스 중 CO 농도는 6% 전후로 알려져 있다. 완전연소 즉, 열효율 향상이란 측면에서 취한 조치의 내용 중 틀린 것은?

① 배합 원료의 조립 강화
② 사하분광 사용 증가
③ 적정 수분 첨가
④ 분광 사용 증가

> 분광의 사용량이 증가하면 통기성이 저하되어 불완전연소가 많아진다.

정답 41 ④ 42 ② 43 ② 44 ① 45 ① 46 ④

47 펠렛의 성질을 설명한 것 중 옳은 것은?

① 입도 편석을 일으키며, 공극률이 작다.
② 고로 안에서 소결광과는 달리 급격한 수축을 일으키지 않는다.
③ 산화 배소를 받아 자철광으로 변하며, 피환원성이 없다.
④ 분쇄한 원료를 이용한 것으로 야금 반응에 민감한 물성을 갖지 않는다.

> 펠렛의 특징
> ① 분쇄한 것으로 야금반응에 민감
> ② 점결제 없이 성형되므로 순도가 높음
> ③ 고로 내에서 반응이 용이하며 해면철을 거쳐 용해
> ④ 가압하지 않는 자연적인 굴림에 의해 제조되므로 기공이 높아 환원성이 우수
> ⑤ S성분이 적고, Si의 흡수가 적음
> ⑥ 입도가 일정하고 입도편석을 일으키지 않으며 공극률도 우수
> ⑦ 소결광과 달리 고로 내에서 급격한 수축을 일으키지 않음

48 코크스(coke)가 과다하게 첨가(배합)되었을 경우 일어나는 현상이 아닌 것은?

① 소결광의 생산량이 증가한다.
② 배기가스의 온도가 상승한다.
③ 소결광 중 FeO 성분 함유량이 많아진다.
④ 화격자(grate bar)에 점착하기도 한다.

> 소결조업에서 코크스량이 증가하면 소결광의 생산량은 감소한다.

49 소결용 집진기로 사용하는 싸이클론의 집진 원리는?

① 대전 이용   ② 중력 침강
③ 여과 이용   ④ 원심력 이용

> 싸이클론은 원심력을 이용하여 분진을 제거하는 설비이다.

50 용제에 대한 설명으로 틀린 것은?

① 슬래그의 용융점을 높인다.
② 맥석같은 불순물과 결합한다.
③ 유동성을 좋게 한다.
④ 슬래그를 금속으로부터 잘 분리되도록 한다.

> 용제는 광석에 들어있는 맥석성분과 연료에 들어 있는 회분 및 불순물과 결합하여 용융점을 낮추고, 유동성을 좋게 하며, 슬래그를 금속으로부터 잘 분리되도록 하기 위하여 첨가하는 것이다.

51 광산에서 채광된 덩어리 상태의 광석을 크러셔 파쇄 및 스크린 선별 처리 후 고로 및 소결용 원료로 사용하는 것은?

① 분광   ② 정광
③ 괴광   ④ 사하분광

> 고로에 장입되는 광석 원료는 괴광 형태로 장입한다.

52 다음의 철광석 중 이론적인 Fe의 품위가 가장 높으며 강자성을 띄는 철광석은?

① 적철광   ② 자철광
③ 갈철광   ④ 능철광

> 자철광은 강자성체이며, 품위가 높지만, 환원성이 떨어지는 단점이 있다.

정답 47 ② 48 ① 49 ④ 50 ① 51 ③ 52 ②

53 광석을 가열하여 수산화물 및 탄산염과 같이 화학적으로 결합되어 있는 H_2O와 CO_2를 제거하면서 산화광을 만드는 방법은?

① 분쇄　　② 선광
③ 소결　　④ 하소

> **하소**
> 광석을 고온으로 가열하여 수산화물 및 탄산염과 같이 화학적으로 결합되어 있는 수분과 CO_2를 제거하는 조작

54 소결광의 환원분화에 대한 설명으로 틀린 것은?

① CO 가스보다는 H_2 가스의 경우에 분화가 현저히 발생한다.
② 400~700℃ 구간에서 분화가 많이 일어나며, 특히 500℃ 부근에서 현저하게 발생한다.
③ 저온환원의 경우 어느 정도 진행되면 분화는 그 이상 크게 되지 않는다.
④ 고온환원 시 환원에 의해 균열이 발생하여도 환원으로 생성된 금속철의 소결에 의해 분화가 억제된다.

> **환원분화**
> 소결광이 CO가스와 접하여 철분을 환원시킴에 따라 깨지면서 분상으로 되는 현상으로 400~700℃ 부근의 간접환원 영역에서 활발하게 일어난다.

55 코크스의 생산량을 구하는 식으로 옳은 것은?

① (Oven당 석탄의 장입량+Coke 실수율) ÷ 압출문수
② (Oven당 석탄의 장입량−Coke 실수율) ÷ 압출문수
③ Oven당 석탄의 장입량×Coke 실수율 ×압출문수
④ Oven당 석탄의 장입량×압출문수 ÷ Coke 실수율

> 코크스 생산량 = 장입량×실수율×압출문수

56 배소에 의해 제거되는 성분이 아닌 것은?

① 수분　　② 탄소
③ 비소　　④ 이산화탄소

> 탄소는 배소나 하소에 의해 제거되는 것이 아니고 산소와 반응하는 것이다.

57 함수 광물로써 산화마그네슘(MgO)을 함유하고 있으며, 고로에서 슬래그 성분 조절용으로 사용하며 광재의 유동성을 개선하고 탈황 성능을 향상시키는 것은?

① 규암　　② 형석
③ 백운석　　④ 사문암

> 사문암은 함수광물로 화학식은 $3MgO \cdot 2SiO_2 \cdot 2H_2O$이며, MgO를 함유하고 있어 고로에 사용하면 백운석과 같이 광재의 유동성을 개선, 탈황성능을 향상시킬 수 있다.

정답 53 ④　54 ①　55 ③　56 ②　57 ④

58 화격자(grate bar)에 관한 설명으로 틀린 것은?

① 고온에서 내산화성이야 한다.
② 고온에서 강도가 커야 한다.
③ 스테인리스강으로 제작하여 사용한다.
④ 장기간 반복가열에도 변형이 적어야 한다.

> 화격자(grate bar)가 갖추어야 할 성질
> ① 고온에서 강도가 높을 것
> ② 고온에서 내산화성이 클 것
> ③ 가열냉각해도 변형균열이 일어나지 않을 것
> ④ 광석의 부착성이 없을 것

59 DL식(드와이트 로이드) 소결기의 특징을 설명한 것 중 옳은 것은?

① 기계 부분의 손상과 마멸이 거의 없다.
② 연속식이 아니기 때문에 소량생산에 적합하다.
③ 소결이 불량할 때 재점화가 불가능하다.
④ 1개소의 기계 고장이 있어도 기타 소결 냄비로 조업이 가능하다.

> DL(Dwight Lloyd)식 소결기(연속식) 특징
> ① 연속적이므로 대량생산에 적합
> ② 자동화 가능하여 인건비가 적음
> ③ 집진장치 설치가 용이
> ④ 소결광의 피환원성 향상
> ⑤ 소결광의 상온강도 향상
> ⑥ 소결이 불량할 때 재점화가 불가능하다(단점).

60 소결 연료용 코크스를 분쇄하는 데 주로 사용되는 기기는?

① 스태커(stacker)
② 로드 밀(rod mill)
③ 리클레이머(reclamer)
④ 트레인 호퍼(train hopper)

> 코크스 분쇄기
> 로드 밀, 볼밀, 크러셔

 58 ③ 59 ③ 60 ②

2013년 2회 제선기능사 과년도 기출문제

01 순철에서 동소변태가 일어나는 온도는 약 몇 ℃인가?
① 210　② 700
③ 912　④ 1,600

> **순철 동소변태**
> A_3변태 910℃, A_4변태 1,400℃

02 다음 중 중금속에 해당되는 것은?
① Al　② Mg
③ Cu　④ Be

> 비중 8.9인 Cu는 중금속에 속한다. 비중 4.5 이상을 중금속이라 한다.

03 Pb계 청동 합금으로 주로 항공기, 자동차용의 고속베어링으로 많이 사용되는 것은?
① 켈밋　② 톰백
③ Y합금　④ 스테인리스

> **켈밋(Kelmet)**
> Cu-Pb(30~40%) 합금으로 화이트 메탈보다 강하여 고속베어링에 사용

04 다음의 철광석 중 자철광을 나타낸 화학식으로 옳은 것은?
① Fe_2O_3　② Fe_3O_4
③ Fe_2CO_3　④ $Fe_2O_3 \cdot 3H_2O$

> 자철광 Fe_3O_4, 적철광 Fe_2O_3, 능철광 $FeCO_3$, 갈철광 $Fe_2O_3 \cdot 6H_2O$

05 기지 금속 중에 0.01~0.1μm 정도의 산화물 등 미세한 입자를 균일하게 분포시킨 재료로 고온에서 크리프 특성이 우수한 고온 내열 재료는?
① 서멧 재료　② FRM 재료
③ 클래드 재료　④ TD Ni 재료

> 분산강화 금속복합재료는 1μm 이하의 입자를 분포시킨 것으로 강도와 고온 크리프성이 개선된다.

06 주철의 조직을 C와 Si의 함유량과 조직의 관계로 나타낸 것은?
① 하드필드강
② 마우러조직도
③ 불스 아이
④ 미하나이트주철

> **마우러조직도**
> 주철의 조직을 C와 Si의 함유량과 조직의 관계를 나타낸 것

정답 01 ③　02 ③　03 ①　04 ②　05 ④　06 ②

07 7-3황동에 Sn을 1% 첨가한 합금으로, 전연성이 좋아 관 또는 판으로 제작하여 증발기, 열교환기 등에 사용되는 합금은?

① 애드미럴티 황동(admiralty brass)
② 네이벌 황동(naval brass)
③ 톰백(tombac)
④ 망간 황동

> ① 애드미럴티 황동 : 7-3황동에 Sn을 1% 첨가한 황동
> ② 네이벌 황동 : 6-4황동에 Sn을 1% 첨가한 황동
> ③ 톰백 : Cu-Zn(10~20%) 황동

08 Fe-C 평형상태도에서 [보기]와 같은 반응식은?

$$\gamma(0.76\%C) \leftrightarrows \alpha(0.22\%C)+Fe_3C(6.70\%C)$$

① 포정반응 ② 편정반응
③ 공정반응 ④ 공석반응

> ① 포정반응 : $\delta + L = \gamma$
> ② 공정반응 : $L = \gamma + Fe_3C$
> ③ 공석반응 : $\gamma = \alpha + Fe_3C$

09 만능 재료시험기의 인장시험을 할 경우 값을 구할 수 없는 금속의 기계적 성질은?

① 인장강도 ② 항복강도
③ 충격값   ④ 연신율

> 충격값은 충격시험으로 구할 수 있다.

10 다음 중 고 투자율의 자성합금은?

① 화이트 메탈(white metal)
② 바이탈륨(vitallium)
③ 하스텔로이(hastelloy)
④ 퍼멀로이(permalloy)

> 퍼멀로이
> Fe-Ni계 합금으로, 투자율이 높다.

11 열처리로에 사용하는 분위기 가스 중 불활성가스로만 짝지어진 것은?

① NH_3, CO   ② He, Ar
③ O_2, CH_4 ④ N_2, CO_2

> 불활성가스 : He, Ar, N_2, Ne

12 마그네슘 및 마그네슘 합금의 성질에 대한 설명으로 옳은 것은?

① Mg의 열전도율은 Cu와 Al보다 높다.
② Mg의 전기전도율은 Cu와 Al보다 높다.
③ Mg합금보다 Al합금의 비강도가 우수하다.
④ Mg는 알칼리에 잘 견디나, 산이나 염수에는 침식된다.

> Mg의 특징
> ① 열전도, 전기전도는 Cu, Al보다 낮다.
> ② 비강도가 Al보다 우수하다.
> ③ 알칼리에는 강하지만 산에는 약하다.
> ④ 고온에서 발화하기 쉽다.
> ⑤ 비중 1.74로 실용금속 중 가장 가볍다.

13 5대 원소 중 상온취성의 원인이 되며 강도와 경도, 취성을 증가시키는 원소는?

① C   ② P
③ S   ④ Mn

> 상온취성 P, 고온취성 S

정답 07① 08④ 09③ 10④ 11② 12④ 13②

14 [보기]는 강의 심랭처리에 대한 설명이다. (A), (B)에 들어갈 용어로 옳은 것은?

> 심랭처리란, 담금질한 강을 실온 이하로 냉각하여 (A)를 (B)로 변화시키는 조작이다.

① (A) : 잔류 오스테나이트, (B) : 마텐자이트
② (A) : 마텐자이트, (B) : 베이나이트
③ (A) : 마텐자이트, (B) : 소르바이트
④ (A) : 오스테나이트, (B) : 펄라이트

심랭처리
강을 담금질하면 마텐자이트로 변태가 되지만 일부에는 변태가 되지 못한 잔류 오스테나이트가 존재하므로 이를 마텐자이트로 변태시키기 위해 영하의 저온으로 냉각하면 잔류 오스테나이트가 마텐자이트로 변태가 된다.

15 Al-Mg계 합금에 대한 설명 중 틀린 것은?

① Al-Mg계 합금은 내식성 및 강도가 우수하다.
② Al-Mg계 평행상태도에서는 450℃에서 공정을 만든다.
③ Al-Mg계 합금에 Si를 0.3% 이상 첨가하여 연성을 향상시킨다.
④ Al에 4~10%Mg까지 함유한 강을 하이드로날륨이라 한다.

Al-Mg계 합금
① 고강도 내식성 알루미늄 합금이다.
② 450℃에서 공정을 이룬다.
③ 알드리 : Al-Mg-Si계 합금으로 강도는 증가하고 연성은 감소한다.
④ 하이드로날륨 : Al-Mg(6%) 내식성이 아주 우수하다.

16 기계 제작에 필요한 예산을 산출하고, 주문품의 내용을 설명할 때 이용되는 도면은?

① 견적도　② 설명도
③ 제작도　④ 계획도

견적도
주문할 사람에게 물품의 내용 및 가격 등을 설명하기 위한 도면

17 어떤 기어의 피치원 지름이 100mm이고, 잇수가 20개일 때 모듈은?

① 2.5　② 5
③ 50　④ 100

모듈 = $\dfrac{\text{피치원 지름}}{\text{잇수}} = \dfrac{100}{20} = 5$

18 다음 그림에서 A부분이 지시하는 표시로 옳은 것은?

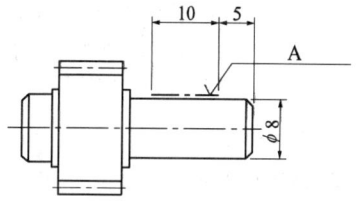

① 평면의 표시법
② 특정 모양 부분의 표시
③ 특수 가공 부분의 표시
④ 가공 전과 후의 모양표시

특수가공 부분은 굵은 1점 쇄선을 사용한다.

19 볼트를 고정하는 방법에 따라 분류할 때, 물체의 한쪽에 암나사를 깎은 다음 나사 박기를 하여 죄며 너트를 사용하지 않는 볼트는?

① 관통 볼트 ② 기초 볼트
③ 탭 볼트   ④ 스터드 볼트

> **체결용 볼트의 종류**
> ① 관통 볼트 : 너트와 같이 사용하는 볼트로, 체결하고자 하는 2개 부분에 구멍을 뚫고 볼트를 관통시킨 다음 너트로 조인다.
> ② 기초 볼트 : 기계류 및 구조물의 고정에 사용하는 것으로 기초 토대에 고정하기 위한 볼트
> ③ 탭 볼트 : 너트를 사용하지 않고 체결하는 상대쪽에 암나사를 내고 볼트를 나사박음하여 체결하는 볼트
> ④ 스터드 볼트 : 봉의 양 끝에 나사가 절삭되어 있어 한쪽을 기계의 본체 등에 체결하고 다른 쪽은 너트로 체결하는 볼트
> ⑤ 양너트 볼트 : 볼트의 양쪽에 수나사를 깎아 관통시킨 후 양끝 모두 너트로 죄는 볼트

20 [그림]과 같은 단면도를 무엇이라 하는가?

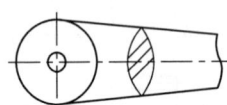

① 반 단면도
② 회전 단면도
③ 계단 단면도
④ 온 단면도

> **회전 단면도**
> 핸들이나 바퀴 등의 암 및 림, 리브, 축, 구조물의 부재 등의 절단면은 90도 회전하여 표시한다.

21 도면의 크기에 대한 설명으로 틀린 것은?

① 제도 용지의 세로와 가로의 비는 1 : 2 이다.
② 제도 용지의 크기는 A열 용지 사용이 원칙이다.
③ 도면의 크기는 사용하는 제도 용지의 크기로 나타낸다.
④ 큰 도면을 접을 때는 앞면에 표제란이 보이도록 A4의 크기로 접는다.

> **제도 용지의 가로**
> 세로 비는 1 : $\sqrt{2}$ 이다.

22 KS의 부문별 기호 중 기본 부문에 해당되는 기호는?

① KS A   ② KS B
③ KS C   ④ KS D

> KS A 기본, KS B 기계, KS C 전기, KS D 금속

23 다음 그림에서와 같이 눈 → 투상면 → 물체에 대한 투상법으로 옳은 것은?

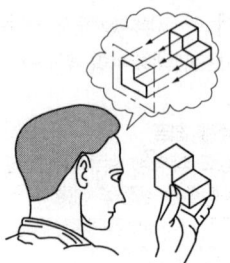

① 제1각법   ② 제2각법
③ 제3각법   ④ 제4각법

> • 제3각법 : 눈 → 투상면 → 물체
> • 제1각법 : 눈 → 물체 → 투상면

24 그림에서 치수 20, 26에 치수 보조 기호가 옳은 것은?

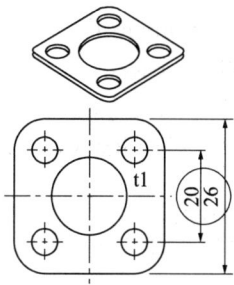

① S
② □
③ t
④ ( )

> □은 정사각형의 변을 의미하므로 구멍 4개의 위치가 사각형으로 배열되어 있다.
> S : 구, t : 두께, ( ) : 참고치수

25 표면거칠기의 값을 나타낼 때 10점 평균 거칠기를 나타내는 기호로 옳은 것은?

① R_a
② R_s
③ R_z
④ R_{max}

> **표면거칠기**
> R_a(중심선 평균 거칠기), R_{max}(최대 높이 거칠기), R_z(10점 평균 거칠기), S_m(평균 요철 폭 간격)

26 정면, 평면, 측면을 하나의 투상도에서 동시에 볼 수 있도록 그린 것으로 직육면체 투상도의 경우 직각으로 만나는 3개의 모서리가 각각 120°를 이루는 투상법은?

① 등각투상도법
② 사투상도법
③ 부등각투상도법
④ 정투상도법

> **등각투상도**
> 인접한 두 축 사이의 각이 120°인 면을 이루는 것으로 입체도에 많이 사용한다.

27 구멍의 최대허용치수 50.025mm, 최소허용치수 50.000mm, 축의 최대허용치수 50.000mm, 최소허용치수 49.950mm일 때 최대틈새(mm)는?

① 0.025
② 0.050
③ 0.075
④ 0.015

> 최대틈새
> = 구멍의 최대허용치수 − 축의 최소허용치수
> = 50.025−49.950
> = 0.075

28 재해 누발자의 유형 중 상황성과 미숙성으로 분류할 때 미숙성 누발자에 해당되는 것은?

① 심신에 근심이 있을 때
② 환경에 익숙하지 못할 때
③ 기계설비에 결함이 있을 때
④ 환경상 주의력의 집중이 혼란스러울 때

> **재해누발자 유형**
> ① 미숙성 누발자
> • 기능 미숙 때문에
> • 환경에 익숙하지 못하기 때문에
> ② 상황성 누발자
> • 작업이 어렵기 때문에
> • 기계 설비에 결함이 있기 때문에
> • 환경상 주의력의 집중이 혼란되기 때문에
> • 심신에 근심이 있기 때문에
> ③ 습관성 누발자
> • 재해의 경험에 의해 겁쟁이가 되거나 신경 과민이 되기 때문에
> • 일종의 슬럼프 상태에 빠져 있기 때문에
> ④ 소질성 누발자
> • 개인적 소질 가운데서 재해 원인의 요소를 가지고 있는 자
> • 개인의 특수 성격 소유자

정답 24 ② 25 ③ 26 ① 27 ③ 28 ②

29 고로 내의 국부 관통류(channelling)가 발생하였을 때의 조치 방법이 아닌 것은?

① 장입물의 입도를 조정한다.
② 장입물의 분포를 조정한다.
③ 장입방법을 바꾸어 준다.
④ 일시적으로 송풍량을 증가시킨다.

> 국부 관통류(특정 부분으로 집중해서 가스가 흐르는 것)는 장입분포, 입도, 방법 등의 문제이다.

30 고로 조업 시 장입물이 노 안으로 하강함과 동시에 복잡한 변화를 받는데 그 변화의 일반적인 과정으로 옳은 것은?

① 용해 → 산화 → 예열
② 환원 → 예열 → 용해
③ 예열 → 산화 → 용해
④ 예열 → 환원 → 용해

> **철광석의 고로 내 변화**
> 장입 → 예열 → 환원(간접환원) → 가탄(탄소 흡수) → 용해 → 선철

31 최근 관심이 커지고 있는 제선원료로 미분 철광석을 10~30mm로 구상화시켜 소성한 것을 무엇이라 하는가?

① 소결광(Sinter Ore)
② 정립광(Sizing Ore)
③ 펠렛(Pellet)
④ 단광(Briquetting Ore)

> **펠렛**
> 분철광석에 점결제를 첨가하여 구상 형태로 만들어 소성한 것

32 출선 시 용선과 같이 배출되는 슬래그를 분리하는 장치는?

① 스키머(Skimmer)
② 해머(Hammer)
③ 머드 건(Mud gun)
④ 무브벌 아무어(Movable armour)

> **스키머(skimmer)**
> 용선과 슬래그를 비중 차에 의해 분리하는 장치

33 고로 원료의 균일성과 안정된 품질을 얻기 위해 여러 종류의 원료를 배합하는 것을 무엇이라 하는가?

① 블랜딩(Blending)
② 워싱(Washing)
③ 정립(Sizing)
④ 선광(Dressing)

> ① 블랜딩 : 원료를 배합하는 과정
> ② 워싱 : 원료를 청정처리하는 과정
> ③ 정립 : 원료를 일정 크기로 분류하는 과정
> ④ 선광 : 원료에서 유용한 성분을 선별하는 과정

34 고로의 영역(zone) 중 광석의 환원, 연화 융착이 거의 동시에 진행되는 영역은?

① 적하대   ② 괴상대
③ 용융대   ④ 융착대

> 융착대에서는 미환원 철광석의 직접환원과 융착이 동시에 진행된다.

정답 29④ 30④ 31③ 32① 33① 34④

35 재해발생 형태별로 분류할 때 물건이 주체가 되어 사람이 맞은 경우의 분류 항목은?

① 협착 ② 파열
③ 충돌 ④ 낙하, 비래

> ① 협착 : 물건에 끼워진 상태, 말려든 상태
> ② 파열 : 용기 또는 장치가 물리적인 압력에 의해 파열한 경우
> ③ 충돌 : 사람이 정지물에 부딪친 경우
> ④ 낙하, 비래 : 물건이 주체가 되어 사람이 맞은 경우

36 고로의 유효 내용적을 나타낸 것은?

① 노저에서 풍구까지의 용적
② 노저에서 장입기준선까지의 용적
③ 출선구에서 장입기준선까지의 용적
④ 풍구 수준면에서 장입기준선까지의 용적

> ① 전용적 : 노바닥부터 노구까지의 용적
> ② 내용적 : 출선구로부터 장입기준선까지의 용적
> ③ 유효 내용적 : 풍구 수준에서부터 장입기준선까지의 용적

37 다음 중 고로제선법의 문제점을 보완하여 저렴한 분광석, 분탄을 직접 노에 넣어 용선을 생산하는 차세대 제선법은?

① BF법 ② LD법
③ 파이넥스법 ④ 스트립 캐스팅법

> **파이넥스법**
> 분광석과 분탄을 노에 직접 넣고 용선을 생산하는 방식

38 고로에서 슬래그의 성분 중 가장 많은 양을 차지하는 것은?

① CaO ② SiO_2
③ MgO ④ Al_2O_3

> **고로 슬래그**
> CaO > SiO_2 > Al_2O_3

39 고로가스(BFG)의 발열량은 약 몇 $kcal/m^3$ 인가?

① 850 ② 1,200
③ 2,500 ④ 4,500

> **가스 발열량**
> ① COG : 4,500~4,800$kcal/m^3$
> ② BFG : 680~850$kcal/m^3$
> ③ LDG : 2,000$kcal/m^3$
> ④ LPG : 22,000$kcal/m^3$

40 고로의 노정설비 중 노 내 장입물의 레벨(level)을 측정하는 것은?

① 디스트리뷰터(distributor)
② 사운딩(sounding)
③ 라지 벨(large bell)
④ 서지 호퍼(surge hooper)

> • 장입물의 레벨 측정 : 사운딩
> • 장입물의 분포 제어 : 선회슈트, 무버블 암

41 고로용 철광석의 입도가 작을 경우, 고로 조업에 미치는 영향과 관련이 없는 것은?

① 통기성이 저하된다.
② 산화성이 저하된다.
③ 걸림(Hanging)사고의 원인이 된다.
④ 가스분포가 불균일하여 노황을 나쁘게 한다.

> **장입물 입도가 작을 경우**
> 통기성 저하, 환원성 저하, 걸림의 원인, 노황 불안정

정답 35 ④ 36 ④ 37 ③ 38 ① 39 ① 40 ② 41 ②

42 용광로의 고압 조업이 갖는 효과가 아닌 것은?

① 연진이 감소한다.
② 출선량이 증가한다.
③ 노정 온도가 올라간다.
④ 코크스의 비가 감소한다.

> 고압조업 효과
> ① 출선량 증가
> ② 연료비 저하
> ③ 노황의 안정
> ④ 연진의 감소

43 다음 중 산성 내화물의 주성분으로 옳은 것은?

① SiO_2 ② MgO
③ CaO ④ Al_2O_3

> • 산성 : SiO_2
> • 중성 : Al_2O_3, TiO_2, Cr_2O_3
> • 염기성 : CaO, MgO, FeO

44 철광석의 종류와 주성분의 화학식이 틀린 것은?

① 갈철광 : Fe_2SO_4
② 적철광 : Fe_2O_3
③ 자철광 : Fe_3O_4
④ 능철광 : $FeCO_3$

> 자철광 Fe_3O_4, 적철광 Fe_2O_3, 능철광 $FeCO_3$, 갈철광 $Fe_2O_3 \cdot 6H_2O$

45 고로의 내용적은 4,500m³이고, 출선량이 12,000t/d이면, 출선능력(출선비 : t/d/m³)은 얼마인가?

① 2.22 ② 2.67
③ 3.22 ④ 3.67

> 출선비 = $\frac{생산량}{내용적}$ = $\frac{12,000}{4,500}$ = 2.67

46 소결 배합원료를 급광할 때 가장 바람직한 편석은?

① 수직 방향의 정도편석
② 폭 방향의 정도편석
③ 길이 방향의 분산편석
④ 두께 방향의 분산편석

> 소결원료는 수직방향으로 편석이 되도록 장입한다.

47 배합탄의 관리영역을 탄화도와 점결성 구간으로 나눌 때 탄화도를 표시하는 지수로 옳은 것은?

① 전팽창(TD)
② 휘발분(VM)
③ 유동도(MF)
④ 조직평형지수(CBI)

> 탄화도는 휘발분(VM)으로 표시한다.

48 소결 원료 중 조재(造滓)성분에 대한 설명으로 옳은 것은?

① Al_2O_3는 결정 수를 감소시킨다.
② SiO_2는 제품의 강도를 감소시킨다.
③ MgO의 증가에 따라 생산성을 증가시킨다.
④ CaO의 증가에 따라 제품의 강도를 감소시킨다.

> 소결 시 SiO_2, CaO는 소결강도를 높이고 생산성을 향상시킨다.
> Al_2O_3는 결정 수를 감소시킨다.

정답 42 ③ 43 ① 44 ① 45 ② 46 ① 47 ② 48 ①

49 철광석의 피환원성에 대한 설명 중 틀린 것은?

① 산화도가 높은 것이 좋다.
② 기공률이 클수록 환원이 잘 된다.
③ 다른 환원조건이 같으면 입도가 작을수록 좋다.
④ 페이얼라이트(feyalite)는 환원성이 좋게 한다.

> **철광석의 피환원성 향상**
> ① 기공률이 클 것
> ② 입도가 작을 것
> ③ 산화도가 높을 것
> ④ 페이얼라이트(fayalite), 일루미나이트(ilumenite) 등이 적을 것

50 코크스(coke)가 고로 내에서의 역할을 설명한 것 중 틀린 것은?

① 철 중에 용해되어 선철을 만든다.
② 철의 용융점을 높이는 역할을 한다.
③ 고로 안의 통기성을 좋게 하기 위한 통로 역할을 한다.
④ 일산화탄소를 생성하여 철광석을 간접 환원하는 역할을 한다.

> **코크스의 역할**
> ① 열풍과 연소해서 고로 내 에너지를 공급(열원)
> ② 연소가스(CO가스)가 철광석을 간접환원
> ③ 고체 탄소가 철광석을 직접환원
> ④ 선철 중에 용해되어(가탄) 선철의 용융점을 낮춤
> ⑤ 연소하고 남은 자리가 통기의 역할

51 석탄의 풍화에 대한 설명 중 틀린 것은?

① 온도가 높으면 풍화는 크게 촉진된다.
② 미분은 표면적이 크기 때문에 풍화되기 쉽다.
③ 탄화도가 높은 석탄일수록 풍화되기 쉽다.
④ 환기가 양호하면 열방산이 많아 좋으나 새로운 공기가 공급되기 때문에 발열하기 쉬워진다.

> 탄화도가 높으면 강점결탄이 되므로 풍화에 강하다.

52 소결기의 급광장치 종류가 아닌 것은?

① 호퍼   ② 스크린
③ 드럼 피더   ④ 셔틀 컨베이어

> 스크린은 완성된 소결광을 일정 크기로 분류하는 장치이다.

53 다음 중 소결광 품질향상을 위한 대책에 해당되지 않는 것은?

① 분화 방지
② 사전처리 강화
③ 소결 통기성 증대
④ 유효 슬래그 감소

> 유효 슬래그의 양이 많아야 용융결합에 의한 강도가 높은 소결광을 얻을 수 있다.

54 제게르 추의 번호 SK33의 용융 연화점 온도는 몇 ℃인가?

① 1,630   ② 1,690
③ 1,730   ④ 1,850

> SK 30이 1,670℃이며 SK 1차이는 20℃ 차이가 난다.
> 따라서 SK 33은 1,730℃(1,670+20×3)이다.

정답 49 ④ 50 ② 51 ③ 52 ② 53 ④ 54 ③

55 폐수처리를 물리적 처리와 생물학적 처리로 나눌 때 물리적 처리에 해당되지 않는 것은?

① 자연침전 ② 자연부상
③ 입상물 여과 ④ 혐기성 소화

> 혐기성 소화는 화학적 처리로 분류한다.

56 코크스의 연소실 구조에 따른 분류 중 순환식에 해당되는 것은?

① 코퍼스식 ② 오토식
③ 쿠로다식 ④ 윌푸투식

> 코퍼스식은 축열식을 갖추어 부생가스를 순환하는 식이다.

57 고로용 철광석의 구비조건으로 틀린 것은?

① 산화력이 우수해야 한다.
② 적정 입도를 가져야 한다.
③ 철 함유량이 많아야 한다.
④ 물리성상이 우수해야 한다.

> **철광석의 구비조건**
> ① 철분이 높을 것
> ② 유해 불순물(S, P, Cu, Ti 등)이 적을 것
> ③ 피환원성이 좋을 것
> ④ 맥석의 분리가 쉬울 것
> ⑤ 적당한 물리적 강도를 가질 것
> ⑥ 품질이나 성분이 균일할 것

58 배소광과 비교한 소결광의 특징이 아닌 것은?

① 충진 밀도가 크다.
② 기공도가 크다.
③ 빠른 기체속도에 비해 날아가기 쉽다.
④ 분말 형태의 일반 배소광보다 부피가 작다.

> 소결광은 배소광보다 밀도가 커서 크기가 크며, 기공도가 크다.

59 코크스의 생산량을 구하는 식으로 옳은 것은?

① (oven당 석탄의 장입량×코크스 실수율) − 압출문수
② oven당 석탄의 장입량−(코크스 실수율× 압출문수)
③ oven당 석탄의 장입량÷코크스 실수율÷ 압출문수
④ oven당 석탄의 장입량×코크스 실수율× 압출문수

> 코크스 생산량 = 장입량×실수율×압출문수

60 드와이트 로이드식 소결기에 대한 설명으로 틀린 것은?

① 배기 장치의 누풍량이 많다.
② 고로의 자동화가 가능하다.
③ 소결이 불량할 때 재점화가 가능하다.
④ 연속식이기 때문에 대량생산에 적합하다.

> **DL(Dwight Lloyd)식 소결기(연속식) 장점**
> ① 연속적이므로 대량생산에 적합
> ② 자동화 가능하여 인건비가 적음
> ③ 집진장치 설치가 용이
> ④ 소결광의 피환원성 향상
> ⑤ 소결광의 상온강도 향상

정답 55 ④ 56 ① 57 ① 58 ③ 59 ④ 60 ③

2014년 1회 제선기능사 과년도 기출문제

01 비중으로 중금속(heavy metal)을 옳게 구분한 것은?

① 비중이 약 2.0 이하인 금속
② 비중이 약 2.0 이상인 금속
③ 비중이 약 4.5 이하인 금속
④ 비중이 약 4.5 이상인 금속

> 중금속과 경금속은 비중 4.5를 기준으로 이상은 중금속, 이하는 경금속이라 한다.

02 표면은 단단하고 내부는 회주철로 강인한 성질을 가지며 압연용 롤, 철도 차량, 분쇄기 롤 등에 사용되는 주철은?

① 칠드주철
② 흑심주단주철
③ 백심주단주철
④ 구상흑연주철

> 칠드주철은 표면은 급랭에 의해 시멘타이트가 형성된 백주철이고, 내부는 흑연이 정출한 회주철로 표면부는 경도가 높아 내마모성이 우수하며 내부는 강인하다.

03 자기변태에 대한 설명으로 옳은 것은?

① Fe의 자기변태점은 210℃이다.
② 결정격자가 변화하는 것이다.
③ 강자성을 잃고 상자성으로 변화하는 것이다.
④ 일정한 온도범위 안에서 급격히 비연속적인 변화가 일어난다.

> **자기변태**
> 강자성체가 일정온도 이상에서 상자성체로 변화하는 것으로 철강의 경우 시멘타이트가 210℃, 순철이 768℃에서 일어난다.

04 구조용 합금강과 공구용 합금강을 나눌 때 기어, 축 등에 사용되는 구조용 합금강 재료에 해당되지 않는 것은?

① 침탄강 ② 강인강
③ 질화강 ④ 고속도강

> 고속도강은 공구용 합금강에 해당한다.

05 다음 중 경질 자성재료에 해당되는 것은?

① Si 강판 ② Nb 자석
③ 센더스트 ④ 고속도강

> • **경질 자성재료(영구자석재료)** : 알니코 자석, 페라이트 자석, Nb 자석, Fe-Cr-Co계
> • **연질 자성재료** : 규소강판, 퍼멀로이, 센더스트, 알펌, 퍼멘듈, 수퍼멘듈

정답 01 ④ 02 ① 03 ③ 04 ④ 05 ②

06 비료 공장의 합성탑, 각종 밸브와 그 배관 등에 이용되는 재료로 비강도가 높고, 열전도율이 낮으며 용융점이 약 1,670℃인 금속은?

① Ti ② Sn
③ Pb ④ Co

> **Ti**
> 용융점 1,670℃, 비강도 우수, 내식성 우수, 열전도율 낮음

07 고강도 Al 합금인 초초두랄루민의 합금에 대한 설명으로 틀린 것은?

① Al 합금 중에서 최저의 강도를 갖는다.
② 초초두랄루민을 ESD 합금이라 한다.
③ 자연균열을 일으키는 경향이 있어 Cr 또는 Mn을 첨가하여 억제시킨다.
④ 성분 조성은 Al – 1.5~2.5%, Cu – 7~9%, Zn – 1.2~1.8%, Mg – 0.3%~0.5%, Mn – 0.1~0.4%, Cr 이다.

> **초초두랄루민(ESD 합금)**
> Al-Cu-Zn-Mg-Mn계 합금, 자연균열을 억제하기 위해 Mg, Mn 등을 첨가, Al 합금 중 가장 고강도 유지

08 Ni-Fe계 합금인 엘린바(elinvar)는 고급 시계, 지진계, 압력계, 스프링 저울, 다이얼 게이지 등에 사용되는데 재료의 어떤 특성 때문에 사용하는가?

① 자성 ② 비중
③ 비열 ④ 탄성률

> **엘린바**
> Fe-Ni계 불변강으로 탄성률과 열팽창률이 적은 합금

09 용융액에서 두 개의 고체가 동시에 나오는 반응은?

① 포석반응 ② 포정반응
③ 공석반응 ④ 공정반응

> • **공정반응** : (액체) → (고체1) + (고체2)
> • **공석반응** : (고체1) → (고체2) + (고체3)
> • **포정반응** : (액체) + (고체1) → (고체2)

10 전자석이나 자극의 철심에 사용되는 것은 순철이나, 자심은 교류가 자기장에만 사용되는 예가 많으므로 이력손실, 항자력 등이 적은 동시에 맴돌이 전류 손실이 적어야 한다. 이때 사용되는 강은?

① Si강 ② Mn강
③ Ni강 ④ Pb강

> **규소강판** : 순철에 Si을 1~3%

11 황(S)이 적은 선철을 용해하여 구상흑연주철을 제조할 때 많이 사용되는 흑연구상화제는?

① Zn ② Mg
③ Pb ④ Mn

> **흑연구상화제** : Mg, Ce

12 다음 중 Mg에 대한 설명으로 옳은 것은?

① 알칼리에는 침식된다.
② 산이나 염수에는 잘 견딘다.
③ 구리보다 강도는 낮으나 절삭성은 좋다.
④ 열전도율과 전기전도율이 구리보다 높다.

> **Mg**
> 비중 1.74, 알칼리에는 강하나 산이나 염수에는 침식됨, 열전도율과 전기전도율은 다소 떨어짐

정답 06 ① 07 ① 08 ④ 09 ④ 10 ① 11 ② 12 ③

13 금속의 기지에 1~5μm 정도의 비금속 입자가 금속이나 합금의 기지 중에 분산되어 있는 것으로 내열 재료로 사용되는 것은?

① FRM ② SAP
③ cermet ④ kelmet

서멧(cermet)
경질 및 고융점의 비금속 내화재와 금속 성분을 혼합하여 소결시킨 내열용 및 공구용 복합체

14 합금이 용융하기 시작해서부터 용융이 다 끝나기까지의 온도범위를 무엇이라 하는가?

① 피니싱 온도범위
② 재결정 온도범위
③ 변태 온도범위
④ 용융 온도범위

용융 온도범위
금속이 용해하기 시작부터 응고하기까지의 온도 구간

15 다음 물체를 3각법으로 표현할 우측면도로 옳은 것은? (단, 화살표 방향이 정면도 방향이다)

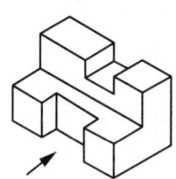

① 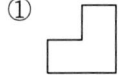 ②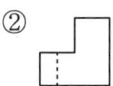
③  ④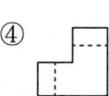

우측면도는 정면도의 오른쪽에서 바라본 그림으로 안 보이는 부분은 점선으로 표시한다.

16 55~60% Cu를 함유한 Ni 합금으로 열전쌍용 선의 재료로 쓰이는 것은?

① 모넬 메탈 ② 콘스탄탄
③ 퍼민바 ④ 인코넬

콘스탄탄
Ni-Cu(55~60%) 합금으로 열전쌍재료에 사용

17 물품을 구성하는 각 부품에 대하여 상세하게 나타내는 도면으로 이 도면에 의해 부품이 실제로 제작되는 도면은?

① 상세도 ② 부품도
③ 공정도 ④ 스케치도

- **부품도** : 물품을 구성하는 각 부품에 대하여 상세하게 나타내는 도면
- **상세도** : 특정 부분의 형상, 치수, 구조 따위를 명시하기 위하여 축척을 바꾸어 사용하는 도면
- **공정도** : 작업과 제조 과정의 순서에 대하여 알기 쉽게 그림으로 나타낸 도면

18 다음 중 "C"와 "SR"에 해당되는 치수 보조 기호의 설명으로 옳은 것은?

① C는 원호이며, SR은 구의 지름이다.
② C는 45도 모따기이며, SR은 구의 반지름이다.
③ C는 판의 두께이며, SR은 구의 반지름이다.
④ C는 구의 반지름이며, SR은 구의 반지름이다.

C : 모따기, SR : 구의 반지름

19 다음 그림 중에서 FL이 의미하는 것은?

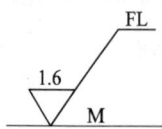

① 밀링 가공을 나타낸다.
② 래핑 가공을 나타낸다.
③ 가공으로 생긴 선이 거의 동심원임을 나타낸다.
④ 가공으로 생긴 선이 2방향으로 교차하는 것을 나타낸다.

> FL : 래핑 다듬질, M : 밀링가공

20 나사의 호칭 M20×2에서 2가 뜻하는 것은?

① 피치
② 줄의 수
③ 등급
④ 산의 수

> 나사는 [나사의 종류를 표시하는 기호, 나사지름을 나타내는 숫자×피치]
> M : 미터나사, 20 : 나사지름 20mm, 2 : 피치

21 척도 1 : 2인 도면에서 길이가 50mm인 직선의 실제 길이(mm)는?

① 25
② 50
③ 100
④ 150

> 척도 1 : 2는 축척이므로 도면 길이가 50mm이면 실제 길이는 100mm이며 치수 기입은 100mm로 표시한다.

22 다음 그림과 같은 투상도는?

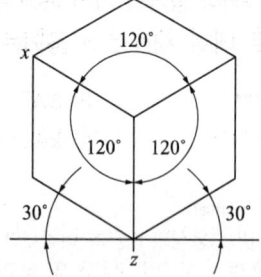

① 사투상도
② 투시 투상도
③ 등각 투상도
④ 부등각 투상도

> **등각 투상도**
> 접한 두 축 사이의 각이 120°인 면을 이루는 것으로 입체도에 많이 사용한다.

23 다음 중 가는 실선으로 사용되는 선의 용도가 아닌 것은?

① 치수를 기입하기 위하여 사용하는 선
② 치수를 기입하기 위하여 도형에서 인출하는 선
③ 지시, 기호 등을 나타내기 위하여 사용하는 선
④ 형상의 부분 생략, 부분 단면의 경계를 나타내는 선

> 부분 생략, 부분 단면의 경계를 나타내는 선은 파단선으로 표시한다.

정답   19 ② 20 ① 21 ③ 22 ③ 23 ④

24 도면에서 치수선이 잘못된 것은?

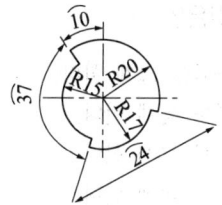

① 반지름(R) 20의 치수선
② 반지름(R) 15의 치수선
③ 원호(⌒) 37의 치수선
④ 원호(⌒) 24의 치수선

④번의 치수선은 현을 나타내는 것이다.

25 다음의 단면도 중 위, 아래 또는 왼쪽과 오른쪽이 대칭인 물체의 단면을 나타낼 때 사용되는 단면도는?

① 한쪽 단면도
② 부분 단면도
③ 전 단면도
④ 회전 도시 단면도

한쪽 단면도
단면도 중 한쪽이 대칭일 때 나타내는 도면

26 제도 용지 A3는 A4 용지의 몇 배 크기가 되는가?

① $\frac{1}{2}$배
② $\sqrt{2}$배
③ 2배
④ 4배

A3는 297mm×420mm, A4는 210mm×297mm 이므로 2배이다.

27 다음 도면에 [보기]와 같이 표시된 금속재료의 기호 중 "330"이 의미하는 것은?

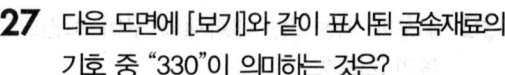

① 최저인장강도
② KS 분류기호
③ 제품의 형상별 종류
④ 재질을 나타내는 기호

KS D 3503 SS 330
일반구조용 압연강재로 최저인장강도가 330N/mm²

28 그림과 같이 고로에서 미환원의 철, 규소, 망간이 직접환원을 받는 부분은?

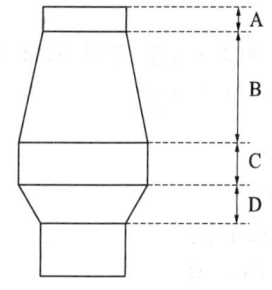

① A
② B
③ C
④ D

• 간접환원 : 노흉부 중상부에서 일어남
• 직접환원 : 보시대 상부에서 일어남

29 코크스제조에서 사용되지 않는 것은?

① 머드건
② 균열강도
③ 낙하시험
④ 텀블러지수

머드건은 고로 조업에서 출선구를 막는 설비이다.

30 고로에 사용되는 내화재의 구비 조건으로 틀린 것은?

① 스폴링성이 커야 한다.
② 열충격이나 마모에 강해야 한다.
③ 고온, 고압에서 상당한 강도를 가져야 한다.
④ 고온에서 연화 또는 휘발하지 않아야 한다.

> **고로 내화재 구비조건**
> ① 내열충격, 내마모성이 클 것
> ② 내스폴링성이 클 것
> ③ 고온, 고압에서 강도가 클 것
> ④ 고온에서 연화, 휘발하지 않을 것
> ⑤ 용선, 슬래그, 가스에 대하여 화학적으로 안정할 것
> ⑥ 적당한 열전도를 가지고 냉각효과가 있을 것

31 생 펠렛에 강도를 주기 위해 첨가하는 물질이 아닌 것은?

① 붕사
② 규사
③ 벤토나이트
④ 염화나트륨

> **펠렛의 첨가제**
> 석회, 붕사, 염화나트륨, 벤토나이트

32 고로 부원료로 사용되는 석회석을 나타내는 화학식은?

① $CaCO_3$ ② Al_2O_3
③ $MgCO_3$ ④ SiO_2

> 석회석 : $CaCO_3$

33 철광석의 피환원성을 좋게 하는 것이 아닌 것은?

① 기공률을 크게 한다.
② 산화도 높게 한다.
③ 강도를 크게 한다.
④ 입도가 작게 한다.

> **철광석의 피환원성 향상**
> ① 기공률이 클 것
> ② 입도가 작을 것
> ③ 산화도가 높을 것
> ④ 페이얼라이트(fayalite), 일루미나이트(ilumenite) 등이 적을 것

34 황(S) $1kg_f$을 이론 공기량으로 완전 연소시킬 때 발생하는 연소가스량은 약 몇 Nm^3인가? (단, S의 원자량은 32, O_2의 분자량은 32, 공기 중의 산소는 약 21%이다)

① 0.70 ② 2.01
③ 2.63 ④ 3.33

> S : 32(분자량),
> O : 32(분자량)
>   부피일 경우(22.4 : 1기압에서의 산소 당량)
> 따라서 C : O = 32 : 22.4 = 1 : 0.7(부피비)
> 이므로
> S $1kg_f$ → O $0.7Nm^3$이며,
> 공기 중에는 산소가 21% 있으므로
> ∴ $\frac{0.7}{0.21} = 3.33 Nm^3$

정답 30① 31② 32① 33③ 34④

35 용융 환원로(COREX)는 환원료와 용융로 두 개의 반응기로 구분한다. 이때 용융로의 역할이 아닌 것은?

① 슬래그의 용해
② 환원가스의 생성
③ 철광석의 간접환원
④ 석탄의 건조 및 탈가스화

> ① **환원로** : 용융로에서 생성된 가스를 이용하여 광석을 환원
> ② **용융로** : 석탄은 산소에 의해 가스화되고, 환원된 DRI는 일부 직접환원을 거쳐 용선과 슬래그로 용해

36 주물용선을 제조할 때의 조업방법이 아닌 것은?

① 슬래그를 산성으로 한다.
② 코크스 배합비율을 높인다.
③ 노 내 장입물 강하시간을 짧게 한다.
④ 고온 조업이므로 선철 중에 들어가는 금속 원소의 환원율을 높게 생각하여 광석 배합을 한다.

> **주물용선**
> 슬래그 분위기 산성, 코크스 배합비 상향, 노 내 장입물 하강시간 연장, 고온조업

37 고로의 장입설비에서 벨레스형(bell-less type)의 특징을 설명한 것 중 틀린 것은?

① 대형 고로에 적합하다.
② 성형원료 장입에 최적이다.
③ 장입물 분포를 중심부까지 제어가 가능하다.
④ 장입물의 표면 형상을 바꿀 수 없어 가스 이용률은 낮다.

> 벨레스형(선회슈트 사용)은 장입물의 표면 형상 조절이 가능하다.

38 고로에 사용되는 축류 송풍기의 특징을 설명한 것 중 틀린 것은?

① 풍압 변동에 대한 정풍량 운전이 용이하다.
② 바람 방향의 전환이 없어 효율이 우수하다.
③ 무겁고 크게 제작해야 하므로 설치 면적이 넓다.
④ 터보 송풍기에 비하여 압축된 유체의 통로가 단순하고 짧다.

> 축류 송풍기는 크기를 작게 할 수 있어 설치 면적도 적게 차지한다.

39 용제에 대한 설명으로 틀린 것은?

① 유동성을 좋게 한다.
② 슬래그의 용융점을 높인다.
③ 슬래그를 금속으로부터 분리시킨다.
④ 산성 용제에는 규암, 규석 등이 있다.

> 용제는 슬래그의 용융점을 낮춘다.

40 다음 중 고로 안에서 거의 환원되는 것은?

① CaO   ② Fe_2O_3
③ MgO   ④ Al_2O_3

> Fe_2O_3는 대부분 환원되어 Fe(선철)이 된다.

정답 35 ③ 36 ③ 37 ④ 38 ③ 39 ② 40 ②

41 안전 보호구의 용도가 옳게 짝지어진 것은?

① 두부에 대한 보호구 – 안전각반
② 얼굴에 대한 보호구 – 절연장갑
③ 추락방지를 위한 보호구 – 안전대
④ 손에 대한 보호구 – 보안면

> - **안전각반** : 발에 대한 보호구
> - **절연장갑** : 손에 대한 보호구
> - **보안면** : 얼굴에 대한 보호구

42 재해발생의 원인을 관리적 원인과 기술적 원인으로 분류할 때 관리적 원인에 해당되지 않는 것은?

① 노동의욕의 침체
② 안전기준의 불명확
③ 점검보존의 불충분
④ 안전관리 조직의 결함

> **작업관리적 원인**
> 안전관리 조직 결함, 안전수칙 미제정, 작업 준비 불충분, 인원배치 부적정, 작업지시 부적정 점검보존 불충분은 기술적 원인에 해당한다.

43 열풍로에서 나온 열풍을 고로 내에 송입하는 부분의 명칭은?

① 노상　　② 장입구
③ 풍구　　④ 출재구

> **풍구**
> 열풍로에서 나온 열풍을 환상관을 통하여 고로에 송입하는 장치

44 노벽이 국부적으로 얇아져서 결국은 노 안으로부터 가스 또는 용해물이 분출하는 것을 무엇이라 하는가?

① 노상 냉각　　② 노저 파손
③ 적열(hot spot)　　④ 바람구멍류 파손

> **적열(hot spot)**
> 고로 내벽에 국부적으로 얇아져서 노 내 가스나 용융물이 분출하는 현상

45 고로 내 열교환 및 온도변화는 상승가스에 의한 열교환 철 및 슬래그의 적하물과 코크스의 온도 상승 등으로 나타나고, 반응으로는 탈황 반응 및 침탄반응 등이 일어나는 대(zone)는?

① 연소대　　② 적하대
③ 융착대　　④ 노상대

> - **연소대** : 코크스가 열풍과 접촉하여 산화가 일어나는 부분
> - **적하대** : 선철과 슬래그가 동시에 상승하는 가스로부터 탈황, 침탄이 발생
> - **융착대** : 장입물의 온도가 상승하며, FeO의 간접환원이 진행

46 코크스의 반응성지수를 나타내는 식으로 옳은 것은?

① $\dfrac{CO_2 + CO}{CO} \times 100\%$

② $\dfrac{CO_2 + CO}{CO_2} \times 100\%$

③ $\dfrac{CO_2}{CO + CO_2} \times 100\%$

④ $\dfrac{CO}{CO_2 + CO} \times 100\%$

> 코크스 반응성 지수 $= \dfrac{CO}{CO_2 + CO}$

정답 41 ③　42 ③　43 ③　44 ③　45 ②　46 ④

47 품위가 57.8%인 광석에서 철분 92%의 선철 1톤을 만드는 데 필요한 광석량은 약 몇 kgf인가? (단, 철분이 모두 환원되어 철의 손실이 없다고 가정한다)

① 615
② 915
③ 1,426
④ 1,592

> 필요 광석량 = $\dfrac{생산량 \times 철분함량}{품위}$
> = $\dfrac{1,000(1톤) \times 0.92(철분함량)}{0.578}$
> = 1,592

48 드와이트-로이드(Dwight Lloyd) 소결기에 대한 설명으로 틀린 것은?

① 소결 불량 시 재점화가 가능하다.
② 방진장치가 설치가 용이하다.
③ 연속식이기 때문에 대량생산에 적합하다.
④ 1개소의 고장으로는 기계 전체에 영향을 미치지 않는다.

> DL식 소결기는 연속식이므로 소결이 불량할 때 재점화가 불가능하다.

49 장입석탄을 코크스로에 장입하기 전에 장입석탄의 일부를 압축 성형기로 성형하여 브리켓(briquet)으로 만든 다음 30~40%는 취하고, 나머지는 역청탄과 혼합하는 코크스 제조법은?

① 점결제 첨가법
② 성형탄 배합법
③ 성형 코크스법
④ 예열탄 장입법

> **성형탄 배합법**
> 장입석탄을 성형기로 압축하여 브리켓으로 만든 후 이것을 30~40% 취하고 나머지는 역청탄과 혼합하는 방법

50 배소를 통한 철광석의 유해성분이 아닌 것은?

① 황(S)
② 물(H_2O)
③ 비소(As)
④ 탄소(C)

> 선철에 탄소는 유해성분이 아니고 강을 만들기 위한 필수성분이다.

51 소결의 일반적인 공정 순서로 옳은 것은?

① 혼합 및 조립 → 원료장입 → 소결 → 점화 → 냉각
② 혼합 및 조립 → 원료장입 → 점화 → 소결 → 냉각
③ 원료장입 → 혼합 및 조립 → 소결 → 점화 → 냉각
④ 원료장입 → 점화 → 혼합 및 조립 → 소결 → 냉각

> **소결 공정**
> 혼합 및 조립 → 원료장입 → 점화 → 소결 → 냉각 → 파쇄 → 선별

52 코크스로 가스 중에 함유되어 있는 성분 중 함량이 많은 것부터 적은 순서대로 나열된 것은?

① $CO > CH_4 > N_2 > H_2$
② $CH_4 > CO > H_2 > N_2$
③ $H_2 > CH_4 > CO > N_2$
④ $N_2 > CH_4 > H_2 > CO$

> **COG 성분**
> $H_2 > CH_4 > CO > N_2$

정답 47 ④ 48 ① 49 ② 50 ④ 51 ② 52 ③

53 소성 펠렛의 특징을 설명한 것 중 옳은 것은?

① 고로 안에서 소결광보다 급격한 수축을 일으킨다.
② 분쇄한 원료로 만든 것으로 야금 반응에 민감하지 않다.
③ 입도가 일정하고 입도 편석을 일으키며, 공극률이 작다.
④ 황 성분이 적고, 그 밖에 해면철 상태를 통해 용해되므로 규소의 흡수가 적다.

> **펠렛의 특징**
> ① 분쇄한 것으로 야금 반응에 민감
> ② 점결제 없이 성형되므로 순도가 높음
> ③ 고로 내에서 반응이 용이하며 해면철을 거쳐 용해
> ④ 가압하지 않는 자연적인 굴림에 의해 제조되므로 기공이 높아 환원성이 우수
> ⑤ S성분이 적고, Si의 흡수가 적음
> ⑥ 입도가 일정하고 입도편석을 일으키지 않으며 공극률도 우수
> ⑦ 소결광과 달리 고로 내에서 급격한 수축을 일으키지 않음

54 원료처리 설비 중 파쇄 설비로 옳은 것은?

① 언로더(unloader)
② 로드 밀(rod mill)
③ 리클레이머(reclaimar)
④ 벨트 컨베이어(belt conveyor)

> **파쇄설비**
> 로드 밀, 볼 밀, 콘 크러셔 등

55 고로에서 선철 1톤을 생산하는 데 소요되는 철광석(소결용분광+괴광석)의 양은 일반적으로 약 얼마(톤)인가?

① 0.5~0.7 ② 1.5~1.7
③ 3.0~3.2 ④ 5.0~5.2

> 선철 1톤을 생산하는 데 철광석은 약 1.5~1.7톤이 필요하다.

56 고로에 장입되는 소결광으로 출선비를 향상시키는데 유용한 자용성 소결광은 어떤 성분이 가장 많이 들어간 것인가?

① STO_2 ② Al_2O_3
③ CaO ④ TiO_2

> **자용성 소결광**
> 원료 중에 CaO를 5~15% 함유한 소결광

57 적은 열소비량으로 소결이 잘되는 장점이 있어 소결용 또는 펠렛 원료로 적합한 광석은?

① 능철광 ② 적철광
③ 자철광 ④ 갈철광

> 자철광(Fe_3O_4)이 가장 소결이 잘 된다.

58 광석의 입도가 작으면 소결과정에서 통기도와 소결시간이 어떻게 변화하는가?

① 통기도는 악화되고, 소결시간이 단축된다.
② 통기도는 악화되고, 소결시간이 길어진다.
③ 통기도는 좋아지고, 소결시간이 단축된다.
④ 통기도는 좋아지고, 소결시간이 길어진다.

> 광석의 입도가 작으면 소결과정에서 통기도를 저해하여 소결시간이 길어지는 단점이 있다.

정답 53 ④ 54 ② 55 ② 56 ③ 57 ③ 58 ②

59 제철 원료로서 코크스의 역할에 대한 설명으로 틀린 것은?

① 연소가스는 철광석을 간접환원한다.
② 일부는 선철 중에 용해해서 선철 중의 탄소가 된다.
③ 연소가스는 액체탄소로서 선철성분을 간접환원시킨다.
④ 바람 구멍 앞에서 연소해서 제선에 필요한 열량을 공급한다.

> **코크스의 역할**
> ① 열풍과 연소해서 고로 내 에너지를 공급(열원)
> ② 연소가스(CO가스)가 철광석을 간접환원
> ③ 고체 탄소가 철광석을 직접환원
> ④ 선철 중에 용해되어(가탄) 선철의 용융점을 낮춤
> ⑤ 연소하고 남은 자리가 통기의 역할

60 분광석의 괴성화 방법이 아닌 것은?

① 세광(washing)
② 소결법(sintering)
③ 단광법(briquetting)
④ 펠레타이징(Pelletizing)

> **괴성화 방법**
> 소결, 펠렛, 단광, 입철

정답 59 ③ 60 ①

2014년 2회 제선기능사 과년도 기출문제

01 현미경 조직검사를 할 때 관찰이 용이하도록 평활한 측정면을 만드는 작업이 아닌 것은?

① 거친 연마 ② 미세 연마
③ 광택 연마 ④ 마모 연마

> 조직검사에서 연마 작업 순서
> 거친 연마 → 미세 연마 → 광택 연마

02 게이지용 공구강이 갖추어야 할 조건에 대한 설명으로 틀린 것은?

① HRC 40 이하의 경도를 가져야 한다.
② 팽창계수가 보통강보다 작아야 한다.
③ 시간이 지남에 따라 치수변화가 없어야 한다.
④ 담금질에 의한 균열이나 변형이 없어야 한다.

> 공구강은 HRC60 이상의 고경도를 가져야 한다.

03 다음 중 가장 높은 용융점을 갖는 금속은?

① Cu ② Ni
③ Cr ④ W

> W의 용융점이 3,410°C로 가장 높다.

04 다음 중 베어링용 합금이 아닌 것은?

① 켈밋   ② 배빗메탈
③ 문쯔메탈 ④ 화이트메탈

> 문쯔메탈은 6-4황동으로 열교환기나 열간단조용으로 사용한다.

05 구리에 대한 특성을 설명한 것 중 틀린 것은?

① 구리는 비자성체이다.
② 전기전도율이 Ag 다음으로 좋다.
③ 공기 중에 표면이 산화되어 암적색이 된다.
④ 체심입방격자이며, 동소변태점이 존재한다.

> 구리는 결정구조가 FCC(면심입방격자)으로 전연성이 우수하며 동소변태가 없다.

06 탄소강에 함유된 원소가 철강에 미치는 영향으로 옳은 것은?

① S : 저온메짐의 원인이 된다.
② Si : 연신율 및 충격값을 감소시킨다.
③ Cu : 부식에 대한 저항을 감소시킨다.
④ P : 적열메짐의 원인이 된다.

> S 고온메짐, Cu 부식에 대한 저항성 증가
> P 청열메짐, Si 충격값 및 연신율 감소

정답 01 ④ 02 ① 03 ④ 04 ③ 05 ④ 06 ②

07 과냉(Super cooling)에 대한 설명으로 옳은 것은?

① 실내온도에서 용융상태인 금속이다.
② 고온에서도 고체 상태인 금속이다.
③ 금속이 응고점보다 낮은 온도에서 용해되는 것이다.
④ 응고점보다 낮은 온도에서 응고가 시작되는 현상이다.

> 과냉이란 용융 금속이 응고점보다 낮은 온도에서 응고하는 것이다.

08 재료의 강도를 높이는 방법으로 휘스커(whisker) 섬유를 연성과 인성이 높은 금속이나 합금 중에 균일하게 배열시킨 복합재료는?

① 클래드 복합재료
② 분산강화 금속 복합재료
③ 입자강화 금속 복합재료
④ 섬유강화 금속 복합재료

> 섬유강화 금속 복합재료는 금속 기지에 휘스커를 배열시킨 것이다.

09 Al-Cu계 합금에 Ni와 Mg를 첨가하여 열전도율, 고온에서의 기계적 성질이 우수하여 내연기관용, 공랭 실린더 헤드 등에 쓰이는 합금은?

① Y 합금
② 라우탈
③ 알드리
④ 하이드로날륨

> Y합금은 Al-Cu-Mg-Ni계 합금으로 내연기관용으로 사용한다.

10 비중이 약 1.74, 용융점이 약 650℃이며, 비강도가 커서 휴대용 기기나 항공우주용 재료로 사용되는 것은?

① Mg
② Al
③ Zn
④ Sb

> Mg은 실용금속 중 가장 가벼운 금속(비중 1.74)으로 비강도가 우수하다.

11 다음 중 주철에서 칠드층을 얇게 하는 원소는?

① Co
② Sn
③ Mn
④ S

> - 칠드층을 얇게 하는 원소(흑연화 조장 원소) : C, P, Co, Ni, Ti, Si, Al 등
> - 칠드층을 두껍게 하는 원소(흑연화 방해 원소) : W, Mn, Mo, Cr, Sn, V, S 등

12 다음 중 체심입방격자(BCC)의 배위 수(최근접 원자수)는?

① 4개
② 8개
③ 12개
④ 24개

> BCC 배위 수 8, FCC 배위 수 12

정답 07 ④ 08 ④ 09 ① 10 ① 11 ① 12 ②

13 주석을 함유한 황동의 일반적인 성질 및 합금에 관한 설명으로 옳은 것은?

① 황동에 주석을 첨가하면 탈아연부식이 촉진된다.
② 고용한도 이상의 Sn 첨가 시 나타나는 Cu_4Sn 상은 고연성을 나타내게 한다.
③ 7-3황동에 1%주석을 첨가한 것이 애드미럴티(admiralty) 황동이다.
④ 6-4황동에 1%주석을 첨가한 것이 플래티나이트(platinite) 황동이다.

> 주석은 황동의 탈아연부식을 억제하며, Cu_4Sn 상은 취성이 커지며, 6-4황동에 1% 주석을 함유한 것은 네이벌 황동이라 한다.

14 탄소를 고용하고 있는 γ철, 즉 γ 고용체(침입형)를 무엇이라 하는가?

① 오스테나이트(Austenite)
② 시멘타이트(Cementite)
③ 펄라이트(Pearlite)
④ 페라이트(Ferrite)

> γ고용체는 오스테나이트 조직을 가지고 있으며 결정구조는 FCC이다.

15 담금질한 강은 뜨임온도에 의해 조직이 변화하는데 250~400°C 온도에서 뜨임하면 어떤 조직으로 변화하는가?

① α-마텐자이트 ② 트루스타이트
③ 소르바이트 ④ 펄라이트

> 강을 담금질하면 펄라이트가 마텐자이트로 변하며, 이것을 250~400°C에서 뜨임하면 트루스타이트가 생성되고, 400~600°C에서 뜨임하면 소르바이트가 생성되고, 600°C 이상에서 뜨임하면 펄라이트가 생성된다.

16 다음 중 45° 모따기를 나타내는 기호는?

① R ② C
③ □ ④ SR

> 모따기 기호 : C

17 다음 그림과 같은 단면도의 종류는?

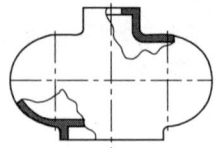

① 온 단면도
② 부분 단면도
③ 계단 단면도
④ 회전 단면도

> **부분 단면도**
> 물체의 일부분만 절단하여 보여주는 도면

18 다음 중 도면의 표제란에 표시되지 않는 것은?

① 품명, 도면 내용
② 척도, 도면 번호
③ 투상법, 도면 명칭
④ 제도자, 도면 작성일

> 표제란에 표시되는 항목은 품명, 척도, 도면 번호, 투상법, 도면 명칭, 제도자, 작성일 등이며 도면 내용은 기록하지 않는다.

정답 13 ③ 14 ① 15 ② 16 ② 17 ② 18 ①

19 물체의 경사면을 실제의 모양으로 나타내고자 할 경우에 그 경사면과 맞서는 위치에 물체가 보이는 부분의 전체 또는 일부분을 그려 나타내는 것은?

① 보조 투상도 ② 회전 투상도
③ 부분 투상도 ④ 국부 투상도

> **투상도의 종류**
> ① 주 투상도 : 대상물의 모양, 기능을 가장 명확하게 표시하는 투상도로 가장 많이 사용
> ② 보조 투상도 : 경사면부가 있는 대상물에서 그 경사면의 실체 모양을 표시할 필요가 있을 경우에 경사면에 수직하게 투상하여 나타내는 방법
> ③ 회전 투상도 : 투상면이 각도로 인해 실체 모양이 표시가 어려운 경우 그 부분을 회전하여 표시하는 투상법
> ④ 부분 투상도 : 물체의 일부분만 도시하는 것으로 충분하거나 물체의 전부를 나타내는 것보다 도면을 이해하기 쉬운 경우에 사용
> ⑤ 국부 투상도 : 대상 물체의 홈이나 구멍 등을 도시하여 알기 쉽게 그리는 투상도
> ⑥ 부분 확대도 : 도형의 특정 부분이 너무 작아 치수 기입 등이 어려운 경우 확대하여 그리는 투상도

20 기어의 피치원의 지름이 150mm이고, 잇수가 50개일 때 모듈의 값(mm)은?

① 1   ② 3
③ 4   ④ 6

> 모듈$(m) = \dfrac{\text{피치원의 지름}(D)}{\text{잇수}(Z)} = \dfrac{150}{50} = 3$

21 그림과 같은 물체를 1각법으로 나타낼 때 (ㄱ)에 알맞은 측면도는?

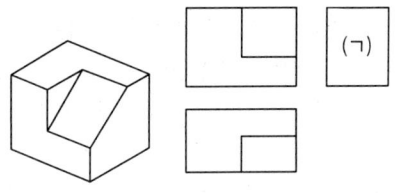

①    ②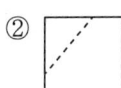

③ 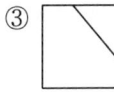   ④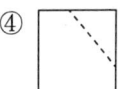

> 1각법은 좌측에서 본 것을 정면도의 오른쪽에, 위에서 본 것을 정면도의 아래에 나타낸다.

22 다음 도면에서 "3-10 DRILL 깊이 12"는 무엇을 의미하는가?

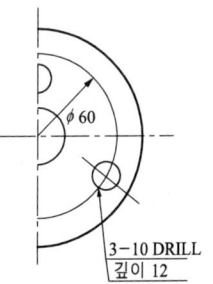

① 반지름이 3mm인 구멍이 10개이며, 깊이는 12mm이다.
② 반지름이 10mm인 구멍이 3개이며, 깊이는 12mm이다.
③ 지름이 3mm인 구멍이 12개이며, 깊이는 10mm이다.
④ 지름이 10mm인 구멍이 3개이며, 깊이는 12mm이다.

> 3은 구멍개수, 10은 지름이 10mm, Drill은 드릴가공 방법, 깊이 12는 깊이가 12mm를 나타낸다.

정답 19① 20② 21④ 22④

23 다음 중 치수 기입방법에 대한 설명으로 틀린 것은?

① 외형선, 중심선, 기준선 및 이들의 연장선을 치수선으로 사용한다.
② 지시선은 치수와 함께 개별 주석을 기입하기 위하여 사용한다.
③ 각도를 기입하는 치수선은 각도를 구성하는 두변 또는 연장선 사이에 원호를 긋는다.
④ 길이, 높이 치수의 표시는 주로 정면도에 집중하며, 부분적인 특징에 따라 평면도나 측면도에 표시할 수 있다.

> 외형선, 중심선, 기준선 및 이들의 연장선을 치수보조선으로 사용한다.

24 다음은 구멍을 치수 기입한 예이다. 치수 기입된 11-∅4에서의 11이 의미하는 것은?

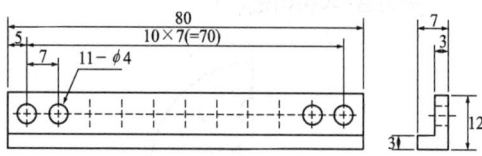

① 구멍의 지름 ② 구멍의 깊이
③ 구멍의 수   ④ 구멍의 피치

> 11은 구멍의 개수, ∅4는 지름 4mm

25 KS 부문별 분류 기호 중 전기 부문은?

① KS A ② KS B
③ KS C ④ KS D

> KS A 기본, KS B 기계, KS C 전기, KS D 금속

26 제도에서 가상선을 사용하는 경우가 아닌 것은?

① 인접 부분을 참고로 표시하는 경우
② 가공부분을 이동 중의 특정한 위치로 표시하는 경우
③ 물체가 단면 형상임을 표시하는 경우
④ 공구, 지그 등의 위치를 참고로 나타내는 경우

> 물체가 단면 형상임을 표시하는 경우는 해칭선을 사용한다.

27 자동차용 디젤엔진 중 피스톤의 설계도면 부품표란에 재질 기호가 "AC8B"라고 적혀있다면, 어떠한 재질로 제작하여야 하는가?

① 황동 합금 주물
② 청동 합금 주물
③ 탄소강 합금 주강
④ 알루미늄 합금 주물

> AC8B는 주조용 Al-Si합금이다.

28 고로 풍구 부근에 취입되는 열풍에 의해 race way를 형성하는 곳은?

① 예열대 ② 연소대
③ 용융대 ④ 노상부

> 연소대는 고로 풍구 주위에서 취입되는 열풍과 코크스가 반응하여 레이스 웨이(race way)를 형성하여 코크스를 산화시켜 CO가스를 생성하는 영역이다.

정답 23① 24③ 25③ 26③ 27④ 28②

29 냉입 사고발생의 원인으로 관계가 먼 것은?

① 풍구, 냉각반 파손으로 노 내 침수
② 날바람, 벽락 등으로 노황 부조
③ 급작스런 연료 취입증가로 노 내 열 밸런스 회복
④ 돌발 휴풍으로 장시간 휴풍 지속

> 급작스런 연료 취입증가가 일어나면 고로의 온도가 일시적으로 상승한다.
> ※ 냉입사고 발생원인
> ① 노 내 침수 : 풍구, 냉각반, 스토브 등 냉각장치의 파손에 의한 노 내 침수
> ② 장시간 휴풍 : 돌발 휴풍으로 장시간 휴풍이 준비 없이 행할 경우 발생
> ③ 노황 부조 : 날바람, 벽락 등에 의한 열 밸런스 이상
> ④ 이상 조업 : 장입물의 평량 이상, 연료취입 정지 등에 의한 열 밸런스 붕괴, 휴풍 시 침수 등

30 고로 노체냉각 방식 중 고압 조업하에서 가스 실(seal)면에서 유리하며 연와가 마모될 때 평활하게 되는 장점이 있어 차츰 많이 채용되고 있는 냉각방식은?

① 살수식
② 냉각반식
③ 자켓(jacket)식
④ 스토브(stave) 냉각방식

> 냉각반 방식은 고로 내화벽돌 내부로 냉각장치를 삽입하는 형태로 내화물과의 접촉면적이 커서 냉각효과가 우수하여 많이 사용하고 있다.

31 염기성 내화물에 해당되는 것은?

① 규석질
② 납석질
③ 샤모트질
④ 마그네시아질

> • 염기성 내화물 : 마그네시아질, 크롬 마그네시아질, 백운석질(돌로마이트), 석회질
> • 산성 내화물 : 샤모트질, 점토질, 규석질, 납석질, 내화점토
> • 중성 내화물 : 알루미나질, 크롬질, 탄소질, 탄화규소질

32 다음 중 고로 원료로 가장 많이 사용되는 적철광을 나타내는 화학식은?

① Fe_3O_4
② Fe_2O_3
③ $Fe_3O_4 \cdot H_2O$
④ $2Fe_2O_3 \cdot 3H_2O$

> 적철광(Fe_2O_3), 자철광(Fe_3O_4)
> 갈철광($Fe_2O_3 \cdot H_2O$), 능철광($FeCO_3$)

33 DL식 소결법의 효과에 대한 설명으로 틀린 것은?

① 코크스 원단위 증가
② 생산성 향상
③ 피환원성 향상
④ 상온강도 향상

> **DL(Dwight Lloyd)식 소결기(연속식) 장점**
> ① 연속적이므로 대량생산에 적합
> ② 자동화 가능하여 인건비가 적음
> ③ 집진장치 설치가 용이
> ④ 소결광의 피환원성 향상
> ⑤ 소결광의 상온강도 향상

정답 29 ③ 30 ② 31 ④ 32 ② 33 ①

34 광석이 용융해서 생긴 슬래그의 점착 작용은?

① 이온 결합 ② 공유 결합
③ 확산 결합 ④ 용융 결합

> ① 용융 결합 : 용융 슬래그에 의한 결합으로 강도가 우수하지만 환원성은 저하됨
> ② 확산 결합 : 입자 표면 접촉부에서의 확산반응에 의한 결합으로 환원성은 우수하지만 강도가 떨어짐

35 산소부화 송풍의 효과에 대한 설명으로 틀린 것은?

① 풍구 앞의 온도가 높아진다.
② 노정가스의 온도를 낮게 하고 발열량을 증가시킨다.
③ 송풍량을 증가시키는 요인이 되어 코크스비가 증가한다.
④ 코크스의 연소속도를 빠르게 하여 출선량을 증대시킨다.

> 산소부화 송풍의 효과
> ① 풍구 앞의 연소대 온도 상승
> ② 연소속도가 빨라 단위시간당 출선량 증가
> ③ 발열량 증가로 송풍량 감소 효과
> ④ 노정가스 온도 저하 효과

36 고로설비 중 주상설비에 해당되지 않는 것은?

① 출선구 개공기
② 탄화실
③ 주상 집진기
④ 출재구 폐색기

> 주상설비
> 출선구 개공기, 머드건, 주상 집진기, 폐색기, 스키머, 용선대통
> 탄화실은 코크스로의 설비이다.

37 괴상법에 의해 만들어진 괴광에 필요한 성질을 설명한 것 중 틀린 것은?

① 다공질로 노 안에서 환원이 잘 되어야 한다.
② 강도가 커서 운반, 저장, 노 내 강하 도중에 분쇄되지 않아야 한다.
③ 점결제를 사용할 때에는 고로 벽을 침식시키지 않는 알칼리류를 함유하여야 한다.
④ 장기 저장에 의한 풍화와 열팽창 및 수축에 의한 붕괴를 일으키지 않아야 한다.

> 괴광의 성질
> ① 강도가 커서 운반, 저장, 노 내 강하 중 파쇄되지 않을 것
> ② 다공질로 환원성이 좋을 것
> ③ 선철의 품질을 저하시키는 유해성분이 적을 것
> ④ 고로 내화물을 침식시키는 알칼리 성분이 적을 것
> ⑤ 장기 저장할 때 풍화, 팽창 및 수축에 의한 붕괴를 일으키지 않을 것

38 노황이 안정되었을 때 좋은 슬래그의 특징이 아닌 것은?

① 색깔이 회색이다.
② 유동성이 좋다.
③ SiO_2가 많이 포함되어 있다.
④ 파면이 암석모양이다.

> 슬래그의 성분 중 SiO_2가 많으면 염기도가 낮아져서 탈황이나 탈인이 잘 되지 않는다.

39 고로가스의 성분 조성 중 가장 많은 것은?

① N_2 ② CO
③ H_2 ④ CO_2

> 고로가스 성분
> $N_2 > CO > CO_2 > H_2$

정답 34 ④ 35 ③ 36 ② 37 ③ 38 ③ 39 ①

40 개수 공사를 위해 고로의 불을 끄는 조업의 순서로 옳은 것은?

① 클리닝 조업 → 감척 종풍 조업 → 노저 출선 작업 → 주수 냉각 작업
② 클리닝 조업 → 노저 출선 작업 → 감척 종풍 조업 → 주수 냉각 작업
③ 감척 종풍 조업 → 노저 출선 작업 → 클리닝 조업 → 주수 냉각 작업
④ 감척 종풍 조업 → 주수 냉각 작업 → 클리닝 조업 → 노저 출선 작업

> **종풍 조업 순서**
> 클리닝 조업 → 감척 종풍 조업 → 노저 출선 작업 → 주수 냉각 작업

41 고로에서 선철 1톤을 얻기 위해 철광석은 약 얼마(ton)나 필요한가?

① 0.5　　② 1.0
③ 1.6　　④ 2.2

> 철광석 중의 철분은 55~63%이므로 선철 1톤을 생산하기 위해서는 약 1.6톤의 철광석이 필요하다.
> (철광석량)×(품위) = (선철량)
> ∴ 철광석량 = $\dfrac{\text{선철량}}{\text{품위}} = \dfrac{1\text{톤}}{0.55\sim0.63} ≒ 1.6\text{톤}$

42 고로의 열수지 항목 중 입열 항목에 해당되는 것은?

① 슬래그 현열
② 열풍 현열
③ 노정가스의 현열
④ 산화철 환원열

> **입열 항목**
> 열풍 현열, 간접 환원열, 코크스 산화열, 송풍 중 수분 현열

43 재해의 원인을 불안전한 행동과 불안전한 상태로 구분할 때 불안전한 상태에 해당되는 것은?

① 허가 없이 장치를 운전한다.
② 잘못된 작업 위치를 취한다.
③ 개인보호구를 사용하지 않는다.
④ 작업 장소가 밀집되어 있다.

> 작업장소의 밀집은 불안전한 상태에 해당한다.

44 제강용으로 공급되는 고로 용선이 배합상 가져야 할 특징으로 옳은 것은?

① Al_2O_3는 슬래그의 유동성을 개선하므로 많아야 한다.
② 자용성 소결광은 통기성을 저해하므로 적을수록 좋다.
③ 생광석은 고품위 정립광석이 많을수록 좋다.
④ P와 As는 유용한 원소이므로 적당량 함유되면 좋다.

> 슬래그 중 Al_2O_3가 많으면 슬래그의 용융점이 올라가서 유동성이 떨어진다.
> 자용성 소결광은 다공성이어서 통기성이 좋다.
> P, As, S, 등의 불순물은 선철에 해가 되는 원소이므로 가급적 적게 함유되어야 한다.

45 코크스(Coke)의 고로 내 역할로 맞지 않는 것은?

① 탈탄　　② 열원
③ 환원제　　④ 통기성 향상

> **코크스 역할**
> 열원, 환원제, 가탄제, 통기성 확보

46 조기출선을 해야 할 경우에 해당되지 않는 것은?

① 출선, 출재가 불충분할 때
② 강압 휴풍이 예상될 때
③ 장입물의 하강이 느릴 때
④ 노황 냉기미로 풍구에 슬래그가 보일 때

> **조기출선(조출선) 하는 경우**
> ① 출선, 출재가 불충분할 경우
> ② 노열저하 현상이 일어날 때
> ③ 레이들 부족, 기타 양적인 제약이 발생할 경우
> ④ 출선구가 약하고 다량의 출선에 견디지 못할 때
> ⑤ 감압, 휴풍이 예상될 때
> ⑥ 장입물 하강이 빠를 때
> ⑦ 노황 불량으로 풍구에 슬래그가 보일 때

47 좋은 슬래그를 만들기 위한 용제(flux)의 구비조건이 아닌 것은?

① 용융점이 낮을 것
② 유해성분이 적을 것
③ 조금속과 비중차가 클 것
④ 불순물의 용해도가 작을 것

> **용제의 구비조건**
> ① 용융점이 낮을 것
> ② 유해성분이 적을 것
> ③ 조금속과 비중차가 클 것
> ④ 불순물의 용해도가 클 것
> ⑤ 점성이 낮고 유동성이 클 것
> ⑥ 가격이 저렴하고 구입이 용이할 것

48 소결에 사용되는 배합수분을 결정하는 데 고려하지 않아도 되는 것은?

① 원료의 열량
② 원료의 입도
③ 원료의 통기도
④ 풍압 및 온도

> **소결 배합수분 결정에 고려할 사항**
> ① 장입원료의 통기도
> ② 풍상온도
> ③ 풍상부압
> ④ 배광부의 상태
> ⑤ 원료입도

49 소결기의 속도를 P.S, 장입 층후를 h, 스탠드 길이를 L이라고 할 때, 화염진행 속도(F.F.S)를 나타내는 식으로 옳은 것은?

① $\dfrac{P.S \times h}{L}$ ② $\dfrac{L \times h}{P.S}$

③ $\dfrac{L}{P.S \times h}$ ④ $\dfrac{P.S \times L}{h}$

> 화염진행속도(FFS) $= \dfrac{P.S \times h}{L}$
> 여기서, P.S : 소결기 속도
> h : 장입 층후
> L : 스탠드 길이

50 다음 설명 중 소결성이 좋은 원료라고 볼 수 없는 것은?

① 생산성이 높은 원료
② 분율이 높은 소결광을 제조할 수 있는 원료
③ 강도가 높은 소결광을 제조할 수 있는 원료
④ 적은 원료로서 소결광을 제조할 수 있는 원료

> **소결성이 좋은 원료**
> ① 소결광의 환원율이 높아야 한다.
> ② 소결광의 강도가 높아야 한다.
> ③ 적은 원료로 소결광 생산할 수 있어야 한다. (생산성이 좋은 원료)
> ④ 소결광의 분율이 낮아야 한다.
> ⑤ 소결광의 기공이 많아야 한다.
> ⑥ 소결광의 불순물이 적어야 한다.

정답 46 ③ 47 ④ 48 ① 49 ① 50 ②

51 코크스로 내에서 석탄을 건류하는 설비는?

① 연소실 ② 축열실
③ 가열실 ④ 탄화실

> **탄화실**
> 코크스 원료인 무연탄(석탄 등)이 장입되어 건류되는 곳

52 파레트 위의 소결원료 층을 통하여 공기를 흡인하는 것은?

① 쿨러(Cooler)
② 핫 스크린(Hot screen)
③ 윈드 박스(Wind Box)
④ 콜드 크러셔(Cold Crusher)

> **윈드 박스(wind box)**
> 소결기에서 공기를 흡인하는 곳

53 미세한 분철광석을 점결제인 벤토나이트와 혼합하여 구상으로 만들어 소성시킨 것은?

① 펠렛   ② 소결광
③ 정립광 ④ 코크스

> **펠렛**
> 분철광석에 점결제를 첨가하여 구상 형태로 만들어 소성한 것

54 일반적으로 철이 산화될 때 산소와 닿는 가장 바깥쪽 표면에 생기는 것은?

① FeO   ② Fe_2O_3
③ Fe_3O_4 ④ FeS_2

> 철이 산화되면 내부에서부터 다음 순으로 산화된다.
> Fe → FeO → Fe_3O_4 → Fe_2O_3

55 한국산업표준에서 정한 내화벽돌의 부피 비중 및 참기공을 측정방법에서 참기공을 구하는 식으로 옳은 것은? (단, D_b는 동일 벽돌의 부피 비중, D_t는 동일 벽돌의 참비중이다)

① $\dfrac{D_t}{D_b} \times 100$ ② $\dfrac{D_b}{D_t} \times 100$

③ $(1-\dfrac{D_t}{D_b}) \times 100$ ④ $(1-\dfrac{D_b}{D_t}) \times 100$

> **내화벽돌의 참기공**
> 참기공 $= \left(1-\dfrac{D_b}{D_t}\right) \times 100$
> 여기서, D_b : 벽돌의 부피 비중
> D_t : 벽돌의 참 비중

56 코크스 제조 중에 발생하는 건류생성물이 아닌 것은?

① 경유   ② 타르
③ 황산암모늄 ④ 소결광

> **코크스 건류 부산물**
> 암모니아, 벤젠, 타르, 경유, 황산암모늄

57 소결에서 열정산 항목 중 출열에 해당되지 않는 것은?

① 증발   ② 하소
③ 환원   ④ 점화

> **소결 조업에서 출열 항목**
> 수분 증발열, 휘발분 증발열, 하소 분해열, 환원열, 소결광 현열, 배풍 현열

정답 51 ④ 52 ③ 53 ① 54 ② 55 ④ 56 ④ 57 ④

58 야드 설비 중 하역설비에 해당되지 않는 것은?

① Stacker
② Rod mill
③ Train Hopper
④ Unloader

> **야드에서의 원료 하역 설비**
> 언로더, 스택커, 트레인 호퍼
> 로드밀은 원료 파쇄기이다.

59 다음 철광석 중 결정수 등의 함유 수분이 높은 철광석은?

① 자철광　② 갈철광
③ 적철광　④ 능철광

> **갈철광**
> 화학식은 $Fe_2O_3 \cdot H_2O$으로 적철광에 결정수가 화학적으로 결합되어 있는 철광석이다.

60 균광의 효과로 가장 적합한 것은?

① 노황의 불안정
② 제선능률 저하
③ 코크스비 저하
④ 장입물 불균일 향상

> **원료를 일정한 크기로 하는 균광의 효과**
> ① 통기성 향상에 의한 고로 가스분포 균일화로 노황 안정
> ② 장입물과 가스 접촉상태 양호로 환원성 증가
> ③ 열교환이 잘되어 코크스비 저하
> ④ 고로 능률 향상

정답　58 ②　59 ②　60 ③

2015년 1회 제선기능사 과년도 기출문제

01 오스테나이트계 스테인리스강에 첨가되는 주성분으로 옳은 것은?

① Pb – Mg ② Cu – Al
③ Cr – Ni ④ P – Sn

> 오스테나이트계 스테인리스강은 Cr과 Ni을 첨가하여 만들며, 18-8(18%Cr, 8%Ni)형이 대표적이다.

02 용융금속을 주형에 주입할 때 응고하는 과정을 설명한 것으로 틀린 것은?

① 나뭇가지 모양으로 응고하는 것을 수지상정이라 한다.
② 핵생성 속도가 핵 성장 속도보다 빠르면 입자가 미세해진다.
③ 주형에 접한 부분이 빠른 속도로 응고하고 차차 내부로 가면서 천천히 응고한다.
④ 주상결정입자 조직이 생성된 주물에서는 주상결정 입내 부분에 불순물이 집중하므로 메짐이 생긴다.

> 불순물은 주상결정 입계에 주로 편석이 되어 메짐이 생긴다.

03 그림과 같은 소성가공법은?

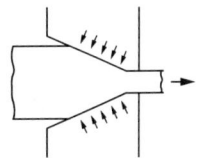

① 압연가공 ② 단조가공
③ 인발가공 ④ 전조가공

> 인발가공은 테이퍼 형상의 다이 구멍을 통하여 봉재나 관재를 잡아 당겨 단면적을 줄이는 작업

04 제진 재료에 대한 설명으로 틀린 것은?

① 제진 합금으로는 Mg – Zr, Mn – Cu 등이 있다.
② 제진 합금에서 제진기구는 마텐자이트 변태와 같다.
③ 제진 재료는 진동을 제거하기 위하여 사용되는 재료이다.
④ 제진 합금이란 큰 의미에서 두드려도 소리가 나지 않는 합금이다.

> 제진은 외부에서 가해진 에너지를 열에너지로 흡수하는 것이다. 마텐자이트 변태는 형상기억합금에 적용된다.

정답 01 ③ 02 ④ 03 ③ 04 ②

05 다음 철강재료에서 인성이 가장 낮은 것은?
① 회주철 ② 탄소공구강
③ 합금공구강 ④ 고속도공구강

> 회주철은 인성이 매우 낮고 취성이 큰 재료이다.

06 실물을 보고 프리핸드로 그린 도면은?
① 계획도 ② 제작도
③ 주문도 ④ 스케치도

> **스케치도**
> 실물을 보고 프리핸드로 그린 도면

07 KS B ISO 4287 한국산업표준에서 정한 '거칠기 프로파일에서 산출한 파라미터'를 나타내는 기호는?
① R : 파라미터
② P : 파라미터
③ W : 파라미터
④ Y : 파라미터

> **표면 프로파일 분류** : P, R, W
> ① P 프로파일 : 필터가 안된 것
> ② R 프로파일(거칠기) : 작은 파장 위주로 필터된 것
> ③ W 프로파일(파상도) : 큰 파장 위주로 필터된 것

08 상면도라 하며, 물체의 위에서 내려다 본 모양을 나타내는 도면의 명칭은?
① 배면도 ② 정면도
③ 평면도 ④ 우측면도

> 위에서 내려다본 모양은 평면도(상면도)이다.

09 수면이나 유면 등의 위치를 나타내는 수준면선의 종류는?
① 파선 ② 가는 실선
③ 굵은 실선 ④ 1점 쇄선

> 수준면은 가는 실선으로 나타낸다.
> ※ **가는 실선** : 치수선, 치수보조선, 지시선, 수준면선

10 도면에서 중심선을 꺾어서 연결 도시한 투상도는?

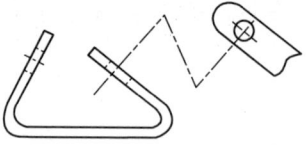

① 보조 투상도
② 국부 투상도
③ 부분 투상도
④ 회전 투상도

> **보조 투상도**
> 경사면부가 있는 대상물에서 그 경사면의 실체 모양을 표시할 필요가 있을 경우에 경사면에 수직 하게 투상하여 나타내는 방법

11 4%Cu, 2%Ni 및 1.5%Mg이 첨가된 알루미늄 합금으로 내연기관용 피스톤이나 실린더 헤드 등에 사용되는 재료는?
① Y합금
② 라우탈(lautal)
③ 알클래드(alclad)
④ 하이드로날륨(hydronalium)

> Y합금은 Al-Cu-Mg-Ni계 합금으로 내연기관용으로 사용한다.

정답 05① 06④ 07① 08③ 09② 10① 11①

12 금속의 결정구조를 생각할 때 결정면과 방향을 규정하는 것과 관련이 가장 깊은 것은?

① 밀러지수 ② 탄성계수
③ 가공지수 ④ 전이계수

> 금속의 결정구조에서 결정면과 방향은 밀러지수에 의해 정한다.

13 구리 및 구리 합금에 대한 설명으로 옳은 것은?

① 구리는 자성체이다.
② 금속 중에 Fe 다음으로 열전도율이 높다.
③ 황동은 주로 구리와 주석으로 된 합금이다.
④ 구리는 이산화탄소가 포함되어 있는 공기 중에서 녹청색 녹이 발생한다.

> 구리는 비자성체이며, 열전도율은 은(Ag) 다음으로 높고, 구리와 주석 합금을 청동이라 한다.

14 Y합금의 일종으로 Ti과 Cr를 0.2% 정도씩 첨가한 합금으로 피스톤에 사용되는 합금의 명칭은?

① 라우탈   ② 엘린바
③ 문쯔메탈 ④ 코비탈륨

> - **코비탈륨** : Y합금(Al-Cu-Mg-Ni)에 Ti, Cr를 0.2% 첨가한 것이다.
> - **라우탈** : Al-Cu-Si계 합금
> - **두랄루민** : Al-Cu-Mg-Mn계 합금
> - **엘린바** : Fe-Ni-Cr계 합금

15 다음 중 비중(specific gravity)이 가장 작은 금속은?

① Mg ② Cr
③ Mn ④ Pb

> Mg은 비중이 1.74로 실용 금속 중 가장 가벼운 금속이다.

16 다음 비철금속 중 구리가 포함되어 있는 합금이 아닌 것은?

① 황동   ② 톰백
③ 청동   ④ 하이드로날륨

> 하이드로날륨은 Al-Mg계 합금이다.

17 기체 급랭법의 일종으로 금속을 기체 상태로 한 후에 급랭하는 방법으로 제조되는 합금으로서 대표적인 방법은 진공 증착법이나 스퍼터링법 등이 있다. 이러한 방법으로 제조되는 합금은?

① 제진 합금
② 초전도 합금
③ 비정질 합금
④ 형상 기억 합금

> 비정질 합금은 급랭에 의해 원자배열이 불규칙한 상태를 가지고 있어서 비정질이라고 한다.

18 저용융점 합금의 용융 온도는 약 몇 ℃ 이하인가?

① 250 이하 ② 450 이하
③ 550 이하 ④ 650 이하

> 250℃를 기준으로 그 이하를 저용점 합금, 그 이상을 고용점 합금으로 분류한다.

정답 12① 13④ 14④ 15① 16④ 17③ 18①

19 특수강에서 다음 금속이 미치는 영향으로 틀린 것은?

① Si : 전자기적 성질을 개선한다.
② Cr : 내마멸성을 증가시킨다.
③ Mo : 뜨임메짐을 방지한다.
④ Ni : 탄화물을 만든다.

> Ni는 페라이트 안정화 원소로 탄화물을 만들지 않으며 인성을 증가시킨다.

20 공석강의 탄소함유량(%)은 약 얼마인가?

① 0.15   ② 0.8
③ 2.0   ④ 4.3

> 공석 0.8%, 공정 4.3%

21 그림과 같은 물체를 제3각법으로 그릴 때 물체를 명확하게 나타낼 수 있는 최소 도면 개수는?

① 1개   ② 2개
③ 3개   ④ 4개

> 정면도와 우측면도만 있으면 된다. 평면도는 정면도와 유사하므로 생략할 수 있다.

22 다음 가공방법의 기호와 그 의미의 연결이 틀린 것은?

① C – 주조   ② L – 선삭
③ G – 연삭   ④ FF – 소성가공

> C : 주조, L : 선삭(선반), G : 연삭, FF : 줄다듬질

23 제도용지에 대한 설명으로 틀린 것은?

① A0 제도용지의 넓이는 약 $1m^2$이다.
② B0 제도용지의 넓이는 약 $1.5m^2$이다.
③ A0 제도용지의 크기는 594×841이다.
④ 제도용지의 세로와 가로의 비는 $1 : \sqrt{2}$이다.

> A0 : 841×1,189

24 척도가 1 : 2인 도면에서 실제 치수 20mm인 선은 도면상에 몇 mm로 긋는가?

① 5   ② 10
③ 20   ④ 40

> 척도가 1 : 2이면 축척이므로 20mm선은 10mm로 그리고 치수기입은 20mm로 한다.

25 끼워맞춤에 관한 설명으로 옳은 것은?

① 최대죔새는 구멍의 최대 허용치수에서 축의 최소 허용치수를 뺀 치수이다.
② 최소죔새는 구멍의 최소 허용치수에서 축의 최대 허용치수를 뺀 치수이다.
③ 구멍의 최소 치수가 축의 최대 치수보다 작은 경우 헐거운 끼워맞춤이 된다.
④ 구멍과 축의 끼워맞춤에서 틈새가 없이 죔새만 있으면 억지 끼워맞춤이 된다.

> ① **최대죔새** : 구멍의 최소허용치수 – 축의 최대 허용치수
> ② **최소죔새** : 구멍의 최대허용치수 – 축의 최소 허용치수
> ③ **헐거운 끼워맞춤** : 조립 후 항상 틈새가 있는 것으로, 구멍의 최소 치수보다 축의 최대 치수가 작은 경우
> ④ **억지 끼워맞춤** : 조립 후 항상 죔새가 생기는 것으로, 구멍과 축의 끼워맞춤에서 틈새가 없는 경우

정답 19 ④ 20 ② 21 ② 22 ④ 23 ③ 24 ② 25 ④

26 다음 도형에서 테이퍼 값을 구하는 식으로 옳은 것은?

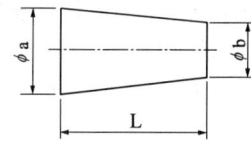

① $\dfrac{b}{a}$ ② $\dfrac{a}{b}$
③ $\dfrac{a+b}{L}$ ④ $\dfrac{a-b}{L}$

> 테이퍼 값 = $\dfrac{a-b}{L}$

27 2N M50×2-6h이라는 나사의 표시 방법에 대한 설명으로 옳은 것은?

① 왼나사이다.
② 2줄 나사이다.
③ 유니파이 보통 나사이다.
④ 피치는 1인치당 산의 개수로 표시한다.

> 2N M50×2-6h
> 오른나사 2줄, 미터 가는 리드50, 피치2, 수나사 등급 6h

28 파이넥스 유동로의 환원율에 영향을 미치는 인자가 아닌 것은?

① 환원가스 성분 중 CO, H₂ 농도
② 광석 1t당 환원가스 원단위
③ 유동로 압력
④ 환원가스 온도

> 파이넥스법의 환원율이 미치는 영향
> ① 환원가스 중 CO, H₂ 농도
> ② 환원가스 원단위
> ③ 환원가스 온도

29 고로의 수리를 위하여 일시적으로 송풍을 중지시키는 것은?

① hanging
② blowing
③ ventilation
④ blowing out

> • 휴풍(blowing out) : 고로의 수리 등을 위하여 송풍을 일시 중지하는 것
> • 걸림(hanging) : 장입물이 30분 이상 강하하지 않는 현상
> • 송풍(blowing) : 고로 내로 고온의 송풍을 하는 것
> • 취발(ventilation) : 특정 부분만 통기성이 좋아서 바람이 잘 통하여 다른 부분과 가스 상승의 차가 발생하는 것

30 산업안전보건법에서는 공기 중의 산소농도가 몇 % 미만인 상태를 "산소결핍"으로 규정하고 있는가?

① 15   ② 18
③ 20   ④ 23

> 산소농도 18% 이하를 산소결핍으로 규정하고 있다.

31 다음 중 염기성 내화물에 해당되는 것은?

① 마그네시아질
② 점토질
③ 샤모트질
④ 규산질

> 염기성 내화물
> 마그네시아질, 석회질, 백운석질

32 고로조업 중 배가스 처리장치를 통해 가장 많이 배출되는 가스는?

① N_2 ② H_2
③ CO   ④ CO_2

> 고로가스 성분
> $N_2 > CO > CO_2 > H_2$

33 고로에서 인(P) 성분이 선철 중에 적게 유입되도록 하는 방법 중 틀린 것은?

① 급속조업을 한다.
② 노상온도를 높인다.
③ 염기도를 높인다.
④ 장입물 중 인(P) 성분을 적게 한다.

> 노상온도를 낮추어야 한다.

34 소결기에서 연속 조업을 할 수 있는 것은?

① 드와이트 – 로이드식
② 그리나 발트식
③ 로타리 킬른식
④ AIB식

> DL식(드와이트-로이드식) 소결기
> 연속 조업을 할 수 있는 소결기

35 출선구에서 나오는 용선과 광재를 분리시키는 역할을 하는 것은?

① 출재구(tapping hole)
② 더미 바(dummy bar)
③ 스키머(skimmer)
④ 탕도(runner)

> 스키머(skimmer)
> 용선과 슬래그를 비중 차에 의해 분리하는 장치

36 산소 부화에 의한 효과로 틀린 것은?

① 질소 감소에 의해 발열량을 감소시킨다.
② 바람 구멍 앞의 온도가 높아진다.
③ 코크스의 연소 속도가 빠르다.
④ 출선량을 증대시킨다.

> 산소 부화는 질소량을 감소시킬 수 있어 발열량을 높일 수 있다.

37 코크스 중 회분이 많을 때 고로에서 일어나는 현상은?

① 석회석 슬래그의 양이 감소한다.
② 행잉(hanging)을 방지한다.
③ 코크스비가 증가한다.
④ 출선량이 증가한다.

> 회분은 주성분이 SiO_2와 Al_2O_3이므로 많으면 슬래그 양이 증가하고, 코크스비 상승의 원인이 된다.

38 코크스 중에 회분이 7%, 휘발분이 5%, 수분이 4% 있다면 고정탄소의 양은 몇 %인가?

① 54   ② 64
③ 74   ④ 84

> 고정탄소(%) = 100 – (회분 + 휘발분 + 수분)
> = 100 – (7 + 5 + 4) = 84%

39 생 펠렛 성형기의 특징이 아닌 것은?

① 틀이 필요 없다.
② 가압을 필요로 하지 않는다.
③ 연속조업이 불가능하다.
④ 물리적으로 원심력을 이용한다.

> 생 펠렛 성형기는 연속조업이 가능하다.

정답 32 ① 33 ② 34 ① 35 ③ 36 ① 37 ③ 38 ④ 39 ③

40 선철 중의 탄소의 용해도를 증가시키는 원소가 아닌 것은?

① V ② Si
③ Cr ④ Mn

> Si은 탄소의 용해도를 낮추어 흑연으로 석출하게 한다.

41 다음 중 수세법에 대한 설명으로 옳은 것은?

① 자철광 또는 사철광을 선광하여 맥석을 분리하는 방법
② 갈철광 등과 같이 진흙이 붙어 있는 광석을 물로 씻어서 품위를 높이는 방법
③ 중력에 의하여 큰 광석은 가라앉히고, 작은 광석은 뜨게 하여 분리하는 방법
④ 비중의 차를 이용하여 광석으로부터 맥석을 선발, 제거하거나 또는 광석 중의 유효 광물을 분리하는 방법

> **수세법**
> 광석에 붙어 있는 진흙 등의 맥석 성분을 물로 씻어서 품위를 높이는 방법이다.

42 고로 상부에서부터 하부로의 순서가 옳은 것은?

① 노구 → 샤프트 → 노복 → 보시 → 노상
② 노구 → 보시 → 샤프트 → 노복 → 노상
③ 노구 → 샤프트 → 보시 → 노복 → 노상
④ 노구 → 노복 → 샤프트 → 노상 → 보시

> 노구 → 노흉(샤프트) → 노복(밸리) → 조안(보시) → 노상

43 출선된 용선은 탕도에서 슬래그(광재)의 비중 차로 분리된다. 용선과 슬래그의 각각 비중은 약 얼마인가?

① 용선 : 8.7 슬래그 : 4.5~4.6
② 용선 : 7.9 슬래그 : 4.0~4.1
③ 용선 : 7.5 슬래그 : 3.6~3.7
④ 용선 : 7.0 슬래그 : 2.6~2.7

> • 용선 비중 : 7.0
> • 슬래그 비중 : 2.5~3.3

44 고로 내에서 노 내벽 연와를 침식하여 노체 수명을 단축시키는 원소는?

① Zn ② P
③ Al ④ Ti

> • Zn : 노벽을 침식시켜 노체 수명을 단축시킨다.
> • Ti : 노저로 가라앉아서 노바닥 보호용으로 사용한다.

45 작업자의 안전심리에서 고려되는 가장 중요한 요소는?

① 지식 정도
② 안전 규칙
③ 개성과 사고력
④ 신체적 조건과 기능

> 안전심리는 심리적 조건인 개성과 사고력이 중요한 요소이다.

정답 40 ② 41 ② 42 ① 43 ④ 44 ① 45 ③

46 수분이나 탄산염 광석 중의 CO_2 등 제련에 방해가 되는 성분을 가열하여 추출하는 조작은?

① 단광 ② 괴성
③ 소결 ④ 하소

> **하소**
> 수분, 휘발분, 탄산염 중의 CO_2를 가열하여 제거하는 조작

47 여러 종류의 철광석을 혼합하여 적치하는 블랜딩(Blending)의 이점이 아닌 것은?

① 입도를 균일하게 한다.
② 원료의 성분을 안정화시킨다.
③ 야드 적치 시 편석이 잘 되게 한다.
④ 양이 작은 광종도 적절히 사용할 수 있다.

> 야드에 적치할 때 편석이 심하면 원료 성분이 불균일하게 된다.

48 소결용 연료인 코크스의 구비 조건이 아닌 것은?

① 소결성이 좋을 것
② 발열량이 높을 것
③ 적당한 입도를 가질 것
④ 수분함량과 P, S의 양이 많을 것

> 코크스는 수분함량, 회분, P 및 S 성분이 적어야 한다.

49 소결설비 중 윈드 박스(wind box)의 역할은?

① 흡인장치 ② 점화장치
③ 집진장치 ④ 파쇄장치

> **윈드 박스**
> 소결기에서 소결기 내 연소공기를 흡인하는 장치

50 광물을 분쇄시켜 미립자를 물에 넣고 적당한 부선제를 첨가하여 기포를 발생시켜 광물과 맥석을 분리하는 방법은?

① 부유 선광 ② 자력 선광
③ 중액 선광 ④ 비중 선광

> • **부유 선광** : 광석을 물에 넣고 부유제(부선제)를 첨가하여 기포를 발생시켜 부유물과 침강물에 의해 광물과 맥석을 분리하는 방법
> • **자력 선광** : 강력자석을 이용하여 광석과 맥석을 분리하는 방법(자철광의 선광에 이용)
> • **중액 선광** : 물과 혼합하여 농축한 중액을 이용하여 비중 차로 광물과 맥석을 분리하는 방법
> • **비중 선광** : 광물과 맥석의 비중 차를 이용하여 분리하는 방법

51 소결장치 중 드럼믹서(Drum mixer)의 역할이 아닌 것은?

① 혼합 ② 조립
③ 조습 ④ 파쇄

> **드럼믹서의 역할**
> 혼합, 조립, 조습(수분첨가)

52 소결원료의 배합 시 의사입화에 대한 설명으로 틀린 것은?

① 품질이 향상된다.
② 회수율이 증가한다.
③ 생산성이 증가한다.
④ 원단위가 증가한다.

> 의사입화에 의해 원단위는 감소한다.

정답 46 ④ 47 ③ 48 ④ 49 ① 50 ① 51 ④ 52 ④

53 다음 중 코크스를 건류하는 과정에 발생되는 가스의 명칭은?

① BFG
② LDG
③ COG
④ LPG

- 코크스가스 : COG
- 전로가스 : LDG
- 고로가스 : BFG

54 덩어리로 된 괴광에 필요한 성질에 대한 설명으로 옳은 것은?

① 다공질로 노 안에서 환원이 잘 되어야 한다.
② 노에 장입 및 강하 시에는 잘 분쇄되어야 한다.
③ 선철에 품질을 높일 수 있는 황과 인이 많아야 한다.
④ 점결제에는 알칼리류를 함유하고 있어야 하며, 열팽창 및 수축에 의한 붕괴를 일으켜야 한다.

괴광의 요구 성질
① 다공질이어야 한다.
② 강도가 커야 한다.
③ 맥석 성분이 적어야 한다.
④ 열팽창 및 수축에 강해야 한다.
⑤ 환원성이 좋아야 한다.

55 석탄의 분쇄 입도의 영향에 대한 설명으로 틀린 것은? (단, HGI : Hardgrove Grindability Index이다)

① 수분이 많으면 파쇄하기 어렵다.
② 파쇄기 급량이 많으면 조파쇄가 된다.
③ 석탄의 HGI가 작으면 파쇄하기 쉽다.
④ 분쇄 전 석탄입도가 크면 분쇄 후 입도가 크다.

분쇄입도(HGI)가 작으면 파쇄하기 어렵게 된다.

56 자용성 소결광이 고로 원료로 사용될 때 설명으로 옳은 것은?

① 피환원성이 감소한다.
② 코크스비가 저하한다.
③ 노 내 탈황률이 감소한다.
④ 이산화탄소의 발생으로 직접 환원이 잘 된다.

자용성 소결광은 석회석을 첨가한 소결광으로 피환원성이 좋아지고, 코크스비는 감소하며, 노 내 탈황 탈인이 유리하고, CO가스에 의한 간접환원을 잘 일으킨다.

57 코크스로에 원료를 장입하여 압출될 때까지 석탄이나 코크스가 노 내에 머무르는 시간을 무엇이라 하는가?

① 탄화시간
② 장입시간
③ 압출시간
④ 방치시간

탄화시간
석탄이 노 내에 머무는 시간

58 집진기의 형식 중 집진효율이 가장 우수한 것은?

① 중력 집진장치
② 전기 집진장치
③ 관성력 집진장치
④ 원심력 집진장치

전기 집진장치가 99.5% 이상으로 집진효율이 가장 우수하다.

59 고로 내 코크스의 역할에 해당되지 않는 것은?

① 통기성, 통액성 향상
② 연소를 통한 열원제
③ 철광석의 산화반응 촉진
④ 선철, 슬래그 간의 열교환 매체

> **고로에서 코크스의 역할**
> ① 열풍과 연소해서 고로 내 에너지를 공급(열원)
> ② 연소가스(CO가스)가 철광석을 간접환원
> ③ 고체 탄소가 철광석을 직접환원
> ④ 선철 중에 용해되어(가탄) 선철의 용융점을 낮춤
> ⑤ 연소하고 남은 자리가 통기의 역할

60 고온에서 원료 중의 맥석성분이 융체로 되어 고체상태의 광석입자를 결합시키는 소결반응은?

① 맥석결합   ② 용융결합
③ 확산결합   ④ 화합결합

> • **용융결합** : 용융 슬래그에 의한 결합으로 강도가 우수하지만 환원성은 저하됨
> • **확산결합** : 입자 표면 접촉부에서의 확산반응에 의한 결합으로 결합 강도가 낮고, 원료입도가 클 때 유리하며, 환원성은 좋다.

정답 59 ③ 60 ②

2015년 2회 제선기능사 과년도 기출문제

01 구리를 용해할 때 흡수한 산소를 인으로 탈산시켜 산소를 0.01% 이하로 남기고 인을 0.02%로 조절한 구리는?

① 전기 구리
② 탈산 구리
③ 무산소 구리
④ 전해 인성 구리

탈산 구리
용해 시 흡수된 산소를 인으로 탈산하여 산소를 0.01% 이하로 한 구리

02 알루미늄에 대한 설명으로 옳은 것은?

① 알루미늄 비중은 약 5.2이다.
② 알루미늄은 면심입방격자를 갖는다.
③ 알루미늄 열간가공온도는 약 670℃이다.
④ 알루미늄은 대기 중에서는 내식성이 나쁘다.

알루미늄
비중 2.7, FCC, 용융점 660℃, 내식성 우수, 염수나 알칼리에는 부식

03 담금질(Quenching)하여 경화된 강에 적당한 인성을 부여하기 위한 열처리는?

① 뜨임(Tempering)
② 풀림(Annealing)
③ 노멀라이징(Normalizing)
④ 심랭처리(Sub-Zero treatment)

담금질한 강은 강도와 경도는 크지만 인성이 떨어지므로 이 인성을 개선하기 위해 바로 A_1 변태점 이하의 온도에서 뜨임처리를 한다.

04 분말상의 구리에 약 10%의 주석 분말과 2%의 흑연 분말을 혼합하고 윤활제 또는 휘발성 물질을 가한 다음 가압 성형하고 제조하여 자동차, 시계, 방적기계 등 급유가 어려운 부분에 사용하는 합금은?

① 자마크
② 하스텔로이
③ 화이트 메탈
④ 오일리스 베어링

오일리스 베어링은 다공성의 재료로 오일을 함유할 수 있어 급유가 어려운 부분에 사용한다.

05 다음 중 동소변태에 대한 설명으로 틀린 것은?

① 결정격자의 변화이다.
② 동소변태에는 A_3, A_4 변태가 있다.
③ 자기적 성질을 변화시키는 변태이다.
④ 일정한 온도에서 급격히 비연속적으로 일어난다.

동소변태는 결정격자가 바뀌는 변태이다. 자기적 성질이 변화하는 것은 자기변태라 한다.

정답 01② 02② 03① 04④ 05③

06 다음 도면에 대한 설명 중 틀린 것은?

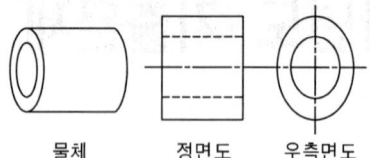
물체   정면도   우측면도

① 원통의 투상은 치수 보조기호를 사용하여 치수 기입하면 정면도만으로도 투상이 가능하다.
② 속이 빈 원통이므로 단면을 하여 투상하면 구멍을 자세히 나타내면서 숨은선을 줄일 수 있다.
③ 좌·우측이 같은 모양이라도 좌·우측 면도를 모두 그려야 한다.
④ 치수 기입 시 치수 보조기호를 생략하면 우측면도를 꼭 그려야 한다.

> 좌·우측이 같은 모양이면 우측면도 또는 좌측면도를 하나만 그린다.

07 제도에 사용되는 척도의 종류 중 현척에 해당하는 것은?

① 1 : 1   ② 1 : 2
③ 2 : 1   ④ 1 : 10

> 현척은 1 : 1

08 미터 보통나사를 나타내는 기호는?

① M   ② G
③ Tr   ④ UNC

> M : 미터 보통나사
> G : 관용 평행나사
> Tr : 미터 사다리꼴나사
> UNC : 유니파이 보통나사

09 다음 그림과 같은 단면도의 종류로 옳은 것은?

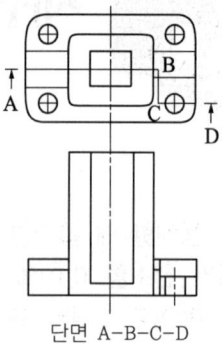
단면 A-B-C-D

① 전 단면도
② 부분 단면도
③ 계단 단면도
④ 회전 단면도

> 계단 단면도(조합에 의한 단면도)
> 2개 이상의 평면 또는 곡면을 계단 모양으로 조합한 합성면의 절단

10 그림은 3각법의 도면 배치를 나타낸 것이다. ㉠, ㉡, ㉢에 해당하는 도면의 명칭을 옳게 짝지은 것은?

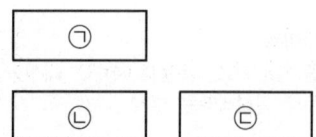

① ㉠ 정면도, ㉡ 우측면도, ㉢ 평면도
② ㉠ 정면도, ㉡ 평면도, ㉢ 우측면도
③ ㉠ 평면도, ㉡ 정면도, ㉢ 우측면도
④ ㉠ 평면도, ㉡ 우측면도, ㉢ 정면도

> ㉡ 정면도를 중심으로, 위의 도면 ㉠은 평면도, 오른쪽의 ㉢은 우측면도

11 Al-Si계 합금으로 공정형을 나타내며, 이 합금에 금속 나트륨 등을 첨가하여 개량 처리한 합금은?

① 실루민 ② Y합금
③ 로엑스 ④ 두랄루민

> 실루민은 Al-Si계 합금으로 공정점 부근인 Si이 10~13% 함유된 합금이다.

12 다음 비철합금 중 비중이 가장 가벼운 것은?

① 아연(Zn) 합금
② 니켈(Ni) 합금
③ 알루미늄(Al) 합금
④ 마그네슘(Mg) 합금

> 마그네슘은 비중이 1.74로 실용금속 중 가장 가벼운 금속이다.

13 오스테나이트계 스테인리스강에 대한 설명으로 틀린 것은?

① 대표적인 합금에 18%Cr - 8%Ni 강이 있다.
② Ti, V, Nb 등을 첨가하면 입계부식이 방지된다.
③ 1,100℃에서 급랭하여 용체화처리를 하면 오스테나이트 조직이 된다.
④ 1,000℃로 가열한 후 서랭하면 $Cr_{23}C_6$ 등의 탄화물이 결정입계에 석출하여 입계부식을 방지한다.

> 1,000℃로 가열한 후 Cr 탄화물을 오스테나이트 조직에 용체화하여 급랭해야 입계부식을 방지할 수 있다.

14 다음 그림은 면심입방격자이다. 단위 격자에 속해 있는 원자의 수는 몇 개인가?

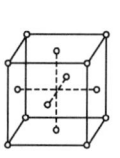 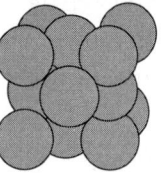

단위격자   원자배열

① 2 ② 3
③ 4 ④ 5

> FCC : 원자 수 4개, 충진율 : 74%, 배위 수 : 12

15 다음 중 전기 저항이 0(Zero)에 가까워 에너지 손실이 거의 없기 때문에 자기부상 열차, 핵자기공명 단층 영상 장치 등에 응용할 수 있는 것은?

① 제진 합금
② 초전도 재료
③ 비정질 합금
④ 형상 기억 합금

> **초전도 재료**
> 일정 온도에서 전기저항이 0에 가까워서 에너지 손실이 거의 없는 재료이다.

16 다음 중 탄소 함유량이 가장 낮은 순철에 해당하는 것은?

① 연철 ② 전해철
③ 해면철 ④ 카보닐철

> 전해철 > 암코철 > 카보닐철 > 연철

정답 11① 12④ 13④ 14③ 15② 16②

17 구상흑연 주철의 조직상 분류가 틀린 것은?

① 페라이트형
② 마텐자이트형
③ 펄라이트형
④ 시멘타이트형

주철은 담금질 열처리를 하지 않으므로 마텐자이트형은 분류하지 않는다.

18 림드강에 관한 설명 중 틀린 것은?

① Fe – Mn으로 가볍게 탈산시킨 상태로 주형에 주입한다.
② 주형에 접하는 부분은 빨리 냉각되므로 순도가 높다.
③ 표면에 헤어 크랙과 응고된 상부에 수축공이 생기기 쉽다.
④ 응고가 진행되면서 용강 중에 남은 탄소와 산소의 반응에 의하여 일산화탄소가 많이 발생한다.

킬드강이 표면에 헤어 크랙과 응고된 상부에 수축공이 생기기 쉽다.

19 금속재료의 일반적인 설명으로 틀린 것은?

① 구리(Cu)보다 은(Ag)의 전기전도율이 크다.
② 합금이 순수한 금속보다 열전도율이 좋다.
③ 순수한 금속일수록 전기전도율이 좋다.
④ 열전도율의 단위는 J/m·s·K이다.

합금이 될수록 열전도율은 떨어진다.

20 시험편에 압입 자국을 남기지 않거나 시험편이 큰 경우 재료를 파괴시키지 않고 경도를 측정하는 경도기는?

① 쇼어 경도기 ② 로크웰 경도
③ 브리넬 경도기 ④ 비커즈 경도기

쇼어 경도기는 강구의 반발력을 이용하여 경도를 측정하므로 시험체에 자국이 남지 않는다.

21 그림과 같은 육각 볼트를 제작도용 약도로 그릴 때의 설명 중 옳은 것은?

① 볼트 머리의 모든 외형선은 직선으로 그린다.
② 골지름을 나타내는 선은 가는 실선으로 그린다.
③ 가려서 보이지 않는 나사부는 가는 실선으로 그린다.
④ 완전 나사부와 불완전 나사부의 경계선은 가는 실선으로 그린다.

① 볼트의 머리는 굵은 실선과 가는 실선으로 그린다.
② 골지름은 가는 실선으로 그린다.
③ 가려서 보이지 않는 나사부는 파선으로 그린다.
④ 완전 나사부와 불완전 나사부의 경계선은 굵은 실선으로 그린다.

22 KS D 3503에 의한 SS330으로 표시된 재료기호에서 330이 의미하는 것은?

① 재질 번호 ② 재질 등급
③ 탄소 함유량 ④ 최저인장강도

SS330
일반 구조용 압연강재로 최저인장강도가 330이다.

23 치수 공차를 계산하는 식으로 옳은 것은?

① 기준치수 – 실제치수
② 실제치수 – 치수허용차
③ 허용한계치수 – 실제치수
④ 최대허용치수 – 최소허용치수

> **치수 공차**
> 최대허용치수 – 최소허용치수

24 가는 2점 쇄선을 사용하여 나타낼 수 있는 것은?

① 치수선   ② 가상선
③ 외형선   ④ 파단선

> **2점 쇄선**
> 가상선, 무게중심선

25 가공방법의 기호 중 연삭가공의 표시는?

① G   ② L
③ C   ④ D

> G : 연삭가공, L : 선반가공, C : 주조, D : 드릴가공

26 한 도면에서 두 종류 이상의 선이 같은 장소에 겹치게 되는 경우에 선의 우선 순위로 옳은 것은?

① 절단선 → 숨은선 → 외형선 → 중심선 → 무게중심선
② 무게중심선 → 숨은선 → 절단선 → 중심선 → 외형선
③ 외형선 → 숨은선 → 절단선 → 중심선 → 무게중심선
④ 중심선 → 외형선 → 숨은선 → 절단선 → 무게중심선

> **선의 우선순위**
> 외형선 → 숨은선 → 절단선 → 중심선 → 무게중심선 → 치수보조선

27 그림과 같이 도시되는 투상도는?

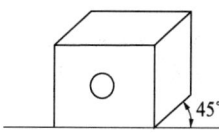

① 투시투상도   ② 등각투상도
③ 축측투상도   ④ 사투상도

> 등각투상도는 30°이고, 사투상도는 45°나 60°로 그린다.

28 고로에 사용되는 철광석의 구비조건으로 틀린 것은?

① 성분이 균일해야 한다.
② 철 함유량이 높아야 한다.
③ 피환원성이 우수해야 한다.
④ 노 내에서 환원분화성이 좋아야 한다.

> 철광석은 노 내 장입 후 환원분화성이 좋으면 쉽게 분상의 광석이 되므로 통기성에 악영향을 미치므로 환원분화성이 낮은 것이 좋다.

29 용선 중 황(S) 함량을 저하시키기 위한 조치를 틀린 것은?

① 고로 내의 노열을 높인다.
② 슬래그의 염기도를 높인다.
③ 슬래그 중 Al_2O_3 함량을 높인다.
④ 슬래그 중 MgO 함량을 높인다.

> 탈황율을 높이려면 Al_2O_3의 함량을 낮추어야 한다.

정답 23 ④ 24 ② 25 ① 26 ③ 27 ④ 28 ④ 29 ③

30 고로 노체의 건조 후 침목 및 장입원료를 노 내에 채우는 것을 무엇이라 하는가?

① 화입   ② 지화
③ 충전   ④ 축로

- **충전**: 노체 건조 후 침목 및 장입원료를 채우는 작업
- **화입**: 충전이 완료된 고로에 송풍을 시작하는 것
- **축로**: 노를 축조하는 것

31 고로의 노정설비 중 노 내 장입물의 레벨(level)을 측정하는 것은?

① 사운딩(sounding)
② 라지 벨(large bell)
③ 디스트리뷰터(distributor)
④ 서지 호퍼(surge hopper)

사운딩
노 내 장입물 레벨 측정

32 선철 중에 Si를 높게 하기 위한 방법으로 틀린 것은?

① 염기도를 낮게 한다.
② 노상의 온도를 높게 한다.
③ 규산분이 많은 장입물을 사용한다.
④ 코크스에 대한 광석의 비율을 많게 한다.

코크스에 대한 광석의 비율이 높아지면 규소량은 오히려 감소한다.

33 고로 휴풍 후 노정 점화를 실시하기 전에 가스검지를 하는 이유는?

① 오염방지   ② 폭발방지
③ 중독방지   ④ 누수방지

휴풍 후 재점화 시 잔류 가스에 의한 폭발을 방지하기 위해 가스검지를 해야 한다.

34 고로에서 노정압력을 제어하는 설비는?

① 셉텀변(septum valve)
② 고글변(goggle valve)
③ 스노트변(snort valve)
④ 블리드변(bleeder valve)

셉텀변
노정압 제어 설비, 고압조업에 사용

35 슬립(slip)이 일어나는 원인과 관련이 가장 적은 것은?

① 바람구멍에서의 통풍 불균일
② 장입물 분포의 불균일
③ 염기도의 조정 불량
④ 노벽의 이상

슬립은 장입물 분포의 불균일, 통풍이 불균일, 노벽 이상으로 장입물이 걸려있다가 낙하하는 현상이다.
염기도의 조정 불량은 탈황, 탈인에 영향을 준다.

36 휴풍 작업상의 주의사항을 설명한 것 중 틀린 것은?

① 노정 및 가스 배관을 부압으로 하지 말 것
② 가스를 열풍 밸브로부터 송풍기측에 역류시키지 말 것
③ 제진기의 증기를 필요 이상으로 장시간 취입하지 말 것
④ Bleeder가 불충분하게 열렸을 때 수봉 밸브를 닫을(잠글) 것

블리더 밸브가 불충분하게 열려 있으면 수봉 밸브를 잠그면 안 된다.

정답 30 ③ 31 ① 32 ④ 33 ② 34 ① 35 ③ 36 ④

37 산업재해의 원인을 교육적, 기술적, 작업관리상의 원인으로 분류할 때 교육적 원인에 해당되는 것은?

① 작업준비가 충분하지 못할 때
② 생산방법이 적당하지 못할 때
③ 작업지시가 적당하지 못할 때
④ 안전수칙을 잘못알고 있을 때

> **교육적 원인**
> 안전의식의 부족, 안전의식의 오해, 경험·훈련의 부족 및 미숙, 작업방법의 교육 불충분, 유해 위험 작업의 교육 불충분

38 선철 중 철(Fe)과 탄소(C) 이외의 원소에서 함량이 가장 많은 성분은?

① S   ② Si
③ P   ④ Cu

> **선철 성분**
> Fe > C > Si > Mn > (P, S)

39 철분의 품위가 54.8%인 철광석으로부터 철분 94%의 선철 1톤을 제조하는데 필요한 철광석량은 약 몇 kg$_f$인가?

① 1,075   ② 1,715
③ 2,105   ④ 2,715

> 필요 광석량 = $\dfrac{\text{생산량} \times \text{철분함량}}{\text{품위}}$
> = $\dfrac{1,000(1톤) \times 0.94(\text{철분함량})}{0.548}$
> = 1,715

40 미분탄 취입(Pulverized Coal Injection) 조업에 대한 설명으로 옳은 것은?

① 미분탄의 입도가 작을수록 연소 시간이 길어진다.
② 산소 부화를 하게 되면 PCI 조업 효과가 낮아진다.
③ 미분탄 연소 분위기가 높을수록 연소 속도에 의해 연소 효율은 증가한다.
④ 휘발분이 높을수록 탄(Coal)의 열분해가 지연되어 연소 효율은 감소한다.

> PCI 조업은 미분탄의 입도가 작을수록 연소가 쉽게 되며, 휘발분이 높을수록 열분해가 빨라지게 되고, 연소 효율은 증가하고, 산소 부화송풍을 하면 효과가 더 증가한다.

41 제강용선과 비교한 주물용선의 특징으로 옳은 것은?

① 고열로 조업을 한다.
② Si의 함량이 낮다.
③ Mn의 함량이 높다.
④ 고염기도 슬래그 조업을 한다.

> **주물용선 제조 조건**
> ① 송풍량을 감소시킨다.
> ② 코크스비를 증가시킨다.
> ③ 고온도 조업을 한다.
> ④ 슬래그 염기도를 낮춘다.
> ⑤ 조업속도(장입물 강하 속도)를 낮춘다.

정답 37 ④ 38 ② 39 ② 40 ③ 41 ①

42 고로조업 시 화입할 때나 노황이 아주 나쁠 때 코크스와 석회석만 장입하는 것은 무엇이라 하는가?

① 연장입(連裝入)
② 중장입(重裝入)
③ 경장입(輕裝入)
④ 공장입(空裝入)

- **공장입** : 광석을 장입하지 않고, 석회석과 코크스만 장입
- **중장입** : 코크스비를 크게 하는 조업
- **경장입** : 코크스비를 적게 하는 조업

43 용광로의 풍구 앞 연소대에서 일어나는 반응으로 틀린 것은?

① $C + \frac{1}{2}O_2 \rightarrow CO$
② $CO + \frac{1}{2}O_2 \rightarrow CO_2$
③ $CO_2 + C \rightarrow 2CO$
④ $FeO + C \rightarrow Fe + CO$

연소대에서는 코크스와 산소와의 산화반응만 일어난다.

44 풍구 부분의 손상원인이 아닌 것은?

① 풍구 주변 누수
② 강하물에 의한 마모 균열
③ 냉각배수 중 노 내 가스 혼입
④ 노정가스 중 수소함량 급감소

풍구 손상원인
① 풍구 주변의 누수
② 걸림이나 슬립에 의한 장입물의 강하
③ 냉각수 중 노 내 가스 혼입
④ 급수압의 저하 및 단수
⑤ 장입물 중의 분율이 증가에 의한 급격한 풍압 상승

45 다음 중 노복(belly) 부위에 해당되는 곳은?

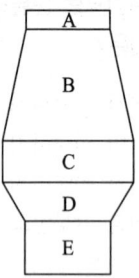

① B
② C
③ D
④ E

노복은 노에서 지름이 가장 큰 부분이다.

46 소결에서의 열정산 중 입열 항목에 해당되는 것은?

① 증발
② 하소
③ 가스 현열
④ 예열 공기

- **입열** : 예열 공기의 현열, 점화열, 코크스 산화열
- **출열** : 증발열, 하소 분해열, COG 가스의 현열, 냉각열, 노외 방산열

47 소결 연료용 코크스를 분쇄하는 데 주로 사용되는 기기는?

① 스태커(stacker)
② 로드 밀(rod mill)
③ 리클레이머(reclaimer)
④ 트레인 호퍼(train hopper)

- **원료 파쇄 설비** : 로드밀, 볼밀, 조크러셔
- **원료 야드 설비** : 스태커, 리클레이머, 트레인 호퍼

정답 42 ④ 43 ④ 44 ④ 45 ② 46 ④ 47 ②

48 낙하강도지수(SI)를 구하는 식으로 옳은 것은? (단, M_1은 체가름 후의 +10.0mm인 시료의 무게(kg_f), M_0는 시험전의 시료량(kg_f))

① $\dfrac{M_1}{M_0} \times 100(\%)$

② $\dfrac{M_0}{M_1} \times 100(\%)$

③ $\dfrac{M_0 - M_1}{M_1} \times 100(\%)$

④ $\dfrac{M_1 - M_0}{M_0} \times 100(\%)$

> 낙하강도는 낙하에 의한 장입물이 분쇄되는 정도를 나타낸다.
> $SI = \dfrac{M_1}{M_0} \times 100(\%)$

49 다음 중 소결기의 급광장치에 속하지 않는 것은?

① Hopper
② Wind box
③ Cut gate
④ Shuttle Conveyor

> - **윈드 박스** : 흡인 장치
> - **급광 장치** : 호퍼, 컷 게이트, 셔틀 컨베이어, 피더

50 소결작업에서 상부광의 작용이 아닌 것은?

① 화격자의 열에 의한 휨을 방지한다.
② 화격자에 적열 소결광 용융부착을 방지한다.
③ 화격자 사이로 세립 원료가 새어 나감을 막아준다.
④ 신원료에 의한 화격자의 구멍 막힘이 없도록 한다.

> **상부광의 역할**
> ① 그레이트 바(화격자)에 적열소결광 용융부착 방지
> ② 그레이트 바에 신원료에 의한 구멍 막힘을 방지
> ③ 그레이트 바 사이로 세립원료가 빠져나감을 방지
> ④ 그레이트 바의 적열을 방지하여 수명을 연장
> ⑤ 배광부에서 소결광 분리 용이

51 소결공정에서 믹서(mixer)의 역할이 아닌 것은?

① 혼합　　② 장입
③ 조립　　④ 수분첨가

> **믹서**
> 혼합, 조립, 조습(수분첨가)

52 자용성 소결광은 분광에 무엇을 첨가하여 만든 소결광인가?

① 형석　　② 석회석
③ 빙정석　④ 망간광석

> 자용성 소결광은 분광석에 석회석을 첨가한 소결광이다.

정답　48 ① 49 ② 50 ① 51 ② 52 ②

53 고로 내에서 코크스의 역할이 아닌 것은?

① 산화제로서의 역할
② 연소에 따른 열원으로서의 역할
③ 고로 내의 통기를 잘하기 위한 Spacer 로서의 역할
④ 선철, 슬래그에 열을 주는 열교환 매개체 로서의 역할

> **고로에서 코크스의 역할**
> ① 열풍과 연소해서 고로 내 에너지를 공급(열원)
> ② 연소가스(CO가스)가 철광석을 간접환원
> ③ 고체 탄소가 철광석을 직접환원
> ④ 선철 중에 용해되어(가탄) 선철의 용융점을 낮춤
> ⑤ 연소하고 남은 자리가 통기의 역할

54 코크스의 제조공정 순서로 옳은 것은?

① 원료 분쇄 → 압축 → 장입 → 가열 건류 → 배합 → 소화
② 원료 분쇄 → 가열 건류 → 장입 → 배합 → 압출 → 소화
③ 원료 분쇄 → 배합 → 장입 → 가열 건류 → 압출 → 소화
④ 원료 분쇄 → 장입 → 가열 건류 → 배합 → 압출 → 소화

> **코크스 제조 공정**
> 원료 분쇄 → 배합 → 장입 → 건류 → 압출 → 소화 → 분쇄

55 용광로에서 분상의 광석을 사용하지 않는 이유와 가장 관계가 없는 것은?

① 노 내의 용탕이 불량해지기 때문이다.
② 통풍의 약화 현상을 가져오기 때문이다.
③ 장입물의 강하가 불균일하기 때문이다.
④ 노정가스에 의한 미분광의 손실이 우려되기 때문이다.

> 분상의 광석은 통기성을 나쁘게 하여, 장입물의 강하가 불량하고, 고압가스에 의한 분광의 손실이 증가한다.

56 배소에 대한 설명으로 틀린 것은?

① 배소시킨 광석을 배소광 또는 소광이라 한다.
② 황화광을 배소 시 황을 완전히 제거시키는 것을 완전 탈황 배소라 한다.
③ 황(S)은 환원 배소에 의해 제거되며, 철광석의 비소(As)는 산화성 분위기의 배소에서 제거된다.
④ 환원배소법은 적철광이나 갈철광을 강자성 광물화한 다음 자력 선광법을 적용하여 철광석의 품위를 올린다.

> 황은 산화 배소에 의해 제거된다.

57 코크스(coke) 중 회분(ash)의 조성 성분에 해당되지 않는 것은?

① SiO_2 ② Al_2O_3
③ Fe_2O_3 ④ CO_2

> **회분의 주성분**
> SiO_2, Al_2O_3, Fe_2O_3

58 소결조업에서의 확산결합에 관한 설명이 아닌 것은?

① 확산결합은 동종광물의 재결정이 결합의 기초가 된다.
② 분광석의 입자를 미세하게 하여 원료 간의 접촉 면적을 증가시키면 확산결합이 용이해진다.
③ 자철광의 경우 발열 반응을 하므로 원자의 이동도를 증가시켜 강력한 확산결합을 만든다.
④ 고온에서 소결이 행하여진 경우 원료 중의 슬래그 성분이 용융되어 입자가 슬래그 성분으로 견고하게 결합되는 것이다.

> 슬래그 성분이 용융되어 견고하게 결합하는 것은 용융결합에 해당한다.

59 생석회 사용 시 소결 조업상의 효과가 아닌 것은?

① 고층 후 조업 가능
② NOx 가스 발생 감소
③ 열효율 감소로 인한 분 코크스 사용량의 증가
④ 의사 입자화 촉진 및 강도 향상으로 통기성 향상

> 소결 조업에서 석회석을 사용하면 열효율이 증가한다.

60 적열코크스를 불활성가스로 냉각소화하는 건식소화법(CDQ : Coke Dry Quenching)의 효과가 아닌 것은?

① 강도 향상   ② 수분 증가
③ 현열 회수   ④ 분진 감소

> CDQ(건식소화법)은 물을 사용하지 않고 고압의 질소를 넣어 냉각하므로 수분은 증가하지 않는다.

정답 58 ④ 59 ③ 60 ②

2015년 3회 제선기능사 과년도 기출문제

01 금속의 소성변형에서 마치 거울에 나타나는 상이 거울을 중심으로 하여 대칭으로 나타나는 것과 같은 현상을 나타내는 변형은?

① 쌍정변형 ② 전위변형
③ 벽계변형 ④ 딤플변형

> 쌍정변형은 일정 면을 중심으로 대칭으로 원자가 배열하는 변형이다.

02 황동의 합금 조성으로 옳은 것은?

① Cu + Ni ② Cu + Sn
③ Cu + Zn ④ Cu + Al

> 황동 : Cu + Zn, 청동 : Cu + Sn

03 용강 중에 기포나 편석은 없으나 중앙 상부에 큰 수축공이 생겨 불순물이 모이고, Fe-Si, Al 분말 등의 강한 탈산제로 완전 탈산한 강은?

① 킬드강 ② 캡드강
③ 림드강 ④ 세미킬드강

> **킬드강**
> 완전 탈산한 강으로 상부에 수축공이 심하지만 내부 기포나 편석은 거의 없다.

04 다음 중 산과 작용하였을 때 수소가스가 발생하기 가장 어려운 금속은?

① Ca ② Na
③ Al ④ Au

> 금(Au)은 산에 부식되지 않는다.

05 태양열 이용 장치의 적외선 흡수재료, 로켓연료의 연소효율 향상을 위해 초미립자 소재를 이용한다. 이 재료에 관한 설명 중 옳은 것은?

① 초미립자 제조는 크게 체질법과 고상법이 있다.
② 체질법을 이용하면 청정 초미립자 제조가 가능하다.
③ 고상법은 균일한 초미립자 분체를 대량 생산하는 방법으로 우수하다.
④ 초미립자의 크기는 100nm의 콜로이드(colloid) 입자의 크기와 같은 정도의 분체라 할 수 있다.

> 초미립자는 100nm의 콜로이드(colloid) 입자의 크기와 같은 정도의 분체를 사용한다.

정답 01① 02③ 03① 04④ 05④

06 다음과 같은 제품을 3각법으로 투상한 것 중 옳은 것은? (단, 화살표 방향을 정면도로 한다)

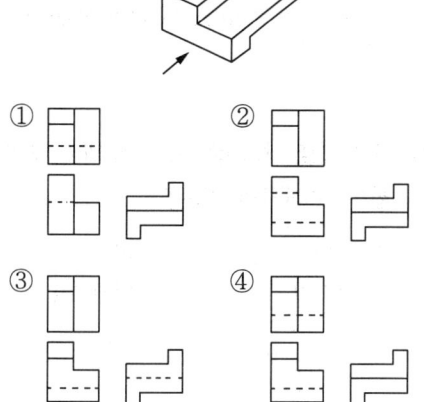

정면도 아래에 안 보이는 부분이 보이며, 평면도에서도 안 보이는 부분이 보이므로 ④에 해당한다.

07 KS의 부문별 기호 중 기계기본, 기계요소, 공구 및 공작기계 등을 규정하고 있는 영역은?

① KS A
② KS B
③ KS C
④ KS D

KS 제도 통칙

분류 기호	KS A	KS B	KS C	KS D	KS E
부문	기본	기계	전기	금속	광산

08 치수 공차를 구하는 식으로 옳은 것은?

① 최대 허용치수 − 기준치수
② 허용 한계치수 − 기준치수
③ 최소 허용치수 − 기준치수
④ 최대 허용치수 − 최소 허용치수

치수 공차
최대 허용치수 − 최소 허용치수

09 다음 투상도 중 물체의 높이를 알 수 없는 것은?

① 정면도
② 평면도
③ 우측면도
④ 좌측면도

평면도는 위에서 본 도면이므로 가로, 세로는 알 수 있지만, 높이는 알 수 없다.

10 물품을 그리거나 도안할 때 필요한 사항을 제도기구 없이 프리 핸드(free hand)로 그린 도면은?

① 전개도
② 외형도
③ 스케치도
④ 곡면선도

스케치도
실물을 보고 프리 핸드로 그린 도면

11 용융금속의 냉각곡선에서 응고가 시작되는 지점은?

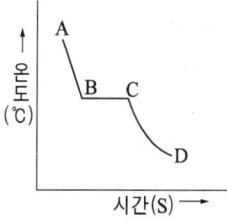

① A
② B
③ C
④ D

A는 용융상태, B는 응고 시작점, C는 응고 완료점, D는 고체상태

정답 06 ④ 07 ② 08 ④ 09 ② 10 ③ 11 ②

12 베어링(bearing)용 합금의 구비조건에 대한 설명 중 틀린 것은?

① 마찰계수가 적고 내식성이 좋을 것
② 충분한 취성을 가지며 소착성이 클 것
③ 하중에 견디는 내압력과 저항력이 클 것
④ 주조성 및 절삭성이 우수하고 열전도율이 클 것

> 취성은 작고 인성이 우수해야 하며, 소착성이 적어야 한다.

13 Al-Si계 주조용 합금은 공정점에서 조대한 육각판상 조직이 나타난다. 이 조직의 개량화를 위해 첨가하는 것이 아닌 것은?

① 금속납
② 금속나트륨
③ 수산화나트륨
④ 알칼리염류

> Al-Si 합금(실루민)은 나트륨 성분이 있는 것으로 개량처리를 한다.

14 다음의 조직 중 경도가 가장 높은 것은?

① 시멘타이트
② 페라이트
③ 오스테나이트
④ 트루스타이트

> 시멘타이트 > 트루스타이트 > 오스테나이트 > 페라이트

15 강과 주철을 구분하는 탄소의 함유량은 약 몇 % 인가?

① 0.1 ② 0.5
③ 1.0 ④ 2.0

> 철에 탄소가 약 2.0% 이하이면 강, 이상이면 주철로 분류한다.

16 물과 같은 부피를 가진 물체의 무게와 물의 무게와의 비는?

① 비열 ② 비중
③ 숨은열 ④ 열전도율

> 물과의 무게비를 비중이라 한다.

17 게이지용 강이 갖추어야 할 성질을 설명한 것 중 옳은 것은?

① 팽창계수가 보통 강보다 커야 한다.
② HRC 45 이하의 경도를 가져야 한다.
③ 시간이 지남에 따라 치수 변화가 커야 한다.
④ 담금질에 의하여 변형이나 담금질 균열이 없어야 한다.

> 팽창계수는 작고, 경도는 HRC로 55 이상이어야 하며, 치수변화가 없어야 한다.

18 10~20%Ni, 15~30%Zn에 구리 약 70%의 합금으로 탄성재료나 화학기계용 재료로 사용되는 것은?

① 양백 ② 청동
③ 엘린바 ④ 모넬메탈

> **양백**
> 7-3황동에 Ni을 약 7~30% 정도 함유한 합금이다.

정답 12② 13① 14① 15④ 16② 17④ 18①

19 스텔라이트(stellite)에 대한 설명으로 틀린 것은?

① 열처리를 실시하여야만 충분한 경도를 갖는다.
② 주조한 상태 그대로를 연삭하여 사용하는 비철합금이다.
③ 주요 성분은 40~55%Co, 25~33%Cr, 10~20%W, 2~5%C, 5%Fe이다.
④ 600℃ 이상에서는 고속도강보다 단단하며, 단조가 불가능하고, 충격에 의해서 쉽게 파손된다.

> 스텔라이트는 열처리를 하지 않아도 충분한 경도를 가진다.

20 Y 합금의 일종으로 Ti과 Cr를 0.2% 정도씩 첨가한 것으로 피스톤용 재료로 사용되는 합금은?

① 라우탈
② 코비탈륨
③ 두랄루민
④ 하이드로 날륨

> **코비탈륨**
> Y합금에 Ti과 Cr를 0.2% 정도씩 첨가한 주조용 Al합금으로 피스톤 등 내연기관의 재료로 사용한다.

21 도면의 척도에 대한 설명 중 틀린 것은?

① 척도는 도면의 표제란에 기입한다.
② 척도에는 현척, 축척, 배척의 3종류가 있다.
③ 척도는 도형의 크기와 실물 크기와의 비율이다.
④ 도형이 치수에 비례하지 않을 때는 척도를 기입하지 않고, 별도의 표시도 하지 않는다.

> 그림의 형태가 치수와 비례하지 않을 때에는 치수 밑에 밑줄을 긋거나, 비례가 아님 또는 NS 등의 문자를 기입

22 도면에서 Ⓐ로 표시된 해칭의 의미로 옳은 것은?

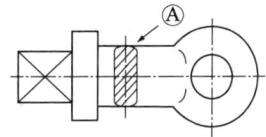

① 특수 가공 부분이다.
② 회전 단면도이다.
③ 키를 장착할 홈이다.
④ 열처리 가공 부분이다.

> Ⓐ부분은 회전 부분을 나타낸 것이다.

23 스퍼기어의 잇수가 32이고 피치원의 지름이 64일 때 이 기어의 모듈값은 얼마인가?

① 0.5   ② 1
③ 2   ④ 4

> 모듈 = 피치원의 지름/잇수 = $\frac{64}{32}$ = 2

정답 19① 20② 21④ 22② 23③

24 다음 중 치수보조선과 치수선의 작도 방법이 틀린 것은?

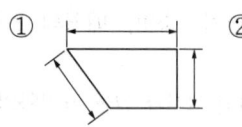 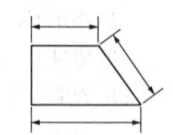
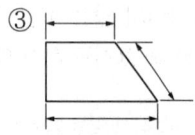 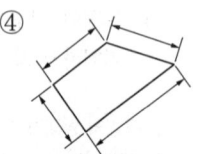

③번은 다음과 같이 그려야 한다.
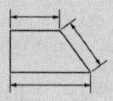

25 반복 도형의 피치의 기준을 잡는 데 사용 되는 선은?

① 굵은 실선 ② 가는 실선
③ 1점 쇄선 ④ 가는 2점 쇄선

피치의 기준을 잡는 피치선은 1점 쇄선이다.

26 도면 치수 기입에서 반지름을 나타내는 치수 보조기호는?

① R ② t
③ ∅ ④ SR

R : 반지름, t : 두께, ∅ : 지름, SR : 구의 반지름

27 가공면의 줄무늬 방향 표시기호 중 기호를 기입한 면의 중심에 대하여 대략 동심원인 경우 기입하는 기호는?

① X ② M
③ R ④ C

X : 2방향으로 교차, M : 교차 또는 방향이 없음
R : 방사상 레이디얼 모양, C : 동심원

28 다음 중 슬래그화한 성분은?

① P ② Sn
③ Cu ④ MgO

MgO는 슬래그에 해당한다.

29 내용적 3,795m³의 고로에 풍량 6,000Nm³/min으로 송풍하여 선철을 8,160ton/일, 슬래그를 2,690ton/일 생산하였을 때의 출선비(t/일/m³)는 약 얼마인가?

① 0.71 ② 1.80
③ 2.15 ④ 2.86

출선비 = $\frac{출선량}{내용적}$ = $\frac{8,160}{3,795}$ = 2.15

30 사고예방의 5단계 순서로 옳은 것은?

① 조직 → 평가분석 → 사실의 발견 → 시정책의 적용 → 시정책의 선정
② 조직 → 평가분석 → 사실의 발견 → 시정책의 선정 → 시정책의 적용
③ 조직 → 사실의 발견 → 평가분석 → 시정책의 적용 → 시정책의 선정
④ 조직 → 사실의 발견 → 평가분석 → 시정책의 선정 → 시정책의 적용

사고예방 5단계
조직 → 사실의 발견 → 평가분석 → 시정책의 선정 → 시정책의 적용

정답 24 ③ 25 ③ 26 ① 27 ④ 28 ④ 29 ③ 30 ④

31 재해 누발자를 상황성과 습관성 누발자로 구분할 때 상황성 누발자에 해당되지 않는 것은?

① 작업이 어렵기 때문에
② 기계설비에 결함이 있기 때문에
③ 환경상 주의력의 집중이 혼란되기 때문에
④ 재해 경험에 의해 겁쟁이가 되거나 신경과민이 되기 때문에

> 재해 경험자에 의한 재해는 습관성 누발자에 해당한다.

32 열풍로에서 예열된 공기는 풍구를 통하여 노 내로 전달하게 되는데 예열된 공기는 약 몇 ℃인가?

① 300~500   ② 600~800
③ 1,100~1,300   ④ 1,400~1,600

> **열풍온도** : 1,100~1,300℃

33 고로 내 장입물로부터의 수분제거에 대한 설명 중 틀린 것은?

① 장입원료의 수분은 기공 중에 스며든 부착수가 존재한다.
② 장입원료의 수분은 화합물 상태의 결합수 또는 결정수로 존재한다.
③ 광석에서 분리된 수증기는 코크스 중의 고정탄소와 $H_2O + C \rightarrow H_2 + CO_2$의 반응을 일으킨다.
④ 부착수는 100℃ 이상에서는 증발하며, 특히 입도가 작은 광석이 낮은 온도에서 증발하기 쉽다.

> 수증기는 CO가스와 반응한다.

34 노체의 팽창을 완화하고 가스가 새는 것을 막기 위해 설치하는 것은?

① 냉각판
② 로암(loam)
③ 광석받침철판
④ 익스펜션(expension)

> **익스펜션**
> 가스 팽창 완화 및 실링

35 고로 조업에서 냉입사고의 원인이 아닌 것은?

① 유동성이 불량할 때
② 미분탄 등 보조연료를 다량으로 취입할 때
③ 장입물의 얹힘 및 슬립이 연속적으로 발생할 때
④ 풍구, 냉각반의 파손에 의한 노 내 침수가 일어날 때

> 미분탄 등 보조연료를 다량취입하면 노 온도는 올라가므로 냉입은 일어나지 않는다.

36 노황 및 출선, 출재가 정상적이지 않아 조기 출선을 해야 하는 경우가 아닌 것은?

① 감압, 휴풍이 예상될 경우
② 노열 저하 현상이 보일 경우
③ 장입물의 하강이 느린 경우
④ 출선구가 약하고 다량의 출선에 견디지 못할 경우

> **조출선하는 경우**
> ① 출선구가 약하고 다량의 출선에 견디지 못할 때
> ② 출선, 출재가 불충분한 경우
> ③ 래이들 부족, 기타 양적인 제약이 생긴 경우
> ④ 노황 냉기미로서 풍구에 재가 보일 때
> ⑤ 장입물 하강이 빠를 때
> ⑥ 감압, 휴풍이 예상될 때

정답 31 ④ 32 ③ 33 ③ 34 ④ 35 ② 36 ③

37 파이넥스(finex) 제선법에 대한 설명 중 틀린 것은?

① 주원료로 주로 분광을 사용한다.
② 송풍에 있어 산소를 불어 넣는다.
③ 환원 반응과 용융 기능이 분리되어 안정적인 조업에 유리하다.
④ 고로 조업과 달리 소결 공정은 생략되어 있으나 코크스 제조 공정은 필요하다.

> 파이넥스법은 분광석과 석탄을 장입하므로 소결 공정이나 코크스 제조가 필요하지 않다.

38 고로는 전 높이에 걸쳐 많은 내화벽돌로 쌓여져 있다. 내화벽돌이 갖추어야 될 조건으로 틀린 것은?

① 내화도가 높아야 한다.
② 치수가 정확하여야 한다.
③ 비중이 5.0 이상으로 높아야 한다.
④ 침식과 마멸에 견딜 수 있어야 한다.

> 내화벽돌 구비조건
> ① 내화도가 높아야 한다.
> ② 내스폴링성이 좋아야 한다.
> ③ 치수가 정확해야 한다.
> ④ 침식과 마모에 견딜 수 있어야 한다(내식성과 내마모성 우수).
> ⑤ 비중이 작아야 한다.

39 자용성 소결광조업에 대한 설명으로 틀린 것은?

① 노황이 안정되어 고온 송풍이 가능하다.
② 노 내 탈황률이 향상되어 선철 중의 황을 저하시킬 수 있다.
③ 소결광 중에 페이얼라이트 함유량이 많아 산화성이 크다.
④ 하소된 상태에 있으므로 노 안에서의 열량 소비가 감소된다.

> 자용성 소결광
> ① 원료 중에 CaO를 5~15% 함유한 소결광
> ② 석회소결광(자용성 소결광) 특징
>   ㉠ 소결 원료 중에 석회석을 5~15% 배합한 것이다.
>   ㉡ 비교적 낮은 온도에서 석회석이 용융하여 소결이 진행된다.
>   ㉢ 소결작용이 용융결합으로 이루어지므로 소결광의 강도가 우수하다.
>   ㉣ 소결광의 환원성 및 고로 조업성이 양호하다.
>   ㉤ 노황 안정으로 고온송풍이 가능하다.

40 고로 노체의 구조 중 노의 용적이 가장 큰 부분은?

① 노흉   ② 노복
③ 조안   ④ 노상

> 노복이 지름이 가장 크므로 용적도 가장 크다.

41 고로에서 출선구 머드건(폐색기)의 성능을 향상시키기 위하여 첨가하는 원료는?

① SiC   ② CaO
③ MgO   ④ FeO

> 머드건의 성능을 향상시키기 위해서 머드에 SiC 성분을 첨가한다.

42 철분의 품위가 57.6%인 철광석으로부터 철분 94%의 선철 1톤을 제조하는 데 필요한 철광석 양은 약 몇 kgf인가?

① 632   ② 1,632
③ 3,127   ④ 6,127

> 필요 광석량 = $\frac{생산량 \times 철분함량}{품위}$
> = $\frac{1,000(1톤) \times 0.94(철분함량)}{0.576}$
> = 1,632

정답 37 ④ 38 ③ 39 ③ 40 ② 41 ① 42 ②

43 파이넥스 조업 설비 중 환원로에서의 반응이 아닌 것은?

① 부원료의 소성 반응
② $C + \frac{1}{2}O_2 \rightarrow CO$
③ $Fe + H_2S \rightarrow FeS + H_2$
④ $Fe_2O_3 + 3CO \rightarrow 2Fe + 3CO_2$

> $C + \frac{1}{2}O_2 \rightarrow CO$ 반응은 융용로의 반응이다.

44 광석의 철 품위를 높이고 광석 중의 유해 불순물인 비소(As), 황(S) 등을 제거하기 위해서 하는 것은?

① 균광
② 단광
③ 선광
④ 소광

> **선광**
> 광석 중 맥석 및 유해성분을 제거하여 품위를 높이는 작업

45 고로에서 고압조업의 효과가 아닌 것은?

① 연진의 저하
② 출선량 증가
③ 송풍량의 저하
④ 코크스비의 저하

> **고압조업 효과**
> ① 출선량 증가
> ② 연료비 저하
> ③ 노황의 안정
> ④ 연진의 감소

46 리클레이머(reclaimer)의 기능으로 옳은 것은?

① 원료의 적치   ② 원료의 불출
③ 원료의 정립   ④ 원료의 입조

> • 리클레이머 : 원료 불출 설비
> • 스태커 : 원료 적치 설비

47 소결공정에서 혼화기(Drum Mixer)의 역할이 아닌 것은?

① 조립
② 장입
③ 혼합
④ 수분 첨가

> **믹서**
> 혼합, 조립, 조습(수분 첨가)

48 용광로 제련에 사용되는 분광 원료를 괴상화하였을 때 괴상화된 원료의 구비 조건이 아닌 것은?

① 다공질로 노안에서 산화가 잘 될 것
② 가능한 한 모양이 구상화된 형태일 것
③ 오랫동안 보관하여도 풍화되지 않을 것
④ 열팽창, 수축 등에 의해 파괴되지 않을 것

> **괴상화된 고로 원료의 조건**
> ① 다공질이어서 고로 내에서 환원이 잘 될 것
> ② 모양이 구형이 가까울 것
> ③ 장기간 보관 시 풍화되지 않을 것
> ④ 열팽창, 수축 등에 의해 파괴되지 않을 것
> ⑤ 어느 정도 강도(낙하강도)가 있어 장입 시 파괴되지 않을 것
> ⑥ 환원에 의해 분상화가 잘되지 않을 것

정답 43 ② 44 ③ 45 ③ 46 ② 47 ② 48 ①

49 소결공정의 일반적인 조업순서로 옳은 것은?

① 원료 절출 → 혼합 및 조립 → 원료 장입 → 점화 → 괴성화 → 1차 파쇄 및 선별 → 냉각 → 2차 파쇄 및 선별 → 저장 후 고로 장입
② 원료 절출 → 원료 장입 → 혼합 및 조립 → 1차 파쇄 및 선별 → 점화 → 괴성화 → 냉각 → 2차 파쇄 및 선별 → 저장 후 고로 장입
③ 원료 절출 → 1차 파쇄 및 선별 → 혼합 및 조립 → 원료 장입 → 점화 → 괴성화 → 냉각 → 2차 파쇄 및 선별 → 저장 후 고로 장입
④ 원료 절출 → 괴성화 → 1차 파쇄 및 선별 → 혼합 및 조립 → 원료 장입 → 점화 → 2차 파쇄 및 선별 → 냉각 → 저장 후 고로 장입

> **소결공정**
> 원료 절출 → 혼합 및 조립 → 원료 장입 → 점화 → 괴성화 → 1차 파쇄 및 선별 → 냉각 → 2차 파쇄 및 선별 → 저장 후 고로 장입

50 고로용 내화물의 구비조건이 아닌 것은?

① 고온에서 용융, 휘발하지 않을 것
② 열전도가 잘 안되고 발열효과가 있을 것
③ 고온, 고압하에서 상당한 강도를 가질 것
④ 용선, 가스에 대하여 화학적으로 안정할 것

> 내화물은 열전도가 양호해야 하며, 발열효과가 있으면 안 된다.

51 다음 소결반응에 대한 설명으로 틀린 것은?

① 저온에서는 확산결합을 한다.
② 확산결합이 용융결합보다 강도가 크다.
③ 고온에서 분화방지를 위해서는 용융결합이 좋다.
④ 고온에서 슬래그 성분이 용융해서 입자가 단단해진다.

> 확산결합이 용융결합보다 강도가 작다.

52 소결조업의 목표인 소결광의 품질관리 기준이 아닌 것은?

① 성분   ② 입도
③ 연성   ④ 강도

> 연성은 품질관리 기준에 해당하지 않는다.
> **품질관리 기준**: 강도, 입도, 성분, 환원분화도

53 용제에 대한 설명으로 틀린 것은?

① 유동성을 좋게 한다.
② 슬래그의 용융점을 높인다.
③ 맥석 같은 불순물과 결합한다.
④ 슬래그를 금속으로부터 잘 분리되도록 한다.

> 용제는 슬래그의 용융점을 낮춘다.

54 제게르 추의 번호 SK31의 용융 연화점 온도는 몇 ℃인가?

① 1,530   ② 1,690
③ 1,730   ④ 1,850

> SK 30이 1,670℃이며 SK 1 증가 또는 감소할 때 20℃ 차이가 나므로 1,670+20 = 1,690℃이다.

정답 49 ① 50 ② 51 ② 52 ③ 53 ② 54 ②

55 분말로 된 정광을 괴상으로 만드는 과정은?

① 하소　　② 배소
③ 소결　　④ 단광

> 분광을 괴광으로 만드는 작업을 단광이라 한다.

56 소결 원료에서 반광의 입도는 일반적으로 몇 mm 이하의 소결광인가?

① 6　　② 12
③ 24　　④ 48

> **반광**
> 소결광 파쇄 후 입도가 6mm 이하의 소결광

57 소결조업에서 생석회의 역할을 설명한 것 중 틀린 것은?

① 의사 입자의 강도를 향상시킨다.
② 소결 베드 내에서의 통기성을 개선한다.
③ 소결 배합원료의 의사 입자를 촉진한다.
④ 저층 후 조업이 가능하나 분 코크스 사용량이 증가한다.

> 소결조업에서 생석회를 사용하면 고층 후 조업이 가능해지며, 생산량이 증가한다.

58 다음 원료 중 피환원성이 가장 우수한 것은?

① 자철광
② 보통 펠렛
③ 자용성 펠렛
④ 자용성 소결광

> 자용성 펠렛이 가장 피환원성이 우수하다.

59 함수 광물로써 산화마그네슘(MgO)을 함유하고 있으며, 고로에서 슬래그 성분 조절용으로 사용하며 광재의 유동성을 개선하고 탈황성능을 향상시키는 것은?

① 규암　　② 형석
③ 백운석　　④ 사문암

> **사문암**
> 조성이 $3MgO \cdot 2SiO_2 \cdot 2H_2O$으로 수분을 함유하고 있다.

60 코크스의 연소실 구조에 따른 분류 중 순환식에 해당되는 것은?

① 코퍼스식　　② 오토식
③ 쿠로다식　　④ 월푸투식

> 코퍼스식 코크스로는 순환식으로 부산물을 회수하고, 열효율이 가장 우수하다.

정답 55 ④ 56 ① 57 ④ 58 ③ 59 ④ 60 ①

2016년 1회 제선기능사 과년도 기출문제

01 반자성체에 해당하는 금속은?

① 철(Fe)   ② 니켈(Ni)
③ 안티몬(Sb)   ④ 코발트(Co)

- 자성체 : Fe, Ni, Co
- 반자성체 : Au, Sb

02 문쯔메탈(Muntz metal)이라 하며 탈아연 부식이 발생하기 쉬운 동합금은?

① 6-4 황동
② 주석 청동
③ 네이벌 황동
④ 애드미럴티 황동

문쯔메탈은 6-4황동으로 열교환기나 열간단조용으로 사용한다.

03 다음 중 강괴의 탈산제로 부적합한 것은?

① Al   ② Fe-Mn
③ Cu-P   ④ Fe-Si

탈산제 : Al, Fe-Si, Fe-Mn, CaC_2

04 주철의 기계적 성질에 대한 설명 중 틀린 것은?

① 경도는 C+Si의 함유량이 많을수록 높아진다.
② 주철의 압축강도는 인장강도의 3~4배 정도이다.
③ 고 C, 고 Si의 크고 거친 흑연편을 함유하는 주철은 충격값이 적다.
④ 주철은 자체의 흑연이 윤활제 역할을 하며, 내마멸성이 우수하다.

주철은 C, Si 함량이 증가하면 흑연이 많이 생성되어 경도는 낮아진다.

05 강에 탄소량이 증가할수록 증가하는 것은?

① 경도   ② 연신율
③ 충격값   ④ 단면수축률

탄소량이 증가하면 경도나 강도는 증가하고, 연신율이나 충격값 등은 떨어진다.

06 비중 7.3, 용융점 232℃, 13℃에서 동소변태하는 금속으로 전연성이 우수하며, 의약품, 식품 등의 포장용 튜브, 식기, 장식기 등에 사용되는 것은?

① Al   ② Ag
③ Ti   ④ Sn

Sn
비중 7.3, 인체에 무해

정답 01 ③ 02 ① 03 ③ 04 ① 05 ① 06 ④

07 고속도강의 대표 강종인 SKH2 텅스텐계 고속도강의 기본조성으로 옳은 것은?

① 18%Cu – 4%Cr – 1%Sn
② 18%W – 4%Cr – 1%V
③ 18%Cr – 4%Al – 1%W
④ 18%W – 4%Cr – 1%Pb

> **고속도강**
> W(18%)–Cr(4%)–V(1%)형
> W(14%)–Cr(4%)–V(1%)형

08 다음의 합금 원소 중 함유량이 많아지면 내마멸성을 크게 증가시키고, 적열 메짐을 방지하는 것은?

① Ni
② Mn
③ Si
④ Mo

> **Mn의 영향**
> 강도 및 경도 증가, 내마모성 증가, 탈산 및 탈황효과에 의한 취성방지

09 금(An)의 일반적인 성질에 대한 설명 중 옳은 것은?

① 금(An)은 내식성이 매우 나쁘다.
② 금(An)의 순도는 캐럿(K)으로 표시한다.
③ 금(An)은 강도, 경도, 내마멸성이 높다.
④ 금(An)은 조밀육방격자에 해당하는 금속이다.

> 금은 산, 알칼리와도 반응을 잘 하지 않는 내식성이 아주 우수한 금속으로 캐럿(K)으로 순도를 나타낸다.

10 Al에 1~1.5%의 Mn을 합금한 내식성 알루미늄 합금으로 가공성, 용접성이 우수하여 저장탱크, 기름탱크 등에 사용되는 것은?

① 알민
② 알드리
③ 알클래드
④ 하이드로날륨

> • **알민** : Al–Mn계 내식성 합금
> • **알드리** : Al–Mg–Si계 합금
> • **하이드로날륨** : Al–Mg계 합금
> • **알클래드** : 고강도 알루미늄 합금 판재

11 Ti 금속의 특징을 설명한 것 중 옳은 것은?

① Ti 및 그 합금은 비강도가 높다.
② 저용융점 금속이며, 열전도율이 높다.
③ 상온에서 체심입방격자의 구조를 갖는다.
④ Ti은 화학적으로 반응성이 없어 내식성이 나쁘다.

> **Ti**
> 용융점 1,670℃, 비강도 우수, 내식성 우수, 열전도율 낮음

12 Al – Si계 합금에 관한 설명으로 틀린 것은?

① Si 함유량이 증가할수록 열팽창계수가 낮아진다.
② 실용합금으로는 10~13%의 Si가 함유된 실루민이 있다.
③ 용융점이 높고 유동성이 좋지 않아 복잡한 모래형 주물에는 이용되지 않는다.
④ 개량처리를 하게 되면 용탕과 모래 수분과의 반응으로 수소를 흡수하여 기포가 발생된다.

> Al–Si(실루민) 합금은 용융점이 낮고, 유동성이 좋아 주물용으로 사용한다.

정답 07 ② 08 ② 09 ② 10 ① 11 ① 12 ③

13 Fe-C 평형상태도에서 레데뷰라이트의 조직은?

① 페라이트
② 페라이트 + 시멘타이트
③ 페라이트 + 오스테나이트
④ 오스테나이트 + 시멘타이트

> 레데뷰라이트
> 오스테나이트(γ-Fe)+시멘타이트(Fe₃C)

14 다음 중 슬립(slip)에 대한 설명으로 틀린 것은?

① 원자 밀도가 최대인 방향으로 잘 일어난다.
② 원자 밀도가 가장 큰 격자면에서 잘 일어난다.
③ 슬립이 계속 진행하면 결정은 점점 단단해져 변형이 쉬워진다.
④ 다결정에서는 외력이 가해질 때 슬립 방향이 서로 달라 간섭을 일으킨다.

> 슬립이 계속 진행되면 결정은 변형이 어려워지게 된다.

15 분산 강화금속 복합재료에 대한 설명으로 틀린 것은?

① 고온에서 크리프 특성이 우수하다.
② 실용 재료로는 SAP, TD Ni이 대표적이다.
③ 제조방법은 일반적으로 단접법이 사용된다.
④ 기지 금속 중에 $0.01 \sim 0.1 \mu m$ 정도의 미세한 입자를 분산시켜 만든 재료이다.

> 제조방법은 일반적으로 혼합법, 열분해법, 내부 산화법 등이 있다.

16 침탄, 질화 등 특수 가공할 부분을 표시할 때 나타내는 선으로 옳은 것은?

① 가는 파선
② 가는 1점 쇄선
③ 가는 2점 쇄선
④ 굵은 1점 쇄선

> 특수 가공 부위는 굵은 1점 쇄선으로 나타낸다.

17 표제란에 재료를 나타내는 표시 중 밑줄 친 KS D가 의미하는 것은?

제도자	홍길동	도명	캐스터
도번	M20551	척도	NS
재질		KS D3503 SS 330	

① KS 규격에서 기본 사항
② KS 규격에서 기계 부분
③ KS 규격에서 금속 부분
④ KS 규격에서 전기 부분

> • KS A : 기본
> • KS B : 기계
> • KS C : 전기
> • KS D : 금속

18 미터나사의 표시가 "M 30×2"로 되어 있을 때 2가 의미하는 것은?

① 등급　② 리드
③ 피치　④ 거칠기

> M 30×2
> 호칭지름 40mm, 피치가 2인 미터나사

정답 13④ 14③ 15③ 16④ 17③ 18③

19 구멍 $\phi 42^{+0.009}_{0}$, 축 $\phi 42^{+0.009}_{-0.025}$일 때 최대 죔새는?

① 0.009
② 0.018
③ 0.025
④ 0.034

> **최대죔새**
> 구멍치수가 축치수보다 작을 때 구멍과 축의 치수 차이므로 0.009−0=0.009

20 치수기입을 위한 치수선과 치수보조선 위치가 가장 적합한 것은?

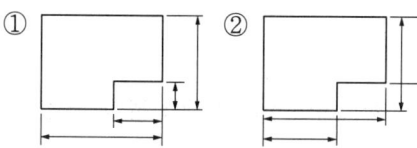
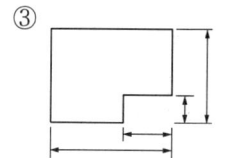 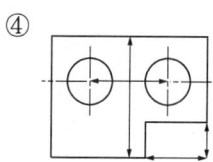

> 치수선은 작은 수치를 안쪽에, 큰 수치를 바깥쪽에 배치하고, 치수보조선은 외형의 끝에서 연장선을 그려서 나타낸다.

21 한국산업표준에서 규정한 탄소 공구강의 기호로 옳은 것은?

① SCM
② STC
③ SKH
④ SPS

> • SCM : 크롬 몰리브덴 합금강
> • STC : 탄소공구강
> • SKH : 고속도강
> • SPS : 스프링강

22 그림은 3각법에 의한 도면 배치를 나타낸 것이다. (ㄱ), (ㄴ), (ㄷ)에 해당하는 도면의 명칭을 옳게 짝지은 것은?

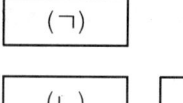

① (ㄱ) : 정면도, (ㄴ) : 좌측면도
   (ㄷ) : 평면도
② (ㄱ) : 정면도, (ㄴ) : 평면도
   (ㄷ) : 좌측면도
③ (ㄱ) : 평면도, (ㄴ) : 정면도
   (ㄷ) : 우측면도
④ (ㄱ) : 평면도, (ㄴ) : 우측면도
   (ㄷ) : 정면도

> **3각법의 배치**
> 정면도를 중심으로 평면도를 위에 우측면도는 오른쪽에 배치한다.

23 [그림]과 같은 단면도는?

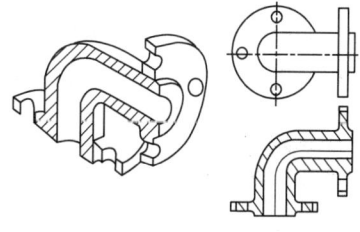

① 전 단면도
② 한쪽 단면도
③ 부분 단면도
④ 회전 단면도

> 전체를 반으로 자른 것이므로 전 단면도(온 단면도)이다.

정답 19① 20① 21② 22③ 23①

24 다음 기호 중 치수 보조기호가 아닌 것은?

① C
② R
③ t
④ △

> C : 모따기, R : 반지름, t : 두께

25 금속의 가공 공정의 기호 중 스크레이핑 다듬질에 해당하는 약호는?

① FB
② FF
③ FL
④ FS

> • FB : 보링 다듬질
> • FF : 줄 다듬질
> • FL : 래핑 다듬질
> • FS : 스크레이핑 다듬질

26 물체를 투상면에 대하여 한쪽으로 경사지게 투상하여 입체적으로 나타내는 것으로 물체를 입체적으로 나타내기 위해 수평선에 대하여 30°, 45°, 60° 경사각을 주어 삼각자를 편리하게 사용하게 한 것은?

① 투시도
② 사투상도
③ 등각 투상도
④ 부등각 투상도

> **사투상도**
> 한쪽으로 30°, 45°, 60°의 경사각을 주어서 나타내는 투상도

27 제도 도면에 사용되는 문자의 호칭 크기는 무엇으로 나타내는가?

① 문자의 폭
② 문자의 굵기
③ 문자의 높이
④ 문자의 경사도

> 문자의 크기는 높이로 나타낸다.

28 다음 중 코크스의 반응성을 나타내는 식으로 옳은 것은?

① $\dfrac{CO_2}{CO_2+CO} \times 100\%$

② $\dfrac{CO}{CO_2+CO} \times 100\%$

③ $\dfrac{CO_2-CO}{CO} \times 100\%$

④ $\dfrac{CO}{CO_2-CO} \times 100\%$

> 코크스 반응성 지수 = $\dfrac{CO}{CO_2+CO}$

29 철광석의 필요조건이 틀린 것은?

① 산화도가 낮을 것
② 철함유량이 많을 것
③ 피환원성이 좋을 것
④ 유해 불순물을 적게 품을 것

> 산화도가 높은 것이 환원도 잘 된다.

30 노의 내용적이 4,800m³, 노정압이 2.5kg/cm², 1일 출선량이 8,400t/d, 연료비는 4,600kg/T-P일 때 출선비는?

① 1.75
② 2.10
③ 3.10
④ 7.75

> 출선비 = $\dfrac{출선량}{내용적} = \dfrac{8,400}{4,800} = 1.75$

정답 24④ 25④ 26② 27③ 28② 29① 30①

31 다음 중 고로의 풍구가 파손되는 가장 큰 원인은?

① 용선이 접촉할 때
② 코크스가 접촉할 때
③ 풍구 앞의 온도가 높을 때
④ 고로 내 장입물이 슬립을 일으킬 때

> 고로 파손은 용선과 직접 접촉할 때 가장 심하게 발생한다.

32 고로의 슬래그 염기도를 1.2로 조업하려고 한다. 슬래그 중 SiO_2가 250kg이라면 석회석($CaCO_3$)은 약 얼마 정도(kg)가 필요한가? (단, 석회석($CaCO_3$) 중 유효 CaO는 56%이다)

① 415.7　　② 435.7
③ 515.7　　④ 535.7

> 염기도 $= \dfrac{CaO}{SiO_2}$
> $CaO = $ 염기도$\times SiO_2 = 1.2 \times 250 = 300$
> $CaCO_3 = \dfrac{CaO량}{CaO유효비} = \dfrac{300}{0.56} = 535.7$

33 Mn의 노 내 작용이 아닌 것은?

① 탈황작용
② 탈산작용
③ 탈탄작용
④ 슬래그의 유동성 증대

> Mn은 탄소와 반응하지 않으므로 탈탄작용은 일어나지 않는다.

34 고로에서 코크스비를 낮추기 위한 방법이 아닌 것은?

① 송풍온도 상승
② 코크스 회분 상승
③ CO가스 이용률 향상
④ 철광석의 피환원성 증가

> 코크스 회분이 상승하면 전탄소량이 줄어들기 때문에 코크스비가 상승하게 된다.

35 다음 중 산성내화물의 주성분으로 옳은 것은?

① SiO_2　　② MgO
③ CaO　　④ Al_2O_3

> 산성내화물 : SiO_2

36 생리적 원인에 의한 재해는?

① 안전시설 불량
② 작업자의 피로
③ 작업복의 불량
④ 작업공구의 미흡

> 작업자의 피로는 생리적 원인에 해당한다.

37 용광로 조업에서 석회과잉(line setting) 현상의 설명 중 틀린 것은?

① 유동성이 악화된다.
② 용융온도가 상승한다.
③ 염기도가 급격히 감소한다.
④ 출선 출재가 곤란하게 된다.

> 석회가 과잉되면 염기도가 급격히 상승한다.

정답　31① 32④ 33③ 34② 35① 36② 37③

38 휴풍 시 작업상의 주의사항을 설명한 것 중 틀린 것은?

① 노정 및 가스 배관을 부압으로 할 것
② 제진기의 증기를 필요 이상으로 장시간 취입하지 말 것
③ 가스를 열풍 밸브로부터 송풍기 측에 역류시키지 말 것
④ 송풍 직후 압력이 낮을 때 누풍을 점검하고 누풍이 있으면 수리할 것

> 휴풍 시에는 노정 및 가스 배관을 부압하지 않는다.

39 다음 중 부주의가 발생하는 현상과 가장 거리가 먼 것은?

① 의식의 단절
② 의식의 우회
③ 의식의 집중화
④ 의식 수준의 저하

> 의식이 집중되면 재해를 예방할 수 있다.

40 고로의 장입장치가 구비해야 할 조건으로 틀린 것은?

① 장치가 간단하여 보수하기 쉬워야 한다.
② 장치의 개폐에 따른 마모가 없어야 한다.
③ 원료를 장입할 때 가스가 새지 않아야 한다.
④ 조업속도와는 상관없이 최대한 느리게 장입되어야 한다.

> 고로 내 원료의 장입은 신속하게 이루어져야 한다.

41 질소와 화합하여 광재의 유동성을 저해하는 원소는?

① C   ② Si
③ Mn   ④ Ti

> Ti은 TiN화합물을 형성하여 슬래그의 용융점이 상승하므로 유동성이 떨어지게 된다.

42 다음 중 고로제선법의 문제점을 보완하여 저렴한 분광석, 분탄을 직접 노에 넣어 용선을 생산하는 차세대 제선법은?

① BF법
② LD법
③ 파이넥스법
④ 스트립 캐스팅법

> 파이넥스법은 분광석과 석탄을 장입하므로 소결공정이나 코크스 제조가 필요하지 않다.

43 유동로의 가스흐름을 고르게 하여 장입물을 균일하게 유동화시키기 위하여 고속의 가스 유속이 형성되는 장치는?

① 딥 레그(Dip leg)
② 분산판 노즐(Nozzle)
③ 친니스 햇(Chiness hat)
④ 가이드 파이프(Guide pipe)

> 노즐을 통과하면서 유속이 빨라져서 고속의 가스 유속이 형성된다.

정답 38 ① 39 ③ 40 ④ 41 ④ 42 ③ 43 ②

44 고로 조업 시 벤틸레이션과 슬립이 일어났을 때의 대책과 관계 없는 것은?

① 슬립부에 코크스를 다량 장입한다.
② 송풍량을 감하고 송풍온도를 높인다.
③ 슬립부 쪽의 바람구멍에서 송풍량을 감소시킨다.
④ 통기 저항을 크게 하고 가스 상승차가 발생하게 한다.

> 벤틸레이션과 슬립이 발생하면 통기저항이 커지고 가스 상승차가 발생하게 된다.

45 고로의 노체연와(煉瓦) 마모방지 설비인 냉각반은 주로 구리를 사용하여 만드는 가장 큰 이유는?

① 열전도도가 높다.
② 주조(鑄造)하기가 용이하다.
③ 다른 금속보다 무게가 가볍다.
④ 다른 금속보다 용융점이 높다.

> 냉각반은 수랭 파이프 구조이므로 열전도도가 우수한 구리를 사용해야 한다.

46 소결광의 성분이 [보기]와 같을 때 염기도는?

| CaO : 10.2% | SiO₂ : 6.0% |
| MgO : 2.0% | FeO : 5.8% |

① 1.55 ② 1.60
③ 1.65 ④ 1.70

> 염기도 = $\dfrac{CaO}{SiO_2} = \dfrac{10.2}{6.0} = 1.7$

47 석탄의 풍화에 대한 설명으로 옳은 것은?

① 온도가 높으면 풍화가 되지 않는다.
② 탄화도가 높은 석탄일수록 풍화되기 쉽다.
③ 미분은 표면적이 크기 때문에 풍화되기 쉽다.
④ 환기가 양호하면 열방산이 되지 않고, 새로운 공기가 공급되기 때문에 발열하지 않는다.

> 미분일수록 표면적이 크므로 공기에 접하는 면적도 커서 풍화가 빨리된다.

48 두 광물 비중의 중간 정도 되는 비중을 갖는 액체 속에서 광물을 선별하는 선광법은?

① 자기선광 ② 부유선광
③ 자력선광 ④ 중액선광

> **중액선광**
> 물과 혼합하여 농축한 중액을 이용하여 비중 차로 광물과 맥석을 분리하는 방법

49 소결기에 급광하는 원료의 소결반응을 신속하게 하기 위한 조건으로 틀린 것은?

① 폭 방향으로 연료 및 입도의 편석이 적어야 한다.
② 소결기 상층부에는 분 코크스를 증가시키는 것이 좋다.
③ 입도는 작을수록 소결시간이 단축되므로 미립이 많아야 한다.
④ 장입물 입도분포와 장입밀도에 따라 소결 반응에 영향을 미치므로 통기성이 좋아야 한다.

> 입도가 작으면 통기성이 떨어지므로 소결시간이 길어진다.

정답 44 ④ 45 ① 46 ④ 47 ③ 48 ④ 49 ③

50 코크스(coke)가 과다하게 첨가(배합)되었을 경우 일어나는 현상이 아닌 것은?

① 소결광의 생산량이 증가한다.
② 배기가스의 온도가 상승한다.
③ 화격자(grate bar)에 점착하기도 한다.
④ 소결광 중 FeO 성분 함유량이 많아진다.

> 소결에서 코크스가 과다하게 첨가되면 광석의 장입량이 줄어들기 때문에 생산량은 감소한다.

51 소결과정에 있는 장입원료를 격자면에서 장입층 표면까지 구역을 순서대로 옳게 나타낸 것은?

① 건조대 → 습원료대 → 하소대 → 소결대 → 용융대
② 습원료대 → 건조대 → 하소대 → 용융대 → 소결대
③ 건조대 → 하소대 → 습원료대 → 용융대 → 소결대
④ 습원료대 → 하소대 → 건조대 → 소결대 → 용융대

> 소결과정
> 습원료대 → 건조대 → 하소대 → 용융대(연소대) → 소결대

52 자철광에 해당되는 분자식은?

① Fe_2O_3
② Fe_3O_4
③ $FeCO_3$
④ $Fe_2O_3 \cdot 6H_2O$

> 적철광(Fe_2O_3), 자철광(Fe_3O_4)
> 갈철광($Fe_2O_3 \cdot H_2O$), 능철광($FeCO_3$)

53 다음 중 코크스로에서 발생되는 가스의 성분조성으로 가장 많은 것은?

① H_2
② O_2
③ N_2
④ CO

> COG 성분
> H_2 > CH_4 > CO > N_2

54 제선에서 많이 쓰이는 성분조성 $CaCO_3 \cdot MgCO_3$인 부원료를 무엇이라고 하는가?

① 규석
② 석회석
③ 백운석
④ 감람석

> 백운석
> $CaCO_3$와 $MgCO_3$를 동시에 함유하고 있어 하소하면 CaO와 MgO로 분해된다.

55 소결광 품질이 고로조업에 미치는 영향을 설명한 것 중 틀린 것은?

① 낙하강도(SI) 저하 시 노황 부조의 원인이 된다.
② 낙하강도(SI) 저하 시 고로 내의 통기성을 저해한다.
③ 일반적으로 피환원성이 좋은 소결광일수록 환원 시 분화가 어렵고 입자 직경이 커진다.
④ 소결광의 염기도 변동 폭이 클 경우 부원료를 직접 장입함으로써 열손실을 초래한다.

> 피환원성이 좋으면 환원에 의한 분화도 빨라져서 입자 직경이 감소한다.

56 야드 설비 중 불출 설비에 해당되는 것은?

① 스택커(Stacker)
② 언로더(Unloader)
③ 리클레이머(Reclaimer)
④ 트레인 호퍼(Train Hopper)

- **불출설비** : 리클레이머
- **하역설비** : 언로더
- **적치설비** : 스택커, 트레인 호퍼

57 고로 내에서 코크스(coke)의 역할이 아닌 것은?

① 열원
② 산화제
③ 열교환 매체
④ 통기성 유지제

고로에서 코크스의 역할
① 열풍과 연소해서 고로 내 에너지를 공급(열원)
② 연소가스(CO가스)가 철광석을 간접환원
③ 고체 탄소가 철광석을 직접환원
④ 선철 중에 용해되어(가탄) 선철의 용융점을 낮춤
⑤ 연소하고 남은 자리가 통기의 역할

58 소결광을 고로에 사용했을 때의 장점에 해당되지 않는 것은?

① 원료비 절감
② 피환원성 향상
③ 코크스 연소 촉진
④ 용선성분 안정화

코크스의 연소는 코크스의 특성에 따라 달라진다.

59 상부광이 사용되는 목적으로 틀린 것은?

① 화격자가 고온이 되도록 한다.
② 화격자 면의 통기성을 양호하게 유지한다.
③ 용융상태의 소결광이 화격자에 접착되지 않게 한다.
④ 화격자 공간으로 원료가 낙하하는 것을 방지하고 분광의 공간 메움을 방지한다.

상부광의 역할
① 그레이트 바(화격자)에 적열소결광 용융부착 방지
② 그레이트 바에 신원료에 의한 구멍막힘을 방지
③ 그레이트 바 사이로 세립원료가 빠져나감을 방지
④ 그레이트 바의 적열을 방지하여 수명을 연장
⑤ 배광부에서 소결광 분리 용이

60 소결광의 환원분화를 조장하는 화합물은?

① 페이얼라이트(Fayalite)
② 마그네타이트(Magnetite)
③ 칼슘페라이트(Calcium Ferrite)
④ 재산화 해머타이트(Hematite)

재산화 해머타이트는 환원속도가 빠르므로 분화도 촉진된다.

2016년 2회 제선기능사 과년도 기출문제

01 다음 중 베어링용 합금이 갖추어야 할 조건 중 틀린 것은?

① 마찰계수가 클 것
② 충분한 점성과 인성이 있을 것
③ 내식성 및 내소착성이 좋을 것
④ 하중에 견딜 수 있는 경도와 내압력을 가질 것

> 베어링용 합금은 마찰계수가 작아야 한다.

02 라우탈(Lautal) 합금의 특징을 설명한 것 중 틀린 것은?

① 시효경화성이 있는 합금이다.
② 규소를 첨가하여 주조성을 개선한 합금이다.
③ 주조 균열이 크므로 사형 주물에 적합하다.
④ 구리를 첨가하여 절삭성을 좋게 한 합금이다.

> 라우탈은 규소로 인하여 주조성이 개선되어 주조 균열이 잘 발생하지 않는다.

03 용융금속이 응고할 때 작은 결정을 만드는 핵이 생기고, 이 핵을 중심으로 금속이 나뭇가지 모양으로 발달하는 것은?

① 입상정   ② 수지상정
③ 주상정   ④ 등축정

> **수지상정**
> 결정핵이 생기고 그 핵을 중심으로 나뭇가지처럼 성장하는 것

04 다음의 자성 재료 중 연질 자성 재료에 해당되는 것은?

① 알니코   ② 네오디뮴
③ 센더스트 ④ 페라이트

> • **경질 자성재료(영구자석재료)** : 알니코 자석, 페라이트 자석, Nb 자석, Fe-Cr-Co계
> • **연질 자성재료** : 규소강판, 퍼멀로이, 센더스트, 알펌, 퍼멘듈, 수퍼멘듈

05 금속을 냉간 가공하면 결정입자가 미세화되어 재료가 단단해지는 현상은?

① 가공경화   ② 전해경화
③ 고용경화   ④ 탈탄경화

> **가공경화**
> 재료에 외력을 가하면 점점 더 단단해져 경화되는 현상

정답 01 ① 02 ③ 03 ② 04 ③ 05 ①

06 순철을 상온에서부터 가열하여 온도를 올릴 때 결정구조의 변화로 옳은 것은?

① BCC → FCC → HCP
② HCP → BCC → FCC
③ FCC → BCC → FCC
④ BCC → FCC → BCC

> 순철의 결정구조 변화
> BCC → (910℃) FCC → (1,400℃) BCC

07 물과 얼음의 평형 상태에서 자유도는 얼마인가?

① 0 　② 1
③ 2 　④ 3

> F=1+2-2=1
> (성분은 1, 상은 2이므로)

08 열팽창 계수가 상온 부근에서 매우 작아 길이의 변화가 거의 없어 측정용 표준자, 바이메탈 재료 등에 사용되는 Ni-Fe 합금은?

① 인바 　② 인코넬
③ 두랄루민 　④ 콜슨합금

> 인바
> Fe-Ni계 불변강으로 탄성률과 열팽창률이 적은 합금

09 주철에서 Si가 첨가될 때, Si의 증가에 따른 상태도 변화로 옳은 것은?

① 공정 온도가 내려간다.
② 공석 온도가 내려간다.
③ 공정점은 고탄소측으로 이동한다.
④ 오스테나이트에 대한 탄소 용해도가 감소한다.

> Si이 증가하면 오스테나이트에 대한 탄소 용해도가 감소하여 흑연을 많이 정출할 수 있다.

10 마그네슘(Mg)의 성질을 설명한 것 중 틀린 것은?

① 용융점은 약 650℃ 정도이다.
② Cu, Al보다 열전도율은 낮으나 절삭성은 좋다.
③ 알칼리에는 부식되나 산이나 염류에는 침식되지 않는다.
④ 실용 금속 중 가장 가벼운 금속으로 비중이 약 1.74 정도이다.

> Mg은 산과 염류에 침식이 잘 된다.

11 전기전도도와 열전도도가 가장 우수한 금속으로 옳은 것은?

① Au 　② Pb
③ Ag 　④ Pt

> Ag(은)이 전기전도도와 열전도도가 가장 우수하다.

12 초정(primary crystal)이란 무엇인가?

① 냉각 시 제일 늦게 석출하는 고용체를 말한다.
② 공정반응에서 공정반응 전에 정출한 결정을 말한다.
③ 고체 상태에서 2가지 고용체가 동시에 석출하는 결정을 말한다.
④ 용액 상태에서 2가지 고용체가 동시에 정출하는 결정을 말한다.

> 초정
> 공정반응에서 반응 전에 먼저 고상이 정출하는 것

정답 06 ④ 07 ② 08 ① 09 ④ 10 ③ 11 ③ 12 ②

13 Sn-Sb-Cu의 합금으로 주석계 화이트 메탈이라고 하는 것은?

① 인코넬 ② 콘스탄탄
③ 베빗메탈 ④ 알클래드

> **베빗메탈**
> Sn-Sb-Cu계 베어링용 합금

14 다음 중 면심입방격자의 원자 수로 옳은 것은?

① 2 ② 4
③ 6 ④ 12

> • FCC(면심입방격자) 원자 수 : 4
> • BCC(체심입방격자) 원자 수 : 2

15 공랭식 실린더 헤드(cylinder head) 및 피스톤 등에 사용되는 Y 합금의 성분은?

① Al – Cu – Ni – Mg
② Al – Si – Na – Pb
③ Al – Cu – Pb – Co
④ Al – Mg – Fe – Cr

> **Y 합금**
> Al-Cu-Mg-Ni계 주조용 Al합금

16 정투상도법에서 "눈 → 투상면 → 물체"의 순으로 투상할 경우의 투상법은?

① 제1각법 ② 제2각법
③ 제3각법 ④ 제4각법

> • 제1각법 : 눈→물체→투상면
> • 제3각법 : 눈→투상면→물체

17 다음 여러가지 도형에서 생략할 수 없는 것은?

① 대칭 도형의 중심선의 한쪽
② 좌우가 유사한 물체의 한쪽
③ 길이가 긴 축의 중간 부분
④ 길이가 긴 테이퍼 축의 중간 부분

> 좌우가 완전히 같은 경우만 생략이 가능하다.

18 다음 중 선긋기를 올바르게 표시한 것은 어느 것인가?

① 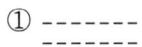   ②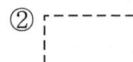

③    ④

> 선의 교차 부분은 연결되어 있어야 하므로 ②이 올바른 것이다.

19 동력전달 기계요소 중 회전 운동을 직선 운동으로 바꾸거나, 직선 운동을 회전 운동으로 바꿀 때 사용하는 것은?

① V벨트
② 원뿔키
③ 스플라인
④ 래크와 피니언

> **래크와 피니언**
> 직선운동을 회전운동으로 또는 회전운동을 직선운동으로 바꾸는 기계요소

정답 13 ③ 14 ② 15 ① 16 ③ 17 ② 18 ② 19 ④

20 치수기입의 요소가 아닌 것은?

① 숫자와 문자
② 부품표와 척도
③ 지시선과 인출선
④ 치수보조기호

> 부품표와 척도는 표제란과 부품란에 별도로 기재사항이다.

21 대상물의 일부를 파단한 경계 또는 일부를 떼어낸 경계를 표시하는 파단선의 선은?

① 굵은 실선   ② 가는 실선
③ 가는 파선   ④ 가는 1점 쇄선

> 파단선은 가는 실선으로 도시한다.

22 표면의 결 지시 방법에서 대상면에 제거가공을 하지 않는 경우 표시하는 기호는?

①    ②

③ 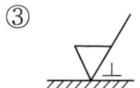   ④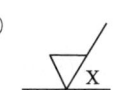

> 제거가공을 하지 않는 경우는 ①과 같이 도시한다.

23 도면에 표시된 기계부품 재료 기호가 "SM45C"일 때 45C가 의미하는 것은?

① 제조방법
② 탄소함유량
③ 재료의 이름
④ 재료의 인장강도

> • SM : 기계구조용강
> • 45C : 탄소함유량

24 구멍 $\phi 55^{+0.030}_{0}$ 와 축 $\phi 55^{+0.039}_{+0.020}$ 에서 최대 틈새는?

① 0.010   ② 0.020
③ 0.030   ④ 0.039

> 최대틈새는 가장 많이 벌어질때이므로 구멍이 가장 클 때와 축이 가장 작을 때의 차이이므로 55.030-55.020=0.010

25 화살표 방향이 정면도라면 평면도는?

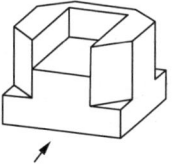

① 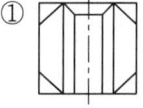   ②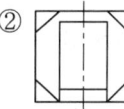

③ 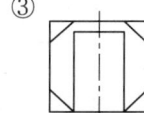   ④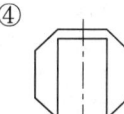

> 평면도는 위에서 바라본 모양이므로 ③과 같다.

26 유니파이 보통나사를 표시하는 기호로 옳은 것은?

① TM   ② TW
③ UNC   ④ UNF

> • UNC : 유니파이 보통나사
> • UNF : 유니파이 가는나사
> • TM : 30도 사다리꼴 나사
> • TW : 29도 사다리꼴 나사

정답 20② 21② 22① 23② 24① 25③ 26③

27 척도에 대한 설명 중 옳은 것은?

① 축척은 실물보다 확대하여 그린다.
② 배척은 실물보다 축소하여 그린다.
③ 현척은 실물의 크기와 같은 크기로 1 : 1 로 표현한다.
④ 척도의 표시 방법 A : B에서 A는 물체의 실제 크기이다.

- **축척** : 축소하여 그린다.
- **배척** : 확대하여 그린다.
- **현척** : 실물 크기 그대로 1:1로 그린다.

28 고로를 4개의 층으로 나눌 때 상승가스에 의해 장입물이 가열되어 부착 수분을 잃고 건조되는 층은?

① 예열층　　② 환원층
③ 가탄층　　④ 용해층

- **예열층** : 수분 건조
- **환원층** : CO가스에 의한 간접환원
- **가탄층** : 환원된 해면철 내로 C가 침투되어 철의 용융점을 하강시킴
- **용해층** : 해면철이 용융 상태로 흘러내리는 상태

29 $CaCO_3$를 주성분으로 하는 퇴적암이고, 염기성 용제로 사용되는 것은?

① 규석　　② 석회석
③ 백운석　　④ 망간광석

석회석
$CaCO_3$가 주성분으로 염기성 슬래그를 형성

30 고로의 어떤 부분만 통기저항이 작아 바람이 잘 통해서 다른 부분과 가스상승에 차가 생기는 현상은?

① 슬립　　② 석회과잉
③ 행깅드롭　　④ 벤틸레이션

벤틸레이션(날바람, 취발)
고로의 일부분이 통기성이 적어 바람이 잘 통하지 않아 가스 흐름의 차가 발생하는 현상

31 고로에 사용되는 내화재가 갖추어야 할 조건으로 틀린 것은?

① 열충격이나 마모에 강할 것
② 고온에서 용융, 연화하지 않을 것
③ 열전도도는 매우 높고, 냉각효과가 없을 것
④ 용선, 용재 및 가스에 대하여 화학적으로 안정할 것

고로용 내화물은 열전도도가 적당하고, 냉각효과가 있어야 한다.

32 품위 57%의 광석에서 철분 93%의 선철 1톤을 만드는 데 필요한 광석의 양은 몇 kg인가? (단, 철분이 모두 환원되어 철의 손실은 없다)

① 1,400　　② 1,525
③ 1,632　　④ 2,276

필요 광석량 = $\dfrac{생산량 \times 철분함량}{품위}$
= $\dfrac{1,000(1톤) \times 0.93(철분함량)}{0.57}$
= 1,632

33 다음 중 냄새가 나지 않고, 가장 가벼운 기체는?

① H_2S　　② NH_3
③ H_2　　④ SO_2

분자량이 작을 수록 가벼우므로 H_2가 가장 가볍다.

34 용광로 조업 시 노 내 장입물이 강하(降下)하지 않고 정지된 상태는?

① 걸림(hanging)
② 슬립(slip)
③ 드롭(drop)
④ 냉입(冷入)

> 걸림(hanging)
> 장입물이 30분 이상 강하하지 않는 현상

35 고로 내 열교환 및 온도변화는 상승가스에 의한 열교환, 철 및 슬래그의 적하물과 코크스의 온도 상승 등으로 나타나고, 반응으로는 탈황반응 및 침탄반응 등이 일어나는 대(zone)는?

① 연소대
② 적하대
③ 융착대
④ 노상대

> - **융착대** : 광석 등이 연화를 시작한 영역에 가까운 900~1,000℃의 괴상대에서 FeO의 간접환원이 진행되고, 장입물의 온도가 급격히 상승하는 부분
> - **적하대** : 침탄 반응에 의해 해면철이 용융하기 시작하여 흘러내리는 부분으로 탈황반응이 일어난다.
> - **연소대** : 풍구 부분에서 코크스와 송풍공기가 산화반응하는 부분
> - **노상대** : 용융선철이 고이는 부분
> ※ 순서(높은 곳 부터) : 괴상대 → 융착대 → 적하대 → 연소대 → 노상대

36 다음 고로 장입물 중 환원되기 가장 쉬운 것은?

① Fe
② FeO
③ Fe_3O_4
④ Fe_2O_3

> 산화도가 가장 높을수록 환원도 잘 된다.

37 고로 조업 시 풍구의 파손 원인으로 틀린 것은?

① 슬립이 많을 때
② 회분이 많을 때
③ 송풍온도가 낮을 때
④ 코크스의 균열강도가 낮을 때

> 송풍온도가 높을 때 풍구 파손의 원인이 된다.

38 고로의 열정산 시 입열(入熱)에 해당되는 것은?

① 코크스 발열량
② 용선 현열
③ 노가스 잠열
④ 슬래그 현열

> 코크스 발열량은 입열에 해당한다.

39 고로에 사용되는 축류 송풍기의 특징을 설명한 것 중 틀린 것은?

① 풍압 변동에 대한 정풍향 운전이 용이하다.
② 바람 방향의 전환이 없어 효율이 우수하다.
③ 무겁고 크게 제작해야 하므로 설치 면적이 넓다.
④ 터보 송풍기에 비하여 압축된 유체의 통로가 단순하고 짧다.

> **축류 송풍기 특징**
> ① 크기가 작고, 효율이 우수하고, 압축된 유체의 통로가 단순하고 짧음
> ② 갑작스런 바람의 방향 변동에 대하여 정풍량 운전이 용이
> ③ 고로의 대형화, 고압화에 적합
> ④ 송풍압력이 커서 고로의 조업특성에 맞는 고효율의 송풍이 가능

정답 34 ① 35 ② 36 ④ 37 ③ 38 ① 39 ③

40 그림과 같은 내연식 열풍로의 축열실에 해당되는 곳은?

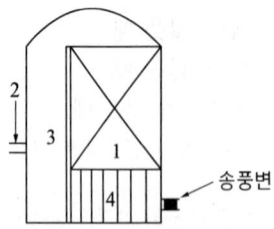

① 1　　② 2
③ 3　　④ 4

- 3 : 연소실
- 1 : 축열실

41 고로의 본체에서 C 부분의 명칭은?

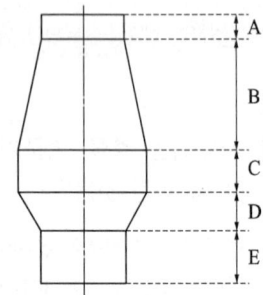

① 노흉(shaft)　② 노복(belly)
③ 보시(bosh)　④ 노상(hearth)

- A : 노구
- B : 노흉
- C : 노복
- D : 조안(보시)
- E : 노상

42 고로의 고압 조업이 갖는 효과가 아닌 것은?

① 연진이 감소한다.
② 출선량이 증가한다.
③ 노정 온도가 올라간다.
④ 코크스의 비가 감소한다.

고압 조업은 노정 온도를 낮출 수 있다.

43 고로가스 청정설비로 노정가스의 유속을 낮추고 방향을 바꾸어 조립 연진을 분리, 제거하는 설비명은?

① 백필터(Bag Filter)
② 제진기(Dust Catcher)
③ 전기집진기(Electric Precipitator)
④ 벤튜리 스크러버(Venturi Scrubber)

- 제진기 : 노정가스 유속을 낮추어 조립 연진을 제거
- 벤추리 스크러버 : 습식으로 미세 연진을 제거
- 백필터 : 필터방식으로 미세 연진을 제거
- 전기집진기 : 정전기 방식으로 초미세 연진을 제거

44 고정탄소(%)를 구하는 식으로 옳은 것은?

① 100% − [수분(%) + 회분(%) + 휘발분(%)]
② 100% − [수분(%) + 회분(%)×휘발분(%)]
③ 100% + [수분(%)×회분(%)×휘발분(%)]
④ 100% + [수분(%)×회분(%) − 휘발분(%)]

고정탄소 : 100−(수분+회분+휘발분)

정답 40 ① 41 ② 42 ③ 43 ② 44 ①

45 선철 중의 Si를 높게 하기 위한 방법이 아닌 것은?

① 염기도를 높게 한다.
② 노상 온도를 높게 한다.
③ 규산분이 많은 장입물을 사용한다.
④ 코크스에 대한 광석의 비율을 적게 하고 고온송풍을 한다.

> 염기도를 낮게 해야 한다.

46 풍상(Wind Box)의 구비조건을 설명한 것 중 틀린 것은?

① 흡인용량이 충분할 것
② 재질은 열팽창이 적고 부식에 견딜 것
③ 분광이나 연진이 퇴적하지 않는 형상일 것
④ 주물 재질로 필요에 따라 자주 교체할 수 있으며, 산화성일 것

> 풍상은 자주 교체하지 않으며, 산화성이 있으면 쉽게 부식이 되므로 내산화성이 커야 한다.

47 고로 슬래그의 염기도에 큰 영향을 주는 소결광 중의 염기도를 나타낸 것으로 옳은 것은?

① $\dfrac{SiO_2}{Al_2O_3}$ ② $\dfrac{Al_2O_3}{MGO}$

③ $\dfrac{SiO_2}{CaO}$ ④ $\dfrac{CaO}{SiO_2}$

> 염기도 $= \dfrac{CaO}{SiO_2}$

48 생 펠렛을 조립하기 위한 조건으로 틀린 것은?

① 분입자 간에 수분이 없어야 한다.
② 원료는 충분히 미세하여야 한다.
③ 균등하게 조립될 수 있는 전동법이어야 한다.
④ 원료분이 균일하게 가습되는 혼련법이어야 한다.

> 펠렛을 조립하기 위해서는 수분이 적당히 있어야 한다.

49 괴상법의 종류 중 단광법(Briquetting)에 해당되지 않는 것은?

① 크루프(Krupp)법
② 다이스(Dies)법
③ 프레스(Press)법
④ 플런저(Plunger)법

> 단광법
> 다이스법, 프레스법, 플런저법

50 소결기 Grate Bar 위에 깔아주는 상부광의 기능이 아닌 것은?

① Grate Bar 막힘 방지
② 소결원료의 하부 배출용이
③ Grate Bar 융융부착 방지
④ 배광부에서 소결광 분리용이

> 그레이트 바는 소결원료의 하부 유출을 방지한다.

정답 45 ① 46 ④ 47 ④ 48 ① 49 ① 50 ②

51 소결 원료 중 조재(造滓)성분에 대한 설명으로 옳은 것은?

① Al_2O_3는 결정수를 감소시킨다.
② SiO_2는 제품의 강도를 감소시킨다.
③ MgO의 증가에 따라 생산성을 증가시킨다.
④ CaO의 증가에 따라 제품의 강도를 감소시킨다.

> SiO_2, CaO는 강도를 증가시키고, MgO는 생산성을 하락시킨다.

52 제철원료로 사용되는 철광석의 구비조건으로 틀린 것은?

① 입도가 적당할 것
② 산화하기 쉬울 것
③ 철분 함유량이 높을 것
④ 품질 및 특성이 균일할 것

> 철광석은 환원되기 쉬워야 한다.

53 자용성 소결광이 고로 원료로 사용되는 이유에 대한 설명으로 틀린 것은?

① 노황이 안정되어 고온 송풍이 가능하다.
② 페이얼라이트(Fayalite) 함유량이 많아서 피환원성이 크다.
③ 하소(Calcination)된 상태에 있으므로 노 안에서의 열량소비가 감소된다.
④ 노 안에서 석회석의 분해에 의한 이산화탄소의 발생이 없으므로 철광석의 간접환원이 잘 된다.

> 페이얼라이트가 많으면 환원이 잘 안 된다.

54 저광조에서 소결원료가 벨트 컨베이어 상에 배출되면 자동적으로 벨트 컨베이어 속도를 가감하여 목표량만큼 절출하는 장치는?

① 벨트 피더(Belt Feeder)
② 테이블 피더(Table Feeder)
③ 바이브레이팅 피더(Vibrating Feeder)
④ 콘스탄트 피더 웨이어(Constant Feeder Weigher)

> CFW
> 컨베이어벨트의 속도로 정량절출하는 장치

55 소결광의 낙하강도(SI)가 저하하면 발생되는 현상으로 틀린 것은?

① 노황부조의 원인이 된다.
② 노 내 통기성이 좋아진다.
③ 분율의 발생이 증가한다.
④ 소결의 원단위 상승을 초래한다.

> 낙하강도가 저하되면 고로 장입 시 깨지기 쉬우므로 분율의 발생이 증가하여 통기성이 나빠지게 되므로 낙하강도가 커야 한다.

56 소결 배합원료를 급광할 때 가장 바람직한 편석은?

① 수직 방향의 정도편석
② 폭 방향의 정도편석
③ 길이 방향의 분산편석
④ 두께 방향의 분산편석

> 소결원료의 장입은 수직 방향 정도편석으로 한다.

정답 51 ① 52 ② 53 ② 54 ④ 55 ② 56 ①

57 드와이트 로이드식(DL) 소결기에 대한 설명으로 틀린 것은?

① 배기장치의 누풍량이 많다.
② 고로의 자동화가 가능하다.
③ 소결이 불량할 때 재점화가 가능하다.
④ 연속식이기 때문에 대량생산에 적합하다.

> DL식은 소결 불량품에 대한 재점화는 불가능하다.

58 소결조업 중 배합원료에 수분을 첨가하는 이유가 아닌 것은?

① 소결층 내의 온도 구배를 개선하기 위해서
② 배가스 온도를 상승시키기 위해서
③ 미분원료의 응집에 의한 통기성을 향상 시키기 위해서
④ 소결층의 Dust 흡입 비산을 방지하기 위해서

> 수분이 첨가되면 배가스 온도를 낮출 수 있다.

59 고로에서 선철 1톤을 생산하는 데 소요되는 철광석(소결원료분광 + 괴광석)의 양은 약 얼마(톤)인가?

① 0.5~0.7   ② 1.5~1.7
③ 3.0~3.2   ④ 5.0~5.2

> 선철 1톤을 생산하려면 대략 1.5~1.7톤의 철광석이 필요하다.

60 코크스로 가스 중에 함유되어 있는 성분 중 함량이 많은 것부터 적은 순서대로 나열된 것은?

① $CO > CH_4 > N_2 > H_2$
② $CH_4 > CO > H_2 > N_2$
③ $H_2 > CH_4 > CO > N_2$
④ $N_2 > CH_4 > H_2 > CO$

> **COG 성분**
> $H_2 > CH_4 > CO > N_2$

정답 57 ③ 58 ② 59 ② 60 ③

2017년 1회 제선기능사 CBT 복원문제

01 비중 7.14, 용융점 약 419℃이며, 다이캐스팅용으로 많이 이용되는 조밀육방격자 금속은?

① Cr ② Cu
③ Zn ④ Pb

> **Zn**
> 용융점 419℃, 비중 7.14, 결정구조 HCP, 다이캐스팅용 합금으로 이용

03 체심입방격자(BCC)의 근접 원자 간 거리는? (단, 격자정수는 a이다)

① a ② $\frac{1}{2}a$
③ $\frac{1}{\sqrt{2}}a$ ④ $\frac{\sqrt{3}}{2}a$

결정구조

	기호	배위수	원자수	충진율	최인접 원자 간 거리
체심입방격자	BCC	8	2	68%	$\frac{\sqrt{3}}{2}a$
면심입방격자	FCC	12	4	74%	$\frac{1}{\sqrt{2}}a$
조밀육방격자	HCP (CPH)	12	6 (2)	74%	a축방향 = a c축방향 $= \sqrt{\frac{a^3}{3} + \frac{c^2}{4}}$

03 Al-Si계 합금의 개량처리에 사용되는 나트륨의 첨가량과 용탕의 적정온도로 옳은 것은?

① 약 0.01%, 약 750~800℃
② 약 0.1%, 약 750~800℃
③ 약 0.01%, 약 850~900℃
④ 약 0.1%, 약 850~900℃

> **개량처리**
> Na 0.01% 첨가, 처리온도 750~800℃

04 라우탈(Lautal) 합금의 특징을 설명한 것 중 틀린 것은?

① 시효경화성이 있는 합금이다.
② 규소를 첨가하여 주조성을 개선한 합금이다.
③ 주조 균열이 크므로 사형 주물에 적합하다.
④ 구리를 첨가하여 피삭성을 좋게 한 합금이다.

> **라우탈의 특징**
> ① Al-Cu-Si계 주조용 합금
> ② Si 첨가로 주조성이 우수
> ③ Cu 첨가로 절삭성이 향상
> ④ 시효경화성이 있어 강도가 우수

정답 01 ③ 02 ④ 03 ① 04 ③

05 금속이 탄성변형 후에 소성변형을 일으키지 않고 파괴되는 성질은?

① 인성   ② 취성
③ 인발   ④ 연성

> 탄성변형 후에 소성변형을 일으키지 않고 파괴되는 성질을 취성이라고 한다.

06 니켈 60~70% 함유한 모넬 메탈은 내식성, 화학적 성질 및 기계적 성질이 매우 우수하다. 이 합금에 소량의 황(S)을 첨가하여 쾌삭성을 향상시킨 특수 합금에 해당하는 것은?

① H – Monel
② K – Monel
③ R – Monel
④ KR – Monel

> 모넬 메탈
> ① H–모넬 : 모넬 + Si
> ② K–모넬 : 모넬 + Al
> ③ R–모넬 : 모넬 + S
> ④ KR–모넬 : 모넬 + C

07 다음 성분 중 질화층의 경도를 높이는 데 기여하는 원소로만 나열된 것은?

① Al, Cr, Mo
② Zn, Mg, P
③ Pb, Au, Cu
④ Au, Ag, Pt

> 질화층의 경도를 높이는 원소
> Al, Cr, Mo, V, W 등

08 다음의 금속 중 재결정온도가 가장 높은 것은?

① Mo   ② W
③ In   ④ Pt

> 용융점이 높으면 재결정온도도 높다.
> W 3,410℃, Mo 2,610℃, In 155℃, Pt 1,774℃

09 단조되지 않으므로 주조한 그대로 연삭하여 사용하는 재료는?

① 실루민
② 라우탈
③ 하드필드강
④ 스텔라이트

> 스텔라이트
> Co를 주성분으로 하는 주조경질합금으로 열처리를 하지 않아도 고속도강보다 경도가 크다.

10 금속의 성질 중 전성(展性)에 대한 설명으로 옳은 것은?

① 광택이 촉진되는 성질
② 소재를 용해하여 접합하는 성질
③ 얇은 박(箔)으로 가공할 수 있는 성질
④ 원소를 첨가하여 단단하게 하는 성질

> 전성
> 금속이 퍼지는 성질로 얇은 박으로 만들 수 있는 성질

정답 05 ② 06 ③ 07 ① 08 ② 09 ④ 10 ③

11 실용 합금으로 Al에 Si이 약 10~13% 함유된 합금의 명칭으로 옳은 것은?

① 라우탈 ② 알니코
③ 실루민 ④ 오일라이트

> 실루민은 Al-Si계 합금으로 공정점 부근인 Si이 10~13% 함유된 합금이다.

12 스프링강에 요구되는 성질에 대한 설명으로 옳은 것은?

① 취성이 커야 한다.
② 산화성이 커야 한다.
③ 큐리점이 높아야 한다.
④ 탄성한도가 높아야 한다.

> 스프링강은 탄성한도가 높아야 한다.

13 금속의 표면에 Zn을 침투시켜 대기 중 철강의 내식성을 증대시켜 주기 위한 처리법은?

① 세라다이징
② 크로마이징
③ 칼로라이징
④ 실리코나이징

> **금속침투법의 종류**
> ① 세라다이징 : Zn을 재료표면에 침투시키는 방법, 내식성 향상과 표면경화층을 얻음
> ② 크로마이징 : Cr을 침투, 내식·내열성 및 내마모성이 향상
> ③ 칼로라이징 : Al을 침투, 내식성 향상
> ④ 실리코나이징 : Si를 침투, 내산성이 향상
> ⑤ 보로나이징 : B를 침투, 표면경도가 향상

14 로크웰 경도를 시험할 때 주로 사용하지 않는 시험하중(kg_f)이 아닌 것은?

① 60   ② 100
③ 150 ④ 250

> **로크웰 경도 시험**
> $60kg_f$, $100kg_f$, $150kg_f$

15 60%Cu-40%Zn 황동으로 복수기용 판, 볼트, 너트 등에 사용되는 합금은?

① 톰백(Tombac)
② 길딩메탈(Gilding metal)
③ 문쯔메탈(Muntz metal)
④ 애드미럴티메탈(Admiralty metal)

> **6-4황동(문쯔메탈)**
> Cu(60%)-Zn(40%)

16 다음 중 볼트, 너트, 전동기축 등에 사용되는 것으로 탄소함량이 약 0.2~0.3% 정도인 기계구조용 강재는?

① SM25C   ② STC4
③ SKH2   ④ SPS8

> 탄소함유량이 0.2~0.3%이면 SM25C에 해당한다. 25C가 탄소함유량이 0.25%를 의미한다.

정답 11 ③ 12 ④ 13 ① 14 ④ 15 ③ 16 ①

17 도면에서 표제란의 위치는?

① 오른쪽의 아래에 위치한다.
② 왼쪽의 아래에 위치한다.
③ 오른쪽 위에 위치한다.
④ 왼쪽 위에 위치한다.

> 표제란은 도면의 오른쪽 아래에 도시한다.

18 특수한 가공을 하는 부분 등 특별한 요구 사항을 적용할 수 있는 범위를 표시하는 데 사용하는 선은?

① 굵은 파선   ② 굵은 1점 쇄선
③ 가는 1점 쇄선 ④ 가는 2점 쇄선

> **특수 지정선**
> 굵은 1점 쇄선으로 특수한 가공을 하는 부분 등 특별한 요구 사항을 적용할 수 있는 범위를 표시하는 데 사용

19 도형의 일부분을 생략할 수 없는 경우에 해당되는 것은?

① 물체의 내부가 비었을 때
② 같은 모양이 반복될 때
③ 중심선을 중심으로 대칭할 때
④ 물체가 길어서 한 도면에 나타내기 어려울 때

> **생략 도면을 사용하는 경우**
> ① 연속된 같은 모양이 반복할 때
> ② 도형이 대칭일 경우 중심선의 한쪽을 생략할 때
> ③ 물체가 길어서 중간 부분을 생략할 때

20 다음 중 나사의 리드(lead)를 구하는 식으로 옳은 것은? (단, 줄수 : n, 피치 : P)

① $L = \dfrac{n}{P}$ ② $L = n \times P$

③ $L = \dfrac{P}{n}$ ④ $L = \dfrac{n \times P}{2}$

> 피치 = $\dfrac{리드}{줄수}$
> ∴ 리드(L) = 피치(P)×줄수(n)

21 부품을 제작할 수 있도록 각 부품의 형상, 치수, 다듬질 상태 등 모든 정보를 기록한 도면은?

① 조립도   ② 배치도
③ 부품도   ④ 견적도

> ① 조립도 : 기계나 구조물의 전체적인 조립 상태를 나타내는 도면
> ② 부품도 : 물품을 구성하는 각 부품에 대하여 가장 상세하게 나타내는 도면
> ③ 견적도 : 만드는 사람이 견적서에 첨부하여 주문할 사람에게 주문품의 내용을 설명하는 도면

22 정면, 평면, 측면을 하나의 투상도에서 동시에 볼 수 있도록 그린 것으로 직육면체 투상도의 경우 직각으로 만나는 3개의 모서리가 각각 120°를 이루는 투상법은?

① 등각투상도법
② 사투상도법
③ 부등각투상도법
④ 정투상도법

> **등각투상도**
> x, y, z 축이 120도로 같은 투상도

정답 17 ① 18 ② 19 ① 20 ② 21 ③ 22 ①

23 표면거칠기 기호에 의한 줄 다듬질의 약호는?

① FB ② FS
③ FL ④ FF

> FL 래핑 다듬질, FF 줄 다듬질

24 다음의 입체도법에 대한 설명으로 옳은 것은?

① 제3각법은 물체를 제3면각 안에 놓고 투상하는 방법으로 눈 → 물체 → 투상면의 순서로 놓는다.
② 제1각법은 물체를 제1각 안에 놓고 투상하는 방법으로 눈 → 투상면 → 물체의 순서로 놓는다.
③ 전개도법에는 평행선법, 삼각형법, 방사선법을 이용한 전개도법의 세 가지가 있다.
④ 한 도면에는 제1각법과 제3각법을 혼용하여 그려야 한다.

> ① 제3각법 : 눈 → 투상도 → 물체(물체의 보이는 부분을 그대로 그린 것)
> ② 제1각법 : 눈 → 물체 → 투상도(물체의 보이는 부분을 물체의 뒤쪽에 그린 것)
> ③ 한 도면에서는 제1각법과 제3각법을 같이 사용하지 않으며, 원칙적으로 제3각법을 사용하게 되어 있다.

25 도면 A4에 대하여 윤곽의 나비는 최소 몇 mm인 것이 바람직한가?

① 4 ② 10
③ 20 ④ 30

> A4~A2까지는 10mm, A1~A0는 20mm

26 구멍의 최대허용치수 50.025mm, 최소허용치수 50.000mm, 축의 최대허용치수 50.000mm, 최소허용치수 49.950mm일 때 최대 틈새(mm)는?

① 0.025 ② 0.050
③ 0.075 ④ 0.015

> 최대 틈새
> = 구멍의 최대허용치수 − 축의 최소허용치수
> = 50.025 − 49.950 = 0.075

27 치수 보조기호 중 "SR"이 의미하는 것은?

① 구의 지름 ② 참고 치수
③ 45°모따기 ④ 구의 반지름

> SR : 구의 반지름
> C : 모따기
> SØ : 구의 지름
> ( ) : 참고 치수

28 고로 원료의 균일성과 안정된 품질을 얻기 위해 여러 종류의 원료를 배합하는 것을 무엇이라 하는가?

① 블랜딩(Blending)
② 워싱(Washing)
③ 정립(Sizing)
④ 선광(Dressing)

> ① 블랜딩 : 원료를 배합하는 과정
> ② 워싱 : 원료를 청정처리하는 과정
> ③ 정립 : 원료를 일정 크기로 분류하는 과정
> ④ 선광 : 원료에서 유용한 성분을 선별하는 과정

정답 23 ④ 24 ③ 25 ② 26 ③ 27 ④ 28 ①

29 고로 시멘트의 특징 중 틀린 것은?

① 내산성이 우수하다.
② 열에 강하다.
③ 오랫동안 강도가 크다.
④ 내화성이 우수하다.

> **고로 시멘트의 특징**
> ① 내산성이 우수하다.
> ② 고온의 열에는 약하다.
> ③ 오랫동안 강도가 크다.
> ④ 내화성이 우수하다.

30 DL식 소결기(Dwight Lloyd machine)의 특성에 대한 설명으로 틀린 것은?

① 연속생산이 가능하다.
② 배기장치의 누풍량이 적다.
③ 고로의 자동화가 용이하다.
④ 방진장치 설치가 용이하다.

> **DL(Dwight Lloyd)식 소결기(연속식) 특징**
> ① 연속적이므로 대량생산에 적합
> ② 자동화 가능하여 인건비가 적음
> ③ 집진장치 설치가 용이
> ④ 소결광의 피환원성 향상
> ⑤ 소결광의 상온강도 향상
> ⑥ 소결이 불량할 때 재점화가 불가능하다(단점).

31 고로의 열수지 항목 중 입열 항목에 해당되는 것은?

① 슬래그 현열
② 열풍 현열
③ 노정가스의 현열
④ 산화철 환원열

> **입열 항목**
> 열풍 현열, 간접 환원열, 코크스 산화열, 송풍 중 수분 현열

32 균광의 효과로 가장 적합한 것은?

① 노황의 불안정
② 제선능률 저하
③ 코크스비 저하
④ 장입물 불균일 향상

> **원료를 일정한 크기로 하는 균광의 효과**
> ① 통기성 향상에 의한 고로 가스분포 균일화로 노황 안정
> ② 장입물과 가스 접촉상태 양호로 환원성 증가
> ③ 열교환이 잘되어 코크스비 저하
> ④ 고로 능률 향상

33 폐기가스 중 CO 농도는 6% 전후로 알려져 있다. 완전연소 즉, 열효율 향상이란 측면에서 취한 조치의 내용 중 틀린 것은?

① 배합 원료의 조립 강화
② 사하분광 사용 증가
③ 적정 수분 첨가
④ 분광 사용 증가

> 분광의 사용량이 증가하면 통기성이 저하되어 불완전연소가 많아진다.

34 생 펠렛에 강도를 주기 위해 첨가하는 물질이 아닌 것은?

① 붕사   ② 규사
③ 벤토나이트   ④ 염화나트륨

> **펠렛의 첨가제**
> 석회, 붕사, 염화나트륨, 벤토나이트

정답 29 ② 30 ② 31 ② 32 ③ 33 ④ 34 ②

35 열풍로의 축열실 내화벽돌의 조건으로 옳은 것은?

① 비열이 낮아야 한다.
② 열전도율이 좋아야 한다.
③ 기공률이 30% 이상이어야 한다.
④ 비중이 1.0 이하이어야 한다.

> 열풍로 내화물의 구비조건
> ① 열전도도가 좋아야 한다.
> ② 비열, 열용량이 커야 한다.
> ③ 기공이 많은 다공질이어야 한다.
> ④ 비중이 가벼워야 한다.
> ⑤ 내식성이 우수해야 한다.

36 야드 설비 중 불출 설비에 해당되는 것은?

① 스택커(Stacker)
② 언로더(Unloader)
③ 리클레이머(Reclaimer)
④ 트레인 호퍼(Train Hopper)

> • **불출설비** : 리클레이머
> • **하역설비** : 언로더
> • **적치설비** : 스택커, 트레인 호퍼

37 고로 노 내 조업 분위기는?

① 산화성
② 환원성
③ 중성
④ 산화, 환원, 중성의 복합분위기

> 고로 조업의 분위기
> 환원성(철광석을 환원시켜 철을 생산하는 것이므로)

38 고로에서 인(P) 성분이 선철 중에 적게 유입되도록 하는 방법 중 틀린 것은?

① 급속조업을 한다.
② 노상온도를 높인다.
③ 염기도를 높인다.
④ 장입물 중 인(P) 성분을 적게 한다.

> 노상온도를 낮추어야 한다.

39 코크스의 생산량을 구하는 식으로 옳은 것은?

① (Oven당 석탄의 장입량+Coke 실수율)
   ÷ 압출문수
② (Oven당 석탄의 장입량−Coke 실수율)
   ÷ 압출문수
③ Oven당 석탄의 장입량×Coke 실수율
   × 압출문수
④ Oven당 석탄의 장입량×압출문수
   ÷ Coke 실수율

> 코크스 생산량 = 장입량×실수율×압출문수

40 광석을 가열하여 수산화물 및 탄산염과 같이 화학적으로 결합되어 있는 H_2O와 CO_2를 제거하면서 산화광을 만드는 방법은?

① 하소   ② 분쇄
③ 배소   ④ 선광

> ① 하소 : 광석을 용융온도 이하의 고온으로 가열하여 이산화탄소 또는 결정수 등을 제거
> ② 배소 : 광석을 저온으로 가열하여 결정수 또는 휘발분을 제거
> ③ 선광 : 광석 중에서 유용한 광석만을 선별하는 조작

41 용광로 조업말기에 TiO₂ 장입량을 증가시키는 주 이유는?

① 제강 취련작업을 원활히 하기 위해서
② 용선의 유동성 향상을 위해서
③ 노저보호를 위해서
④ 샤프트각을 크게 하기 위해서

> 고로 조업에서 노저가 침식되면 TiO₂를 장입하여 노 바닥으로 침전시켜 노저를 보호할 수 있다.

42 고로를 4개의 층으로 나눌 때 상승가스에 의해 장입물이 가열되어 부착 수분을 잃고 건조되는 층은?

① 예열층　　② 환원층
③ 가탄층　　④ 용해층

> ① 예열층 : 철광석이 가스에 의해 가열되고 부착 수분이 제거되는 단계
> ② 환원층 : 철광석이 CO 가스에 의해 환원이 되어 해면철로 변하는 단계(간접환원)
> ③ 가탄층 : 환원에 의해 생성된 해면철 내부로 탄소가 들어와 용융점이 점점 낮아지는 단계
> ④ 용해층 : 하부에서는 고로의 온도가 올라가고, 해면철이 가탄에 의해 용융점이 낮아져서 용해하면서 흘러내리는 단계

43 미세한 분광을 드럼 또는 디스크에서 입상화한 후 소성 경화해서 달걀 노른자 크기의 알갱이로 얻는 괴상법은?

① 로이스팅　　② 신터링
③ 펠레타이징　　④ 브리케팅

> 펠레타이징
> 미세 분광을 드럼 또는 디스크에서 노른자 크기의 입상으로 만든 후 소성하는 괴상법

44 장입물 중의 인(P)은 보시부에서 노상에 걸쳐 모두 환원되어 거의 전부가 선철 중으로 들어간다. 이때 선철 중의 인(P)을 적게 하기 위한 설명으로 틀린 것은?

① 유해방지를 위하여 장입물 중에 인(P)을 적게 하는 것이 좋다.
② 인(P)의 유해를 적게 하기 위하여 급속 조업을 한다.
③ 노상 온도를 높여 인(P)의 해를 줄인다.
④ 염기도를 높게하여 인(P)의 해를 줄인다.

> P를 적게 하기 위한 조건
> ① 장입물(광석, 코크스) 중에 인을 적게 할 것
> ② 노상 온도를 낮출 것
> ③ 염기도를 높게 할 것
> ④ 고로 조업 속도를 높일 것

45 소결기의 급광장치 종류가 아닌 것은?

① 호퍼　　② 스크린
③ 드럼 피더　　④ 셔틀 컨베이어

> 스크린은 소결이 완료된 소결광을 파쇄하여 일정한 크기로 선별하는 장치이다.

46 고로의 장입설비에서 벨레스형(bell-less type)의 특징을 설명한 것 중 틀린 것은?

① 대형 고로에 적합하다.
② 성형원료 장입에 최적이다.
③ 장입물 분포를 중심부까지 제어가 가능하다.
④ 장입물의 표면 형상을 바꿀 수 없어 가스 이용률은 낮다.

> 벨레스형(선회슈트 사용)은 장입물의 표면 형상 조절이 가능하다.

정답　41 ③　42 ①　43 ③　44 ③　45 ②　46 ④

47 코크스(coke)가 고로 내에서의 역할을 설명한 것 중 틀린 것은?

① 철 중에 용해되어 선철을 만든다.
② 철의 용융점을 높이는 역할을 한다.
③ 고로 안의 통기성을 좋게 하기 위한 통로 역할을 한다.
④ 일산화탄소를 생성하여 철광석을 간접 환원하는 역할을 한다.

> **코크스의 역할**
> ① 열풍과 연소해서 고로 내 에너지를 공급(열원)
> ② 연소가스(CO가스)가 철광석을 간접환원
> ③ 고체 탄소가 철광석을 직접환원
> ④ 선철 중에 용해되어(가탄) 선철의 용융점을 낮춤
> ⑤ 연소하고 남은 자리가 통기의 역할

48 냉입 사고발생의 원인으로 관계가 먼 것은?

① 풍구, 냉각반 파손으로 노 내 침수
② 날바람, 벽락 등으로 노황 부조
③ 급작스런 연료 취입증가로 노 내 열 밸런스 회복
④ 돌발 휴풍으로 장시간 휴풍 지속

> 급작스런 연료 취입증가가 일어나면 고로의 온도가 일시적으로 상승한다.
> ※ **냉입사고 발생원인**
> ① 노 내 침수 : 풍구, 냉각반, 스토브 등 냉각장치의 파손에 의한 노 내 침수
> ② 장시간 휴풍 : 돌발 휴풍으로 장시간 휴풍이 준비 없이 행할 경우 발생
> ③ 노황 부조 : 날바람, 벽락 등에 의한 열 밸런스 이상
> ④ 이상 조업 : 장입물의 평량 이상, 연료취입 정지 등에 의한 열 밸런스 붕괴, 휴풍 시 침수 등

49 용광로의 고압조업이 갖는 효과가 아닌 것은?

① 출선량이 증가한다.
② 코크스비가 감소한다.
③ 연진이 감소한다.
④ 노정 온도가 올라간다.

> **고압조업 효과**
> ① 출선량 증가
> ② 연료비 저하
> ③ 노황의 안정
> ④ 연진의 감소

50 고로 내의 국부 관통류(channelling)가 발생하였을 때의 조치 방법이 아닌 것은?

① 장입물의 입도를 조정한다.
② 장입물의 분포를 조정한다.
③ 장입방법을 바꾸어 준다.
④ 일시적으로 송풍량을 증가시킨다.

> 국부 관통류(특정 부분으로 집중해서 가스가 흐르는 것)는 장입분포, 입도, 방법 등의 문제이다.

51 고로조업 시 바람구멍의 파손 원인으로 틀린 것은?

① 슬립이 많을 때
② 회분이 많을 때
③ 송풍 온도가 낮을 때
④ 코크스의 균열강도가 낮을 때

> **풍구 파손 원인**
> ① 걸림과 슬립이 많을 때
> ② 슬래그 염기도가 높을 때
> ③ 코크스 강도가 낮을 때
> ④ 슬래그 점성이 높을 때
> ⑤ 맥석 및 회분이 많을 때
> ⑥ 송풍 온도가 높을 때

정답 47 ② 48 ③ 49 ④ 50 ④ 51 ③

52 소성 펠렛의 특징을 설명한 것 중 옳은 것은?

① 고로 안에서 소결광보다 급격한 수축을 일으킨다.
② 분쇄한 원료로 만든 것으로 야금 반응에 민감하지 않다.
③ 입도가 일정하고 입도 편석을 일으키며, 공극률이 작다.
④ 황 성분이 적고, 그 밖에 해면철 상태를 통해 용해되므로 규소의 흡수가 적다.

> **펠렛의 특징**
> ① 분쇄한 것으로 야금 반응에 민감
> ② 점결제 없이 성형되므로 순도가 높음
> ③ 고로 내에서 반응이 용이하며 해면철을 거쳐 용해
> ④ 가압하지 않는 자연적인 굴림에 의해 제조되므로 기공이 높아 환원성이 우수
> ⑤ S성분이 적고, Si의 흡수가 적음
> ⑥ 입도가 일정하고 입도편석을 일으키지 않으며 공극률도 우수
> ⑦ 소결광과 달리 고로 내에서 급격한 수축을 일으키지 않음

53 고로의 수명을 지배하는 요인으로 옳지 못한 것은?

① 노의 설계 및 구성
② 원료 사정과 노의 조업상태는 상관없다.
③ 노체를 구성하는 내화 재료의 품질과 축로 기술
④ 각종 물리적, 화학적 변화

> **고로 수명을 지배하는 요인**
> ① 노의 설계 및 구성(구조)
> ② 장입 원료의 성상 및 상태
> ③ 노체를 구성하는 내화물 및 축조 기술
> ④ 장입물 접촉 등 물리적 변화
> ⑤ 용융물에 대한 화학적 변화
> ⑥ 고로 조업 방법 및 노황(조업상황)

54 파레트 위의 소결원료 층을 통하여 공기를 흡인하는 것은?

① 쿨러(Cooler)
② 핫 스크린(Hot screen)
③ 윈드 박스(Wind Box)
④ 콜드 크러셔(Cold Crusher)

> **윈드 박스(wind box)**
> 소결기에서 공기를 흡인하는 곳

55 용광로에 분상 원료를 사용했을 때 일어나는 현상이 아닌 것은?

① 출선량이 증가한다.
② 고로의 통풍을 해친다.
③ 연진 손실을 증가시킨다.
④ 고로 장애인 걸림이 일어난다.

> 고로에 분상 원료를 장입하면 통기성이 불량하여 연료 손실이 많고, 실수율이 떨어지며, 분진 발생량이 증가하고, 걸림 현상이 발생하여 생산량 저하 및 노황이 불안정해진다.

56 노벽이 국부적으로 얇아져서 결국은 노 안으로부터 가스 또는 용해물이 분출하는 것을 무엇이라 하는가?

① 노상 냉각
② 노저 파손
③ 적열(hot spot)
④ 바람구멍류 파손

> **적열(hot spot)**
> 고로 내벽에 국부적으로 얇아져서 노 내 가스나 용융물이 분출하는 현상

정답 52 ④ 53 ② 54 ③ 55 ① 56 ③

57 다음 중 고로 안에서 거의 환원되는 것은?

① CaO ② Fe_2O_3
③ MgO ④ Al_2O_3

> Fe_2O_3는 대부분 환원되어 Fe(선철)이 된다.

58 재해발생 형태별로 분류할 때 물건이 주체가 되어 사람이 맞은 경우의 분류 항목은?

① 협착 ② 파열
③ 충돌 ④ 낙하, 비래

> ① 협착 : 물건에 끼워진 상태, 말려든 상태
> ② 파열 : 용기 또는 장치가 물리적인 압력에 의해 파열한 경우
> ③ 충돌 : 사람이 정지물에 부딪친 경우
> ④ 낙하, 비래 : 물건이 주체가 되어 사람이 맞은 경우

59 용광로 노전 작업 중 출선을 앞당겨 실시하는 경우에 해당되지 않는 것은?

① 출선, 출재가 불충분한 경우
② 노황 냉기미로 풍구에 재가 보일 때
③ 출선구 심도(深度)가 깊은 경우
④ 출선구가 약하고 다량의 출선량에 견디지 못하는 경우

> 조출선하는 경우
> ① 출선구가 약하고 다량의 출선에 견디지 못할 때
> ② 출선, 출재가 불충분한 경우
> ③ 래이들 부족, 기타 양적인 제약이 생긴 경우
> ④ 노황 냉기미로서 풍구에 재가 보일 때
> ⑤ 장입물 하강이 빠를 때
> ⑥ 감압, 휴풍이 예상될 때

60 고로에서 슬래그의 성분 중 가장 많은 양을 차지하는 것은?

① CaO ② SiO_2
③ MgO ④ Al_2O_3

> 고로 슬래그
> CaO > SiO_2 > Al_2O_3

정답 57 ② 58 ④ 59 ③ 60 ①

2017년 3회 제선기능사 CBT 복원문제

01 주철에서 어떤 물체에 진동을 주면 진동에너지가 그 물체에 흡수되어 점차 약화되면서 정지하게 되는 것과 같이 물체가 진동을 흡수하는 능력은?

① 감쇠능
② 유동성
③ 연신능
④ 용해능

> **감쇠능**
> 진동에너지가 물체에 흡수되면 점차 약해지면서 진동이 정지되는 능력

02 다음 중 슬립(slip)에 대한 설명으로 틀린 것은?

① 슬립이 계속 진행하면 변형이 어려워진다.
② 원자밀도가 최대인 방향으로 슬립이 잘 일어난다.
③ 원자밀도가 가장 큰 격자면에서 슬립이 잘 일어난다.
④ 슬립에 의한 변형은 쌍정에 의한 변형보다 매우 작다.

> 소성변형은 쌍정변형보다 많이 일어난다.

03 다음 중 자기변태에 대한 설명으로 옳은 것은?

① 자기적 성질의 변화를 자기변태라 한다.
② 결정격자의 결정구조가 바뀌는 것을 자기변태라 한다.
③ 일정한 온도에서 급격히 비연속적으로 일어나는 변태이다.
④ 원자배열이 변하여 두 가지 이상의 결정구조를 갖는 것이 자기변태이다.

> 자기변태는 원자배열과는 관계없이 자기적 성질이 변화하는 것으로 일정온도에서 연속적으로 일어난다.

04 다음 중 재료의 연성을 파악하기 위하여 실시하는 시험은?

① 피로시험
② 충격시험
③ 커핑시험
④ 크리프시험

> 재료의 연성을 알기 위해서는 에릭센시험(커핑시험)을 한다.

정답 01 ① 02 ④ 03 ① 04 ③

05 금속에 열을 가하여 액체상태로 한 후에 고속으로 급냉하면 원자가 규칙적으로 배열되지 못하고 액체상태로 응고되어 고체 금속이 되는데, 이와 같이 원자들의 배열이 불규칙한 상태의 합금을 무엇이라 하는가?

① 비정질 합금
② 형상 기억 합금
③ 제진 합금
④ 초소성 합금

> **비정질 합금**
> 용융금속을 급냉하여 원자배열을 무질서하게 배열하여 결정구조를 갖지 않는 것

06 열간가공에서 마무리 온도(Finishing Temperature)란?

① 전성을 회복시키는 온도를 말한다.
② 고온가공을 끝맺는 온도를 말한다.
③ 상온에서 경화되는 온도를 말한다.
④ 강도, 인성이 증가되는 온도를 말한다.

> **마무리 온도**
> 열간가공에서 열간가공(고온가공)을 끝내는 온도

07 Fe-Fe₃C 상태도에서 포정점 상에서의 자유도는? (단, 압력은 일정하다)

① 0　　　② 1
③ 2　　　④ 3

> 자유도 N = n+1-P = 2+1-3 = 0
> (n = 성분 수, P = 상의 수)
> 성분은 2(Fe와 C), 상은 포정이므로 액상, 고상1, 고상2의 3가지 상이 존재한다.

08 비정질 합금의 제조는 금속을 기체, 액체, 금속 이온 등에 의하여 고속 급냉하여 제조한다. 기체 급냉법에 해당하는 것은?

① 원심법
② 화학 증착법
③ 쌍롤(Double roll)법
④ 단롤(Single roll)법

> • 기체 급냉법 : 화학증착법, 진공증착법, 스퍼터링법
> • 액체 급냉법 : 원심법, 쌍롤법, 단롤법

09 불변강이 다른 강에 비해 가지는 가장 뛰어난 특성은?

① 대기 중에서 녹슬지 않는다.
② 마찰에 의한 마멸에 잘 견딘다.
③ 고속으로 절삭할 때에 절삭성이 우수하다.
④ 온도 변화에 따른 열팽창 계수나 탄성률의 성질 등이 거의 변하지 않는다.

> 불변강은 온도 변화에 따른 열팽창 계수나 탄성률의 성질 등이 거의 변하지 않는 강으로 인바, 엘린바, 슈퍼인바, 플래티나이트 등이 있다.

10 Fe-C 평형 상태도는 무엇을 알아보기 위해 만드는가?

① 강도와 경도값
② 응력과 탄성계수
③ 융점과 변태점, 자기적 성질
④ 용융상태에서의 금속의 기계적 성질

> 상태도는 융점, 변태점, 조직변화, 자기적 성질을 알 수 있다.

정답　05 ① 06 ② 07 ① 08 ② 09 ④ 10 ③

11 금속을 부식시켜 현미경 검사를 하는 이유는?

① 조직 관찰 ② 비중 측정
③ 전도율 관찰 ④ 인장강도 측정

> 금속의 조직은 현미경으로 검사한다.

12 액체 금속이 응고할 때 응고점(녹는점) 보다는 낮은 온도에서 응고가 시작되는 현상은?

① 과냉 현상
② 과열 현상
③ 핵 정지 현상
④ 응고 잠열 현상

> 과냉
> 금속이 응고 시 응고점보다 낮은 온도에서 응고가 시작되는 현상으로 냉각속도가 빠를때 심하게 일어난다.

13 Fe-C 상태도에 나타나지 않는 변태점은?

① 포정점 ② 포석점
③ 공정점 ④ 공석점

> Fe-C 상태도의 3가지 반응
> 포정 반응, 공정 반응, 공석 반응

14 저용융점 합금의 금속원소가 아닌 것은?

① Mo ② Sn
③ Pb ④ In

> Mo은 용융점이 2,610℃인 고용융점 금속

15 고 Cr계보다 내식성과 내산화성이 더 우수하고 조직이 연하여 가공성이 좋은 18-8 스테인리스강의 조직은?

① 페라이트 ② 펄라이트
③ 오스테나이트 ④ 마텐자이트

> 18-8 스테인리스강은 상온에서 조직이 오스테나이트로 비자성체이며, 강인성이 우수하다.

16 치수 보조기호에 대한 설명이 잘못 짝지어진 것은?

① R25 : 반지름이 25mm
② t5 : 판의 두께가 5mm
③ SR450 : 구의 반지름이 450mm
④ C45 : 동심원의 길이가 45mm

> C : 모따기 표시이다.

17 다음 중 회전단면을 주로 이용하는 부품은?

① 파이프 ② 기어
③ 훅크 ④ 중공축

> 회전 단면도
> 랜들, 바퀴 등의 암, 리브, 축, 훅 등

18 간단한 기계 장치부를 스케치하려고 할 때 측정 용구에 해당되지 않는 것은?

① 정반 ② 스패너
③ 각도기 ④ 버니어 캘리퍼스

> 스패너는 결합용 공구이다.

19 나사의 일반도시에서 수나사의 바깥지름과 암나사의 안지름을 나타내는 선은?

① 가는 실선 ② 굵은 실선
③ 1점 쇄선 ④ 2점 쇄선

> 수나사의 바깥지름과 암나사의 안지름은 외형선에 해당하므로 굵은 실선을 사용한다.

20 가공면의 줄무늬 방향 표시기호 중 가공으로 생긴 선이 다방면으로 교차 또는 무방향인 경우 기입하는 기호는?

① X ② M
③ R ④ C

> X : 선이 두 방향으로 교차
> R : 선이 거의 방사상 모양
> C : 선이 거의 동심원 모양

21 제품의 구조, 원리, 기능, 취급방법 등의 설명을 목적으로 하는 도면으로 참고자료 도면이라 하는 것은?

① 주문도 ② 설명도
③ 승인도 ④ 견적도

> ① 주문도 : 주문서에 첨부되어 주문하는 물품의 모양, 정밀도 등의 개요를 주문받는 사람에게 제시하는 도면
> ② 승인도 : 주문자 또는 기타 관계자의 승인을 얻은 도면
> ③ 설명도 : 제품의 구조, 원리, 기능 등의 설명이 목적인 도면
> ④ 견적도 : 제작자가 견적서에 첨부하여 주문자에게 주문품의 내용을 설명하는 도면

22 그림과 같은 육각볼트를 제작용 약도로 그릴 때의 선의 종류를 설명한 것 중 옳은 것은?

① 볼트 머리의 모든 외형선은 직선으로 그린다.
② 골지름을 나타내는 선은 굵은실선으로 그린다.
③ 가려서 보이지 않는 나사부는 가는 실선으로 그린다.
④ 완전 나사부와 불완전 나사부의 경계선은 굵은 실선으로 그린다.

> 볼트의 머리는 원호와 직선을 사용하고, 골지름은 가는 실선으로 나타내며, 보이지 않는 나사부는 파선으로 한다.

23 척도를 기입하는 방법으로 틀린 것은?

① 척도에서 1 : 2는 축척이고, 2 : 1은 배척이다.
② 척도는 도면의 오른쪽 아래에 있는 표제란에 기입한다.
③ 표제란이 없을 경우에는 척도의 기입을 생략해도 무방하다.
④ 같은 도면에 다른 척도를 사용할 때 각 품번 옆에 사용된 척도를 기입한다.

> 표제란이 없어도 척도는 도명이나 품번 가까운 곳에 반드시 기록한다.

정답 19② 20② 21② 22④ 23③

24 도면의 치수기입에서 치수에 괄호를 한 것이 의미하는 것은?

① 비례척이 아닌 치수
② 정확한 치수
③ 완성 치수
④ 참고 치수

치수의 ( ) 표시는 참고치수를 나타낸다.

25 나사의 종류 중 미터 사다리꼴 나사를 나타내는 기호는?

① Tr
② PT
③ UNC
④ UNF

① Tr : 미터 사다리꼴 나사
② PT : 관용 테이퍼 나사
③ UNC : 유니파이 보통 나사
④ UNF : 유니파이 가는 나사

26 모따기의 각도가 45°일 때의 모따기 기호는?

① φ
② R
③ C
④ t

- C : 모따기
- t : 두께
- R : 반지름
- φ : 지름

27 도면에서 가공방법 지시기호 중 밀링가공을 나타내는 약호는?

① L
② M
③ P
④ G

L : 선반, M : 밀링, P : 평삭, G : 연삭

28 석탄의 풍화에 대한 설명으로 옳은 것은?

① 온도가 높으면 풍화가 되지 않는다.
② 탄화도가 높은 석탄일수록 풍화되기 쉽다.
③ 미분은 표면적이 크기 때문에 풍화되기 쉽다.
④ 환기가 양호하면 열방산이 되지 않고, 새로운 공기가 공급되기 때문에 발열하지 않는다.

미분일수록 표면적이 크므로 공기에 접하는 면적도 커서 풍화가 빨리된다.

29 고로 원료의 균일성과 안정된 품질을 얻기 위해 여러 종류의 원료를 배합하는 것을 무엇이라 하는가?

① 블랜딩(Blending)
② 워싱(Washing)
③ 정립(Sizing)
④ 선광(Dressing)

① 블랜딩 : 원료를 배합하는 과정
② 워싱 : 원료를 청정처리하는 과정
③ 정립 : 원료를 일정 크기로 분류하는 과정
④ 선광 : 원료에서 유용한 성분을 선별하는 과정

30 고로에서 노정압력을 제어하는 설비는?

① 셉텀변(septum valve)
② 고글변(goggle valve)
③ 스노트변(snort valve)
④ 블리드변(bleeder valve)

셉텀변
노정압 제어 설비, 고압조업에 사용

31 노체의 팽창을 완화하고 가스가 새는 것을 막기 위해 설치하는 것은?

① 냉각판
② 로암(loam)
③ 광석받침철판
④ 익스펜션(expension)

> **익스펜션**
> 가스 팽창 완화 및 실링

32 고로용 철광석의 입도가 작을 경우, 고로 조업에 미치는 영향과 관련이 없는 것은?

① 통기성이 저하된다.
② 산화성이 저하된다.
③ 걸림(Hanging)사고의 원인이 된다.
④ 가스분포가 불균일하여 노황을 나쁘게 한다.

> **장입물 입도가 작을 경우**
> 통기성 저하, 환원성 저하, 걸림의 원인, 노황 불안정

33 조기출선을 해야 할 경우에 해당되지 않는 것은?

① 출선, 출재가 불충분할 때
② 강압 휴풍이 예상될 때
③ 장입물의 하강이 느릴 때
④ 노황 냉기미로 풍구에 슬래그가 보일 때

> **조기출선(조출선) 하는 경우**
> ① 출선, 출재가 불충분할 경우
> ② 노열저하 현상이 일어날 때
> ③ 레이들 부족, 기타 양적인 제약이 발생할 경우
> ④ 출선구가 약하고 다량의 출선에 견디지 못할 때
> ⑤ 감압, 휴풍이 예상될 때
> ⑥ 장입물 하강이 빠를 때
> ⑦ 노황 불량으로 풍구에 슬래그가 보일 때

34 소결광 중 Fe_2O_3 함유량이 많을 때를 산화도가 높다고 한다. 산화도가 높을수록 소결광의 성질은?

① 산화성이 나빠진다.
② 강도가 떨어진다.
③ 환원성이 좋아진다.
④ 경도와 강도가 나빠진다.

> 고로 조업에서 철광석이 환원이 되려면 산화도가 높은 것이 환원속도가 빨라지므로 산소와의 결합도가 높은 Fe_2O_3가 많은 소결광은 환원성이 좋아지게 된다.

35 고로의 노정설비 중 노 내 장입물의 레벨(level)을 측정하는 것은?

① 디스트리뷰터(distributor)
② 사운딩(sounding)
③ 라지 벨(large bell)
④ 서지 호퍼(surge hooper)

> • 장입물의 레벨 측정 : 사운딩
> • 장입물의 분포 제어 : 선회슈트, 무버블 암

36 고로 조업 시 장입물이 노 안으로 하강함과 동시에 복잡한 변화를 받는데 그 변화의 일반적인 과정으로 옳은 것은?

① 용해 → 산화 → 탄소흡수(가탄) → 예열
② 예열 → 탄소흡수(가탄) → 환원 → 용해
③ 예열 → 환원 → 탄소흡수(가탄) → 용해
④ 탄소흡수(가탄) → 예열 → 산화 → 용해

> **철광석의 고로 내 변화**
> 장입 → 예열 → 환원(간접환원) → 가탄(탄소흡수) → 용해 → 선철

정답 31 ④ 32 ② 33 ④ 34 ③ 35 ② 36 ③

37 펠라타이징법의 소성 경화작업에 사용되는 수직형 소성로의 상부층부터 하부층의 명칭이 옳게 된 것은?

① 건조대 – 가열대 – 균열대 – 냉각대
② 가열대 – 건조대 – 균열대 – 냉각대
③ 건조대 – 가열대 – 냉각대 – 균열대
④ 균열대 – 건조대 – 가열대 – 냉각대

> 샤프트로(직립로)의 층후 구조(위에서 아래로)
> 건조대 → 가열대 → 균열대 → 냉각대

38 코크스 중 회분이 많을 때 고로에서 일어나는 현상은?

① 석회석 슬래그의 양이 감소한다.
② 행잉(hanging)을 방지한다.
③ 코크스비가 증가한다.
④ 출선량이 증가한다.

> 회분은 주성분이 SiO_2와 Al_2O_3이므로 많으면 슬래그 양이 증가하고, 코크스비 상승의 원인이 된다.

39 야드 설비 중 하역설비에 해당되지 않는 것은?

① Stacker
② Rod mill
③ Train Hopper
④ Unloader

> 야드에서의 원료 하역 설비
> 언로더, 스택커, 트레인 호퍼
> 로드밀은 원료 파쇄기이다.

40 펠렛의 성질을 설명한 것 중 옳은 것은?

① 입도 편석을 일으키며, 공극률이 작다.
② 고로 안에서 소결광과는 달리 급격한 수축을 일으키지 않는다.
③ 산화 배소를 받아 자철광으로 변하며, 피환원성이 없다.
④ 분쇄한 원료를 이용한 것으로 야금 반응에 민감한 물성을 갖지 않는다.

> 펠렛의 특징
> ① 분쇄한 것으로 야금반응에 민감
> ② 점결제 없이 성형되므로 순도가 높음
> ③ 고로 내에서 반응이 용이하며 해면철을 거쳐 용해
> ④ 가압하지 않는 자연적인 굴림에 의해 제조되므로 기공이 높아 환원성이 우수
> ⑤ S성분이 적고, Si의 흡수가 적음
> ⑥ 입도가 일정하고 입도편석을 일으키지 않으며 공극률도 우수
> ⑦ 소결광 달리 고로 내에서 급격한 수축을 일으키지 않음

41 배소에 대한 설명으로 틀린 것은?

① 배소시킨 광석을 배소광 또는 소광이라 한다.
② 황화광을 배소 시 황을 완전히 제거시키는 것을 완전 탈황 배소라 한다.
③ 황(S)은 환원 배소에 의해 제거되며, 철광석의 비소(As)는 산화성 분위기의 배소에서 제거된다.
④ 환원배소법은 적철광이나 갈철광을 강자성 광물화한 다음 자력 선광법을 적용하여 철광석의 품위를 올린다.

> 황은 산화 배소에 의해 제거된다.

정답 37 ① 38 ③ 39 ② 40 ② 41 ③

42 소결광 중에 철 규산염이 많을 때 소결광의 강도와 환원성은?

① 강도는 떨어지고, 환원성도 저하한다.
② 강도는 커지고, 환원성은 저하한다.
③ 강도는 커지고, 환원성도 좋다.
④ 강도는 떨어지나, 환원성은 좋다.

> 규산염이 많으면 슬래그가 많이 형성되어 용융결합이 강해지므로 소결광의 강도는 커지고, 기공이 적어져서 환원성은 떨어진다.

43 미세한 분광을 드럼 또는 디스크에서 입상화한 후 소성 경화해서 달걀 노른자 크기의 알갱이로 얻는 괴상법은?

① 로이스팅 ② 신터링
③ 펠레타이징 ④ 브리케팅

> **펠레타이징**
> 미세 분광을 드럼 또는 디스크에서 노른자 크기의 입상으로 만든 후 소성하는 괴상법

44 파이넥스 유동로의 환원율에 영향을 미치는 인자가 아닌 것은?

① 환원가스 성분 중 CO, H_2 농도
② 광석 1t당 환원가스 원단위
③ 유동로 압력
④ 환원가스 온도

> **파이넥스법의 환원율이 미치는 영향**
> ① 환원가스 중 CO, H_2 농도
> ② 환원가스 원단위
> ③ 환원가스 온도

45 제강용으로 공급되는 고로 용선이 배합상 가져야 할 특징으로 옳은 것은?

① Al_2O_3는 슬래그의 유동성을 개선하므로 많아야 한다.
② 자용성 소결광은 통기성을 저해하므로 적을수록 좋다.
③ 생광석은 고품위 정립광석이 많을수록 좋다.
④ P와 As는 유용한 원소이므로 적당량 함유되면 좋다.

> • 슬래그 중 Al_2O_3가 많으면 슬래그의 용융점이 올라가서 유동성이 떨어진다.
> • 자용성 소결광은 다공성이어서 통기성이 좋다.
> • P, As, S, 등의 불순물은 선철에 해가 되는 원소이므로 가급적 적게 함유되어야 한다.

46 고로에서 풍구수준면에서 장입기준선까지의 용적을 무엇이라 하는가?

① 실용적 ② 내용적
③ 전용적 ④ 유효 내용적

> ① 전용적 : 노바닥부터 노구까지의 용적
> ② 내용적 : 출선구로부터 장입기준선까지의 용적
> ③ 유효 내용적 : 풍구수준에서부터 장입기준선까지의 용적

47 철광석의 구비조건으로 틀린 것은?

① 산화도가 높을 것
② 철함유량이 많을 것
③ 피산화성이 좋을 것
④ 유해 불순물을 적게 품을 것

> 철광석은 피환성이 좋아야 한다.

정답 42 ② 43 ③ 44 ③ 45 ③ 46 ④ 47 ③

48 소결기 중 원료를 담아 소결이 이루어지는 설비인 pallet에 설치된 grate bar의 구비조건이 아닌 것은?

① 고온강도가 높을 것
② 고온 내산화성이 좋을 것
③ 열적 변형 균열이 적을 것
④ 소결광과의 부착성이 좋을 것

> **화격자(grate bar)가 갖추어야 할 성질**
> ① 고온에서 강도가 높을 것
> ② 고온에서 내산화성이 클 것
> ③ 가열냉각해도 변형균열이 일어나지 않을 것
> ④ 광석의 부착성이 없을 것

49 Bell-Less 구동장치를 고열로부터 보호하기 위해 냉각수를 순환시키고 있는데, 정전으로 인해 순환수 펌프 가동 불능 시 구동장치를 보호하기 위한 냉각 방법은?

① 고로가스를 공급한다.
② 질소가스를 공급한다.
③ 고압 담수를 공급한다.
④ 노정 살수작업을 실시한다.

> 노정장입장치가 정전돼서 냉각수 공급이 되지 않을 경우 불활성가스인 질소를 투입하여 공랭시켜야 한다.

50 용광로에서 생산되는 제강용 선철과 주물용 선철의 성분상 가장 차이가 많은 원소는?

① 규소(Si)   ② 유황(S)
③ 티탄(Ti)   ④ 인(P)

> 주물용 선철은 C, Si의 양이 제강용 선철보다 많다.

51 광물의 미립자를 물에 넣고 부선제를 첨가하여 많은 기포를 발생시켜 기포표면에 필요한 광물의 입자를 붙게 하여 표면에 뜨게 하여 분리 회수하는 방법은?

① 중액선광   ② 자력선광
③ 이중선광   ④ 부유선광

> ① 비중선광 : 수조 중의 베드 위에 물의 맥류를 주어 비중 차로 광석을 분리
> ② 중액선광 : 미분광을 물과 혼합하여 농축한 중액을 분광기나 싸이클론 등을 이용하여 비중 차로 분리
> ③ 자력선광 : 강자성체를 이용하여 분리
> ④ 부유선광 : 미분상의 광물을 수중에서 기포에 부착시켜 부유물과 침강물로 분리

52 열풍로에서 예열된 공기는 풍구를 통하여 노 내로 전달하게 되는데 예열된 공기는 약 몇 ℃인가?

① 300~500   ② 600~800
③ 1,100~1,300   ④ 1,400~1,600

> **열풍온도** : 1,100~1,300℃

53 소결작업 중 입자의 일부가 용융해서 규산염과 반응하여 슬랙을 만들어 광립을 서로 결합시키는 곳은?

① 하소대   ② 환원대
③ 연소대   ④ 건조대

> • 건조대 : 소결 원료의 부착 수분이 증발
> • 하소대 : 소결 원료의 결합수분 및 휘발분이 분해, 증발
> • 연소대 : 입자 표면부가 용융하여 규산염과 반응하여 슬래그를 만들어 광석 입자를 결합

54 파레트 위의 소결원료 층을 통하여 공기를 흡인하는 것은?

① 쿨러(Cooler)
② 핫 스크린(Hot screen)
③ 윈드 박스(Wind Box)
④ 콜드 크러셔(Cold Crusher)

> **윈드 박스(wind box)**
> 소결기에서 공기를 흡인하는 곳

55 고로에 사용되는 축류 송풍기의 특징을 설명한 것 중 틀린 것은?

① 풍압 변동에 대한 정풍향 운전이 용이하다.
② 바람 방향의 전환이 없어 효율이 우수하다.
③ 무겁고 크게 제작해야 하므로 설치 면적이 넓다.
④ 터보 송풍기에 비하여 압축된 유체의 통로가 단순하고 짧다.

> **축류 송풍기 특징**
> ① 크기가 작고, 효율이 우수하고, 압축된 유체의 통로가 단순하고 짧음
> ② 갑작스런 바람의 방향 변동에 대하여 정풍량 운전이 용이
> ③ 고로의 대형화, 고압화에 적합
> ④ 송풍압력이 커서 고로의 조업특성에 맞는 고효율의 송풍이 가능

56 고로에서 인(P) 성분이 선철 중에 적게 유입되도록 하는 방법 중 틀린 것은?

① 급속조업을 한다.
② 노상온도를 높인다.
③ 염기도를 높인다.
④ 장입물 중 인(P) 성분을 적게 한다.

> 노상온도를 낮추어야 한다.

57 노벽이 국부적으로 얇아져서 결국은 노 안으로부터 가스 또는 용해물이 분출하는 것을 무엇이라 하는가?

① 노상 냉각
② 노저 파손
③ 적열(hot spot)
④ 바람구멍류 파손

> **적열(hot spot)**
> 고로 내벽에 국부적으로 얇아져서 노 내 가스나 용융물이 분출하는 현상

58 개수 공사를 위해 고로의 불을 끄는 조업의 순서로 옳은 것은?

① 클리닝 조업 → 감척 종풍 조업 → 노저 출선 작업 → 주수 냉각 작업
② 클리닝 조업 → 노저 출선 작업 → 감척 종풍 조업 → 주수 냉각 작업
③ 감척 종풍 조업 → 노저 출선 작업 → 클리닝 조업 → 주수 냉각 작업
④ 감척 종풍 조업 → 주수 냉각 작업 → 클리닝 조업 → 노저 출선 작업

> **종풍 조업 순서**
> 클리닝 조업 → 감척 종풍 조업 → 노저 출선 작업 → 주수 냉각 작업

정답 54 ③ 55 ③ 56 ② 57 ③ 58 ①

59 고온에서 원료 중의 맥석성분이 융체로 되어 고체상태의 광석입자를 결합시키는 소결반응은?

① 맥석결합   ② 용융결합
③ 확산결합   ④ 화합결합

- **용융결합** : 용융 슬래그에 의한 결합으로 강도가 우수하지만 환원성은 저하됨
- **확산결합** : 입자 표면 접촉부에서의 확산반응에 의한 결합으로 결합 강도가 낮고, 원료입도가 클 때 유리하며, 환원성은 좋다.

60 고로용 철광석의 구비조건으로 틀린 것은?

① 산화력이 우수해야 한다.
② 적정 입도를 가져야 한다.
③ 철 함유량이 많아야 한다.
④ 물리성상이 우수해야 한다.

철광석의 구비조건
① 철분이 높을 것
② 유해 불순물(S, P, Cu, Ti 등)이 적을 것
③ 피환원성이 좋을 것
④ 맥석의 분리가 쉬울 것
⑤ 적당한 물리적 강도를 가질 것
⑥ 품질이나 성분이 균일할 것

2018년 1회 제선기능사 CBT 복원문제

01 금속의 응고에 대한 설명으로 옳은 것은?

① 결정입계는 가장 먼저 응고한다.
② 용융금속이 응고할 때 결정을 만드는 핵이 만들어진다.
③ 금속이 응고점보다 낮은 온도에서 응고하는 것을 응고잠열이라 한다.
④ 결정입계에 불순물이 있는 경우 응고점이 높아져 입계에는 모이지 않는다.

> 용융금속의 응고과정은 결정핵이 생성되고, 이 결정핵이 성장하면서 하나의 결정을 이루면서 다른 결정과 만나는 부분이 결정입계가 된다. 결정입계는 가장 늦게 응고되며 편석이 집중되게 된다.
> ※ 응고점보다 낮은 온도에서 응고하는 것을 과냉(supercooling)이라고 한다.

02 다음 중 대표적인 시효 경화성 경합금은?

① 주강
② 두랄루민
③ 화이트메탈
④ 흑심가단주철

> 두랄루민은 Al계 시효경화성 고강도합금이다.

03 다음 합금 중에서 알루미늄 합금에 해당되지 않는 것은?

① Y 합금
② 콘스탄탄
③ 라우탈
④ 실루민

> 콘스탄탄은 Cu-Ni계 합금이다.

04 Fe-C 평형상태도에서 자기변태만으로 짝지어진 것은?

① A_0변태, A_1변태
② A_1변태, A_2변태
③ A_0변태, A_2변태
④ A_3변태, A_4변태

> 순철의 자기변태(A_2 변태) : 768℃
>
> | 종류 | 형태 | 온도(℃) | 비고 |
> |---|---|---|---|
> | A_0변태 | 자기변태 | 210 | 시멘타이트 |
> | A_1변태 | 공석변태 | 723 | 공석강(0.8%C) |
> | A_2변태 | 자기변태 | 768 | 순철 |
> | A_3변태 | 동소변태 | 910 | 순철 |
> | A_4변태 | 동소변태 | 1,400 | 순철 |

정답 01 ② 02 ② 03 ② 04 ③

05 활자금속에 대한 설명으로 틀린 것은?

① 응고할 때 부피 변화가 커야 한다.
② 주요 합금조성은 Pb – Sn – Sb이다.
③ 내마멸성 및 상당한 인성이 요구된다.
④ 비교적 용융점이 낮고, 유동성이 좋아야 한다.

> 활자금속은 용해 후 응고 시 부피 변화가 없어야 원래 모양을 유지할 수 있다.

06 다음 중 탄소(C)의 함유량을 가장 많이 포함하고 있는 금속은?

① 암코(Armco)철
② 전해철
③ 카보니(Carbony)철
④ SM45C

> 암코철, 전해철, 카보닐철은 순철에 가까운 철이며, SM45C는 탄소함유량이 0.45% 함유된 것이다.

07 다음 중 자석강에 해당하지 않는 것은?

① SM강   ② MK강
③ KS강   ④ OP강

> • MK강 : 알리코 영구자석의 3배 이상의 고자석강
> • KS강 : Fe-Co-Ni-Al-Cu-Ti계 담금질 경화형 영구자석강
> • OP강 : Fe(자철광)계 미립자형 영구 자석강
> • SM강 : 기계구조용 탄소강

08 다음 중 Sn을 함유하지 않은 청동은?

① 납 청동   ② 인 청동
③ 니켈 청동   ④ 알루미늄 청동

> 알루미늄 청동 : Cu-Al계 청동이다.

09 Al의 실용합금으로 알려진 실루민(Silumin)의 적당한 Si 함유량(%)은?

① 0.5~2   ② 3~5
③ 6~9   ④ 10~13

> 실루민은 Al-Si계 합금으로 공정점 부근인 Si이 10~13% 함유된 합금이다.

10 상온일 때 순철의 단위격자 중 원자를 제외한 공간의 부피는 약 몇 %인가?

① 26   ② 32
③ 42   ④ 46

> 순철은 상온에서 BCC 이므로 충진율이 68%이므로 공간은 32%이다.

11 Ti 및 Ti 합금에 대한 설명으로 틀린 것은?

① Ti의 비중은 약 4.54 정도이다.
② 용융점이 높고 열전도율이 낮다.
③ Ti은 화학적으로 매우 반응성이 강하나 내식성은 우수하다.
④ Ti의 재료 중에 O_2와 N_2가 증가함에 따라 강도와 경도는 감소되나 전연성은 좋아진다.

> Ti의 재료 중에 O_2와 N_2가 증가하면 취성이 증가하여 전연성이 떨어지게 된다.

정답 05 ① 06 ④ 07 ① 08 ④ 09 ④ 10 ② 11 ④

12 동소변태에 대한 설명으로 틀린 것은?

① 결정격자의 변화이다.
② 원자배열의 변화이다.
③ A_0, A_2 변태가 있다.
④ 성질이 비연속적으로 변화한다.

> 동소변태는 A_3, A_4 변태가 있다.

13 원자로용 재료에 해당하는 것은?

① Ti 합금, Cu 합금
② 우라늄(U), 토륨(Th)
③ 순철, 고합금강
④ 마그네슘 합금, 두랄루민

> 원자로용 핵연료
> 우라늄(U), 토륨(Th)

14 수소 저장합금에 대한 설명으로 옳은 것은?

① $NaNi_5$계는 밀도가 낮다.
② TiFe계는 반응로 내에서 가열시간이 필요하지 않다.
③ 금속수소화물의 형태로 수소를 흡수 방출하는 합금이다.
④ 수소 저장합금은 도가니로, 전기로에서 용해가 가능하다.

> 수소 저장합금은 수소가스와 반응하여 금속수소화물의 형태로 수소를 흡수 방출하는 합금이다.

15 열간가공한 재료 중 Fe, Ni과 같은 금속은 S와 같은 불순물이 모여 가공 중에 균열이 생겨 열간가공을 어렵게 하는 것은 무엇 때문인가?

① S에 의한 수소 메짐성 때문이다.
② S에 의한 청열 메짐성 때문이다.
③ S에 의한 적열 메짐성 때문이다.
④ S에 의한 냉간 메짐성 때문이다.

> S는 적열취성을 일으키는 원소이다.

16 스퍼기어 제도에서 피치원은 어떤 선으로 그리는가?

① 가는 실선
② 굵은 실선
③ 가는 은선
④ 가는 1점 쇄선

> 가는 1점 쇄선은 중심선, 기준선, 피치선을 그릴 때 사용된다.

17 다음 그림과 같은 단면도는?

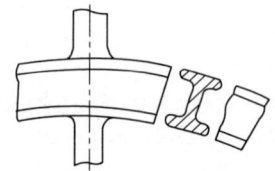

① 부분 단면도 ② 계단 단면도
③ 한쪽 단면도 ④ 회전 단면도

> 회전 단면도
> 핸들이나 바퀴 등의 암 및 림, 리브, 축, 구조물의 부재 등의 절단면은 90도 회전하여 표시한다.

정답 12 ③ 13 ② 14 ③ 15 ③ 16 ④ 17 ④

18 주조품을 나타내는 재료의 기호로 옳은 것은?

① C ② P
③ T ④ F

> 주조품 C, 단강품 F, 관용 T, 판재용 P

19 한국산업표준에서 ISO 규격에 없는 관용 테이퍼나사를 나타내는 기호는?

① M ② PF
③ PT ④ UNF

> ① M : 미터 보통 나사
> ② PF : 관용 평행 나사
> ③ PT : 관용 테이퍼 나사
> ④ UNF : 유니파이 가는 나사

20 탄소 공구강의 한국산업표준(KS) 재료 기호는?

① SKH ② STC
③ STS ④ SMC

> SKH 고속도강, STC 탄소공구강, STS 합금공구강

21 다음 중 치수공차가 다른 하나는?

① $\phi 50^{+0.06}_{+0.04}$ ② $\phi 50 \pm 0.01$
③ $\phi 50^{+0.029}_{-0.009}$ ④ $\phi 50^{+0.02}_{0}$

> ③은 치수공차가 0.029+0.009 = 0.038이다. 나머지는 0.02이다.

22 물체의 각 면과 바라보는 위치에서 시선을 평행하게 연결하면, 실제의 면과 같은 크기의 투상도를 보는 물체의 사이에 설치해 놓은 투상면을 얻게 되는 투상법은?

① 투시도법 ② 정투상법
③ 사투상법 ④ 등각투상법

> ① 정투상법 : 물체의 각 면과 바라보는 위치에서 시선을 평행하게 연결하면, 실제의 면과 같은 크기의 투상도를 보는 물체의 사이에 설치해 놓은 투상면을 얻게 되는 투상법
> ② 투시도법 : 시점과 물체의 각 점을 연결하는 방사선에 의하여 그리는 투상법
> ③ 사투상법 : 정투상도에서 정면도의 크기와 모양은 그대로 사용하고, 평면도와 우측면도를 경사시켜 그리는 투상법
> ④ 등각투상법(등각 투상도) : 3면의 각도가 120°인 투시도법

23 도면에서 가공방법 지시기호 중 밀링가공을 나타내는 약호는?

① L ② M
③ P ④ G

> L : 선반, M : 밀링, P : 평삭, G : 연삭

24 제도 시 도면의 길이를 재어 옮기는 경우나 선을 등분할 때 가장 적합한 제도 기구는?

① 디바이더 ② 컴퍼스
③ 운형자 ④ 형판

> **디바이더**
> 물체의 길이를 측정하여 도면으로 옮기는 경우나 선을 등분할 경우 사용

정답 18① 19③ 20② 21③ 22② 23② 24①

25 한국산업표준에서 규정하고 있는 제도용지 A2의 크기(mm)는?

① 841×1,189 ② 420×594
③ 294×420   ④ 210×297

> A2 : 420×594

26 한국산업표준에서 표면 거칠기를 나타내는 방법이 아닌 것은?

① 최소 높이 거칠기(Rc)
② 최대 높이 거칠기(Ry)
③ 10점 평균 거칠기(Rz)
④ 산술 평균 거칠기(Ra)

> 표면거칠기 표시
> ① 중심선 표면 거칠기(산술 평균 거칠기 : Ra)
> ② 최대 높이 거칠기(Rmax)
> ③ 10점 평균 거칠기(Rz)

27 치수의 종류 중 주조공장이나 단조공장에서 만들어진 그대로의 치수를 의미하는 반제품 치수는?

① 재료 치수   ② 소재 치수
③ 마무리 치수 ④ 다듬질 치수

> 소재 치수 : 반제품 그대로의 치수

28 고로의 어떤 부분만 통기저항이 작아 바람이 잘 통해서 다른 부분과 가스 상승에 차가 생기는 현상은?

① 슬립   ② 석회과잉
③ 행깅드롭   ④ 벤틸레이션

> 벤틸레이션(날바람, 취발)
> 고로의 일부분이 통기성이 적어 바람이 잘 통하지 않아 가스 흐름의 차가 발생하는 현상

29 고로를 4개의 층으로 나눌 때 상승가스에 의해 장입물이 가열되어 부착 수분을 잃고 건조되는 층은?

① 예열층   ② 환원층
③ 가탄층   ④ 용해층

> • 예열층 : 수분 건조
> • 환원층 : CO가스에 의한 간접환원
> • 가탄층 : 환원된 해면철 내로 C가 침투되어 철의 용융점을 하강시킴
> • 용해층 : 해면철이 용융 상태로 흘러내리는 상태

30 산소부화 송풍의 효과에 대한 설명으로 틀린 것은?

① 풍구 앞의 온도가 높아진다.
② 노정가스의 온도를 낮게 하고 발열량을 증가시킨다.
③ 송풍량을 증가시키는 요인이 되어 코크스 비가 증가한다.
④ 코크스의 연소속도를 빠르게 하여 출선량을 증대시킨다.

> 산소부화 송풍의 효과
> ① 풍구 앞의 연소대 온도 상승
> ② 연소속도가 빨라 단위시간당 출선량 증가
> ③ 발열량 증가로 송풍량 감소 효과
> ④ 노정가스 온도 저하 효과

정답 25 ② 26 ① 27 ② 28 ④ 29 ① 30 ③

31 용광로 조업 시 노 내 장입물이 강하(降下)하지 않고 정지된 상태는?

① 걸림(hanging)
② 슬립(slip)
③ 드롭(drop)
④ 냉입(冷入)

> 걸림(hanging)
> 장입물이 30분 이상 강하하지 않는 현상

32 미분탄 취입(Pulverized Coal Injection) 조업에 대한 설명으로 옳은 것은?

① 미분탄의 입도가 작을수록 연소 시간이 길어진다.
② 산소 부화를 하게 되면 PCI 조업 효과가 낮아진다.
③ 미분탄 연소 분위기가 높을수록 연소 속도에 의해 연소 효율은 증가한다.
④ 휘발분이 높을수록 탄(Coal)의 열분해가 지연되어 연소 효율은 감소한다.

> PCI 조업은 미분탄의 입도가 작을수록 연소가 쉽게 되며, 휘발분이 높을수록 열분해가 빨라지게 되고, 연소 효율은 증가하고, 산소 부화송풍을 하면 효과가 더 증가한다.

33 용광로 철피 적열상태를 점검하는 방법의 설명으로 옳지 않은 것은?

① 온도계로 온도측정
② 소량의 물로 비등현상 확인
③ 조명 소등 후 철피색깔 비교
④ 신체 접촉으로 온기 확인

> 용광로의 철피(외부표면)의 상태 점검 시 신체 접촉은 고열에 의해 화상을 입으므로 절대로 해서는 안 된다.

34 괴상법에 의해 만들어진 괴광에 필요한 성질을 설명한 것 중 틀린 것은?

① 다공질로 노 안에서 환원이 잘 되어야 한다.
② 강도가 커서 운반, 저장, 노 내 강하 도중에 분쇄되지 않아야 한다.
③ 점결제를 사용할 때에는 고로 벽을 침식시키지 않는 알칼리류를 함유하여야 한다.
④ 장기 저장에 의한 풍화와 열팽창 및 수축에 의한 붕괴를 일으키지 않아야 한다.

> 괴광의 성질
> ① 강도가 커서 운반, 저장, 노 내 강하 중 파쇄되지 않을 것
> ② 다공질로 환원성이 좋을 것
> ③ 선철의 품질을 저하시키는 유해성분이 적을 것
> ④ 고로 내화물을 침식시키는 알칼리 성분이 적을 것
> ⑤ 장기 저장할 때 풍화, 팽창 및 수축에 의한 붕괴를 일으키지 않을 것

35 생석회 사용 시 소결 조업상의 효과가 아닌 것은?

① 고층 후 조업 가능
② NOx 가스 발생 감소
③ 열효율 감소로 인한 분 코크스 사용량의 증가
④ 의사 입자화 촉진 및 강도 향상으로 통기성 향상

> 소결 조업에서 석회석을 사용하면 열효율이 증가한다.

정답 31 ① 32 ③ 33 ④ 34 ③ 35 ③

36 생 펠렛(pellet)을 조립하기 위한 조건으로 틀린 것은?

① 분입자 간에 수분이 없어야 한다.
② 원료는 충분히 미세하여야 한다.
③ 원료분이 균일하게 가습되는 혼련법이어야 한다.
④ 균등하게 조립될 수 있는 전동법이어야 한다.

> 생 펠렛의 제조 시에는 수분이 있어야 분상의 입자가 구상의 덩어리로 뭉치게 된다.

37 주물용선을 제조할 때의 조업방법이 아닌 것은?

① 슬래그를 산성으로 한다.
② 코크스 배합비율을 높인다.
③ 노 내 장입물 강하시간을 짧게 한다.
④ 고온 조업이므로 선철 중에 들어가는 금속 원소의 환원율을 높게 생각하여 광석 배합을 한다.

> **주물용선**
> 슬래그 분위기 산성, 코크스 배합비 상향, 노 내 장입물 하강시간 연장, 고온조업

38 노의 내용적이 4,800m³, 노정압이 2.5kg/cm², 1일 출선량이 8,400t/d, 연료비는 4,600kg/T-P일 때 출선비는?

① 1.75   ② 2.10
③ 3.10   ④ 7.75

> 출선비 = $\dfrac{출선량}{내용적} = \dfrac{8,400}{4,800} = 1.75$

39 드럼 피더(drum feeder) 중 수직방향으로는 정도 편석을 조장시키는 장치는 어느 것인가?

① 호퍼(surge hopper)
② 경사판(deflector plate)
③ 게이트(gate)
④ 절단 게이트(cut-off gate)

> ① 호퍼 : 원료를 보관하여 드럼 피더로 공급
> ② 경사판 : 드럼 피더에서 낙하되는 광석을 파레트에 수직장입이 되도록 조절
> ③ 게이트 : 호퍼에서 피더로 원료가 공급되는 양을 조절
> ④ 컷오프 게이트 : 원료가 파레트에 장입되는 층후를 일정하게 조절

40 고로가스 청정설비 중 건식장비에 해당되는 것은?

① 여과식 가스 청정기
② 다이센 청정기
③ 허들 와셔
④ 스프레이 와셔

> **건식**
> 여과식 가스 청정기(백필터)
> 습식 : 다이센 청정기, 허들 와셔, 스프레이 와셔

41 소결 원료에서 배합원료의 수분 값의 범위(%)로 가장 적당한 것은?

① 1~2   ② 5~8
③ 10~17 ④ 20~27

> 소결 원료의 수분 함유량 : 5~8%

정답 36 ① 37 ③ 38 ① 39 ② 40 ① 41 ②

42 사고예방의 5단계 순서로 옳은 것은?

① 조직 → 평가분석 → 사실의 발견 → 시정책의 적용 → 시정책의 선정
② 조직 → 평가분석 → 사실의 발견 → 시정책의 선정 → 시정책의 적용
③ 조직 → 사실의 발견 → 평가분석 → 시정책의 적용 → 시정책의 선정
④ 조직 → 사실의 발견 → 평가분석 → 시정책의 선정 → 시정책의 적용

> **사고예방 5단계**
> 조직 → 사실의 발견 → 평가분석 → 시정책의 선정 → 시정책의 적용

43 주물용 선철 성분의 특징으로 옳은 것은?

① Si, S를 모두 적게 한다.
② P, S를 모두 많게 한다.
③ Si가 적고, Mn은 많게 한다.
④ Si가 많고, Mn은 적게 한다.

> 주물용 선철은 C, Si의 양이 제강용 선철보다 많고 Mn은 적게 한다.

44 Mn의 노 내 작용이 아닌 것은?

① 탈황작용
② 탈산작용
③ 탈탄작용
④ 슬래그의 유동성 증대

> Mn은 탄소와 반응하지 않으므로 탈탄작용은 일어나지 않는다.

45 고로 내 장입물로부터의 수분제거에 대한 설명 중 틀린 것은?

① 장입원료의 수분은 기공 중에 스며든 부착수가 존재한다.
② 장입원료의 수분은 화합물 상태의 결합수 또는 결정수로 존재한다.
③ 광석에서 분리된 수증기는 코크스 중의 고정 탄소와 $H_2O + C \rightarrow H_2 + CO_2$의 반응을 일으킨다.
④ 부착수는 100℃ 이상에서는 증발하며, 특히 입도가 작은 광석이 낮은 온도에서 증발하기 쉽다.

> 수증기는 CO가스와 반응한다.

46 다음 중 수세법에 대한 설명으로 옳은 것은?

① 자철광 또는 사철광을 선광하여 맥석을 분리하는 방법
② 갈철광 등과 같이 진흙이 붙어 있는 광석을 물로 씻어서 품위를 높이는 방법
③ 중력에 의하여 큰 광석은 가라앉히고, 작은 광석은 뜨게 하여 분리하는 방법
④ 비중의 차를 이용하여 광석으로부터 맥석을 선발, 제거하거나 또는 광석 중의 유효 광물을 분리하는 방법

> **수세법**
> 광석에 붙어 있는 진흙 등의 맥석 성분을 물로 씻어서 품위를 높이는 방법이다.

정답 42 ④ 43 ④ 44 ③ 45 ③ 46 ②

47 소결 배합원료를 급광할 때 가장 바람직한 편석은?

① 수직 방향의 정도편석
② 폭 방향의 정도편석
③ 길이 방향의 분산편석
④ 두께 방향의 분산편석

> 소결원료의 장입은 수직 방향 정도편석으로 한다.

48 소결용 집진기로 사용하는 싸이클론의 집진 원리는?

① 대전 이용   ② 중력 침강
③ 여과 이용   ④ 원심력 이용

> 싸이클론은 원심력을 이용하여 분진을 제거하는 설비이다.

49 상부광이 사용되는 목적으로 틀린 것은?

① 화격자가 고온이 되도록 한다.
② 화격자 면의 통기성을 양호하게 유지한다.
③ 용융상태의 소결광이 화격자에 접착되지 않게 한다.
④ 화격자 공간으로 원료가 낙하하는 것을 방지하고 분광의 공간 메움을 방지한다.

> 상부광의 역할
> ① 그레이트 바(화격자)에 적열소결광 용융부착 방지
> ② 그레이트 바에 신원료에 의한 구멍막힘을 방지
> ③ 그레이트 바 사이로 세립원료가 빠져나감을 방지
> ④ 그레이트 바의 적열을 방지하여 수명을 연장
> ⑤ 배광부에서 소결광 분리 용이

50 코크스의 연소실 구조에 따른 분류 중 순환식에 해당되는 것은?

① 코퍼스식   ② 오토식
③ 쿠로다식   ④ 월푸투식

> 코퍼스식은 축열식을 갖추어 부생가스를 순환하는 식이다.

51 고로 조업에서 출선할 때 사용되는 스키머의 역할은?

① 용선과 슬래그를 분리하는 역할
② 용선을 레이들로 보내는 역할
③ 슬래그를 레이들에 보내는 역할
④ 슬래그를 슬래그 피트(slag pit)로 보내는 역할

> 스키머(skimmer)
> 용선과 슬래그를 비중 차에 의해 분리하는 장치

52 고로는 전 높이에 걸쳐 많은 내화벽돌로 쌓여져 있다. 내화벽돌이 갖추어야 될 조건과 관계가 없는 것은?

① 내화도가 높아야 한다.
② 치수가 정확하여야 한다.
③ 침식과 마멸에 견딜 수 있어야 한다.
④ 비중이 높아야 한다.

> 내화벽돌 구비조건
> ① 내화도가 높아야 한다.
> ② 내스폴링성이 좋아야 한다.
> ③ 치수가 정확해야 한다.
> ④ 침식과 마모에 견딜 수 있어야 한다 (내식성과 내마모성 우수).
> ⑤ 비중이 작아야 한다.

53 석탄의 분쇄 입도의 영향에 대한 설명으로 틀린 것은? (단, HGI : Hardgrove Grindability Index이다)

① 수분이 많으면 파쇄하기 어렵다.
② 파쇄기 급량이 많으면 조파쇄가 된다.
③ 석탄의 HGI가 작으면 파쇄하기 쉽다.
④ 분쇄 전 석탄입도가 크면 분쇄 후 입도가 크다.

> 분쇄입도(HGI)가 작으면 파쇄하기 어렵게 된다.

54 소결기에 급광하는 원료의 소결반응을 신속하게 하기 위한 조건으로 틀린 것은?

① 입도는 작을수록 소결시간이 단축되므로 미립이 많아야 한다.
② 소결기 상층부에는 분 코크스를 증가시키는 것이 좋다.
③ 폭 방향으로 연료 및 입도의 편석이 적어야 한다.
④ 장입물 입도분포와 장입밀도에 따라 소결반응에 영향을 미치므로 통기성이 좋아야 한다.

> 소결원료의 입도가 작으면 통기성이 나빠지므로 소결시간이 길어지게 된다.

55 고정탄소(%)를 구하는 식으로 옳은 것은?

① 100% − [수분(%) + 회분(%) + 휘발분(%)]
② 100% − [수분(%) + 회분(%)×휘발분(%)]
③ 100% + [수분(%)×회분(%)×휘발분(%)]
④ 100% + [수분(%)×회분(%) − 휘발분(%)]

> 고정탄소 : 100−(수분+회분+휘발분)

56 고로의 영역(zone) 중 광석의 환원, 연화 융착이 거의 동시에 진행되는 영역은?

① 적하대   ② 괴상대
③ 용융대   ④ 융착대

> 융착대에서는 미환원 철광석의 직접환원과 융착이 동시에 진행된다.

57 고로 본체의 냉각방식 중 내부 냉각에 해당하는 것은?

① 재킷(jacket) 냉각
② stave 냉각
③ 살수 냉각
④ 벽유수 냉각

> 고로 내부(연와)를 냉각하는 것은 스테브 냉각식과 냉각반 냉각이 있다.

58 고로에 사용되는 축류 송풍기의 특징을 설명한 것 중 틀린 것은?

① 풍압 변동에 대한 정풍향 운전이 용이하다.
② 바람 방향의 전환이 없어 효율이 우수하다.
③ 무겁고 크게 제작해야 하므로 설치 면적이 넓다.
④ 터보 송풍기에 비하여 압축된 유체의 통로가 단순하고 짧다.

> **축류 송풍기 특징**
> ① 크기가 작고, 효율이 우수하고, 압축된 유체의 통로가 단순하고 짧음
> ② 갑작스런 바람의 방향 변동에 대하여 정풍량 운전이 용이
> ③ 고로의 대형화, 고압화에 적합
> ④ 송풍압력이 커서 고로의 조업특성에 맞는 고효율의 송풍이 가능

정답 53 ③ 54 ① 55 ① 56 ④ 57 ② 58 ③

59 소성 펠렛의 특징을 설명한 것 중 옳은 것은?

① 고로 안에서 소결광보다 급격한 수축을 일으킨다.
② 분쇄한 원료로 만든 것으로 야금 반응에 민감하지 않다.
③ 입도가 일정하고 입도 편석을 일으키며, 공극률이 작다.
④ 황 성분이 적고, 그 밖에 해면철 상태를 통해 용해되므로 규소의 흡수가 적다.

> **펠렛의 특징**
> ① 분쇄한 것으로 야금 반응에 민감
> ② 점결제 없이 성형되므로 순도가 높음
> ③ 고로 내에서 반응이 용이하며 해면철을 거쳐 용해
> ④ 가압하지 않는 자연적인 굴림에 의해 제조되므로 기공이 높아 환원성이 우수
> ⑤ S성분이 적고, Si의 흡수가 적음
> ⑥ 입도가 일정하고 입도편석을 일으키지 않으며 공극률도 우수
> ⑦ 소결광과 달리 고로 내에서 급격한 수축을 일으키지 않음

60 고로가스 청정설비로 노정가스의 유속을 낮추고 방향을 바꾸어 조립 연진을 분리, 제거하는 설비명은?

① 백필터(Bag Filter)
② 제진기(Dust Catcher)
③ 전기집진기(Electric Precipitator)
④ 벤츄리 스크러버(Venturi Scrubber)

> • **제진기** : 노정가스 유속을 낮추어 조립 연진을 제거
> • **벤츄리 스크러버** : 습식으로 미세 연진을 제거
> • **백필터** : 필터방식으로 미세 연진을 제거
> • **전기집진기** : 정전기 방식으로 초미세 연진을 제거

2018년 3회 제선기능사 CBT 복원문제

01 강의 철-탄소계 평형상태도에서 탄소 0.99%되는 과공석강 조직은?

① 오스테나이트 + 페라이트
② 페라이트 + 펄라이트
③ 펄라이트 + 시멘타이트
④ 오스테나이트 + 소르바이트

- 아공석강 : 페라이트 + 펄라이트
- 공석강 : 펄라이트
- 과공석강 : 시멘타이트 + 펄라이트

02 열간 금형용 합금 공구강이 갖추어야 할 성능을 설명한 것 중 틀린 것은?

① 고온경도 및 강도가 높아야 한다.
② 내마모성은 크며, 소착을 일으켜야 한다.
③ 열충격 및 열피로에 잘 견뎌야 한다.
④ 히트 체킹(heat checking)에 잘 견뎌야 한다.

열간 금형용 공구강의 구비조건
① 고온 경도 및 강도가 크고 열충격, 열피로, 뜨임 연화에 대한 저항이 클 것
② 히트 체킹(가열 냉각에 따른 팽창 수축으로 인한 표면 균열)에 견딜 것
③ 내마모성이 크고, 용착 및 소착을 일으키지 않을 것
④ 피삭성, 용접성이 좋고, 값이 저렴할 것

03 편정반응의 반응식을 나타낸 것은?

① 액상 + 고상(S_1) → 고상(S_2)
② 액상(L_1) → 고상 + 액상(L_2)
③ 고상(S_1) → 고상(S_2) + 고상(S_3)
④ 액상 → 고상(S_1) + 고상(S_2)

- 공정 : 액상 → 고상1 + 고상2
- 포정 : 액상 + 고상1 → 고상2
- 공석 : 고상1 → 고상2 + 고상3
- 포석 : 고상1 + 고상2 → 고상3
- 편정 : 액상1 → 고상 + 액상2
- 융합 : 액상1 + 액상2 → 고상

04 탄소강 중에 포함된 구리(Cu)의 영향으로 옳은 것은?

① 내식성을 저하시킨다.
② Ar_1의 변태점을 저하시킨다.
③ 탄성한도를 감소시킨다.
④ 강도, 경도를 감소시킨다.

주철 중 Cu는 Ar_1 변태온도 저하로 강도, 경도, 탄성한계 등을 증가시키고, 내식성도 향상된다.

정답 01 ③ 02 ② 03 ② 04 ②

05 액체 금속이 응고할 때 응고점(녹는점)보다는 낮은 온도에서 응고가 시작되는 현상은?

① 과냉 현상
② 과열 현상
③ 핵 정지 현상
④ 응고 잠열 현상

> **과냉**
> 금속이 응고 시 응고점보다 낮은 온도에서 응고가 시작되는 현상으로 냉각속도가 빠를때 심하게 일어난다.

06 다음 중 탄소 함유량을 가장 많이 포함하고 있는 것은?

① 공정주철
② $\alpha - Fe$
③ 전해철
④ 아공석강

> 주철은 탄소가 2.01% 이상이며 강은 2.01% 이하이다.

07 다음 중 Mn을 2% 정도 함유한 저Mn강은?

① 해드필드강
② 듀콜강
③ 고속도강
④ 스테인리스강

> • 저망가니즈강(듀콜강) : 망가니즈 함유량 2% 이하, 강하고 연신율도 양호하여 조선, 차량, 건축, 교량 등 일반 구조용 강으로 사용
> • 고망가니즈강(해드필드강) : 망가니즈 함유량 10~14%, 내마멸성과 내충격성이 우수하고 조직이 오스테나이트인 강

08 Ni-Fe계 합금으로서 36%Ni, 12%Cr, 나머지는 Fe로서 온도에 따른 탄성률 변화가 거의 없어 고급시계, 압력계, 스프링 저울 등의 부품에 사용되는 것은?

① 인바(invar)
② 엘린바(elinvar)
③ 퍼멀로이(permalloy)
④ 플래티나이트(platinite)

> **불변강의 종류**
> ① 인바 : Fe-Ni(36%) 합금, 탄성계수가 작고 내식성이 우수
> ② 초인바 : Fe-Ni(36%)-Co(15%) 합금, 인바보다 열팽창계수가 작음
> ③ 엘린바 : Fe-Ni(36%)-Cr(12%) 합금, 상온에서 탄성계수가 거의 변하지 않음
> ④ 플래티나이트 : Fe-Ni(45%) 합금, 열팽창계수가 유리나 백금과 동일

09 다음 [보기]의 성질을 갖추어야 하는 공구용 합금강은?

> • HRC 55 이상의 경도를 가져야 한다.
> • 팽창계수가 보통 강보다 작아야 한다.
> • 시간이 지남에 따라서 치수변화가 없어야 한다.
> • 담금질에 의하여 변형이나 담금질 균열이 없어야 한다.

① 게이지용 강
② 내충격용 공구강
③ 절삭용 합금 공구강
④ 열간 금형용 공구강

> 다른 공구강과 달리 게이지용 공구강은 치수변화가 없어야 한다.

10 산화성산, 염류, 알칼리, 함황가스 등에 우수한 내식성을 가진 Ni-Cr 합금은?

① 엘린바
② 인코넬
③ 콘스탄탄
④ 모넬메탈

① 엘린바 : Fe-Ni-Cr계 불변용 합금
② 인코넬 : Ni-Cr계 내식용 합금
③ 콘스탄탄 : Ni-Cu(55%)계 합금, 열전용, 온도계용
④ 모넬메탈 : Ni-Cu(60~70%)계 내식용 합금

11 Ni과 Cu의 2성분계 합금은 용액상태에서나 고체상태에서나 완전히 융합되어 1상이 된 것은?

① 전율 고용체
② 공정형 합금
③ 부분 고용체
④ 금속간 화합물

전율 고용체
2성분계 합금은 용액상태에서나 고체상태에서나 완전히 융합되어 1상이 된 것

12 다음 중 퀴리점이란?

① 동소변태점
② 결정격자가 변하는 점
③ 자기변태가 일어나는 온도
④ 입방격자가 변하는 점

퀴리점
자기변태가 일어나기 시작하는 온도

13 6 : 4황동에 철을 1% 내외 첨가한 것으로 주조재, 가공재로 사용되는 합금은?

① 인바
② 라우탈
③ 델타메탈
④ 하이드로날륨

델타메탈
Cu-Zn-Fe(6-4황동에 Fe첨가)

14 구조용 합금강 중 강인강에서 Fe₃C 중에 용해하여 경도 및 내마멸성을 증가시키며 임계냉각 속도를 느리게 하여 공기 중에 냉각하여도 경화하는 자경성이 있는 원소는?

① Ni
② Mo
③ Cr
④ Si

Cr은 경도 및 내마멸성을 증가시키고 자경성을 증가시킨다.

15 주철에서 응고 시 가장 강력한 흑연화를 촉진하는 원소는?

① 바나듐(V)
② 황(S)
③ 크롬(Cr)
④ 실리콘(Si)

흑연화 촉진원소 : Si, Ni, Al, Cu
흑연화 방해원소 : Mn, Cr, S, V, Mo

정답 10 ② 11 ① 12 ③ 13 ③ 14 ③ 15 ④

16 "KS D 3503 SS 330"으로 표기된 부품의 재료는 무엇인가?

① 합금 공구강
② 탄소용 단강품
③ 기계구조용 탄소강
④ 일반 구조용 압연강재

> SS 일반 구조용 압연강재로 최저 인장강도가 330 이다.

17 그림에서 절단면을 나타내는 선의 기호와 이름이 옳은 것은?

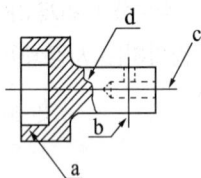

① a – 해칭선
② b – 숨은선
③ c – 파단선
④ d – 중심선

> 절단면은 해칭선으로 나타낸다.

18 나사의 도시에 대한 설명으로 옳은 것은?

① 수나사와 암나사의 골지름은 굵은 실선으로 그린다.
② 불완전 나사부의 끝 밑선은 45° 파선으로 그린다.
③ 수나사의 바깥지름과 암나사의 안지름은 굵은 실선으로 그린다.
④ 완전 나사부와 불완전 나사부의 경계선은 가는 실선으로 그린다.

> 수나사의 바깥지름과 암나사의 안지름은 외형선에 해당하므로 굵은 실선을 사용한다.

19 구멍의 치수가 $\phi 50^{+0.020}_{0}$, 축의 치수가 $\phi 50^{-0.025}_{-0.050}$ 일 때의 끼워맞춤은?

① 헐거운 끼워맞춤
② 중간 끼워맞춤
③ 억지 끼워맞춤
④ 가열 끼워맞춤

> 구멍 최소치수는 50이고, 축의 최대치수는 49.975이므로 구멍이 축보다 크므로 헐거운 끼워맞춤에 해당한다.

20 도면에서 가공방법 지시기호 중 밀링가공을 나타내는 약호는?

① L
② M
③ P
④ G

> L : 선반, M : 밀링, P : 평삭, G : 연삭

21 회전운동을 직선운동으로 바꾸거나, 직선운동을 회전운동으로 바꿀 때 사용되는 기어는?

① 헬리컬 기어
② 스크류 기어
③ 직선베벨 기어
④ 랙과 피니언

> ① 헬리컬 기어 : 두 축이 평행하고 이를 축에 경사시킨 것
> ② 스크류 기어 : 비틀림 각이 서로 다른 헬리컬 기어를 엇갈리는 축에 조합시킨 것
> ③ 직선베벨 기어 : 원뿔면에 이를 만든 것으로 두 축이 서로 만나는 것
> ④ 랙과 피니언 : 피니언은 회전운동하고, 랙은 직선운동하는 것

정답 16 ④ 17 ① 18 ③ 19 ① 20 ② 21 ④

22 도면의 부품란에 기입되는 사항이 아닌 것은?

① 도면명칭 ② 부품번호
③ 재질   ④ 부품수량

> 부품란 기재사항
> 품번, 품명, 재질, 수량, 무게, 공정

23 다음 표에서 (a), (b)의 값으로 옳은 것은?

기준 허용치수	구멍	축
최대 허용치수	50.025mm	49.975mm
최소 허용치수	50.000mm	49.950mm
최소 틈새	(a)	
최대 틈새	(b)	

① (a) 0.075 (b) 0.025
② (a) 0.025 (b) 0.075
③ (a) 0.05   (b) 0.05
④ (a) 0.025 (b) 0.025

> • 최소 틈새 : 구멍의 최소치수 − 축의 최대치수
>   = 50−49.975 = 0.025
> • 최대 틈새 : 구멍의 최대치수 − 축의 최소치수
>   = 50.025−49.950 = 0.075

24 회주철을 표시하는 기호로 옳은 것은?

① SC360   ② SS330
③ GC250   ④ BMC270

> 회주철 GC, 구상흑연주철 GCD

25 투상도의 선정 방법으로 틀린 것은?

① 숨은선이 적은쪽으로 투상한다.
② 물체의 오른쪽과 왼쪽이 대칭일 때에는 좌측면도는 생략할 수 있다.
③ 물체의 길이가 길 때, 정면도와 평면도만으로 표시할 수 있을 경우에는 측면도를 생략한다.
④ 물체의 모양과 특징을 가장 잘 나타낼 수 있는 면을 평면도로 선정한다.

> 물체의 모양과 특징을 가장 잘 나타낼 수 있는 면은 평면도가 아닌 정면도로 선정한다.

26 도면은 철판에 구멍을 가공하기 위하여 작성한 도면이다. 도면에 기입된 치수에 대한 설명으로 틀린 것은?

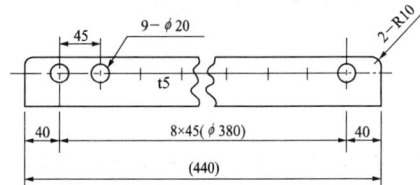

① 철판의 두께는 10mm이다.
② 구멍의 반지름은 10mm이다.
③ 같은 크기의 구멍은 9개이다.
④ 구멍의 간격은 45mm로 일정하다.

> 도면상에 t5는 두께를 나타낸 것으로 두께가 5mm이다.

정답 22 ① 23 ② 24 ③ 25 ④ 26 ①

27 대상물의 표면으로부터 임의로 채취한 각 부분에서의 표면 거칠기를 나타내는 파라미터인 10점 평균 거칠기 기호로 옳은 것은?

① R_y ② R_a
③ R_z ④ R_x

- 최대 높이(R_{max})
- 10점 평균 거칠기(R_z)
- 중심선 평균 거칠기(R_a)

28 소결조업에 사용되는 용어 중 FFS가 의미하는 것은?

① 고로가스   ② 코크스가스
③ 화염진행속도   ④ 최고도달온도

FFS(Flame Front Speed)
화염진행속도

29 소결 조업 중 연소대 부근의 온도(℃)는?

① 800~900   ② 900~1,000
③ 1,200~1,300   ④ 1,500~1,700

소결 연소대 온도
1,200~1,300℃

30 용제에 대한 설명으로 틀린 것은?

① 유동성을 좋게 한다.
② 슬래그의 용융점을 높인다.
③ 슬래그를 금속으로부터 분리시킨다.
④ 산성 용제에는 규암, 규석 등이 있다.

용제는 슬래그의 용융점을 낮춘다.

31 고로 내 열교환 및 온도변화는 상승가스에 의한 열교환, 철 및 슬래그의 적하물과 코크스의 온도 상승 등으로 나타나고, 반응으로는 탈황반응 및 침탄반응 등이 일어나는 대(zone)는?

① 연소대   ② 적하대
③ 융착대   ④ 노상대

- **융착대** : 광석 등이 연화를 시작한 영역에 가까운 900~1,000℃의 괴상대에서 FeO의 간접환원이 진행되고, 장입물의 온도가 급격히 상승하는 부분
- **적하대** : 침탄 반응에 의해 해면철이 용융하기 시작하여 흘러내리는 부분으로 탈황반응이 일어난다.
- **연소대** : 풍구 부분에서 코크스와 송풍공기가 산화반응하는 부분
- **노상대** : 용융선철이 고이는 부분
- ※ **순서(높은 곳 부터)** : 괴상대 → 융착대 → 적하대 → 연소대 → 노상대

32 소결의 일반적인 공정 순서로 옳은 것은?

① 혼합 및 조립 → 원료장입 → 소결 → 점화 → 냉각
② 혼합 및 조립 → 원료장입 → 점화 → 소결 → 냉각
③ 원료장입 → 혼합 및 조립 → 소결 → 점화 → 냉각
④ 원료장입 → 점화 → 혼합 및 조립 → 소결 → 냉각

소결 공정
혼합 및 조립 → 원료장입 → 점화 → 소결 → 냉각 → 파쇄 → 선별

33 코크스의 연소실 구조에 따른 분류 중 순환식에 해당되는 것은?

① 코퍼스식　② 오토식
③ 쿠로다식　④ 월푸투식

> 코퍼스식 코크스로는 순환식으로 부산물을 회수하고, 열효율이 가장 우수하다.

34 유동로의 가스흐름을 고르게 하여 장입물을 균일하게 유동화시키기 위하여 고속의 가스 유속이 형성되는 장치는?

① 딥 레그(Dip leg)
② 분산판 노즐(Nozzle)
③ 친니스 햇(Chiness hat)
④ 가이드 파이프(Guide pipe)

> 노즐을 통과하면서 유속이 빨라져서 고속의 가스 유속이 형성된다.

35 다음 설명 중 소결성이 좋은 원료라고 볼 수 없는 것은?

① 생산성이 높은 원료
② 분율이 높은 소결광을 제조할 수 있는 원료
③ 강도가 높은 소결광을 제조할 수 있는 원료
④ 적은 원료로서 소결광을 제조할 수 있는 원료

> **소결성이 좋은 원료**
> ① 소결광의 환원율이 높아야 한다.
> ② 소결광의 강도가 높아야 한다.
> ③ 적은 원료로 소결광 생산할 수 있어야 한다. (생산성이 좋은 원료)
> ④ 소결광의 분율이 낮아야 한다.
> ⑤ 소결광의 기공이 많아야 한다.
> ⑥ 소결광의 불순물이 적어야 한다.

36 용광로의 횡단면이 원형인 이유로 틀린 것은?

① 가스 상승을 균일하게 하기 위하여
② 열의 분포를 균일하게 하기 위하여
③ 열의 발산을 크게 하기 위하여
④ 장입물 강하를 균일하게 하기 위하여

> 고로가 원형이 되면 열발산을 최소화 할 수 있다.

37 소결성상에서 소성 시 소결 진행속도가 원만히 이루어지기 위한 조건으로 틀린 것은?

① 통기성이 좋아야 한다.
② 반광을 핵으로 화학적인 반응이 진행되어야 한다.
③ 소결대의 폭이 두터워야 한다.
④ 점화 전 부압과 점화 후 부압이 동일해야 한다.

> **소결 진행속도 조건**
> ① 통기성이 좋아야 한다.
> ② 반광을 혼합하여 반광을 핵으로 소결반응이 진행되도록 한다.
> ③ 소결대의 폭이 두꺼워야 한다.
> ④ 점화 후에는 풍상 압력을 높인다.

38 안전 보호구의 용도가 옳게 짝지어진 것은?

① 두부에 대한 보호구-안전각반
② 얼굴에 대한 보호구-절연장갑
③ 추락방지를 위한 보호구-안전대
④ 손에 대한 보호구-보안면

> • **안전각반** : 발에 대한 보호구
> • **절연장갑** : 손에 대한 보호구
> • **보안면** : 얼굴에 대한 보호구

정답 33 ① 34 ② 35 ② 36 ③ 37 ④ 38 ③

39 자용성 소결광조업에 대한 설명으로 틀린 것은?

① 노황이 안정되어 고온 송풍이 가능하다.
② 노 내 탈황률이 향상되어 선철 중의 황을 저하시킬 수 있다.
③ 소결광 중에 페이얼라이트 함유량이 많아 산화성이 크다.
④ 하소된 상태에 있으므로 노 안에서의 열량 소비가 감소된다.

자용성 소결광
① 원료 중에 CaO를 5~15% 함유한 소결광
② 석회소결광(자용성 소결광) 특징
  ㉠ 소결 원료 중에 석회석을 5~15% 배합한 것이다.
  ㉡ 비교적 낮은 온도에서 석회석이 용융하여 소결이 진행된다.
  ㉢ 소결작용이 용융결합으로 이루어지므로 소결광의 강도가 우수하다.
  ㉣ 소결광의 환원성 및 고로 조업성이 양호하다.
  ㉤ 노황 안정으로 고온송풍이 가능하다.

40 석탄(유연탄)을 대기 중에서 장기간 방치하면 산화현상이 일어난다. 석탄의 산화와 관계가 없는 것은?

① 석탄이 산화하면 온도가 상승한다.
② 석탄이 산화하면 석탄 성분 중 점결력이 감소한다.
③ 석탄이 발열하면 발화한다.
④ 석탄 성분 중 휘발분이 증가한다.

석탄이 산화현상이 일어나면 휘발분이 증발되어 감소한다.

41 괴상법의 종류 중 단광법(Briquetting)에 해당되지 않는 것은?

① 크루프(Krupp)법
② 다이스(Dies)법
③ 프레스(Press)법
④ 플런저(Plunger)법

단광법
다이스법, 프레스법, 플런저법

42 고로 상부에서부터 하부로의 순서가 옳은 것은?

① 노구 → 샤프트 → 노복 → 보시 → 노상
② 노구 → 보시 → 샤프트 → 노복 → 노상
③ 노구 → 샤프트 → 보시 → 노복 → 노상
④ 노구 → 노복 → 샤프트 → 노상 → 보시

노구 → 노흉(샤프트) → 노복(밸리) → 조안(보시) → 노상

43 고로에 사용되는 축류 송풍기의 특징을 설명한 것 중 틀린 것은?

① 풍압 변동에 대한 정풍량 운전이 용이하다.
② 바람 방향의 전환이 없어 효율이 우수하다.
③ 무겁고 크게 제작해야 하므로 설치 면적이 넓다.
④ 터보 송풍기에 비하여 압축된 유체의 통로가 단순하고 짧다.

축류 송풍기는 크기를 작게할 수 있어 설치 면적도 적게 차지한다.

정답 39 ③ 40 ④ 41 ① 42 ① 43 ③

44 소결반응에서 용융결합이란 무엇인가?

① 저온에서 소결이 행해지는 경우 입자가 기화해서 입자 표면 접촉부의 확산 반응에 의해 결합이 일어난 것
② 고온에서 소결한 경우 원료 중의 슬래그 성분이 기화해서 입자가 슬래그로 단단하게 결합한 것
③ 고온에서 소결한 경우 원료 중의 슬래그 성분이 용융해서 입자가 슬래그 성분으로 단단하게 결합한 것
④ 고온에서 소결이 행해지는 경우 입자가 용융해서 입자 표면 접촉부의 확산 반응에 의해 결합이 일어난 것

> **용융결합**
> 용융 슬래그에 의한 결합으로 강도가 우수하지만 환원성은 저하됨

45 소결광의 낙하 강도 지수(SI)를 구하는 시험방법으로 옳은 것은?

① 2m 높이에서 4회 낙하시킨 후 입도가 +10mm인 시료 무게의 시험 전 시료 무게에 대한 백분율로 표시
② 4m 높이에서 2회 낙하시킨 후 입도가 +10mm인 시료 무게의 시험 전 시료 무게에 대한 백분율로 표시
③ 5m 높이에서 6회 낙하시킨 후 입도가 +10mm인 시료 무게의 시험 전 시료 무게에 대한 백분율로 표시
④ 6m 높이에서 5회 낙하시킨 후 입도가 +10mm인 시료 무게의 시험 전 시료 무게에 대한 백분율로 표시

> 낙하 강도(SI)는 2m 높이에서 4회 낙하시험한 후 다음 식에 의해 구한다.
> $$SI = \frac{\text{시험 후}+10mm \text{ 중량}}{\text{시험 전}+10mm \text{ 중량}} \times 100$$

46 폐수처리를 물리적 처리와 생물학적 처리로 나눌 때 물리적 처리에 해당되지 않는 것은?

① 자연침전 ② 자연부상
③ 입상물 여과 ④ 혐기성 소화

> 혐기성 소화는 화학적 처리로 분류한다.

47 고로 조업에서 냉입사고의 원인이 아닌 것은?

① 유동성이 불량할 때
② 미분탄 등 보조연료를 다량으로 취입할 때
③ 장입물의 얹힘 및 슬립이 연속적으로 발생할 때
④ 풍구, 냉각반의 파손에 의한 노 내 침수가 일어날 때

> 미분탄 등 보조연료를 다량취입하면 노 온도는 올라가므로 냉입은 일어나지 않는다.

48 야금용 및 제선용 연료의 구비조건 중 틀린 것은?

① 인(P)이 적어야 한다.
② 황(S)이 적어야 한다.
③ 회분이 많아야 한다.
④ 발열량이 커야 한다.

> **연료의 구비조건**
> ① 인, 황 등의 불순물이 적어야 한다.
> ② 회분이 적어야 한다.
> ③ 발열량이 커야 한다.

정답 44 ③ 45 ① 46 ④ 47 ② 48 ③

49 일반적으로 철이 산화될 때 산소와 닿는 가장 바깥쪽 표면에 생기는 것은?

① FeO
② Fe_2O_3
③ Fe_3O_4
④ FeS_2

> 철이 산화되면 내부에서부터 다음 순으로 산화된다.
> Fe → FeO → Fe_3O_4 → Fe_2O_3

50 DL식 소결법의 효과에 대한 설명으로 틀린 것은?

① 코크스 원단위 증가
② 생산성 향상
③ 피환원성 향상
④ 상온강도 향상

> DL(Dwight Lloyd)식 소결기(연속식) 장점
> ① 연속적이므로 대량생산에 적합
> ② 자동화 가능하여 인건비가 적음
> ③ 집진장치 설치가 용이
> ④ 소결광의 피환원성 향상
> ⑤ 소결광의 상온강도 향상

51 고로의 장입장치가 구비해야 할 조건으로 틀린 것은?

① 조업속도와는 상관없이 최대한 느리게 장입해야 한다.
② 장치의 개폐에 따른 마모가 없어야 한다.
③ 원료를 장입할 때 가스가 새지 않아야 한다.
④ 장치가 간단하여 보수하기 쉬워야 한다.

> 노정 장입장치 구비조건
> ① 원료장입이 신속하게 이루어질 것
> ② 부품의 마모가 없을 것
> ③ 원료장입 시 가스가 새지 않을 것
> ④ 장치가 간단하고 보수가 용이할 것

52 배합탄의 관리영역을 탄화도와 점결성 구간으로 나눌 때 탄화도를 표시하는 지수로 옳은 것은?

① 전팽창(TD)
② 휘발분(VM)
③ 유동도(MF)
④ 조직평형지수(CBI)

> 탄화도는 휘발분(VM)으로 표시한다.

53 저광조에서 소결원료가 벨트 컨베이어 상에 배출되면 자동적으로 벨트 컨베이어 속도를 가감하여 목표량만큼 절출하는 장치는?

① 벨트 피더(Belt Feeder)
② 테이블 피더(Table Feeder)
③ 바이브레이팅 피더(Vibrating Feeder)
④ 콘스탄트 피더 웨이어(Constant Feeder Weigher)

> CFW
> 컨베이어벨트의 속도로 정량절출하는 장치

54 펠렛(pellet)에서 생 볼(green ball)로 만드는 조립기가 아닌 것은?

① 디스크(disc)형
② 로드(rod)형
③ 드럼(drum)형
④ 팬(pan)형

> 생 펠렛 성형기
> 디스크형, 드럼형, 팬형

55 다음 중 산성 내화물의 주성분으로 옳은 것은?

① SiO_2
② MgO
③ CaO
④ Al_2O_3

> • 산성 : SiO_2
> • 중성 : Al_2O_3, TiO_2, Cr_2O_3
> • 염기성 : CaO, MgO, FeO

56 코크스(coke)가 과다하게 첨가(배합)되었을 경우 일어나는 현상이 아닌 것은?

① 소결광의 생산량이 증가한다.
② 배기가스의 온도가 상승한다.
③ 화격자(grate bar)에 점착하기도 한다.
④ 소결광 중 FeO 성분 함유량이 많아진다.

> 소결에서 코크스가 과다하게 첨가되면 광석의 장입량이 줄어들기 때문에 생산량은 감소한다.

57 야드 설비 중 불출 설비에 해당되는 것은?

① 스택커(Stacker)
② 언로더(Unloader)
③ 리클레이머(Reclaimer)
④ 트레인 호퍼(Train Hopper)

> • 불출설비 : 리클레이머
> • 하역설비 : 언로더
> • 적치설비 : 스택커, 트레인 호퍼

58 고로의 노체연와(煉瓦) 마모방지 설비인 냉각반은 주로 구리를 사용하여 만드는 가장 큰 이유는?

① 열전도도가 높다.
② 주조(鑄造)하기가 용이하다.
③ 다른 금속보다 무게가 가볍다.
④ 다른 금속보다 용융점이 높다.

> 냉각반은 수랭 파이프 구조이므로 열전도도가 우수한 구리를 사용해야 한다.

59 철광석 중의 결정수 제거와 CO_2를 제거할 목적으로 금속원소와 산소와의 반응이 별로 일어나지 않는 온도로 작업하는 것을 무엇이라고 하는가?

① 하소(Calcination)
② 배소(Roasting)
③ 부유선광법(Flotation)
④ 비중 선광법(Fracity separation)

> 하소
> 광석을 고온으로 가열하여 수산화물 및 탄산염과 같이 화학적으로 결합되어 있는 수분과 CO_2를 제거하는 조작

60 생 펠렛에 강도를 주기 위해 첨가하는 물질이 아닌 것은?

① 붕사
② 규사
③ 벤토나이트
④ 염화나트륨

> 펠렛의 첨가제
> 석회, 붕사, 염화나트륨, 벤토나이트

정답 55 ① 56 ① 57 ③ 58 ① 59 ① 60 ②

2019년 1회 제선기능사 CBT 복원문제

01 Fe에 0.8~1.5%C, 18%W, 4%Cr 및 1%V을 첨가한 재료를 1,250°C에서 담금질하고 550~600°C로 뜨임한 합금강은?

① 절삭용 공구강
② 초경 공구강
③ 금형용 공구강
④ 고속도 공구강

> **고속도 공구강**: 18-4-1형(18%W-4%Cr-1%V)

02 처음에 주어진 특정한 모양의 것을 인장하거나 소성변형한 것이 가열에 의하여 원래의 상태로 돌아가는 현상은?

① 석출경화 효과
② 시효현상 효과
③ 형상기억 효과
④ 자기변태 효과

> **형상기억**
> 소성변형이 진행된 것에 열을 가하면 소성가공 전 원래의 형상으로 되돌아가는 현상

03 다음 비철합금 중 비중이 가장 가벼운 것은?

① 아연(Zn) 합금
② 니켈(Ni) 합금
③ 알루미늄(Al) 합금
④ 마그네슘(Mg) 합금

> **마그네슘**
> 비중이 1.74로 실용금속 중 가장 가볍다.

04 페라이트형 스테인리스강에서 Fe 이외의 주요한 성분 원소 1가지는?

① W   ② Cr
③ Sn   ④ Pb

> 스테인리스강은 Cr이 13% 이상 함유되어야 한다.

05 동합금 중 석출경화(시효경화) 현상이 가장 크게 나타나는 것은?

① 순동   ② 황동
③ 청동   ④ 베릴륨 동

> 베릴륨 청동은 동합금 중에서 석출경화(시효경화)에 의해 가장 강도가 우수한 합금이다.

정답 01 ④ 02 ③ 03 ④ 04 ② 05 ④

06 원표점거리가 50mm이고, 시험편이 파괴되기 직전의 표점거리가 60mm일 때 연신율(%)은?

① 5　　② 10
③ 15　　④ 20

$$연신율 = \frac{시험후\ 거리 - 시험전\ 거리}{시험전\ 거리} \times 100$$
$$= \frac{60-50}{50} \times 100 = 20\%$$

07 열팽창계수가 아주 작아 줄자, 표준자 재료에 적합한 것은?

① 인바　　② 센더스트
③ 초경합금　　④ 바이탈륨

인바
Fe-Ni(36%)계 불변합금, 탄성계수가 작고 내식성이 우수

08 다음 중 1~5μm 정도의 비금속 입자가 금속이나 합금의 기지 중에 분산되어 있는 재료를 무엇이라 하는가?

① 합금공구강 재료
② 스테인리스 재료
③ 서멧(cermet) 재료
④ 탄소공구강 재료

서멧
TiC에 Ni, Co, Mo 등을 조합한 세라믹 재료로 고온강도가 우수한 절삭공구

09 강대금(steel back)에 접착하여 바이메탈 베어링으로 사용하는 구리(Cu)-납(Pb)계 베어링 합금은?

① 켈멧(kelmet)
② 백동(cupronickel)
③ 배빗메탈(babbit metal)
④ 화이트메탈(white metal)

켈멧(kelmet)
납청동(Cu-Pb)으로 고속 고하중용 베어링에 사용

10 5~20%Zn 황동으로 강도는 낮으나 전연성이 좋고, 색깔이 금색에 가까워 모조금이나 판 및 선에 사용되는 합금은?

① 톰백
② 네이벌 황동
③ 알루미늄 황동
④ 애드미럴티 황동

톰백은 구리에 5~20%의 아연을 합금한 황동으로 전연성이 우수하고 색이 금에 가까우므로 장식품에 많이 사용한다.

11 특수강에서 함유량이 증가하면 자경성을 주는 원소로 가장 좋은 것은?

① Cr　　② Mn
③ Ni　　④ Si

자경성 효과
Cr 〉 W 〉 V 〉 Mo 〉 Ni 〉 Mn 〉 Si 〉 P

정답 06 ④　07 ①　08 ③　09 ①　10 ①　11 ①

12 다음 중 베어링 합금의 구비조건으로 틀린 것은?

① 마찰계수가 커야 한다.
② 경도 및 내압력이 커야 한다.
③ 소착에 대한 저항성이 커야 한다.
④ 주조성 및 절삭성이 좋아야 한다.

> 베어링 합금은 마찰계수가 작아야 한다.

13 고탄소 크롬베어링강의 탄소함유량의 범위(%)로 옳은 것은?

① 0.12~0.17
② 0.21~0.45
③ 0.95~1.10
④ 2.20~4.70

> 고탄소 크롬베어링강(STB)
> C 0.95~1.10%, Cr 0.9~1.6%

14 문쯔메탈(Muntz metal)이라 하며 탈아연 부식이 발생하기 쉬운 동합금은?

① 6-4 황동
② 주석청동
③ 네이벌 황동
④ 애드미럴티 황동

> 6-4황동(문쯔메탈)
> Cu(60%)-Zn(40%)

15 오일리스 베어링(Oilless bearing)의 특징이라고 할 수 없는 것은?

① 다공질의 합금이다.
② 급유가 필요하지 않은 합금이다.
③ 원심 주조법으로 만들며 강인성이 좋다.
④ 일반적으로 분말 야금법을 사용하여 제조한다.

> 오일리스 베어링은 주조로 만들지 않으며, 내마멸성이 우수하다.

16 정투상도법에서 눈 → 투상면 → 물체의 순으로 투상할 경우는 제 몇 각법인가?

① 제1각법   ② 제2각법
③ 제3각법   ④ 제4각법

> • 제3각법 : 눈 → 투상도 → 물체(물체의 보이는 부분을 그대로 그린 것)
> • 제1각법 : 눈 → 물체 → 투상도(물체의 보이는 부분을 물체의 뒤쪽에 그린 것)

17 제도에서 타원 등의 기본 도형이나 문자, 숫자, 기호 및 부호 등을 원하는 모양으로 정확하게 그릴 수 있는 것은?

① 형판   ② 운형자
③ 지우개판   ④ 디바이더

> ① 형판 : 여러가지 원, 타원, 숫자, 기호 등의 모양을 정확하게 그릴 수 있는 판
> ② 운형자 : 컴퍼스로 그리기 어려운 원호나 곡선을 그릴 때 사용
> ③ 디바이더 : 치수를 옮기거나 길이를 분할할 때 사용

정답 12① 13③ 14① 15③ 16③ 17①

18 축이나 원통같이 단면의 모양이 같거나 규칙적인 물체가 긴 경우 중간 부분을 잘라내고 중요한 부분만을 나타내는데 이때 잘라내는 부분의 파단선으로 사용하는 선은?

① 굵은 실선 ② 1점 쇄선
③ 가는 실선 ④ 2점 쇄선

파단선
대상물의 일부를 파단한 경계 또는 일부를 떼어낸 경계를 표시(파형의 가는 실선으로 나타냄)

19 미터 가는 나사로서 호칭지름 20mm, 피치 1mm인 나사의 표시로 옳은 것은?

① M20－1 ② M20×1
③ TM20×1 ④ TM20－1

피치를 미터단위로 표시하는 경우 다음과 같이 표시
[나사의 종류 표시 기호]×[나사의 호칭지름 숫자]×[피치]
[예시] M8×1 : 미터나사, 호칭지름이 8mm, 피치가 1mm

20 물체를 투상면에 대하여 한쪽으로 경사지게 투상하여 입체적으로 나타낸 투상도는?

① 사투상도 ② 투시투상도
③ 등각투상도 ④ 부등각투상도

사투상도
정투상도에서 정면도의 크기와 모양은 그대로 사용하고, 평면도와 우측면도를 경사시켜 그린 것

21 도면의 종류를 사용목적 및 내용에 따라 분류할 때 사용목적에 따라 분류한 것이 아닌 것은?

① 승인도 ② 부품도
③ 설명도 ④ 제작도

목적에 따른 도면 분류
계획도, 제작도, 주문도, 승인도, 견적도, 설명도
※ 부품도는 내용에 따른 분류이다.

22 한국산업표준 중에서 공업부문에 쓰이는 제도의 기본적이며 공통적인 사항인 도면의 크기, 투상법, 선, 작도 일반, 단면도, 글자, 치수 등을 규정한 제도통칙은?

① KS A 0005 ② KS B 0005
③ KS D 0005 ④ KS V 0005

제도통칙은 KS A 0005에 규정되어 있다.

23 금속 가공공정의 기호가 올바르게 연결된 것은?

① 줄 다듬질 － BR
② 스크레이퍼 － FF
③ 브로치가공 － FS
④ 리머가공 － FR

줄다듬질 : FF, 스크레이퍼 : FS, 브로치가공 : BR

24 위치수 허용차와 아래치수 허용차와의 차는?

① 기준선 공차 ② 기준 공차
③ 기본 공차 ④ 치수 공차

치수 공차
위치수 허용차 － 아래치수 허용차

정답 18 ③ 19 ② 20 ① 21 ② 22 ① 23 ④ 24 ④

25 연삭의 가공방법 중 센터리스 연삭의 기호로 옳은 것은?

① GI ② GE
③ GCL ④ GCN

> 센터리스 연삭 GCL

26 도면에 치수를 기입할 때 유의해야 할 사항으로 옳은 것은?

① 치수는 계산을 하도록 기입해야 한다.
② 치수의 기입은 되도록 중복하여 기입해야 한다.
③ 치수는 가능한 한 보조 투상도에 기입해야 한다.
④ 관련되는 치수는 가능한 한 곳에 모아서 기입해야 한다.

> **치수기입**
> 계산하지 않도록 하고, 중복기입하지 않으며, 가급적 주투상도에 모아서 기입한다.

27 선의 굵기가 가는 실선과 굵은 실선의 굵기 비율로 옳은 것은?

① 1 : 2 ② 2 : 3
③ 1 : 4 ④ 2 : 5

> 가는 선 : 굵은 선 = 1 : 2

28 괴상법의 종류 중 단광법(Briquetting)에 해당되지 않는 것은?

① 크루프(Krupp)법
② 다이스(Dies)법
③ 프레스(Press)법
④ 플런저(Plunger)법

> **단광법**
> 다이스법, 프레스법, 플런저법

29 고로 휴풍 후 노정 점화를 실시하기 전에 가스검지를 하는 이유는?

① 오염방지 ② 폭발방지
③ 중독방지 ④ 누수방지

> 휴풍 후 재점화 시 잔류 가스에 의한 폭발을 방지하기 위해 가스검지를 해야 한다.

30 코크스의 강도는 어떤 강도를 측정한 것인가?

① 충격 강도 ② 압축 강도
③ 인장 강도 ④ 내압 강도

> 코크스, 소결광 등의 강도는 충격 강도를 측정한 것이다.

정답 25 ③ 26 ④ 27 ① 28 ① 29 ② 30 ①

31 여러 종류의 철광석을 혼합하여 적치하는 블랜딩(Blending)의 이점이 아닌 것은?

① 입도를 균일하게 한다.
② 원료의 성분을 안정화시킨다.
③ 야드 적치 시 편석이 잘 되게 한다.
④ 양이 작은 광종도 적절히 사용할 수 있다.

> 야드에 적치할 때 편석이 심하면 원료 성분이 불균일하게 된다.

32 다음 풍상(wind box)의 구비조건을 설명한 것 중 틀린 것은?

① 흡인용량이 충분할 것
② 분광이나 연진이 퇴적하지 않는 형상일 것
③ 강판으로 필요에 따라 자주 교체할 수 있을 것
④ 재질은 열팽창이 적고 부식에 잘 견딜 것

> 풍상의 구비조건
> ① 흡인용량이 충분할 것
> ② 분광이나 연진이 퇴적하지 않을 것
> ③ 열팽창이 적고 내식성와 내열성이 우수한 강판재일 것
> ※ 강판재는 자주 교체하지 않는다.

33 다음 중 코크스를 건류하는 과정에 발생되는 가스의 명칭은?

① BFG   ② LDG
③ COG   ④ LPG

> • 코크스가스 : COG
> • 전로가스 : LDG
> • 고로가스 : BFG

34 고로의 고압 조업이 갖는 효과가 아닌 것은?

① 연진이 감소한다.
② 출선량이 증가한다.
③ 노정 온도가 올라간다.
④ 코크스의 비가 감소한다.

> 고압 조업은 노정 온도를 낮출 수 있다.

35 고로에 장입되는 소결광으로 출선비를 향상시키는데 유용한 자용성 소결광은 어떤 성분이 가장 많이 들어간 것인가?

① STO_2 ② Al_2O_3
③ CaO ④ TiO_2

> 자용성 소결광
> 원료 중에 CaO를 5~15% 함유한 소결광

36 용광로 제련에 사용되는 분광 원료를 괴상화하였을 때 괴상화된 원료의 구비조건이 아닌 것은?

① 다공질로 노안에서 산화가 잘 될 것
② 가능한 한 모양이 구상화된 형태일 것
③ 오랫동안 보관하여도 풍화되지 않을 것
④ 열팽창, 수축 등에 의해 파괴되지 않을 것

> 괴상화된 고로 원료의 조건
> ① 다공질이어서 고로 내에서 환원이 잘 될 것
> ② 모양이 구형이 가까울 것
> ③ 장기간 보관 시 풍화되지 않을 것
> ④ 열팽창, 수축 등에 의해 파괴되지 않을 것
> ⑤ 어느 정도 강도(낙하강도)가 있어 장입 시 파괴되지 않을 것
> ⑥ 환원에 의해 분상화가 잘되지 않을 것

정답 31 ③ 32 ③ 33 ③ 34 ③ 35 ③ 36 ①

37 재해 누발자를 상황성과 습관성 누발자로 구분할 때 상황성 누발자에 해당되지 않는 것은?

① 작업이 어렵기 때문에
② 기계설비에 결함이 있기 때문에
③ 환경상 주의력의 집중이 혼란되기 때문에
④ 재해 경험에 의해 겁쟁이가 되거나 신경과민이 되기 때문에

재해 경험자에 의한 재해는 습관성 누발자에 해당한다.

38 배소광과 비교한 소결광의 특징이 아닌 것은?

① 충진 밀도가 크다.
② 기공도가 크다.
③ 빠른 기체속도에 비해 날아가기 쉽다.
④ 분말 형태의 일반 배소광보다 부피가 작다.

소결광은 배소광보다 밀도가 커서 크기가 크며, 기공도가 크다.

39 소결기 중 원료를 담아 소결이 이루어지는 설비인 pallet에 설치된 grate bar의 구비조건이 아닌 것은?

① 고온강도가 높을 것
② 고온 내산화성이 좋을 것
③ 열적 변형 균열이 적을 것
④ 소결광과의 부착성이 좋을 것

화격자(grate bar)가 갖추어야 할 성질
① 고온에서 강도가 높을 것
② 고온에서 내산화성이 클 것
③ 가열냉각해도 변형균열이 일어나지 않을 것
④ 광석의 부착성이 없을 것

40 폐가스 중 CO 농도는 6% 전후로 알려져 있다. 완전연소 즉, 열효율 향상이란 측면에서 취한 조치의 내용 중 틀린 것은?

① 배합 원료의 조립 강화
② 사하분광 사용 증가
③ 적정 수분 첨가
④ 분광 사용 증가

분광의 사용량이 증가하면 통기성이 저하되어 불완전연소가 많아진다.

41 용선 중 황(S) 함량을 저하시키기 위한 조치를 틀린 것은?

① 고로 내의 노열을 높인다.
② 슬래그의 염기도를 높인다.
③ 슬래그 중 Al_2O_3 함량을 높인다.
④ 슬래그 중 MgO 함량을 높인다.

탈황율을 높이려면 Al_2O_3의 함량을 낮추어야 한다.

42 철광석의 피환원성에 대한 설명 중 틀린 것은?

① 산화도가 높은 것이 좋다.
② 기공률이 클수록 환원이 잘 된다.
③ 다른 환원조건이 같으면 입도가 작을수록 좋다.
④ 페이얼라이트(feyalite)는 환원성이 좋게 한다.

철광석의 피환원성 향상
① 기공률이 클 것
② 입도가 작을 것
③ 산화도가 높을 것
④ 페이얼라이트(fayalite), 일루미나이트(ilumenite) 등이 적을 것

정답 37 ④ 38 ③ 39 ④ 40 ④ 41 ③ 42 ④

43 정상적인 조업일 때 노정가스 성분 중 가장 적게 함유되어 있는 것은?

① H_2 ② N_2
③ CO ④ CO_2

> 고로가스 성분
> $N_2 > CO > CO_2 > H_2$

44 선철 중의 P을 적게 하기 위한 사항으로 옳은 것은?

① 노상 온도를 낮춘다.
② 염기도를 낮게 한다.
③ 속도 늦은 조업을 실시한다.
④ 장입물 중 P함유량이 많은 것을 선정한다.

> P을 적게 하기 위한 조건
> ① 장입물(광석, 코크스) 중에 인을 적게 할 것
> ② 노상 온도를 낮출 것
> ③ 염기도를 높게 할 것
> ④ 고로 조업 속도를 높일 것

45 용광로에서 분상의 광석을 사용하지 않는 이유와 가장 관계가 없는 것은?

① 장입물의 강하가 불균일하기 때문이다.
② 통풍의 약화 현상을 가져오기 때문이다.
③ 노정가스에 의한 미분광의 손실이 우려되기 때문이다.
④ 노 내의 용탕이 불량해지기 때문이다.

> 고로에 분상원료 사용 시 문제점
> ① 장입물의 강하가 불균일하여 걸림이 많아진다.
> ② 통기성이 악화된다.
> ③ 송풍압력에 의해 노정으로 비산되어 손실이 많아진다.
> ④ CO 가스와 접촉이 나빠져서 환원성이 떨어진다.

46 광석의 철 품위를 높이고 광석 중의 유해 불순물인 비소(As), 황(S) 등을 제거하기 위해서 하는 것은?

① 균광 ② 단광
③ 선광 ④ 소광

> 선광
> 철광석의 품위를 높이고 불순물을 제거하는 조작

47 노황 및 출선, 출재가 정상적이지 않아 조기 출선을 해야 하는 경우가 아닌 것은?

① 감압, 휴풍이 예상될 경우
② 노열 저하 현상이 보일 경우
③ 장입물의 하강이 느린 경우
④ 출선구가 약하고 다량의 출선에 견디지 못할 경우

> 조출선하는 경우
> ① 출선구가 약하고 다량의 출선에 견디지 못할 때
> ② 출선, 출재가 불충분한 경우
> ③ 래이들 부족, 기타 양적인 제약이 생긴 경우
> ④ 노황 냉기미로서 풍구에 재가 보일 때
> ⑤ 장입물 하강이 빠를 때
> ⑥ 감압, 휴풍이 예상될 때

48 제선작업 중 산소가 결핍되어 있는 장소에서 사용할 수 있는 가장 적합한 마스크는?

① 송기 마스크 ② 방진 마스크
③ 방독 마스크 ④ 위생 마스크

> 산소가 결핍된 장소에서는 산소 공급기가 달린 송기 마스크를 착용해야 한다.

49 고로에 사용되는 내화재가 갖추어야 할 조건으로 틀린 것은?

① 열충격이나 마모에 강할 것
② 고온에서 용융, 연화하지 않을 것
③ 열전도도는 매우 높고, 냉각효과가 없을 것
④ 용선, 용재 및 가스에 대하여 화학적으로 안정할 것

> 고로 내화재 구비조건
> ① 내열충격, 내마모성이 클 것
> ② 내스폴링성이 클 것
> ③ 고온, 고압에서 강도가 클 것
> ④ 고온에서 연화, 휘발하지 않을 것
> ⑤ 용선, 슬래그, 가스에 대하여 화학적으로 안정할 것
> ⑥ 적당한 열전도를 가지고 냉각효과 있을 것

50 고로에서 출선구 머드건(폐색기)의 성능을 향상시키기 위하여 첨가하는 원료는?

① SiC   ② CaO
③ MgO   ④ FeO

> 머드건의 성능을 향상시키기 위해서 머드에 SiC 성분을 첨가한다.

51 소결설비에서 점화로의 기능에 대한 설명으로 옳은 것은?

① 장입된 원료 표면에 착화하는 장치이다.
② 소결설비의 가열로에 점화하는 장치이다.
③ 소결설비의 보열로에 점화하는 장치이다.
④ 소결원료에 착화하는 장치이다.

> 점화로는 장입된 소결원료 표면에 착화시키는 소결설비이다.

52 고로의 풍구로부터 들어오는 압풍에 의하여 생기는 풍구 앞의 공간을 무엇이라고 하는가?

① 행잉(hanging)
② 레이스 웨이(race way)
③ 풀루딩(flooding)
④ 슬로핑(slopping)

> 레이스 웨이
> ① 풍구 앞부분에서 풍구압력에 의해 발생한 공간으로 코크스가 열풍에 의해 2단계로 CO가스가 생성된다.
> ② 1영역 : $C+O_2 \rightarrow CO_2$
> ③ 2영역 : $CO_2+C \rightarrow 2CO$

53 용광로 조업에서 석회과잉(line setting) 현상의 설명 중 틀린 것은?

① 유동성이 악화된다.
② 용융온도가 상승한다.
③ 염기도가 급격히 감소한다.
④ 출선 출재가 곤란하게 된다.

> 석회가 과잉되면 염기도가 급격히 상승한다.

54 출선된 용선은 탕도에서 슬래그(광재)의 비중 차로 분리된다. 용선과 슬래그의 각각 비중은 약 얼마인가?

① 용선 : 8.7 슬래그 : 4.5~4.6
② 용선 : 7.9 슬래그 : 4.0~4.1
③ 용선 : 7.5 슬래그 : 3.6~3.7
④ 용선 : 7.0 슬래그 : 2.6~2.7

> • 용선 비중 : 7.0
> • 슬래그 비중 : 2.5~3.3

정답 49 ③ 50 ① 51 ① 52 ② 53 ③ 54 ④

55 소결기의 속도를 P.S, 장입 층후를 h, 스탠드 길이를 L이라고 할 때, 화염진행속도(F.F.S)를 나타내는 식으로 옳은 것은?

① $\dfrac{P.S \times h}{L}$ ② $\dfrac{L \times h}{P.S}$

③ $\dfrac{L}{P.S \times h}$ ④ $\dfrac{P.S \times L}{h}$

> 화염진행속도(FFS) = $\dfrac{P.S \times h}{L}$
> 여기서, P.S : 소결기 속도
>   h : 장입 층후
>   L : 스탠드 길이

56 출선구에서 나오는 용선과 광재를 분리시키는 역할을 하는 것은?

① 출재구(tapping hole)
② 더미바(dummy bar)
③ 스키머(skimmer)
④ 탕도(runner)

> 스키머(skimmer)
> 용선과 슬래그를 비중 차에 의해 분리하는 장치

57 자철광 1,500g을 자력 선별하여 725g의 정광 산물을 얻었다면 선광비는 얼마인가?

① 0.48   ② 1.07
③ 2.07   ④ 2.48

> 선광비 = $\dfrac{원광석}{정광산물}$ = $\dfrac{1,500}{725}$ = 2.07

58 노 내 장입물의 분포상태를 변경하는 방법이 아닌 것은?

① 장입선의 변경
② 층두께의 변경
③ 용선차의 변경
④ 장입순서의 변경

> 용선차는 고로에서 생산된 용선을 전로 공장으로 이송하는 설비이므로 장입물 변경과는 관련이 없다.

59 유동로의 가스흐름을 고르게 하여 장입물을 균일하게 유동화시키기 위하여 고속의 가스 유속이 형성되는 장치는?

① 딥 레그(Dip leg)
② 분산판 노즐(Nozzle)
③ 친니스 햇(Chiness hat)
④ 가이드 파이프(Guide pipe)

> 노즐을 통과하면서 유속이 빨라져서 고속의 가스 유속이 형성된다.

60 소결 원료 중 조재(造滓)성분에 대한 설명으로 옳은 것은?

① Al_2O_3는 결정수를 감소시킨다.
② SiO_2는 제품의 강도를 감소시킨다.
③ MgO의 증가에 따라 생산성을 증가시킨다.
④ CaO의 증가에 따라 제품의 강도를 감소시킨다.

> SiO_2, CaO는 강도를 증가시고, MgO는 생산성을 하락시킨다.

정답 55 ① 56 ③ 57 ③ 58 ③ 59 ② 60 ①

2019년 3회 제선기능사 CBT 복원문제

01 T.T.T 곡선에서 하부 임계냉각 속도란?

① 50% 마텐자이트를 생성하는데 요하는 최대의 냉각속도
② 100% 오스테나이트를 생성하는데 요하는 최소의 냉각속도
③ 최초에 소르바이트가 나타나는 냉각속도
④ 최초에 마텐자이트가 나타나는 냉각속도

> TTT 곡선에서 하부 임계냉각속도
> 마텐자이트가 생성되기 시작하는 냉각속도

02 라우탈은 Al-Cu-Si 합금이다. 이 중 3~8% Si를 첨가하여 향상되는 성질은?

① 주조성   ② 내열성
③ 피삭성   ④ 내식성

> Si은 유동성을 증가시키므로 주조성을 향상시킨다.

03 분말상 Cu에 약 10% Sn 분말과 2% 흑연 분말을 혼합하고, 윤활제 또는 휘발성 물질을 가한 후 가압 성형하여 소결한 베어링 합금은?

① 켈밋 메탈
② 배빗 메탈
③ 앤티프릭션
④ 오일리스 베어링

> **오일리스 베어링용 합금(소결 베어링용 합금)**
> Cu 분말에 8~12%의 Sn 분말과 4~5%의 흑연 분말을 배합하여 압축성형하고 900℃ 온도에서 소결한 합금으로 다공질이므로 20~40%의 기름을 흡수할 수 있는 베어링용 합금이다.

04 알루미늄(Al)의 특성을 설명한 것 중 옳은 것은?

① 온도에 관계없이 항상 체심입방격자이다.
② 강(Steel)에 비하여 비중이 가볍다.
③ 주조품 제작 시 주입온도는 1,000℃이다.
④ 전기전도율이 구리보다 높다.

> Al은 FCC구조로 용융점은 660℃이어서 주조 온도도 낮으며, 비중이 약 2.7정도로 철보다 가벼우며, 전기전도도는 구리 다음으로 높다.

정답 01 ④ 02 ① 03 ④ 04 ②

05 귀금속에 속하는 금은 전연성이 가장 우수하며 황금색을 띤다. 순도 100%를 나타내는 것은?

① 24캐럿(carat, K)
② 48캐럿(carat, K)
③ 50캐럿(carat, K)
④ 100캐럿(carat, K)

> 귀금속의 순도는 캐럿(carat, K)으로 나타내는데 24K를 순도가 100%에 가까운 것으로 한다.

06 Fe-C계 평형상태도에서 냉각 시 A_{cm}선이란?

① δ고용체에서 γ고용체가 석출하는 온도선
② γ고용체에서 시멘타이트가 석출하는 온도선
③ α고용체에서 펄라이트가 석출하는 온도선
④ γ고용체에서 α고용체가 석출하는 온도선

> A_{cm}선
> γ고용체에서 시멘타이트가 석출되기 시작하는 온도선
> ※ A_{13}선 : γ고용체에서 페라이트가 석출되기 시작하는 온도선

07 물의 상태도에서 고상과 액상의 경계선상에서의 자유도는?

① 0   ② 1
③ 2   ④ 3

> 자유도
> $F = n - P + 2 = 1 - 2 + 2 = 1$
> (n : 성분 수, P : 상의 수)

08 다음 중 반자성체에 해당하는 금속은?

① 철(Fe)   ② 니켈(Ni)
③ 안티몬(Sb) ④ 코발트(Co)

> ① 강자성체 : 자계를 접근시키면 강하게 자화되고 자계가 사라져도 자계가 남아있는 물질로 자석에 잘 달라붙는 성질을 갖는다. (Fe, Co, Mn 등)
> ② 상자성체 : 자계를 접근시키면 약하게 자계 방향으로 약하게 자화되고, 자계가 자계되면 자화되지 않는 물질 (Al, Pt, Sn, Ir 등)
> ③ 반자성체 : 자계를 접근시키면 자계와 반대 방향으로 자화되는 물질 (Bi, Si, Au, Ag, Cu, Sb 등)
> ④ 비자성체 : 자계를 접근시켜도 자화되지 않는 물질 (스테인리스강, 플라스틱, 고무 등의 비금속)

09 다음 상태도에서 액상선을 나타내는 것은?

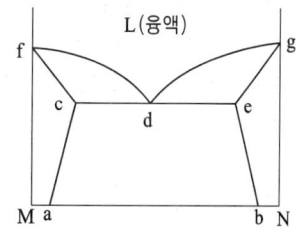

① acf   ② cde
③ fdg   ④ beg

> 액상선 : fdg

10 주석-구리-안티몬의 합금으로 주석계 화이트 메탈이라고 하는 것은?

① 인코넬   ② 배빗메탈
③ 콘스탄탄   ④ 알클래드

> 배빗메탈
> Sn-Cu-Sb계 베어링용 화이트메탈

정답 05 ① 06 ② 07 ② 08 ③ 09 ③ 10 ②

11 80Cu-15Zn 합금으로서 연하고 내식성이 좋으므로 건축용, 소켓, 체결구 등에 사용되는 합금은?

① 실루민(silumin)
② 문츠메탈(muntz metal)
③ 틴 브라스(tin brass)
④ 레드 브라스(red brass)

> ① Red brass : Cu(85%)-Zn(15%) 합금으로 연하고 내식성이 우수
> ② 문쯔메탈 : 6-4황동
> ③ 틴브라스 : 주석황동
> ④ 실루민 : Al-Si 합금

12 공구용 합금강이 공구 재료로서 구비해야 할 조건으로 틀린 것은?

① 강인성이 커야 한다.
② 내마멸성이 작아야 한다.
③ 열처리와 공작이 용이해야 한다.
④ 상온과 고온에서의 경도가 높아야 한다.

> 공구강은 내마멸성이 커야 한다.

13 금속간화합물에 관한 설명 중 틀린 것은?

① 변형이 어렵다.
② 경도가 높고 취약하다.
③ 일반적으로 복잡한 결정구조를 갖는다.
④ 경도가 높고 전연성이 좋다.

> **금속간화합물의 특징**
> ① 일정한 원자량의 정수비로 결합된다.
> ② 복잡한 결정구조를 가진다.
> ③ 매우 단단하고 취성이 크다.
> ④ 비금속의 성질이 강하고, 녹는점이 높으며 전기저항이 크다.

14 Y-합금의 조성으로 옳은 것은?

① Al – Cu – Mg – Si
② Al – Si – Mg – Ni
③ Al – Cu – Ni – Mg
④ Al – Mg – Cu – Mn

> Y합금은 Al-Cu-Mg-Ni계 합금으로 내연기관용으로 사용한다.

15 다음 중 Mg에 대한 설명으로 틀린 것은?

① 상온에서 비중은 약 1.74이다.
② 구상흑연의 첨가제로 사용한다.
③ 절삭성이 양호하고, 산이나 염수에 잘 견디나 알칼리에는 침식된다.
④ Mg은 용융점 이상에서 공기와 접촉하여 가열되면 폭발 및 발화하기 때문에 주의가 필요하다.

> Mg은 절삭성이 불량하고, 산이나 염수에 침식된다.

16 척도를 기입하는 방법으로 틀린 것은?

① 척도에서 1 : 2는 축척이고, 2 : 1은 배척이다.
② 척도는 도면의 오른쪽 아래에 있는 표제란에 기입한다.
③ 표제란이 없을 경우에는 척도의 기입을 생략해도 무방하다.
④ 같은 도면에 다른 척도를 사용할 때 각 품번 옆에 사용된 척도를 기입한다.

> 표제란이 없어도 척도는 도명이나 품번 가까운 곳에 반드시 기록한다.

정답 11 ④ 12 ② 13 ④ 14 ③ 15 ③ 16 ③

17 도면의 지시선 위에 "46-φ20"이라고 기입되어 있을 때의 설명으로 옳은 것은?

① 지름이 20mm인 구멍이 46개
② 지름이 46mm인 구멍이 20개
③ 드릴 치수가 20mm인 드릴이 46개
④ 드릴 치수가 46mm인 드릴이 20개

> 46-φ20
> φ20은 지름 20mm, 46은 구멍의 개수가 46개

18 도면을 접어서 보관할 때 표준이 되는 것으로 크기가 210×297mm인 것은?

① A2   ② A3
③ A4   ④ A5

> 도면은 A4 210×297 크기로 접어서 보관한다.

19 용도에 따른 선의 종류와 선의 모양이 옳게 연결된 것은?

① 가상선 – 굵은 실선
② 숨은선 – 가는 실선
③ 피치선 – 굵은 2점 쇄선
④ 중심선 – 가는 1점 쇄선

> ① 가상선 : 가는 2점 쇄선
> ② 숨은선 : 가는 파선, 굵은 파선
> ③ 피치선 : 가는 1점 쇄선
> ④ 중심선 : 가는 1점 쇄선

20 대상물의 구멍, 홈 등과 같이 한 부분의 모양을 도시하는 것으로 충분한 경우에 도시하는 방법은?

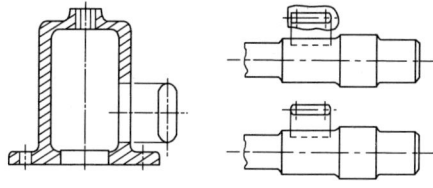

① 보조 투상도
② 회전 투상도
③ 국부 투상도
④ 부분 확대 투상도

> 국부 투상도
> 대상물에서 한 부분의 모양을 도시한 것

21 KS D 3503 SS330은 일반 구조용 압연 강재를 나타내는 것이다. 이 중 제품의 형상별 종류나 용도 등을 나타내는 기호로 옳은 것은?

KS D 3503	S	S	330
㉠	㉡	㉢	㉣

① ㉠   ② ㉡
③ ㉢   ④ ㉣

> ① KS D 3503 : KS 규격 위치
> ② S : 재질기호로 강을 나타냄
> ③ S : 규격과 제품명을 나타내는 기호로 일반 구조용 압연재이다.
> ④ 330 : 최저 인장강도가 330

정답 17 ① 18 ③ 19 ④ 20 ③ 21 ③

22 물체의 실제 길이 치수가 500mm인 경우 척도 1 : 5 도면에서 그려지는 길이(mm)는?

① 100   ② 500
③ 1,000 ④ 2,500

> 척도가 1 : 5면 축척이므로 500mm는 100mm로 그린다.

23 그림에서 절단면을 나타내는 선의 기호와 이름이 옳은 것은?

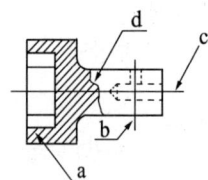

① a – 해칭선   ② b – 숨은선
③ c – 파단선   ④ d – 중심선

> 절단면은 해칭선으로 나타낸다.

24 SF340A에서 SF가 의미하는 것은?

① 주강
② 회주철
③ 탄소강 단강품
④ 탄소강 압연강재

> SF 탄소강 단강품, SM 기계구조용 탄소강, SS 압연용 탄소강, SC 탄소용 주강품, GC 회주철, GCD 구상흑연주철, STC 탄소공구강, SKH 고속도강

25 도면에서 단위 기호를 생략하고 치수 숫자만 기입할 수 있는 단위는?

① inch   ② m
③ cm   ④ mm

> 치수 단위에서 mm는 생략가능하다.

26 다음 중 도면의 크기가 가장 큰 것은?

① A0   ② A2
③ A3   ④ A4

> A0가 가장 크고 이것을 기준으로 1/2 크기로 한 것이 A1, A1을 1/2 크기로 한 것이 A2, A2를 1/2 크기로 한 것이 A3, A3를 1/2 크기로 한 것이 A4이다.

27 투상도법에서 원근감을 나타낸 투상도법은?

① 정 투상도   ② 부등각 투상도
③ 등각 투상도 ④ 투시도

> 투시도는 원근감을 나타낸 그림으로 건축물, 다리 등의 도면에 사용한다.

28 고로가스(BFG)의 발열량은 약 몇 kcal/m³인가?

① 850   ② 1,200
③ 2,500 ④ 4,500

> 가스 발열량
> ① COG : 4,500~4,800kcal/m³
> ② BFG : 680~850kcal/m³
> ③ LDG : 2,000kcal/m³
> ④ LPG : 22,000kcal/m³

정답 22 ① 23 ① 24 ③ 25 ④ 26 ① 27 ④ 28 ①

29 다음 설비 중 장입물 분포를 제어하는 데 이용되는 것은?

① 수평 사운드
② 가스 샘플러
③ 무버블 아머
④ 노정 살수장치

> 장입물 분포제어 설비
> Movable arm, 선회슈트

30 고로 내에서 노 내벽 연와를 침식하여 노체 수명을 단축시키는 원소는?

① Zn
② P
③ Al
④ Ti

> • Zn : 노벽을 침식시켜 노체 수명을 단축시킨다.
> • Ti : 노저로 가라앉아서 노바닥 보호용으로 사용한다.

31 고로 내의 국부 관통류(channelling)가 발생하였을 때의 조치 방법이 아닌 것은?

① 장입물의 입도를 조정한다.
② 장입물의 분포를 조정한다.
③ 장입방법을 바꾸어 준다.
④ 일시적으로 송풍량을 증가시킨다.

> 국부 관통류(특정 부분으로 집중해서 가스가 흐르는 것)는 장입분포, 입도, 방법 등의 문제이다.

32 고로에서 요구되는 소결광의 적정입도 (mm) 범위는?

① 1~5
② 5~50
③ 50~80
④ 80~150

> 소결광 입도는 하한을 5~6mm, 상한을 50~75 mm로 하고 있으므로 적정입도 범위는 5~50mm 정도이다.

33 파이넥스(finex) 제선법에 대한 설명 중 틀린 것은?

① 주원료로 주로 분광을 사용한다.
② 송풍에 있어 산소를 불어 넣는다.
③ 환원 반응과 용융 기능이 분리되어 안정적인 조업에 유리하다.
④ 고로 조업과 달리 소결 공정은 생략되어 있으나 코크스 제조 공정은 필요하다.

> 파이넥스법은 분광석과 석탄을 장입하므로 소결 공정이나 코크스 제조가 필요하지 않다.

34 소결기 Grate Bar 위에 깔아주는 상부광의 기능이 아닌 것은?

① Grate Bar 막힘 방지
② 소결원료의 저부 배출용이
③ Grate Bar 용융부착 방지
④ 배광부에서 소결광 분리 용이

> 상부광의 역할
> ① 그레이트 바에 적열소결광 용융부착 방지
> ② 그레이트 바에 신원료에 의한 구멍막힘을 방지
> ③ 그레이트 바 사이로 세립원료가 빠져나감을 방지
> ④ 그레이트 바의 적열을 방지하여 수명을 연장
> ⑤ 배광부에서 소결광 분리 용이

정답 29 ③ 30 ① 31 ④ 32 ② 33 ④ 34 ②

35 파쇄된 적열 소결광을 일정 크기별로 선별처리하는 장치는?

① 화격자 ② 열간 크러셔
③ 냉각기 ④ 열간 스크린

> ① 화격자 : 팔레트 대차 내에 배합원료를 받쳐주는 역할
> ② 열간 크러셔 : 배광부에서 낙하되는 적열 소결광을 150mm 이하로 파쇄하는 역할
> ③ 냉각기 : 열간 스크린에서 선별된 소결광을 냉각시키는 설비
> ④ 열간 스크린 : 크러셔에서 파쇄된 소결광을 일정한 크기별로 선별하는 설비

36 고로 노 내 조업 분위기는?

① 산화성
② 환원성
③ 중성
④ 산화, 환원, 중성의 복합분위기

> 고로 조업의 분위기
> 환원성(철광석을 환원시켜 철을 생산하는 것이므로)

37 생 펠렛 성형기의 특징이 아닌 것은?

① 틀이 필요 없다.
② 가압을 필요로 하지 않는다.
③ 연속조업이 불가능하다.
④ 물리적으로 원심력을 이용한다.

> 생 펠렛 성형기는 연속조업이 가능하다.

38 고로에서 주물선과 관련이 가장 깊은 원소는?

① Cu ② Si
③ Al ④ Sn

> 주물선은 C와 Si 함유량을 높인 용선으로 주물용으로 사용한다.

39 고로 내에서 코크스의 역할이 아닌 것은?

① 산화제로서의 역할
② 연소에 따른 열원으로서의 역할
③ 고로 내의 통기를 잘하기 위한 Spacer 로서의 역할
④ 선철, 슬래그에 열을 주는 열교환 매개체로서의 역할

> 고로에서 코크스의 역할
> ① 열풍과 연소해서 고로 내 에너지를 공급(열원)
> ② 연소가스(CO가스)가 철광석을 간접환원
> ③ 고체 탄소가 철광석을 직접환원
> ④ 선철 중에 용해되어(가탄) 선철의 용융점을 낮춤
> ⑤ 연소하고 남은 자리가 통기의 역할

40 고로의 특정 부분만 통기 저항이 작아 바람이 잘 통해서 다른 부분과 가스 상승에 차가 생기는 현상을 무엇이라 하는가?

① 슬립(slip)
② 드롭(drop)
③ 행깅(hanging)
④ 벤틸레이션(ventilation)

> 벤틸레이션(날바람, 취발)
> 고로의 일부분이 통기성이 적어 바람이 잘 통하지 않아 가스 흐름의 차가 발생하는 현상

정답 35 ④ 36 ② 37 ③ 38 ② 39 ① 40 ④

41 소량으로도 인체에 가장 치명적인 것은?

① CO
② Na_2CO_3
③ H_2O
④ CO_2

> CO가스(일산화탄소)는 인체에 흡입되면 적혈구의 산소 이동을 방해하여 사망에 이르게 하는 치명적인 가스이다.

42 고로조업 시 화입할 때나 노황이 아주 나쁠 때 코크스와 석회석만 장입하는 것은 무엇이라 하는가?

① 연장입(連裝入)
② 중장입(重裝入)
③ 경장입(輕裝入)
④ 공장입(空裝入)

> • **공장입** : 광석을 장입하지 않고, 석회석과 코크스만 장입
> • **중장입** : 코크스비를 크게 하는 조업
> • **경장입** : 코크스비를 적게 하는 조업

43 소결광 품질이 고로조업에 미치는 영향을 설명한 것 중 틀린 것은?

① 낙하강도(SI) 저하 시 노황 부조의 원인이 된다.
② 낙하강도(SI) 저하 시 고로 내의 통기성을 저해한다.
③ 일반적으로 피환원성이 좋은 소결광일수록 환원 시 분화가 어렵고 입자 직경이 커진다.
④ 소결광의 염기도 변동 폭이 클 경우 부원료를 직접 장입함으로써 열손실을 초래한다.

> 피환원성이 좋으면 환원에 의한 분화도 빨라져서 입자 직경이 감소한다.

44 고로설비 중 주상설비에 해당되지 않는 것은?

① 출선구 개공기
② 탄화실
③ 주상 집진기
④ 출재구 폐색기

> **주상설비**
> 출선구 개공기, 머드건, 주상 집진기, 폐색기, 스키머, 용선대통
> 탄화실은 코크스로의 설비이다.

45 소결공정의 일반적인 조업순서로 옳은 것은?

① 원료 절출 → 혼합 및 조립 → 원료 장입 → 점화 → 괴성화 → 1차 파쇄 및 선별 → 냉각 → 2차 파쇄 및 선별 → 저장 후 고로 장입
② 원료 절출 → 원료 장입 → 혼합 및 조립 → 1차 파쇄 및 선별 → 점화 → 괴성화 → 냉각 → 2차 파쇄 및 선별 → 저장 후 고로 장입
③ 원료 절출 → 1차 파쇄 및 선별 → 혼합 및 조립 → 원료 장입 → 점화 → 괴성화 → 냉각 → 2차 파쇄 및 선별 → 저장 후 고로 장입
④ 원료 절출 → 괴성화 → 1차 파쇄 및 선별 → 혼합 및 조립 → 원료 장입 → 점화 → 2차 파쇄 및 선별 → 냉각 → 저장 후 고로 장입

> **소결공정**
> 원료 절출 → 혼합 및 조립 → 원료 장입 → 점화 → 괴성화 → 1차 파쇄 및 선별 → 냉각 → 2차 파쇄 및 선별 → 저장 후 고로 장입

정답 41 ① 42 ④ 43 ③ 44 ② 45 ①

46 드와이트-로이드(dwight lloyd) 소결기에 대한 설명으로 틀린 것은?

① 소결 불량 시 재점화가 가능하다.
② 방진장치 설치가 용이하다.
③ 기계부분의 손상 마모가 크다.
④ 연속식이기 때문에 대량생산에 적합하다.

> DL(Dwight Lloyd)식 소결기(연속식) 장점
> ① 연속적이므로 대량생산에 적합
> ② 자동화 가능하여 인건비가 적음
> ③ 집진장치 설치가 용이
> ④ 소결광의 피환원성 향상
> ⑤ 소결광의 상온강도 향상

47 냉입 사고발생의 원인으로 관계가 먼 것은?

① 풍구, 냉각반 파손으로 노 내 침수
② 날바람, 벽락 등으로 노황 부조
③ 급작스런 연료 취입증가로 노 내 열 밸런스 회복
④ 돌발 휴풍으로 장시간 휴풍 지속

> 급작스런 연료 취입증가가 일어나면 고로의 온도가 일시적으로 상승한다.
> ※ 냉입사고 발생원인
> ① 노 내 침수 : 풍구, 냉각반, 스토브 등 냉각장치의 파손에 의한 노 내 침수
> ② 장시간 휴풍 : 돌발 휴풍으로 장시간 휴풍이 준비 없이 행할 경우 발생
> ③ 노황 부조 : 날바람, 벽락 등에 의한 열 밸런스 이상
> ④ 이상 조업 : 장입물의 평량 이상, 연료취입 정지 등에 의한 열 밸런스 붕괴, 휴풍 시 침수 등

48 코크스제조에서 사용되지 않는 것은?

① 머드건 ② 균열강도
③ 낙하시험 ④ 텀블러지수

> 머드건은 고로 조업에서 출선구를 막는 설비이다.

49 휴풍 작업상의 주의사항을 설명한 것 중 틀린 것은?

① 노정 및 가스 배관을 부압으로 하지 말 것
② 가스를 열풍 밸브로부터 송풍기측에 역류시키지 말 것
③ 제진기의 증기를 필요 이상으로 장시간 취입하지 말 것
④ Bleeder가 불충분하게 열렸을 때 수봉 밸브를 닫을(잠글) 것

> 블리더 밸브가 불충분하게 열려 있으면 수봉 밸브를 잠그면 안 된다.

50 소결광의 낙하강도(SI)가 저하하면 발생되는 현상으로 틀린 것은?

① 노황부조의 원인이 된다.
② 노 내 통기성이 좋아진다.
③ 분율의 발생이 증가한다.
④ 소결의 원단위 상승을 초래한다.

> 낙하강도가 저하되면 고로 장입 시 깨지기 쉬우므로 분율의 발생이 증가하여 통기성이 나빠지게 되므로 낙하강도가 커야 한다.

51 제게르 추의 번호 SK31의 용융 연화점 온도는 몇 ℃인가?

① 1,530 ② 1,690
③ 1,730 ④ 1,850

> SK 30이 1,670℃이며 SK 1 증가 또는 감소할 때 20℃ 차이가 나므로 1,670+20 = 1,690℃이다.

52 고로 노체냉각 방식 중 고압 조업하에서 가스 실(seal)면에서 유리하며 연와가 마모될 때 평활하게 되는 장점이 있어 차츰 많이 채용되고 있는 냉각방식은?

① 살수식
② 냉각반식
③ 자켓(jacket)식
④ 스토브(stave) 냉각방식

> 냉각반 방식은 고로 내화벽돌 내부로 냉각장치를 삽입하는 형태로 내화물과의 접촉면적이 커서 냉각효과가 우수하여 많이 사용하고 있다.

53 적은 열소비량으로 소결이 잘되는 장점이 있어 소결용 또는 펠렛 원료로 적합한 광석은?

① 능철광　　② 적철광
③ 자철광　　④ 갈철광

> 자철광(Fe_3O_4)이 가장 소결이 잘 된다.

54 소결 원료에 첨가하는 수분의 결정 요소와 관계가 먼 것은?

① 원료의 입도
② 원료의 통기도
③ 사용 공기량
④ 풍압 및 온도

> 소결 원료 목표 수분값 결정 요인
> 원료 입도, 원료 통기도, 풍상 압력, 풍상 온도, 배광부 상태

55 소결용 코크스를 다른 소결원료보다 세립으로 하는 조업상 중요한 이유는?

① 수분의 첨가율 상승
② 성분의 조정
③ 강도의 증가
④ 적절한 열분포

> 소결용 코크스는 소결을 위한 연료 역할을 하므로 산화가 잘되고 적절한 열분포를 위해서 세립으로 한다.
> ① 소결용 코크스의 입도 : 1.0~1.6mm
> ② 고로용 코크스의 입도 : 15~90mm

56 코크스로에 원료를 장입하여 압출될 때까지 석탄이나 코크스가 노 내에 머무르는 시간을 무엇이라 하는가?

① 탄화시간　　② 장입시간
③ 압출시간　　④ 방치시간

> 탄화시간
> 석탄이 노 내에 머무는 시간

57 함수 광물로써 산화마그네슘(MgO)을 함유하고 있으며, 고로에서 슬래그 성분 조절용으로 사용하며 광재의 유동성을 개선하고 탈황 성능을 향상시키는 것은?

① 규암　　② 형석
③ 백운석　　④ 사문암

> 사문암은 함수광물로 화학식은 $3MgO \cdot 2SiO_2 \cdot 2H_2O$이며, MgO를 함유하고 있어 고로에 사용하면 백운석과 같이 광재의 유동성을 개선, 탈황성능을 향상시킬 수 있다.

정답　52 ②　53 ③　54 ③　55 ④　56 ①　57 ④

58 고로의 슬래그 염기도를 1.2로 조업하려고 한다. 슬래그 중 SiO₂가 250kg이라면 석회석($CaCO_3$)은 약 얼마 정도(kg)가 필요한가? (단, 석회석($CaCO_3$) 중 유효 CaO는 56%이다)

① 415.7
② 435.7
③ 515.7
④ 535.7

$$염기도 = \frac{CaO}{SiO_2}$$
$$CaO = 염기도 \times SiO_2 = 1.2 \times 250 = 300$$
$$CaCO_3 = \frac{CaO량}{CaO유효비} = \frac{300}{0.56} = 535.7$$

59 야드 설비 중 불출 설비에 해당되는 것은?

① 스택커(Stacker)
② 언로더(Unloader)
③ 리클레이머(Reclaimer)
④ 트레인 호퍼(Train Hopper)

- **불출설비** : 리클레이머
- **하역설비** : 언로더
- **적치설비** : 스택커, 트레인 호퍼

60 석탄의 풍화에 대한 설명으로 옳은 것은?

① 온도가 높으면 풍화가 되지 않는다.
② 탄화도가 높은 석탄일수록 풍화되기 쉽다.
③ 미분은 표면적이 크기 때문에 풍화되기 쉽다.
④ 환기가 양호하면 열방산이 되지 않고, 새로운 공기가 공급되기 때문에 발열하지 않는다.

미분일수록 표면적이 크므로 공기에 접하는 면적도 커서 풍화가 빨리된다.

정답 58 ④ 59 ③ 60 ③

2020년 1회 제선기능사 CBT 복원문제

01 Al-Si 합금의 강도와 인성을 개선하기 위해 Na나 Sr, Sb 등을 첨가하여 공정 Si 상을 미세화시키는 처리는?

① 고용화처리
② 시효처리
③ 탈산처리
④ 개량처리

> 실루민(Al-Si) 합금은 초정 Si의 생성을 억제하기 위하여 Na 등으로 개량처리를 하여 공정조직으로 바꾸면 강도가 증가하고 취성이 개선된다.

02 탄소가 0.50~0.70%이고, 인장강도는 590~690MPa이며, 축, 기어, 레일, 스프링 등에 사용되는 탄소강은?

① 톰백
② 극연강
③ 반연강
④ 최경강

> **최경강**
> 탄소 0.5~0.7% 정도 함유된 고탄소강으로 인장강도가 600~700MPa에 이르는 강

03 면심입방격자에 포함되어 있는 원자의 수는 몇 개인가?

① 1개
② 2개
③ 3개
④ 4개

결정구조	기호	배위수	원자수	충진율
체심입방격자	BCC	8	2	68%
면심입방격자	FCC	12	4	74%
조밀육방격자	HCP (CPH)	12	6(2)	74%

04 Ti금속의 특징을 설명한 것 중 옳은 것은?

① Ti 및 그 합금은 비강도가 높다.
② 저용융점 금속이며, 열전도율이 높다.
③ 상온에서 면심입방격자(FCC)의 구조를 갖는다.
④ Ti은 화학적으로 반응성이 없어 내식성이 나쁘다.

> • 티타늄은 비중 4.5, 융점 1,800°C 상자성체이며 매우 경도가 높고 여림 강도는 거의 탄소강과 같음
> • 비강도는 비중이 철보다 작으므로 철의 약 2배
> • 열전도와 열팽창률도 작은 편
> • 타이타늄은 전형적인 금속 조밀육방격자(hcp) 구조(α형)를 갖는데, 882°C 이상에서는 β형 체심입방(bcc) 구조로 변함
> • 단점 : 고온에서 쉽게 산화하는 것과 값이 고가인 점
> • 항공기, 우주 개발 등에 사용되는 이외에 고도의 내식재료로서 중용

정답 01 ④ 02 ④ 03 ④ 04 ①

05 금속의 결정구조를 생각할 때 결정면과 방향을 규정하는 것과 관련이 가장 깊은 것은?

① 밀러지수 ② 탄성계수
③ 가공지수 ④ 전이계수

> 금속의 결정구조에서 결정면과 방향은 밀러지수에 의해 정한다.

06 금속 중에 0.01~0.1μm 정도의 산화물 등 미세한 입자를 균일하게 분포시킨 금속 복합재료는 고온에서 재료의 어떤 성질을 향상시킨 것인가?

① 내식성 ② 크리프
③ 피로강도 ④ 전기전도도

> 분산강화 금속복합재료는 1μm 이하의 입자를 분포시킨 것으로 강도와 고온 크리프성이 개선된다.

07 금속의 가공 시 열간가공을 마무리하는 온도는?

① 재결정 온도 ② 피니싱 온도
③ 변태 온도 ④ 응고 온도

> 열간가공을 마무리하는 온도를 피니싱 온도라 하고, 열간가공과 냉간가공을 구분하는 온도를 재결정 온도라 한다.

08 강괴의 종류에 해당되지 않는 것은?

① 쾌삭강 ② 캡드강
③ 킬드강 ④ 림드강

> 쾌삭강의 성질상 분류하는 강으로 절삭성이 우수한 강이다.

09 분산강화 금속 복합재료에 대한 설명으로 틀린 것은?

① 고온에서 크리프 특성이 우수하다. 단단함과 거리가 멀다.
② 실용재료로는 SAP, TD Ni이 대표적이다.
③ 제조방법은 일반적으로 단접법이 사용된다.
④ 기지 금속 중에 0.01~0.1μm 정도의 미세한 입자를 분산시켜 만든 재료이다.

> **분산강화 금속 복합재료**
> • 금속에 0.01~0.1μm 정도의 산화물을 분산시킨 재료
> • 고온에서 크리프 특성이 우수
> • Al, Ni, Ni-Cr, Ni-Mo, Fe-Cr 등이 기지로 사용
> • 혼합법, 표면산화법, 공침법, 용융체 포화법 등의 제조방법이 있음

10 용융금속을 주형에 주입할 때 응고하는 과정을 설명한 것으로 틀린 것은?

① 나뭇가지 모양으로 응고하는 것을 수지상정이라 한다.
② 핵생성 속도가 핵 성장 속도보다 빠르면 입자가 미세해진다.
③ 주형에 접한 부분이 빠른 속도로 응고하고 차차 내부로 가면서 천천히 응고한다.
④ 주상결정입자 조직이 생성된 주물에서는 주상결정 입내 부분에 불순물이 집중하므로 메짐이 생긴다.

> 불순물은 주상결정 입계에 주로 편석이 되어 메짐이 생긴다.

정답 05 ① 06 ② 07 ② 08 ① 09 ③ 10 ④

11 초정(primary crystal)이란 무엇인가?

① 냉각 시 제일 늦게 석출하는 고용체를 말한다.
② 공정반응에서 공정반응 전에 정출한 결정을 말한다.
③ 고체 상태에서 2가지 고용체가 동시에 석출하는 결정을 말한다.
④ 용액 상태에서 2가지 고용체가 동시에 정출하는 결정을 말한다.

> 초정
> 공정반응에서 반응 전에 먼저 고상이 정출하는 것

12 문쯔메탈(Muntz metal)이라 하며 탈아연부식이 발생하기 쉬운 동합금은?

① 6-4 황동
② 주석 청동
③ 네이벌 황동
④ 애드미럴티 황동

> 문쯔메탈
> 6-4(Cu+40%Zn) 황동, 탈아연부식이 발생

13 다음 중 저용융점 합금에 대한 설명으로 틀린 것은?

① 저용융점 합금의 재료로는 Pb이 있다.
② 용융점이 낮은 합금은 Bi를 많이 품는다.
③ 화재경보기, 압축 공기용 안전밸브 등에 사용한다.
④ 저용융점 합금은 거의 약 650℃ 이하의 용융점을 갖는다.

> 저융점 합금은 350℃ 이하의 용융점을 갖는다.

14 비중 7.3 용융점 232℃, 13℃에서 동소변태하는 금속으로 전연성이 우수하며, 의약품, 식품 등의 포장용튜브, 식기, 장식기 등에 사용되는 것은?

① Al
② Ag
③ Ti
④ Sn

> 주석 Sn, 원자량 118.7g/mol, 녹는점 231.93℃, 끓는점 2,602℃이다. 모든 원소 중 동위원소가 가장 많으며 전성, 연성과 내식성이 크고 쉽게 녹기 때문에 주조성이 좋아 널리 사용되는 전이후 금속이다.

15 다음 중 슬립(slip)에 대한 설명으로 옳은 것은?

① 원자 밀도가 가장 큰 격자면과 최대인 방향에서 잘 일어난다.
② 원자 밀도가 가장 큰 격자면과 최소인 방향에서 잘 일어난다.
③ 원자 밀도가 가장 작은 격자면과 최대인 방향에서 잘 일어난다.
④ 원자 밀도가 가장 작은 격자면과 최소인 방향에서 잘 일어난다.

> 슬립은 원자의 이동으로 원자 밀도가 큰 격자면과 최대 방향을 따라서 원자가 이동한다.

16 한국산업표준에서 규정한 탄소 공구강의 기호로 옳은 것은?

① SCM
② STC
③ SKH
④ SPS

> • SCM : 크롬 몰리브덴 합금강
> • STC : 탄소공구강
> • SKH : 고속도강
> • SPS : 스프링강

정답 11 ② 12 ① 13 ④ 14 ④ 15 ① 16 ②

17 볼트를 고정하는 방법에 따라 분류할 때, 물체의 한쪽에 암나사를 깎은 다음 나사 박기를 하여 죄며 너트를 사용하지 않는 볼트는?

① 관통 볼트 ② 기초 볼트
③ 탭 볼트   ④ 스터드 볼트

> **체결용 볼트의 종류**
> ① 관통 볼트 : 너트와 같이 사용하는 볼트로, 체결하고자 하는 2개 부분에 구멍을 뚫고 볼트를 관통시킨 다음 너트로 조인다.
> ② 기초 볼트 : 기계류 및 구조물의 고정에 사용하는 것으로 기초 토대에 고정하기 위한 볼트
> ③ 탭 볼트 : 너트를 사용하지 않고 체결하는 상대쪽에 암나사를 내고 볼트를 나사박음하여 체결하는 볼트
> ④ 스터드 볼트 : 봉의 양 끝에 나사가 절삭되어 있어 한쪽을 기계의 본체 등에 체결하고 다른 쪽은 너트로 체결하는 볼트
> ⑤ 양너트 볼트 : 볼트의 양쪽에 수나사를 깎아 관통시킨 후 양끝 모두 너트로 죄는 볼트

18 치수기입을 위한 치수선과 치수보조선 위치가 가장 적합한 것은?

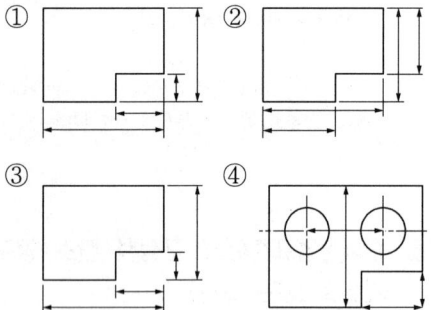

> 치수선은 작은 수치를 안쪽에, 큰 수치를 바깥쪽에 배치하고, 치수보조선은 외형의 끝에서 연장선을 그려서 나타낸다.

19 다음 중 도면의 표제란에 표시되지 않는 것은?

① 품명, 도면 내용
② 척도, 도면 번호
③ 투상법, 도면 명칭
④ 제도자, 도면 작성일

> 표제란에 표시되는 항목은 품명, 척도, 도면 번호, 투상법, 도면 명칭, 제도자, 작성일 등이며 도면 내용은 기록하지 않는다.

20 제품 사용상 실용적으로 허용할 수 있는 범위의 차이는?

① 데이텀   ② 공차
③ 죔쇄   ④ 끼워맞춤

> **공차**
> 제품의 치수의 허용되는 범위는 나타내는 척도로 최대 허용치수와 최소 허용치수와의 차를 말함

21 침탄, 질화 등 특수 가공할 부분을 표시할 때 나타내는 선으로 옳은 것은?

① 가는 파선
② 가는 1점 쇄선
③ 가는 2점 쇄선
④ 굵은 1점 쇄선

> 특수 가공 부위는 굵은 1점 쇄선으로 나타낸다.

정답 17 ③ 18 ① 19 ① 20 ② 21 ④

22 제도 용구 중 디바이더의 용도가 아닌 것은?

① 치수를 옮길 때 사용
② 원호를 그릴 때 사용
③ 선을 같은 길이로 나눌 때 사용
④ 도면을 축소하거나 확대한 치수로 복사할 때 사용

> 원호를 그릴 때는 컴퍼스를 사용한다.

23 리드가 12mm인 3줄 나사의 피치는 몇 mm인가?

① 3   ② 4
③ 5   ④ 6

> 피치 = 리드/줄수 = 12/3 = 4

24 다음 그림과 같은 투상도는?

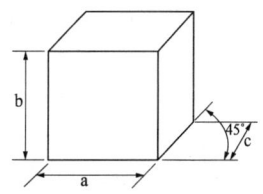

① 정투상도
② 등각투상도
③ 사투상도
④ 투시도

> 사투상도는 물체를 투상면에 대하여 한쪽으로 경사지게 투상하여 입체적으로 나타내는 것이다.

25 다음의 현과 호에 대한 설명 중 옳은 것은?

① 호의 길이를 표시하는 치수선은 호에 평행인 직선으로 표시한다.
② 현의 길이를 표시하는 치수선은 그 현과 동심인 원호로 표시한다.
③ 원호와 현을 구별해야 할 때에는 호의 치수숫자 위에 ⌒표시를 한다.
④ 원호로 구성되는 곡선의 치수는 원호의 반지름과 그 중심 또는 원호와의 접선 위치를 기입할 필요가 없다.

> 호의 길이는 호와 동심원인 원호로 표시하고, 현은 호에 평행인 직선으로 표시하며, 원호와 현을 구분할 때는 호의 치수숫자 위에 ⌒표시를 한다.

26 수면이나 유면 등의 위치를 나타내는 수준면선의 종류는?

① 파선   ② 가는 실선
③ 굵은 실선   ④ 1점 쇄선

> 수준면은 가는 실선으로 나타낸다.
> ※ **가는 실선** : 치수선, 치수보조선, 지시선, 수준면선

27 대상물의 표면으로부터 임의로 채취한 각 부분에서의 표면거칠기를 나타내는 기호가 아닌 것은?

① S_{tp} ② S_m
③ R_z ④ R_a

> **표면거칠기**
> R_a(중심선 평균 거칠기), R_{max}(최대 높이 거칠기), R_z(10점 평균 거칠기), S_m(평균 요철 폭 간격)

정답 22 ② 23 ② 24 ③ 25 ③ 26 ② 27 ①

28 용광로의 고압조업이 갖는 효과가 아닌 것은?

① 출선량이 증가한다.
② 코크스비가 감소한다.
③ 연진이 감소한다.
④ 노정 온도가 올라간다.

> 고압조업 효과
> ① 출선량 증가
> ② 연료비 저하
> ③ 노황의 안정
> ④ 연진의 감소

29 고로에서 슬래그의 성분 중 가장 많은 양을 차지하는 것은?

① CaO   ② SiO_2
③ MgO   ④ Al_2O_3

> 고로 슬래그
> CaO 〉 SiO_2 〉 Al_2O_3

30 고로의 장입설비에서 벨레스형(bell-less type)의 특징을 설명한 것 중 틀린 것은?

① 대형 고로에 적합하다.
② 성형원료 장입에 최적이다.
③ 장입물 분포를 중심부까지 제어가 가능하다.
④ 장입물의 표면 형상을 바꿀 수 없어 가스 이용률은 낮다.

> 벨레스형(선회슈트 사용)은 장입물의 표면 형상 조절이 가능하다.

31 용광로 노전 작업 중 출선을 앞당겨 실시하는 경우에 해당되지 않는 것은?

① 장입물 하강이 빠른 경우
② 휴풍 및 감압이 예상되는 경우
③ 출선구 심도(深度)가 깊은 경우
④ 출선구가 약하고 다량의 출선량에 견디지 못하는 경우

> 조출선하는 경우
> ① 출선구가 약하고 다량의 출선에 견디지 못할 때
> ② 출선, 출재가 불충분한 경우
> ③ 래이들 부족, 기타 양적인 제약이 생긴 경우
> ④ 노황 냉기미로서 풍구에 재가 보일 때
> ⑤ 장입물 하강이 빠를 때
> ⑥ 감압, 휴풍이 예상될 때

32 자용성 소결광은 분광에 무엇을 첨가하여 만든 소결광인가?

① 형석   ② 석회석
③ 빙정석   ④ 망간광석

> 자용성 소결광은 분광석에 석회석을 첨가한 소결광이다.

33 적열코크스를 불활성가스로 냉각소화하는 건식소화법(CDQ : Coke Dry Quenching)의 효과가 아닌 것은?

① 강도 향상   ② 수분 증가
③ 현열 회수   ④ 분진 감소

> CDQ(건식소화법)은 물을 사용하지 않고 고압의 질소를 넣어 냉각하므로 수분은 증가하지 않는다.

정답 28 ④ 29 ① 30 ④ 31 ③ 32 ② 33 ②

34 고로 상부에서부터 하부로의 순서가 옳은 것은?

① 노구 → 샤프트 → 노복 → 보시 → 노상
② 노구 → 보시 → 샤프트 → 노복 → 노상
③ 노구 → 샤프트 → 보시 → 노복 → 노상
④ 노구 → 노복 → 샤프트 → 노상 → 보시

> 노구 → 노흉(샤프트) → 노복(밸리) → 조안(보시) → 노상

35 고로 내 열수지 계산 시 출열에 해당하는 것은?

① 열풍 현열
② 용선 현열
③ 슬래그 생성열
④ 코크스 발열량

> ① 입열 : 철광석 환원열, 코크스 연소열, 송풍 현열, 슬래그 생성열
> ② 출열 : 노정가스 현열, 석회석 분해(하소)열, 코크스 solution loss, Si·Mn·P의 환원열, 슬래그 현열, 용선 현열, 방산열

36 다음 중 소결광의 환원분화를 조장하는 화합물은?

① 마그네타이트(Magnetite)
② 페이얼라이트(Fayalite)
③ 칼슘 페라이트(Calcium Ferrite)
④ 재산화 헤머타이트(Hematite)

> 페이얼라이트는 환원성을 저하시키고, 헤머타이트는 강도를 저하시키고 환원분화를 촉진한다.

37 송풍량이 1,680m³이고 노정가스 중 N_2가 57%일 때 노정가스량은 약 몇 m³인가? (단, 공기 중의 산소는 21%이다)

① 1,212   ② 2,172
③ 2,328   ④ 2,545

> 가스 발생량 = (송풍량×공기 중 질소비) / 노정가스 질소비
> = (1,680×0.79) / 0.57
> = 2,328

38 용제에 대한 설명으로 틀린 것은?

① 유동성을 좋게 한다.
② 슬래그의 용융점을 높인다.
③ 슬래그를 금속으로부터 분리시킨다.
④ 산성 용제에는 규암, 규석 등이 있다.

> 용제는 슬래그의 용융점을 낮춘다.

39 선철 중의 Si를 높게 하기 위한 방법이 아닌 것은?

① 염기도를 높게 한다.
② 노상 온도를 높게 한다.
③ 규산분이 많은 장입물을 사용한다.
④ 코크스에 대한 광석의 비율을 적게 하고 고온 송풍을 한다.

> Si를 높이는 방법
> ① 염기도를 낮게 한다.
> ② 노상 온도를 높인다.
> ③ SiO_2 성분이 많은 장입물을 사용한다.
> ④ 코크스비를 낮춘다.
> ⑤ 조업속도를 낮춘다.

정답 34 ① 35 ② 36 ④ 37 ③ 38 ② 39 ①

40 낙하강도지수(SI)를 구하는 식으로 옳은 것은? (단, M_1은 체가름 후의 +10.0mm인 시료의 무게(kg_f), M_0는 시험전의 시료량(kg_f))

① $\frac{M_1}{M_0} \times 100(\%)$

② $\frac{M_0}{M_1} \times 100(\%)$

③ $\frac{M_0 - M_1}{M_1} \times 100(\%)$

④ $\frac{M_1 - M_0}{M_0} \times 100(\%)$

> 낙하강도는 낙하에 의한 장입물이 분쇄되는 정도를 나타낸다.
> $SI = \frac{M_1}{M_0} \times 100(\%)$

41 덩어리로 된 괴광에 필요한 성질에 대한 설명으로 옳은 것은?

① 다공질로 노 안에서 환원이 잘 되어야 한다.
② 노에 장입 및 강하 시에는 잘 분쇄되어야 한다.
③ 선철에 품질을 높일 수 있는 황과 인이 많아야 한다.
④ 점결제에는 알칼리류를 함유하고 있어야 하며, 열팽창 및 수축에 의한 붕괴를 일으켜야 한다.

> 괴광의 요구 성질
> ① 다공질이어야 한다.
> ② 강도가 커야 한다.
> ③ 맥석 성분이 적어야 한다.
> ④ 열팽창 및 수축에 강해야 한다.
> ⑤ 환원성이 좋아야 한다.

42 고로의 영역(zone) 중 광석의 환원, 연화 융착이 거의 동시에 진행되는 영역은?

① 적하대 ② 괴상대
③ 용융대 ④ 융착대

> 융착대에서는 미환원 철광석의 직접환원과 융착이 동시에 진행된다.

43 고로조업 시 바람구멍의 파손 원인으로 틀린 것은?

① 슬립이 많을 때
② 회분이 많을 때
③ 송풍온도가 낮을 때
④ 코크스의 균열강도가 낮을 때

> 풍구 파손 원인
> ① 걸림과 슬립이 많을 때
> ② 슬래그 염기도가 높을 때
> ③ 코크스 강도가 낮을 때
> ④ 슬래그 점성이 높을 때
> ⑤ 맥석 및 회분이 많을 때
> ⑥ 송풍온도가 높을 때

44 고로 내에서 노 내벽 연와를 침식하여 노체 수명을 단축시키는 원소는?

① Zn ② P
③ Al ④ Ti

> • Zn : 노벽을 침식시켜 노체 수명을 단축시킨다.
> • Ti : 노저로 가라앉아서 노바닥 보호용으로 사용한다.

정답 40 ① 41 ① 42 ④ 43 ③ 44 ①

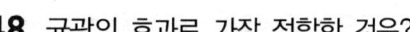

45 코크스 제조공정의 순서로 옳은 것은?

① mixer → coal bunker → coke oven → surge bin
② coal bunker → coke oven → quenching tower → coke wharf
③ crusher → surge bin → mixer → coal bunker
④ mixer → coal bunker → coke wharf → coke oven

> **코크스 제조공정**
> coal bunker(석탄 저장고) → coke oven(코크스로) → quenching tower(소화탑) → coke wharf(코크스 저장)

46 열풍로에서 나온 열풍을 고로 내에 송입하는 부분의 명칭은?

① 노상   ② 장입구
③ 풍구   ④ 출재구

> **풍구**
> 열풍로에서 나온 열풍을 환상관을 통하여 고로에 송입하는 장치

47 고온에서 원료 중의 맥석성분이 융체로 되어 고체상태의 광석입자를 결합시키는 소결반응은?

① 맥석결합   ② 용융결합
③ 확산결합   ④ 화합결합

> • **용융결합**: 용융 슬래그에 의한 결합으로 강도가 우수하지만 환원성은 저하됨
> • **확산결합**: 입자 표면 접촉부에서의 확산반응에 의한 결합으로 결합 강도가 낮고, 원료입도가 클 때 유리하며, 환원성은 좋다.

48 균광의 효과로 가장 적합한 것은?

① 노황의 불안정
② 제선능률 저하
③ 코크스비 저하
④ 장입물 불균일 향상

> **원료를 일정한 크기로 하는 균광의 효과**
> ① 통기성 향상에 의한 고로 가스분포 균일화로 노황 안정
> ② 장입물과 가스 접촉상태 양호로 환원성 증가
> ③ 열교환이 잘되어 코크스비 저하
> ④ 고로 능률 향상

49 일일 생산량이 8,300t/d인 고로에서 연료로 코크스 3,700ton, 오일 200ton을 사용하고 있다. 이 고로의 출선비(t/d/m³)는? (단, 고로의 내용적은 3,900m³이다)

① 약 1.76   ② 약 2.13
③ 약 3.76   ④ 약 4.13

> 출선비 = $\dfrac{생산량}{내용적}$ = $\dfrac{8,300}{3,900}$ = 2.13

50 생석회 사용 시 소결 조업상의 효과가 아닌 것은?

① 고층 후 조업 가능
② NOx 가스 발생 감소
③ 열효율 감소로 인한 분 코크스 사용량의 증가
④ 의사 입자화 촉진 및 강도 향상으로 통기성 향상

> 소결 조업에서 석회석을 사용하면 열효율이 증가한다.

정답 45 ② 46 ③ 47 ② 48 ③ 49 ② 50 ③

51 제강용으로 공급되는 고로 용선이 배합상 가져야 할 특징으로 옳은 것은?

① Al_2O_3는 슬래그의 유동성을 개선하므로 많아야 한다.
② 자용성 소결광은 통기성을 저해하므로 적을수록 좋다.
③ 생광석은 고품위 정립광석이 많을수록 좋다.
④ P와 As는 유용한 원소이므로 적당량 함유되면 좋다.

> 슬래그 중 Al_2O_3가 많으면 슬래그의 용융점이 올라가서 유동성이 떨어진다.
> 자용성 소결광은 다공성이어서 통기성이 좋다.
> P, As, S, 등의 불순물은 선철에 해가 되는 원소이므로 가급적 적게 함유되어야 한다.

52 소결원료의 배합 시 의사입화에 대한 설명으로 틀린 것은?

① 품질이 향상된다.
② 회수율이 증가한다.
③ 생산성이 증가한다.
④ 원단위가 증가한다.

> 의사입화에 의해 원단위는 감소한다.

53 다음 철광석 중 결정수 등의 함유 수분이 높은 철광석은?

① 자철광   ② 갈철광
③ 적철광   ④ 능철광

> **갈철광**
> 화학식은 $Fe_2O_3 \cdot H_2O$으로 적철광에 결정수가 화학적으로 결합되어 있는 철광석이다.

54 야드 설비 중 불출 설비에 해당되는 것은?

① 스택커(Stacker)
② 언로더(Unloader)
③ 리클레이머(Reclaimer)
④ 트레인 호퍼(Train Hopper)

> • 불출설비 : 리클레이머
> • 하역설비 : 언로더
> • 적치설비 : 스택커, 트레인 호퍼

55 코크스로 가스 중에 함유되어 있는 성분 중 많은 것부터 적은 순서대로 나열된 것은?

① $CO > CH_4 > N_2 > H_2$
② $CH_4 > CO > H_2 > N_2$
③ $H_2 > CH_4 > CO > N_2$
④ $N_2 > CH_4 > H_2 > CO$

> **코크스로 가스 성분**
> $H_2 > CH_4 > CO > N_2$

56 용광로에 분상 원료를 사용했을 때 일어나는 현상이 아닌 것은?

① 출선량이 증가한다.
② 고로의 통풍을 해친다.
③ 연진 손실을 증가시킨다.
④ 고로 장애인 걸림이 일어난다.

> 고로에 분상 원료를 장입하면 통기성이 불량하여 연료 손실이 많고, 실수율이 떨어지며, 분진 발생량이 증가하고, 걸림 현상이 발생하여 생산량 저하 및 노황이 불안정해진다.

정답 51 ③ 52 ④ 53 ② 54 ③ 55 ③ 56 ①

57 코크스제조에서 사용되지 않는 것은?

① 머드건
② 균열강도
③ 낙하시험
④ 텀블러지수

> 머드건은 고로 조업에서 출선구를 막는 설비이다.

58 집진기의 형식 중 집진효율이 가장 우수한 것은?

① 중력 집진장치
② 전기 집진장치
③ 관성력 집진장치
④ 원심력 집진장치

> 전기 집진장치가 99.5% 이상으로 집진효율이 가장 우수하다.

59 철광석 중의 결정수 제거와 CO_2를 제거할 목적으로 금속원소와 산소와의 반응이 별로 일어나지 않는 온도로 작업하는 것을 무엇이라고 하는가?

① 하소(Calcination)
② 배소(Roasting)
③ 부유선광법(Flotation)
④ 비중 선광법(Fracity separation)

> 하소
> 광석을 고온으로 가열하여 수산화물 및 탄산염과 같이 화학적으로 결합되어 있는 수분과 CO_2를 제거하는 조작

60 고로 내에서의 코크스 역할이 아닌 것은?

① 열원
② 환원제
③ 통기성
④ 탈황

> 코크스의 역할
> ① 열풍과 연소해서 고로 내 에너지를 공급(열원)
> ② 연소가스(CO가스)가 철광석을 간접환원
> ③ 고체 탄소가 철광석을 직접환원
> ④ 선철 중에 용해되어(가탄) 선철의 용융점을 낮춤
> ⑤ 연소하고 남은 자리가 통기의 역할

2020년 3회 제선기능사 CBT 복원문제

01 Al-Si계 합금의 개량처리에 사용되는 나트륨의 첨가량과 용탕의 적정 온도로 옳은 것은?

① 약 0.01%, 약 750~800℃
② 약 0.1%, 약 750~800℃
③ 약 0.01%, 약 850~900℃
④ 약 0.1%, 약 850~900℃

> **개량처리**
> Na 0.01% 첨가, 처리온도 750~800℃

02 라우탈(Lautal) 합금의 특징을 설명한 것 중 틀린 것은?

① 시효경화성이 있는 합금이다.
② 규소를 첨가하여 주조성을 개선한 합금이다.
③ 주조 균열이 크므로 사형 주물에 적합하다.
④ 구리를 첨가하여 피삭성을 좋게 한 합금이다.

> **라우탈의 특징**
> ① Al-Cu-Si계 주조용 합금
> ② Si 첨가로 주조성이 우수
> ③ Cu 첨가로 절삭성이 향상
> ④ 시효경화성이 있어 강도가 우수

03 60%Cu+40%Zn으로 구성된 합금으로 조직은 $\alpha+\beta$이며, 인장강도는 높으나, 전연성이 비교적 낮고, 열교환기, 열간 단조품, 볼트, 너트 등에 사용되는 것은?

① 문쯔메탈   ② 길딩메탈
③ 모넬메탈   ④ 콘스탄탄

> ① 6-4황동(문쯔메탈) : Cu(60%)-Zn(40%)
> ② 길딩메탈 : 길딩메탈 : Cu+Zn(5%) 합금
> ③ 콘스탄탄 : Ni-Cu(55%)계 합금, 열전용, 온도계용
> ④ 모넬메탈 : Ni-Cu(60~70%)계 내식용 합금

04 불변강(invariable steel)에 대한 설명 중 옳은 것은?

① 불변강의 주성분은 Fe과 Cr이다.
② 인바는 선팽창계수가 크기 때문에 줄자, 표준자 등에 사용한다.
③ 엘린바는 탄성률 변화가 크기 때문에 고급 시계 정밀 저울의 스프링 등에 사용한다.
④ 코엘린바는 온도변화에 따른 탄성률의 변화가 매우 적고 공기나 물속에서 부식되지 않는 특성이 있다.

> 불변강은 Fe-Ni계로 선팽창이 작고, 탄성률 변화가 적다.

정답 01 ① 02 ③ 03 ① 04 ④

05 저용융점 합금의 금속원소가 아닌 것은?

① Mo   ② Sn
③ Pb   ④ In

> Mo은 용융점이 2,610℃인 고용융점 금속

06 비중 7.14, 용융점 약 419℃이며, 다이캐스팅용으로 많이 이용되는 조밀육방격자 금속은?

① Cr   ② Cu
③ Zn   ④ Pb

> **Zn**
> 용융점 419℃, 비중 7.14, 결정구조 HCP, 다이캐스팅용 합금으로 이용

07 액체 금속이 응고할 때 응고점(녹는점)보다는 낮은 온도에서 응고가 시작되는 현상은?

① 과냉 현상   ② 과열 현상
③ 핵 정지 현상   ④ 응고 잠열 현상

> **과냉**
> 금속이 응고 시 응고점보다 낮은 온도에서 응고가 시작되는 현상으로 냉각속도가 빠를때 심하게 일어난다.

08 금속을 부식시켜 현미경 검사를 하는 이유는?

① 조직 관찰   ② 비중 측정
③ 전도율 관찰   ④ 인장강도 측정

> 금속의 조직은 현미경으로 검사한다.

09 산화성산, 염류, 알칼리, 함황가스 등에 우수한 내식성을 가진 Ni-Cr 합금은?

① 엘린바   ② 인코넬
③ 콘스탄탄   ④ 모넬메탈

> ① 엘린바 : Fe-Ni-Cr계 불변용 합금
> ② 인코넬 : Ni-Cr계 내식용 합금
> ③ 콘스탄탄 : Ni-Cu(55%)계 합금, 열전용, 온도계용
> ④ 모넬메탈 : Ni-Cu(60~70%)계 내식용 합금

10 다음 중 재료의 연성을 파악하기 위하여 실시하는 시험은?

① 피로시험   ② 충격시험
③ 커핑시험   ④ 크리프시험

> 재료의 연성을 알기 위해서는 에릭션시험(커핑시험)을 한다.

11 고 Cr계보다 내식성과 내산화성이 더 우수하고 조직이 연하여 가공성이 좋은 18-8 스테인리스강의 조직은?

① 페라이트
② 펄라이트
③ 오스테나이트
④ 마텐자이트

> 18-8 스테인리스강은 상온에서 조직이 오스테나이트로 비자성체이며, 강인성이 우수하다.

정답 05 ① 06 ③ 07 ① 08 ① 09 ② 10 ③ 11 ③

12 Y-합금의 조성으로 옳은 것은?

① Al – Cu – Mg – Si
② Al – Si – Mg – Ni
③ Al – Cu – Ni – Mg
④ Al – Mg – Cu – Mn

> Y합금은 Al-Cu-Mg-Ni계 합금으로 내연기관용으로 사용한다.

13 체심입방격자(BCC)의 근접 원자 간 거리는? (단, 격자정수는 a이다)

① a
② $\frac{1}{2}a$
③ $\frac{1}{\sqrt{2}}a$
④ $\frac{\sqrt{3}}{2}a$

결정구조	기호	배위수	원자수	충진율	최인접 원자 간 거리
체심입방격자	BCC	8	2	68%	$\frac{\sqrt{3}}{2}a$
면심입방격자	FCC	12	4	74%	$\frac{1}{\sqrt{2}}a$
조밀육방격자	HCP (CPH)	12	6 (2)	74%	a축방향 = a c축방향 $= \sqrt{\frac{a^3}{3} + \frac{c^2}{4}}$

14 과공석강에 대한 설명으로 옳은 것은?

① 층상 조직인 시멘타이트이다.
② 페라이트와 시멘타이트의 층상조직이다.
③ 페라이트와 펄라이트의 층상조직이다.
④ 펄라이트와 시멘타이트의 혼합조직이다.

> 과공석강은 탄소가 0.8~2.0%인 강으로 조직은 펄라이트와 시멘타이트로 되어 있다.

15 구상흑연주철이 주조상태에서 나타나는 조직의 형태가 아닌 것은?

① 페라이트형 ② 펄라이트형
③ 시멘타이트형 ④ 헤마타이트형

> 헤마타이트는 적철광이다.

16 다음 중 치수공차가 다른 하나는?

① $\phi 50^{+0.06}_{+0.04}$
② $\phi 50 \pm 0.01$
③ $\phi 50^{+0.029}_{-0.009}$
④ $\phi 50^{+0.02}_{0}$

> ③은 치수공차가 0.029+0.009 = 0.038이다. 나머지는 0.02이다.

17 도면에 표시하는 가공방법의 기호 중 연삭가공을 나타내는 기호는?

① G   ② M
③ F   ④ B

> G : 연삭가공, M : 밀링가공, B : 보링머신가공

18 치수 보조기호 중 "SR"이 의미하는 것은?

① 구의 지름   ② 참고 치수
③ 45°모따기   ④ 구의 반지름

> SR : 구의 반지름
> C : 모따기
> SØ : 구의 지름
> ( ) : 참고 치수

정답 12 ③ 13 ④ 14 ④ 15 ④ 16 ③ 17 ① 18 ④

19 미터 가는 나사로서 호칭지름 20mm, 피치 1mm인 나사의 표시로 옳은 것은?

① M20 – 1   ② M20×1
③ TM20×1   ④ TM20 – 1

> 피치를 미터단위로 표시하는 경우 다음과 같이 표시
> [나사의 종류 표시 기호]×[나사의 호칭지름 숫자]×[피치]
> [예시] M8×1 : 미터나사, 호칭지름이 8mm, 피치가 1mm

20 나사의 일반도시에서 수나사의 바깥지름과 암나사의 안지름을 나타내는 선은?

① 가는 실선   ② 굵은 실선
③ 1점 쇄선   ④ 2점 쇄선

> 수나사의 바깥지름과 암나사의 안지름은 외형선에 해당하므로 굵은 실선을 사용한다.

21 제품의 구조, 원리, 기능, 취급방법 등의 설명을 목적으로 하는 도면으로 참고자료 도면이라 하는 것은?

① 주문도   ② 설명도
③ 승인도   ④ 견적도

> ① 주문도 : 주문서에 첨부되어 주문하는 물품의 모양, 정밀도 등의 개요를 주문받는 사람에게 제시하는 도면
> ② 승인도 : 주문자 또는 기타 관계자의 승인을 얻은 도면
> ③ 설명도 : 제품의 구조, 원리, 기능 등의 설명이 목적인 도면
> ④ 견적도 : 제작자가 견적서에 첨부하여 주문자에게 주문품의 내용을 설명하는 도면

22 구멍의 치수가 $\phi 50^{+0.025}_{+0.001}$, 축의 치수가 $\phi 50^{+0.042}_{+0.026}$ 일때 최대 죔새(mm)는?

① 0.001   ② 0.017
③ 0.041   ④ 0.051

> 최대 죔새
> = 축의 최대허용치수 – 구멍의 최소허용치수
> = 50.042 – 50.001
> = 0.041mm

23 용도에 따른 선의 종류와 선의 모양이 옳게 연결된 것은?

① 가상선 – 굵은 실선
② 숨은선 – 가는 실선
③ 피치선 – 굵은 2점 쇄선
④ 중심선 – 가는 1점 쇄선

> ① 가상선 : 가는 2점 쇄선
> ② 숨은선 : 가는 파선, 굵은 파선
> ③ 피치선 : 가는 1점 쇄선
> ④ 중심선 : 가는 1점 쇄선

24 SS330으로 표시된 재료 기호를 옳게 설명한 것은?

① 기계구조용 탄소강재, 최대 인장강도 330N/m²
② 기계구조용 탄소강재, 탄소 함유량 3.3%
③ 일반구조용 압연강재, 최저 인장강도 330N/m²
④ 일반구조용 압연강재, 탄소 함유량 3.3%

> SS330
> 일반구조용 압연강재로 최저 인장강도가 300N/m²이다.

25 도면의 치수기입 방법에 대한 설명으로 [보기]에서 옳은 것을 모두 고른 것은?

> ㉠ 치수의 단위에는 길이와 각도 및 좌표가 있다.
> ㉡ 길이는 m를 사용하되 단위는 숫자 뒷부분에 항상 기입한다.
> ㉢ 각도는 도(°), 분('), 초(″)를 사용한다.
> ㉣ 도면에 기입되는 치수는 완성된 물체의 치수를 기입한다.

① ㉠, ㉡ ② ㉡, ㉢
③ ㉢, ㉣ ④ ㉠, ㉣

> 치수의 단위는 길이와 각도가 있다.
> 길이는 mm를 사용하고 단위는 기입하지 않는다.

26 다음 투상도에서 우측면도가 옳은 것은? (단, 화살표 방향은 정면도이다)

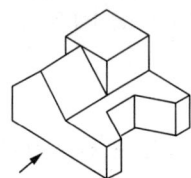

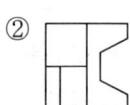

> 우측면도는 오른쪽에서 바라본 도면이므로 ③과 같다.

27 간단한 기계 장치부를 스케치하려고 할 때 측정 용구에 해당되지 않는 것은?

① 정반 ② 스패너
③ 각도기 ④ 버니어 캘리퍼스

> 스패너는 결합용 공구이다.

28 코크스 중 회분이 많을 때 고로에서 일어나는 현상은?

① 석회석 슬래그의 양이 감소한다.
② 행잉(hanging)을 방지한다.
③ 코크스비가 증가한다.
④ 출선량이 증가한다.

> 회분은 주성분이 SiO_2와 Al_2O_3이므로 많으면 슬래그 양이 증가하고, 코크스비 상승의 원인이 된다.

29 다음 원료 중 피환원성이 가장 우수한 것은?

① 자철광 ② 보통 펠렛
③ 자용성 펠렛 ④ 자용성 소결광

> 자용성 펠렛이 가장 피환원성이 우수하다.

30 코크스로에 원료를 장입하여 압출될 때까지 석탄이나 코크스가 노 내에 머무르는 시간을 무엇이라 하는가?

① 탄화시간 ② 장입시간
③ 압출시간 ④ 방치시간

> **탄화시간**
> 석탄이 노 내에 머무는 시간

정답 25 ③ 26 ③ 27 ② 28 ③ 29 ③ 30 ①

31 소결원료의 장입 형태에서 가장 바람직한 편석은?

① 분산 편석   ② 수직 편석
③ 집중 편석   ④ 수평 편석

> 소결원료의 통기성 및 열효율을 개선하기 위해 바람직한 편석은 대립은 하부층에, 소립은 상부층에 위치하도록 한 수직편석이다.

32 작업자의 안전심리에서 고려되는 가장 중요한 요소는?

① 지식 정도
② 안전 규칙
③ 개성과 사고력
④ 신체적 조건과 기능

> 안전심리는 심리적 조건인 개성과 사고력이 중요한 요소이다.

33 드와이트 로이드식(DL) 소결기에 대한 설명으로 틀린 것은?

① 배기장치의 누풍량이 많다.
② 고로의 자동화가 가능하다.
③ 소결이 불량할 때 재점화가 가능하다.
④ 연속식이기 때문에 대량생산에 적합하다.

> DL식은 소결 불량품에 대한 재점화는 불가능하다.

34 소결장치 중 드럼믹서(Drum mixer)의 역할이 아닌 것은?

① 혼합   ② 조립
③ 조습   ④ 파쇄

> 드럼믹서의 역할
> 혼합, 조립, 조습(수분첨가)

35 덩어리로 된 괴광에 필요한 성질에 대한 설명으로 옳은 것은?

① 다공질로 노 안에서 환원이 잘 되어야 한다.
② 노에 장입 및 강하 시에는 잘 분쇄되어야 한다.
③ 선철에 품질을 높일 수 있는 황과 인이 많아야 한다.
④ 점결제에는 알칼리류를 함유하고 있어야 하며, 열팽창 및 수축에 의한 붕괴를 일으켜야 한다.

> 괴광의 요구 성질
> ① 다공질이어야 한다.
> ② 강도가 커야 한다.
> ③ 맥석 성분이 적어야 한다.
> ④ 열팽창 및 수축에 강해야 한다.
> ⑤ 환원성이 좋아야 한다.

36 수분이나 탄산염 광석 중의 CO_2 등 제련에 방해가 되는 성분을 가열하여 추출하는 조작은?

① 단광   ② 괴성
③ 소결   ④ 하소

> 하소
> 수분, 휘발분, 탄산염 중의 CO_2를 가열하여 제거하는 조작

정답 31② 32③ 33③ 34④ 35① 36④

37 야드 설비 중 하역설비에 해당되지 않는 것은?

① Stacker
② Rod mill
③ Train Hopper
④ Unloader

> 야드에서의 원료 하역 설비
> 언로더, 스택커, 트레인 호퍼
> 로드밀은 원료 파쇄기이다.

38 고정탄소(%)를 구하는 식으로 옳은 것은?

① 100% − [수분(%) + 회분(%) + 휘발분(%)]
② 100% − [수분(%) + 회분(%)×휘발분(%)]
③ 100% + [수분(%)×회분(%)×휘발분(%)]
④ 100% + [수분(%)×회분(%) − 휘발분(%)]

> 고정탄소 : 100−(수분+회분+휘발분)

39 고로 내에서 코크스의 역할이 아닌 것은?

① 산화제로서의 역할
② 연소에 따른 열원으로서의 역할
③ 고로 내의 통기를 잘하기 위한 Spacer 로서의 역할
④ 선철, 슬래그에 열을 주는 열교환 매개체 로서의 역할

> 고로에서 코크스의 역할
> ① 열풍과 연소해서 고로 내 에너지를 공급(열원)
> ② 연소가스(CO가스)가 철광석을 간접환원
> ③ 고체 탄소가 철광석을 직접환원
> ④ 선철 중에 용해되어(가탄) 선철의 용융점을 낮춤
> ⑤ 연소하고 남은 자리가 통기의 역할

40 적열코크스를 불활성가스로 냉각소화하는 건식소화법(CDQ : Coke Dry Quenching) 의 효과가 아닌 것은?

① 강도 향상 ② 수분 증가
③ 현열 회수 ④ 분진 감소

> CDQ(건식소화법)은 물을 사용하지 않고 고압의 질소를 넣어 냉각하므로 수분은 증가하지 않는다.

41 자철광에 해당되는 분자식은?

① Fe_2O_3
② Fe_3O_4
③ $FeCO_3$
④ $Fe_2O_3 \cdot 6H_2O$

> 적철광(Fe_2O_3), 자철광(Fe_3O_4)
> 갈철광($Fe_2O_3 \cdot H_2O$), 능철광($FeCO_3$)

42 소결기에 급광하는 원료의 소결반응을 신속 하게 하기 위한 조건으로 틀린 것은?

① 폭 방향으로 연료 및 입도의 편석이 적어야 한다.
② 소결기 상층부에는 분 코크스를 증가시키는 것이 좋다.
③ 입도는 작을수록 소결시간이 단축되므로 미립이 많아야 한다.
④ 장입물 입도분포와 장입밀도에 따라 소결 반응에 영향을 미치므로 통기성이 좋아야 한다.

> 입도가 작으면 통기성이 떨어지므로 소결시간이 길어진다.

정답 37 ② 38 ① 39 ① 40 ② 41 ② 42 ③

43 코크스로 가스 중에 함유되어 있는 성분 중 함량이 많은 것부터 적은 순서대로 나열된 것은?

① CO > CH₄ > N₂ > H₂
② CH₄ > CO > H₂ > N₂
③ H₂ > CH₄ > CO > N₂
④ N₂ > CH₄ > H₂ > CO

> **COG 성분**
> H₂ > CH₄ > CO > N₂

44 다음 중 코크스를 건류하는 과정에 발생되는 가스의 명칭은?

① BFG   ② LDG
③ COG   ④ LPG

> • 코크스가스 : COG
> • 전로가스 : LDG
> • 고로가스 : BFG

45 다음 소결반응에 대한 설명으로 틀린 것은?

① 저온에서는 확산결합을 한다.
② 확산결합이 용융결합보다 강도가 크다.
③ 고온에서 분화방지를 위해서는 용융결합이 좋다.
④ 고온에서 슬래그 성분이 용융해서 입자가 단단해진다.

> 확산결합이 용융결합보다 강도가 작다.

46 괴상법의 종류 중 단광법(Briquetting)에 해당되지 않는 것은?

① 크루프(Krupp)법
② 다이스(Dies)법
③ 프레스(Press)법
④ 플런저(Plunger)법

> **단광법**
> 다이스법, 프레스법, 플런저법

47 생석회 사용 시 소결 조업상의 효과가 아닌 것은?

① 고층 후 조업 가능
② NOx 가스 발생 감소
③ 열효율 감소로 인한 분 코크스 사용량의 증가
④ 의사 입자화 촉진 및 강도 향상으로 통기성 향상

> 소결 조업에서 석회석을 사용하면 열효율이 증가한다.

48 소결광 품질이 고로조업에 미치는 영향을 설명한 것 중 틀린 것은?

① 낙하강도(SI) 저하 시 노황 부조의 원인이 된다.
② 낙하강도(SI) 저하 시 고로 내의 통기성을 저해한다.
③ 일반적으로 피환원성이 좋은 소결광일수록 환원 시 분화가 어렵고 입자 직경이 커진다.
④ 소결광의 염기도 변동 폭이 클 경우 부원료를 직접 장입함으로써 열손실을 초래한다.

> 피환원성이 좋으면 환원에 의한 분화도 빨라져서 입자 직경이 감소한다.

정답 43 ③ 44 ③ 45 ② 46 ① 47 ③ 48 ③

49 용제에 대한 설명으로 틀린 것은?

① 유동성을 좋게 한다.
② 슬래그의 용융점을 높인다.
③ 맥석 같은 불순물과 결합한다.
④ 슬래그를 금속으로부터 잘 분리되도록 한다.

> 용제는 슬래그의 용융점을 낮춘다.

50 다음 중 소결광의 환원분화를 조장하는 화합물은?

① 마그네타이트(Magnetite)
② 페이얼라이트(Fayalite)
③ 칼슘 페라이트(Calcium Ferrite)
④ 재산화 해머타이트(Hematite)

> 페이얼라이트는 환원성을 저하시키고, 해머타이트는 강도를 저하시키고 환원분화를 촉진한다.

51 소결작업에서 상부광의 작용이 아닌 것은?

① 화격자의 열에 의한 휨을 방지한다.
② 화격자에 적열 소결광 용융부착을 방지한다.
③ 화격자 사이로 세립 원료가 새어 나감을 막아준다.
④ 신원료에 의한 화격자의 구멍 막힘이 없도록 한다.

> **상부광의 역할**
> ① 그레이트 바(화격자)에 적열소결광 용융부착 방지
> ② 그레이트 바에 신원료에 의한 구멍 막힘을 방지
> ③ 그레이트 바 사이로 세립원료가 빠져나감 방지
> ④ 그레이트 바의 적열을 방지하여 수명을 연장
> ⑤ 배광부에서 소결광 분리 용이

52 집진기의 형식 중 집진효율이 가장 우수한 것은?

① 중력 집진장치
② 전기 집진장치
③ 관성력 집진장치
④ 원심력 집진장치

> 전기 집진장치가 99.5% 이상으로 집진효율이 가장 우수하다.

53 낙하강도지수(SI)를 구하는 식으로 옳은 것은? (단, M_1은 체가름 후의 +10.0mm인 시료의 무게(kg_f), M_0는 시험전의 시료량(kg_f))

① $\dfrac{M_1}{M_0} \times 100(\%)$

② $\dfrac{M_0}{M_1} \times 100(\%)$

③ $\dfrac{M_0 - M_1}{M_1} \times 100(\%)$

④ $\dfrac{M_1 - M_0}{M_0} \times 100(\%)$

> 낙하강도는 낙하에 의한 장입물이 분쇄되는 정도를 나타낸다.
> $SI = \dfrac{M_1}{M_0} \times 100(\%)$

54 코크스(coke) 중 회분(ash)의 조성 성분에 해당되지 않는 것은?

① SiO_2 ② Al_2O_3
③ Fe_2O_3 ④ CO_2

> **회분의 주성분**
> SiO_2, Al_2O_3, Fe_2O_3

정답 49② 50④ 51① 52② 53① 54④

55 코크스 제조공정의 순서로 옳은 것은?

① mixer → coal bunker → coke oven → surge bin
② coal bunker → coke oven → quenching tower → coke wharf
③ crusher → surge bin → mixer → coal bunker
④ mixer → coal bunker → coke wharf → coke oven

> **코크스 제조공정**
> coal bunker(석탄 저장고) → coke oven(코크스로) → quenching tower(소화탑) → coke wharf(코크스 저장)

56 $CaCO_3$를 주성분으로 하는 퇴적암이고, 염기성 용제로 사용되는 것은?

① 규석　　② 석회석
③ 백운석　④ 망간광석

> **석회석**
> $CaCO_3$가 주성분으로 염기성 슬래그를 형성

57 소결광의 성분이 [보기]와 같을 때 염기도는?

| CaO : 10.2% | SiO_2 : 6.0% |
| MgO : 2.0% | FeO : 5.8% |

① 1.55　　② 1.60
③ 1.65　　④ 1.70

> 염기도 = $\dfrac{CaO}{SiO_2} = \dfrac{10.2}{6.0} = 1.7$

58 소결조업에서 생석회의 역할을 설명한 것 중 틀린 것은?

① 의사 입자의 강도를 향상시킨다.
② 소결 베드 내에서의 통기성을 개선한다.
③ 소결 배합원료의 의사 입자를 촉진한다.
④ 저층 후 조업이 가능하나 분 코크스 사용량이 증가한다.

> 소결조업에서 생석회를 사용하면 고층 후 조업이 가능해지며, 생산량이 증가한다.

59 소결광을 용광로에 장입할 때 그 불순물을 광재로 만들기 위해 석회분의 일부 또는 전부를 품은 것은?

① 철 소결광
② 자용성 소결광
③ 펠렛(pellet)
④ 단광

> **자용성 소결광의 특징**
> ① 소결 원료 중에 석회석을 5~15% 배합한 것이다.
> ② 비교적 낮은 온도에서 석회석이 용융하여 소결이 진행된다.
> ③ 소결작용이 용융결합으로 이루어지므로 소결광의 강도가 우수하다.
> ④ 소결광의 환원성 및 고로 조업성이 양호하다.
> ⑤ 노황안정으로 고온송풍이 가능하다.

60 고로조업 중 배가스 처리장치를 통해 가장 많이 배출되는 가스는?

① N_2　　② H_2
③ CO　　④ CO_2

> **고로가스 성분**
> $N_2 > CO > CO_2 > H_2$

정답　55 ②　56 ②　57 ④　58 ④　59 ②　60 ①

2021년 1회 제선기능사 CBT 복원문제

01 전자석이나 자극의 철심에 사용되는 것은 순철이나, 자심은 교류가 자기장에만 사용되는 예가 많으므로 이력손실, 항자력 등이 적은 동시에 맴돌이 전류 손실이 적어야 한다. 이때 사용되는 강은?

① Si강
② Mn강
③ Ni강
④ Pb강

> **규소강판** : 순철에 Si을 1~3%

02 55~60% Cu를 함유한 Ni 합금으로 열전쌍용 선의 재료로 쓰이는 것은?

① 모넬 메탈
② 콘스탄탄
③ 퍼민바
④ 인코넬

> **콘스탄탄**
> Ni-Cu(55~60%) 합금으로 열전쌍재료에 사용

03 담금질의 깊이를 깊게하고, 크리프 저항과 내식성을 증가시키며 뜨임메짐을 방지하는데 효과가 큰 원소는?

① Mn
② W
③ Si
④ Mo

> Mo : 뜨임취성 방지

04 다음 중 10배 이내의 확대경을 사용하거나 육안을 직접 관찰하여 금속조직을 시험하는 것은?

① 라우에 법
② 에릭센 시험
③ 매크로 시험
④ 전자 현미경 시험

> **매크로 시험법**
> 금속을 육안 또는 10배 이내의 확대경으로 관찰하는 방법

05 가공으로 내부변형을 일으킨 결정립이 그 형태대로 내부변형을 해방하여 가는 과정은?

① 재결정
② 회복
③ 결정핵성장
④ 시효완료

> ① 회복 : 가공에 의한 내부응력을 가열에 의해 그 모양은 변하지 않고 내부응력이 감소되는 현상
> ② 재결정 : 내부응력이 존재하는 결정입자 가운데 내부응력이 없는 새로운 결정핵이 생성되고 그 핵이 성장하여 내부 결정입자가 점차로 새로운 결정입자로 치환하여 가는 현상
> ③ 결정입자성장 : 재결정으로 형성된 결정입자가 이웃 결정입자와 합해지거나, 근처의 작은 결정입자를 침식하여 커지는 결정이 성장하는 현상

정답 01 ① 02 ② 03 ④ 04 ③ 05 ②

06
[보기]는 강의 심랭처리에 대한 설명이다. (A), (B)에 들어갈 용어로 옳은 것은?

> 심랭처리란, 담금질한 강을 실온 이하로 냉각하여 (A)를 (B)로 변화시키는 조작이다.

① (A) : 잔류 오스테나이트, (B) : 마텐자이트
② (A) : 마텐자이트, (B) : 베이나이트
③ (A) : 마텐자이트, (B) : 소르바이트
④ (A) : 오스테나이트, (B) : 펄라이트

심랭처리
강을 담금질하면 마텐자이트로 변태가 되지만 일부에는 변태가 되지 못한 잔류 오스테나이트가 존재하므로 이를 마텐자이트로 변태시키기 위해 영하의 저온으로 냉각하면 잔류 오스테나이트가 마텐자이트로 변태가 된다.

07
다음 중 자석강에 해당하지 않는 것은?

① SM강   ② MK강
③ KS강   ④ OP강

- MK강 : 알리코 영구자석의 3배 이상의 고자석강
- KS강 : Fe-Co-Ni-Al-Cu-Ti계 담금질 경화형 영구자석강
- OP강 : Fe(자철광)계 미립자형 영구 자석강
- SM강 : 기계구조용 탄소강

08
황(S)이 적은 선철을 용해하여 구상흑연 주철을 제조할 때 많이 사용되는 흑연 구상화제는?

① Zn   ② Mg
③ Pb   ④ Mn

흑연구상화제 : Mg, Ce

09
Fe-C계 평형상태도에서 냉각 시 A_{cm} 선이란?

① δ 고용체에서 γ 고용체가 석출하는 온도선
② γ 고용체에서 시멘타이트가 석출하는 온도선
③ α 고용체에서 펄라이트가 석출하는 온도선
④ γ 고용체에서 α 고용체가 석출하는 온도선

A_{cm}선
γ 고용체에서 시멘타이트가 석출되기 시작하는 온도선
※ A_{13}선 : γ 고용체에서 페라이트가 석출되기 시작하는 온도선

10
탄소강에 함유된 원소가 철강에 미치는 영향으로 옳은 것은?

① S : 저온메짐의 원인이 된다.
② Si : 연신율 및 충격값을 감소시킨다.
③ Cu : 부식에 대한 저항을 감소시킨다.
④ P : 적열메짐의 원인이 된다.

S 고온메짐, Cu 부식에 대한 저항성 증가
P 청열메짐, Si 충격값 및 연신율 감소

11
Fe-C 평형상태도에서 레데뷰라이트의 조직은?

① 페라이트
② 페라이트 + 시멘타이트
③ 페라이트 + 오스테나이트
④ 오스테나이트 + 시멘타이트

레데뷰라이트
오스테나이트(γ-Fe)+시멘타이트(Fe_3C)

정답 06 ① 07 ① 08 ② 09 ② 10 ② 11 ④

12 구조용 합금강과 공구용 합금강을 나눌 때 기어, 축 등에 사용되는 구조용 합금강 재료에 해당되지 않는 것은?

① 침탄강　　　② 강인강
③ 질화강　　　④ 고속도강

> 고속도강은 공구용 합금강에 해당한다.

13 텅스텐은 재결정에 의해 결정핵 성장을 한다. 이를 방지하기 위해 처리하는 것을 무엇이라 하는가?

① 도핑(doping)
② 아말감(amalgam)
③ 라이닝(lining)
④ 비탈리움(vitallium)

> 텅스텐(W)은 내열성이 우수하여 진공관이나 전구 필라멘트 등에 사용되는데 고온에서 재결정 현상을 방지하고 조직을 안정화하기 위하여 알칼리 금속(칼륨 등)을 미량 첨가하는 것을 도핑이라고 한다.

14 재료의 강도를 이론적으로 취급할 때는 응력의 값으로서는 하중을 시편의 실제 단면적으로 나눈값을 쓰지 않으면 안 된다. 이것을 무엇이라 부르는가?

① 진응력　　　② 공칭응력
③ 탄성력　　　④ 하중력

> ① 공칭응력 : 외력을 받는 도중에 응력이 커지거나 소성이 생기는 따위의 변화를 무시하고, 탄성론에 의하여만 계산된 응력으로, 단면적의 변화를 무시하고 변형 전의 단면적을 사용하여 계산상으로 구한 응력
> ② 진응력 : 응력-변형도 시험에서 변형도가 증가함에 따라 단면이 감소되는데 이때 감소된 단면적을 기준으로 산출한 응력

15 Ni-Fe계 합금으로서 36%Ni, 12%Cr, 나머지는 Fe로서 온도에 따른 탄성률 변화가 거의 없어 고급시계, 압력계, 스프링 저울 등의 부품에 사용되는 것은?

① 인바(invar)
② 엘린바(elinvar)
③ 퍼멀로이(permalloy)
④ 플래티나이트(platinite)

> **불변강의 종류**
> ① 인바 : Fe-Ni(36%) 합금, 탄성계수가 작고 내식성이 우수
> ② 초인바 : Fe-Ni(36%)-Co(15%) 합금, 인바보다 열팽창계수가 작음
> ③ 엘린바 : Fe-Ni(36%)-Cr(12%) 합금, 상온에서 탄성계수가 거의 변하지 않음
> ④ 플래티나이트 : Fe-Ni(45%) 합금, 열팽창계수가 유리나 백금과 동일

16 다음 중 도면의 표제란에 표시되지 않는 것은?

① 품명, 도면 내용
② 척도, 도면 번호
③ 투상법, 도면 명칭
④ 제도자, 도면 작성일

> 표제란에 표시되는 항목은 품명, 척도, 도면 번호, 투상법, 도면 명칭, 제도자, 작성일 등이며 도면 내용은 기록하지 않는다.

17 회주철을 표시하는 기호로 옳은 것은?

① SC360　　　② SS330
③ GC250　　　④ BMC270

> 회주철 GC, 구상흑연주철 GCD

정답 12 ④　13 ①　14 ①　15 ②　16 ①　17 ③

18 대상물의 표면으로부터 임의로 채취한 각 부분에서의 표면 거칠기를 나타내는 파라미터인 10점 평균 거칠기 기호로 옳은 것은?

① R_y ② R_a
③ R_z ④ R_x

> **표면 거칠기**
> R_a(중심선 평균 거칠기), R_{max}(최대 높이 거칠기), R_z(10점 평균 거칠기), S_m(평균 요철 폭 간격)

19 가공면의 줄무늬 방향 표시기호 중 가공으로 생긴 선이 다방면으로 교차 또는 무방향인 경우 기입하는 기호는?

① X   ② M
③ R   ④ C

> X : 선이 두 방향으로 교차
> R : 선이 거의 방사상 모양
> C : 선이 거의 동심원 모양

20 제품의 최대 허용 한계 치수와 최소 허용 한계 치수의 차이 값은?

① 실치수   ② 기준 치수
③ 치수 공차   ④ 치수 허용차

> ① 실치수(actual size) : 어떤 부품에 대하여 실제로 측정한 치수이다.
> ② 기준 치수(basic size) : 허용 한계 치수의 기준이 되며 호칭 치수라고도 한다.
> ④ 치수 허용차(deviation) : 허용 한계 치수에서 기준 치수를 뺀 값으로서 허용차라고도 한다.

21 도면에 치수를 기입할 때 유의해야 할 사항으로 옳은 것은?

① 치수는 계산을 하도록 기입해야 한다.
② 치수의 기입은 되도록 중복하여 기입해야 한다.
③ 치수는 가능한 한 보조 투상도에 기입해야 한다.
④ 관련되는 치수는 가능한 한 곳에 모아서 기입해야 한다.

> **치수기입**
> 계산하지 않도록 하고, 중복기입하지 않으며, 가급적 주투상도에 기입하되 투상도와 투상도 사이에 기입한다.

22 나사의 종류 중 미터 사다리꼴 나사를 나타내는 기호는?

① Tr   ② PT
③ UNC   ④ UNF

> ① Tr : 미터 사다리꼴 나사
> ② PT : 관용 테이퍼 나사
> ③ UNC : 유니파이 보통 나사
> ④ UNF : 유니파이 가는 나사

23 간단한 기계 장치부를 스케치하려고 할 때 측정 용구에 해당되지 않는 것은?

① 정반   ② 스패너
③ 각도기   ④ 버어니어캘리퍼스

> 스패너는 기계조립에 사용하는 공구이다.

정답 18 ③ 19 ② 20 ③ 21 ④ 22 ① 23 ②

24 다음 중 치수기입의 기본원칙에 대한 설명으로 틀린 것은?

① 치수는 계산할 필요가 없도록 기입해야 한다.
② 치수는 될 수 있는 한 주투상도에 기입해야 한다.
③ 구멍의 치수기입에서 관통 구멍이 원형으로 표시된 투상도에는 그 깊이를 기입한다.
④ 도면에 길이의 크기와 자세 및 위치를 명확하게 표시해야 한다.

> 구멍의 치수기입에서 관통 구멍이 원형으로 표시된 투상도에는 관통 원의 지름을 기입한다.

25 물품을 구성하는 각 부품에 대하여 상세하게 나타내는 도면으로 이 도면에 의해 부품이 실제로 제작되는 도면은?

① 상세도　② 부품도
③ 공정도　④ 스케치도

> • **부품도** : 물품을 구성하는 각 부품에 대하여 상세하게 나타내는 도면
> • **상세도** : 특정 부분의 형상, 치수, 구조 따위를 명시하기 위하여 축척을 바꾸어 사용하는 도면
> • **공정도** : 작업과 제조 과정의 순서에 대하여 알기 쉽게 그림으로 나타낸 도면

26 모따기의 각도가 45°일 때의 모따기 기호는?

① ϕ　② R
③ C　④ t

> • C : 모따기　• R : 반지름
> • t : 두께　• ϕ : 지름

27 투상도의 선정 방법으로 틀린 것은?

① 숨은선이 적은쪽으로 투상한다.
② 물체의 오른쪽과 왼쪽이 대칭일 때에는 좌측면도는 생략할 수 있다.
③ 물체의 길이가 길 때, 정면도와 평면도만으로 표시할 수 있을 경우에는 측면도를 생략한다.
④ 물체의 모양과 특징을 가장 잘 나타낼 수 있는 면을 평면도로 선정한다.

> 물체의 모양과 특징을 가장 잘 나타낼 수 있는 면은 평면도가 아닌 정면도로 선정한다.

28 용광로 철피 적열상태를 점검하는 방법을 설명한 것으로 틀린 것은?

① 온도계로 온도측정
② 소량의 물로 비등현상 확인
③ 조명 소등 후 철피 색상 비교
④ 신체 접촉으로 온기 확인

> 용광로의 철피(외부표면)의 상태 점검 시 신체 접촉은 고열에 의해 화상을 입으므로 절대로 해서는 안 된다.

29 정상적인 조업일 때 노정가스 성분 중 가장 적게 함유되어 있는 것은?

① H_2　② N_2
③ CO　④ CO_2

> **고로가스 성분**
> $N_2 > CO > CO_2 > H_2$

정답　24 ③　25 ②　26 ③　27 ④　28 ④　29 ①

30 균광의 효과로 가장 적합한 것은?

① 노황의 불안정
② 제선능률 저하
③ 코크스비 저하
④ 장입물 불균일 향상

> 원료를 일정한 크기로 하는 균광의 효과
> ① 통기성 향상에 의한 고로 가스분포 균일화로 노황 안정
> ② 장입물과 가스 접촉상태 양호로 환원성 증가
> ③ 열교환이 잘되어 코크스비 저하
> ④ 고로 능률 향상

31 소결기의 급광장치 종류가 아닌 것은?

① 호퍼   ② 스크린
③ 드럼 피더   ④ 셔틀 컨베이어

> 스크린은 소결이 완료된 소결광을 파쇄하여 일정한 크기로 선별하는 장치이다.

32 용광로에 분상 원료를 사용했을 때 일어나는 현상이 아닌 것은?

① 출선량이 증가한다.
② 고로의 통풍을 해친다.
③ 연진 손실을 증가시킨다.
④ 고로 장애인 걸림이 일어난다.

> 고로에 분상 원료를 장입하면 통기성이 불량하여 연료 손실이 많고, 실수율이 떨어지며, 분진 발생량이 증가하고, 걸림 현상이 발생하여 생산량 저하 및 노황이 불안정해진다.

33 소결 원료에서 배합원료의 수분 값의 범위(%)로 가장 적당한 것은?

① 1~2   ② 5~8
③ 10~17   ④ 20~27

> 소결 원료의 수분 함유량 : 5~8%

34 고로의 풍구로부터 들어오는 압풍에 의하여 생기는 풍구 앞의 공간을 무엇이라고 하는가?

① 행잉(hanging)
② 레이스 웨이(race way)
③ 플루딩(flooding)
④ 슬로핑(slopping)

> 레이스 웨이
> ① 풍구 앞부분에서 풍구압력에 의해 발생한 공간으로 코크스가 열풍에 의해 2단계로 CO가스가 생성된다.
> ② 1영역 : $C + O_2 \rightarrow CO_2$
> ③ 2영역 : $CO_2 + C \rightarrow 2CO$

35 유동로의 가스흐름을 고르게 하여 장입물을 균일하게 유동화시키기 위하여 고속의 가스 유속이 형성되는 장치는?

① 딥 레그(Dip leg)
② 분산판 노즐(Nozzle)
③ 친니스 햇(Chiness hat)
④ 가이드 파이프(Guide pipe)

> 노즐을 통과하면서 유속이 빨라져서 고속의 가스 유속이 형성된다.

정답 30 ③ 31 ② 32 ① 33 ② 34 ② 35 ②

36 자용성 소결광조업에 대한 설명으로 틀린 것은?

① 노황이 안정되어 고온 송풍이 가능하다.
② 노 내 탈황률이 향상되어 선철 중의 황을 저하시킬 수 있다.
③ 소결광 중에 페이얼라이트 함유량이 많아 산화성이 크다.
④ 하소된 상태에 있으므로 노 안에서의 열량 소비가 감소된다.

> **자용성 소결광**
> ① 원료 중에 CaO를 5~15% 함유한 소결광
> ② 석회소결광(자용성 소결광) 특징
>   ㉠ 소결 원료 중에 석회석을 5~15% 배합한 것이다.
>   ㉡ 비교적 낮은 온도에서 석회석이 용융하여 소결이 진행된다.
>   ㉢ 소결작용이 용융결합으로 이루어지므로 소결광의 강도가 우수하다.
>   ㉣ 소결광의 환원성 및 고로 조업성이 양호하다.
>   ㉤ 노황 안정으로 고온송풍이 가능하다.

37 다음 설명 중 소결성이 좋은 원료라고 볼 수 없는 것은?

① 생산성이 높은 원료
② 분율이 높은 소결광을 제조할 수 있는 원료
③ 강도가 높은 소결광을 제조할 수 있는 원료
④ 적은 원료로서 소결광을 제조할 수 있는 원료

> **소결성이 좋은 원료**
> ① 소결광의 환원율이 높아야 한다.
> ② 소결광의 강도가 높아야 한다.
> ③ 적은 원료로 소결광 생산할 수 있어야 한다.
>   (생산성이 좋은 원료)
> ④ 소결광의 분율이 낮아야 한다.
> ⑤ 소결광의 기공이 많아야 한다.
> ⑥ 소결광의 불순물이 적어야 한다.

38 고로 슬래그의 염기도에 큰 영향을 주는 소결광 중의 염기도를 나타낸 것으로 옳은 것은?

① SiO_2 / Al_2O_3
② Al_2O_3 / MgO
③ SiO_2 / CaO
④ CaO / SiO_2

> 염기도 $= \dfrac{CaO}{SiO_2}$

39 상부광이 사용되는 목적으로 틀린 것은?

① 화격자가 고온이 되도록 한다.
② 화격자 면의 통기성을 양호하게 유지한다.
③ 용융상태의 소결광이 화격자에 접착되지 않게 한다.
④ 화격자 공간으로 원료가 낙하하는 것을 방지하고 분광의 공간 메움을 방지한다.

> **상부광의 역할**
> ① 그레이트 바(화격자)에 적열소결광 용융부착 방지
> ② 그레이트 바에 신원료에 의한 구멍막힘을 방지
> ③ 그레이트 바 사이로 세립원료가 빠져나감을 방지
> ④ 그레이트 바의 적열을 방지하여 수명을 연장
> ⑤ 배광부에서 소결광 분리 용이

40 제선작업 중 산소가 결핍되어 있는 장소에서 사용할 수 있는 가장 적합한 마스크는?

① 송기 마스크   ② 방진 마스크
③ 방독 마스크   ④ 위생 마스크

> 산소가 결핍된 장소에서는 산소 공급기가 달린 송기 마스크를 착용해야 한다.

정답 36 ③ 37 ② 38 ④ 39 ① 40 ①

41 소결조업에 사용되는 용어 중 FFS가 의미하는 것은?

① 고로가스 ② 코크스가스
③ 화염진행속도 ④ 최고도달온도

> FFS(Flame Front Speed)
> 화염진행속도

42 고로를 4개의 층으로 나눌 때 해면철 내부로 탄소가 들어와 용융점이 낮아지는 층은?

① 예열층 ② 환원층
③ 가탄층 ④ 용해층

> ① 예열층 : 철광석이 가스에 의해 가열되고 부착 수분이 제거되는 단계
> ② 환원층 : 철광석이 CO 가스에 의해 환원이 되어 해면철로 변하는 단계(간접환원)
> ③ 가탄층 : 환원에 의해 생성된 해면철 내부로 탄소가 들어와 용융점이 점점 낮아지는 단계
> ④ 용해층 : 하부에서는 고로의 온도가 올라가고, 해면철이 가탄에 의해 용융점이 낮아져서 용해하면서 흘러내리는 단계

43 재해발생 형태별로 분류할 때 물건이 주체가 되어 사람이 맞은 경우의 분류 항목은?

① 협착 ② 파열
③ 충돌 ④ 낙하, 비래

> ① 협착 : 물건에 끼워진 상태, 말려든 상태
> ② 파열 : 용기 또는 장치가 물리적인 압력에 의해 파열한 경우
> ③ 충돌 : 사람이 정지물에 부딪친 경우
> ④ 낙하, 비래 : 물건이 주체가 되어 사람이 맞은 경우

44 풍구 부분의 손상원인이 아닌 것은?

① 풍구 주변 누수
② 강하물에 의한 마모 균열
③ 냉각배수 중 노 내 가스 혼입
④ 노정가스 중 수소함량 급감소

> 풍구 손상원인
> ① 풍구 주변의 누수
> ② 걸림이나 슬립에 의한 장입물의 강하
> ③ 냉각수 중 노 내 가스 혼입
> ④ 급수압의 저하 및 단수
> ⑤ 장입물 중의 분율이 증가에 의한 급격한 풍압 상승

45 폐수처리를 물리적 처리와 생물학적 처리로 나눌 때 물리적 처리에 해당되지 않는 것은?

① 자연침전
② 자연부상
③ 입상물 여과
④ 혐기성 소화

> 혐기성 소화는 화학적 처리로 분류한다.

46 배소광과 비교한 소결광의 특징이 아닌 것은?

① 충진 밀도가 크다.
② 기공도가 크다.
③ 빠른 기체속도에 비해 날아가기 쉽다.
④ 분말 형태의 일반 배소광보다 부피가 작다.

> 소결광은 배소광보다 밀도가 커서 크기가 크며, 기공도가 크다.

47 코크스의 연소실 구조에 따른 분류 중 순환식에 해당되는 것은?

① 코퍼스식   ② 오토식
③ 쿠로다식   ④ 월푸투식

> 코퍼스식 코크스로는 순환식으로 부산물을 회수하고, 열효율이 가장 우수하다.

48 적열코크스를 불활성가스로 냉각소화하는 건식소화법(CDQ : Coke Dry Quenching)의 효과가 아닌 것은?

① 강도 향상   ② 수분 증가
③ 현열 회수   ④ 분진 감소

> CDQ(건식소화법)은 물을 사용하지 않고 고압의 질소를 넣어 냉각하므로 수분은 증가하지 않는다.

49 소결반응에서 용융결합이란 무엇인가?

① 저온에서 소결이 행해지는 경우 입자가 기화해서 입자 표면 접촉부의 확산 반응에 의해 결합이 일어난 것
② 고온에서 소결한 경우 원료 중의 슬래그 성분이 기화해서 입자가 슬래그로 단단하게 결합한 것
③ 고온에서 소결한 경우 원료 중의 슬래그 성분이 용융해서 입자가 슬래그 성분으로 단단하게 결합한 것
④ 고온에서 소결이 행해지는 경우 입자가 용융해서 입자 표면 접촉부의 확산 반응에 의해 결합이 일어난 것

> **용융결합**
> 용융 슬래그에 의한 결합으로 강도가 우수하지만 환원성은 저하됨

50 광석의 철 품위를 높이고 광석 중의 유해 불순물인 비소(As), 황(S) 등을 제거하기 위해서 하는 것은?

① 균광   ② 단광
③ 선광   ④ 소광

> **선광**
> 광석 중 맥석 및 유해성분을 제거하여 품위를 높이는 작업

51 함수 광물로써 산화마그네슘(MgO)을 함유하고 있으며, 고로에서 슬래그 성분 조절용으로 사용하며 광재의 유동성을 개선하고 탈황 성능을 향상시키는 것은?

① 규암   ② 형석
③ 백운석   ④ 사문암

> 사문암은 함수광물로 화학식은 $3MgO \cdot 2SiO_2 \cdot 2H_2O$이며, MgO를 함유하고 있어 고로에 사용하면 백운석과 같이 광재의 유동성을 개선, 탈황성능을 향상시킬 수 있다.

52 다음 중 조재성분에 대한 설명으로 옳은 것은?

① 생산율은 CaO, SiO_2의 증가에 따라 향상된다.
② 생산율은 Al_2O_3, MgO의 증가에 따라 향상된다.
③ CaO, SiO_2는 제품의 강도를 낮춘다.
④ Al_2O_3, MgO는 결정 수를 증가시킨다.

> 조재성분 중에 CaO, SiO_2 성분은 슬래그 형성에 좋은 영향을 주지만, Al_2O_3, MgO 등은 악영향을 끼친다.

정답 47 ① 48 ② 49 ③ 50 ③ 51 ④ 52 ①

53 고온에서 원료 중의 맥석성분이 융체로 되어 고체상태의 광석입자를 결합시키는 소결반응은?

① 맥석결합   ② 용융결합
③ 확산결합   ④ 화합결합

- **용융결합** : 용융 슬래그에 의한 결합으로 강도가 우수하지만 환원성은 저하됨
- **확산결합** : 입자 표면 접촉부에서의 확산반응에 의한 결합으로 결합 강도가 낮고, 원료입도가 클 때 유리하며, 환원성은 좋다.

54 고로 내의 국부 관통류(channelling)가 발생하였을 때의 조치 방법이 아닌 것은?

① 장입물의 입도를 조정한다.
② 장입물의 분포를 조정한다.
③ 장입방법을 바꾸어 준다.
④ 일시적으로 송풍량을 증가시킨다.

국부 관통류(특정 부분으로 집중해서 가스가 흐르는 것)는 장입분포, 입도, 방법 등의 문제이다.

55 석탄의 분쇄 입도의 영향에 대한 설명으로 틀린 것은? (단, HGI : Hardgrove Grindability Index이다)

① 수분이 많으면 파쇄하기 어렵다.
② 파쇄기 급량이 많으면 조파쇄가 된다.
③ 석탄의 HGI가 작으면 파쇄하기 쉽다.
④ 분쇄 전 석탄입도가 크면 분쇄 후 입도가 크다.

분쇄입도(HGI)가 작으면 파쇄하기 어렵게 된다.

56 고로 노체의 건조 후 침목 및 장입원료를 노 내에 채우는 것을 무엇이라 하는가?

① 화입   ② 지화
③ 충전   ④ 축로

- **충전** : 노체 건조 후 침목 및 장입원료를 채우는 작업
- **화입** : 충전이 완료된 고로에 송풍을 시작하는 것
- **축로** : 노를 축조하는 것

57 선철을 파면에 의해 구분할 때 파면의 탄소가 결합탄소로 되어 있으며, 파단면은 백색인 선철은?

① 반선철   ② 백선철
③ 회선철   ④ 전선철

선철의 파면색에 따른 분류
백선철(백색), 회선철(회색), 반선철(백색+회색)

58 고로가스 청정설비로 노정가스의 유속을 낮추고 방향을 바꾸어 조립 연진을 분리, 제거하는 설비명은?

① 백필터(Bag Filter)
② 제진기(Dust Catcher)
③ 전기집진기(Electric Precipitator)
④ 벤츄리 스크러버(Venturi Scrubber)

- **제진기** : 노정가스 유속을 낮추어 조립 연진을 제거
- **벤추리 스크러버** : 습식으로 미세 연진을 제거
- **백필터** : 필터방식으로 미세 연진을 제거
- **전기집진기** : 정전기 방식으로 초미세 연진을 제거

정답 53 ② 54 ④ 55 ③ 56 ③ 57 ② 58 ②

59 소결광의 환원분화에 대한 설명으로 틀린 것은?

① CO 가스보다는 H_2 가스의 경우에 분화가 현저히 발생한다.
② 400~700℃ 구간에서 분화가 많이 일어나며, 특히 500℃ 부근에서 현저하게 발생한다.
③ 저온환원의 경우 어느 정도 진행되면 분화는 그 이상 크게 되지 않는다.
④ 고온환원 시 환원에 의해 균열이 발생하여도 환원으로 생성된 금속철의 소결에 의해 분화가 억제된다.

환원분화
소결광이 CO가스와 접하여 철분을 환원시킴에 따라 깨지면서 분상으로 되는 현상으로 400~700℃ 부근의 간접환원 영역에서 활발하게 일어난다.

60 고로에서 노정압력을 제어하는 설비는?

① 셉텀변(septum valve)
② 고글변(goggle valve)
③ 스노트변(snort valve)
④ 블리드변(bleeder valve)

셉텀변
노정압 제어 설비, 고압조업에 사용

정답 59 ① 60 ①

2021년 3회 제선기능사 CBT 복원문제

01 그림과 같은 결정격자의 금속 원소는?

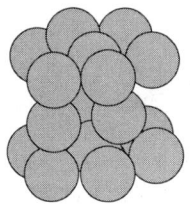 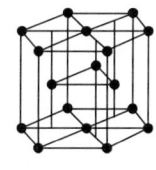

① Ni   ② Mg
③ Al   ④ Au

> HCP 결정구조이므로 Mg이다.
> Ni, Al, Au는 FCC이다.

02 니켈 황동이라 하며 7-3 황동에 7~30%Ni을 첨가한 합금은?

① 양백
② 톰백
③ 네이벌 황동
④ 애드미럴티 황동

> ① 양백 : 7-3황동에 7~30%Ni을 첨가한 황동으로 내식성이 우수
> ② 톰백 : Cu-Zn(8~20%) 합금으로 전연성이 좋고 색이 금색에 가까운 황동
> ③ 네이벌 황동 : 6-4황동에 주석(Sn)을 약 0.75% 첨가
> ④ 애드미럴티 황동 : 7-3황동에 주석(Sn)을 약 1% 첨가

03 다음 중 소성가공에 해당되지 않는 가공법은?

① 단조   ② 인발
③ 압출   ④ 표면처리

> **소성가공**
> 압연, 압출, 인발, 전조, 단조 등
> ※ 표면처리는 소성가공에 해당하지 않는다.

04 보통 주철(회주철) 성분에 0.7~1.5% Mo, 0.5~4.0% Ni을 첨가하고 별도로 Cu, Cr을 소량 첨가한 것으로 강인하고 내마멸성이 우수하여 크랭크축, 캠축, 실린더 등의 재료로 쓰이는 것은?

① 듀리론
② 니-레지스트
③ 애시큘러 주철
④ 미하나이트 주철

> ① 듀리론 : Si-Cr-Al계 주철로 내식, 내열용
> ② 니-레지스트 : Ni-Cr-Cu계 주철로 내열용
> ③ 애시큘러 : Mo-Ni-Cr-Cu계 주철로 내마모성과 강인성이 우수
> ④ 미하나이트 : 회주철에 접종처리한 고급주철

정답 01 ② 02 ① 03 ④ 04 ③

05 백선철을 900~1,000℃로 가열하여 탈탄시켜 만든 주철은?

① 칠드 주철　② 합금 주철
③ 편상흑연 주철　④ 백심가단 주철

> **가단 주철의 종류**
> ① 흑심가단 주철 : 백주철을 장시간 풀림처리하여 시멘타이트를 분해시켜 입상으로 석출시킨 주철
> ② 백심가단 주철 : 장시간 탈탄시켜 제조한 주철
> ③ 펄라이트가단 주철 : 흑연화를 완전히 하지 않고 제단 흑연화가 끝난 후 약 800℃에서 일정시간 유지 후 급냉하여 펄라이트가 적당히 존재

06 청동합금에서 탄성, 내마모성, 내식성을 향상시키고 유동성을 좋게 하는 원소는?

① P　② Ni
③ Zn　④ Mn

> **인청동의 특징**
> ① 탄성이 우수하다.
> ② 내식성과 내마모성이 우수하다.
> ③ 피삭성이 좋고 강도도 우수하다.
> ④ 유동성이 좋아 주조가 용이하다.

07 금속을 냉간가공할 때 결정입자가 가공방향으로 늘어나는 성질은?

① 등방성　② 결정성
③ 이방성　④ 절삭성

> 금속을 냉간가공하면 이방성에 의해 결정입자가 가공방향으로 늘어나게 된다.

08 강의 심냉처리에 대한 설명으로 틀린 것은?

① 서브제로 처리라 불린다.
② Ms 바로 위까지 급냉하고 항온 유지한 후 급냉한 처리이다.
③ 잔류 오스테나이트를 마텐자이트로 변태시키기 위한 열처리이다.
④ 게이지나 볼베어링 등의 정밀한 부품을 만들 때 효과적인 처리 방법이다.

> **심냉처리**
> 담금질한 강에 존재하는 변태가 되지 않은 잔류 오스테나이트를 마텐자이트로 변태시키기 위해 영하의 온도로 냉각시키는 열처리
> ※ 오스템퍼링 : Ms 바로 위까지 급냉하고 항온 유지한 후 급냉하는 열처리로 베이나이트 조직이 얻어진다.

09 활자금속에 대한 설명으로 틀린 것은?

① 응고할 때 부피 변화가 커야 한다.
② 주요 합금조성은 Pb - Sn - Sb이다.
③ 내마멸성 및 상당한 인성이 요구된다.
④ 비교적 용융점이 낮고, 유동성이 좋아야 한다.

> 활자금속은 용해 후 응고 시 부피 변화가 없어야 원래 모양을 유지할 수 있다.

10 다음 중 대표적인 시효 경화성 경합금은?

① 주강　② 두랄루민
③ 화이트메탈　④ 흑심가단주철

> 두랄루민은 Al계 시효경화성 고강도합금이다.

11 황동 합금 중에서 강도는 낮으나 전연성이 좋고 금색에 가까워 모조금이나 판 및 선에 사용되는 합금명은?

① 톰백
② 7-3 황동
③ 6-4 황동
④ 주석 황동

> **톰백**
> Cu-Zn(8~20%) 합금으로 전연성이 좋고 색이 금색에 가까운 황동

12 오일리스 베어링(Oilless bearing)의 특징이라고 할 수 없는 것은?

① 다공질의 합금이다.
② 급유가 필요하지 않은 합금이다.
③ 원심 주조법으로 만들며 강인성이 좋다.
④ 일반적으로 분말 야금법을 사용하여 제조한다.

> 오일리스 베어링은 주조로 만들지 않으며, 내마멸성이 우수하다.

13 다음 중 슬립(slip)에 대한 설명으로 옳은 것은?

① 원자 밀도가 가장 큰 격자면과 최대인 방향에서 잘 일어난다.
② 원자 밀도가 가장 큰 격자면과 최소인 방향에서 잘 일어난다.
③ 원자 밀도가 가장 작은 격자면과 최대인 방향에서 잘 일어난다.
④ 원자 밀도가 가장 작은 격자면과 최소인 방향에서 잘 일어난다.

> 슬립은 원자의 이동으로 원자 밀도가 큰 격자면과 최대 방향을 따라서 원자가 이동한다.

14 다음 중 경질 자성재료에 해당되는 것은?

① Si 강판
② Nd 자석
③ 센더스트
④ 퍼멀로이

> • **경질자석** : ND자석, 알니코 자석, 페라이트 자석
> • **연질자석** : 센더스트, 규소강판

15 다음 중 용융금속이 가장 늦게 응고하여 불순물이 가장 많이 모이는 부분은?

① 금속의 모서리 부분
② 결정 입계 부분
③ 결정 입자 중심 부분
④ 가장 먼저 응고하는 금속 표면 부분

> 용융금속의 응고과정은 결정핵이 생성되고, 이 결정핵이 성장하면서 하나의 결정을 이루면서 다른 결정과 만나는 부분이 결정입계가 된다. 결정입계는 가장 늦게 응고되며 편석이 집중되게 된다.

16 주석의 성질에 대한 설명 중 옳은 것은?

① 동소변태를 하지 않는 금속이다.
② 13℃ 이하의 주석(Sn)은 백주석이다.
③ 주석은 상온에서 재결정이 일어나지 않으므로 가공경화가 용이하다.
④ 주석(Sn)의 용융점은 232℃로 저용융점 합금의 기준이다.

> 주석(Sn)의 용융점은 232℃로 저용융점 합금의 기준이며 13℃에서 백색주석이 회색주석으로 변태를 하며, 상온 이하에서 재결정이 일어난다.

정답 11① 12③ 13① 14② 15② 16④

17 기어(Gear) 제도에서 피치원은 어떤 선으로 그리는가?

① 가는 실선　② 굵은 실선
③ 가는 은선　④ 가는 1점 쇄선

> 기어의 피치원은 가는 1점 쇄선을 사용한다.

18 한국산업표준에서 ISO 규격에 없는 관용 테이퍼나사를 나타내는 기호는?

① M　② PF
③ PT　④ UNF

> ① M : 미터 보통 나사
> ② PF : 관용 평행 나사
> ③ PT : 관용 테이퍼 나사
> ④ UNF : 유니파이 가는 나사

19 대상물의 구멍, 홈 등과 같이 한 부분의 모양을 도시하는 것으로 충분한 경우에 도시하는 방법은?

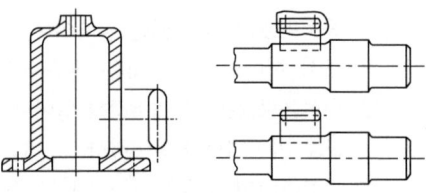

① 보조 투상도
② 회전 투상도
③ 국부 투상도
④ 부분 확대 투상도

> 국부 투상도
> 대상물에서 한 부분의 모양을 도시한 것

20 한국산업표준에서 표면 거칠기를 나타내는 방법이 아닌 것은?

① 최소 높이 거칠기(Rc)
② 최대 높이 거칠기(Ry)
③ 10점 평균 거칠기(Rz)
④ 산술 평균 거칠기(Ra)

> 표면거칠기 표시
> ① 중심선 표면 거칠기(산술 평균 거칠기 : Ra)
> ② 최대 높이 거칠기(Rmax)
> ③ 10점 평균 거칠기(Rz)

21 축의 최대허용치수 44.991mm, 최소허용치수 44.975mm인 경우 치수 공차(mm)는?

① 0.012　② 0.016
③ 0.018　④ 0.020

> 치수공차 = 최대허용치수−최소허용치수
> 　　　　= 44.991−44.975 = 0.016

22 도면을 접을 때는 A4 크기를 원칙으로 하고 있다. A4 용지의 크기(mm)는?

① 148×210　② 210×297
③ 297×420　④ 420×594

> A4는 210mm×297mm
> A3는 297mm×420mm

정답　17 ④　18 ③　19 ③　20 ①　21 ②　22 ②

23 제도 도면의 치수기입 원칙에 대한 설명으로 틀린 것은?

① 치수선은 부품의 모양을 나타내는 외형선과 평행하게 그어 표시한다.
② 길이, 높이 치수의 표시 위치는 되도록 정면도에 표시한다.
③ 치수는 계산하여 구할 수 있는 치수는 기입하지 않으며, 지시선은 굵은 실선으로 표시한다.
④ 대상물의 기능, 제작, 조립 등을 고려하여 필요하다고 생각되는 치수를 명료하게 기입한다.

> 치수는 되도록 계산하여 구할 필요가 없도록 기입하며, 지시선은 가는 실선을 사용한다.

24 다음 물체를 3각법으로 표현할 때 우측면도로 옳은 것은? (단, 화살표 방향이 정면도 방향이다)

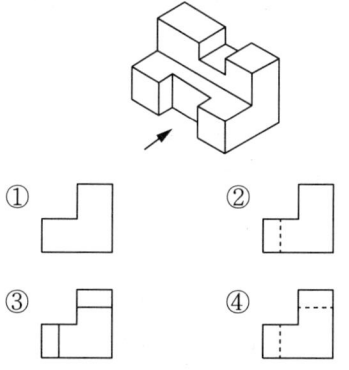

① ② ③ ④

> 우측면도는 오른쪽에서 본 그림이므로 ④와 같다.

25 다음과 같은 물체의 테이퍼 값은?

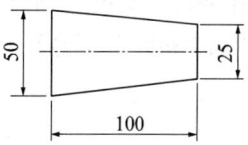

① 1/4   ② 1/5
③ 1/8   ④ 1/25

> 테이퍼 값 $= \dfrac{a-b}{l} = \dfrac{50-25}{100} = \dfrac{25}{100} = \dfrac{1}{4}$

26 스프링강(spring steel)의 기호는?

① STS   ② SPS
③ SKH   ④ STD

> 고속도강 SKH, 일반탄소강 SM, 탄소공구강 STC, 합금공구강 STS, 다이스강 STD, 스프링강 SPS

27 SS330으로 표시된 재료 기호를 옳게 설명한 것은?

① 기계구조용 탄소강재, 최대 인장강도 330N/m^2
② 기계구조용 탄소강재, 탄소 함유량 3.3%
③ 일반구조용 압연강재, 최저 인장강도 330N/m^2
④ 일반구조용 압연강재, 탄소 함유량 3.3%

> **SS330**
> 일반구조용 압연강재로 최저 인장강도가 300N/m^{2}이다.

정답 23 ③ 24 ④ 25 ① 26 ② 27 ③

28 광석을 그 용융온도 이하에서 가열하여 이산화탄소(CO_2) 또는 결정수(H_2O) 등의 성분을 제거하는 조작은?

① 선광(dressing)
② 하소(calcination)
③ 배소(roasting)
④ 소결(sintering)

> ① 하소 : 광석을 용융온도 이하의 고온으로 가열하여 이산화탄소 또는 결정수 등을 제거
> ② 배소 : 광석을 저온으로 가열하여 결정수 또는 휘발분을 제거
> ③ 선광 : 광석 중에서 유용한 광석만을 선별하는 조작
> ④ 소결 : 분말의 자철광을 환원성이 좋은 적철광으로 바꾸는 조작

29 다음 중 부유선광법에 대한 설명으로 옳은 것은?

① 자철광 또는 사철광을 선광하여 맥석을 분리하는 방법
② 갈철광 등과 같이 진흙이 붙어 있는 광석을 물로 씻어서 품위를 높이는 방법
③ 중력에 의하여 큰 광석은 가라앉히고, 작은 광석은 뜨게 하여 분리하는 방법
④ 비중의 차를 이용하여 광석으로부터 맥석을 선별, 제거하거나 또는 광석 중 유효 광물을 분리하는 방법

> ① 비중선광 : 수조 중의 베드 위에 물의 맥류를 주어 비중 차로 광석을 분리
> ② 중액선광 : 미분광을 물과 혼합하여 농축한 중액을 분광기나 싸이클론 등을 이용하여 비중 차로 분리
> ③ 자력선광 : 강자성체를 이용하여 분리
> ④ 부유선광 : 미분상의 광물을 수중에서 기포에 부착시켜 부유물과 침강물로 분리

30 제철원료로 사용되는 철광석의 구비조건으로 틀린 것은?

① 철분 함량이 높을 것
② 품질 및 특성이 균일할 것
③ 입도가 적당할 것
④ 산화하기 쉬울 것

> **철광석의 구비조건**
> ① 철분이 높을 것
> ② 유해 불순물(S, P, Cu, Ti 등)이 적을 것
> ③ 피환원성이 좋을 것
> ④ 맥석의 분리가 쉬울 것
> ⑤ 적당한 물리적 강도를 가질 것
> ⑥ 품질이나 성분이 균일할 것

31 선철을 파면으로 구분하는 것이 아닌 것은?

① 반선철   ② 회선철
③ 백선철   ④ 전선철

> **선철의 파면색에 따른 분류**
> 백선철(백색), 회선철(회색), 반선철(백색+회색)

32 그림과 같은 내연식 열풍로의 연소실에 해당되는 곳은?

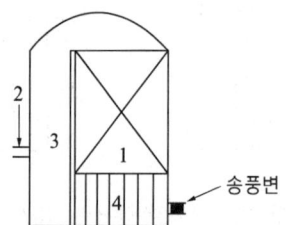

① 1   ② 2
③ 3   ④ 4

> ① 축열실   ② 열풍밸브
> ③ 연소실   ④ 체커

정답 28② 29④ 30④ 31④ 32③

33 소결장치 중 드럼믹서(Drum mixer)의 역할이 아닌 것은?

① 혼합 ② 조립
③ 조습 ④ 파쇄

> 드럼믹서의 역할
> 혼합, 조립, 조습(수분첨가)

34 코크스 중에 회분이 7%, 휘발분이 5%, 수분이 4% 있다면 고정탄소의 양은 몇 %인가?

① 54 ② 64
③ 74 ④ 84

> 고정탄소 = 100−(회분+수분+휘발분)
> = 100−(7+5+4)
> = 84%

35 소결과정에 있는 장입원료를 격자면에서 장입층표면까지 구역을 순서대로 옳게 나타낸 것은?

① 건조대 → 습원료대 → 하소대 → 소결대 → 융용대
② 습원료대 → 건조대 → 하소대 → 융용대 → 소결대
③ 건조대 → 하소대 → 습원료대 → 융용대 → 소결대
④ 습원료대 → 하소대 → 건조대 → 소결대 → 융용대

> 소결과정
> 소결대 → 연소대(융용대) → 하소대(건조대) → 습원료대

36 다음 중 염기성 내화물에 속하는 것은?

① 마그네시아질 ② 점토질
③ 샤모트질 ④ 규산질

> ① 염기성 내화물 : 마그네시아질, 크롬 마그네시아질, 백운석질(돌로마이트), 석회질
> ② 산성 내화물 : 샤모트질, 점토질, 규석질, 납석질, 내화점토
> ③ 중성 내화물 : 알루미나질, 크롬질, 탄소질, 탄화규소질

37 고로 내의 국부 관통류(channelling)가 발생하였을 때의 조치 방법이 아닌 것은?

① 장입물의 입도를 조정한다.
② 장입물의 분포를 조정한다.
③ 장입방법을 바꾸어 준다.
④ 일시적으로 송풍량을 증가시킨다.

> 국부 관통류(특정 부분으로 집중해서 가스가 흐르는 것)는 장입분포, 입도, 방법 등의 문제이다.

38 미분광을 벤토나이트 등의 점결제와 혼합하여 약 10~150mm의 구형으로 괴상화시키는 단광법을 무엇이라 하는가?

① 소결법
② 펠레타이징법
③ 균광법
④ 선광법

> 펠레타이징법
> 분광을 드럼 또는 디스크에서 회전시켜 구상화한 후 소성하는 방법

정답 33 ④ 34 ④ 35 ② 36 ① 37 ④ 38 ②

39 출선 시 용선과 같이 배출되는 슬래그를 분리하는 장치는?

① 스키머(Skimmer)
② 햄머(Hammer)
③ 머드 건(Mud gun)
④ 무브벌 아무어(Movable armour)

> 스키머(skimmer)
> 용선과 슬래그를 비중 차에 의해 분리하는 장치

40 소결조업 중 수분 첨가의 영향으로 틀린 것은?

① 미분 원료의 응집에 의한 통기성이 향상된다.
② 소결층의 더스트(Dust) 흡입 비산을 방지한다.
③ 소결층 내의 온도 구배를 개선하여 열효율을 높인다.
④ 배가스(gas)온도가 하강하여 열효율이 나빠진다.

> 소결조업에서 수분첨가의 효과
> ① 미분 원료의 응집에 의한 통기성 향상
> ② 연진의 흡인 비산 방지
> ③ 소결층 온도구배 개선으로 열효율 향상

41 고로에서 슬래그의 성분 중 가장 많은 양을 차지하는 것은?

① CaO ② SiO_2
③ MgO ④ Al_2O_3

> 고로 슬래그
> CaO > SiO_2 > Al_2O_3

42 코크스의 생산량을 구하는 식으로 옳은 것은?

① (Oven당 석탄의 장입량+Coke 실수율) ÷ 압출문수
② (Oven당 석탄의 장입량−Coke 실수율) ÷ 압출문수
③ Oven당 석탄의 장입량×Coke 실수율 ×압출문수
④ Oven당 석탄의 장입량×압출문수 ÷ Coke 실수율

> 코크스 생산량 = 장입량×실수율×압출문수

43 고로 내 열수지 계산 시 입열에 해당하는 것은?

① 용선 현열
② 노정가스 현열
③ 슬래그 생성열
④ 코크스 solution loss

> • 입열 : 철광석 환원열, 코크스 연소열, 송풍 현열, 슬래그 생성열
> • 출열 : 노정가스 현열, 석회석 분해열(하소), 코크스 solution loss, 불순물(Si, Mn, P)의 환원열, 슬래그 현열, 용선 현열, 방산열

44 합금철을 만들기 위한 장치와 그 제조방법이 옳게 연결된 것은?

① thermit−산소 취정
② 고로−탄소 환원
③ 전로−전해 환원
④ 전기로−진공 탈탄

> Fe−Mn, Fe−Si 등의 합금철을 제조할 때는 전기로에서 용해를 하고 진공 분위기에서 완전 탈탄을 해야 한다.

45 고로의 풍구로부터 들어오는 압풍에 의하여 생기는 풍구 앞의 공간을 무엇이라고 하는가?

① 행잉(hanging)
② 레이스 웨이(race way)
③ 풀루딩(flooding)
④ 슬로핑(slopping)

> **레이스 웨이**
> ① 풍구 앞부분에서 풍구압력에 의해 발생한 공간으로 코크스가 열풍에 의해 2단계로 CO가스가 생성된다.
> ② 1영역 : $C+O_2 \rightarrow CO_2$
> ③ 2영역 : $CO_2+C \rightarrow 2CO$

46 품위 57%의 광석에서 철분 93%의 선철 1톤을 만드는 데 필요한 광석의 양은 몇 kg_f인가? (단, 철분이 모두 환원되어 철의 손실은 없다)

① 1,400 ② 1,525
③ 1,632 ④ 2,276

> 필요 광석량 = $\dfrac{생산량 \times 철분함량}{품위}$
> = $\dfrac{1,000(1톤) \times 0.93(철분함량)}{0.57}$
> = 1,632kg

47 소결조업에 사용되는 용어 중 "FFS"가 의미하는 것은?

① 고로가스 ② 코크스가스
③ 화염진행속도 ④ 최고도달온도

> FFS(Flame Front Speed)
> 화염진행속도

48 소결기 Grate Bar 위에 깔아주는 상부광의 기능이 아닌 것은?

① Grate Bar 막힘 방지
② 소결원료의 저부 배출용이
③ Grate Bar 용융부착 방지
④ 배광부에서 소결광 분리 용이

> **상부광의 역할**
> ① 그레이트 바에 적열소결광 용융부착 방지
> ② 그레이트 바에 신원료에 의한 구멍막힘을 방지
> ③ 그레이트 바 사이로 세립원료가 빠져나감을 방지
> ④ 그레이트 바의 적열을 방지하여 수명을 연장
> ⑤ 배광부에서 소결광 분리 용이

49 일일 생산량이 8,300t/d인 고로에서 연료로 코크스 3,700ton, 오일 200ton을 사용하고 있다. 이 고로의 출선비(t/d/m³)는? (단, 고로의 내용적은 3,900m³이다)

① 약 1.76 ② 약 2.13
③ 약 3.76 ④ 약 4.13

> 출선비 = $\dfrac{생산량}{내용적} = \dfrac{8,300}{3,900} = 2.13$

50 제선작업 중 산소가 결핍되어 있는 장소에서 사용할 수 있는 가장 적합한 마스크는?

① 송기 마스크
② 방진 마스크
③ 방독 마스크
④ 위생 마스크

> 산소가 결핍된 장소에서는 산소 공급기가 달린 송기 마스크를 착용해야 한다.

정답 45 ② 46 ③ 47 ③ 48 ② 49 ② 50 ①

51 코크스의 강도는 어떤 강도를 측정한 것인가?

① 충격 강도 ② 압축 강도
③ 인장 강도 ④ 내압 강도

> 코크스, 소결광 등의 강도는 충격 강도를 측정한 것이다.

52 선철 중의 Si를 높게 하기 위한 방법이 아닌 것은?

① 염기도를 높게 한다.
② 노상 온도를 높게 한다.
③ 규산분이 많은 장입물을 사용한다.
④ 코크스에 대한 광석의 비율을 적게 하고 고온 송풍을 한다.

> **Si를 높이는 방법**
> ① 염기도를 낮게 한다.
> ② 노상 온도를 높인다.
> ③ SiO_2 성분이 많은 장입물을 사용한다.
> ④ 코크스비를 낮춘다.
> ⑤ 조업속도를 낮춘다.

53 파이넥스 조업 설비 중 환원로에서의 반응이 아닌 것은?

① 부원료의 소성 반응
② $C + \frac{1}{2}O_2 \rightarrow CO$
③ $Fe + H_2S \rightarrow FeS + H_2$
④ $Fe_2O_3 + 3CO \rightarrow 2Fe + 3CO_2$

> 코크스에 의한 산화반응은 고로 조업에서 일어난다.

54 다음 중 고정탄소(%)를 구하는 식으로 옳은 것은?

① 고정탄소(%) = 100% − [수분(%) + 회분(%) + 휘발분(%)]
② 고정탄소(%) = 100% + [수분(%)×회분(%) × 휘발분(%)]
③ 고정탄소(%) = 100% − [수분(%) + 회분(%) × 휘발분(%)]
④ 고정탄소(%) = 100% + [수분(%)×회분(%) − 휘발분(%)]

> 고정탄소 = 100−(회분+수분+휘발분)

55 소결설비에서 점화로의 기능에 대한 설명으로 옳은 것은?

① 장입된 원료 표면에 착화하는 장치이다.
② 소결설비의 가열로에 점화하는 장치이다.
③ 소결설비의 보열로에 점화하는 장치이다.
④ 소결원료에 착화하는 장치이다.

> 점화로는 장입된 소결원료 표면에 착화시키는 소결설비이다.

56 코크스(coke)가 과다하게 첨가(배합)되었을 경우 일어나는 현상이 아닌 것은?

① 소결광의 생산량이 증가한다.
② 배기가스의 온도가 상승한다.
③ 소결광 중 FeO 성분 함유량이 많아진다.
④ 화격자(grate bar)에 점착하기도 한다.

> 소결조업에서 코크스량이 증가하면 소결광의 생산량은 감소한다.

정답 51 ① 52 ① 53 ② 54 ① 55 ① 56 ①

57 선철 중에 이 원소가 많이 함유되면 유동성을 나쁘게 하고 노상부착물을 형성시키므로 특별히 관리하여야 할 이 성분은?

① Ti ② C
③ P   ④ Si

> 선철 중 Ti은 유동성을 저하시키고 노상 부착물을 형성하므로 원료 광석 중 함유량이 적은 것을 사용해야 한다. 특별한 경우(노바닥 이상) TiO_2를 장입하여 노바닥에 가라앉으면 노바닥을 보호할 수 있다.

58 소결용 집진기로 사용하는 싸이클론의 집진 원리는?

① 대전 이용   ② 중력 침강
③ 여과 이용   ④ 원심력 이용

> 싸이클론은 원심력을 이용하여 분진을 제거하는 설비이다.

59 고로조업 시 바람구멍의 파손 원인으로 틀린 것은?

① 슬립이 많을 때
② 회분이 많을 때
③ 송풍온도가 낮을 때
④ 코크스의 균열강도가 낮을 때

> 풍구 파손 원인
> ① 걸림과 슬립이 많을 때
> ② 슬래그 염기도가 높을 때
> ③ 코크스 강도가 낮을 때
> ④ 슬래그 점성이 높을 때
> ⑤ 맥석 및 회분이 많을 때
> ⑥ 송풍온도가 높을 때

60 Bell-Less 구동장치를 고열로부터 보호하기 위해 냉각수를 순환시키고 있는데, 정전으로 인해 순환수 펌프 가동 불능 시 구동장치를 보호하기 위한 냉각 방법은?

① 고로가스를 공급한다.
② 질소가스를 공급한다.
③ 고압 담수를 공급한다.
④ 노정 살수작업을 실시한다.

> 노정장입장치가 정전돼서 냉각수 공급이 되지 않을 경우 불활성가스인 질소를 투입하여 공랭시켜야 한다.

정답 57 ① 58 ④ 59 ③ 60 ②

2022년 1회 제선기능사 CBT 복원문제

01 구조용 합금강과 공구용 합금강을 나눌 때 기어, 축 등에 사용되는 구조용 합금강 재료에 해당되지 않는 것은?

① 침탄강　　② 강인강
③ 질화강　　④ 고속도강

> 고속도강은 공구용 합금강에 해당한다.

02 구상흑연 주철품의 기호표시에 해당하는 것은?

① WMC 490　　② BMC 340
③ GCD 450　　④ PMC 490

> 회주철 GC, 구상흑연주철 GCD

03 Pb계 청동 합금으로 주로 항공기, 자동차용의 고속베어링으로 많이 사용되는 것은?

① 켈밋　　② 톰백
③ Y합금　　④ 스테인리스

> **켈밋(Kelmet)**
> Cu-Pb(30~40%) 합금으로 화이트 메탈보다 강하여 고속베어링에 사용

04 탄소강 중에 포함된 구리(Cu)의 영향으로 틀린 것은?

① Ar_1 변태점이 저하된다.
② 강도, 경도, 탄성한도가 증가된다.
③ 내식성이 저하된다.
④ 압연 시 균열의 원인이 된다.

> 강 중에 Cu가 들어가면 강도, 경도 등이 증가하고, 내식성이 향상되고, 가공성은 떨어진다.

05 용탕을 금속 주형에 주입 후 응고할 때, 주형의 면에서 중심 방향으로 성장하는 나란하고 가느다란 기둥 모양의 결정을 무엇이라고 하는가?

① 단결정
② 다결정
③ 주상 결정
④ 크리스탈 결정

> 용융금속을 금형에 주입하면 표면부부터 급랭되어 내부로 응고가 진행되는데 이때 성장 방향이 기둥 모양으로 자라난다. 이 기둥 모양을 주상정이라고 한다.

정답 01 ④　02 ③　03 ①　04 ③　05 ③

06 전극재료를 제조하기 위해 전극재료를 선택하고자 할 때의 조건으로 틀린 것은?

① 비저항이 클 것
② SiO_2와 밀착성이 우수할 것
③ 산화 분위기에서 내식성이 클 것
④ 금속규화물의 용융점이 웨이퍼 처리 온도보다 높을 것

> 전극재료는 비저항이 작아야 한다.

07 다음의 금속 결함 중 체적결함에 해당되는 것은?

① 전위
② 수축공
③ 결정입계 경계
④ 침입형 불순물 원자

> • 점결함 : 공공, 불순물 원자
> • 선결함 : 전위, 쌍정
> • 면결함 : 결정입계
> • 체적결함 : 수축공

08 고체상태에서 하나의 원소가 온도에 따라 그 금속을 구성하고 있는 원자의 배열이 변하여 두 가지 이상의 결정구조를 가지는 것은?

① 전위   ② 동소체
③ 고용체   ④ 재결정

> **동소체**
> 고체상태에서 온도변화에 따라 원자의 결정구조가 변하는 것

09 열처리로에 사용하는 분위기 가스 중 불활성가스로만 짝지어진 것은?

① NH_3, CO   ② He, Ar
③ O_2, CH_4 ④ N_2, CO_2

> **불활성가스** : He, Ar, N_2, Ne

10 주물용 마그네슘(Mg) 합금을 용해할 때 주의해야 할 사항으로 틀린 것은?

① 주물 조각을 사용할 때에는 모래를 투입하여야 한다.
② 주조조직의 미세화를 위하여 적절한 용탕 온도를 유지해야 한다.
③ 수소가스를 흡수하기 쉬우므로 탈가스 처리를 해야 한다.
④ 고온에서 취급할 때는 산화와 연소가 잘 되므로 산화방지책이 필요하다.

> Mg은 고온에서 쉽게 발화할 가능성이 있으므로 조각으로 사용하지 않는다.

11 주물용 Al-Si 합금 용탕에 0.01% 정도의 금속나트륨을 넣고 주형에 용탕을 주입함으로써 조직을 미세화시키고 공정점을 이동시키는 처리는?

① 용체화처리   ② 개량처리
③ 접종처리   ④ 구상화처리

> 실루민(Al-Si) 합금은 초정 Si의 생성을 억제하기 위하여 Na 등으로 개량처리를 하여 공정조직으로 바꾸면 강도가 증가하고 취성이 개선된다.

정답 06 ① 07 ② 08 ② 09 ② 10 ① 11 ②

12 [보기]는 강의 심랭처리에 대한 설명이다. (A), (B)에 들어갈 용어로 옳은 것은?

> 심랭처리란, 담금질한 강을 실온 이하로 냉각하여 (A)를 (B)로 변화시키는 조작이다.

① (A) : 잔류 오스테나이트, (B) : 마텐자이트
② (A) : 마텐자이트, (B) : 베이나이트
③ (A) : 마텐자이트, (B) : 소르바이트
④ (A) : 오스테나이트, (B) : 펄라이트

> **심랭처리**
> 강을 담금질하면 마텐자이트로 변태가 되지만 일부에는 변태가 되지 못한 잔류 오스테나이트가 존재하므로 이를 마텐자이트로 변태시키기 위해 영하의 저온으로 냉각하면 잔류 오스테나이트가 마텐자이트로 변태가 된다.

13 니켈-크롬 합금 중 사용한도가 1,000℃까지 측정할 수 있는 합금은?

① 망가닌　　② 우드메탈
③ 배빗메탈　④ 크로멜-알루멜

> **크로멜-알루멜(CA)**
> 크로멜(니켈-크롬), 알루멜(니켈-알루미늄)으로 된 것으로 온도계에 사용하며 1,000℃정도까지 측정이 가능하다.

14 만능 재료시험기의 인장시험을 할 경우 값을 구할 수 없는 금속의 기계적 성질은?

① 인장강도　② 항복강도
③ 충격값　　④ 연신율

> 충격값은 충격시험으로 구할 수 있다.

15 다음 그림에서 공정반응선을 나타내는 구간은?

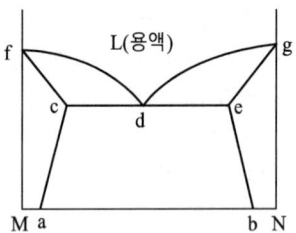

① acf　② cde
③ fdg　④ beg

> 공정반응은 L ↔ S1 + S2 반응이므로 cde선에 해당한다.

16 그림과 같은 방법으로 그린 투상도는?

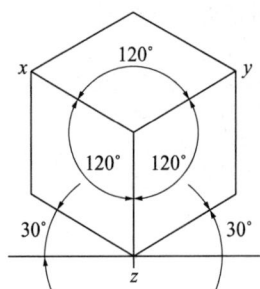

① 정투상도　② 평면도법
③ 등각투상도　④ 사투상도

> **등각투상도**
> x, y, z 축이 120도로 같은 투상도

정답　12① 13④ 14③ 15② 16③

17 다음 그림은 제3각법에 의해 그린 투상도이다. 평면도는 어느 것인가?

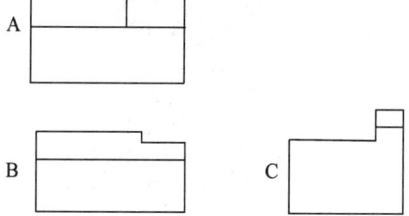

① A ② B
③ C ④ A와 B

> 평면도는 정면도의 위에 그린 것이다.

18 축에 풀리, 기어 등의 회전체를 고정시켜 축과 회전체가 미끄러지지 않고 회전을 정확하게 전달하는 데 사용하는 기계 요소는?

① 키 ② 핀
③ 벨트 ④ 볼트

> ① 키 : 기어, 벨트, 풀리 등의 축에 고정하여 회전 동력을 전달하는 것
> ② 핀 : 기계 부품의 체결용 기계요소
> ③ 벨트 : 먼 곳까지 운동을 전달하기 위한 기계 요소
> ④ 볼트 : 기계 부품의 체결용 기계요소

19 치수기입 시 치수 숫자와 같이 사용하는 기호의 설명 중 틀린 것은?

① ∅ : 지름 ② R : 반지름
③ C : 구의 지름 ④ t : 두께

> ϕ 지름, R 반지름, □ 사각형, t 두께, C 모따기

20 대상물의 표면으로부터 임의로 채취한 각 부분에서의 표면거칠기를 나타내는 기호가 아닌 것은?

① R_{tp} ② S_m
③ R_z ④ R_a

> **표면거칠기**
> R_a(중심선 평균거칠기), R_{max}(최대높이 거칠기), R_z(10점 평균거칠기), S_m(평균요철 폭간격)

21 볼트를 고정하는 방법에 따라 분류할 때, 물체의 한쪽에 암나사를 깎은 다음 나사박기를 하여 죄며 너트를 사용하지 않는 볼트는?

① 관통볼트 ② 기초볼트
③ 탭볼트 ④ 스터드볼트

> **체결용 볼트의 종류**
> ① 관통볼트 : 너트와 같이 사용하는 볼트로, 체결하고자 하는 2개 부분에 구멍을 뚫고 볼트를 관통시킨 다음 너트로 조인다.
> ② 기초볼트 : 기계류 및 구조물의 고정에 사용하는 것으로 토대에 고정하기 위한 볼트
> ③ 탭볼트 : 너트를 사용하지 않고 체결하는 상대 쪽에 암나사를 내고 볼트를 나사박음하여 체결하는 볼트
> ④ 스터드볼트 : 봉의 양끝에 나사가 절식되어 있어 한쪽을 기계의 본체 등에 체결하고 다른 쪽은 너트로 체결하는 볼트
> ⑤ 양너트볼트 : 볼트의 양쪽에 수나사를 깎아 관통시킨 후 양끝 모두 너트로 죄는 볼트

22 다음 그림 중에서 FL이 의미하는 것은?

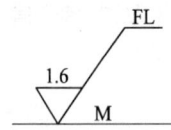

① 밀링가공을 나타낸다.
② 래핑가공을 나타낸다.
③ 가공으로 생긴 선이 거의 동심원임을 나타낸다.
④ 가공으로 생긴 선이 2방향으로 교차하는 것을 나타낸다.

> FL은 가공방법의 의미 중 래핑을 의미한다.

23 정면, 평면, 측면을 하나의 투상도에서 동시에 볼 수 있도록 그린 것으로 직육면체 투상도의 경우 직각으로 만나는 3개의 모서리가 각각 120°를 이루는 투상법은?

① 등각투상도법
② 사투상도법
③ 부등각투상도법
④ 정투상도법

> **등각투상도**
> x, y, z 축이 120도로 같은 투상도

24 대상물의 보이지 않는 부분의 모양을 표시하는데 사용하는 선의 종류는?

① —————— ② —·—·—·—
③ —··—··— ④ ············

> 물체의 보이지 않는 곳을 나타내는 선인 은선은 파선(··········)으로 표시한다.

25 그림에서 치수 20, 26에 치수 보조 기호가 옳은 것은?

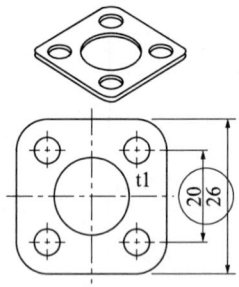

① S   ② □
③ t   ④ ( )

> □은 정사각형의 변을 의미하므로 구멍 4개의 위치가 사각형으로 배열되어 있다.
> S : 구, t : 두께, ( ) : 참고치수

26 다음 그림에서 A부분이 지시하는 표시로 옳은 것은?

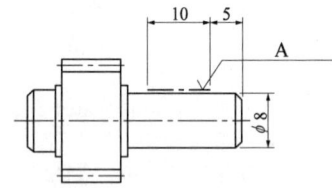

① 평면의 표시법
② 특정 모양 부분의 표시
③ 특수 가공 부분의 표시
④ 가공 전과 후의 모양 표시

> 특수 가공 부분은 굵은 1점 쇄선을 사용한다.

정답 22② 23① 24④ 25② 26③

27 리드가 9mm인 3줄 나사의 피치(mm)는?

① 3 ② 6
③ 9 ④ 27

피치 = 리드/줄수 = 9/3 = 3

28 제선에서 많이 쓰이는 성분조성 $CaCO_3 \cdot MgCO_3$인 부원료를 무엇이라고 하는가?

① 규석 ② 석회석
③ 백운석 ④ 감람석

백운석
$CaCO_3$와 $MgCO_3$를 동시에 함유하고 있어 하소하면 CaO와 MgO로 분해된다.

29 소결기에 급광하는 원료의 소결반응을 신속하게 하기 위한 조건으로 틀린 것은?

① 폭 방향으로 연료 및 입도의 편석이 적어야 한다.
② 소결기 상층부에는 분 코크스를 증가시키는 것이 좋다.
③ 입도는 작을수록 소결시간이 단축되므로 미립이 많아야 한다.
④ 장입물 입도분포와 장입밀도에 따라 소결 반응에 영향을 미치므로 통기성이 좋아야 한다.

입도가 작으면 통기성이 떨어지므로 소결시간이 길어진다.

30 머드건에 사용하는 머드의 성분이 아닌 것은?

① MgO ② 분코크스
③ 타르 ④ SiC

머드의 성분
타르, 분코크스, SiC, 납석, 점토

31 소결 원료 중 조재(造滓)성분에 대한 설명으로 옳은 것은?

① Al_2O_3는 결정 수를 감소시킨다.
② SiO_2는 제품의 강도를 감소시킨다.
③ MgO의 증가에 따라 생산성을 증가시킨다.
④ CaO의 증가에 따라 제품의 강도를 감소시킨다.

소결 시 SiO_2, CaO는 소결강도를 높이고 생산성을 향상시킨다.
Al_2O_3는 결정 수를 감소시킨다.

32 드와이트 로이드식 소결기에 대한 설명으로 틀린 것은?

① 배기 장치의 누풍량이 많다.
② 고로의 자동화가 가능하다.
③ 소결이 불량할 때 재점화가 가능하다.
④ 연속식이기 때문에 대량생산에 적합하다.

DL(Dwight Lloyd)식 소결기(연속식) 장점
① 연속적이므로 대량생산에 적합
② 자동화 가능하여 인건비가 적음
③ 집진장치 설치가 용이
④ 소결광의 피환원성 향상
⑤ 소결광의 상온강도 향상

정답 27 ① 28 ③ 29 ③ 30 ① 31 ① 32 ③

33 적철광에 해당하는 분자식은?

① Fe_2O_3
② Fe_3O_4
③ $FeCO_3$
④ $Fe_2O_3 \cdot 6H_2O$

> 적철광(Fe_2O_3), 자철광(Fe_3O_4)
> 갈철광($Fe_2O_3 \cdot H_2O$), 능철광($FeCO_3$)

34 고로의 노체연와(煉瓦) 마모방지 설비인 냉각반은 주로 구리를 사용하여 만드는 가장 큰 이유는?

① 열전도도가 높다.
② 주조(鑄造)하기가 용이하다.
③ 다른 금속보다 무게가 가볍다.
④ 다른 금속보다 용융점이 높다.

> 냉각반은 수랭 파이프 구조이므로 열전도도가 우수한 구리를 사용해야 한다.

35 고온송풍의 효과로 틀린 것은?

① 코크스비의 저하
② 출산량 증가
③ 석회석량 감소
④ 노내 통기성 향상

> 고온송풍은 통기성을 악화시킨다.

36 소결기의 파쇄설비에 해당하는 것은?

① 호퍼
② 스크린
③ 드럼 피더
④ 셔틀 컨베이어

> 스크린은 소결이 완료된 소결광을 파쇄하여 일정한 크기로 선별하는 장치이다.

37 소량으로도 인체에 가장 치명적인 것은?

① CO
② Na_2CO_3
③ H_2O
④ CO_2

> CO가스(일산화탄소)는 인체에 흡입되면 적혈구의 산소 이동을 방해하여 사망에 이르게 하는 치명적인 가스이다.

38 고로의 슬래그 염기도를 1.3으로 조업하려고 한다. 슬래그 중 SiO_2가 230kg이라면 석회석($CaCO_3$)은 약 얼마 정도(kg)가 필요한가? (단, 석회석($CaCO_3$) 중 유효 CaO는 56%이다)

① 415.7
② 435.7
③ 515.7
④ 533.9

> 염기도 $= \dfrac{CaO}{SiO_2}$
> $CaO = $ 염기도 $\times SiO_2 = 1.3 \times 230 = 299$
> $CaCO_3 = \dfrac{CaO량}{CaO유효비} = \dfrac{299}{0.56} = 533.9$

39 용광로의 고압 조업이 갖는 효과가 아닌 것은?

① 연진이 감소한다.
② 출선량이 증가한다.
③ 노정 온도가 올라간다.
④ 코크스의 비가 감소한다.

> 고압조업 효과
> ① 출선량 증가
> ② 연료비 저하
> ③ 노황의 안정
> ④ 연진의 감소

정답 33 ① 34 ① 35 ④ 36 ② 37 ① 38 ④ 39 ③

40 고로가스(BFG)의 발열량은 약 몇 kcal/m³인가?

① 850   ② 1,200
③ 2,500 ④ 4,500

> 가스 발열량
> ① COG : 4,500~4,800kcal/m³
> ② BFG : 680~850kcal/m³
> ③ LDG : 2,000kcal/m³
> ④ LPG : 22,000kcal/m³

41 Bell-Less 구동장치를 고열로부터 보호하기 위해 냉각수를 순환시키고 있는데, 정전으로 인해 순환수 펌프 가동 불능 시 구동장치를 보호하기 위한 냉각 방법은?

① 고로가스를 공급한다.
② 질소가스를 공급한다.
③ 고압 담수를 공급한다.
④ 노정 살수작업을 실시한다.

> 노정장입장치가 정전돼서 냉각수 공급이 되지 않을 경우 불활성가스인 질소를 투입하여 공랭시켜야 한다.

42 송풍량이 1,680m³이고 노정가스 중 N_2가 57%일 때 노정가스량은 약 몇 m³인가? (단, 공기 중의 산소는 21%이다)

① 1,212   ② 2,172
③ 2,328   ④ 2,545

> 가스 발생량 = $\dfrac{송풍량 \times 공기 중 질소비}{노정가스 질소비}$
> $= \dfrac{1,680 \times 0.79}{0.57}$
> $= 2,328$

43 폐기가스 중 CO 농도는 6% 전후로 알려져 있다. 완전연소 즉, 열효율 향상이란 측면에서 취한 조치의 내용 중 틀린 것은?

① 배합 원료의 조립 강화
② 사하분광 사용 증가
③ 적정 수분 첨가
④ 분광 사용 증가

> 분광의 사용량이 증가하면 통기성이 저하되어 불완전연소가 많아진다.

44 고로 노체에 충전이 완료된 상태에서 송풍을 시작하는 것을 무엇이라 하는가?

① 화입   ② 충전
③ 축로   ④ 종풍

> • 축로 : 노를 축조하는 것
> • 충전 : 노체 건조 후 장입원료를 채우는 작업
> • 화입 : 충전이 완료된 고로에 송풍을 시작하는 것

45 소결광의 낙하강도(SI)가 저하하면 발생되는 현상으로 틀린 것은?

① 노황부조의 원인이 된다.
② 노 내 통기성이 좋아진다.
③ 분율의 발생이 증가한다.
④ 소결의 원단위 상승을 초래한다.

> 낙하강도가 저하되면 고로 장입 시 깨지기 쉬우므로 분율의 발생이 증가하여 통기성이 나빠지게 되므로 낙하강도가 커야 한다.

정답 40 ① 41 ② 42 ③ 43 ④ 44 ① 45 ②

46 고로 내의 국부 관통류(channelling)가 발생하였을 때의 조치 방법이 아닌 것은?

① 장입물의 입도를 조정한다.
② 장입물의 분포를 조정한다.
③ 장입방법을 바꾸어 준다.
④ 일시적으로 송풍량을 증가시킨다.

> 국부 관통류(특정 부분으로 집중해서 가스가 흐르는 것)는 장입분포, 입도, 방법 등의 문제이다.

47 합금철을 만들기 위한 장치와 그 제조 방법이 옳게 연결된 것은?

① thermit-산소 취정
② 고로-탄소 환원
③ 전로-전해 환원
④ 전기로-진공 탈탄

> Fe-Mn, Fe-Si 등의 합금철을 제조할 때는 전기로에서 용해를 하고 진공 분위기에서 완전 탈탄을 해야 한다.

48 고로 조업 시 장입물이 노 안으로 하강함과 동시에 복잡한 변화를 받는데 그 변화의 일반적인 과정으로 옳은 것은?

① 용해 → 산화 → 예열
② 환원 → 예열 → 용해
③ 예열 → 산화 → 용해
④ 예열 → 환원 → 용해

> 철광석의 고로 내 변화
> 장입 → 예열 → 환원(간접환원) → 가탄(탄소 흡수) → 용해 → 선철

49 소결용 집진기로 사용하는 싸이클론의 집진 원리는?

① 대전 이용   ② 중력 침강
③ 여과 이용   ④ 원심력 이용

> 싸이클론은 원심력을 이용하여 분진을 제거하는 설비이다.

50 고로를 4개의 층으로 나눌 때 해면철 내부로 탄소가 들어와 용융점이 낮아지는 층은?

① 예열층   ② 환원층
③ 가탄층   ④ 용해층

> ① 예열층 : 철광석이 가스에 의해 가열되고 부착 수분이 제거되는 단계
> ② 환원층 : 철광석이 CO 가스에 의해 환원이 되어 해면철로 변하는 단계(간접환원)
> ③ 가탄층 : 환원에 의해 생성된 해면철 내부로 탄소가 들어와 용융점이 점점 낮아지는 단계
> ④ 용해층 : 하부에서는 고로의 온도가 올라가고, 해면철이 가탄에 의해 용융점이 낮아져서 용해하면서 흘러내리는 단계

51 고로 주상 설비 중 출선구를 막는 설비는?

① 스키머   ② 머드건
③ 사운딩   ④ 화격자

> ① 스키머 : 용선과 슬래그를 비중차로 분리하는 설비
> ② 머드건 : 출선구를 막는 설비
> ③ 사운딩 : 고로 내 장입물의 위치를 측정하는 설비
> ④ 화격자 : 소결기 팔레트의 하부를 막아주는 설비

정답 46 ④ 47 ④ 48 ④ 49 ④ 50 ③ 51 ②

52 코크스로 내에서 석탄이 장입되어 코크스화 하는 곳은?

① 가열실　　② 연소실
③ 탄화실　　④ 축열실

> **탄화실**
> 코크스 원료인 무연탄(석탄 등)이 장입되어 건류되는 곳

53 최근 관심이 커지고 있는 제선원료로 미분 철광석을 10~30mm로 구상화시켜 소성한 것을 무엇이라 하는가?

① 소결광(Sinter Ore)
② 정립광(Sizing Ore)
③ 펠렛(Pellet)
④ 단광(Briquetting Ore)

> **펠렛**
> 분철광석에 점결제를 첨가하여 구상 형태로 만들어 소성한 것

54 자용성 소결광이 고로 원료로 사용되는 이유에 대한 설명으로 틀린 것은?

① 페이얼라이트(fayallite) 함유량이 많아서 피환원성이 크다.
② 노황이 안정되어 고온 송풍이 가능하다.
③ 하소된 상태에 있으므로 노 안에서의 열량 소비가 감소된다.
④ 노 안에서 석회석의 분해에 의한 이산화탄소의 발생이 없으므로 철광석의 간접 환원이 잘 된다.

> 소결광에 페이얼라이트가 많으면 환원성이 떨어지게 된다.

55 제선 원료를 적정 입도로 파쇄하는 장비는?

① 스텍커(stacker)
② 리클레이머(reclaimer)
③ 언로더(unloader)
④ 크러셔(crusher)

> ① 야드 불출 설비 : 리클레이머
> ② 야드 적치 설비 : 언로더, 스태커
> ③ 야드 이송 설비 : 트레인, 트럭
> ④ 파쇄설비 : 크러셔, 볼밀

56 파이넥스(finex) 제선법에 대한 설명 중 틀린 것은?

① 주원료로 주로 분광을 사용한다.
② 송풍에 있어 산소를 불어 넣는다.
③ 환원 반응과 용융 기능이 분리되어 안정적인 조업에 유리하다.
④ 고로 조업과 달리 소결 공정은 생략되어 있으나 코크스 제조 공정은 필요하다.

> 파이넥스법은 분광석과 석탄을 장입하므로 소결 공정이나 코크스 제조가 필요하지 않다.

57 생리적 원인에 의한 재해는?

① 안전시설 불량
② 작업자의 피로
③ 작업복의 불량
④ 작업공구의 미흡

> 작업자의 피로는 생리적 원인에 해당한다.

58 소결광의 성분이 [보기]와 같을 때 염기도는?

| CaO : 10.2% | SiO₂ : 6.0% |
| MgO : 2.0% | FeO : 5.8% |

① 1.55 ② 1.60
③ 1.65 ④ 1.70

염기도 $= \dfrac{CaO}{SiO_2} = \dfrac{10.2}{6.0} = 1.7$

59 다음 중 부주의가 발생하는 현상과 가장 거리가 먼 것은?

① 의식의 단절
② 의식의 우회
③ 의식의 집중화
④ 의식 수준의 저하

의식이 집중되면 재해를 예방할 수 있다.

60 다음 중 소결반응에 대한 설명으로 틀린 것은?

① 저온에서는 확산결합을 한다.
② 고온에서는 용융결합을 한다.
③ 용융결합은 자철광을 다량으로 배합할 때 일어나는 결합이다.
④ 확산결합의 강도는 아주 강하지만, 환원성은 떨어진다.

확산결합은 결합 강도가 낮고, 원료입도가 클 때 유리하며, 환원성은 좋다.

정답 58 ④ 59 ③ 60 ④

2022년 3회 제선기능사 CBT 복원문제

01 탄소강의 표준조직에 대한 설명 중 틀린 것은?

① 탄소강에 나타나는 조직의 비율은 C량에 의해 달라진다.
② 탄소강의 표준조직이란 강종에 따라 A_3점 또는 Acm보다 30~50℃ 높은 온도로 강을 가열하여 오스테나이트 단일 상으로 한 후, 대기 중에서 냉각했을 때 나타나는 조직을 말한다.
③ 탄소강은 표준조직에 의해 탄소량을 추정할 수 없다.
④ 탄소강의 표준조직은 오스테나이트, 펄라이트, 페라이트 등이다.

> 탄소강의 표준조직은 탄소 함유량에 따라 페라이트, 펄라이트, 시멘타이트의 양이 달라지므로 탄소량을 추정할 수 있다.

02 황이 적은 선철을 용해하여 주입 전에 Mg, Ce, Ca 등을 첨가하여 제조한 주철은?

① 구상흑연주철
② 칠드주철
③ 흑심가단주철
④ 미하나이트주철

> **구상흑연주철**
> 회주철에 Mg, Ce, Ca 등을 첨가하여 제조한 주철로 흑연의 모양이 구상으로 되어 있어서, 강도와 전연성이 우수한 주철이다.

03 80Cu-15Zn 합금으로서 연하고 내식성이 좋으므로 건축용, 소켓, 체결구 등에 사용되는 합금은?

① 실루민(silumin)
② 문츠메탈(muntz metal)
③ 틴 브라스(tin brass)
④ 레드 브라스(red brass)

> ① Red brass : Cu(85%)-Zn(15%) 합금으로 연하고 내식성이 우수
> ② 문쯔메탈 : 6-4황동
> ③ 틴브라스 : 주석황동
> ④ 실루민 : Al-Si 합금

04 공구용 합금강이 공구 재료로서 구비해야 할 조건으로 틀린 것은?

① 강인성이 커야 한다.
② 내마멸성이 작아야 한다.
③ 열처리와 공작이 용이해야 한다.
④ 상온과 고온에서의 경도가 높아야 한다.

> 공구강은 내마멸성이 커야 한다.

정답 01 ③ 02 ① 03 ④ 04 ②

05 고탄소 크롬베어링강의 탄소함유량의 범위(%)로 옳은 것은?

① 0.12~0.17
② 0.21~0.45
③ 0.95~1.10
④ 2.20~4.70

> 고탄소 크롬베어링강(STB)
> C 0.95~1.10%, Cr 0.9~1.6%

06 주철의 물리적성질은 조직과 화학 조성에 따라 크게 변화한다. 주철을 600℃ 이상의 온도에서 가열과 냉각을 반복하면 주철이 성장한다. 주철 성장의 원인으로 옳은 것은?

① 시멘타이트(cementite)의 흑연화로 발생한다.
② 균일 가열로 인하여 발생한다.
③ 니켈의 산화에 의한 팽창으로 발생한다.
④ A_4 변태로 인한 부피 팽창으로 발생한다.

> 주철 성장의 원인
> ① 가열과 냉각이 반복될 때
> ② 시멘타이트의 흑연화에 의해
> ③ 규소의 산화에 의해
> ④ A_1 변태로 인한 부피변화에 의해

07 다음 중 2,500℃ 이상의 고용융점을 가진 금속이 아닌 것은?

① Cr   ② W
③ Mo   ④ Ta

> Cr 1,890℃, W 3,410℃, Mo 2,610℃, Ta 2,996℃

08 강대금(steel back)에 접착하여 바이메탈 베어링으로 사용하는 구리(Cu)-납(Pb)계 베어링 합금은?

① 켈멧(kelmet)
② 백동(cupronickel)
③ 배빗메탈(babbit metal)
④ 화이트메탈(white metal)

> 켈멧(kelmet)
> 납청동(Cu-Pb)으로 고속 고하중용 베어링에 사용

09 6-4황동에 대한 설명으로 옳은 것은?

① 구리 60%에 주석을 40% 합금한 것이다.
② 구리 60%에 아연을 40% 합금한 것이다.
③ 구리 40%에 아연을 60% 합금한 것이다.
④ 구리 40%에 주석을 60% 합금한 것이다.

> • 6-4황동(문쯔메탈) : Cu(60%)-Zn(40%)
> • 7-3황동 : Cu(70%)-Zn(30%)

10 오스테나이트계의 스테인리스강의 대표강인 18-8스테인리스강의 합금 원소와 그 함유량이 옳은 것은?

① Ni(18%) - Mn(8%)
② Mn(18%) - Ni(8%)
③ Ni(18%) - Cr(8%)
④ Cr(18%) - Ni(8%)

> 18-8스테인리스강 : Cr 18%, Ni 8%

정답 05 ③ 06 ① 07 ① 08 ① 09 ② 10 ④

11 Al에 1~1.5%의 Mn을 합금한 내식성 알루미늄 합금으로 가공성, 용접성이 우수하여 저장탱크, 기름탱크 등에 사용되는 것은?

① 알민 ② 알드리
③ 알클래드 ④ 하이드로날륨

- **알민** : Al-Mn계 내식성 합금
- **알드리** : Al-Mg-Si계 합금
- **하이드로날륨** : Al-Mg계 합금
- **알클래드** : 고강도 알루미늄 합금 판재

12 백선철을 900~1,000℃로 가열하여 탈탄시켜 만든 주철은?

① 칠드 주철
② 합금 주철
③ 편상흑연 주철
④ 백심가단 주철

가단 주철의 종류
① 흑심가단 주철 : 백주철을 장시간 풀림처리하여 시멘타이트를 분해시켜 입상으로 석출시킨 주철
② 백심가단 주철 : 장시간 탈탄시켜 제조한 주철
③ 펄라이트가단 주철 : 흑연화를 완전히 하지 않고 제단 흑연화가 끝난 후 약 800℃에서 일정시간 유지 후 급냉하여 펄라이트가 적당히 존재

13 구조용 합금강 중 강인강에서 Fe_3C 중에 용해하여 경도 및 내마멸성을 증가시키며 임계냉각 속도를 느리게 하여 공기 중에 냉각하여도 경화하는 자경성이 있는 원소는?

① Ni ② Mo
③ Cr ④ Si

Cr은 경도 및 내마멸성을 증가시키고 자경성을 증가시킨다.

14 T.T.T 곡선에서 하부 임계냉각 속도란?

① 50% 마텐자이트를 생성하는데 요하는 최대의 냉각속도
② 100% 오스테나이트를 생성하는데 요하는 최소의 냉각속도
③ 최초에 소르바이트가 나타나는 냉각속도
④ 최초에 마텐자이트가 나타나는 냉각속도

TTT 곡선에서 하부 임계냉각속도
마텐자이트가 생성되기 시작하는 냉각속도

15 알루미늄(Al)의 특성을 설명한 것 중 옳은 것은?

① 온도에 관계없이 항상 체심입방격자이다.
② 강(Steel)에 비하여 비중이 가볍다.
③ 주조품 제작 시 주입온도는 1,000℃이다.
④ 전기전도율이 구리보다 높다.

Al은 FCC구조로 용융점은 660℃이어서 주조 온도도 낮으며, 비중이 약 2.7정도로 철보다 가벼우며, 전기전도도는 구리 다음으로 높다.

16 멀고 가까운 거리감을 느낄 수 있도록 하나의 시점과 물체의 각 점을 방사선으로 이어서 그리는 투상법은?

① 정투상법 ② 전개도법
③ 사투상법 ④ 투시 투상법

투시도는 원근감을 나타낸 그림으로 건축물, 다리 등의 도면에 사용한다.

정답 11① 12④ 13③ 14④ 15② 16④

17 강종 SNCM8에서 영문 각각이 옳게 표시된 것은?

① S-강, N-니켈, C-탄소, M-망간
② S-강, N-니켈, C-크롬, M-망간
③ S-강, N-니켈, C-탄소, M-몰리브덴
④ S-강, N-니켈, C-크롬, M-몰리브덴

> SNCM
> 니켈, 크롬, 몰리브덴이 함유된 강

18 투명이나 반투명 플라스틱 얇은 판에 여러가지 크기의 원, 다원 등의 기본도형, 문자, 숫자 등을 뚫어 놓아 원하는 모양으로 정확하게 그릴 수 있는 것은?

① 형판   ② 축척자
③ 삼각자 ④ 디바이더

> ① 형판 : 여러가지 원, 타원, 숫자, 기호 등의 모양을 정확하게 그릴 수 있는 판
> ② 디바이더 : 치수를 옮기거나 길이를 분할할 때 사용

19 물체의 실제 길이 치수가 500mm인 경우 척도 1 : 5 도면에서 그려지는 길이(mm)는?

① 100   ② 500
③ 1,000 ④ 2,500

> 척도가 1 : 5면 축척이므로 500mm는 100mm로 그린다.

20 다음의 축척 중 기계제도에서 쓰이지 않는 것은?

① 1 / 2   ② 1 / 3
③ 1 / 20 ④ 1 / 50

> 1 : 3의 축척은 사용하지 않는다. 3으로 나누면 무한소수가 나오기 때문이다.

21 도면의 지시선 위에 "46-∅20"이라고 기입되어 있을 때의 설명으로 옳은 것은?

① 지름이 20mm인 구멍이 46개
② 지름이 46mm인 구멍이 20개
③ 드릴 치수가 20mm인 드릴이 46개
④ 드릴 치수가 46mm인 드릴이 20개

> 46-φ20
> φ20은 지름 20mm, 46은 구멍의 개수가 46개

22 물체를 중심에서 반으로 절단하여 단면도로 나타내는 것은?

① 부분 단면도 ② 회전 단면도
③ 온 단면도   ④ 한쪽 단면도

> 단면도의 종류
> ① 온 단면도 : 기본 중심선에서 반으로 전부 절단해서 도시한 것
> ② 계단 단면도 : 단면의 위치가 다른 것을 하나의 도면으로 나타낸 것
> ③ 회전 단면도 : 핸들이나 바퀴 등의 암 및 림, 리브, 축, 구조물의 부재 등의 절단면은 90도 회전하여 표시한다.
> ④ 반 단면도 : 물체의 외형도의 절반과 온 단면도의 절반을 조합한 단면도로 내부와 외부를 동시에 표시할 수 있는 도면이다.
> ⑤ 한쪽 단면도 : 단면도 중 한쪽이 대칭일 때 나타내는 도면

정답 17 ④ 18 ① 19 ① 20 ② 21 ① 22 ③

23 주조품을 나타내는 재료의 기호로 옳은 것은?

① C ② P
③ T ④ F

> 주조품 C, 단강품 F, 관용 T, 판재용 P

24 SF340A에서 SF가 의미하는 것은?

① 주강 ② 탄소강 단강품
③ 회주철 ④ 탄소강 압연강재

> SF340
> 탄소강 단강품으로 인장강도가 340이다.

25 구멍의 치수가 $\phi 50^{+0.020}_{0}$, 축의 치수가 $\phi 50^{-0.025}_{-0.050}$ 일 때의 끼워맞춤은?

① 헐거운 끼워맞춤
② 중간 끼워맞춤
③ 억지 끼워맞춤
④ 가열 끼워맞춤

> 구멍 최소치수는 50이고, 축의 최대치수는 49.975이므로 구멍이 축보다 크므로 헐거운 끼워맞춤에 해당한다.

26 중심선, 피치선을 표시하는 선은?

① 가는 1점 쇄선 ② 굵은 실선
③ 가는 2점 쇄선 ④ 굵은 쇄선

> 중심선, 피치선, 기준선
> 가는 1점 쇄선

27 KS A 0005 제도 통칙에서 문장의 기록 방법을 설명한 것 중 틀린 것은?

① 문체는 구어체로 한다.
② 문장은 간결한 요지로서 가능하면 항목별로 적는다.
③ 기록 방법은 우측에서부터 하고, 나누어 적지 않는다.
④ 전문용어는 원칙적으로 용어에 관련한 한국산업표준에 규정된 용어를 사용한다.

> 문장은 좌측에서 우측으로 기록한다.

28 고로 조업에서 출선할 때 사용되는 스키머의 역할은?

① 용선과 슬래그를 분리하는 역할
② 용선을 레이들로 보내는 역할
③ 슬래그를 레이들에 보내는 역할
④ 슬래그를 슬래그 피트(slag pit)로 보내는 역할

> 스키머(skimmer)
> 용선과 슬래그를 비중 차에 의해 분리하는 장치

29 산소 부화에 의한 효과로 틀린 것은?

① 질소 감소에 의해 발열량을 감소시킨다.
② 바람 구멍 앞의 온도가 높아진다.
③ 코크스의 연소 속도가 빠르다.
④ 출선량을 증대시킨다.

> 산소 부화는 질소량을 감소시킬 수 있어 발열량을 높일 수 있다.

30 장입물 중의 인(P)은 보시부에서 노상에 걸쳐 모두 환원되어 거의 전부가 선철 중으로 들어간다. 이때 선철 중의 인(P)을 적게 하기 위한 설명으로 틀린 것은?

① 유해방지를 위하여 장입물 중에 인(P)을 적게 하는 것이 좋다.
② 인(P)의 유해를 적게 하기 위하여 급속 조업을 한다.
③ 노상 온도를 높여 인(P)의 해를 줄인다.
④ 염기도를 높게하여 인(P)의 해를 줄인다.

> P를 적게 하기 위한 조건
> ① 장입물(광석, 코크스) 중에 인을 적게 할 것
> ② 노상 온도를 낮출 것
> ③ 염기도를 높게 할 것
> ④ 고로 조업 속도를 높일 것

31 다음 중 고로의 풍구가 파손되는 가장 큰 원인은?

① 용선이 접촉할 때
② 코크스가 접촉할 때
③ 풍구 앞의 온도가 높을 때
④ 고로 내 장입물이 슬립을 일으킬 때

> 풍구 파손원인
> ① 걸림과 슬립이 많을 때
> ② 슬래그 염기도가 높을 때
> ③ 코크스 강도가 낮을 때
> ④ 슬래그 점성이 높을 때
> ⑤ 맥석 및 회분이 많을 때
> ⑥ 송풍온도가 높을 때

32 파쇄된 적열 소결광을 일정 크기별로 선별처리하는 장치는?

① 화격자   ② 열간 크러셔
③ 냉각기   ④ 열간 스크린

> ① 화격자 : 팔레트 대차 내에 배합원료를 받쳐주는 역할
> ② 열간 크러셔 : 배광부에서 낙하되는 적열 소결광을 150mm 이하로 파쇄하는 역할
> ③ 냉각기 : 열간 스크린에서 선별된 소결광을 냉각시키는 설비
> ④ 열간 스크린 : 크러셔에서 파쇄된 소결광을 일정한 크기별로 선별하는 설비

33 용제에 대한 설명으로 틀린 것은?

① 유동성을 좋게 한다.
② 슬래그의 용융점을 높인다.
③ 맥석 같은 불순물과 결합한다.
④ 슬래그를 금속으로부터 잘 분리되도록 한다.

> 용제는 슬래그의 용융점을 낮춘다.

34 열풍로의 축열실 내화벽돌의 조건으로 옳은 것은?

① 비열이 낮아야 한다.
② 열전도율이 좋아야 한다.
③ 기공률이 30% 이상이어야 한다.
④ 비중이 1.0 이하이어야 한다.

> 열풍로 내화물의 구비조건
> ① 열전도도가 좋아야 한다.
> ② 비열, 열용량이 커야 한다.
> ③ 기공이 많은 다공질이어야 한다.
> ④ 비중이 가벼워야 한다.
> ⑤ 내식성이 우수해야 한다.

35 낙하강도지수(SI)를 구하는 식으로 옳은 것은? (단, M_1은 체가름 후의 +10.0mm인 시료의 무게(kg_f), M_0는 시험전의 시료량 (kg_f))

① $\dfrac{M_1}{M_0} \times 100(\%)$

② $\dfrac{M_0}{M_1} \times 100(\%)$

③ $\dfrac{M_0 - M_1}{M_1} \times 100(\%)$

④ $\dfrac{M_1 - M_0}{M_0} \times 100(\%)$

> 낙하강도는 낙하에 의한 장입물이 분쇄되는 정도를 나타낸다.
> $SI = \dfrac{M_1}{M_0} \times 100(\%)$

36 코크스(coke) 중 회분(ash)의 조성 성분에 해당되지 않는 것은?

① SiO_2　② Al_2O_3
③ Fe_2O_3　④ CO_2

> 회분의 주성분
> SiO_2, Al_2O_3, Fe_2O_3

37 선철 중의 Si를 높게 하기 위한 방법이 아닌 것은?

① 염기도를 높게 한다.
② 노상 온도를 높게 한다.
③ 규산분이 많은 장입물을 사용한다.
④ 코크스에 대한 광석의 비율을 적게 하고 고온송풍을 한다.

> 염기도를 낮게 해야 한다.

38 고로가스(BFG)의 발열량은 약 몇 kcal/m³인가?

① 850　② 1,200
③ 2,500　④ 4,500

> 가스 발열량
> ① COG : 4,500~4,800kcal/m³
> ② BFG : 680~850kcal/m³
> ③ LDG : 2,000kcal/m³
> ④ LPG : 22,000kcal/m³

39 드와이트-로이드(Dwight Lloyd) 소결기에 대한 설명으로 틀린 것은?

① 소결 불량 시 재점화가 가능하다.
② 방진장치가 설치가 용이하다.
③ 연속식이기 때문에 대량생산에 적합하다.
④ 1개소의 고장으로는 기계 전체에 영향을 미치지 않는다.

> DL식 소결기는 연속식이므로 소결이 불량할 때 재점화가 불가능하다.

40 다음은 소결장입층의 통기도를 지배하는 식이다. n은 층의 가스류 흐름 상태를 나타내는 값으로 평균값이 얼마일 때 가장 좋은 통기도를 나타내는가? (단, F : 표준상태의 유량, h : 장입층의 높이, A : 흡인면적, s : 부압)

$$P = F / A(h/s)^n$$

① 0.2　② 0.4
③ 0.6　④ 1.2

> n값은 평균 0.6일 때 가장 좋은 통기도를 나타낸다.

정답　35 ①　36 ④　37 ①　38 ①　39 ①　40 ③

41 정상적인 조업일 때 노정가스 성분 중 가장 적게 함유되어 있는 것은?

① H_2
② N_2
③ CO
④ CO_2

> 고로가스 성분
> $N_2 > CO > CO_2 > H_2$

42 합금철을 만들기 위한 장치와 그 제조 방법이 옳게 연결된 것은?

① thermit-산소 취정
② 고로-탄소 환원
③ 전로-전해 환원
④ 전기로-진공 탈탄

> Fe-Mn, Fe-Si 등의 합금철을 제조할 때는 전기로에서 용해를 하고 진공 분위기에서 완전 탈탄을 해야 한다.

43 고로 내 열수지 계산 시 입열 항목이 아닌 것은?

① 철광석 환원열
② 노정가스 현열
③ 슬래그 생성열
④ 코크스 연소열

> • 입열 : 철광석 환원열, 코크스 연소열, 송풍 현열, 슬래그 생성열
> • 출열 : 노정가스 현열, 석회석 분해열(하소), 코크스 solution loss, 불순물(Si, Mn, P)의 환원열, 슬래그 현열, 용선 현열, 방산열

44 유동로의 가스흐름을 고르게 하여 장입물을 균일하게 유동화시키기 위하여 고속의 가스 유속이 형성되는 장치는?

① 딥 레그(Dip leg)
② 분산판 노즐(Nozzle)
③ 친니스 햇(Chiness hat)
④ 가이드 파이프(Guide pipe)

> 노즐을 통과하면서 유속이 빨라져서 고속의 가스 유속이 형성된다.

45 배소광과 비교한 소결광의 특징이 아닌 것은?

① 충진 밀도가 크다.
② 기공도가 크다.
③ 빠른 기체속도에 비해 날아가기 쉽다.
④ 분말 형태의 일반 배소광보다 부피가 작다.

> 소결광은 배소광보다 밀도가 커서 크기가 크며, 기공도가 크다.

46 용광로에서 분상의 광석을 사용하지 않는 이유와 가장 관계가 없는 것은?

① 노 내의 용탕이 불량해지기 때문이다.
② 통풍의 약화 현상을 가져오기 때문이다.
③ 장입물의 강하가 불균일하기 때문이다.
④ 노정가스에 의한 미분광의 손실이 우려되기 때문이다.

> 분상의 광석은 통기성을 나쁘게 하여, 장입물의 강하가 불량하고, 고압가스에 의한 분광의 손실이 증가한다.

정답 41 ① 42 ④ 43 ② 44 ② 45 ③ 46 ①

47 펠렛의 성질을 설명한 것 중 옳은 것은?

① 입도 편석을 일으키며, 공극률이 작다.
② 고로 안에서 소결광과는 달리 급격한 수축을 일으키지 않는다.
③ 산화 배소를 받아 자철광으로 변하며, 피환원성이 없다.
④ 분쇄한 원료를 이용한 것으로 야금 반응에 민감한 물성을 갖지 않는다.

> **펠렛의 특징**
> ① 분쇄한 것으로 야금반응에 민감
> ② 점결제 없이 성형되므로 순도가 높음
> ③ 고로 내에서 반응이 용이하며 해면철을 거쳐 용해
> ④ 가압하지 않는 자연적인 굴림에 의해 제조되므로 기공이 높아 환원성이 우수
> ⑤ S성분이 적고, Si의 흡수가 적음
> ⑥ 입도가 일정하고 입도편석을 일으키지 않으며 공극률도 우수
> ⑦ 소결광과 달리 고로 내에서 급격한 수축을 일으키지 않음

48 소결광의 환원분화에 대한 설명으로 틀린 것은?

① CO 가스보다는 H_2 가스의 경우에 분화가 현저히 발생한다.
② 400~700°C 구간에서 분화가 많이 일어나며, 특히 500°C 부근에서 현저하게 발생한다.
③ 저온환원의 경우 어느 정도 진행되면 분화는 그 이상 크게 되지 않는다.
④ 고온환원 시 환원에 의해 균열이 발생하여도 환원으로 생성된 금속철의 소결에 의해 분화가 억제된다.

> **환원분화**
> 소결광이 CO가스와 접하여 철분을 환원시킴에 따라 깨지면서 분상으로 되는 현상으로 400~700°C 부근의 간접환원 영역에서 활발하게 일어난다.

49 제선에서 많이 쓰이는 성분조성 $CaCO_3 \cdot MgCO_3$인 부원료를 무엇이라고 하는가?

① 규석　　② 석회석
③ 백운석　　④ 감람석

> **백운석**
> $CaCO_3$와 $MgCO_3$를 동시에 함유하고 있어 하소하면 CaO와 MgO로 분해된다.

50 코크스(coke)가 고로 내에서의 역할을 설명한 것 중 틀린 것은?

① 철 중에 용해되어 선철을 만든다.
② 철의 용융점을 높이는 역할을 한다.
③ 고로 안의 통기성을 좋게 하기 위한 통로 역할을 한다.
④ 일산화탄소를 생성하여 철광석을 간접 환원하는 역할을 한다.

> **코크스의 역할**
> ① 열풍과 연소해서 고로 내 에너지를 공급(열원)
> ② 연소가스(CO가스)가 철광석을 간접환원
> ③ 고체 탄소가 철광석을 직접환원
> ④ 선철 중에 용해되어(가탄) 선철의 용융점을 낮춤
> ⑤ 연소하고 남은 자리가 통기의 역할

51 고로 내에서 노 내벽 연와를 침식하여 노체 수명을 단축시키는 원소는?

① Zn　　② P
③ Al　　④ Ti

> 광석 중에 Zn이 많으면 내화물을 침식시킨다.

정답 47 ② 48 ① 49 ③ 50 ② 51 ①

52 다음 중 고정탄소(%)를 구하는 식으로 옳은 것은?

① 고정탄소(%) = 100% − [수분(%) + 회분(%) + 휘발분(%)]
② 고정탄소(%) = 100% + [수분(%)×회분(%) × 휘발분(%)]
③ 고정탄소(%) = 100% − [수분(%) + 회분(%) × 휘발분(%)]
④ 고정탄소(%) = 100% + [수분(%)×회분(%) − 휘발분(%)]

> 고정탄소 = 100−(회분+수분+휘발분)

53 적열코크스를 불활성가스로 냉각소화하는 건식소화법(CDQ : Coke Dry Quenching)의 효과가 아닌 것은?

① 강도 향상　② 수분 증가
③ 현열 회수　④ 분진 감소

> CDQ(건식소화법)은 물을 사용하지 않고 고압의 질소를 넣어 냉각하므로 수분은 증가하지 않는다.

54 배합탄의 관리영역을 탄화도와 점결성 구간으로 나눌 때 탄화도를 표시하는 지수로 옳은 것은?

① 전팽창(TD)
② 휘발분(VM)
③ 유동도(MF)
④ 조직평형지수(CBI)

> 탄화도는 휘발분(VM)으로 표시한다.

55 고로가스 청정설비로 노정가스의 유속을 낮추고 방향을 바꾸어 조립 연진을 분리, 제거하는 설비명은?

① 백필터(Bag Filter)
② 제진기(Dust Catcher)
③ 전기집진기(Electric Precipitator)
④ 벤츄리 스크러버(Venturi Scrubber)

> • 제진기 : 노정가스 유속을 낮추어 조립 연진을 제거
> • 벤츄리 스크러버 : 습식으로 미세 연진을 제거
> • 백필터 : 필터방식으로 미세 연진을 제거
> • 전기집진기 : 정전기 방식으로 초미세 연진을 제거

56 재해의 원인을 불안전한 행동과 불안전한 상태로 구분할 때 불안전한 상태에 해당되는 것은?

① 허가 없이 장치를 운전한다.
② 잘못된 작업 위치를 취한다.
③ 개인보호구를 사용하지 않는다.
④ 작업 장소가 밀집되어 있다.

> 작업장소의 밀집은 불안전한 상태에 해당한다.

57 Bell-Less 구동장치를 고열로부터 보호하기 위해 냉각수를 순환시키고 있는데, 정전으로 인해 순환수 펌프 가동 불능 시 구동장치를 보호하기 위한 냉각 방법은?

① 고로가스를 공급한다.
② 질소가스를 공급한다.
③ 고압 담수를 공급한다.
④ 노정 살수작업을 실시한다.

> 노정장입장치가 정전돼서 냉각수 공급이 되지 않을 경우 불활성가스인 질소를 투입하여 공랭시켜야 한다.

정답　52 ① 53 ② 54 ② 55 ② 56 ④ 57 ②

58 안전 보호구의 용도가 옳게 짝지어진 것은?

① 두부에 대한 보호구-안전각반
② 얼굴에 대한 보호구-절연장갑
③ 추락방지를 위한 보호구-안전대
④ 손에 대한 보호구-보안면

- **안전각반** : 발에 대한 보호구
- **절연장갑** : 손에 대한 보호구
- **보안면** : 얼굴에 대한 보호구

59 다음 중 소결광 품질향상을 위한 대책에 해당되지 않는 것은?

① 분화 방지
② 사전처리 강화
③ 소결 통기성 증대
④ 유효 슬래그 감소

유효 슬래그의 양이 많아야 용융결합에 의한 강도가 높은 소결광을 얻을 수 있다.

60 배소에 대한 설명으로 틀린 것은?

① 배소시킨 광석을 배소광 또는 소광이라 한다.
② 황화광을 배소 시 황을 완전히 제거시키는 것을 완전 탈황 배소라 한다.
③ 황(S)은 환원 배소에 의해 제거되며, 철광석의 비소(As)는 산화성 분위기의 배소에서 제거된다.
④ 환원배소법은 적철광이나 갈철광을 강자성 광물화한 다음 자력 선광법을 적용하여 철광석의 품위를 올린다.

황은 산화 배소에 의해 제거된다.

정답 58 ③ 59 ④ 60 ③

2023년 1회 제선기능사 CBT 복원문제

01 원표점거리가 50mm이고, 시험편이 파괴되기 직전의 표점거리가 60mm일 때 연신율(%)은?

① 5 ② 10
③ 15 ④ 20

> 연신율 = $\dfrac{\text{시험후 거리} - \text{시험전 거리}}{\text{시험전 거리}} \times 100$
> = $\dfrac{60-50}{50} \times 100 = 20\%$

02 철강에서 철 이외의 5대 원소로 옳은 것은?

① C, Si, Mn, P, S
② H_2, S, P, Cu, Si
③ N_2, S, P, Mn, Cr
④ Pb, Si, Ni, S, P

> **철강의 불순물 5원소**
> C, Si, Mn, P, S

03 어떤 재료의 단면적이 40mm²이었던 것이, 인장시험 후 38mm²로 나타났다. 이 재료의 단면수축률(%)은?

① 5 ② 10
③ 25 ④ 50

> 단면수축률 = $\dfrac{\text{초기 단면적} - \text{시험 후 단면적}}{\text{초기 단면적}} \times 100$
> = $\dfrac{40-38}{40} \times 100 = 5\%$

04 다음 중 불변강의 종류가 아닌 것은?

① 플래티나이트
② 인바
③ 엘린바
④ 아공석강

> **불변강의 종류**
> ① 인바 : Fe-Ni(36%) 합금, 탄성계수가 작고 내식성이 우수
> ② 초인바 : Fe-Ni(36%)-Co(15%) 합금, 인바보다 열팽창계수가 작음
> ③ 엘린바 : Fe-Ni(36%)-Cr(12%) 합금, 상온에서 탄성계수가 거의 변하지 않음
> ④ 플래티나이트 : Fe-Ni(45%) 합금, 열팽창계수가 유리나 백금과 동일

정답 01 ④ 02 ① 03 ① 04 ④

05 금속표면에 스텔라이트(Stellite, Co-Cr-W 합금), 초경합금 등의 금속을 융착시켜 표면 경화층을 만드는 방법은?

① 금속 용사법　② 하드 페이싱
③ 숏 피닝　　　④ 금속 침투법

> ① 금속 용사법 : 금속 표면에 용융 또는 반용융 상태의 미립자를 고속으로 분사시키는 방법
> ② 하드 페이싱 : 금속 표면에 스텔라이트나 초경합금을 용착시키는 방법
> ③ 숏 피닝 : 금속 표면에 강이나 주철의 작음 입자를 고속으로 분사시켜 가공경화에 의한 표면경화를 하는 방법
> ④ 금속 침투법 : 금속 표면에 다른 종류의 금속을 피복시키는 방법

06 원자 충전율이 68%이며, 배위수가 8인 결정구조를 가지고 있는 격자는?

① 조밀육방격자　② 체심입방격자
③ 면심입방격자　④ 정방격

> **결정구조**
>
> | 　 | 기호 | 배위수 | 원자수 | 충진율 |
> | --- | --- | --- | --- | --- |
> | 체심입방격자 | BCC | 8 | 2 | 68% |
> | 면심입방격자 | FCC | 12 | 4 | 74% |
> | 조밀육방격자 | HCP (CPH) | 12 | 6(2) | 74% |

07 주석-구리-안티몬의 합금으로 주석계 화이트 메탈이라고 하는 것은?

① 인코넬　　② 배빗메탈
③ 콘스탄탄　④ 알클래드

> **배빗메탈**
> Sn-Cu-Sb계 베어링용 화이트메탈

08 다음 중 Mn을 2% 정도 함유한 저Mn강은?

① 해드필드강
② 듀콜강
③ 고속도강
④ 스테인리스강

> - 저망가니즈강(듀콜강) : 망가니즈 함유량 2% 이하, 강하고 연신율도 양호하여 조선, 차량, 건축, 교량 등 일반 구조용 강으로 사용
> - 고망가니즈강(해드필드강) : 망가니즈 함유량 10~14%, 내마멸성과 내충격성이 우수하고 조직이 오스테나이트인 강

09 원자로용 재료에 해당하는 것은?

① Ti 합금, Cu 합금
② 우라늄(U), 토륨(Th)
③ 순철, 고합금강
④ 마그네슘 합금, 두랄루민

> **원자로용 핵연료**
> 우라늄(U), 토륨(Th)

10 열간가공에서 마무리 온도(Finishing Temperature)란?

① 전성을 회복시키는 온도를 말한다.
② 고온가공을 끝맺는 온도를 말한다.
③ 상온에서 경화되는 온도를 말한다.
④ 강도, 인성이 증가되는 온도를 말한다.

> **마무리 온도**
> 열간가공에서 열간가공(고온가공)을 끝내는 온도

정답 05 ② 06 ② 07 ② 08 ② 09 ② 10 ②

11 인장시험 중 응력이 적을 때 늘어난 재료에 하중을 제거하면 원위치로 되돌아가는 현상을 무엇이라 하는가?

① 탄성변형　② 상부항복점
③ 하부항복점　④ 최대하중점

- 탄성변형 : 재료에 외력을 가한 후 하중을 제거하면 재료가 늘어난 것이 원위치로 돌아가는 현상
- 소성변형 : 재료에 외력을 가한 후 하중을 제거해도 재료가 늘어난 것이 원위치로 돌아가지 않는 현상

12 Cu를 환원성 분위기에서 가열하면 연성이나 전성이 감소되는 현상은 무엇 때문인가?

① 풀림취성　② 수소취성
③ 고온취성　④ 상온취성

Cu에 수소가 존재하면 가공 시 전연성이 떨어지는 현상인 수소취성이 발생한다.

13 다음 중 형상기억합금으로 가장 대표적인 것은?

① Fe – Ni　② Fe – Co
③ Cr – Mo　④ Ni – Ti

Ni–Ti (니티놀)
형상기억합금, 마르텐사이트 변태에 의해

14 그림과 같은 조밀육방격자에서 배위수는 몇 개인가?

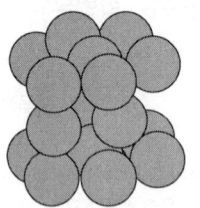 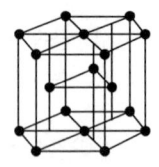

① 2개　② 4개
③ 8개　④ 12개

결정구조	기호	배위수	원자수	충진율
체심입방격자	BCC	8	2	68%
면심입방격자	FCC	12	4	74%
조밀육방격자	HCP (CPH)	12	6(2)	74%

15 다음 중 슬립(slip)에 대한 설명으로 옳은 것은?

① 원자 밀도가 가장 큰 격자면과 최대인 방향에서 잘 일어난다.
② 원자 밀도가 가장 큰 격자면과 최소인 방향에서 잘 일어난다.
③ 원자 밀도가 가장 작은 격자면과 최대인 방향에서 잘 일어난다.
④ 원자 밀도가 가장 작은 격자면과 최소인 방향에서 잘 일어난다.

슬립은 원자의 이동으로 원자 밀도가 큰 격자면과 최대 방향을 따라서 원자가 이동한다.

정답　11 ①　12 ②　13 ④　14 ④　15 ①

16 정면, 평면, 측면을 하나의 투상도에서 동시에 볼 수 있도록 그린 것으로 직육면체 투상도의 경우 직각으로 만나는 3개의 모서리가 각각 120°를 이루는 투상법은?

① 등각투상도법
② 사투상도법
③ 부등각투상도법
④ 정투상도법

등각투상도
인접한 두 축 사이의 각이 120°인 면을 이루는 것으로 입체도에 많이 사용한다.

17 제도 용지 A3는 A4 용지의 몇 배 크기가 되는가?

① $\frac{1}{2}$배
② $\sqrt{2}$배
③ 2배
④ 4배

A3는 297mm×420mm, A4는 210mm×297mm 이므로 2배이다.

18 구멍의 치수가 $\phi 50 ^{+0.025}_{+0.001}$, 축의 치수가 $\phi 50 ^{+0.042}_{+0.026}$ 일때 최대 죔새(mm)는?

① 0.001
② 0.017
③ 0.041
④ 0.051

최대 죔새
= 축의 최대허용치수 − 구멍의 최소허용치수
= 50.042 − 50.001
= 0.041mm

19 다음 도면에 [보기]와 같이 표시된 금속재료의 기호 중 330이 의미하는 것은?

KS D 3503 SS 330

① 최저인장강도
② KS 분류기호
③ 제품의 형상별 종류
④ 재질을 나타내는 기호

KS D 3503 SS 330
일반구조용 압연강재로 최저인장강도가 330N/mm²

20 제품의 최대 허용 한계 치수와 최소 허용 한계 치수의 차이 값은?

① 실치수
② 기준 치수
③ 치수 공차
④ 치수 허용차

① 실치수(actual size) : 어떤 부품에 대하여 실제로 측정한 치수이다.
② 기준 치수(basic size) : 허용 한계 치수의 기준이 되며 호칭 치수라고도 한다.
③ 치수 허용차(deviation) : 허용 한계 치수에서 기준 치수를 뺀 값으로서 허용차라고도 한다.

21 동력전달 기계요소 중 회전 운동을 직선 운동으로 바꾸거나, 직선 운동을 회전 운동으로 바꿀 때 사용하는 것은?

① V벨트
② 원뿔키
③ 스플라인
④ 래크와 피니언

래크와 피니언
직선운동을 회전운동으로 또는 회전운동을 직선 운동으로 바꾸는 기계요소

22 다음과 같이 물체의 형상을 쉽게 이해하기 위한 도시한 단면도는?

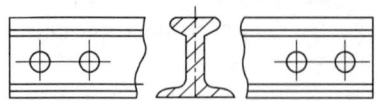

① 반 단면도
② 부분 단면도
③ 계단 단면도
④ 회전 단면도

> **회전 단면도**
> 핸들이나 바퀴 등의 암 및 림, 리브, 축, 구조물의 부재 등의 절단면은 90도 회전하여 표시한다.

23 그림의 물체를 제3각법으로 투상했을 때 평면도는?

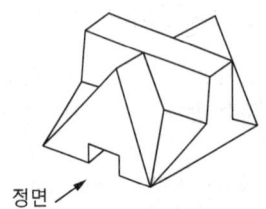

> 평면도는 위에서 본 도면이므로 ②와 같다.

24 제품의 구조, 원리, 기능, 취급방법 등의 설명을 목적으로 하는 도면으로 참고자료 도면이라 하는 것은?

① 주문도
② 설명도
③ 승인도
④ 견적도

> ① 주문도 : 주문서에 첨부되어 주문하는 물품의 모양, 정밀도 등의 개요를 주문받는 사람에게 제시하는 도면
> ② 승인도 : 주문자 또는 기타 관계자의 승인을 얻은 도면
> ③ 설명도 : 제품의 구조, 원리, 기능 등의 설명이 목적인 도면
> ④ 견적도 : 제작자가 견적서에 첨부하여 주문자에게 주문품의 내용을 설명하는 도면

25 다음 중 정투상법에 대한 설명으로 틀린 것은?

① 물체의 특징을 가장 잘 나타내는 면을 정면도로 한다.
② 제3각법은 정면도와 측면도를 대조하는데 편리하다.
③ 정면도의 위치를 먼저 결정하고 이를 기준으로 평면도, 측면도 위치를 정한다.
④ 제1각법으로 투상도를 얻는 원리는 "눈 → 투상면 → 물체"의 순서이다.

> 제1각법은 눈 → 물체 → 투상도의 순서이다.

26 제도 시 도면의 길이를 재어 옮기는 경우나 선을 등분할 때 가장 적합한 제도 기구는?

① 디바이더
② 컴퍼스
③ 운형자
④ 형판

> **디바이더**
> 물체의 길이를 측정하여 도면으로 옮기는 경우나 선을 등분할 경우 사용

정답 22 ④ 23 ② 24 ② 25 ④ 26 ①

27 다음 중 나사의 리드(lead)를 구하는 식으로 옳은 것은? (단, 줄수 : n, 피치 : P)

① $L = \dfrac{n}{P}$ ② $L = n \times P$

③ $L = \dfrac{P}{n}$ ④ $L = \dfrac{n \times P}{2}$

> 피치 = $\dfrac{리드}{줄수}$
> ∴ 리드(L) = 피치(P)×줄수(n)

28 고로의 열수지 항목 중 입열 항목에 해당되는 것은?

① 슬래그 현열
② 열풍 현열
③ 노정가스의 현열
④ 산화철 환원열

> **입열 항목**
> 열풍 현열, 간접 환원열, 코크스 산화열, 송풍 중 수분 현열

29 제강용선과 비교한 주물용선의 특징으로 옳은 것은?

① 고열로 조업을 한다.
② Si의 함량이 낮다.
③ Mn의 함량이 높다.
④ 고염기도 슬래그 조업을 한다.

> **주물용선 제조 조건**
> ① 송풍량을 감소시킨다.
> ② 코크스비를 증가시킨다.
> ③ 고온도 조업을 한다.
> ④ 슬래그 염기도를 낮춘다.
> ⑤ 조업속도(장입물 강하 속도)를 낮춘다.

30 파이넥스(finex) 제선법에 대한 설명 중 틀린 것은?

① 주원료로 주로 분광을 사용한다.
② 송풍에 있어 산소를 불어 넣는다.
③ 환원 반응과 용융 기능이 분리되어 안정적인 조업에 유리하다.
④ 고로 조업과 달리 소결 공정은 생략되어 있으나 코크스 제조 공정은 필요하다.

> 파이넥스법은 분광석과 석탄을 장입하므로 소결 공정이나 코크스 제조가 필요하지 않다.

31 고로의 구조에서 용선과 슬래그가 공존하는 하부 공간을 무엇이라 하는가?

① 노흉   ② 보시
③ 노복   ④ 노상

> **노상(Hearth)**
> 고로의 최하부 공간으로 용융 상태의 용선과 슬래그가 공존하는 공간이다.

32 고로의 열수지 항목 중 입열 항목에 해당되는 것은?

① 슬래그 현열
② 열풍 현열
③ 노정가스의 현열
④ 산화철 환원열

> **입열 항목**
> 열풍 현열, 간접 환원열, 코크스 산화열, 송풍 중 수분 현열

정답 27 ② 28 ② 29 ① 30 ④ 31 ④ 32 ②

33 제선에서 많이 쓰이는 성분조성 $CaCO_3 \cdot MgCO_3$인 부원료를 무엇이라고 하는가?

① 규석
② 석회석
③ 백운석
④ 감람석

> **백운석**
> $CaCO_3$와 $MgCO_3$를 동시에 함유하고 있어 하소하면 CaO와 MgO로 분해된다.

34 휴풍 작업상의 주의사항을 설명한 것 중 틀린 것은?

① 노정 및 가스 배관을 부압으로 하지 말 것
② 가스를 열풍 밸브로부터 송풍기측에 역류시키지 말 것
③ 제진기의 증기를 필요 이상으로 장시간 취입하지 말 것
④ Bleeder가 불충분하게 열렸을 때 수봉 밸브를 닫을(잠글) 것

> 블리더 밸브가 불충분하게 열려 있으면 수봉 밸브를 잠그면 안 된다.

35 제철공장에서 발생하는 부산물 가스로만 구성된 것은?

① BFG, LDG, COG
② COG, LPG, LNG
③ LNG, LPG, BFG
④ BFG, SOG, LDG

> **제철공정 부산물**
> BFG(고로 가스), COG(코크스로 가스), LDG(전로 가스)

36 코크스로 내에서 석탄을 건류하는 설비는?

① 연소실
② 축열실
③ 가열실
④ 탄화실

> **탄화실**
> 코크스 원료인 무연탄(석탄 등)이 장입되어 건류되는 곳

37 소결 원료 중 조재(造滓)성분에 대한 설명으로 옳은 것은?

① Al_2O_3는 결정 수를 감소시킨다.
② SiO_2는 제품의 강도를 감소시킨다.
③ MgO의 증가에 따라 생산성을 증가시킨다.
④ CaO의 증가에 따라 제품의 강도를 감소시킨다.

> 소결 시 SiO_2, CaO는 소결강도를 높이고 생산성을 향상시킨다.
> Al_2O_3는 결정 수를 감소시킨다.

38 소결광의 낙하강도(SI)가 저하하면 발생되는 현상으로 틀린 것은?

① 노황부조의 원인이 된다.
② 노 내 통기성이 좋아진다.
③ 분율의 발생이 증가한다.
④ 소결의 원단위 상승을 초래한다.

> 낙하강도가 저하되면 고로 장입 시 깨지기 쉬우므로 분율의 발생이 증가하여 통기성이 나빠지게 되므로 낙하강도가 커야 한다.

정답 33 ③ 34 ④ 35 ① 36 ④ 37 ① 38 ②

39 노황이 안정되었을 때 좋은 슬래그의 특징이 아닌 것은?

① 색깔이 회색이다.
② 유동성이 좋다.
③ SiO_2가 많이 포함되어 있다.
④ 파면이 암석모양이다.

> 슬래그의 성분 중 SiO_2가 많으면 염기도가 낮아져서 탈황이나 탈인이 잘 되지 않는다.

40 소결 원료 중 조재(造滓)성분에 대한 설명으로 옳은 것은?

① Al_2O_3는 결정수를 감소시킨다.
② SiO_2는 제품의 강도를 감소시킨다.
③ MgO의 증가에 따라 생산성을 증가시킨다.
④ CaO의 증가에 따라 제품의 강도를 감소시킨다.

> SiO_2, CaO는 강도를 증가시고, MgO는 생산성을 하락시킨다.

41 석탄의 풍화에 대한 설명 중 틀린 것은?

① 온도가 높으면 풍화는 크게 촉진된다.
② 미분은 표면적이 크기 때문에 풍화되기 쉽다.
③ 탄화도가 높은 석탄일수록 풍화되기 쉽다.
④ 환기가 양호하면 열방산이 많아 좋으나 새로운 공기가 공급되기 때문에 발열하기 쉬워진다.

> 탄화도가 높으면 강점결탄이 되므로 풍화에 강하다.

42 코크스(coke)가 과다하게 첨가(배합)되었을 경우 일어나는 현상이 아닌 것은?

① 소결광의 생산량이 증가한다.
② 배기가스의 온도가 상승한다.
③ 화격자(grate bar)에 접착하기도 한다.
④ 소결광 중 FeO 성분 함유량이 많아진다.

> 소결에서 코크스가 과다하게 첨가되면 광석의 장입량이 줄어들기 때문에 생산량은 감소한다.

43 고로의 내용적은 $4,500m^3$이고, 출선량이 12,000t/d이면, 출선능력(출선비 : $t/d/m^3$)은 얼마인가?

① 2.22   ② 2.67
③ 3.22   ④ 3.67

> 출선비 = $\dfrac{생산량}{내용적} = \dfrac{12,000}{4,500} = 2.67$

44 파쇄 공정에서 100mm 정도까지 파쇄하는 조쇄 설비는?

① 볼밀   ② 로드밀
③ 스크린   ④ 조 크러셔

> • 조쇄기 : 조 크러셔, 자이러토리 크러셔
> • 중쇄기 : 콘 크러셔, 롤 크러셔
> • 마광(파쇄)기 : 볼밀, 로드밀
> • 선별기 : 스크린

정답 39 ③ 40 ① 41 ③ 42 ① 43 ② 44 ④

45 일일 생산량이 8,300t/d인 고로에서 연료로 코크스 3,700ton, 오일 200ton을 사용하고 있다. 이 고로의 출선비(t/d/m³)는? (단, 고로의 내용적은 3,900m³이다)

① 약 1.76 ② 약 2.13
③ 약 3.76 ④ 약 4.13

> 출선비 = $\dfrac{생산량}{내용적}$ = $\dfrac{8,300}{3,900}$ = 2.13

46 선철을 파면에 의해 구분할 때 파면의 탄소가 흑연과 결합탄소로 되어 있으며, 파단면에 흰색과 회색이 섞인 얼룩 무늬인 선철은?

① 반선철 ② 백선철
③ 회선철 ④ 전선철

> 선철의 파면색에 따른 분류
> 백선철(백색), 회선철(회색), 반선철(백색+회색)

47 분광석의 괴성화 방법이 아닌 것은?

① 세광(washing)
② 소결법(sintering)
③ 단광법(briquetting)
④ 펠레타이징(Pelletizing)

> 괴성화 방법
> 소결, 펠렛, 단광, 입철

48 고로조업 시 바람구멍의 파손 원인으로 틀린 것은?

① 슬립이 많을 때
② 회분이 많을 때
③ 송풍온도가 낮을 때
④ 코크스의 균열강도가 낮을 때

> 풍구 파손 원인
> ① 걸림과 슬립이 많을 때
> ② 슬래그 염기도가 높을 때
> ③ 코크스 강도가 낮을 때
> ④ 슬래그 점성이 높을 때
> ⑤ 맥석 및 회분이 많을 때
> ⑥ 송풍온도가 높을 때

49 고로에 장입되는 소결광으로 출선비를 향상시키는데 유용한 자용성 소결광은 어떤 성분이 가장 많이 들어간 것인가?

① STO_2 ② Al_2O_3
③ CaO ④ TiO_2

> 자용성 소결광
> 원료 중에 CaO를 5~15% 함유한 소결광

50 다음 중 분광석을 괴상화하는 소결설비로 자동화가 가능하고 연속식이며, 대량생산용으로 가장 많이 사용하는 설비는?

① pelletizing식
② GW식(greenawalt pan)
③ DL식(dwight-lloyd machine)
④ AIB식(allmanna inginiors byron disc)

> DL식 소결기 : 자동화 소결기

정답 45 ② 46 ① 47 ① 48 ③ 49 ③ 50 ③

51 다음 반응 중 직접 환원 반응은?

① $Fe_3O_4 + CO \leftrightarrows 3FeO + CO_2$
② $FeO + CO \leftrightarrows Fe + CO_2$
③ $3Fe_2O_3 + CO \leftrightarrows 2Fe_3O_4 + CO_2$
④ $FeO + C \leftrightarrows Fe + CO$

> 직접환원은 탄소에 의한 환원반응이다.
> $FeO + C = Fe + CO$
> $Fe_2O_3 + 3C = 2Fe + 3CO$

52 고로에 사용되는 축류 송풍기의 특징을 설명한 것 중 틀린 것은?

① 풍압 변동에 대한 정풍량 운전이 용이하다.
② 바람 방향의 전환이 없어 효율이 우수하다.
③ 무겁고 크게 제작해야 하므로 설치 면적이 넓다.
④ 터보 송풍기에 비하여 압축된 유체의 통로가 단순하고 짧다.

> 축류 송풍기는 크기를 작게할 수 있어 설치 면적도 적게 차지한다.

53 다음 중 고로의 풍구가 파손되는 가장 큰 원인은?

① 용선이 접촉할 때
② 코크스가 접촉할 때
③ 풍구 앞의 온도가 높을 때
④ 고로 내 장입물이 슬립을 일으킬 때

> 고로 파손은 용선과 직접 접촉할 때 가장 심하게 발생한다.

54 고로에 사용되는 내화재의 구비 조건으로 틀린 것은?

① 스폴링성이 커야 한다.
② 열충격이나 마모에 강해야 한다.
③ 고온, 고압에서 상당한 강도를 가져야 한다.
④ 고온에서 연화 또는 휘발하지 않아야 한다.

> 고로 내화재 구비조건
> ① 내열충격, 내마모성이 클 것
> ② 내스폴링성이 클 것
> ③ 고온, 고압에서 강도가 클 것
> ④ 고온에서 연화, 휘발하지 않을 것
> ⑤ 용선, 슬래그, 가스에 대하여 화학적으로 안정할 것
> ⑥ 적당한 열전도를 가지고 냉각효과가 있을 것

55 소결 시 조재성분에 대한 설명으로 옳은 것은?

① CaO의 증가에 따라 생산율을 증가시킨다.
② CaO는 제품의 강도를 감소시킨다.
③ Al_2O_3의 결정 수를 증가시킨다.
④ Al_2O_3 증가에 따라 코크스량을 감소시킨다.

> 소결 시 CaO는 소결강도를 높이고 생산성을 향상시킨다.

56 고로에서 슬래그의 성분 중 가장 많은 양을 차지하는 것은?

① CaO
② SiO_2
③ MgO
④ Al_2O_3

> 고로 슬래그
> CaO 〉 SiO_2 〉 Al_2O_3

정답 51 ④ 52 ③ 53 ① 54 ① 55 ① 56 ①

57 용선 중 황(S) 함량을 저하시키기 위한 조치를 틀린 것은?

① 고로 내의 노열을 높인다.
② 슬래그의 염기도를 높인다.
③ 슬래그 중 Al_2O_3 함량을 높인다.
④ 슬래그 중 MgO 함량을 높인다.

> 탈황율을 높이려면 Al_2O_3의 함량을 낮추어야 한다.

58 주물용선을 제조할 때의 조업방법이 아닌 것은?

① 슬래그를 산성으로 한다.
② 코크스 배합비율을 높인다.
③ 노 내 장입물 강하시간을 짧게 한다.
④ 고온 조업이므로 선철 중에 들어가는 금속원소의 환원율을 높게 생각하여 광석 배합을 한다.

> **주물용선**
> 슬래그 분위기 산성, 코크스 배합비 상향, 노 내 장입물 하강시간 연장, 고온조업

59 고로가스 청정설비로 노정가스의 유속을 낮추고 방향을 바꾸어 조립 연진을 분리, 제거하는 설비명은?

① 백필터(Bag Filter)
② 제진기(Dust Catcher)
③ 전기집진기(Electric Precipitator)
④ 벤츄리 스크러버(Venturi Scrubber)

> • **제진기** : 노정가스 유속을 낮추어 조립 연진을 제거
> • **벤츄리 스크러버** : 습식으로 미세 연진을 제거
> • **백필터** : 필터방식으로 미세 연진을 제거
> • **전기집진기** : 정전기 방식으로 초미세 연진을 제거

60 코크스(coke)가 고로 내에서의 역할을 설명한 것 중 틀린 것은?

① 철 중에 용해되어 선철을 만든다.
② 철의 용융점을 높이는 역할을 한다.
③ 고로 안의 통기성을 좋게 하기 위한 통로 역할을 한다.
④ 일산화탄소를 생성하여 철광석을 간접 환원하는 역할을 한다.

> **코크스의 역할**
> ① 열풍과 연소해서 고로 내 에너지를 공급(열원)
> ② 연소가스(CO가스)가 철광석을 간접환원
> ③ 고체 탄소가 철광석을 직접환원
> ④ 선철 중에 용해되어(가탄) 선철의 용융점을 낮춤
> ⑤ 연소하고 남은 자리가 통기의 역할

정답 57 ③ 58 ③ 59 ② 60 ②

2023년 3회 제선기능사 CBT 복원문제

01 주조 상태 그대로 연삭하여 사용하며, 단조가 불가능한 주조경질합금 공구 재료는?

① 스텔라이트
② 고속도강
③ 퍼멀로이
④ 플래티나이트

> ① 스텔라이트 : Co-Cr-Cr-W-C계 주조경질합금으로 단련이 불가능하여 주조에 의해 만든다.
> ② 퍼멀로이 : Ni(75%)-Fe계 전자기용 특수강
> ③ 플래티나이트 : Fe-Ni(45%)계 불변강

02 액체 금속이 응고할 때 응고점(녹는점)보다는 낮은 온도에서 응고가 시작되는 현상은?

① 과냉 현상
② 과열 현상
③ 핵 정지 현상
④ 응고 잠열 현상

> **과냉**
> 금속이 응고 시 응고점보다 낮은 온도에서 응고가 시작되는 현상으로 냉각속도가 빠를때 심하게 일어난다.

03 Cr – Ni강이라고도 하며, Cr_2O_3라는 치밀하고도 일정한 산화피막을 형성하여, 칼·식기·취사 용구·화학 공업장치 등의 용도에 적합한 것은?

① 주강
② 규소강
③ 저합금강
④ 스테인리스강

> **18-8스테인리스강의 특징**
> ① Cr 18%, Ni 8%인 강이다.
> ② 내식성 및 내열성이 우수하다.
> ③ 조직이 오스테나이트이다.
> ④ 비자성체이다.
> ⑤ 강도, 인성, 가공성이 우수하다.

04 문쯔메탈(Muntz metal)이라 하며 탈아연 부식이 발생하기 쉬운 동합금은?

① 6-4 황동
② 주석 청동
③ 네이벌 황동
④ 애드미럴티 황동

> 문쯔메탈은 6-4황동으로 열교환기나 열간단조용으로 사용한다.

정답 01 ① 02 ① 03 ④ 04 ①

05 다음 중 불변강의 종류가 아닌 것은?

① 플래티나이트
② 인바
③ 엘린바
④ 아공석강

> **불변강의 종류**
> ① 인바 : Fe-Ni(36%) 합금, 탄성계수가 작고 내식성이 우수
> ② 초인바 : Fe-Ni(36%)-Co(15%) 합금, 인바보다 열팽창계수가 작음
> ③ 엘린바 : Fe-Ni(36%)-Cr(12%) 합금, 상온에서 탄성계수가 거의 변하지 않음
> ④ 플래티나이트 : Fe-Ni(45%) 합금, 열팽창계수가 유리나 백금과 동일

06 황동 합금 중에서 강도는 낮으나 전연성이 좋고 금색에 가까워 모조금이나 판 및 선에 사용되는 합금명은?

① 톰백
② 7-3 황동
③ 6-4 황동
④ 주석 황동

> **톰백**
> Cu-Zn(8~20%) 합금으로 전연성이 좋고 색이 금색에 가까운 황동

07 금속을 냉간가공할 때 결정입자가 가공방향으로 늘어나는 성질은?

① 등방성
② 결정성
③ 이방성
④ 가공성

> 금속을 냉간가공하면 이방성에 의해 결정입자가 가공방향으로 늘어나게 된다.

08 연성이 우수하고 내식성, 내마모성, 내피로성이 우수한 형상기억합금은?

① Cu-Zn-Fe계
② Cu-Sn-Ni계
③ Ni-Ti계
④ Ti-Zn계

> 형상기억합금은 Ni-Ti계(니티놀), Cu-Al-Ni계, Cu-Al-Zn계의 3가지가 종류가 많이 사용되며, 니티놀이 가장 우수한 내식성, 내마모성, 형상기억 효과를 가지고 있다.

09 소성변형이 일어나면 금속이 경화하는 현상을 무엇이라 하는가?

① 가공경화
② 탄성경화
③ 취성경화
④ 자연경화

> **가공경화**
> 금속이 소성변형에 의하여 강도가 증가하는 현상

10 금속에 관한 다음 설명 중 틀린 것은?

① 전기전도율은 일반적인 경우 순수한 금속보다 합금이 우수하다.
② 열전도율은 일반적인 경우 합금보다 순수한 금속일수록 우수하다.
③ 금속을 가열시키면 녹아서 액체가 되는 지점의 온도를 용융온도 또는 용융점이라 한다.
④ 금속의 비열은 물질 1g의 온도를 1℃만큼 높이는 데 필요한 열량으로 cal / g℃로 표시한다.

> 전기전도율은 순금속이 합금보다 우수하다.

정답 05 ④ 06 ① 07 ③ 08 ③ 09 ① 10 ①

11 자기변태를 설명한 것 중 옳은 것은?

① 고체상태에서 원자배열의 변화이다.
② 일정온도에서 불연속적인 성질변화를 일으킨다.
③ 일정 온도구간에서 연속적으로 변화한다.
④ 고체 상태에서 서로 다른 공간격자 구조를 갖는다.

> 자기변태는 원자배열과는 관계없이 자기적 성질이 변화하는 것으로 일정온도에서 연속적으로 일어난다.

12 그림은 A, B 두성분으로 되어 있는 합금의 농도 표시이다. 임의의 점 P가 점 B에 가까워지면 농도는?

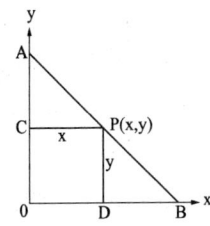

① A의 농도는 증가하고 B의 농도는 감소한다.
② A의 농도는 감소하고 B의 농도는 증가한다.
③ A, B의 농도 둘 다 증가한다.
④ A, B의 농도 둘 다 감소한다.

> 점 P가 B에 가까워지면 B의 성분이 증가하는 것이다. 따라서 B의 농도는 증가하고 A의 농도는 감소한다.

13 다음 중 비정질 합금의 특징에 대한 설명으로 틀린 것은?

① 구조적으로 규칙성을 가지고 있다.
② 열에 강하며, 결정 이방성을 갖는다.
③ 균질한 재료이며, 전기 저항성이 크다.
④ 고온에서 결정화하여 완전히 다른 재료가 된다.

> **비정질의 특징**
> ① 전기저항이 크고 온도 의존성이 적다.
> ② 열에 약하고 고온에서 결정화한다.
> ③ 구조적으로 결정의 방향성이 없다.
> ④ 경도가 높고 연성이 양호하며 가공경화 현상이 나타나지 않는다.
> ⑤ 용접이 불가능하다.

14 다음 중 Ni-Cr 강에 대한 설명으로 옳은 것은?

① Ni-Cr 강은 강인하나, 점성과 담금질성이 나쁘다.
② 봉, 핀, 선재, 판재, 볼트, 너트 등에 널리 사용한다.
③ 뜨임 취성을 생성시키기 위해 Mo, Li, V 등을 첨가한다.
④ Cr은 페라이트를 강화하고, Ni은 탄화물을 석출하여 조직을 치밀하게 한다.

> Ni-Cr강은 점성이 크고 강인하며 담금질성이 우수하여 봉, 핀, 볼트, 너트 등에 사용한다. Mo, V 등을 첨가하면 뜨임취성을 방지할 수 있으며, Cr은 탄화물을 형성하고, Ni은 조직을 치밀하게 하며 인성을 좋게 한다.

정답 11 ③ 12 ② 13 ② 14 ②

15 절삭공구용으로 사용되고 있는 18-4-1형 고속도 공구강의 주성분으로 옳은 것은?

① 텅스텐(W) – 몰리브덴(Mo) – 아연(Zn)
② 텅스텐(W) – 바나듐(V) – 베릴륨(Be)
③ 텅스텐(W) – 크롬(Cr) – 바나듐(V)
④ 텅스텐(W) – 알루미늄(Al) – 코발트(CO)

> **고속도강**
> W(18%)–Cr(4%)–V(1%)형,
> W(14%)–Cr(4%)–V(1%)형

16 다음 중 공차값이 가장 작은 치수는?

① $50^{+0.02}_{-0.01}$ ② 50 ± 0.01
③ $50^{+0.03}_{0}$ ④ $50^{0}_{-0.03}$

> ②는 +0.01, -0.01 이므로 공차값이 0.02가 된다.

17 투상도법에서 원근감을 나타낸 투상도법은?

① 정 투상도   ② 부등각 투상도
③ 등각 투상도   ④ 투시도

> 투시도는 원근감을 나타낸 그림으로 건축물, 다리 등의 도면에 사용한다.

18 제품 사용상 실용적으로 허용할 수 있는 범위의 차이는?

① 데이텀   ② 공차
③ 죔쇄   ④ 끼워맞춤

> **공차**
> 제품의 치수의 허용되는 범위는 나타내는 척도로 최대 허용치수와 최소 허용치수와의 차를 말함

19 그림과 같은 겨냥도를 3각법으로 나타낼 때 우측면도는?(단 화살표 방향이 정면도임)

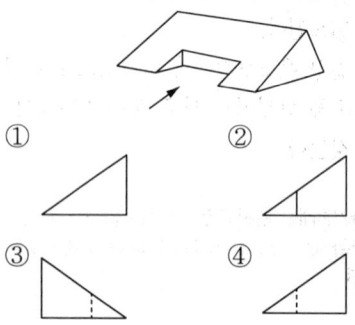

> 우측면도는 물체를 오른쪽에서 바라본 그림이다.

20 다음 그림과 같은 단면도는?

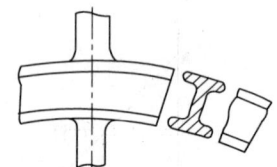

① 부분 단면도   ② 계단 단면도
③ 한쪽 단면도   ④ 회전 단면도

> **회전 단면도**
> 핸들이나 바퀴 등의 암 및 림, 리브, 축, 구조물의 부재 등의 절단면은 90도 회전하여 표시한다.

21 구멍 $\phi50\pm0.01$일 때 억지끼워맞춤의 축 지름의 공차는?

① $\phi50^{+0.01}_{0}$ ② $\phi50^{0}_{-0.02}$
③ $\phi50\pm0.01$ ④ $\phi50^{+0.03}_{+0.02}$

> 억지끼워맞춤은 구멍보다 축이 항상 클 때이므로 ④가 항상 구멍보다 크다.

정답 15 ③ 16 ② 17 ④ 18 ② 19 ④ 20 ④ 21 ④

22 아래와 같은 도형의 테이퍼 값은?

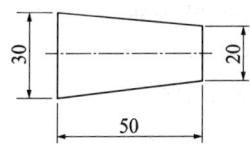

① 1/5 ② 1/10
③ 2/5 ④ 3/10

테이퍼 값 $= \dfrac{a-b}{l} = \dfrac{30-20}{50} = \dfrac{10}{50} = \dfrac{1}{5}$

23 KS의 부문별 분류 기호 중 틀리게 연결된 것은?

① KS A – 전자 ② KS B – 기계
③ KS C – 전기 ④ KS D – 금속

KS A 기본, KS B 기계, KS C 전기, KS D 금속

24 강과 주철을 구분하는 탄소의 함유량은 약 몇 % 인가?

① 0.1 ② 0.5
③ 1.0 ④ 2.0

철에 탄소가 약 2.0% 이하이면 강, 이상이면 주철로 분류한다.

25 다음 재료 기호 중 고속도 공구강은?

① SCP ② SKH
③ SWS ④ SM

고속도강 SKH, 일반탄소강 SM, 탄소공구강 STC, 합금공구강 STS, 다이스강 STD, 스프링강 SPS

26 15mm 드릴 구멍의 지시선을 도면에 옳게 나타낸 것은?

① 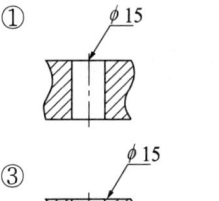 ②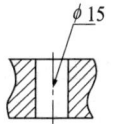

③ 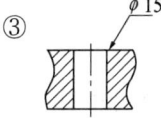 ④

드릴 구멍의 치수는 중심선에 맞추고 외형선에 지시선으로 나타낸다.

27 2N M50×2-6h이라는 나사의 표시 방법에 대한 설명으로 옳은 것은?

① 왼나사이다.
② 2줄 나사이다.
③ 유니파이 보통 나사이다.
④ 피치는 1인치당 산의 개수로 표시한다.

2N M50×2-6h
오른나사 2줄, 미터 가는 리드 50 피치 2, 수나사 등급 6h

정답 22 ① 23 ① 24 ④ 25 ② 26 ① 27 ②

28 야드에 적치된 원료를 불출대상 공장의 소요시점에 불출하는 장비는?

① 스텍커(stacker)
② 리클레이머(reclaimer)
③ 언로더(unloader)
④ 크러셔(crusher)

> ① 야드 불출 설비 : 리클레이머
> ② 야드 적치 설비 : 언로더, 스태커
> ③ 야드 이송 설비 : 트레인, 트럭

29 열풍로의 축열실 내화벽돌의 조건으로 옳은 것은?

① 비열이 낮아야 한다.
② 열전도율이 좋아야 한다.
③ 기공률이 30% 이상이어야 한다.
④ 비중이 1.0 이하이어야 한다.

> 열풍로 내화물의 구비조건
> ① 열전도가 좋아야 한다.
> ② 비열, 열용량이 커야 한다.
> ③ 기공이 많은 다공질이어야 한다.
> ④ 비중이 가벼워야 한다.
> ⑤ 내식성이 우수해야 한다.

30 다음의 철광석 중 철분의 함량이 가장 많은 것은?

① 적철광   ② 자철광
③ 갈철광   ④ 능철광

> 철분 함량
> 적철광 40%, 자철광 57%, 갈철광 40%, 능철광 25%

31 고온송풍의 효과로 틀린 것은?

① 코크스비의 저하
② 출산량 증가
③ 석회석량 감소
④ 노내 통기성 향상

> 고온송풍은 통기성을 악화시킨다.

32 $CaCO_3$를 주성분으로 하는 퇴적암이고, 염기성 용제로 사용되는 것은?

① 규석   ② 석회석
③ 백운석   ④ 망간광석

> 석회석
> $CaCO_3$가 주성분으로 염기성 슬래그를 형성

33 고로에서 선철 1톤을 생산하는 데 소요되는 철광석(소결원료분광 + 괴광석)의 양은 약 얼마(톤)인가?

① 0.5~0.7   ② 1.5~1.7
③ 3.0~3.2   ④ 5.0~5.2

> 선철 1톤을 생산하려면 대략 1.5~1.7톤의 철광석이 필요하다.

34 코크스 중에 회분이 8%, 휘발분이 5%, 수분이 4% 있다면 고정탄소 양은 몇 %인가?

① 17   ② 83
③ 88   ④ 89

> 고정탄소 = 100−(8+5+4) = 83

정답 28② 29② 30② 31④ 32② 33② 34②

35 코크스(coke)가 과다하게 첨가(배합)되었을 경우 일어나는 현상이 아닌 것은?

① 소결광의 생산량이 증가한다.
② 배기가스의 온도가 상승한다.
③ 화격자(grate bar)에 점착하기도 한다.
④ 소결광 중 FeO 성분 함유량이 많아진다.

> 소결에서 코크스가 과다하게 첨가되면 광석의 장입량이 줄어들기 때문에 생산량은 감소한다.

36 코크스로 가스 중에 함유되어 있는 성분 중 함량이 많은 것부터 적은 순서대로 나열된 것은?

① CO > CH_4 > N_2 > H_2
② CH_4 > CO > H_2 > N_2
③ H_2 > CH_4 > CO > N_2
④ N_2 > CH_4 > H_2 > CO

> COG 성분
> H_2 > CH_4 > CO > N_2

37 고로의 장입장치가 구비해야 할 조건으로 틀린 것은?

① 조업속도와는 상관없이 최대한 느리게 장입해야 한다.
② 장치의 개폐에 따른 마모가 없어야 한다.
③ 원료를 장입할 때 가스가 새지 않아야 한다.
④ 장치가 간단하여 보수하기 쉬워야 한다.

> 노정 장입장치 구비조건
> ① 원료장입이 신속하게 이루어질 것
> ② 부품의 마모가 없을 것
> ③ 원료장입 시 가스가 새지 않을 것
> ④ 장치가 간단하고 보수가 용이할 것

38 두 광물 비중의 중간 정도 되는 비중을 갖는 액체 속에서 광물을 선별하는 선광법은?

① 자기선광   ② 부유선광
③ 자력선광   ④ 중액선광

> 중액선광
> 물과 혼합하여 농축한 중액을 이용하여 비중 차로 광물과 맥석을 분리하는 방법

39 유동로의 가스흐름을 고르게 하여 장입물을 균일하게 유동화시키기 위하여 고속의 가스 유속이 형성되는 장치는?

① 딥 레그(Dip leg)
② 분산판 노즐(Nozzle)
③ 치니스 햇(Chiness hat)
④ 가이드 파이프(Guide pipe)

> 노즐을 통과하면서 유속이 빨라져서 고속의 가스 유속이 형성된다.

40 고로의 슬래그 염기도를 1.2로 조업하려고 한다. 슬래그 중 SiO_2가 250kg이라면 석회석($CaCO_3$)은 약 얼마 정도(kg)가 필요한가? (단, 석회석($CaCO_3$) 중 유효 CaO는 56%이다)

① 415.7   ② 435.7
③ 515.7   ④ 535.7

> 염기도 = $\dfrac{CaO}{SiO_2}$
> CaO = 염기도 × SiO_2 = 1.2 × 250 = 300
> $CaCO_3$ = $\dfrac{CaO량}{CaO유효비}$ = $\dfrac{300}{0.56}$ = 535.7

정답 35① 36③ 37① 38④ 39② 40④

41 제강용으로 공급되는 고로 용선이 배합상 가져야 할 특징으로 옳은 것은?

① Al_2O_3는 슬래그의 유동성을 개선하므로 많아야 한다.
② 자용성 소결광은 통기성을 저해하므로 적을수록 좋다.
③ 생광석은 고품위 정립광석이 많을수록 좋다.
④ P와 As는 유용한 원소이므로 적당량 함유되면 좋다.

> 슬래그 중 Al_2O_3가 많으면 슬래그의 용융점이 올라가서 유동성이 떨어진다.
> 자용성 소결광은 다공성이어서 통기성이 좋다.
> P, As, S, 등의 불순물은 선철에 해가 되는 원소이므로 가급적 적게 함유되어야 한다.

42 미분탄 취입(Pulverized Coal Injection) 조업에 대한 설명으로 옳은 것은?

① 미분탄의 입도가 작을수록 연소 시간이 길어진다.
② 산소 부화를 하게 되면 PCI 조업 효과가 낮아진다.
③ 미분탄 연소 분위기가 높을수록 연소 속도에 의해 연소 효율은 증가한다.
④ 휘발분이 높을수록 탄(Coal)의 열분해가 지연되어 연소 효율은 감소한다.

> PCI 조업은 미분탄의 입도가 작을수록 연소가 쉽게 되며, 휘발분이 높을수록 열분해가 빨라지게 되고, 연소 효율은 증가하고, 산소 부화송풍을 하면 효과가 더 증가한다.

43 고로조업 시 화입할 때나 노황이 아주 나쁠 때 코크스와 석회석만 장입하는 것은 무엇이라 하는가?

① 연장입(蓮裝入)
② 중장입(重裝入)
③ 경장입(輕裝入)
④ 공장입(空裝入)

> • **공장입** : 광석을 장입하지 않고, 석회석과 코크스만 장입
> • **중장입** : 코크스비를 크게 하는 조업
> • **경장입** : 코크스비를 적게 하는 조업

44 적열 코크스 압출 시 분진과 가스를 포집하는 설비는?

① 압출기 ② 축열실
③ 후드카 ④ 소화차

> ① 압출기 : 절열 코크스를 탄화실에서 배출하는 설비
> ② 축열실 : 코크스로에서 열교환 작용을 하는 설비
> ③ 후드카 : 적열 코크스 압출 시 발생되는 분진과 가스를 포집하는 설비
> ④ 소화차 : 압출된 적열·코크스를 적재하여 소화탑으로 이동하는 설비

45 다음 중 부주의가 발생하는 현상과 가장 거리가 먼 것은?

① 의식의 단절
② 의식의 우회
③ 의식의 집중화
④ 의식 수준의 저하

> 의식이 집중되면 재해를 예방할 수 있다.

46 석탄의 풍화에 대한 설명으로 옳은 것은?

① 온도가 높으면 풍화가 되지 않는다.
② 탄화도가 높은 석탄일수록 풍화되기 쉽다.
③ 미분은 표면적이 크기 때문에 풍화되기 쉽다.
④ 환기가 양호하면 열발산이 되지 않고, 새로운 공기가 공급되기 때문에 발열하지 않는다.

> 미분일수록 표면적이 크므로 공기에 접하는 면적도 커서 풍화가 빨리된다.

47 소결조업에서 생석회의 역할을 설명한 것 중 틀린 것은?

① 의사 입자의 강도를 향상시킨다.
② 소결 베드 내에서의 통기성을 개선한다.
③ 소결 배합원료의 의사 입자를 촉진한다.
④ 저층 후 조업이 가능하나 분 코크스 사용량이 증가한다.

> 소결조업에서 생석회를 사용하면 고층 후 조업이 가능해지며, 생산량이 증가한다.

48 용광로 조업에서 석회과잉(line setting) 현상의 설명 중 틀린 것은?

① 유동성이 악화된다.
② 용융온도가 상승한다.
③ 염기도가 급격히 감소한다.
④ 출선 출재가 곤란하게 된다.

> 석회가 과잉되면 염기도가 급격히 상승한다.

49 자용성 소결광은 분광에 무엇을 첨가하여 만든 소결광인가?

① 형석   ② 석회석
③ 빙정석   ④ 망간광석

> 자용성 소결광은 분광석에 석회석을 첨가한 소결광이다.

50 파이넥스 조업 설비 중 환원로에서의 반응이 아닌 것은?

① 부원료의 소성 반응
② $C + \frac{1}{2}O_2 \rightarrow CO$
③ $Fe + H_2S \rightarrow FeS + H_2$
④ $Fe_2O_3 + 3CO \rightarrow 2Fe + 3CO_2$

> $C + \frac{1}{2}O_2 \rightarrow CO$ 반응은 용융로의 반응이다.

51 소결조업의 목표인 소결광의 품질관리 기준이 아닌 것은?

① 성분   ② 입도
③ 연성   ④ 강도

> 연성은 품질관리 기준에 해당하지 않는다.
> **품질관리 기준** : 강도, 입도, 성분, 환원분화도

52 고로에서 출선구 머드건(폐색기)의 성능을 향상시키기 위하여 첨가하는 원료는?

① SiC   ② CaO
③ MgO   ④ FeO

> 머드건의 성능을 향상시키기 위해서 머드에 SiC 성분을 첨가한다.

정답 46 ③ 47 ④ 48 ③ 49 ② 50 ② 51 ③ 52 ①

53 다음 중 고로제선법의 문제점을 보완하여 저렴한 분광석, 분탄을 직접 노에 넣어 용선을 생산하는 차세대 제선법은?

① BF법
② LD법
③ 파이넥스법
④ 스트립 캐스팅법

> 파이넥스법은 분광석과 석탄을 장입하므로 소결공정이나 코크스 제조가 필요하지 않다.

54 소결공정의 일반적인 조업순서로 옳은 것은?

① 원료 절출 → 혼합 및 조립 → 원료 장입 → 점화 → 괴성화 → 1차 파쇄 및 선별 → 냉각 → 2차 파쇄 및 선별 → 저장 후 고로 장입
② 원료 절출 → 원료 장입 → 혼합 및 조립 → 1차 파쇄 및 선별 → 점화 → 괴성화 → 냉각 → 2차 파쇄 및 선별 → 저장 후 고로 장입
③ 원료 절출 → 1차 파쇄 및 선별 → 혼합 및 조립 → 원료 장입 → 점화 → 괴성화 → 냉각 → 2차 파쇄 및 선별 → 저장 후 고로 장입
④ 원료 절출 → 괴성화 → 1차 파쇄 및 선별 → 혼합 및 조립 → 원료 장입 → 점화 → 2차 파쇄 및 선별 → 냉각 → 저장 후 고로 장입

> **소결공정**
> 원료 절출 → 혼합 및 조립 → 원료 장입 → 점화 → 괴성화 → 1차 파쇄 및 선별 → 냉각 → 2차 파쇄 및 선별 → 저장 후 고로 장입

55 용광로의 풍구 앞 연소대에서 일어나는 반응으로 틀린 것은?

① $C + \frac{1}{2}O_2 \rightarrow CO$
② $CO + \frac{1}{2}O_2 \rightarrow CO_2$
③ $CO_2 + C \rightarrow 2CO$
④ $FeO + C \rightarrow Fe + CO$

> 연소대에서는 코크스와 산소와의 산화반응만 일어난다.

56 소결조업에서의 확산결합에 관한 설명이 아닌 것은?

① 확산결합은 동종광물의 재결정이 결합의 기초가 된다.
② 분광석의 입자를 미세하게 하여 원료 간의 접촉 면적을 증가시키면 확산결합이 용이해진다.
③ 자철광의 경우 발열 반응을 하므로 원자의 이동도를 증가시켜 강력한 확산결합을 만든다.
④ 고온에서 소결이 행하여진 경우 원료 중의 슬래그 성분이 용융되어 입자가 슬래그 성분으로 견고하게 결합되는 것이다.

> 슬래그 성분이 용융되어 견고하게 결합하는 것은 용융결합에 해당한다.

정답 53 ③ 54 ① 55 ④ 56 ④

57 산업재해의 문제해결 방법은 다음 중 어느 단계에서 적용해야 가장 적절한가?

① 검토 ② 조치
③ 실시 ④ 계획

> 산업재해를 예방하려면 계획단계부터 철저히 해야 한다.

58 고로에서 고압조업의 효과가 아닌 것은?

① 연진의 저하
② 출선량 증가
③ 송풍량의 저하
④ 코크스비의 저하

> 고압조업 효과
> ① 출선량 증가
> ② 연료비 저하
> ③ 노황의 안정
> ④ 연진의 감소

59 소결기 Grate Bar 위에 깔아주는 상부광의 기능이 아닌 것은?

① Grate Bar 막힘 방지
② 소결원료의 저부 배출용이
③ Grate Bar 용융부착 방지
④ 배광부에서 소결광 분리 용이

> 상부광의 역할
> ① 그레이트 바에 적열소결광 용융부착 방지
> ② 그레이트 바에 신원료에 의한 구멍막힘을 방지
> ③ 그레이트 바 사이로 세립원료가 빠져나감을 방지
> ④ 그레이트 바의 적열을 방지하여 수명을 연장
> ⑤ 배광부에서 소결광 분리 용이

60 다음 중 소결반응에 대한 설명으로 틀린 것은?

① 저온에서는 확산결합을 한다.
② 저융질의 슬래그일수록 융용결합을 한다.
③ 융용결합은 세립의 자철광을 다량으로 배합할 때 일어나는 결합이다.
④ 확산결합의 강도는 아주 강하며, 코크스가 많거나 원료입도가 미세할 때 볼 수 있다.

> 확산결합은 결합 강도가 낮고, 원료입도가 클 때 유리하며, 환원성은 좋다.

2024년 1회 제선기능사 CBT 복원문제

01 가공한 재료를 고온으로 가열 시 일어나는 현상의 단계가 바르게 된 것은?

① 재결정-회복-결정성장
② 회복-결정성장-재결정
③ 결정성장-재결정-회복
④ 회복-재결정-결정성장

> 풀림(고온가열)의 3단계
> 회복-재결정-결정성장

02 텅스텐의 원소 기호는?

① W   ② V
③ P   ④ N

> V : 바나듐, P : 인, N : 질소

03 다음 중 퀴리점이란?

① 동소변태점
② 결정격자가 변하는 점
③ 자기변태가 일어나는 온도
④ 입방격자가 변하는 점

> 퀴리점
> 자기변태가 일어나기 시작하는 온도

04 다음 중 중금속에 해당되는 것은?

① Al   ② Mg
③ Cu   ④ Be

> 비중 8.9인 Cu는 중금속에 속한다. 비중 4.5 이상을 중금속이라 한다.

05 주석청동에 Pb를 3.0 – 26% 첨가한 것은?

① 연청동   ② 규소청동
③ 인청동   ④ 알루미늄청동

> 연청동 : Cu-Sn-Pb
> 규소청동 : Cu-Si
> 인청동 : Cu-Sn-P
> 알루미늄청동 : Cu-Al

06 탄소 2.11%의 γ고용체와 탄소 6.68%의 시멘타이트와의 공정조직으로서 주철에서 나타나는 조직은?

① 펄라이트   ② 오스테나이트
③ α고용체   ④ 레데뷰라이트

> 레데뷰라이트는 γ철(오스테나이트)과 Fe_3C (시멘타이트)의 공정조직으로 펄라이트가 점상으로(호피모양) 형성되어 있는 것으로 주철에서만 나타난다.

정답 01 ④ 02 ① 03 ③ 04 ③ 05 ① 06 ④

07 Ni-Fe계 합금으로서 36%Ni, 12%Cr, 나머지는 Fe로서 온도에 따른 탄성률 변화가 거의 없어 고급시계, 압력계, 스프링 저울 등의 부품에 사용되는 것은?

① 인바(invar)
② 엘린바(elinvar)
③ 퍼멀로이(permalloy)
④ 플래티나이트(platinite)

> **불변강의 종류**
> ① 인바 : Fe-Ni(36%) 합금, 탄성계수가 작고 내식성이 우수
> ② 초인바 : Fe-Ni(36%)-Co(15%) 합금, 인바보다 열팽창계수가 작음
> ③ 엘린바 : Fe-Ni(36%)-Cr(12%) 합금, 상온에서 탄성계수가 거의 변하지 않음
> ④ 플래티나이트 : Fe-Ni(45%) 합금, 열팽창계수가 유리나 백금과 동일

08 금속을 자석에 접근시킬 때 자석과 동일한 극이 생겨서 반발하는 성질을 갖는 금속은?

① 철(Fe)
② 금(Au)
③ 니켈(Ni)
④ 코발트(Co)

> ① 강자성체 : 자계를 접근시키면 강하게 자화되고 자계가 사라져도 자계가 남아있는 물질로 자석에 잘 달라붙는 성질을 갖는다. (Fe, Co, Mn 등)
> ② 상자성체 : 자계를 접근시키면 약하게 자계 방향으로 약하게 자화되고, 자계가 제거되면 자화되지 않는 물질 (Al, Pt, Sn, Ir 등)
> ③ 반자성체 : 자계를 접근시키면 자계와 반대 방향으로 자화되는 물질 (Bi, Si, Au, Ag, Cu 등)
> ④ 비자성체 : 자계를 접근시켜도 자화되지 않는 물질 (스테인리스강, 플라스틱, 고무 등의 비금속)

09 소성변형이 일어난 재료에 외력이 더 가해지면 재료가 단단해지는 것을 무엇이라고 하는가?

① 침투경화
② 가공경화
③ 석출경화
④ 고용경화

> ① 가공경화 : 재료에 외력을 가하면 점점 더 단단해져 경화되는 현상
> ② 석출경화 : 제2상의 석출물(탄화물, 질화물 등)에 의해 경화되는 현상
> ③ 고용경화 : 모재에 용질원자가 고용되면서 경화되는 현상

10 분산 강화금속 복합재료에 대한 설명으로 틀린 것은?

① 고온에서 크리프 특성이 우수하다.
② 실용 재료로는 SAP, TD Ni이 대표적이다.
③ 제조방법은 일반적으로 단접법이 사용된다.
④ 기지 금속 중에 0.01~0.1μm 정도의 미세한 입자를 분산시켜 만든 재료이다.

> 제조방법은 일반적으로 혼합법, 열분해법, 내부 산화법 등이 있다.

11 다음 중 경합금에 해당되지 않는 것은?

① 마그네슘(Mg) 합금
② 알루미늄(Al) 합금
③ 베릴륨(Be) 합금
④ 텅스텐(W) 합금

> 텅스텐(W)은 중금속에 속한다. 비중 4.5 이상을 중금속, 이하는 경금속이라 한다.

12 아공석강의 탄소 함유량(%C)으로 옳은 것은?

① 0.025~0.8 ② 0.8~2.0
③ 2.0~4.3 ④ 4.3~6.67

- 아공석강 : 0.025~0.8%
- 공석강 : 0.8%
- 과공석강 : 0.8~2.0%

13 스프링강(spring steel)의 기호는?

① STS ② SPS
③ SKH ④ STD

고속도강 SKH, 일반탄소강 SM, 탄소공구강 STC, 합금공구강 STS, 다이스강 STD, 스프링강 SPS

14 금속의 소성에서 열간가공(hot working)과 냉간가공(cold working)을 구분하는 것은?

① 소성가공률 ② 응고온도
③ 재결정온도 ④ 회복온도

재결정온도 이상에서의 가공을 열간가공, 이하에서의 가공을 냉간가공이라 한다.

15 다음 중 주철에서 칠드층을 얇게 하는 원소는?

① Co ② Sn
③ Mn ④ S

- 칠드층을 얇게 하는 원소(흑연화 조장 원소) : C, P, Co, Ni, Ti, Si, Al 등
- 칠드층을 두껍게 하는 원소(흑연화 방해 원소) : W, Mn, Mo, Cr, Sn, V, S 등

16 그림과 같은 물체를 제3각법으로 그릴 때 물체를 명확하게 나타낼 수 있는 최소 도면 개수는?

① 1개 ② 2개
③ 3개 ④ 4개

정면도와 우측면도만 있으면 된다. 평면도는 저면도와 유사하므로 생략할 수 있다.

17 수면이나 유면 등의 위치를 나타내는 수준면선의 종류는?

① 파선 ② 가는 실선
③ 굵은 실선 ④ 1점 쇄선

수준면은 가는 실선으로 나타낸다.
※ **가는 실선** : 치수선, 치수보조선, 지시선, 수준면선

18 투상도 중에서 화살표 방향에서 본 투상도가 정면도이면 평면도로 적합한 것은?

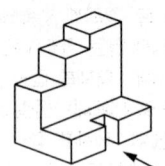

평면도는 위에서 바라본 도면이므로 ②와 같다.

정답 12① 13② 14③ 15① 16② 17② 18②

19 다음 중 도면의 크기와 양식에 대한 설명으로 틀린 것은?

① 도면의 크기 A2는 420×594mm이다.
② 도면에서 그려야 할 사항 중에는 윤곽선, 중심마크, 표제란 등이 있다.
③ 큰 도면을 접을 때에는 A0의 크기로 접는 것을 원칙으로 한다.
④ 표제란은 도면의 오른쪽 아래에 표제란을 그린다.

> 도면을 접을 때에는 A4 크기를 기준으로 접는다.

20 도면의 치수기입에서 "□20"이 갖는 의미로 옳은 것은?

① 정사각형이 20개이다.
② 단면 지름이 20mm이다.
③ 정사각형의 넓이가 20mm²이다.
④ 한 변의 길이가 20mm인 정사각형이다.

> □는 정사각형을 나타내므로 □20은 한변의 길이가 20mm인 정사각형을 나타낸다.

21 다음 그림 중에서 FL이 의미하는 것은?

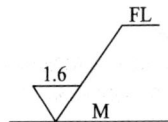

① 밀링가공을 나타낸다.
② 래핑가공을 나타낸다.
③ 가공으로 생긴 선이 거의 동심원임을 나타낸다.
④ 가공으로 생긴 선이 2방향으로 교차하는 것을 나타낸다.

> FL은 가공방법의 의미 중 래핑을 의미한다.

22 KS의 부문별 분류 기호 중 틀리게 연결된 것은?

① KS A – 전자   ② KS B – 기계
③ KS C – 전기   ④ KS D – 금속

> KS A 기본, KS B 기계, KS C 전기, KS D 금속

23 치수기입 시 치수 숫자와 같이 사용하는 기호의 설명 중 틀린 것은?

① ∅ : 지름   ② R : 반지름
③ C : 구의 지름 ④ t : 두께

> ∅ 지름, R 반지름, □ 사각형, t 두께, C 모따기

24 제작물의 일부만을 절단하여 단면 모양이나 크기를 나타내는 단면도는?

① 온 단면도   ② 한쪽 단면도
③ 회전 단면도   ④ 부분 단면도

> **단면도의 종류**
> ① 온 단면도 : 기본 중심선에서 반으로 전부 절단해서 도시한 것
> ② 계단 단면도 : 단면의 위치가 다른 것을 하나의 도면으로 나타낸 것
> ③ 회전 단면도 : 핸들이나 바퀴 등의 암 및 림, 리브, 축, 구조물의 부재 등의 절단면은 90도 회전하여 표시한다.
> ④ 반 단면도 : 물체의 외형도의 절반과 온 단면도의 절반을 조합한 단면도로 내부와 외부를 동시에 표시할 수 있는 도면이다.
> ⑤ 한쪽 단면도 : 단면도 중 한쪽이 대칭일 때 나타내는 도면

정답 19 ③ 20 ④ 21 ② 22 ① 23 ③ 24 ④

25 척도 1 : 2인 도면에서 길이가 50mm인 직선의 실제 길이(mm)는?

① 25　　② 50
③ 100　　④ 150

> 척도 1 : 2는 축척이므로 도면 길이가 50mm이면 실제 길이는 100mm이며 치수 기입은 100mm로 표시한다.

26 정면, 평면, 측면을 하나의 투상도에서 동시에 볼 수 있도록 그린 것으로 직육면체 투상도의 경우 직각으로 만나는 3개의 모서리가 각각 120°를 이루는 투상법은?

① 등각투상도법　　② 사투상도법
③ 부등각투상도법　　④ 정투상도법

> **등각투상도**
> 인접한 두 축 사이의 각이 120°인 면을 이루는 것으로 입체도에 많이 사용한다.

27 다음 기호 중 치수 보조기호가 아닌 것은?

① C　　② R
③ t　　④ △

> C : 모따기, R : 반지름, t : 두께

28 고로의 생산물인 선철을 파면에 의해 분류할 때 이에 해당되지 않는 것은?

① 백 선철　　② 은 선철
③ 반 선철　　④ 회 선철

> **선철의 파면색에 따른 분류**
> 백 선철(백색), 회 선철(회색), 반 선철(백색+회색)

29 생 펠렛에 강도를 주기 위해 첨가하는 물질이 아닌 것은?

① 붕사　　② 규사
③ 벤토나이트　　④ 염화나트륨

> **펠렛의 첨가제**
> 석회, 붕사, 염화나트륨, 벤토나이트

30 고로의 실효높이를 나타내는 것은?

① 노저로부터 바람구멍까지의 높이
② 출선구로부터 장입기준선까지의 높이
③ 바람구멍 중심선으로부터 장입기준선까지의 높이
④ 출재구로부터 장입기준선까지의 높이

> **실효높이(유효높이)**
> 풍구중심선(바람구멍중심선)으로부터 장입기준선까지의 높이

31 고로가스(BFG)의 발열량은 약 몇 kcal/m³인가?

① 850　　② 1,200
③ 2,500　　④ 4,500

> **가스 발열량**
> ① COG : 4,500~4,800kcal/m³
> ② BFG : 680~850kcal/m³
> ③ LDG : 2,000kcal/m³
> ④ LPG : 22,000kcal/m³

정답　25 ③　26 ①　27 ④　28 ②　29 ②　30 ③　31 ①

32 다음의 고로 장입물 중 환원되기 쉬운 것은?

① MgO
② FeO
③ Al_2O_3
④ CaO

> FeO는 슬래그에서 철로 환원이 된다. 나머지 성분은 슬래그로 존재한다.

33 팔레트 대차와 가장 거리가 먼 것은?

① 사이트 플레이트
② 화격자
③ 스프로킷 휠
④ 스크린

> 스크린은 팔레트에서 낙하된 적열 소결광을 파쇄 후 일정 크기로 선별하는 기기이다.

34 코크스 중 회분이 많을 때 고로에서 일어나는 현상은?

① 석회석 슬래그의 양이 감소한다.
② 행잉(hanging)을 방지한다.
③ 코크스비가 증가한다.
④ 출선량이 증가한다.

> 회분은 주성분이 SiO_2와 Al_2O_3이므로 많으면 슬래그 양이 증가하고, 코크스비 상승의 원인이 된다.

35 용광로 출선구 개공기 신호 중 한 손을 출선구쪽을 가리키고 호르라기를 짧게 끊어서 2회씩 반복하여 불어줄 때 크레인 운전자의 동작은?

① 전진동작
② 정지
③ 후퇴동작
④ 내림신호

36 소결광 중 FeO 성분이 목표치보다 낮을 경우, 어느 원료를 사용하여야 하는가?

① 적철광
② 석회석
③ 밀스케일
④ 사문암

> 밀스케일의 주성분에는 FeO, Fe_3O_4, Fe_2O_3 등이 있으므로 소결광의 FeO 성분을 보충할 수 있다.

37 고로 내 열수지 계산 시 입열에 해당하는 것은?

① 용선 현열
② 노정가스 현열
③ 슬래그 생성열
④ 코크스 solution loss

> • 입열 : 철광석 환원열, 코크스 연소열, 송풍 현열, 슬래그 생성열
> • 출열 : 노정가스 현열, 석회석 분해열(하소), 코크스 solution loss, 불순물(Si, Mn, P)의 환원열, 슬래그 현열, 용선 현열, 방산열

38 고로에서 선철 1톤을 얻기 위해 철광석은 약 얼마(ton)나 필요한가?

① 0.5
② 1.0
③ 1.6
④ 2.2

> 철광석 중의 철분은 55~63%이므로 선철 1톤을 생산하기 위해서는 약 1.6톤의 철광석이 필요하다.
> (철광석량)×(품위) = (선철량)
> ∴ 철광석량 = $\frac{선철량}{품위}$ = $\frac{1톤}{0.55~0.63}$ ≒ 1.6톤

정답 32 ② 33 ④ 34 ③ 35 ① 36 ③ 37 ③ 38 ③

39 고로를 4개의 층으로 나눌 때 상승가스에 의해 장입물이 가열되어 부착 수분을 잃고 건조되는 층은?

① 예열층　② 환원층
③ 가탄층　④ 용해층

- **예열층** : 수분 건조
- **환원층** : CO가스에 의한 간접환원
- **가탄층** : 환원된 해면철 내로 C가 침투되어 철의 용융점을 하강시킴
- **용해층** : 해면철이 용융 상태로 흘러내리는 상태

40 고로에서 인(P) 성분이 선철 중에 적게 유입되도록 하는 방법 중 틀린 것은?

① 급속조업을 한다.
② 노상온도를 높인다.
③ 염기도를 높인다.
④ 장입물 중 인(P) 성분을 적게 한다.

노상온도를 낮추어야 한다.

41 고로의 내용적은 4,500m³이고, 출선량이 12,000t/d이면, 출선능력(출선비 : t/d/m³)은 얼마인가?

① 2.22　② 2.67
③ 3.22　④ 3.67

출선비 = $\dfrac{생산량}{내용적}$ = $\dfrac{12,000}{4,500}$ = 2.67

42 덩어리로 된 괴광에 필요한 성질에 대한 설명으로 옳은 것은?

① 다공질로 노 안에서 환원이 잘 되어야 한다.
② 노에 장입 및 강하 시에는 잘 분쇄되어야 한다.
③ 선철에 품질을 높일 수 있는 황과 인이 많아야 한다.
④ 점결제에는 알칼리류를 함유하고 있어야 하며, 열팽창 및 수축에 의한 붕괴를 일으켜야 한다.

괴광의 요구 성질
① 다공질이어야 한다.
② 강도가 커야 한다.
③ 맥석 성분이 적어야 한다.
④ 열팽창 및 수축에 강해야 한다.
⑤ 환원성이 좋아야 한다.

43 확산형의 소결에 주가 되는 성분은?

① FeO　② SiO_2
③ $CaCO_3$　④ MgO

FeO는 고온에서 산소와 반응하여 Fe_2O_3로 변화하면서 발생하는 열에 의해 소결이 일어나게 된다.

44 균광의 효과로 가장 적합한 것은?

① 노황의 불안정
② 제선능률 저하
③ 코크스비 저하
④ 장입물 불균일 향상

원료를 일정한 크기로 하는 균광의 효과
① 통기성 향상에 의한 고로 가스분포 균일화로 노황 안정
② 장입물과 가스 접촉상태 양호로 환원성 증가
③ 열교환이 잘되어 코크스비 저하
④ 고로 능률 향상

정답 39 ① 40 ② 41 ② 42 ① 43 ① 44 ③

45 자철광 2kg을 자력 선별하여 850g의 정광 산물을 얻었다면 선광비는 약 얼마인가?

① 1.35　　② 2.35
③ 3.35　　④ 4.35

선광비 = $\dfrac{원광석}{정광산물}$ = $\dfrac{2,000}{850}$ = 2.35

46 분광석의 괴성화 방법이 아닌 것은?

① 세광(washing)
② 소결법(sintering)
③ 단광법(briquetting)
④ 펠레타이징(Pelletizing)

괴성화 방법
소결, 펠렛, 단광, 입철

47 소결기 Grate Bar 위에 깔아주는 상부광의 기능이 아닌 것은?

① Grate Bar 막힘 방지
② 소결원료의 저부 배출용이
③ Grate Bar 용융부착 방지
④ 배광부에서 소결광 분리 용이

상부광의 역할
① 그레이트 바에 적열소결광 용융부착 방지
② 그레이트 바에 신원료에 의한 구멍막힘을 방지
③ 그레이트 바 사이로 세립원료가 빠져나감을 방지
④ 그레이트 바의 적열을 방지하여 수명을 연장
⑤ 배광부에서 소결광 분리 용이

48 다음 중 분광석을 괴상화하는 소결설비로 자동화가 가능하고 연속식이며, 대량생산용으로 가장 많이 사용하는 설비는?

① pelletizing식
② GW식(greenawalt pan)
③ DL식(dwight-lloyd machine)
④ AIB식(allmanna inginiors byron disc)

DL식 소결기 : 자동화 소결기

49 배소를 통한 철광석의 유해성분이 아닌 것은?

① 황(S)　　② 물(H_2O)
③ 비소(As)　　④ 탄소(C)

선철에 탄소는 유해성분이 아니고 강을 만들기 위한 필수성분이다.

50 소결설비 중 윈드 박스(wind box)의 역할은?

① 흡인장치　　② 점화장치
③ 집진장치　　④ 파쇄장치

윈드 박스
소결기에서 소결기 내 연소공기를 흡인하는 장치

51 소결 원료에서 일반적으로 입도가 6mm 이하인 소결광을 무엇이라 하는가?

① 스케일　　② 반광
③ 연진　　④ 황산소광

반광
① 소결광 파쇄 후 입도가 6mm 이하의 소결광
② 고로 이송 중 파쇄되어 반송된 소결광
③ 미소결 등 소결불량에 의한 소결광

정답　45 ②　46 ①　47 ②　48 ③　49 ④　50 ①　51 ②

52 소결 원료 중 조재(造滓)성분에 대한 설명으로 옳은 것은?

① Al_2O_3는 결정수를 감소시킨다.
② SiO_2는 제품의 강도를 감소시킨다.
③ MgO의 증가에 따라 생산성을 증가시킨다.
④ CaO의 증가에 따라 제품의 강도를 감소시킨다.

> SiO_2, CaO는 강도를 증가시고, MgO는 생산성을 하락시킨다.

53 고로의 노상에 사용되는 벽돌로서 부상되기 쉬운 것은?

① 탄소 벽돌
② 알루미나 벽돌
③ 크롬 벽돌
④ 실리카 벽돌

> 노상에는 용선 및 슬래그 등의 용융물이 존재하므로 고온 및 부식 환경에 견딜 수 있는 벽돌로는 탄소 벽돌이 가장 적합하다.

54 코크스로에 원료를 장입하여 압출될 때까지 석탄이나 코크스가 노 내에 머무르는 시간을 무엇이라 하는가?

① 탄화시간   ② 장입시간
③ 압출시간   ④ 방치시간

> 탄화시간
> 석탄이 노 내에 머무는 시간

55 자용성 소결광의 사용 시 이점에 대한 설명이 틀린 것은?

① 소결광 중에는 페이얼라이트 함유량이 커서 피환원성이 크다.
② 코크스가 저하되고, 출선량이 증대된다.
③ 노황이 안정되어 고온 송풍이 가능하다.
④ 노 내의 열량 소비를 감소시킨다.

> 자용성 소결광의 특징
> ① 소결 원료 중에 석회석을 5~15% 배합한 것이다.
> ② 비교적 낮은 온도에서 석회석이 용융하여 소결이 진행된다.
> ③ 소결작용이 용융결합으로 이루어지므로 소결광의 강도가 우수하다.
> ④ 소결광의 환원성 및 고로 조업성이 양호하다.
> ⑤ 노황 안정으로 고온송풍이 가능하다.

56 다음 중 습식 청정기가 아닌 것은?

① 다이센 청정기
② 스프레이 워셔
③ 허들 워셔
④ 여과식 가스 청정기

> 여과식가스 청정기는 건식 청정기이다.

57 소결광의 성분이 [보기]와 같을 때 염기도는?

| CaO : 10.2% | SiO_2 : 6.0% |
| MgO : 2.0% | FeO : 5.8% |

① 1.55   ② 1.60
③ 1.65   ④ 1.70

> 염기도 $= \dfrac{CaO}{SiO_2} = \dfrac{10.2}{6.0} = 1.7$

정답 52① 53① 54① 55① 56④ 57④

58 코크스 중에 회분이 7%, 휘발분이 5%, 수분이 4% 있다면 고정탄소의 양은 몇 %인가?

① 54
② 64
③ 74
④ 84

> 고정탄소(%) = 100 − (회분 + 휘발분 + 수분)
> = 100 − (7 + 5 + 4) = 84%

59 각 사업장 간의 재해상황을 비교하는 자료로 사용되는 천인율의 공식은?

① (재해자수 / 평균 근로자수)×1,000
② (평균 근로자수 / 재해자수)×1,000
③ (재해자수 / 평균 근로자수)×100
④ (평균 근로자수 / 재해자수)×100

> $$천인율 = \frac{재해자수}{평균\ 근로자수} \times 1,000$$

60 고로의 작업 안전보호구가 아닌 것은?

① 안전복
② 안전모
③ 안전화
④ 위생대

> 위생대는 고온의 작업환경에 적합하지 않은 보호구이다.

정답 58 ④ 59 ① 60 ④

2024년 3회 제선기능사 CBT 복원문제

01 금속의 비열이란?

① 1g의 물질의 온도를 1℃ 올리는데 필요한 열량
② 1kg의 물질의 온도를 1℃ 올리는데 필요한 열량
③ 금속 1g을 용해시키는데 필요한 열량
④ 금속 1kg을 용해시키는데 필요한 열량

> 금속의 비열은 1g의 물질의 온도를 1℃ 올리는데 필요한 열량을 의미한다.

02 소성가공한 금속재료를 고온으로 가열할 때 일어나는 현상이 아닌 것은?

① 내부응력제거
② 재결정
③ 경도의 증가
④ 결정입자의 성장

> 금속을 고온가열하면 내부응력제거, 회복, 재결정, 결정입자 성장의 단계를 거치면서 경도와 강도는 떨어지게 된다.

03 강에 탄소량이 증가할수록 증가하는 것은?

① 경도   ② 연신율
③ 충격값   ④ 단면수축률

> 탄소량이 증가하면 경도나 강도는 증가하고, 연신율이나 충격값 등은 떨어진다.

04 다음 중 불변강의 종류가 아닌 것은?

① 플래티나이트   ② 인바
③ 엘린바   ④ 아공석강

> **불변강의 종류**
> ① 인바 : Fe-Ni(36%) 합금, 탄성계수가 작고 내식성이 우수
> ② 초인바 : Fe-Ni(36%)-Co(15%) 합금, 인바보다 열팽창계수가 작음
> ③ 엘린바 : Fe-Ni(36%)-Cr(12%) 합금, 상온에서 탄성계수가 거의 변하지 않음
> ④ 플래티나이트 : Fe-Ni(45%) 합금, 열팽창계수가 유리나 백금과 동일

05 재료에 대한 포아송 비(poisson's ratio)의 식으로 옳은 것은?

① $\dfrac{\text{가로 방향의 하중량}}{\text{세로 방향의 하중량}}$

② $\dfrac{\text{세로 방향의 하중량}}{\text{가로 방향의 하중량}}$

③ $\dfrac{\text{가로 방향의 변형량}}{\text{세로 방향의 변형량}}$

④ $\dfrac{\text{세로 방향의 변형량}}{\text{가로 방향의 변형량}}$

> **포아송 비**
> 탄성한계 내에서 가로변형과 세로변형비가 항상 일정하다.
> $\nu = \dfrac{\text{가로 변형량}}{\text{세로 변형량}}$

정답 01 ① 02 ③ 03 ① 04 ④ 05 ③

06 청동의 합금원소는?

① Cu-Zn   ② Cu-Sn
③ Cu-B   ④ Cu-Pb

> 청동 Cu-Sn, 황동 Cu-Zn

07 다음 중 반도체 제조용으로 사용되는 금속으로 옳은 것은?

① W, Co   ② B, Mn
③ Fe, P   ④ Si, Ge

> 반도체 재료
> Si, Ge

08 다음 중 비중(specific gravity)이 가장 작은 금속은?

① Mg   ② Cr
③ Mn   ④ Pb

> Mg은 비중이 1.74로 실용 금속 중 가장 가벼운 금속이다.

09 인장시험 중 응력이 적을 때 늘어난 재료에 하중을 제거하면 원위치로 되돌아가는 현상을 무엇이라 하는가?

① 탄성변형   ② 상부항복점
③ 하부항복점 ④ 최대하중점

> • 탄성변형 : 재료에 외력을 가한 후 하중을 제거하면 재료가 늘어난 것이 원위치로 돌아가는 현상
> • 소성변형 : 재료에 외력을 가한 후 하중을 제거해도 재료가 늘어난 것이 원위치로 돌아가지 않는 현상

10 전위 등의 결함이 없는 재료를 만들기 위하여 휘스커 섬유에 Al, Ti, Mg 등의 연성과 인성이 높은 금속을 합금중에 균일하게 배열시킨 재료는 무엇인가?

① 클래드 재료
② 입자강화 금속 복합재료
③ 분산강화 금속 복합재료
④ 섬유강화 금속 복합재료

> ① 입자강화 금속 복합재료 : 1μm 이상의 비금속 입자(TiC, SiC 등)를 분산시킨 복합재료
> ② 분산강화 금속 복합재료(PSM) : 1μm 이하의 미세한 산화물입자(산화알루미늄, 산화토륨)를 균일하게 분포시킨 복합재료
> ③ 섬유강화 금속 복합재료(FRM) : 휘스커나 섬유상의 물질을 분산시킨 복합재료
> ④ 클래드 재료 : 두 종류 이상의 금속 또는 합금을 서로 합쳐(주로 층상으로) 만든 복합재료

11 4%Cu, 2%Ni 및 1.5%Mg이 첨가된 알루미늄 합금으로 내연기관용 피스톤이나 실린더 헤드 등에 사용되는 재료는?

① Y합금
② 라우탈(lautal)
③ 알클래드(alclad)
④ 하이드로날륨(hydronalium)

> Y합금은 Al-Cu-Mg-Ni계 합금으로 내연기관용으로 사용한다.

정답 06 ② 07 ④ 08 ① 09 ① 10 ④ 11 ①

12 Ti 금속의 특징을 설명한 것 중 옳은 것은?

① Ti 및 그 합금은 비강도가 높다.
② 저용융점 금속이며, 열전도율이 높다.
③ 상온에서 체심입방격자의 구조를 갖는다.
④ Ti은 화학적으로 반응성이 없어 내식성이 나쁘다.

> **Ti**
> 용융점 1,670℃, 비강도 우수, 내식성 우수, 열전도율 낮음

13 구상흑연주철이 주조상태에서 나타나는 조직의 형태가 아닌 것은?

① 페라이트형 ② 펄라이트형
③ 시멘타이트형 ④ 헤마타이트형

> 헤마타이트는 적철광이다.

14 응고범위가 너무 넓거나 성분 금속 상호간에 비중의 차가 클 때 주조 시 생기는 현상은?

① 붕괴 ② 기포수축
③ 편석 ④ 결정핵 파괴

> 응고범위가 넓을 경우 또는 합금원소간 비중 차가 클 경우 편석이 심하게 발생한다.

15 다음 중 초초두랄루민(ESD)의 조성으로 옳은 것은?

① Al – Sl계 ② Al – Mn계
③ Al – Cu – Si계 ④ Al – Zn – Mg계

> • 두랄루민 : Al–Cu–Mg–Mn
> • 초두랄루민(SD) : Al–Cu–Mg–Mn
> • 초초두랄루민(ESD) : Al–Cu–Mg–Zn

16 얇은판으로 된 입체의 표면을 한 평면 위에 펼쳐서 그린 것은?

① 입체도 ② 전개도
③ 사투상도 ④ 정투상도

> **전개도**
> 구조물, 물품 등의 표면을 평면으로 나타내는 도면

17 제도 용지 A3는 A4 용지의 몇 배 크기가 되는가?

① $\frac{1}{2}$ 배 ② $\sqrt{2}$ 배
③ 2배 ④ 4배

> A3는 297mm×420mm, A4는 210mm×297mm 이므로 2배이다.

18 어떤 기어의 피치원 지름이 100mm이고, 잇수가 20개일 때 모듈은?

① 2.5 ② 5
③ 50 ④ 100

> 모듈 = $\frac{\text{피치원 지름}}{\text{잇수}} = \frac{100}{20} = 5$

19 대상물의 좌표면이 투상면에 평행인 직각 투상법은 어느 것인가?

① 정투상법 ② 사투상법
③ 등각투상법 ④ 부등각투상법

> 정투상법은 좌표면이 투상면에 평행하고, 정면도와 평면도 또는 측면도가 직각으로 배열되어 있다.

정답 12 ① 13 ④ 14 ③ 15 ④ 16 ② 17 ③ 18 ② 19 ①

20 나사의 일반도시에서 수나사의 바깥지름과 암나사의 안지름을 나타내는 선은?

① 가는 실선 ② 굵은 실선
③ 1점 쇄선 ④ 2점 쇄선

> 수나사의 바깥지름과 암나사의 안지름은 외형선에 해당하므로 굵은 실선을 사용한다.

21 도면에 치수를 기입할 때 유의해야 할 사항으로 옳은 것은?

① 치수는 계산을 하도록 기입해야 한다.
② 치수의 기입은 되도록 중복하여 기입해야 한다.
③ 치수는 가능한 한 보조 투상도에 기입해야 한다.
④ 관련되는 치수는 가능한 한 곳에 모아서 기입해야 한다.

> **치수기입**
> 계산하지 않도록 하고, 중복기입하지 않으며, 가급적 주투상도에 모아서 기입한다.

22 도면의 크기에 대한 설명으로 틀린 것은?

① 제도 용지의 세로와 가로의 비는 1 : 2 이다.
② 제도 용지의 크기는 A열 용지 사용이 원칙이다.
③ 도면의 크기는 사용하는 제도 용지의 크기로 나타낸다.
④ 큰 도면을 접을 때는 앞면에 표제란이 보이도록 A4의 크기로 접는다.

> **제도 용지의 가로 세로 비는 1 : $\sqrt{2}$ 이다.**

23 다음 중 선의 굵기가 가장 굵은 선은?

① 치수선 ② 지시선
③ 외형선 ④ 해칭선

> • 굵은 실선 : 외형선
> • 굵은 일점쇄선 : 기준선, 특수지정선

24 자동차용 디젤엔진 중 피스톤의 설계도면 부품표란에 재질 기호가 "AC8B"라고 적혀 있다면, 어떠한 재질로 제작하여야 하는가?

① 황동 합금 주물
② 청동 합금 주물
③ 탄소강 합금 주강
④ 알루미늄 합금 주물

> AC8B는 주조용 Al-Si합금이다.

25 다음 물체를 3각법으로 표현할 때 우측면도로 옳은 것은? (단, 화살표 방향이 정면도 방향이다)

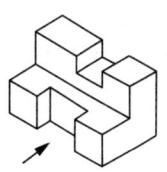

①  ②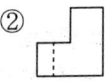

③ 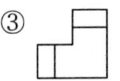 ④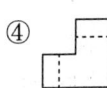

> 우측면도는 오른쪽에서 본 그림이므로 ④와 같다.

정답 20 ② 21 ④ 22 ① 23 ③ 24 ④ 25 ④

26 기계구조용 탄소강재를 "SM10C"로 표기하였을 때 "10C"가 의미하는 것은?

① 연신율　② 탄소함유량
③ 주조응력　④ 인장강도

> **SM10C**
> 탄소가 0.10%인 기계구조용 탄소강

27 최대허용치수와 최소허용치수의 차는?

① 위치수허용차　② 아래치수허용차
③ 치수공차　　　④ 기준치수

> **치수공차**
> 최대허용치수-최소허용치수

28 소결기에서 연속 조업을 할 수 있는 것은?

① 드와이트 - 로이드식
② 그리나 발트식
③ 로타리 킬른식
④ AIB식

> **DL식(드와이트-로이드식) 소결기**
> 연속 조업을 할 수 있는 소결기

29 노체의 팽창을 완화하고 가스가 새는 것을 막기 위해 설치하는 것은?

① 냉각판
② 로암(loam)
③ 광석받침철판
④ 익스펜션(expension)

> **익스펜션**
> 가스 팽창 완화 및 실링

30 팔레트 속도가 빠를 때 조업에 미치는 직접적인 영향은?

① 급광량 증가
② 편석도 증대
③ 층후의 열교환 저하
④ 원료 중 생석회의 감소

> 팔레트 진행 속도가 빠를때는 급광량이 증가하게 되어 생산성을 향상시킬 수 있다.

31 고로조업에서 송풍 원단위로 맞는 것은?

① kg / T-T
② m^3 / kg-m
③ Nm^3 / T-P
④ kg / m^3-T

> **송풍 단위**
> Nm^3/T-P

32 고로 조업에서 출선할 때 사용되는 스키머의 역할은?

① 용선과 슬래그를 분리하는 역할
② 용선을 레이들로 보내는 역할
③ 슬래그를 레이들에 보내는 역할
④ 슬래그를 슬래그 피트(slag pit)로 보내는 역할

> **스키머(skimmer)**
> 용선과 슬래그를 비중 차에 의해 분리하는 장치

정답 26 ② 27 ③ 28 ① 29 ④ 30 ① 31 ③ 32 ①

33 고로 장입장치 중 상부장입종과 하부장입종을 설치한 이유는?

① 용해온도 상승
② 출선시간 증가
③ 노내가스 차단
④ 조업시간 연장

> 고로내 발생가스 중 CO가스가 외부로 누출되지 않고 원료를 장입하기 위해서 상부장입종과 하부 장입종이 설치되어 있다.

34 열풍로의 축열실 내화벽돌의 조건으로 옳은 것은?

① 비열이 낮아야 한다.
② 열전도율이 좋아야 한다.
③ 기공률이 30% 이상이어야 한다.
④ 비중이 1.0 이하이어야 한다.

> 열풍로 내화물의 구비조건
> ① 열전도도가 좋아야 한다.
> ② 비열, 열용량이 커야 한다.
> ③ 기공이 많은 다공질이어야 한다.
> ④ 비중이 가벼워야 한다.
> ⑤ 내식성이 우수해야 한다.

35 수송물을 저장하는 곳은?

① 텐션(tension)
② 플레임(frame)
③ 호퍼(hopper)
④ 벨트(belt)

> 호퍼(hopper)
> 각종 원료를 저장하는 곳

36 일반적으로 선철에서 철 이외의 5대 원소는?

① 크롬, 몰리브덴, 니켈, 탄소, 텅스텐
② 질소, 탄소, 붕소, 헬륨, 수소
③ 탄소, 규소, 인, 망간, 황
④ 주석, 납, 카드늄, 은, 아연

> 선철 5대 불순물 원소
> C, Si, Mn, P, S

37 파이넥스(finex) 제선법에 대한 설명 중 틀린 것은?

① 주원료로 주로 분광을 사용한다.
② 송풍에 있어 산소를 불어 넣는다.
③ 환원 반응과 용융 기능이 분리되어 안정적인 조업에 유리하다.
④ 고로 조업과 달리 소결 공정은 생략되어 있으나 코크스 제조 공정은 필요하다.

> 파이넥스법은 분광석과 석탄을 장입하므로 소결 공정이나 코크스 제조가 필요하지 않다.

38 용광로의 횡단면이 원형인 이유로 틀린 것은?

① 가스 상승을 균일하게 하기 위하여
② 열의 분포를 균일하게 하기 위하여
③ 열의 발산을 크게 하기 위하여
④ 장입물 강하를 균일하게 하기 위하여

> 고로가 원형이 되면 열발산을 최소화 할 수 있다.

정답 33③ 34② 35③ 36③ 37④ 38③

39 코크스제조에서 사용되지 않는 것은?

① 머드건
② 균열강도
③ 낙하시험
④ 텀블러지수

> 머드건은 고로 조업에서 출선구를 막는 설비이다.

40 다음 중 소결광 품질향상을 위한 대책에 해당되지 않는 것은?

① 분화 방지
② 사전처리 강화
③ 소결 통기성 증대
④ 유효 슬래그 감소

> 유효 슬래그의 양이 많아야 용융결합에 의한 강도가 높은 소결광을 얻을 수 있다.

41 미세한 분철광석을 점결제인 벤토나이트와 혼합하여 구상으로 만들어 소성시킨 것은?

① 펠렛
② 소결광
③ 정립광
④ 코크스

> 펠렛
> 분철광석에 점결제를 첨가하여 구상 형태로 만들어 소성한 것

42 다음 중 고로제선법의 문제점을 보완하여 저렴한 분광석, 분탄을 직접 노에 넣어 용선을 생산하는 차세대 제선법은?

① BF법
② LD법
③ 파이넥스법
④ 스트립 캐스팅법

> 파이넥스법은 분광석과 석탄을 장입하므로 소결공정이나 코크스 제조가 필요하지 않다.

43 다음 중 소결기의 급광장치에 속하지 않는 것은?

① Hopper
② Wind box
③ Cut gate
④ Shuttle Conveyor

> • 윈드 박스 : 흡인 장치
> • 급광 장치 : 호퍼, 컷 게이트, 셔틀 컨베이어, 피더

44 소결작업에서 소결원료가 미세해지면 어떻게 되는가?

① 통기성이 나빠진다.
② 소결 생산성이 향상된다.
③ 석회석의 분해가 활발해진다.
④ 소결온도가 급상승한다.

> 소결원료가 미세해지면 공극률이 낮아져서 통기성이 나빠지게 된다.

45 개수 공사를 위해 고로의 불을 끄는 조업의 순서로 옳은 것은?

① 클리닝 조업 → 감척 종풍 조업 → 노저 출선 작업 → 주수 냉각 작업
② 클리닝 조업 → 노저 출선 작업 → 감척 종풍 조업 → 주수 냉각 작업
③ 감척 종풍 조업 → 노저 출선 작업 → 클리닝 조업 → 주수 냉각 작업
④ 감척 종풍 조업 → 주수 냉각 작업 → 클리닝 조업 → 노저 출선 작업

> 종풍 조업 순서
> 클리닝 조업 → 감척 종풍 조업 → 노저 출선 작업 → 주수 냉각 작업

정답 39① 40④ 41① 42③ 43② 44① 45①

46 주물용선을 제조할 때의 조업방법이 아닌 것은?

① 슬래그를 산성으로 한다.
② 코크스 배합비율을 높인다.
③ 노 내 장입물 강하시간을 짧게 한다.
④ 고온 조업이므로 선철 중에 들어가는 금속원소의 환원율을 높게 생각하여 광석 배합을 한다.

> **주물용선**
> 슬래그 분위기 산성, 코크스 배합비 상향, 노 내 장입물 하강시간 연장, 고온조업

47 미분의 적철광을 소결했을 때의 현상 중 옳은 것은?

① 강도는 높고 소결이 균일하며 실수율도 높아 진다.
② 강도는 저하하고 소결이 불균일하며 실수율도 낮아진다.
③ 강도는 저하하고 소결은 균일하며 실수율은 높아진다
④ 강도는 높고 소결은 불균일하여 실수율은 낮아 진다.

> 미분이 많을수록 통기성이 저하하여 소결이 불량해서 소결광 강도가 저하하고 실수율도 떨어지게 된다.

48 코크스 제조 중에 발생하는 건류생성물이 아닌 것은?

① 경유　　② 타르
③ 황산암모늄　　④ 소결광

> **코크스 건류 부산물**
> 암모니아, 벤젠, 타르, 경유, 황산암모늄

49 배소광과 비교한 소결광의 특징이 아닌 것은?

① 충진 밀도가 크다.
② 기공도가 크다.
③ 빠른 기체속도에 비해 날아가기 쉽다.
④ 분말 형태의 일반 배소광보다 부피가 작다.

> 소결광은 배소광보다 밀도가 커서 크기가 크며, 기공도가 크다.

50 소결과정에 있는 장입원료를 격자면에서 장입층 표면까지 구역을 순서대로 옳게 나타낸 것은?

① 건조대 → 습원료대 → 하소대 → 소결대 → 용융대
② 습원료대 → 건조대 → 하소대 → 용융대 → 소결대
③ 건조대 → 하소대 → 습원료대 → 용융대 → 소결대
④ 습원료대 → 하소대 → 건조대 → 소결대 → 용융대

> **소결과정**
> 습원료대 → 건조대 → 하소대 → 용융대(연소대) → 소결대

51 주물용선에 속하는 것은?

① 고규소선
② 베세머선철
③ 산성평로선철
④ 염기성전로용선

> 주물용선에는 C, Si, P의 함량이 높고, Mn은 낮으므로 고규소선이라고 한다.

52 소결 감산 시의 감산 조치가 아닌 것은?

① 주 배풍기의 댐퍼를 닫는다.
② 장입 충후를 높인다.
③ 압장입을 하여 장입밀도를 높게 한다.
④ 미분 원료의 배합비를 적게 한다.

> **소결광 감산조업**
> ① 장입 충후를 높인다.
> ② 주 배풍기 댐퍼를 닫는다.
> ③ 배합원료의 압장입을 실시한다.
> ※ 미분 원료의 배합비를 줄이면 원료 내 입도가 비교적 커지므로 생산량은 증가하게 된다.

53 코크스비에 해당하는 것은?

① 코크스 장입량(kg) / 선철 생산량(T)
② 선철 생산량(T/D) / 코크스 장입량(T/D)
③ 코크스 장입량(T/D) / 노내용적(Nm^3)
④ 코크스 중 탄소량(%) / 코크스 장입량(kg)

> **코크스비**
> 선철 1톤을 생산하는데 필요한 코크스량(kg)

54 파레트 위의 소결원료 층을 통하여 공기를 흡인하는 것은?

① 쿨러(Cooler)
② 핫 스크린(Hot screen)
③ 윈드 박스(Wind Box)
④ 콜드 크러셔(Cold Crusher)

> **윈드 박스(wind box)**
> 소결기에서 공기를 흡인하는 곳

55 광물을 분쇄시켜 미립자를 물에 넣고 적당한 부선제를 첨가하여 기포를 발생시켜 광물과 맥석을 분리하는 방법은?

① 부유 선광   ② 자력 선광
③ 중액 선광   ④ 비중 선광

> • **부유 선광** : 광석을 물에 넣고 부유제(부선제)를 첨가하여 기포를 발생시켜 부유물과 침강물에 의해 광물과 맥석을 분리하는 방법
> • **자력 선광** : 강력자석을 이용하여 광석과 맥석을 분리하는 방법(자철광의 선광에 이용)
> • **중액 선광** : 물과 혼합하여 농축한 중액을 이용하여 비중 차로 광물과 맥석을 분리하는 방법
> • **비중 선광** : 광물과 맥석의 비중 차를 이용하여 분리하는 방법

56 용광로 제련에 사용되는 분광 원료를 괴상화하였을 때 괴상화된 원료의 구비 조건이 아닌 것은?

① 다공질로 노안에서 산화가 잘 될 것
② 가능한 한 모양이 구상화된 형태일 것
③ 오랫동안 보관하여도 풍화되지 않을 것
④ 열팽창, 수축 등에 의해 파괴되지 않을 것

> **괴상화된 고로 원료의 조건**
> ① 다공질이어서 고로 내에서 환원이 잘 될 것
> ② 모양이 구형이 가까울 것
> ③ 장기간 보관 시 풍화되지 않을 것
> ④ 열팽창, 수축 등에 의해 파괴되지 않을 것
> ⑤ 어느 정도 강도(낙하강도)가 있어 장입 시 파괴되지 않을 것
> ⑥ 환원에 의해 분상화가 잘되지 않을 것

정답 52 ④ 53 ① 54 ③ 55 ① 56 ①

57 품위가 57.8%인 광석에서 철분 92%의 선철 1톤을 만드는 데 필요한 광석량은 약 몇 kg₁인가? (단, 철분이 모두 환원되어 철의 손실이 없다고 가정한다)

① 615 ② 915
③ 1,426 ④ 1,592

> 필요 광석량 = 생산량×철분함량 / 품위
> = 1,000(1톤)×0.92(철분함량) / 0.578
> = 1,592

58 DL식 소결법의 효과에 대한 설명으로 틀린 것은?

① 코크스 원단위 증가
② 생산성 향상
③ 피환원성 향상
④ 상온강도 향상

> DL(Dwight Lloyd)식 소결기(연속식) 장점
> ① 연속적이므로 대량생산에 적합
> ② 자동화 가능하여 인건비가 적음
> ③ 집진장치 설치가 용이
> ④ 소결광의 피환원성 향상
> ⑤ 소결광의 상온강도 향상

59 노황이 안정되었을 때 좋은 슬래그의 특징이 아닌 것은?

① 색깔이 회색이다.
② 유동성이 좋다.
③ SiO_2가 많이 포함되어 있다.
④ 파면이 암석모양이다.

> 슬래그의 성분 중 SiO_2가 많으면 염기도가 낮아져서 탈황이나 탈인이 잘 되지 않는다.

60 산업재해의 원인 중 교육적 원인에 해당하는 것은?

① 구조 재료가 적합하지 못하다.
② 생산 방법이 적당하지 못하다.
③ 점검, 정비, 보존 등이 불량하다.
④ 안전지식이 부족하다.

> 사고의 간접 원인
> ① 교육적 원인 : 안전의식의 부족, 안전의식의 오해, 경험·훈련의 부족 및 미숙, 작업방법의 교육 불충분, 유해 위험작업의 교육 불충분
> ② 기술적 원인 : 건물 및 기계 장치 설계 불량, 구조 및 재료의 부적합, 생산 공정의 부적당, 점검 및 정비 보존 불량
> ③ 작업관리적 원인 : 안전관리 조직 결함, 안전수칙 미제정, 작업준비 불충분, 인원 배치 부적당, 작업 지시 부적당

정답 57 ④ 58 ① 59 ③ 60 ④

PART 05 실기 NCS 기준 예상문제 & 기출문제

변경된 실기 NCS 기준 예상문제 & 기출문제입니다.

반드시 이론 학습과 병행하여, 유형별로 문제를 파악하여 공부하세요.

1. 연·원료 처리 기본작업
2. 코크스 제조 기본작업
3. 소결광 제조 기본작업
4. 고로 기본작업
5. 출선 작업
6. 고로 설비관리 기본작업
7. 제선 환경안전 관리
8. 실기[필답형] 기출문제

PART 5 실기 NCS 기준 예상문제 & 기출문제

1. 연·원료 처리 기본작업

001 철광석의 종류 3가지를 쓰시오.

정답:
- 자철광
- 적철광
- 갈철광
- 능철광

002 제선 원료에서 슬래그 조성이나 용철 성분을 조정하기 위해 사용되는 부원료의 종류 3가지를 쓰시오.

정답:
- 석회석
- 형석
- Mn광석
- 규석
- 백운석
- 사문암

003 제선 부원료 중에서 슬래그 조재제, 탈황 작용에 사용되는 것은 무엇인가?

정답: 석회석

004 제선 부원료 중에서 탈황, 강재의 인성 향상에 사용되는 것은 무엇인가?

정답: Mn광석

005 철광석의 종류에서 자원이 풍부하고 환원이 잘 되어 고로용 철광석의 대부분을 차지하는 광석의 화학식을 쓰시오.

정답: Fe_2O_3

006 철광석의 종류에서 다량의 수분을 갖고 있어 결정수 제거 과정에서 분화가 심하여 부적합한 광석이지만, 최근에 사용량이 증가하는 광석은 무엇인가?

정답 *Answer*

갈철광

007 고로에 장입되는 철광석의 구비조건을 3가지만 쓰시오.

- 많은 철 함유량
- 좋은 피환원성
- 적은 유해 성분
- 적당한 강도와 크기
- 많은 가채광량과 균일한 품질·성분

008 철광석의 피환원성을 좋게 하는 조건 3가지만 쓰시오.

- 기공률이 클수록
- 입도가 작을수록
- 산화도가 높을수록

009 철광석에 포함된 원소 중에서 노 내에서 환원되지 않는 원소 3가지를 쓰시오.

CaO, MgO, Na_2O, K_2O, Al_2O_3

010 철광석에 포함된 원소 중에서 노 내에서 환원되는 원소 2가지를 쓰시오.

As, P, Ni, Cu, Zn, Sn

011 제선 원료 중에서 코크스의 역할 3가지를 쓰시오.

열원, 환원제, 통기제

012 코크스의 품질을 평가하는 주요한 성질 3가지를 쓰시오.

정답: 강도, 회분, 황, 인, 입도, 반응성

013 코크스 회분의 주요 성분 3가지를 쓰시오.

정답: SiO_2, Al_2O_3, Fe_2O_3

014 코크스 중 회분이 많을 때의 영향을 3가지 쓰시오.

정답:
- 소요 석회석이 많아서 슬래그 양이 증가
- 코크스비 상승
- 행잉, 생광 강하 등 사고의 원인
- 출선량 저하

015 코크스 중 회분이 1% 증가하면 출선량과 코크스비의 변화는 어떻게 되는가?

정답:
- 출선량은 3% 저하
- 코크스비는 0.02% 상승

016 코크스가 고로 내에서 이산화탄소(CO_2)와 반응하여 일산화탄소(CO)를 생성하는 반응을 코크스에서는 무엇이라 하는가?

정답: 반응성

017 제선 부원료(용제)의 역할은 무엇인가?

정답:
- 슬래그 생성
- 용선과 슬래그의 분리
- 불순물 제거

018 제선 부원료 중의 석회석의 주성분은 무엇인가?

정답: $CaCO_3$

019 제선 부원료 중에서 형석(CaF_2)의 역할 2가지를 쓰시오.

- 슬래그 유동성 향상
- 탈황

020 제선 부원료 중에서 Mn광석의 역할 2가지를 쓰시오.

- 슬래그 유동성 향상
- 탈산
- 탈황

021 제선 잡원료 중 압연 공정에서 발생하는 산화철 표피로 일정 입도 이하는 소결용, 그 이상은 제강용으로 사용되는 것은 무엇인가?

밀 스케일(Mill Scale)

022 휘발 성분이 많아 쉽게 연소되기 때문에 산업용으로 쓰이며 제철용 코크스의 원료가 되는 석탄은 무엇인가?

역청탄

023 석탄을 건류함으로써 얻어지는 코크스로 가스(COG)의 조성 중에서 가장 많은 성분은 무엇인가?

수소
참고 : 수소 50~60%, 메탄 30%, 에틸렌 3%, CO 7%, 질소 4%

024 석탄을 가열 분해시켜 가스와 코크스를 얻는 조작을 무엇이라 하는가?

건류

025 원료탄 배합에서 탄화도를 표시하는 지수 2가지를 쓰시오.

- 휘발분(VM)
- 반사율(RO)
- 강도 지수(SI)

026 원료탄 배합에서 점결성을 표시하는 지수 3가지를 쓰시오.

- 점결 지수(CI)
- 전 팽창(TD)
- 유동도(MF)
- G-Value
- 조직 평형 지수(CBI)
- 전불활성 성분(TC)

027 석탄을 고온 건류함으로써 얻어지는 액체 부산물은 무엇인가?

4~5%의 콜타르(coal tar)

028 콜타르의 활용방법을 3가지 쓰시오.

- 고로에 타르 분사
- 피치로 니들 코크스 제조
- 제트 연료의 제조

029 석탄의 건류 방식을 고온 건류와 저온 건류로 나눌 때 건류 온도를 각각 쓰시오.

- 고온 건류 : 1,000~1,300℃
- 저온 건류 : 400~600℃

030 저온 건류로 얻어지는 코크스의 특징을 쓰시오.

- 휘발분이 많다.
- 착화가 용이하다.
- 강도가 크지 않다.

031 원료탄의 선탄 공정에서 파쇄의 목적은 무엇인가?

정답 *Answer*
- 탄종을 균일하게 혼합
- 석탄 내 각 성분을 파쇄해 균일화

032 저장탄의 관리 요점을 3가지 쓰시오.

- 원료탄 야드의 효율화를 위한 수량 관리
- 석탄 품질 유지를 위한 품질 관리
- 석탄의 비산, 폐수 유출 등에 의한 공해방지 관리

033 석탄의 풍화가 잘 되는 요인을 석탄 자체 성질, 석탄 입도, 분위기 입도, 환기 상태별로 각각 설명하시오.

가. 석탄 자체 성질 : 탄화도가 낮을수록 풍화가 잘 된다.
나. 석탄 입도 : 미분이 많으면 풍화가 쉽다.
다. 분위기 : 온도가 높으면 풍화가 촉진된다.
라. 환기 상태 : 환기가 양호하면 열방산이 많아 발열이 잘 되서 풍화가 잘 된다.

034 석탄의 발열 상태 관찰을 통해 확인해야 할 사항을 3가지 쓰시오.

- 석탄으로부터 발생하는 수증기
- 석탄 표면의 탄입자에 생기는 액체 방울과 흐림
- 석탄 위 적설의 일부 용해
- 석탄 표면의 탄입자의 부분적 이상 건조
- 취기

035 원료부두 하역 시스템을 통해 결정되어진 원료들을 하역하는 장비는 무엇인가?

언로더

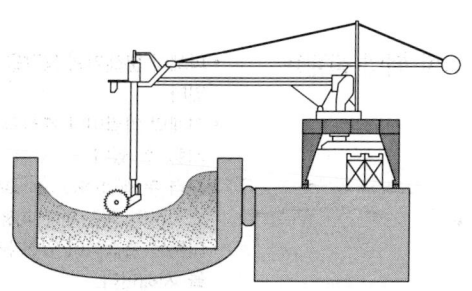

036 연·원료를 싣고 일정거리를 이동하면서 연속적으로 운반하는 기계장치로서 물체 운반에 있어서 가장 편리하고, 경제적이라는 장점을 가진 장비는 무엇인가?

정답 컨베이어

037 연·원료를 운반하는 벨트 컨베이어(Belt Conveyor)의 요구조건에 대하여 2가지만 쓰시오.

- 여러 종류의 분산물 운반에 적합해야 한다.
- 운반능력의 범위가 넓어야 한다.
- 운반거리 제약이 적어야 한다.
- 설치 조건의 난이도가 낮아야 한다.

038 광석을 필요에 따라 큰 것을 작게 부수는 것을 무엇이라 하는가?

분쇄

039 광석을 1mm 정도 이하로 부수는 미분쇄(Fine Grinding)의 종류 2가지만 쓰시오.

- 볼밀(Ball Mill)
- 로드밀(Rod Mill)
- 도광기(Stamp)

040 광석을 분쇄 후 사별하는 방법을 3가지 쓰시오.

그리즐리, 체, 분급기

041 광석의 분쇄 과정에 사별 과정을 포함할 때의 장점을 3가지 쓰시오.

- 파쇄나 분쇄기의 용량을 증가시킬 수 있다.
- 기계의 마멸이나 분진의 발생을 감소시킬 수 있다.
- 관격 분쇄(choked crushing) 효과를 방지하여 과분쇄를 피할 수 있다.
- 미분은 흡습성이 있어 분쇄기의 작동을 저해한다.

042 광석의 체질 작업은 광립을 대소 두 부분으로 분리하는 방법인데, 공업용 체의 요구사항을 3가지만 쓰시오.

- 체질이 정확하고 효율이 클 것
- 처리 광량이 클 것
- 고장이 적고, 취급과 수리가 쉬울 것
- 유지비가 적을 것
- 건물에 심한 진동을 미치지 않을 것
- 설비비가 쌀 것

043 선광법의 종류 3가지를 쓰시오.

- 비중선광
- 중액선광
- 자력선광
- 부유선광

044 철광석 중의 결정수 제거와 탄산염을 분해하여 CO_2를 제거할 목적으로 가열처리하는 작업은 무엇인가?

하소

045 광석 중의 S, As 등의 유해 성분을 제거하거나, 치밀한 광석을 다공질의 환원하기 쉬운 상태로 하기 위하여 높은 온도로 가열하는 작업은 무엇인가?

배소(산화배소)

046 빈 적철광을 자화하여 자련 선광에 이용하기 위하여 다음과 같은 반응을 일으키는 작업은 무엇인가?

$$3Fe_2O_3 + CO \rightarrow 2Fe_2O_3 + 4CO_2$$

환원 배소

047 황화 광석을 산화시켜 수용성의 금속 황산염을 만든 다음 습식 제련을 하려는 것을 무엇이라 하는가?

정답: 황산화 배소

048 배소로의 종류를 3가지 쓰시오.

정답:
- 다단 배소로
- 플래시 배소로
- 유동 배소로

049 야드에 수입 적치된 분광 및 파쇄 처리된 사하분을 적당한 비율로 배합하여 편석을 방지하고 배합률을 증가시켜 성분 안정을 시키는 작업은 무엇인가?

정답: 브랜딩(Blending)

050 광석의 배합설비에서 설정된 속도로 원료의 정량 유동을 지속시키는 절출 장비는 무엇인가?

정답: 정량절출장비 (Constant Feed Weigher)

051 정량절출장비(CFW)의 동작 원리는 무엇인가?

정답: 벨트의 처지는(하중) 상태와 벨트의 속도를 검출하여 동작

052 전자식 정량절출장비에서 벨트 위에 연속적으로 지나가는 원료의 무게를 전류신호로 바꾸어주는 장치는 무엇인가?

정답: 로드 셀(Road Cell)

053 용량이 비교적 작은 호퍼(Hopper)의 하부에 약간 경사를 두고 슈트(Chute)를 설치하여 전자적 진동을 주어서 원료의 유동성을 증가시켜 유출시키는 공급기는 무엇인가?

정답 진동 공급기(Vibrating Feeder)

054 광석이나 석탄을 야드에 적치시키는 설비는 무엇인가?

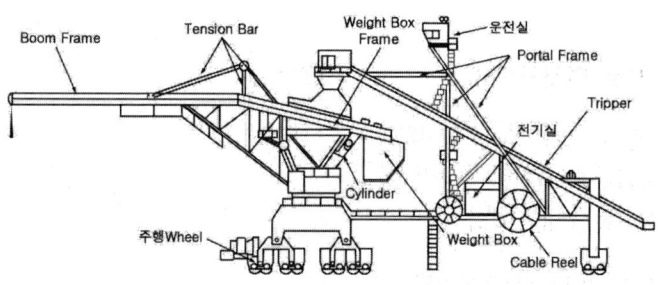

정답 스태커(Stacker)

055 광석이나 석탄을 붐(Boom)의 선회 및 회전하는 버킷(Bucket)을 이용, 채집하여 후 공정으로 불출하는 설비는 무엇인가?

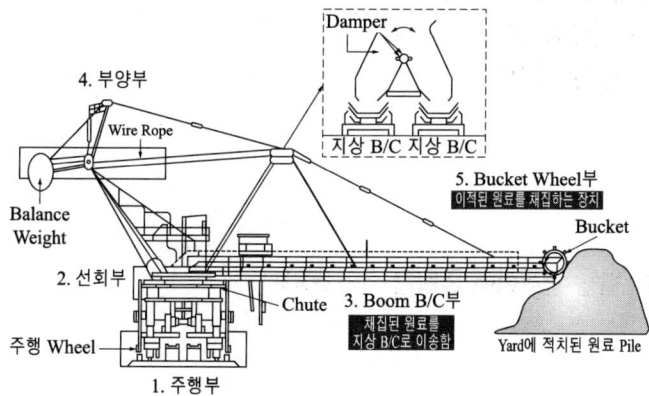

정답 리클레이머(Reclaimer)

056 하이볼륨에어 샘플러법 비산먼지 측정에서 시료채취를 하지 않는 경우 2가지를 쓰시오.

정답 *Answer*
- 대상 발생원의 조업이 중단되었을 때
- 비나 눈이 올 때
- 바람이 거의 없을 때
- 바람이 너무 강하게 불 때

057 분광을 괴상화하는 작업방법 2가지를 쓰시오.

단광법, 펠레타이징, 소결법

058 분광을 괴상화하는 방법을 서로 연결하시오.

가. 단광 • • 1. 분말로 되어 있는 광석을 용광로에 장입할 수 있도록 괴상화시키는 방법

나. 펠레타이징 • • 2. 타코나이트(taconite)를 처리하기 위하여 개발된 방법으로 미세한 정광을 원판, 드럼 또는 원뿔형의 회전 장치로 조립(ball)을 만드는 방법

다. 소결 • • 3. 상온에서 압축 성형만으로 덩어리를 만들거나 이것을 다시 구워서 단단한 덩어리로 만드는 방법

- 가 → 3
- 나 → 2
- 다 → 1

059 분철광석, 석회석, 벤토나이트, 물을 첨가하여 조립한 것을 무엇이라 하는가?

생펠릿

060 다음 그림은 생펠릿의 제조 방법이다. 각각에 해당하는 방법의 명칭을 쓰시오.

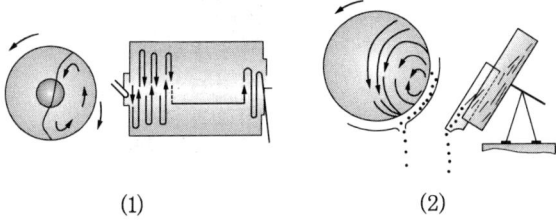

(1)   (2)

정답 Answer
(1) 드럼형 펠레타이저
(2) 디스크형 펠레타이저

061 괴상화된 광석이 갖추어야 할 일반적인 성질을 3가지 쓰시오.

- 장시간의 저장에도 풍화하지 않을 것
- 운반 또는 노 내에서 강하할 때 부서지지 않는 강도를 가질 것
- 금속에 유해한 불순물이나 노벽의 내화물에 손상을 주는 성분이 포함되어 있지 않을 것
- 다공질로 노 내에서 환원성이 좋을 것
- 열팽창, 수축에 따라 붕괴하지 않을 것

062 광석의 파쇄 과정 3단계를 순서대로 쓰시오.

조쇄 → 중쇄 → 마광

063 광석의 파쇄 단계에서 1단계 파쇄(조쇄) 단계에서의 광석의 크기와 사용하는 파쇄기를 각각 쓰시오.

- 광석 크기 : 1m 정도 광석을 100mm 이하로 파쇄
- 파쇄기 : 조 크러셔, 자이러토리 크러셔, 임펙트 크러셔

064 다음 그림은 제선 연·원료 처리 작업 중 광석의 파쇄 계통도를 나타낸 것이다. (1)~(4)에 해당하는 설비의 명칭을 쓰시오.

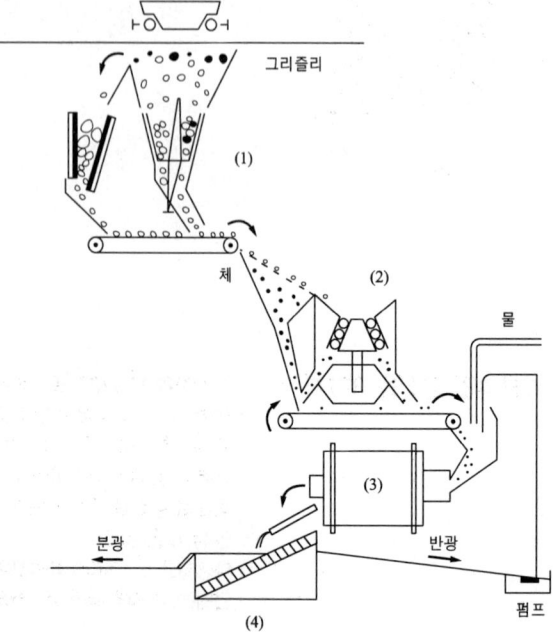

정답 *Answer*
(1) 조 크러셔, 자이러토리 크러셔
(2) 콘 크러셔
(3) 볼밀, 로드밀
(4) 분급기
※ 참고
(1) 조쇄 공정
(2) 중쇄 공정
(3) 마광 공정
(4) 스크린 공정

065 광석의 파쇄 단계에서 2단계 파쇄(중쇄) 단계에서의 광석의 크기와 사용하는 파쇄기를 각각 쓰시오.

• 광석 크기 : 100mm 정도 급광을 10mm 이하로 파쇄
• 파쇄기 : 콘 크러셔, 롤 크러셔

066 광석의 파쇄 단계에서 3단계 파쇄(마광) 단계에서의 광석의 크기와 사용하는 파쇄기를 각각 쓰시오.

• 광석 크기 : 10mm 정도 급광을 1mm 이하로 파쇄
• 파쇄기 : 볼 밀, 로드 밀

067 다음 그림은 소결광의 강도 측정법을 나타낸 것이다. 각각의 시험법의 명칭을 쓰시오.

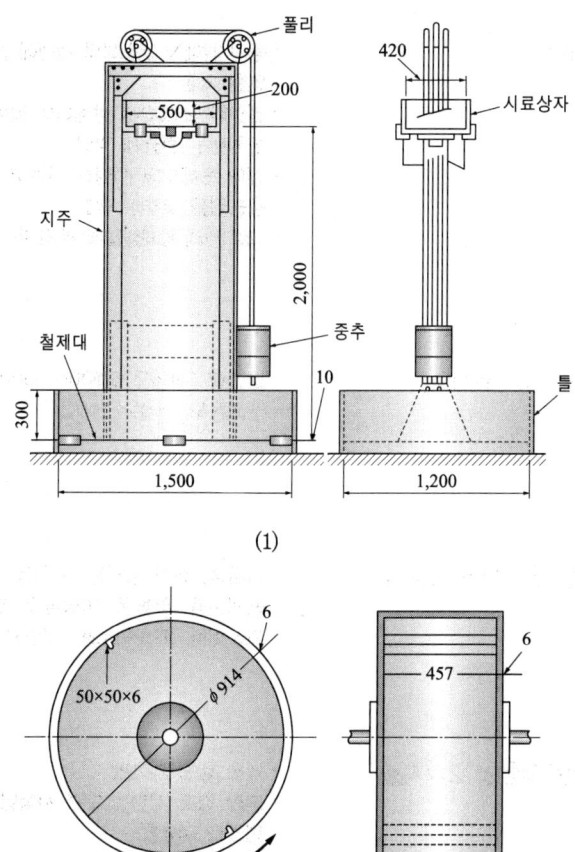

(1)

(2)

정답 *Answer*

(1) 낙하 강도 시험법
(2) 회전 강도 시험법

2 ▶ 코크스 제조 기본작업

001 코크스의 고로 내 역할을 쓰시오.

정답
- 풍구 앞에서 연소하며 제선에 필요한 열원 역할
- 일산화탄소(CO)를 생성하여 철광석을 환원하는 환원제 역할
- 철에 용해되어 선철을 만들고 철의 용융점을 낮추는 역할
- 고로 안의 통기성을 좋게 해주는 역할

002 코크스의 발열량과 착화온도를 각각 쓰시오.

- 발열량 : 1Kg당 6,000~7,500Kcal
- 착화온도 : 400~600℃

003 코크스를 용도별로 분류한 것을 3가지만 쓰시오.

- 야금용, 화학 공업용, 제철용
- 용광로용, 주물용, 비철금속 제련용
- 가스화용, 카바이트용, 일반용

004 코크스의 강도를 측정하기 위한 시험법 2가지를 쓰시오.

- 낙하 강도 시험법
- 회전 강도 시험법(드럼 시험법, 텀블러 시험법)

005 코크스가 고로 내에서 이산화탄소(CO_2)와 반응하여 일산화탄소(CO)를 생성하는 반응[$C + CO_2 \rightarrow 2CO$]을 고로 쪽에서와 코크스 쪽에서의 반응 명칭을 각각 쓰시오.

- 고로 쪽에서의 명칭 : 탄소 용해(카본 솔루션, carbon solution), 용해 손실 (솔루션 로스, solution loss)
- 코크스 쪽에서의 명칭 : 코크스의 반응성

006 원료탄이 건류 과정에서 입자끼리 결합하여 괴가 되는 성질을 무엇이라 하는가?

점착성

007 원료탄이 건류 과정에서 코크스의 강도를 더욱 높여 주는 성질을 무엇이라 하는가?

정답: 코크스화성

008 석탄을 코크스 제조용 원료탄과 일반탄으로 구분하는 기준은 무엇인가?

정답: 점결성의 유무

009 원료가 적재된 선박이 입하하면 원료를 배에서 불출하여 야드(yard)로 보내는 설비는?

정답: 언로더(Unloader)

010 벨트 컨베이어(belt conveyor)를 통해 운반된 광석이나 석탄, 부원료 등을 최종 저장 야드(yard)에 하역하는 기계는?

정답: 스태커(Stacker)

011 원료탄 또는 코크스를 야드에서 불출하여 하부에 통과하는 벨트 컨베이어에 원료를 실어주는 장비는?

정답: 리클레이머(Reclaimer)

012 bin 하부에 설치되어 주부원료를 연속적으로 일정한 양을 불출할 수 있도록 설계되어 목적하는 장소에 목적하는 양의 원료를 정량 절출하여 수송하는 장치는?

정답: 정량절출장치(CFW)

013 정량 절출기에서 불출된 원료를 coal bin으로 이송하기 전 균일하게 혼합하는 것을 목적으로 설치된 설비는?

정답 콜 믹서(coal mixer)

014 다음에 설명하는 콜 야드 관리 방법을 쓰시오.

야적 방법	해설
(1)	원료탄 하역 시 스태커가 주행을 계속 하면서 차례로 한 더미씩 쌓아 그 위에 연속적으로 적재하는 방식이다.
(2)	스태커가 한 지점에 정착하여 계속 적재하는 방식으로 원료탄의 품위가 고르지 못하고 조탄의 분포도 불규칙하다.
(3)	야드 space가 부족할 때 활용하는 방법으로 두 가지 탄종을 적당한 비율로 mixing해서 저장하는 방법이다.

정답
(1) 콜 베딩 적재법 (coal bedding method)
(2) 산 적재법
(3) bend 적재법

015 야드(Yard) 설비에서 수송 및 불출 설비 3가지를 쓰시오.

- 벨트 컨베이어
- 트리퍼
- 스태커
- 리클레이머

016 야드(Yard) 설비에서 부대설비 3가지를 쓰시오.

- 살수 기구
- 조명 기구
- 보호벽
- 비상 호퍼

017 석탄이 풍화되는 요인을 3가지 쓰시오.

- 석탄 자체의 성질
- 석탄의 입도
- 분위기 입도
- 환기 상태

018 석탄(Coal) 야드(Yard)에서 비산탄 방지 대책 2가지를 쓰시오.

- 야드 레인 건(rain gun)을 이용하여 주기적으로 살수한다.
- 야드 중앙 부분에 비산이 많은 탄종을 적치하여 사용한다.
- 석탄 파일(file)의 높이를 13m 이하로 제한하여 사용한다.
- 석탄 파일 표면에 표면 경화제를 살포한다.
- 야드 주위에 방풍벽 또는 방풍림을 조성하여 비산탄을 방지한다.

019 코크스의 강도를 표시하는 방법은 궤열 강도이고 DI^{120}_{15}로 표시한다. 여기서 120인 수와 15의 수가 가리키는 것은 무엇인가?

- 120 : 회전수
- 15 : 체의 눈의 크기

020 코크스의 수분이 많으면 고로 내에서 어떤 영향이 있는지 쓰시오.

- 분 코크스가 표면에 부착되어 통기성과 고로 노황을 나쁘게 함
- 수분의 중량만큼 장입하는 코크스 양에 오차가 발생함

021 광산에서 채탄 시 혼입되는 이물질 중 걸레, 맥석, 나무 등이 혼입되어 들어오는데 이물질에 의한 슈트 막힘이나 컨베이어의 손상을 막기 위해 설치한 장치는?

목편 분리기

022 석탄 중에 혼입된 철편물을 사전에 제거하여 기기를 보호하고 컨베이어의 손상 방지를 목적으로 강한 자력을 쏘여 철편이 자석에 달라붙게 하여 제거하는 장치는?

철편 검출기

023 고온에서 쉽게 녹지 않는 비금속 무기 재료의 총칭이며 공업 요로의 최고 온도에서 사용해도 열에 잘 견디는 것을 무엇이라 하는가?

정답 Answer
내화 재료

024 코크스로 내화물의 구비조건 3가지를 쓰시오.

- 사용 온도에서 연화 변형이 되지 않을 것
- 상온 및 사용 온도에서 압축 강도가 클 것
- 팽창 수축이 적을 것
- 온도의 급격한 변화에 의한 파손이 적을 것
- 내마모성을 가질 것
- 사용 목적에 따른 열전도율을 가질 것

025 코크스로 보수 작업에서 스프레이의 목적 2가지를 쓰시오.

- 코크스 노벽 sealing
- 노에서 벽 측으로 가스 누기 방지
- 불필요한 에어가 챔버(chamber)에 흡입되는 것을 방지

026 다음은 내화물의 종류를 나타낸 것이다. 산성 내화물, 중성 내화물, 염기성 내화물로 각각 분류하시오.

마그네시아질, 크로마그질, 규석질, 탄소질, 탄화규소질, 반규석질, 돌로마이트질, 크로뮴질, 고알루미나질, 포르스테라이트질, 샤모트질

- 산성 : 규석질, 반규석질, 샤모트질
- 중성 : 고알루미나질, 탄소질, 탄화규소질, 크로뮴질
- 염기성 : 포르스테라이트질, 크로마그질, 마그네시아질, 돌로마이트질

027 코크스로에 주로 사용되는 규석 연와의 장점 3가지를 쓰시오.

- 열전도율이 좋고 탄화실로 열 공급량이 많다.
- 고온 강도가 크기 때문에 탄화실 벽을 얇게 한다.
- 침식에 강하다.
- 마모에 견디는 힘이 크고 노의 수명을 연장시킨다.

028 코크스로 축열실 내부에 격자 쌓기를 하기 위한 벽돌은 무엇인가?

체커 벽돌(checker brick)

029 오븐의 폭발 및 화재 예방을 위하여 비정상 시 coke oven 내의 COG를 대기 중으로 방출시키는 장치는?

블리더(Bleeder)

030 코크스로에서 강도가 부족한 부분을 보강하는 것으로 공업용 솥을 구성하는 각 판(板)을 보강하기 위하여 쓰는 철골은?

벅 스테이(buck stay)

031 코크스 제조 작업에서 가스 누기를 방지하고 우천 시 빗물 투입에 의한 오븐 데크 연와의 손상을 방지하며 탄화실에서 가스 유출에 의한 연소실의 불연소 및 축열실 체커 벽돌(checker brick)의 카본 부착을 방지하는 역할을 하는 설비는?

오븐 루프(Oven roof)

032 코크스 오븐 설비에서 수평각과 높이를 재는 데 쓰이는 측량 계기는 무엇인가?

트랜싯(Transit)

033 코크스 오븐에서 블리더의 점검 사항을 3가지 쓰시오.

- 철피 부식 및 구멍 발생 여부
- 블리더 댐퍼(bleeder damper) 작동 기능 유지 상태
- 댐퍼 개방 시 점화 여부

034 다음 그림은 코크스 오븐의 상승관 관련 설비 그림이다. (1) 및 (2)에 해당하는 설비의 명칭을 쓰시오.

(1) : 집합본관
(2) : 블리더(Bleeder)

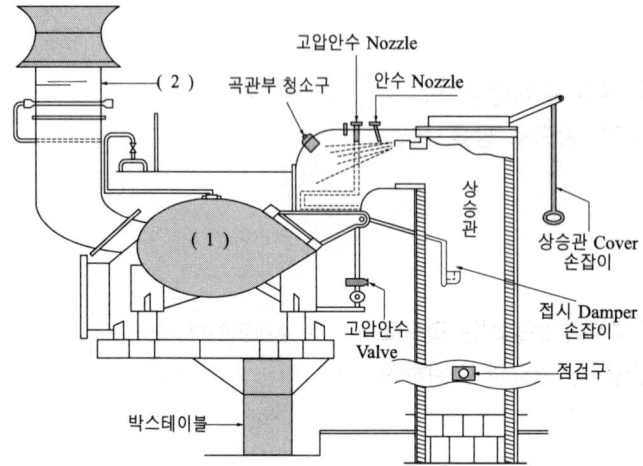

035 코크스 오븐에서 연소 상태를 판정하는 방법은?

플루 톱(Flue top) 압 점검(측정)

036 플루 톱 압 점검 사항 3가지를 쓰시오.

- 계기실에 설치된 연도 폐가스 중 O_2% 분석
- 홀에서 폐가스를 채취하여 CO_2, O_2, CO의 성분 %를 분석
- 연도 압력을 ±3mmH$_2$O 조정하면서 연소실 관찰

037 코크스 오븐에서의 과잉 공기비는 얼마인가?

1.10~1.30

038 코크스 오븐에서 매우 어렵지만 가장 중요한 업무 중의 하나는 무엇인가?

연소 상태 판정

039 코크스 오븐에서 하절기 노 상부 온도가 상승하며 건류 시 발생된 휘발 성분 즉, 가스와 타르가 고열 부분을 지나는 동안 분해되어 발생하는 물질은 무엇인가?

정답 카본(carbon)

040 코크스 오븐에서 가스와 타르의 열분해에 의해 생성된 카본(Carbon)의 특성 3가지를 쓰시오.

- 압출 막힘의 원인이 된다.
- 열전도율이 저하된다.
- 코크스 품질에 영향을 준다.
- 탄화실 폭이 감소되어 정상 장입이 되지 않는다.

041 코크스 연소 설비에서 그림과 같이 "V"형의 배관에 물을 채워 유체를 차단하는 설비는 무엇인가?

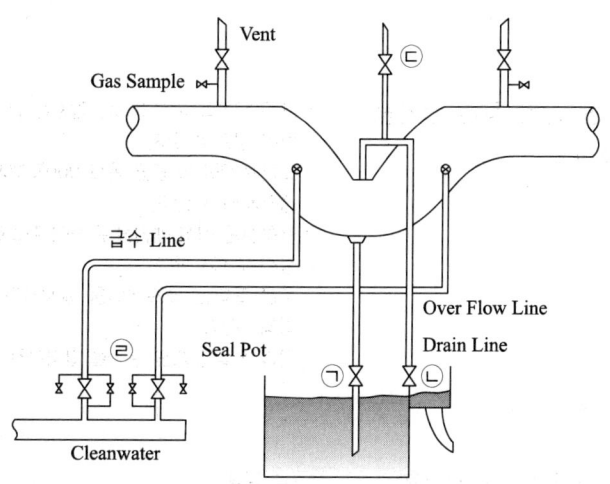

수봉변

042 액체를 용기 속의 액면보다 낮은 위치로 옮기기 위해 액체를 한 단 높여서 밖으로 유도하는 현상은?

사이펀 현상

043 코크스 오븐에서 공정의 압력과 유량을 제어하기 위한 설비는?

정답 *Answer*
유량 조절변
(버터플라이 밸브 : Butterfly valve)

044 연소용 공기를 공급하는 설비의 명칭을 쓰시오.

AIB(Air inlet box)

045 혼합 가스 공급 통로의 명칭을 쓰시오.

GIB

046 연소실에서 타고 난 폐가스가 빠지는 통로는?

연도

047 코크스로 돌발 사고로 2일 이상 장입 작업 불가능 시 연소 관리 방법 2가지를 쓰시오.

- 모든 탄화실의 코크스는 압출을 실시하여 공로로 유지
- 노단은 연소실 평균 온도 900℃까지 냉각시켜야 한다.
- 탄화실은 석션 메인을 통하여 질소로 충진시켜야 한다.
- 오븐 도어는 스프레이를 실시하여 밀폐시킨다.
- 장입구 및 상승관 뚜껑을 밀폐시킨다.

048 석탄 1톤을 건류해서 코크스화 시키는 데 필요한 열량을 무엇이라 하는가?

소비 열량

049 소비 열량을 감소하는 방법으로 현재의 설비로 가능한 항목 3가지를 쓰시오.

- 장입량 증대
- 실당 장입량의 균일화 및 탄화실 내부 평형 장입
- 사용 가스 절약
- 돌발 감산을 줄일 것
- 연소 관리

050 코크스로 열정산의 목표 2가지를 쓰시오.

- 연소용 공기량을 조절하여 폐가스에 의한 열손실 감소
- 방산열 조절을 위한 상하 온도 분포 개선
- 다른 노와 비교 검토하여 조업 기술의 양부, 노의 열효율 등을 판정

051 코크스로 열정산 계산에서 입열 3가지를 쓰시오.

- 장입탄의 현열
- 장입탄의 총 수분 현열
- 연료 가스의 현열
- 연소 건공기의 현열

052 코크스로 열정산 계산에서 출열 3가지를 쓰시오.

- 생성 가스의 현열
- 코크스의 현열
- 경유의 현열
- 폐가스의 현열
- 타르의 현열

053 석탄이란 땅 속에 매몰되어 생물, 물리 화학적 반응에 의해 변질되어 생성된 가연성 화석상 물질이며, 지각 변동 → 퇴적 작용 → (   ) → 산소 감소 → (   )의 과정을 거쳐 만들어진다.

탄화 작용, 탄소 농축

054 코크스 제조에 사용되는 원료탄은 무엇인가?

역청탄

055 석탄을 고온 건류할 때 석탄 입자가 연화 용융하여 서로 점결하고 과상의 코크스가 되는 성질은 무엇인가?

점결성

		정답 Answer
056	원료탄에서 점결성은 두 가지 성질로 구별할 수 있다. 두 가지 성질은 무엇인가?	점착성, 코크스 화성
057	원료탄의 건류 과정에서 입자 상호 간의 결합 및 고화를 일으키는 성질인 연화 및 용융 영역에서 상호 용융되는 성질은 무엇인가?	점착성
058	산지별로 특성이 다른 원료탄을 배합하는 주목적은 무엇인가?	성분이 다른 원료탄을 적정 비율로 혼합하여 기본 조건을 최적화시켜 입자 간의 점결력과 강도를 유지하도록 함
059	석탄 특성을 결정하는 물리 시험 2가지를 쓰시오.	• 입도 분석 • 파쇄성 시험 • 점결성 시험 • 회전 강도 시험
060	석탄의 코크스화 여부를 결정하는 중요한 인자로 60mesh를 통과한 시료 1g을 측정 조건하에서 가열하여 측정하는 지수의 명칭을 쓰시오.	자유 팽창 지수(FSI)
061	석탄의 유동성을 측정하는 장치의 명칭을 쓰시오.	Gieseler Plastometer

062 석탄의 특성을 결정하는 화학적 시험 2가지를 쓰시오.

수분, 휘발분, 회분, 고정 탄소, 전팽창

063 항습 시료를 800℃에서 1시간 동안 감량될 때까지 가열, 연소하여 무기물을 태운 후의 잔류물을 무엇이라 하는가?

회분

064 원료탄을 브랜드별 일정 입도로 파쇄하는 설비는?

크러셔(Crusher)

065 석탄 파일 발화 시 소화 방법 2가지를 쓰시오.

- 도저(Dozzer) 이용법
- 환기법
- 주수법
- 저탄 이동법

066 파쇄 설비에서 분쇄기에는 어떤 것이 있는지 2가지 쓰시오.

볼 밀, 로드 밀

067 장입탄의 입도 관리가 중요한데, 파쇄 입도를 변화시키는 여러 요인 중에서 기계적 요인 3가지를 쓰시오.

- 해머와 반발판의 간격
- 해머 마모 정도
- 로터리 회전 속도
- 크러셔 내 석탄 통과량
- 총 파쇄량

068 크러셔의 관리에서 급유가 중요하다. 윤활의 목적 3가지를 쓰시오.

감마, 냉각, 방청, 세정, 분산, 밀폐 작용

069 크러셔 관리에서 급유의 가장 큰 목적은 무엇인가?

베어링(Bearing)을 보호하기 위해서

070 원료를 연속적으로 정량 수송하는 것을 목적으로 각 Bin에 입조된 석탄을 컴퓨터에서 계산된 설정값에 따라 원하는 양을 배출시키는 장치는?

정량 절출 장치(CFW)

071 정량 절출기(CFW)의 계량 정도에 영향을 주는 요소 2가지를 쓰시오.

- 측정 장치의 정렬
- 벨트 장력의 영향
- 적재되는 원료 형상의 변화가 클 경우

072 고로 내에서 코크스의 역할 3가지를 쓰시오.

- 고로 내의 통기를 잘하기 위한 Spacer
- 환원제
- 연소에 따른 열원
- 선철, 슬래그에 열을 주는 열 교환 매체

073 코크스로의 종류에는 야소식, beehive, Coppe식 등의 부산물 (　)이 주로 있었으나, 현재는 Otto식, Koppers식, 신일철식, Firma Carl Still, Dider 등 부산물 (　)의 열효율이 높은 (　) 코크스로가 발달하고 있다.

비회수식, 회수식, 축열식

		정답 Answer
074	석탄을 장입하여 건류시키는 곳은 어디인가?	탄화실
075	Gas를 연소시켜 발생되는 열을 벽면을 통해 탄화실에 전달하여 건류에 필요한 열량을 공급하는 곳은 어디인가?	연소실
076	코크스로에서 주로 열교환 작용을 하는 곳은 어디인가?	축열실
077	코크스로 축열실 하부에 있으며 공기와 gas가 외부에서 노 내로 들어가는 첫 통로는 어디인가?	Sole Flue
078	탄화실 상부로부터 버솔트(basalt) 하부를 말하며 설비 상부에 노의 길이 방향으로 지지하는 롱 타이 로드와 P/S, C/S측 buck stay(철물) 연결하는 크로스 타이 로드가 설치되어 있는 설비는?	오븐 데크(oven deck)
079	탄화실 Pusher 측의 원통형 관으로 석탄 건류 시 발생하는 raw gas가 이곳을 지나서 가스 집합 본관으로 빠지는 통로는 어디인가?	상승관(Stand Pipe)

080 건류 중 발생되는 탄화실의 raw gas가 상승관을 지나 모이는 곳은?

집합 본관
(GC 메인, Gas Collecting Main)

081 코크스로 집합 본관(GC 메인, Gas Collecting Main)의 압력을 제어하는 이유 2가지를 쓰시오.

- 코크스로 내 압력이 상승하는 것을 방지
- Door Frame 사이로 Gas Leak가 발생시킨 착화에 의한 설비소손방지
- 노 내 압력이 너무 낮은 것을 방지
- 외부의 공기가 탄화실 내부로 유입되어 Gas와 코크스가 연소되고 탄화실 국부 가열현상 유발방지
- 노체 손상 및 카본 부착방지

082 코크스 오븐 레일 위를 주행하면서 분탄을 채탄하여 압출이 완료되어 비어 있는 탄화실에 장입하는 설비는?

장입차

083 장입에서 압출까지 석탄 코크스가 노 내에 머무는 시간은 무엇인가?

탄화시간

084 압출 작업이 완료되고 장입차로부터 탄화실 내에 장입된 석탄을 평탄하게 고르는 작업은 무엇인가?

Levelling 작업

085 건류된 적열 코크스를 탄화실로부터 압출하고 탄화실에 장입된 석탄의 Levelling을 실시하는 장비는?

압출기(Pusher Car)

086 탄화실 내의 적열 코크스를 배출하는 작업을 무엇이라 하는가?

압출 작업

087 적열 코크스 압출 시 발생되는 분진과 가스를 포집하는 설비는?

후드 카(Hood Car)

088 적열 코크스를 적재하고 소화탑에서 소화시킨 후 코크스 와프(Wharf)에 배출시키는 작업을 반복적으로 실시하는 장비는?

소화차(Quenching Car)

089 압출 작업은 일정한 순서에 따라 실시하며 서로 인접한 노의 압출을 연속해서 실시하지 않고 2실 또는 5실을 건너서 한다. 그 이유는 무엇인가?

- 연속된 냉각 석탄의 장입으로 탄화실의 벽 온도가 저하되는 것을 방지
- 노단 전체의 온도를 보다 균일하게 함
- 압출 시 및 건류 중에 탄화실 벽에 걸리는 압력에 의한 노벽 손상 방지

090 코크스 오븐의 연소 관리 목적 2가지를 쓰시오.

- 노의 온도를 적절하고 균일하게 유지
- 연소 상태를 최상으로 하여 코크스의 품질을 균일하게 함
- 코크스 제조 열량을 최소화 함

091 코크스 오븐의 연소에 필요한 열원은 무엇인가?

- COG
- 혼합가스(COG+BFG)

092 코크스로 가스 또는 고로 가스의 어느 하나만을 사용하는 코크스로를 ( ) 코크스로, 어느 것이나 사용하는 코크스로를 ( ) 코크스로라고 한다.

정답: 단식, 복식

093 코크스로에서 압출된 적열 코크스를 bucket에 받아 cooling shaft에 장입하여 밀폐한 후 불활성 가스(N_2)를 통입시켜 소화시키는 방법은?

정답: CDQ(Coke Dry Quenching : 건식소화설비)

094 CDQ(Coke Dry Quenching, 건식소화설비)에서 사용하는 가스는 무엇인가?

정답: 질소(N_2)

095 CDQ(Coke Dry Quenching, 건식소화설비)의 작업상 장점 2가지를 쓰시오.

정답:
- 코크스 품질(냉간 강도)이 향상
- 코크스 열은 보일러에 의해 스팀(Steam), 전력으로 회수
- 습식 소화에 비해 코크스 수분 함량이 적합

096 CDQ(Coke Dry Quenching, 건식소화설비)의 작업상 단점 2가지를 쓰시오.

정답:
- CDQ chamber 내부 낙하와 마찰로 코크스 입경이 감소
- CDQ 내부에서 작은 입자의 코크스가 연소하여 회수율이 하락

097 코크스(Coke) 하부의 경사진 평면으로 소화된 코크스를 일시 저장하는 장소는?

정답: 와프(Wharf)

098 코크스로 탄화실 Door를 장착하기 전 카본(Carbon) 및 타르(Tar)를 Cleaner로 제거하는 이유는 무엇인가?

정답 건류 동안 발생 Gas가 외부로 방출되지 않도록 함

099 적열 코크스를 직접 장입하여 질식 소화시키는 CDQ 본체로서 내화물 축조로 구성되며 pre-chamber zone과 cooling chamber zone으로 구성되는 설비는?

정답 Cooling Shaft(냉각탑)

100 코크스 조업에서 습식 소화의 단점 2가지를 쓰시오.

정답
- 코크스 표면에 수성 가스 반응이 발생하여 코크스 표면 조직이 약화
- 코크스의 급랭으로 인한 열 충격이 발생
- 코크스가 수분을 함유하여 고정 탄소비가 감소
- 증기와 함께 다량의 분진이 발생
- 코크스의 수분 함유로 고로 내 통기성 및 통액성 저하

101 소화탑에서 적열 코크스(Coke) 소화에 사용된 소화수 중 일부는 기화하고 잔여 소화수는 어디로 이송되는가?

정답 침전지

102 CDQ 설비를 구성하는 주요설비 3가지를 쓰시오.

정답
- 권상 설비
- 냉각탑
- 폐열 회수 보일러
- 터빈
- 제너레이터
- 순수 처리 설비
- 집진 설비
- 벨트 컨베이어

103 CDQ 조업에서 적열 코크스의 현열을 최대한 회수하기 위한 관리 사항 2가지를 쓰시오.

- 순환계 기밀 유지 및 순환 가스 성분 적정관리
- 코크스 절출 온도 하향 관리
- 스팀 방산 및 드럼 연속 풍량 적정 관리

104 CDQ 조업에서 버킷(Bucket)의 코크스 수혜 가능 조건 3가지를 쓰시오.

- 전회 장입이 완료되어 있을 것
- 프리 챔버(Pre-Chamber)의 코크스 레벨이 상한 미만일 것
- 순환 팬(Fan)이 운전 중일 것
- 집진 팬이 운전 중일 것
- 장입 장치로 커버(Cover)가 닫혀 있을 것

105 중고장의 발생을 동반한 기기의 점검, 복구 코크스 오븐의 휴지 등의 각종 원인으로 CDQ 설비를 열간 상태로 휴지하는 조작은 무엇인가?

뱅킹(Banking)

3 ▶ 소결광 제조 기본작업

001 소결용 원료의 가치를 평가하는 기준 3가지를 쓰시오.

• 화학적 성분
• 물리적 성상
• 소결성

002 소결 조업에서의 생산성 및 품질은 원료의 배합 과정에서 상당 부분 결정되는데 이때 매우 중요하게 관리해야 할 사항은 무엇인가?

배합 원료의 성분 및 입도 관리

003 소결에서 주원료로 사용되는 철광석의 종류 3가지를 쓰시오.

적철광, 자철광, 갈철광

004 철광석의 구비조건 3가지를 쓰시오.

• 철 함유량이 많을 것
• 해로운 불순물을 적게 함유할 것
• 피환원성이 좋을 것
• 상당한 강도를 가질 것

005 암석 성분 중에 CaO를 포함한 철광석을 무엇이라 하는가?

자용광

006 고로 내에서 환원되어 선철로 들어가면 그 품질을 해치므로 적어야 하는 원소 3가지를 쓰시오.

S, P, Cu, Zn, As

007 철광석의 피환원성을 좋게 하는 조건 3가지를 쓰시오.

정답:
- 기공률이 클수록
- 입도가 작을수록
- 산화도가 높을수록

008 다음의 식은 무엇을 구하는 식인가?

(환원철 중의 금속철 ÷ 환원철 중의 전 철분) × 100 = (   )

정답: 금속화율

009 광산에서 채광된 상태에서 크게 가공을 하지 않은 상태인 50mm의 철광석은 무엇인가?

정답: 괴광

010 괴광을 1차로 파쇄하여 30mm 이하로 만든 광석으로 선별하여 8mm 이상과 이하로 구분하여 사용하는 광석은?

정답: 정립광

011 8mm 이하의 철광석을 말하며 적당한 크기로 소결이나 단광 처리하여 고로에 투입해야 하는 광석은?

정답: 분광

012 환원성이 우수하고 Fe가 높아 고로 사용성만 비교하면 가장 우수하나, 고가로 다량 사용하면 용선 제조원가 상승을 유발하는 광석은?

정답: 펠릿

013 소결광 품질 향상과 생산성 향상을 위해 사용되는 부원료의 역할 2가지를 쓰시오.

정답 Answer
- 소결광의 염기도 조정
- 배합원료의 결합제 역할

014 소결광 제조에서 MgO 조정과 염기도 조정용으로 사용되는 부원료는?

백운석, 사문암

015 소결광 제조 과정에서 사용되는 잡원료의 종류 3가지를 쓰시오.

- 고로 더스트
- 전로 더스트
- 밀 스케일
- 미니 펠릿
- 제철 공정 폐기물

016 소결광을 만들 때 5mm 이하의 크기로 발생하는 소결광은?

반광

017 반광의 종류 2가지를 쓰시오.

- 자체 반광(소결 반광)
- 고로 반광

018 소결용으로 사용되는 분 코크스의 입도를 3mm 이하로 분쇄하는 설비는?

로드 밀(Rod Mill)

019 소결용 분 코크스의 입도는 소결 조업에 큰 영향을 미친다. 입도가 큰 조립(+3mm)의 코크스의 경우 어떠한 영향이 있는가?

- 소결기에 장입할 때 하부에 모여 하방편석을 유발
- 연소 효율이 우수하고 열 용량이 커짐

020 소결 원료 중에 생산율, 코크스 원단위 및 제품강도에 영향을 미치는 조재 성분에는 어떠한 것이 있는가?

CaO, SiO_2, Al_2O_3, MgO

021 다음 괄호 안에 알맞은 조재 성분을 차례대로 쓰시오.

CaO, Al_2O_3, MgO

> 코크스 원단위는 ( )가 증가하면 배합원료의 융점이 저하하여 코크스양은 저하하지만, ( ), ( )가 증가하면 강도를 높이기 위하여 코크스양은 증가한다.

022 소결 원료로 사용되는 철광석으로 자철광과 갈철광의 사용량이 증가하는 이유는?

적철광의 고갈과 비싼 가격 때문

023 소결용 연료로 사용되는 코크스의 원료가 되는 원료탄은 무엇인가?

역청탄(유연탄)

024 분철 광석에 열을 가하여 부분 용융시켜 괴상화시키는 처리 방법은?

소결법

025 소결기의 종류 2가지를 쓰시오.

- GW식(Greenawalt Pan)
- DL식(Dwight Lloyd Machine)

026 DL식 소결기의 설비 구성 3가지만 쓰시오.

- 소결기 본체
- 장입 장치
- 대차(Pallet)와 구동 장치
- 점화로
- 통기 장치(Wind Box)
- 냉각기
- 파쇄 및 선별 설비

027 DL식 소결기의 장점 3가지를 쓰시오.

- 연속식이기 때문에 대량생산에 적합하다.
- 고도의 자동화가 가능하다.
- 인건비가 적다.

028 DL식 소결기의 단점 3가지를 쓰시오.

- 배기장치 누풍량이 많다.
- 기계부분의 손상과 마모가 크다.
- 일부 고장이 나면 전부가 정지할 수 있다.
- 소결 불량 시 재점화가 불가능하다.
- 전력비가 많이 든다.

029 분, 곡류, 광석, 석탄 등 여러 가지 물건이나 재료 원료 등을 일정한 방향으로 연속적으로 운반하는 기계 장치는 무엇인가?

벨트 컨베이어

030 소결 원료를 소정의 배합비로 절출하고 반광, 수분 등을 첨가하여 혼합한 후 균일한 배합 원료를 소결기에 장입하는 설비는?

혼합기(Mixer)

031 조립된 원료를 서지 호퍼에 장입할 때 대차 폭 방향으로 편석이 일어나지 않고 균일하게 장입하기 위한 장치는?

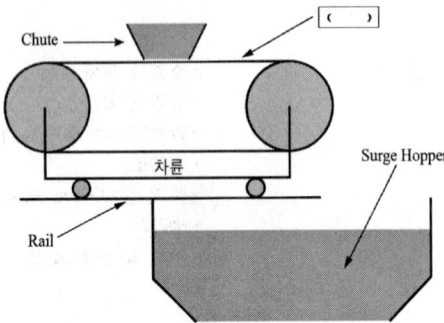

셔틀 컨베이어(shuttle conveyor)

032 혼합기(mixer)에서 배합된 원료를 소결기 대차(pallet)에 장입시키기 위한 호퍼이며 배합 원료를 일시 저장하는 역할을 하는 설비는?

서지 호퍼(surge hopper)

033 원료 공장에서 광석 조(ore bin)에 입조된 각종 철광석 및 부원료와 소결 연료인 결합재를 배합하여 적정량을 절출하는 설비는?

정량 절출 장치(CFW)

034 정량 절출 장치에서 벨트 위를 연속적으로 지나가는 원료의 무게를 측정하여 전류 신호로 바꾸고 이 신호를 증폭하여 출력 조정 회로로 나오게 하는 장치는?

로드 셀(load cell)

035 서지 호퍼에 저광된 배합 원료를 드럼 회전에 따라 일정한 두께와 적정 속도로 소결기에 장입시키는 기기는?

드럼 피더(drum feeder)

036 배합 원료를 소결기 대차에 장입할 때 대차 폭 방향으로는 균일하게 하고 수직 방향으로는 입도 편석이 있게 장입하기 위한 설비는?

배사판(deflector)

037 소결기 대차에 실린 장입 원료의 통기성 확보를 위하여 설치된 기기는?

통기봉

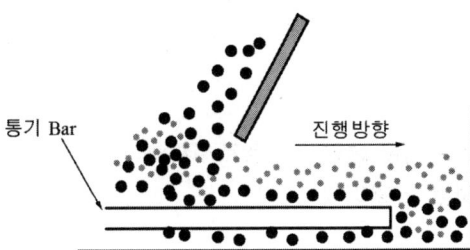

038 배합 원료를 담는 일종의 용기로 양측에는 레일 위를 주행할 수 있도록 바퀴(wheel)가 부착되어 있는 설비는?

대차(pallet)

039 대차 바닥의 그레이트 바(grate bar)의 구비조건 2가지를 쓰시오.

- 장기간 반복하여 가열, 냉각되어도 변형 및 균열이 일어나지 않아야 됨
- 고온에서 강도가 높고 내산화성이 커야 한다.

040 소결기 대차에 장입된 배합 원료 표면의 분 코크스에 착화를 위한 설비는?

정답: 점화로

041 소결기 점화로용 연료 2가지를 쓰시오.

정답: COG, 고로 가스, 타르, 미분탄

042 불꽃 선단 온도에 의한 직접 착화 방식이기 때문에 가스 사용량을 대폭 절감할 수 있고, 점화로 유지 보수가 용이한 장점이 있으나 표면 강도가 다소 저하되는 단점이 있는 소결기 점화로 방식은?

정답: 직화식 점화로

043 소결기 대차 위의 소결 원료층을 통하여 공기를 흡인하는 상자로 흡인 용량이 충분해야 하고 분광이나 분진이 쌓이지 않아야 하는 설비는?

정답: 통기 장치(wind box)

044 소결 공장에서 사용되는 크러셔(crusher)의 종류 2가지를 쓰시오.

정답:
- 핫 크러셔(hot crusher)
- 콜드 크러셔(cold crusher)

045 핫 크러셔(hot crusher)는 소결기로부터 배광된 소결광을 몇 mm 이하로 파쇄하는가?

정답: 200~250mm 이하

046 핫 크러셔(hot crusher)에서 파쇄된 800℃의 소결광에 대기 공기를 강제 흡입, 송풍하여 소결광을 냉각하는 설비는?

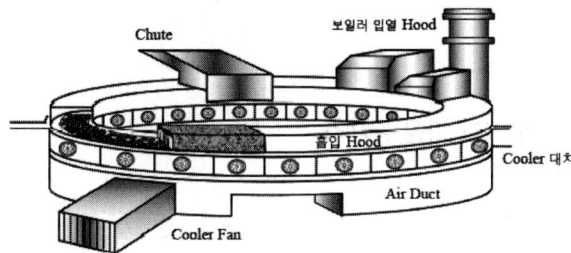

정답: 냉각기(cooler)

047 소결광 제조 공정을 순서대로 나열한 것이다. 빈칸에 들어갈 알맞은 말은?

[소결광 제조 공정]
원료 절출 → ( ) → 원료 장입 → ( ) → 소결 → 1차 파쇄 → ( ) → 2차 파쇄

정답: 혼합 및 조립, 점화, 냉각

048 혼합기(mixer)에서 수분이 첨가되고 회전에 의해 원료 중에 입자가 큰 대립이 핵이 되고 미립이 핵 입자 주위에 부착되는 것을 무엇이라 하는가?

정답: 의사 입화(의사 입자화)

049 소결 공정에서 생석회의 역할 3가지를 쓰시오.

정답:
• 의사 입화 촉진
• 의사 입자 강도 향상
• 소결층 내에서의 의사 입자 붕괴량 감소
• 환원 분화(RDI) 개선 및 성분 변동 감소

050 소결 공정에서 원료 배합 중 수분 첨가의 효과 3가지를 쓰시오.

- 미분 원료가 응집되어 통기성 향상
- 온도 구배를 개선하여 열효율 향상
- 분진 흡인과 비산을 방지

051 배합 원료를 소결기에 장입하는 데 있어 가장 문제가 되고 중요한 것 2가지를 쓰시오.

편석, 장입 밀도

052 배합 원료를 장입하는 데 있어 조립의 원료는 대차의 하층에, 세립의 원료는 상층에 장입되는 현상은 무엇인가?

편석 현상

053 배합 원료를 소결기에 편석 장입으로 인한 효과 2가지를 쓰시오.

- 장입 표면이 매끄럽고 점화로에서 착화 용이
- 소결층의 통기성 향상
- 그레이트 바의 용손 방지

054 소결 공장의 가장 중요한 핵심 설비로서 총 소비 전력의 60% 이상을 소비하고 있으며 통기 장치를 통해 소결기 대차 위의 배합 원료 연소에 필요한 공기를 하부에서 강제로 흡인하는 설비는?

주 배풍기

055 냉각된 소결광은 파쇄 및 수송 과정을 거친다. 이 때 10~15mm의 상부광을 선별하는 곳은 어디인가?

2차 스크린(screen)

056 소결기에 배합 원료를 장입하기 전 상부광을 장입하는 목적 2가지를 쓰시오.

- 장입된 원료가 그레이트 바(grate bar) 사이로 빠져 나가는 것을 방지
- 소결층 격리를 양호하게 하여 그레이트 바에 부착하는 것을 방지

057 소결기 장입 설비 중, 층후 검출봉의 점검사항을 2가지만 쓰시오.

- 층후 검출봉에 이물질이 걸렸는지 확인
- 층후 검출봉이 휘지 않았는지 확인
- 층후 검출봉의 높이는 적당한지 확인
- 층후 검출봉의 긴 봉과 짧은 봉 간의 간격은 적당한지 확인
- 층후 검출봉의 고정 상태, 애자 파손 상태를 확인

058 벨트 컨베이어 설비에서 벨트의 슬립 원인 3가지를 쓰시오.

- 벨트 장력 부족
- 벨트에 물이 들어가 마찰 계수 저하
- 벨트 표면의 마모
- 구동 풀리와 래깅(lagging)의 마모
- 이물이 끼어 주행 저항 증대

059 (   )는 분광, 황산재, 사철 및 스케일(scale), 고로 분진, 전로 분진 등의 잡원료이고 이들 혼합 원료에 (   )을 가한 것이 신원료이고 반광 및 분 코크스를 합한 것이 (   )로 배합 원료라고도 한다.

소결 원료, 석회석, 전원료

060 소결 조업에서 결합재로 사용하는 연료의 종류 2가지를 쓰시오.

분 Coke, 무연탄

061 소결 배합 원료의 수분값은 5~7% 범위이다. 수분 관리에 사용되는 기기는?

정답
중성자 수분계

062 소결용 연료에 요구되는 화학적 성질 2가지를 쓰시오.

- 휘발분(VM)을 적게 함유해야 한다.
- 고정 탄소가 높아야 한다.
- 최고 도달 온도가 높고 그 온도의 지속 시간이 길어야 한다.

063 소결광의 염기도 관리는 강도 관리와 함께 소결 공정 관리상의 최대 중점 항목으로 관리된다. 염기도의 변동 폭은 일간 평균치 얼마 이내로 관리하는가?

±0.05 이내

064 소결광에서 염기도의 변동 요인 2가지를 쓰시오.

- 각 원료 종류별 절출 오차
- 각 원료 종류별 성분 변동
- 석회석, 규석 등의 편석, 혼합 불량
- sampling 분석 오차

065 광석 100Kg당 소요 석회석량을 각 원료 종류마다 산출하여 적용하는 것을 무엇이라 하는가?

소요 용제(flux)

066 소결법이 필요한 이유 2가지만 쓰시오.

- 선광, 파쇄, 체질 강화로 분광이 많이 발생한다.
- 소결광의 고배합물로 적당한 성상을 가진다.
- 소결광의 고배합률은 출선 능률을 향상시키고 코크스비를 낮춘다.
- 석회석을 배합하여 자용성 소결광을 만들어 제선 능률을 향상시킨다.
- 원료 중의 As, P 등의 불용 성분을 제거할 수 있다.

067 소결 반응에서 석회석 분해 반응이 일어나는 온도 범위는 몇 ℃인가?

정답 600~1,000℃

068 다음 그림은 고결냄비에서의 소결 반응 과정을 나타낸 것이다. ( )에 해당하는 명칭을 각각 쓰시오.

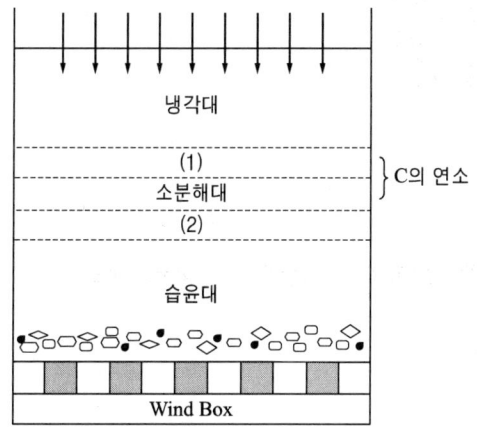

정답
(1) 용융환원대
(2) 건조대

069 소결기에 장입된 소결 원료의 결합 반응 2가지를 쓰시오.

정답 확산 결합, 용융 결합

070 소결 원료의 결합 반응 중 비교적 저온에서 소결이 이루어지는 반응은?

정답 확산 결합

071 소결 원료의 결합 반응 중 고온에서 소결이 이루어지는 반응은?

정답: 용융 결합

072 다음 그림을 보고 소결의 결합 반응 형태를 각각 쓰시오.

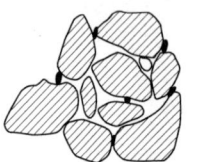 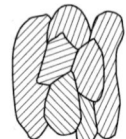

정답:
(1) 확산 결합
(2) 용융 결합

073 소결 원료 광종에는 고유의 최적 수분치가 있는데 이것을 무엇이라 하는가?

정답: 최대팽윤수분

074 소결 조업에서 의사 입화를 하기 위한 요건을 3가지 쓰시오.

정답:
- 원료의 구성 입자는 필히 의사 입화되어 있을 것
- 장입 조건에 따라 충진 상태가 악화되지 말 것
- 의사 입자가 소결 과정, 특히 건조대에서도 붕괴되지 않도록 할 것

075 소결 조업 공정을 쓰시오.

정답: 혼합 및 조립 → 원료 장입 → 점화 → 소결(괴성화) → 냉각

076 소결 조업에서 드럼 믹서의 역할을 3가지 쓰시오.

정답: 혼합, 조립, 수분 첨가

077 소결 조업에서 수분은 몇 % 정도 첨가하는가?

6~8%

078 소결 작업상 필요하고 바람직한 그림과 같은 편석은 무엇인가?

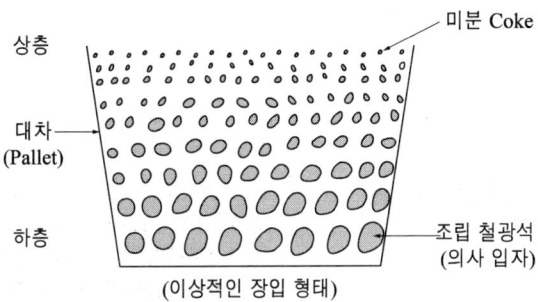

수직 편석

079 폭 편석(수평 편석)의 원인을 2가지 쓰시오.

- 급광 서지 호퍼(surge hopper) 내에서의 편석
- 편석 경사판에서 광석 부착

080 소결 조업에서 수직 편석을 조장시키는 조건 2가지를 쓰시오.

- 세립 분광은 상층으로, 조립 광석은 하층으로 하는 편석이 좋다.
- 코크스의 함유율은 상층일수록 높다.
- 석회석은 상하 균등하거나 하층에 많게 하면 좋다.

081 소결 조업에서 층후를 결정하는 요인 3가지를 쓰시오.

- 열효율
- 통기성
- 소결광 품질 및 회수율

082 소결 조업에서 노 내 온도는 몇 도 정도인가?

1,150~1,200℃

083 장입 원료 표면 1cm²당 얼마만큼의 가스양(COG)을 부여했는지 표시하는 척도는 무엇인가?

정답 점화 강도

084 350mm의 층고에서 15분간 화염이 진행했다고 하면 화염전진속도(FFS)는 얼마인가?

FFS = 350/15 = 23.3mm/min

085 다음 그림은 소결기 배광부 온도 분포를 나타낸 것이다. 물음에 답하시오.

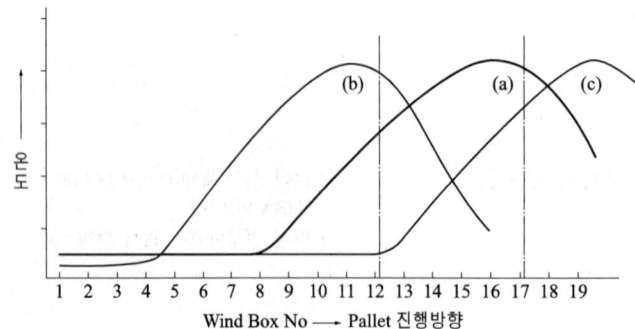

가. (a)와 같이 최고 배기 온도를 나타내는 점을 무엇이라 하는가?

나. 대차(pallet)의 이송 속도를 줄일 때 BTP와의 관계를 설명하시오.

다. 대차(pallet)의 이송 속도를 높일 때 BTP와의 관계를 설명하시오.

라. (b)와 같은 경우 소결광에 미치는 영향을 2가지 쓰시오.

가. 소결점(BTP : Burn through point)
나. (b)와 같고 급광부 측으로 이동한다.
다. (c)와 같이 BTP가 나타나지 않고 소결이 미완료된 상태로 배광된다.
라. • 소결광 생산량 저하
 • 소결광이 대차상에서 급냉되어 강도가 저하되어 부서지기 쉽다.

086 소결 과정에서의 반응대 7개 단계에서 빈칸에 들어갈 반응대는?

[반응대]
습윤대 → ( ) → 예열대 → ( ) → 환원대 → ( ) → 냉각대

정답 Answer
건조대, 연소대, 용융대

087 소결광의 냉간 강도를 나타내는 것을 2가지 쓰시오.

- 낙하 강도(SI : Shatter index)
- 드럼 강도(TI : Tumbler index)

088 소결광이 낙하할 때 분이 발생하기 직전까지의 소결광의 강도를 무엇이라 하는가?

낙하 강도(SI)

089 고로에 장입된 소결광이 환원 분위기의 저온 영역에서 분화하는 정도를 표현하는 지수는?

환원 분화 지수(RDI)

090 소결광의 품질에 영향을 미치는 요인 3가지를 쓰시오.

- 낙하 강도
- 소결광의 입도 분포
- 환원 분화 지수

091 고로 조업에서 요구되는 소결광의 품질 중 물리적 성질 3가지를 쓰시오.

- 상온 강도
- 입도
- 열간 환원성(RI : Reducibility index)

092 고로 조업에서 요구되는 소결광의 품질 중 화학적 성질 3가지를 쓰시오.

정답 *Answer*
- 염기도(CaO/SiO$_2$)
- SiO$_2$
- FeO
- 기타 성분(철분, 탈황률)

093 소결광의 입도가 고로 내 통기성에 영향을 주므로 입도면에서 요구되는 조건을 3가지 쓰시오.

- 분(가루)이 적을 것
- 대괴가 적을 것
- 적정 입도로 정립되어 있을 것

094 소결광의 입자를 좌우하는 인자로 분율을 적게 하기 위한 관리 사항을 3가지 쓰시오.

- 적정 원료 배합
- 적정 분 코크스 첨가
- 적정 조업 조건 설정

095 소결광 스크린의 효율 최적 유지관리는 분율을 적게 하는 가장 유효한 수단이다. 이를 위해서 관리하는 항목은

- 적정 스크린 선택
- 스크린 관리
- 스크린 효율 향상

096 소결광의 염기도는?

1.7~2.0

097 소결설비는 크게 8가지 설비로 구성한다. 그 중 3가지를 쓰시오.

장비설비, 점화로, 소결기, 배풍장치, 핫 크러셔, 부대설비, 쿨러, 쿨러 팬

098 다음 괄호 안에 알맞은 말을 차례대로 쓰시오.

> 소결공장은 설비 외에 소결용 배합원료를 사전에 제조하는 (　　　)설비, 소결광의 입도를 선별하는 (　　　)설비로 구성되어 있다.

정답: 전반, 후반

099 제선 공정에서 용선을 제조하는 과정에서 소결광을 사용하는 목적 2가지를 쓰시오.

정답:
- 원가 절감
- 생산성 향상
- 조업 안정

100 전 세계적으로 고로 원료로써 사용되는 비율은 소결광 (　)%, 정립광 (　)%, 펠레트 (　)%이다.

정답: 70, 20, 10

101 고로 내부에 입도가 작은 분광을 직접 장입 시 어떠한 현상이 일어나는가?

정답: 비산에 의한 손실과 고로 내 통기성 악화의 원인이 됨

102 다음 괄호 안에 알맞은 말을 차례대로 쓰시오.

> 고로에 장입되는 철광석의 적정입도는 정립광의 경우 (　　　)mm가 적당하며, 분광석은 소결공정을 거쳐 (　　　)mm로 괴상화한 소결광을 제조한다.

정답: 8~30, 5~50

103 고로 조업에 사용되는 소결광의 장점 3가지를 쓰시오.

정답 Answer
- 기공율이 높고, 입도가 균일
- 피환원성이 우수
- 대량생산에 유리
- 소성 시 유해성분 제거
- 원료비 절감
- 용선성분 안정화

104 소결광 제조공정을 나타낸 것이다. 빈칸에 알맞은 말을 쓰시오.

원료 혼합 및 조립 → 장입 → ( ) → 소결 → ( ) → 냉각 → 파쇄 → ( ) → 소결광

점화, 배광, 체질

105 소결용 주원료는 적철광, 자철광, 갈철광 등 분철광석이 사용된다. 이 중에서 갈철광의 화학식을 쓰시오.

$2Fe_2O_3 \cdot 3H_2O$

106 소결광 제조에 사용되는 잡원료 3가지를 쓰시오.

- 고로 분진(Dust)
- 전로 분진
- 밀스케일(Mill Scale)
- 자선 분광
- 미니 펠릿
- 전로 슬래그

107 소결광 제조 시 연료용 분 코크스로 입도 15~25mm 이하의 것을 분쇄하는 설비는 무엇인가?

로드 밀(Rod Mill)

108 소결성이 좋은 원료의 구비조건 2가지를 쓰시오.

- 생산성이 높은 원료
- 강도가 높고, 분율이 낮은 소결광을 제조할 수 있는 원료
- 적은 원료로써 소결할 수 있는 원료

109 소결원료의 화학적 성분으로 유해성분은 선철 중에 유입이 되며 품질에 악영향을 미치므로 적을수록 좋다. 유해성분 3가지를 쓰시오.

정답: P, S, As, Cu, Zn, K_2O, Al_2O_3

110 소결원료 중의 어떠한 성분이 생산율, 코크스 원 단위 및 제품강도에 영향을 미치는가?

정답: CaO, SiO_2, Al_2O_3, MgO

111 다음 괄호 안에 알맞은 조재성분을 차례대로 쓰시오.

> 소결조업에서 생산율은 ( ), ( )의 증가에 따라 향상되고, ( ), ( )가 증가하면 생산성은 저해된다.

정답: CaO, SiO_2, Al_2O_3, MgO

112 정량 절출 장치의 벨트 컨베이어 위에 연속적으로 지나가는 원료의 무게를 전류신호로 바꾸고 이 신호를 증폭 후 출력 조정회로로 보내는 장치는 무엇인가?

정답: 로드 셀(Rod Cell)

113 정량 절출 장치에서 벨트 표면에 부착된 광석을 제거하는 설비의 명칭을 쓰시오.

정답: 팁 클리너(Tip Cleaner)

114 혼합된 소결원료를 드럼(Drum) 내에서 잘 굴려 미립 입자가 조대한 입자에 모여들고 미립자가 서로 부착되어 입도를 크게 하는 것을 무엇이라고 하는가?

조립

115 소결의 생산성 및 품질을 결정짓는 가장 큰 요인은 무엇인가?

통기도

116 소결용 원료의 혼합과정에서 입도가 큰 핵입자 주위에 입도가 작은 미분이 부착되어 조대화된 입자를 무엇이라 하는가?

의사 입자

117 의사 입자의 형태 3가지를 쓰시오.

S형, C형, P형

118 의사 입자의 형태 중에서 핵입자가 Coke이고 부착층에는 미분 철광석, 반광, 석회석으로 이루어진 의사 입자는 무엇인가?

S형 의사 입자

119 의사 입자의 형태 중에서 미분 Coke의 부착에 의한 연소 표면적 증가로 연소속도가 증가하여 연소시간이 짧아지는 의사 입자는 무엇인가?

C형 의사 입자

120 의사 입자의 형태 중에서 Coke 연소성 악화로 생광석 존재 및 Heat Pattern의 불균일을 초래하는 의사 입자는 무엇인가?

P형 의사 입자

121 소결 과정에서 생석회(CaO) 첨가의 효과를 2가지만 쓰시오.

- 의사 입화를 촉진시킨다.
- 의사 입자 강도를 향상시킨다.
- 소결 베드 내에서의 의사 입자 붕괴량을 감소시킨다.
- 환원 분화 개선 및 성분변동을 감소시킨다.

122 소결원료를 혼합 및 조립하는 장치로 조립 효과가 우수하고 대형화가 가능하여 널리 채용되는 장치는 무엇인가?

드럼 믹서(Drum Mixer)

123 드럼 믹서(Drum Mixer)라는 원통형의 드럼에 경사를 주어 회전하면 드럼 내의 원료는 무엇이 작용하여 높은 곳에서 낙하하며 혼합과 조립이 이루어지는가?

원심력

124 원료 절출 이상 시 확인사항 2가지만 쓰시오.

- 로드 셀에 이물 끼임 상태
- 로드 셀 보호 볼트 체결 상태
- 평량 롤러에 이물 끼임 여부 및 마모 상태
- 절출 게이트(Gate) 조정 상태

125 혼합기(Mixer) 운전상태 점검사항 3가지를 쓰시오.

- Surge Hopper 재고
- 첨가 수 압력, 배합원료 수분
- CFW 절출량, CFW 부하율
- 생석회 Bin 재고
- 반광 Bin 재고

126 소결조업에서 배합원료 수분 부족 시 조치사항 2가지만 쓰시오.

- 첨가 수 비율 확인, 펌프 압력 확인
- 평량기 오차 점검, 수분 수동측정 및 보정

127 소결층의 통기성 및 열효율을 개선하기 위해 바람직한 편석 장입형태는 무엇인가?

수직편석

128 소결원료의 장입형태에서 수직편석은 어떠한 형태인지 쓰시오.

소결기의 하부층에 대립이, 상부층에 미립이 위치

129 소결기 대차(Pallet)에서 장입된 장소에 따라 원료 입도의 분포비율이 다른 것을 무엇이라 하는가?

편석

130 소결속도가 불규칙하게 되어 배광부에서 소결상태가 고르지 못하며 성품의 회수율 저하 또는 생산속도 저하의 요인이 되므로 주의해야 되는 편석은 무엇인가?

폭방향 편석

131 폭방향 편석을 발생시키는 원인 2가지를 쓰시오.

정답 *Answer*
- 급광 서지 호퍼에서의 편석
- 배사판(Deflector Plate)에서의 광석 부착

132 소결원료의 장입에서 편석을 발생시키는 요인 2가지를 쓰시오.

- 입도가 클수록 경사면을 굴러가 하층에 쌓인다.
- 입자가 구상일수록 하층에 쌓이고 요철이 많을수록 상층에 쌓인다.
- 수분이 많을수록 점성이 커서 상층에 쌓인다.
- 부착력이 클수록 점성이 커서 상층에 쌓인다.
- 비중이 작을수록 낙하에너지가 적어 상층에 쌓인다.

133 소결 대차 하부에 상부광을 깔아주는 효과를 2가지만 쓰시오.

- 화격자(Grate Bar) 사이로 배합원료가 빠져나가는 것을 방지
- 적열상태의 소결광과 화격자가 점착되어 설비가 손상되는 것을 방지

134 소결 대차 하부에 깔아주는 상부광의 크기는 얼마인가?

10~15mm

135 소결원료의 장입설비 3가지만 쓰시오.

- 셔틀 컨베이어
- 서지 호퍼
- 절출(Gate)
- 원료장입기(Drum Feeder)
- 배사판(Deflector Plate)
- 층후조절기, 통기봉

136 서지 호퍼(Surge Hopper) 크기의 결정은 혼합기(Mixer)에서 무엇을 고려하여 결정하는가?

원료 도달시간, 소결기 속도

137 원료장입기(Drum Feeder)의 드럼 표면은 배합원료의 미끄러짐과 내마모를 위하여 무슨 재질로 이루어져 있는가?

정답: 스테인리스 강판

138 입도 편석은 배사판의 경사각도에 따라 다르다. 통상적인 각도는 어떻게 되는가?

정답: 45~60°

139 소결기 대차(Pallet)에 장입된 원료층을 폭방향으로 일정한 두께를 갖도록 표면을 깎아 주는 설비는 무엇인가?

정답: 층후조절기(Cut Off Plate)

140 소결기 대차에 장입되는 원료층의 두께를 고·저로 측정하여 원료장입기의 속도를 제어하는 장치는 무엇인가?

정답: 층후 검출봉

141 소결기의 종류 3가지를 쓰시오.

정답:
- 그리나 발트식
- AIB식
- 드와이트 로이드식

142 연속식 소결기로서 대량생산 및 조업의 자동제어가 용이하여 세계 각 제철소에서 많이 채용하고 있는 소결기는 무엇인가?

정답: 드와이트 로이드 소결기(DL식)

143 소결냄비가 정위치에 있고 이동 장입차와 점화차에 의해 장입 및 점화를 하고 소결냄비 하방으로 배풍기에 의하여 흡인하여 위층에서 아래층으로 소결하는 소결기는 무엇인가?

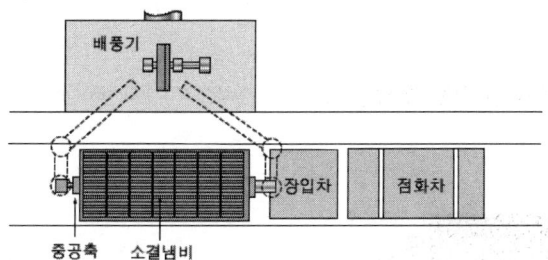

정답 *Answer*

그리나 발트식 소결기

144 그리나 발트식 소결기의 장점 2가지를 쓰시오.

- 항상 동일한 조업상태로 작업이 가능하다.
- 소결냄비가 고정되었기 때문에 장입밀도에 변화없이 조업이 가능하다.
- 1기가 고장이라도 기타 소결냄비로 조업이 가능하다.
- 배기장치 누풍량이 적다.

145 그리나 발트식 소결기의 단점 2가지를 쓰시오.

- DL식 소결기에 비해 대량생산에 부적합하다.
- 조작이 복잡하여 많은 노력이 필요하다.

146 고로에서 소결광의 분화를 최소화하기 위해서 바람직한 결합 형태는 무엇인가?

용융결합

147 소결 점화로의 점화온도가 너무 높게 되면 어떤 악영향을 미치게 되는가?

통기성 불량

148 소결기 대차하부의 공기흡인 통로인 것은 무엇인가?

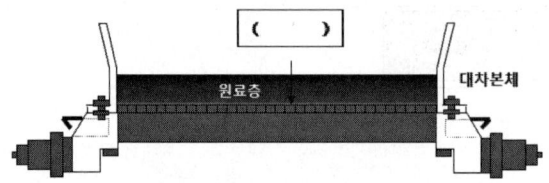

그레이트 바(Grate Bar)

149 소결층과 집진장치를 묶는 통기장치로 열을 외부로 분산시키는 역할을 담당하는 설비는 무엇인가?

배풍기(Blower)

150 소결 배풍기에서 댐퍼를 설치하는 목적 2가지를 쓰시오.

- 풍량조절, 대차 교환 시 흡기의 차단 점화
- 소결기 기동, 정지할 때에 필요한 풍량제어를 고려

151 소결공장에서 소결진행을 위한 산소공급을 집진장치를 통하여 아래에서 강제로 흡인하여 소결을 이루게 하여 연소된 배기가스를 전기집진기에서 집진하고 청정가스를 연돌을 통하여 외부로 배출시키는 설비는 무엇인가?

주 배풍기

152 소결조업에서 장입표면 점화상태 불량 시 조치사항 2가지를 쓰시오.

정답 *Answer*

- 공기상자 막힘 해소
- 원료장입 상태 조정
- 버너 밸브 개도 조정

153 다음 그림은 혼합기에서 대차에 장입하는 과정을 나타낸 것이다. 물음에 답하시오.

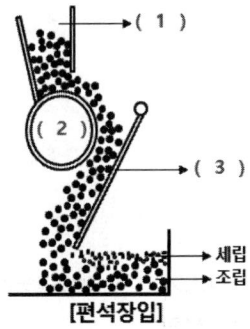

[편석장입]

가. (1), (2), (3)의 명칭을 쓰시오.
나. 그림과 같은 편석장입을 무엇이라 하는가?
다. (3)의 기능을 쓰시오.

가. (1) 서지호퍼(Surge Hopper),
　　(2) 드럼 피더(Drum Feeder),
　　(3) 배사판(경사판, Deflect Plate)
나. 수직편석
다. 장입원료의 입도 편석 작용을 일으키는 장치

4 고로 기본작업

001 최근에 이용되는 고로의 특징 3가지를 쓰시오.

대형화, 기계화, 자동화, 자동 제어

002 제선(고로) 공장은 다음의 7가지 설비로 구성되어 있다. 빈칸에 알맞은 말을 쓰시오.

> 고로 본체, 원료 평량 설비, (   ), 열풍로, 가스 청정 설비, 주상 설비, (   )

송풍기, 환경 집진 설비

003 고로 노구에서 장입되어 낙하하는 광석이나 코크스가 충돌되는 것으로부터 연와를 보호하기 위하여 설치되어 있는 것은 무엇인가?

광석 충돌판

004 다음 그림은 고로의 프로파일을 나타낸 것이다. (   )에 알맞은 명칭을 쓰시오.

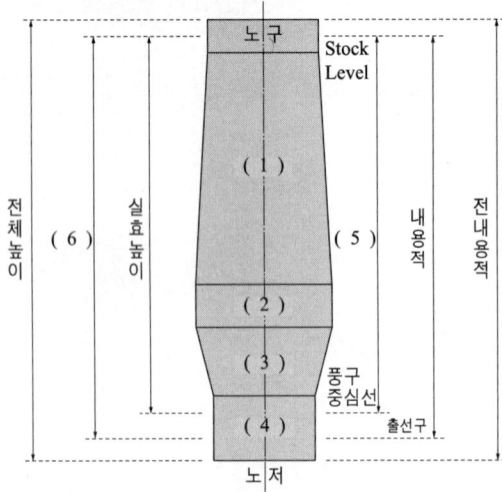

(1) 노흉(샤프트, Shaft)
(2) 노복(벨리, Belly)
(3) 조안(보시, Bosh)
(4) 노상(허스, Hearth)
(5) 유효내용적
(6) 유효 높이

		정답 Answer
005	고로의 형태에서 지름이 제일 넓은 부위의 명칭은?	노복
006	고로의 설계상 가장 중요한 것 2가지를 쓰시오.	• 노상의 지름 • 보시의 높이 및 그 각도
007	최근의 고로는 노상의 지름을 (　　)하고, 보시의 높이는 (　　) 하는 경향이 있다.	크게, 낮게
008	노저 면으로부터 노구까지의 수직 거리를 무엇이라 하는가?	고로 높이
009	노저에서 장입 기준선까지의 높이를 무엇이라 하는가?	유효 높이
010	바람구멍 중심선에서 장입 기준선까지의 높이를 무엇이라 하는가?	실효 높이
011	고로의 각부에서 장입물 입도, 송풍 온도, 보조 연료 취입량, 산소 사용량 등의 조업 조건과 카본 밸런스(Carbon Balance)에 의하여 코크스비 및 이론 송풍량을 계산하여 결정하는 부위의 명칭은?	노상

문제	정답 Answer
012 고로 각부에서 장입물의 용적을 축소하고 강하 속도를 늦춰서 반응이 충분히 이루어지도록 하는 역원뿔형인 부위의 명칭은?	보시(bosh, 조안)
013 고로 보시(bosh)의 각도가 지나치게 작으면 ( )의 원인이 되고, 각도가 지나치게 크면 ( )의 원인이 된다.	행잉(hanging), 노상 냉입
014 최근 고로는 광석의 정립성이 강화된 괴성광의 사용량이 증가하여 보시 높이를 ( ) 할 수 있게 되었다.	낮게
015 고로 샤프트(shaft, 노흉) 각이 너무 크면 어떠한 현상이 있는가?	노벽과 장입물의 마찰이 커져 노벽 손상을 초래함
016 고로 출선구 필요 본수를 결정하는 2가지를 쓰시오.	최대 저선 시간, 출선 간격, 통 정비 소요시간, 출선 횟수, 출선 속도
017 고로의 생산 능력은 무엇으로 나타내는가?	1일 출선량(t/d)
018 고로의 생산능력에 가장 큰 영향을 주는 요인을 3가지 쓰시오.	• 고로의 크기 • 장입물의 입도 • 광석의 환원성

019 고로에서 광석의 입도가 작아지면 어떤 현상이 발생하는지 2가지를 쓰시오.

- 환원성이 좋아짐
- 통기성이 악화되어 행잉(hanging) 발생
- 통기 저항의 과대화 현상

020 고로 노저에서 노구까지의 용적을 무엇이라 하는가?

전용적

021 고로 출선구에서 장입 기준선(stock level)까지의 용적을 무엇이라 하는가?

내용적

022 고로에서 유효 내용적이란 무엇인가?

풍구 수준면에서 장입 기준선까지의 용적

023 고로의 크기를 결정하는 2가지는 무엇인가?

노상경, 노고

024 고로의 출선능력을 나타내는 출선비란 무엇인지 쓰시오.

내용적 1m³당 1일 출선량(t/d/m³)

025 고로 노체의 하중을 지지하는 형식 3가지를 쓰시오.

철대식, 철피식, 자립식, 철골 철피식

		정답 Answer
026	노정 하중은 철탑으로 지지하며 노체의 철피와 벽돌 하중은 노 바닥 기초로 지지하고 대형 고로에 많이 사용되는 지지 형식은?	자립식
027	고로의 대형화에 따라 개발된 형식이며, 지반이 약하거나 지진이 많은 곳에서 채용되고 있는 본체 지지 형식은?	철골 철피식
028	열풍로에서 열풍은 송풍 본관 – 환상관 – ( ) – 블로 파이프 – ( )를 통해 고로 내로 들어간다.	송풍 지관, 풍구
029	풍구에서 풍구 수, 풍구 지름을 결정하는 데 고려할 사항 3가지를 쓰시오.	송풍량, 송풍 온도, 송풍 압력
030	풍구의 재질로 순동 주물을 사용하는 이유는 무엇인가?	열전도도가 좋기 때문
031	풍구가 파손되면 물이 새어 노 내를 냉각시키거나 폭발할 위험이 있다. 풍구 파손 방지를 위한 대책 2가지를 쓰시오.	• 재질 개선(코팅 풍구) • 냉각 수 수질 개선 • 풍구의 냉각 강화
032	고로 노체 냉각 방식에서 노저면의 냉각 방식 2가지를 쓰시오.	• 연와 도관(duct)을 설치하여 강제 공랭 • 매설 강관 또는 I형강과 강관으로 만든 도관에 공기, 물을 유입시켜 냉각

033 고로 노체 냉각 방식에서 측벽 연와적의 냉각 방식 3가지를 쓰시오.

- 냉각반식
- 스테이브식
- 살수식
- 재킷(jacket)식

034 고로 노체 냉각 방식 중에서 철피 개구부가 작아지고 가스 밀폐가 잘 되며 연와가 마모될 때 평활하게 되는 장점이 있으나 파손 시 교환이 곤란한 냉각 방식은?

스테이브(stave)식

035 고로 노체 냉각 방식 중에서 철피 외면에 살수해서 철피를 통하여 내면 내화물을 냉각하는 방식은?

살수식

036 고로용 노벽 내화물에 요구되는 성질 3가지를 쓰시오.

- 내알칼리성
- 내슬래그성
- 내마모성
- 내스폴링성

037 고로용 노저 내화물에서 카본(carbon) 벽돌을 사용하는 이유 2가지를 쓰시오.

- 열전도율이 높음
- 용융 금속에 안정
- 고온에서 용적 안정성이 우수
- 알칼리나 슬래그의 침식 작용에 대하여 저항성이 큼

038 고로의 비상 냉각탑으로 냉각반 및 풍구, 열풍변 등에 냉각수를 급수하며 지상 약 50m 상부에 설치되어 있는 설비는?

고가수조

039 노체 연와의 열부하를 감소시키기 위해 노벽부에 삽입되어 있는 냉각 장치는?

냉각반(Cooling plate)

040 원료 장입 설비는 고로에 장입되는 연·원료의 저장, 스크린, 평량 및 수송을 하는 (　)와 노정에 원료를 장입하는 (　)로 구분된다.

- 원료 수송 설비
- 노정 장입 장치

041 원료 빈 하부 배출 게이트로 일정량을 전동 피더로 진동식 원료를 배출시키는 장치는 무엇인가?

절출장치

042 원료 빈(bin)은 강판재 역삼각뿔 모양으로 경사진 부분에는 마모가 심하다. 마모 방지 방법은 무엇인가?

버솔트 라이너(basalt liner) 부착

043 고로에 적정 입도의 연·원료를 장입하기 위하여 사용되는 스크린(screen)의 방식 3가지를 쓰시오.

- 조망식
- 펀치 플레이트식
- 그리즐리식

044 장입 컨베이어에 절출량을 조정하고 장입 시간을 단축하기 위하여 상부에 2조로 설치되어 있는 설비를 쓰시오.

중계조(서지호퍼, Ore Surge Hopper)

045 노정에 장입물을 수송하는 벨트 컨베이어 설비의 특징 3가지를 쓰시오.

- 연속 대용량 수송에 적합
- 설비비가 저렴
- 제어 및 보수가 간단
- 고로와 원료 설비 분리로 공간이 넓어져 대형 고로의 주상 다변화 적합

046 노정 장입 장치의 요구 조건 3가지를 쓰시오.

- 노 내 고압가스에 대한 기밀성
- 장입물의 노 내 적정 분포 유도
- 노정 장입 장치의 내구성
- 보수 및 점검이 용이

047 노정 장입 장치의 종류 3가지를 쓰시오.

정답 Answer
- 2벨(two bell)식
- 3벨식
- 2벨 1밸브(valve)식
- 벨리스(bell-less)식

048 고로 내 장입물의 위치와 강하 상황을 측정하는 설비는 무엇인가?

사운딩(sounding)

049 균·배압 장치에서 대벨 호퍼에는 ( )를 통입하고, 소벨 호퍼에는 반청정가스 및 ( ) 가스를 통입한다.

반청정가스(BFG), 질소(N_2)

050 다음은 원료 및 장입 설비의 용어를 설명한 것이다. 해당하는 설비의 용어를 쓰시오.

설비 용어	용어 설명 및 용도
(1)	고로 원료인 소결광, 정립광, 코크스 등을 저장, 선별, 평량, 수송하는 설비
(2)	코크스, 소결광 & 부원료 저장저로 코크스 공장, 소결 및 원료 공장에서 입조
(3)	코크스, 소결광 및 각종 부원료의 무게를 다는 호퍼
(4)	평량된 철광석 & 코크스를 중계조에서 노정 hopper에 수송하는 벨트 컨베이어
(5)	고로 내 원료 장입을 위해 노정 hopper를 균압하고 장입 후 다시 원료 수입을 위해 노정 hopper를 배압하는데, 이 배압 가스를 회수하기 위한 장치
(6)	고로 내 연·원료 장입 시 유량 조절이 가능한 게이트로 stepping motor에 의한 유압 cylinder 구동 방식
(7)	고로 장입을 위해 노정 hopper의 원료 수입 시 배압과 노 내 장입 시 균압을 위한 장치
(8)	선회 chute로 노 내의 장입물 분포를 제어할 수 있는 장치

(1) 고로 원료 설비
(2) 원료 빈
(3) 평량 호퍼
(4) 장입 컨베이어
(5) 노정 가스 회수 장치
(6) 유량 조절 게이트
(7) 균·배압 장치
(8) 벨리스 장입 장치

051 고로가 대형화되면서 노구경이 확대되고 장입물의 적정 분포가 어려워져 사용하게 된 장치는?

• 무버블 아머(movable amour)
• 선회 슈트(chute)

052 출선구에서 배출되는 용융물을 용선과 슬래그로 분리시키는 곳은 어디인가?

대탕도

053 대탕토에서 용선과 슬래그를 분리시키는 설비는?

스키머

054 대탕도에서 분리된 용선을 레이들까지 유도하는 탕도는 무엇인가?

용선 탕도(Iron runner) 및 경주통(Tilting runner)

055 대탕도에서 분리된 슬래그를 괴재처리하는 드라이 피트(dry pit) 또는 수재처리하는 수재 설비로 유도하는 탕도는 무엇인가?

슬래그 탕도(Slag runner)

056 출선구를 개공하는 기기는 무엇인가?

개공기

057 출선 종료 시 출선구를 폐쇄하는 설비는?

머드 건(mud gun)

058 열풍로의 송풍온도는 몇 ℃인가?

정답: 1,000~1,300℃

059 열풍로의 3개 실은 무엇인가?

정답: 연소실, 축열실, 혼냉실

060 연소실과 축열실이 분리되어 있는 열풍로는 무엇인가?

정답: 외연식 열풍로(koppers, 코퍼스식)

061 열풍로에서 1,000℃ 이상의 송풍온도를 유지하기 위해서 사용되는 연소 가스는 무엇인가?

정답: Mix Gas(BFG+COG)

062 열풍로는 송풍 → ( ) → ( ) → 휴지 → 송풍의 cycle을 반복한다.

정답: 휴지, 연소

063 고온 송풍에 따라 고온에서 용적 안정성과 내크리프(creep)성이 우수한 열풍로용 내화물은 무엇인가?

정답: 규석 벽돌

064 고로에서 발생하는 가스의 성분 4가지를 함유량이 많은 순서대로 쓰시오.

정답: $N_2 > CO > CO_2 > H_2$

065 다음은 열풍로 설비 용어에 대한 설명이다. 각각에 해당하는 설비 용어를 쓰시오.

설비 용어	용어 설명 및 용도
(1)	냉풍을 고온으로 예열시키기 위한 노로 4기가 있고 2기 송풍, 2기 연소로 조업한다.
(2)	연소를 하는 곳으로 ceramic burner가 있고 벽은 내화물로 축조되어 있다.
(3)	내부가 checker 연와로 채워져 있고 연소 배가스가 통과하면서 축열되는 곳이다.
(4)	축열실을 통과한 열풍을 고로에서 요구하는 온도로 맞추기 위해 냉풍을 혼합하는 곳이다.
(5)	열풍이 통과하는 valve로 수냉 type이며 열풍로 출구에 있다.
(6)	열풍로와 고로 사이에 있는 열풍이 통과하는 배관이며 내부에는 내화물이 축조되어 있다.
(7)	열풍로 연소 시 필요한 공기를 공급하는 송풍기이다.
(8)	blower에서 오는 냉풍을 열풍로에 통과시키는 valve이다.
(9)	열풍로의 연소 가스가 굴뚝으로 나가도록 하는 valve이다.
(10)	열풍로 연소 가스 열을 회수하는 성 에너지 설비이다. (heating 온도 153℃)
(11)	열풍로 최상부 구형 부위로 고온, 고압 용기임을 고려하여 응력 부식 crack 대책이 되어 있다.

정답 *Answer*
(1) 열풍로
(2) 연소실
(3) 축열실
(4) 혼합 냉풍실
(5) 열풍변
(6) 열풍 본관
(7) 연소용 공기팬
(8) 송풍변
(9) 연도변
(10) 열풍로 배열 회수 장치
(11) 열풍로 돔

066 고로에서 발생하는 가스의 발열량은 대략 얼마인가?

750kcal/Nm³

067	고로에서 발생하는 BFG는 선철 1톤당 대략 얼마의 가스가 발생하는가?	$1,500Nm^3$
068	노정 가스의 유속을 떨어뜨림과 동시에 가스의 방향을 급속히 전환시킴으로써 가스 중의 조립 더스트를 침강시켜 집진하는 설비는?	제진기(dust catcher)
069	가스관이 급격히 좁아져서 throat부를 형성했다가 서서히 본래의 크기로 확대되는 관을 사용하여 더스트를 포집하는 습식 집진기는?	벤투리 스크러버(venturi scrubber)
070	고로 가스를 방전하여 집진 양극에 코로나 임계 전압 이상의 전압을 하전하고 코로나 방전으로 더스트에 이온을 대전시켜 집진극으로 부착하여 처리하는 설비는?	전기 집진기 (EP : Electrostatic Precipitator)
071	원료 수송 설비인 벨트 컨베이어가 가동 중 뱀처럼 진행하는 것을 ( )이라 하며 한쪽으로 치우쳐져 가는 것을 ( )라고 한다.	사행, 편기
072	벨트 컨베이어의 사행과 편기의 원인을 3가지 쓰시오.	• 벨트 컨베이어 frame의 bending • 캐리어(carrier) 또는 리턴(return) 롤러의 취부 불량(직각도 불량) • 벨트 컨베이어상의 원료 편심 적재 • 풀리(pulley), 롤러(roller) 표면의 더스트 부착 • 벨트 컨베이어 커버(cover) 취외 상태에서 강풍으로 벨트 컨베이어가 날릴 때

073 다음은 고로의 가스 청정 설비에 대한 설명이다. 각각에 해당하는 설비의 명칭을 쓰시오.

설비 용어	용어 설명 및 용도
(1)	고로 황 가스(BFG)의 dust를 중력 침강식으로 제진하는 장치이다.
(2)	중력 침강식으로 처리된 고로 가스(BFG)를 다시 주수로 습식 제진하는 장치이다.
(3)	고로 노정 가스 압력을 이용하여 터빈을 돌려 발전하는 설비이다.
(4)	청정 BFG(약 60만Nm³/h)의 처리를 위한 배관이다.
(5)	청정 가스 본관의 유로 차단을 목적으로 설치된 U자 형상의 수봉변이며 원격 자동 운전된다.
(6)	압축 공기 필요 개소에 약 7kg/cm²의 공기를 공급한다.
(7)	습식 제진기에 사용한 용수의 sludge 회수 및 약품(응집제, 중화제) 투입 설비이다.
(8)	열풍로 연소용 가스의 적정 열량 유지를 위해 COG를 혼합하며 원활한 혼합을 위해 승압시키는 기기이다.
(9)	bell-less 구동 장치의 냉각을 위해 승압하는 기기이다.
(10)	정전 시 비상 전원 투입을 위해 설치되었으며 diesel engine으로 구동되는 발전기이다.

정답 Answer
(1) 건식 제진기
(2) 습식 제진기
(3) 노정압 발전기
(4) 청정 가스 본관
(5) 급속 수봉변
(6) 에어 컴프레서
(7) 가스 청정 수처리 설비
(8) COG 승압기
(9) BFG 승압기
(10) 비상 발전기

074 평량 장치는 고로 조업의 안전화를 위해 평량 정도를 유지해야 하며 오차 발생을 방지해야 한다. 평량 장치의 점검 사항 3종류를 쓰시오.

- A 점검 : 전기 아날로그 신호등의 전기 체크
- B 점검 : 현장 금형 추 체크
- C 점검 : 현장 분동 체크

075 재고 관리의 개념에서 사용 공정에서 생산, 품질의 변동없이 최저로 조업이 가능한 재고를 무엇이라 하는가?

정답: 안전 재고

076 고로에 장입하는 코크스의 측정 항목을 3가지 쓰시오.

정답: 회분, 수분, 강도

077 코크스에 대한 광석량은 O/C로 표시하며 이 비는 노황에 따라 가감되는데 광석량이 적은 경우를 (　　), 많은 경우를 (　　)이라고 한다.

정답: 경장입(Light charge), 중장입(Heavy charge)

078 고로 노황 조정을 위해 코크스만을 장입하는 것을 무엇이라 하는가?

정답: 공장입(blank charge)

079 광석 중의 Fe%가 높을수록 코크스비와 고로의 조업도는 어떻게 변하는가?

정답: 코크스비는 낮아지고 고로 조업도는 높아진다.

080 고로에서 가장 많이 사용되는 소결광의 품질 관리 항목 3가지를 쓰시오.

정답: T.Fe%, CaO/SiO_2, Al_2O_3, 강도(SI) 분율, FeO%, 환원 분화 지수

081 노 내 장입 시 안식각이 작기 때문에 중심 방향에 유입, 외부 조업의 지향을 나타내며 노벽 손상이 커지기 때문에 다량 사용 시에는 장입 방법을 검토해야 하는 원료는?

정답: 펠릿

082 펠릿의 품질평가 지수 4가지를 쓰시오.

- 팽창률
- 압축강도
- 환원율
- 텀블러 강도

083 철광석의 가치를 결정할 때 취급상의 조건을 고려하는 사항 2가지를 쓰시오.

- 함유 철분의 비율
- 함유 미량 성분
- 광재의 조성에 미치는 영향
- 분율 및 점성의 유무

084 고로에 직송된 코크스의 수분 함량은 대략 얼마 정도인가?

2~3%

085 코크스 수분 함량은 변동이 있기 때문에 수분 관리를 위해서 1회 장입 시마다 측정한다. 측정 설비는 무엇인가?

중성자 수분계

086 코크스 중 회분 1%는 코크스비 얼마 정도에 상당한가?

10kg/t-p

087 코크스의 강도가 낮을 때 고로에 미치는 영향은?

분 코크스 발생이 쉽고 행잉 및 슬립의 원인이 된다.

088 2벨(two bell) type 장입 설비에서 노정까지 운반된 원료를 수입 호퍼에 투입하고 소벨 상에 넣기 전에 RV(균압 밸브)를 열어 소벨 챔버(chamber)를 배압시켜 대기압으로 만드는 이유는 무엇인가?

정답 장입 시 비산 방지, 원활한 밸브 개폐를 위해

089 2벨(two bell) type 장입 설비에서 bell 개폐 구동 장치의 구동 방식 3가지를 쓰시오.

정답 기동식, 전동 크랭크식, 유압식

090 다음 그림은 2벨식 장입 설비의 구조도를 나타낸 것이다. 각각에 해당하는 설비의 명칭을 쓰시오.

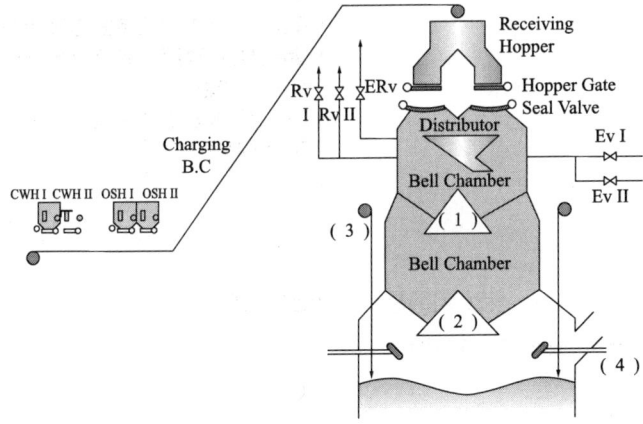

정답
(1) 소 벨(Bell)
(2) 대 벨(Bell)
(3) 사운딩(Sounding)
(4) 아머(Armour)

091 bell 개폐 구동 장치에서 용량과 중량이 적어도 동력의 신뢰성이 매우 높고 힘의 전달 또한 좋으며 출력이 무단으로 변속되는 구동 방식은?

정답 유압식

092 2벨(two bell) type 장입 설비에서 호퍼 내의 압력을 항시 설정치로 유지하며 피드백(feed back) 신호에 의해 자동으로 조절되는 밸브는 무엇인가?

정답 균압용 조절변

093 대벨 상의 원료는 노 내 원료 장입 기준선을 따라 노 내에 장입되는데 이를 검출하는 장치는?

정답: 사운딩(Sounding)

094 대벨에서 낙하하는 원료의 낙하 위치를 변경시키는 장치이며 bell type 대형 고로에서 장입물의 적정 분포를 위한 장치는 무엇인가?

정답: 무버블 아머(movable armour)

095 벨리스(bell-less) 장입 설비의 특징 2가지를 쓰시오.

정답:
- 노 중심까지 자유롭게 분배 제어가 가능
- 특정 장소에 특정 원료를 장입 가능
- 설비 면에서 경중량으로 약 20% cost down이 가능
- 입도 변화에 민감하므로 장입 기준선의 변화에 주의

096 벨리스(bell-less) 장입 설비에서 원료는 장입 기준선 신호에 의해 노 내 장입이 되는데 슈트(chute)의 두 가지 동작은?

정답: 경동과 선회

097 노 내 슈트 동력 전달부분의 냉각과 dust 흡입 방지를 위해서 사용되는 가스는?

정답: 질소, 승압 BFG

098 노정 벙커에서 공(empty) 검지는 로드 셀을 이용하였으나 다소 문제가 있어 현재는 배출 음향으로 공(empty)을 검출하고 있다. 이 장치는 무엇인가?

정답: 사운드 센서(sound sensor)

099 노정 장입 설비의 일상 관리 항목 3가지를 쓰시오.

- 누풍을 확인
- 차압을 확인
- 온도를 관리
- 급지 상태 점검
- 기기 동작 확인
- 계기 동작 확인

100 다음 그림은 Bell-less 장입 설비의 개략도를 나타낸 것이다. 각각에 해당하는 설비의 명칭을 쓰시오.

(1) 선회 슈트(Chute)
(2) 사운딩(Sounding)
(3) 익스팬션(Expansion)

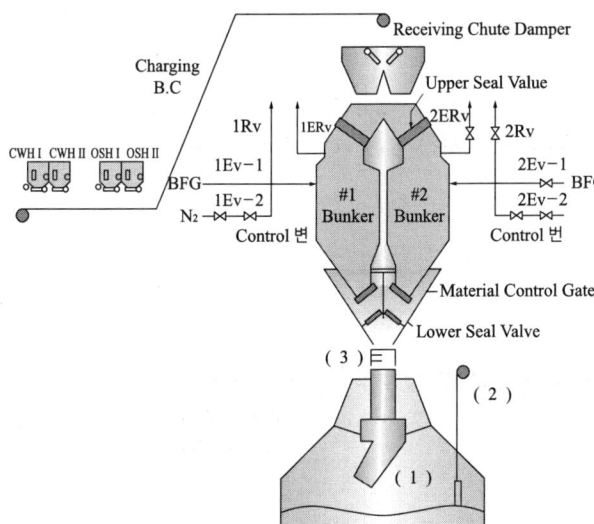

101 제선, 제강, 압연 공정이 동일 제철소 내에서 이루어지는 것을 무엇이라 하는가?

일관 제철소

102 철광석 중 산소가 제거되기 쉬운 정도를 무엇이라 하는가?

피환원성

#	문제	정답 Answer
103	괴상의 광석을 파쇄, screening 등의 예비 처리 과정을 거쳐 고로에서 요구하는 적정입도 범위로 제조한 광석은?	정립광
104	정립광 사용 시 중요한 품질 지수로 고온 분위기에서 광석이 세립화되는 성질을 무엇이라 하는가?	열활성
105	석회석을 첨가하여 염기도를 적절히 조정시킨 소결광은?	자용성 소결광
106	고로에서 자용성 소결광 사용비를 높였을 때 효과는 무엇인가?	• 피환원성 향상 • 연료비 절감 • 생산성 향상
107	소결광의 입도 관리는 매우 중요하다. 특히 분율(5mm 이하)의 증가는 고로 내에서 어떤 영향이 있는가?	통기성을 악화시킴
108	소결광이 고로 상부 저온영역(shaft부)에서 CO 가스와 접촉하여 기공을 형성, 분화하는 정도를 무엇이라 하는가?	환원 분화율(RDI)

109 펠릿은 미분 철광석에 무엇을 첨가하여 구상화, 소성시킨 것인가? 2가지를 쓰시오.

벤토나이트, 수분

110 고로 내에서 코크스의 역할 3가지를 쓰시오.

- 열원
- 환원제
- 통기성 및 통액성 확보

111 고로용 코크스의 요구 조건 3가지를 쓰시오.

- 입도가 적정
- 강도가 높아야
- 열간 성상이 중요
- 회분 및 S이 적어야

112 고로 조업 관리의 관리 항목 3가지를 쓰시오.

- 노황 관리
- 설비 및 냉각수 관리
- 출선재 관리

113 고로의 안정 조업 유지에서 가장 중요한 요소는 노열 유지와 통기성의 확보인데 이들의 변화 추이를 일반적으로 무엇이라 하는가?

노황

114 고로 내에서 노열의 균형이 파괴되고 통기성이 잘 조정되지 않으면 어떤 현상이 일어나는가?

슬립, 행잉, 날바람, 노상 냉각

115 고로 노황을 판단하는 데 이용되는 계측기기에 나타나는 현상은 어떤 것이 있는가?

- 노 내 가스 이용률
- 장입물 분포 상태
- 노 내 가스 흐름
- 장입물 강하 상태

116 고로 노황을 판단하는 데 있어 풍구선단에서 나타나는 현상은 어떤 것이 있는가?

- 생광 강하 상태
- 코크스 연소 상태
- 풍구 선단의 휘도

117 고로에서 선철 1t을 생산하기 위해 소요된 주원료(철광석) 사용량(t/t-p)은?

광석비

118 선철 1t 생산 시에 발생된 슬래그양(kg/t-p)은?

광재비

119 선철 1t을 생산하는 데 소요된 총 연료비(코크스+PCI) 사용량(kg/t-p)은?

코크스비

120 용선 1t을 생산하는 데 소요된 송풍량(Nm^3/t-p)은?

송풍 원단위

121 고로 내에서 고온, 고압의 바람이 장입물 사이를 빠져 나가는 정도를 수식화한 지수는?

통기 저항 지수

122 풍구에 취입된 열풍이 코크스와 반응하여 CO 가스를 형성하여 발열반응을 일으켜 산화철을 환원시키는 반응은?

간접 환원

123 코크스 중의 탄소와 철광석이 반응하여 환원되는 반응은?

직접 환원

124 실제 고로 조업에서 직접환원은 감소시켜야 되고 간접환원을 왕성하게 일으킬 수 있도록 하는 이유는 무엇인가?

• 발열 반응이므로 열적으로 유리
• 반응 속도 면에서 유리

125 풍구 부근에서의 반응으로 압력이 일정하면 온도와 성분 사이에 일정한 평형 관계가 성립한다는 반응은?

부두아(Boudouard) 반응

126 고로 내에서 석회석($CaCO_3$)은 $CaO + CO_2$로 분해된다. 어느 부위에서 분해되는가?

고로 shaft 하부(800~1,000℃)

127 고로에서 가장 중요한 조업 지표이며 생산성과 직결되는 요소 2가지를 쓰시오.

• 풍구에서 발생한 가스의 상승
• 장입물 강하 상태를 나타내 주는 고로의 통기 기능

128 고로 괴상대에서 통기성 확보 방안 2가지를 쓰시오.

- 장입 원료 성상 개선 : 입도 상승, 정립 강화, 소결광 SI 향상, RDI 저하, 열할성 및 점성 광석의 사용비 저하
- 가스 밀도의 상승 : 노정압의 상승 (고압 조업)

129 고로 융착대에서 통기성 확보 방안 3가지를 쓰시오.

- 코크스 성상 개선 : 입도 상승, 정립 강화, 반응 후 강도 개선
- 융착대의 형상의 개선 : 장입물 분포 조정, 저융점 광석 사용비 저하
- 가스 밀도의 상승 : 노정압 상승

130 고로 내 풍구로부터 노정을 향하여 상승하는 가스류의 기능 2가지를 쓰시오.

- 환원과 가열 작용

131 간접환원은 CO에 의한 철광석의 환원을 말한다. 570℃ 이하에서의 철광석의 환원과정을 순서대로 쓰시오.

$Fe_2O_3 \rightarrow Fe_3O_4 \rightarrow Fe$

132 간접환원은 CO에 의한 철광석의 환원을 말한다. 570℃ 이상에서의 철광석의 환원과정을 순서대로 쓰시오.

$Fe_2O_3 \rightarrow Fe_3O_4 \rightarrow FeO \rightarrow Fe$

133 고로 내에서 철광석의 환원에 영향을 미치는 요인 2가지를 쓰시오.

- 기공률의 영향
- 산화도의 영향

134 광석의 ( )이 좋아지면 노 내 간접 환원율이 높아져 연료비가 저하한다.

정답: 피환원성

135 광석을 가열 시 분화하는 현상을 ( )이라 하며 이 광석을 고로에 사용할 경우 통기성을 저해하여 ( )을 유발한다.

정답: 열할, 행잉(Hanging)

136 소결광의 환원 분화를 방지하는 방법 2가지를 쓰시오.

정답:
- 소결 과정에서 충분한 온도와 충분한 시간을 줌(충분한 열 이력을 줌)
- 소결광의 슬래그 양을 늘림(소결광 맥석 성분의 조성량을 조정)
- 장입물이 고로 내의 400~600℃ 구역 통과 시간을 짧게 함

137 고로 내에서 용융하기 쉽고 유동성이 좋은 슬래그는 ( )을 좋게 하지만 ( )이 크면 노벽에 부착하여 행잉, 슬립을 일으키기도 한다.

정답: 통기성, 점성

138 고로의 조업은 ( )에서 시작하여 ( )으로 끝나고 이를 그 고로의 1대기라고 한다.

정답: 화입, 종풍

139 고로의 종풍 조업 순서를 쓰시오.

정답: 클리닝 조업 → 감척 조업 → 노저 출선 → 주수 냉각 → 노 해체 작업

		정답 Answer
140	고로의 건설 공사 혹은 개수 공사가 완료되면 노체 연와의 건조에 들어가는 이유는 무엇인가?	급격한 온도 상승에 의한 연와의 스폴링과 목지의 균열을 방지
141	고로 건설, 개수 공사 후 실시하는 노체 건조 작업의 종료는 무엇 기준으로 판단하는가?	노정으로 배출되는 수분이 없어지는 시점을 기준
142	고로 노체 건조 완료 후 장입물을 노 내로 장입하는 것을 무엇이라 하는가?	충진
143	노체 건조 후 장입물을 장입하면서 노저에서 풍구 레벨까지 침목적을 하는 이유는?	• 위에서 장입하는 장입물을 지지 • 용융 적하물로부터 연와를 보호
144	충진을 끝내고 충진물에 점화, 송풍하는 것을 무엇이라 하는가?	화입
145	종풍 후 내용물의 해체 및 공사를 용이하게 하기 위하여 종풍 약 일주일 전부터 실시하는 조업은 무엇인가?	클리닝 조업

146 종풍 후 노저 등에 부착물을 제거하기 위한 조업 방법 2가지를 쓰시오.

정답 *Answer*
- O/C를 낮게
- [Si]을 높게
- 슬래그 염기도를 낮게
- 장입 TiO₂의 양을 줄임

147 종풍 조업 시 노 내 O/C의 저하 혹은 장입물 레벨의 저하로 노정 온도가 상승할 때 조치 방법은?

- 노정으로의 증기 취입
- 노정 살수

148 종풍 후 노 내 주수 냉각작업을 할 때 노정 살수량의 가감 혹은 노정을 밀폐하여 정압을 유지하고 공기의 노 내 유입을 차단하는 이유는?

H₂에 의한 폭발 방지

149 노 내용물이 적기 때문에 냉각 및 해체 기간이 짧아 개수 기간의 단축에 유효한 방법은 무엇인가?

공로 취지법

150 고로 조업에서 송풍 온도를 높이면 어떤 효과가 있는지 3가지를 쓰시오.

- 생산 속도의 상승(생산량 증가, 출선량 증가)
- 코크스비 저하(코크스의 절약)
- 회분 감소
- 석회석 사용량 절감

151 고로 조업에서 복합 송풍 3가지를 쓰시오.

- 조습 송풍
- 산소 부화 송풍
- 연료 첨가 송풍

152 고로 조업에서 조습 송풍의 효과를 3가지를 쓰시오.

- 생산성 향상
- 코크스비 저하
- 송풍 습도의 상승

153 연료 첨가 송풍에서 취입 연료에는 어떤 것이 있는지 3가지를 쓰시오.

타르, 천연가스, COG, 중유, 미분탄

154 노정 가스관에 가스류의 Control Valve를 설치하여 조정 가스 압력을 높여 행하는 조업 방식은?

고압 조업

155 고압 조업의 효과 3가지를 쓰시오.

- 출선량 증가
- 연료비 저하
- 노황 안정
- 가스압 차 감소
- 노정압 발전량 증대

156 행잉(Hanging)으로 상승된 노 내압이 일시적으로 빠져 나가는 현상은?

취발(Channeling)

157 일정 시간 이상 장입물이 강하하지 않고 일시적으로 정체되어 있는 현상은?

행잉(Hanging)

158 고로 조업의 이상 현상 중 행잉(Hanging)의 발생원인 3가지를 쓰시오.

- 장입물 분포 불량
- 분광의 과다
- 조기에 슬래그화 하는 광석의 다량 사용
- 노 내 열 부족

159 장입물이 도중에서 급히 크게 강하하여 차회 장입한 장입물과의 거리가 1m 이상인 경우의 현상은?

슬립(Slip)

160 강하하는 장입물 중 일부분이 급히 크게 강하하는 경우로 그 일부를 다시 고쳐 나타내면 본래의 위치로 되돌아가는 현상은?

드롭(Drop)

161 백색에 가깝고 휘도가 크며 약간의 흑연 탄소를 비산하며 때때로 대형의 불꽃이 보이는 용선의 성분 특징은?

[Si], [S] 모두 적당, [Mn]은 조금 높다.

162 광휘는 없고 붉은 색을 띤 용선이 흐르는 표면에서 불꽃은 거의 없고 탕도와의 접촉 부분에서 응고되어 가는 용선의 성분 특징은?

[Si], [Mn] 모두 낮고, [S]는 아주 높다.

163 슬래그의 자연 냉각된 사표의 파단면에서 노황을 판단할 수 있는데 파단면의 주변에 회백색을 나타내고 거친 기공이 있으며 비중이 작은 것은 염기도가 (　　), 노열이 (　　) 나타난다. (높고 낮음으로 표시하세요)

정답 Answer

높고, 높게

164 고로 내에서 저선 Level이 상승하면 어떤 현상이 발생되는가?

- 풍압 상승
- 송풍량의 저하
- 슬립 드롭 발생

165 출선재 관리를 위해서 용선 및 슬래그 탕도용으로 사용되는 내화물이 갖추어야 할 성질 3가지를 쓰시오.

내식성, 내마모성, 내스폴링성이 우수해야

166 폐쇄된 머드재가 출선구 내에서 정상적으로 소성되지 않고 노 내 압력 등으로 인해 배출되면서 출선구 폐쇄 상태가 불안정하거나, 의도하지 않게 저절로 출선구가 개공 상태가 되는 비정상적인 현상은?

출선구 자파

167 출선구 내부에 머드재 충진 후 여러 가지 원인에 의해 충진재 혹은 출선구 주변에 균열이 발생하여 슬래그 혹은 용선이 유입되어 차기 출선 작업에 지장을 초래하는 현상을 무엇이라 하는가?

혈절

168 노체 및 고로 관련 설비의 보전, 수리, 개조 혹은 용선 원료의 수급 조정 등으로 고로에 대한 송풍을 일시 중지하는 것을 무엇이라 하는가?

정답 *Answer*

휴풍

169 휴풍 시 가스관 내의 압력이 저하하여 공기 침입에 의한 폭발 위험을 방지하기 위한 조치 방법 2가지를 쓰시오.

- 가스압을 양압으로 만듦
- 수증기를 첨가해서 공기 침입 방지
- 풍구를 머드재 또는 샤모트로 막아 노 내 코크스 연소 억제
- 노정 가스관 계통은 증기로써 가스를 배출한 후 공기로 치환

170 노상부의 열이 현저하게 저하되어 일어나는 사고로 정상 조업의 출선재 작업이 불가능해져 다수의 풍구를 폐쇄시킨 상태로 장기간 걸려 정상 조업까지 복귀시키는 현상은?

냉입

171 고로 조업의 이상 현상 중 냉입의 원인 3가지를 쓰시오.

- 노 내 침수
- 장시간 휴풍
- 노황 부조
- 이상 조업

172 고로에서 풍구 파손의 원인 3가지를 쓰시오.

- 노열의 급격한 변동
- 염기도가 높고 Al_2O_3가 높은 조업을 계속할 경우
- 코크스가 급격히 저하한 경우
- 외부 조업으로 벽락이 일어날 경우
- 행잉이나 슬립이 연발되는 경우
- 장입물 중의 분율이 급격히 증가하여 풍압이 매우 높아진 경우
- 급배수 라인이 막히거나 코크스가 막힐 경우
- 급수량 저하 및 단수

173 고로 풍구 파손 방지 대책 2가지를 쓰시오.

- 선단부에 의한 용손을 피하기 위한 세라믹 코팅 혹은 특수 합금 가공
- 급수량을 증가시키거나 수류 속도를 상승시킴
- 해수를 담수로 바꿈

174 노황 및 출선, 출재가 순조로울 경우는 주기적으로 출선하지만 때로는 조기 출선해야 하는 경우 2가지만 쓰시오.

- 출선, 출재가 불충분할 경우
- 노황 냉 기미로 풍구에 슬래그가 보일 때
- 전 출선 tap에서 충분한 배출이 이루어지지 않아 양적인 제약이 생길 때
- 감압 휴풍이 예상될 때
- 장입물 하강이 빠를 때

175 출선구 폐쇄에 사용되는 머드 건의 동작 3가지는?

선회, 경동, 충진

176 출선구 폐쇄에 사용되는 머드의 조건 3가지는?

충진성 양호, 소결성, 개공성

5 ▶ 출선 작업

001 고로 본체에서 나오는 용선을 처리하는 작업장을 무엇이라 하는가?

주상

002 작업을 원활히 하기 위해 쓰는 주요 주상 설비 3가지를 쓰시오.

탕도, 머드건, 개공기, 집 크레인
스프래쉬 커버, 매니플레이트
경주통, 천정크레인 설비

003 다음 그림은 주상설비의 배치를 나타낸 것이다. 각각에 해당하는 설비의 명칭을 쓰시오.

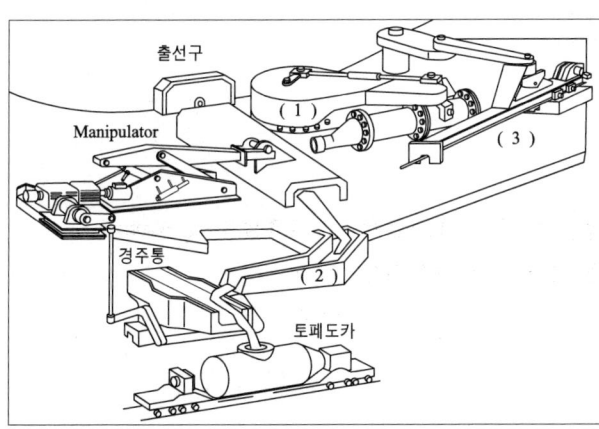

(1) 머드건
(2) 용선탕도(대탕도)
(3) 개공기

004 대탕도에서 용선과 슬래그를 비중의 차에 의하여 분리하는 장치는?

스키머(Skimmer)

005 주상 탕도 3가지를 쓰시오.

• 대탕도
• 소탕도(지탕도)
• 슬래그 탕도(재탕도)

006 고로에서 배출되는 슬래그는 어떻게 처리하는가?

정답 *Answer*
슬래그 통로(Slag runner)를 통하여 드라이 피트(Dry Pit) 또는 수재설비로 처리된다.

007 다음 그림은 주상 탕도를 나타낸 것이다. 각각에 해당하는 설비의 명칭을 쓰시오.

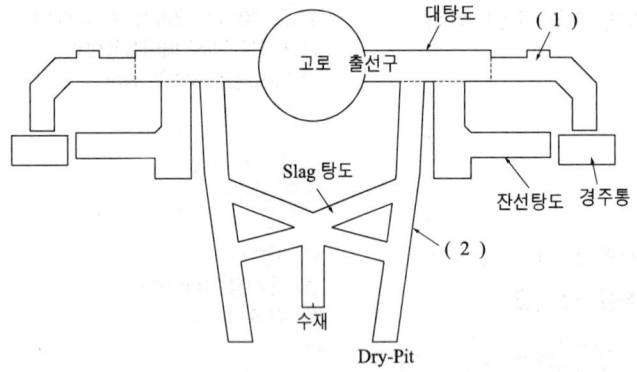

(1) 용선 탕도
(2) 슬래그 탕도

008 보트(Boat) 모양의 좌우로 경동할 수 있는 통으로서 용선 탕도를 거친 용선을 용선 운반차에 수선하는 역할을 하는 주상 설비는?

경주통(Tilting Runner)

009 경주통 방식의 장점 2가지를 쓰시오.

• 소탕도 길이를 단축할 수 있다.
• 주상 작업의 부하를 경감할 수 있다.

010 고로 내의 용융물을 출선구로 배출할 때 출선구 개공에 사용하는 것은?

개공기(Top Hole Opener)

011 출선구를 신속히 정확하게 개공하기 위한 개공기의 구비조건 3가지를 쓰시오.

- 굳은 머드에 굴착성이 좋은 개공력
- 단 시간 내의 개공
- 분출하는 가스(Gas), 화염으로부터 신속한 후퇴 능력
- 고열, 분진에 강해야 한다.
- 고장이 없는 강도와 신뢰성
- 정비 및 수리가 간단

012 용선 및 슬래그 배출이 끝나면 폐쇄시키는 장치는 무엇인가?

머드건

013 머드건의 구비조건 3가지를 쓰시오.

- 머드가 새어 나오지 않는 강력한 보지력을 유지해야 한다.
- 기구가 간단하며 고장 개소가 적어야 한다.
- 장기간 연속 사용이 가능해야 한다.
- 고열, 분진, 비산수, 가스에 내구성을 갖추어야 한다.
- 운전 조작이 용이해야 한다.
- 수리가 용이해야 한다.

014 출선구 개공 후 노 내 압력이 분출되는 용선이나 슬래그의 비산으로부터 주변 작업자의 안전을 확보하고 주변설비를 보호하는 데 목적이 있는 설비는?

스플래쉬 커버

015 드라이 피트에 고여 있는 액체의 슬래그 위에 물을 살수하여 냉각시키는 작업은?

괴재 처리

016 흘러가는 액체의 슬래그에 고압의 물을 분사하여 얻어지는 작은 알갱이의 슬래그 처리 작업은?

수재 처리

017 스키머를 통과한 용선이 대탕도에서 소탕도로 넘어갈 때의 산(경계점)을 무엇이라 하는가?

정답 *Answer*

2블럭(Block)

018 용선 슬래그 탕도 내화물에서 유입식 탕도재의 구비조건 3가지를 쓰시오.

- 치밀 충진성을 가질 것
- 자경성을 가질 것
- 저수량으로 유동성이 좋을 것
- 상온 또는 열간 시공이 가능할 것
- 건조 중 트러블이 없을 것

019 용선 품질은 탈규 처리에 따라 강의 품질향상 및 생산원가 절감 등을 이룰 수가 있다. 고로 주상에서 탈규재를 투입하는 방법의 이점 2가지를 쓰시오.

- SMP(Slag Minimum Process) 채택 및 용선온도 저하 방지
- 처리시간 단축
- 연속처리가 가능

020 경주통 수명 연장을 위한 고강도 유입재의 장점 2가지를 쓰시오.

- 스탬프재보다 수명 향상
- 효율적인 해체작업으로 산업폐기물 감소
- 원단위 절감

021 경주통 수명 연장을 위한 고강도 유입재의 단점 2가지를 쓰시오.

- 신설비 투자 증가
- 시공, 건조, 해체 장시간 소요
- 해체작업 곤란

022 고로 노전작업 중에서 가장 중요한 행위는 무엇인가?

출선구 관리

023 경주통의 점검사항 4가지를 쓰시오.

- 바닥 침식 상태
- 벽체 침식 상태
- 낙구 침식 상태
- 지금 부착 상태

024 다음 그림은 대탕도의 단면도를 나타낸 것이다. 각각에 해당하는 설비의 명칭을 쓰시오.

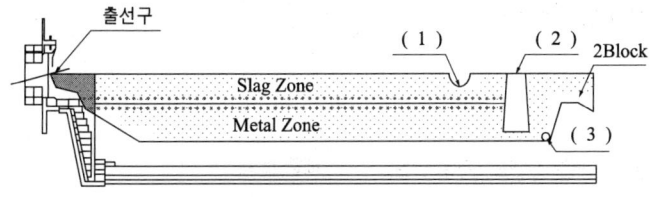

정답 *Answer*
(1) 배재구
(2) 스키머
(3) 잔선구(잔선공)

025 출선구에서 발생하는 트러블의 종류 3가지만 쓰시오.

혈절, 배출 불량, 유출, 압상 출선공 확대, 적열 개공

026 출선구 머드재의 주요 성분을 3가지 이상 쓰시오.

• 알루미나와 실리카
• 가소성 클레이
• 코크스
• 타르&피치
• 실리콘 카바이드
• 실리콘 질화물

027 출선구 머드재의 성분 중 알루미나-실리카(Al_2O_3-SiO_2)류의 특징을 3가지 쓰시오.

• 기본 특성 충족
• 용적 안정성
• 팽창성

028 출선구 머드재의 성분 중 SiC-Carbon류의 특징을 3가지 쓰시오.

내식성, 개공성, 보형성

029 출선구 머드재의 성분 중 실리콘 질화물-메탈(Si_3N_4-Metal)류의 특징을 3가지 쓰시오.

내슬래그성, 강도, 내마모성

030 출선구 내부에 머드재 충진 후 충진재 혹은 출선구 주변에 균열이 발생하여 슬래그 혹은 용선이 유입되어 차기 출선작업에 지장을 초래하는 현상은?

혈절

031 출선작업 중 용선 배출 시 출선구면 어느 한쪽으로 출선공이 확대 혹은 찢어지는 현상은?

배출 불량

032 다음 그림과 같이 출선구 폐쇄 중 머드 소성 과정에서 출선구 면과 노즐 팁(Tip) 사이로 머드재가 새어 나오는 것으로 출선공 내부로 충진되지 못하고 외부로 밀려나오는 현상은?

유출

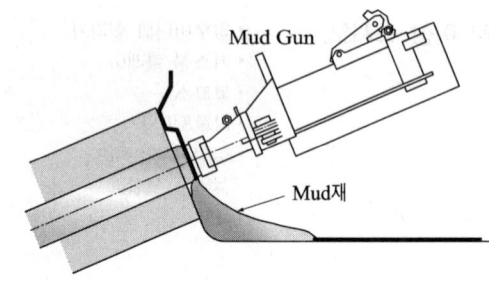

033 머드건이 머드재를 충진하지 못할 정도의 압력이 되어 더 이상 충진이 되지 않는 상태는?

압상

034 출선구 노 내 상부 측 장시간 출선으로 인한 머드 침식으로 재충진 시 머드재의 접착성 불량 및 노황 상황에 따른 신, 구 머드재와의 결합 부족으로 리크 현상과 가스흐름으로 적열 공취가 발생하는 현상은?

적열 개공

035 출선구 외부로부터 노 내 용융물이 존재하는 지점까지의 노벽 두께를 무엇이라 하는가?

출선구 심도

036 출선구 개공 방법의 종류 3가지를 쓰시오.

- 철봉사전타입
- 비트개공
- 산소개공
- 일발개공

037 출선이 필요한 시기에 맞추어 비트의 보호를 위해 물과 질소(N_2)를 믹싱한 분사수로 분무하면서 비트의 회전과 타격으로 출선구를 관통하는 개공법은?

일발개공(비트개공)

038 개공기의 고장이나 출선구 내부의 혈절에 의해 개공 비트로 개공이 불가능할 때 비상 개공 하는 방식은?

산소개공

039 출선구 개공 시 산소 개공법 사용 시기를 3가지 쓰시오.

- 사전 타입 후 개공기 트러블 발생 시
- 사전 타입 및 비트 진입불가 시
- 혈절 발생 등으로 개공 불능 시
- 철봉 타입 후 미관통 시
- 개공 중 철봉이 절단되어 개공이 불가능 시

040 출선구 폐쇄 작업에서 조기에 폐쇄하는 경우 3가지만 쓰시오.

- TLC 부족 시
- 각 탕도 용손 및 오버 플로우 발생 시
- 잔선공 자파 시
- 슬래그탕도에 용선이 과다하게 유입 시
- 경주통 및 집 크레인 작동 불가 시
- 잔선공 확대 및 파손으로 출선이 불가능하다고 판단될 때
- 돌발사고 발생 시
- 출선구 이상 발생 시
- 경주통 및 슬래그 런너 트러블

041 출선 종료 후 스키머 부위에는 응고되지 않도록 투입하는 보온재는 무엇인가?

왕겨

042 고로 내에서 슬래그의 생성 4과정을 쓰시오.

- 초기 슬래그(1차 슬래그)
- 2차 슬래그
- 3차 슬래그
- 최종 슬래그

043 슬래그 중의 FeO가 환원됨과 함께 연화 융착대에서는 재화되지 않았던 조재제가 적하대에서 추가로 재화되면서 형성된 슬래그의 생성과정은?

2차 슬래그

044 고로 슬래그의 성상에 영향을 미치는 사항을 3가지만 쓰시오.

- 용선온도
- 용선품질(C, Si, Mn, P, S 함량)
- 노 내에서의 탈류반응
- 연료비
- 장입물 강하상태
- 부산물로서의 활용가치(괴재, 수재)

045 고로 수재 슬래그는 수산화칼륨 등의 알카리(Alkali)가 존재하며 물과 반응 시 강화하는 성질은?

수경성

046 고로 슬래그의 주요 성분을 4가지 쓰시오.

SiO_2, CaO, Al_2O_3, MgO

047 고로 슬래그의 용도 3가지를 쓰시오.

- 철도 도상용
- 항만구조물용
- 규사고로 석회비료용
- Tile 제조
- 연와 Rock Wool(슬래그 Wool)
- 아스팔트 혼합물용
- 시멘트 수재 슬래그

6 고로 설비관리 기본작업

001 고로 본체는 고온, 고압의 물리적 충격과 유독 가스, 가연성의 CO 가스같은 화학적 영향으로부터 견뎌야 하므로 견고한 기계적 (　　)와 충분한 (　　)이 요구된다.

강도, 기밀성

002 고로의 구조가 노구부에서 샤프트(shaft)부 쪽으로 내려가면서 넓어지는 구조로 설계된 이유는?

- 장입물이 강하하면서 온도 상승에 의해 팽창하여 체적이 증가
- 노벽과 장입물의 마찰을 적게
- 스테이브나 냉각반 또는 벽체 내화물 마모를 적게
- 장입물의 강하를 원활하게 함

003 고로의 구조가 노복부에서 보시(bosh)부 아래쪽으로 좁아지는 형상으로 설계된 이유는?

- 장입물이 이 구역을 지나면서 용해되어 체적이 감소
- 통기 저항이 작아지게 하기 위해서

004 고로의 특징은 내부 확인이 불가능한 밀폐 구조이다. 최근 고로는 노체 주변이나 노체에 여러 형태의 수많은 (　　)와 (　　)를 장착하여 세밀한 관측으로 정보를 수집하여 노황 제어의 효율성을 높이고 있다.

센서, 계측기

005 고로 장입물 레벨 측정을 위한 장치는?

사운딩(sounding)

006 고로 장입물 표면 형상 측정과 장입물 분포 측정을 위한 장치는?

정답: 프로필 미터(profile meter)

007 고로 내 장입물 사이를 통과하는 가스의 성분과 온도를 측정, 분석하여 노황 분석과 관리의 자료로 활용하기 위해 설치된 장치는?

정답: 샤프트 프로브(shaft probe)

008 고로 노정 장입 장치의 구비조건 3가지를 쓰시오.

정답:
- 원료를 장입할 때 노 내 가스가 새지 않아야 한다.
- 장입물을 균일하게 장입할 수 있어야 한다.
- 조업속도에 따라 충분한 장입 속도를 유지할 수 있어야 한다.
- 장치가 간단하며 유지 보수가 용이해야 한다.

009 최근의 대형 고로에서는 대부분 bell-less식 장입 장치가 사용되는데 특징을 2가지만 쓰시오.

정답:
- 장입물의 분포 조절이 용이
- 설비비가 저렴
- 노 내 가스 차단의 신뢰성이 높다.

010 고로 본체를 구성하고 있는 철피 내부에는 고열로부터 철피를 보호하기 위해 구리나 철로 제작된 수랭함을 설치하고 냉각수를 순환시켜 철피를 보호하는데 이 수랭함은 무엇인가?

정답: 스테이브(stave)

011 풍구를 보호하기 위해 축조된 내화 벽돌의 열을 식혀서 수명을 연장하기 위해 연와 사이에 구리로 제작된 얇은 판형의 수랭함을 내화 벽돌 사이에 삽입하여 축로하는데 이 수랭함은 무엇인가?

정답: 냉각반(cooling plate)

012 고로 냉각반 용손 징후 3가지를 쓰시오.

- 노정 가스 중 H_2 상승
- 노열 저하
- 풍구 접합면 누수 흔적
- 출선구 누수
- 주변 CO 가스 농도 상승

013 열풍로에서 나온 열풍은 열풍본관 → 환상관 → ( ) → 블로 파이프 → 풍구 선단부를 통해 고로 내에 송풍된다.

송풍지관

014 환상관과 풍구의 연결관 역할을 하는 송풍지관의 내측에는 내화재로 라이닝이 시공되어 있다. 이 내화재는 무엇인가?

캐스터블(castable)

015 고로 본체를 비롯하여 각 설비 냉각수로 사용되면서 뜨거워진 냉각수는 냉각탑으로 회수된다. 냉각탑의 냉각 원리 2가지를 쓰시오.

- 증발 잠열에 의한 냉각
- 현열 냉각

016 고로 풍구로 유입되는 열풍의 온도는 몇 ℃인가?

1,200~1,300℃

017 고로 풍구 손상의 주 요인 2가지를 쓰시오.

- 풍구 하부 용융물에 의한 용손
- 풍구 상부 벽부의 부착물 탈락으로 인한 손상이나 변형
- 장입물이나 용융물 또는 장시간 사용에 따른 풍구 선단부 열화로 인한 파손
- 냉각수 수질 악화로 이물질 등으로 인한 내부 침식에 의한 파손
- 냉각수 수량이나 유속 저하에 의한 변형 및 용손

018 고열의 열부하로부터 연와를 효율적으로 냉각하기 위한 냉각반의 재질은 무엇인가?

정답: 순동(Cu)

019 고로 본체 철피를 보호하기 위해 설치된 스테이브(stave)의 재질 2가지를 쓰시오.

정답: 구리(Cu), 주철

020 고로 내부에 설치된 주철 스테이브의 장점 3가지를 쓰시오.

정답:
- 구리에 비해 가격이 저렴하다.
- 구리에 비해 내마모성이 우수하여 장입물 강하에 따른 마모량이 적다.
- 수명이 길다.

021 고로 송풍 지관의 적열 원인 3가지를 쓰시오.

정답:
- 지관 내부 내화물의 재질 불량
- 내화물 시공상 하자
- 보관 및 취급 부주의
- 사용 전 예열 부족으로 인한 열 충격이나 열응력으로 균열 또는 스폴링 발생
- 열풍 유량계 설치 불량
- 블로 파이프 nose부 냉각수 유량 및 수압 부족
- PCI 취입 랜스 위치 및 각도 부적절

022 고로 송풍 지관의 적열 발생 시 대책 2가지를 쓰시오.

정답:
- 에어 퍼지를 실시
- 감풍과 살수를 실시

023 고로 노저에서 발생하는 이상 현상 2가지를 쓰시오.

정답:
- 노저 온도 상승
- 노저 온도 저하

024 고로 송풍 지관의 누풍 발생원인 3가지를 쓰시오.

정답 *Answer*
- 각 연결 부위 체결 불량
- 연결 부위 개스킷이나 패킹 불량
- 열풍 유량계 설치 불량
- 지관 내 캐스터블 시공 불량으로 연결 부위 유로(流路) 불일치
- 지관 취급 부주의로 연결 플랜지 부위가 변형되어 평탄도 불량 발생
- 취급 부주의로 블로 파이프 nose부 변형이나 찍힘 발생으로 열풍 leak
- 열풍 유로 막힘이나 왜곡으로 송풍 저항 발생

025 고로 노저 온도 저하의 대표적인 원인은 무엇인가?

노심 불활성화

026 고로 노저 온도 상승의 대표적인 원인은 무엇인가?

노저 연와 침식

7 제선 환경안전 관리

001 산업안전보건에 관한 기준을 확립하고 그 책임 소재를 명확하게 하여 산업재해를 예방하고 쾌적한 작업환경을 조성함으로써 근로자의 안전과 보건을 유지, 증진함을 목적으로 하는 법은 무엇인가?

정답: 산업안전보건법

002 근로자가 업무에 관계되는 건설물, 설비, 원재료, 가스, 증기, 분진 등에 의하거나 기타 업무에 기인하여 사망 또는 부상이나 질병에 걸리는 것을 총칭하여 무엇이라 하는가?

정답: 산업재해

003 작업환경 실태를 파악하기 위하여 근로자 또는 작업장에 대하여 사업주가 측정계획을 수립하여 시료의 채취 및 분석결과를 평가하는 것을 무엇이라 하는가?

정답: 작업환경측정

004 산업재해를 예방하기 위하여 잠재적 위험성의 발견과 개선 대책 수립을 목적으로 고용노동부 장관이 지정하는 자가 실시하는 조사-평가를 무엇이라 하는가?

정답: 안전보건진단

005 산업안전보건법 의무사항에서 산업안전보건 정책의 수립, 집행, 조정 및 통제하고 재해 다발 사업장에 대한 재해예방 지원 및 지도 등은 누구의 책무에 해당하는가?

정답: 정부의 책무

		정답 Answer
006	산업안전보건법 의무사항에서 산업재해 예방을 위한 기준을 준수하며 당해 사업장의 안전보건에 대한 정보를 근로자에게 제공하고, 근로조건 개선을 통해 적절한 작업환경을 조성하는 것은 누구의 의무에 해당하는가?	사업주의 의무
007	안전 보건표지의 용도로서 지시를 나타내는 색채는 무엇인가?	파랑
008	안전 보건표지의 용도로서 안내를 나타내는 색채는 무엇인가?	녹색
009	사업주는 안전보건관리규정을 작성하여 작업장에 비치하고 근로자에게 알려야 한다. 작성항목 2가지를 쓰시오.	• 안전 보건관리조직 및 그 직무에 관한 사항 • 안전 보건교육에 관한 사항 • 작업장 안전관리 및 보건관리에 관한 사항 • 사고 조사 및 대책수립에 관한 사항 • 기타 안전보건에 관한 사항
010	환경오염과 유해화학물질이 국민건강과 생태계에 미치는 영향 및 피해를 조사하여 국민건강에 대한 위험을 예방하고, 이를 줄이기 위한 대책을 마련함으로써 국민건강과 생태계의 건전성을 보호-유지할 수 있도록 함을 목적으로 하는 법은 무엇인가?	환경보건법
011	환경정책기본법 및 화학물질관리법에 따른 유해화학물질이 사람의 건강과 생태계에 미치는 영향을 조사-평가하고 이를 예방-관리하는 것을 무엇이라 하는가?	환경보전

정답 Answer

012 환경 유해인자가 사람의 건강이나 생태계에 미치는 영향을 예측하기 위하여 환경 유해인자에의 노출과 환경 유해인자의 독성 정보를 체계적으로 검토-평가 하는 것을 무엇이라 하는가?

위험성 평가

013 특정 인구집단이나 특정 지역에서 환경 유해인자로 인한 피해가 발생하였거나 발생할 우려가 있는 경우에 피해 규모를 파악하고 환경 유해인자와 질환 사이의 상관관계를 확인하여 그 원인을 규명하기 위한 활동을 무엇이라 하는가?

역학조사

014 환경 유해인자를 수용체에 전달하는 대기, 물, 토양을 무엇이라 하는가?

환경매체

015 환경매체를 통하여 전달되는 환경 유해 인자에 따라 영향을 받는 사람과 동식물을 포함한 생태계를 무엇이라 하는가?

수용체

016 사업자는 사업 활동에서 발생하는 환경 유해인자가 수용체에 미치는 영향 및 피해를 방지하기 위하여 환경보건종합계획을 몇 년마다 세워야 하는가?

10년

017 환경부 장관은 환경 유해인자로 인한 건강피해 현황, 환경성 질환 발생현황에 관한 기초 조사를 몇 년마다 실시하여야 하는가?

3년

018 환경부 장관이 환경 관련 건강피해의 예방관리 차원에서 정밀조사를 해야 하는 사항 2가지를 쓰시오.

- 환경 유해인자의 생체 내 농도가 높은 경우
- 환경 유해인자로 인한 건강피해가 큰 경우
- 환경성 질환이 어느 특정 지역에 많이 발생한 경우

019 지구 온난화 문제와 연결되며 북극의 얼음 용해로 해수면이 상승되어 농경지가 상실되는 등 여러 재난이 예상되는 대기오염 물질은?

이산화탄소(CO_2)

020 대기 오염물질 중 가장 심각한 오염물질이며, 발생원으로는 소결로, 가열로, 보일러 등이 있다. 이 물질은?

아황산가스(SO_2)

021 질소 산화물(NO, NO_2)은 물질이 연소할 때 발생하는 것으로 발생 요인은 매우 다양하다. 이를 방지하기 위한 대책은 무엇인가?

- 배기가스의 탈 질소 기술 개발
- 연소 방법의 개선 및 매연과 분진 절감 대책

022 철강 산업에 있어서 분진 제거 대책 2가지만 쓰시오.

- 집진기 및 살수장치 설치 운영
- 원료 야적장 복포 및 주기적인 살수장치 가동
- 살수 시 표면 고화제를 살포하여 비산을 최대한 억제
- 원료 수송요 컨베이어에는 방진 덮개 설치

023 철강 산업에서 발생하는 폐기물에는 어떤 것이 있는가? 2가지만 쓰시오.

슬래그, 분진, 슬러지, 폐유

| 정답 Answer

024 화학물질 및 화학물질을 함유한 제제의 명칭, 구성성분 및 함유량, 안전 보건상의 취급 주의사항, 건강 유해성 및 물리적 위험성 등을 설명한 자료는 무엇인가?

물질안전보건자료(MSDS)

025 물질안전보건자료(MSDS)의 도입 배경에 대하여 약술하시오.

- 화학물질을 취급하는 근로자의 알 권리 확보(유해성 등)
- 화학 물질로 인한 산업재해를 사전에 예방하기 위함

026 위험성 평가의 효과 2가지만 쓰시오.

- 설계, 건설, 시운전 및 조업 과정에서의 사고 및 위험 감소
- 발생 가능한 사고 및 재해 특성 규명 및 재해 결과 예측
- 잠재되어 있는 기계적 결함과 인적 착오 분석
- 사고원인 조사, 변경관리, 설비보전의 안전성 확인

027 인적 상해 또는 직업병, 재산상 손해, 환경적 손상 또는 이들이 복합된 잠재적 손해가 발생할 소지가 있는 상황 또는 환경을 무엇이라 하는가?

위험요인

028 위험요인에 노출되어 특정 위험사건이 일어날 가능성(빈도)과 결과의 중대성(손실 크기)의 조합으로 위험성의 크기 또는 정도를 무엇이라 하는가?

위험도

029 위험성 평가 시 고려사항 3가지를 쓰시오.

- 위험성 평가기법 양식
- 작업행위의 분류 및 관련된 정보
- 위험요인 파악 및 위험도 평가 방법
- 평가된 위험수준의 표현
- 위험 허용수준 및 조치 수단의 적정성
- 개선계획 및 사후 위험관리 대책

030 위험성 평가의 첫 단계는 작업 활동에 따른 각각의 위험요인들을 분석하여 위험요인의 종류와 특성을 규명하는 것으로 이 과정을 (　　)이라 하며 파악된 위험요인 대상을 사전에 설정된 방법과 기준에 따라 정량화하는 것을 (　　)라 한다.

- 위험요인 파악
- 위험성 평가

031 위험성 평가 방법 3가지를 쓰시오.

- Check List 기법
- FMEA 기법
- HAZOP 기법
- FTA 기법

032 산업안전보건법에서 중대재해란 무엇인가? 2가지만 쓰시오.

- 사망자가 1인 이상 발생한 재해
- 월 이상의 요양을 요하는 부상자가 동시에 2인 이상 발생한 재해
- 부상자 또는 직업성 질병자가 동시에 10인 이상 발생한 재해

033 산업재해 예방계획 수립, 안전보건관리규정의 작성, 작업환경측정, 건강 진단 등 사업장의 안전보건을 실질적으로 총괄하는 사람은?

안전보건관리책임자

034 안전보건 관리기준은 작성-변경해야 할 사유가 발생한 날로부터 며칠 이내에 실시하는가?

30일

035 의사의 진단에 따라 근로를 금지하거나 제한할 수 있다. 근로금지 대상 질병에는 어떤 것이 있는가?

- 전염이 우려되는 질병에 걸린 자
- 정신 분열증, 마비성 치매, 기타 정신 질환에 걸린 자
- 심장-신장-폐 등의 질환이 있는자로서 병세가 악화될 우려가 있는 자

문제	정답
036 인체에 유해한 조건들을 최소화하거나 제거하려는 여러 가지 활동을 통해 위험이 생기거나 사고가 날 우려가 없는 상태를 무엇이라 하는가?	안전
037 안전교육의 기본방향 2가지를 쓰시오.	• 사고, 사례 중심의 안전교육 실시 • 표준작업(안전 작업)을 위한 안전교육 실시 • 안전 의식 향상을 위한 안전교육 실시
038 안전교육의 3단계를 쓰시오.	• 제 1단계 : 지식 교육 • 제 2단계 : 기능 교육 • 제 3단계 : 태도 교육
039 사업장 내에서 직속 상사가 강사가 되어 실시하는 개별 교육의 형태로 일상 업무를 통해 지식과 기능 및 문제 해결능력을 배양시키는 교육은 무엇인가?	O.J.T(On The Jop Training)
040 일정 장소에서 다수의 근로자를 집합시켜 교육하는 방식으로 사업장 외에서 실시하는 교육은 무엇인가?	Off.J.T(Off The Jop Training)
041 안전점검의 목적 3가지를 쓰시오.	• 설비의 안전 확보 및 안전상태 유지 • 인적 안전행동 상태 유지 • 합리적인 생산 관리
042 안전점검의 종류 3가지를 쓰시오.	• 정기 점검 • 수시 점검(일상 점검) • 임시 점검 • 특별 점검

043 재해 발생의 빈도 및 손실을 나타내는 비율은?

정답: 재해율

044 연천인율을 나타내는 재해 지표이다. 빈칸에 알맞은 내용을 쓰시오.

연천인율 = ( ) / 평균근로자수(재적인원) × 1,000

정답: 재해건수

045 도수율을 나타내는 재해 지표이다. 빈칸에 알맞은 내용을 쓰시오.

도수율 = 재해건수 / ( ) × 10^6

정답: 연근로시간수

046 다음의 ( ) 안에 들어갈 알맞은 재해 지표는 무엇인가?

( ) = 근로손실일수 / 연근로시간수 × 1,000

정답: 강도율

047 산업재해 사고의 간접원인 중에서 교육적 원인 3가지를 쓰시오.

정답:
- 안전 의식 부족
- 안전수칙 미숙지 및 오해
- 경험, 훈련 미숙
- 작업방법 교육 불충분
- 유해 위험작업의 교육 부족

048 재해 예방의 원칙 3가지를 쓰시오.

정답:
- 손실 우연의 원칙
- 원인 계기의 원칙
- 예방 가능의 원칙
- 대책 선정의 원칙

049 화재 재해를 분류할 때 C급은 무슨 화재인가? — 전기화재

050 화재 재해를 분류할 때 E급은 무슨 화재인가? — 가스화재

051 화재의 3요소를 쓰시오. — 연료, 산소, 점화원

052 최저 산소 농도(15%) 이하를 유지하는 소화법은? — 질식소화

053 연료를 발화점 이하로 냉각하는 소화법은? — 냉각소화

054 근로자가 업무에 기인하여 사망 또는 3일 이상 요양을 원하는 부상 또는 질병에 걸리지 않은 경우를 무엇이라 하는가? — 무재해

055 직장에서 행하는 안전 미팅으로 사고의 직접원인 중에서 주로 불안전한 행동을 근절시키기 위해 5~6인의 소집단을 편성하여 작업장 내에서 적당한 장소를 정하여 실시하는 단시간 미팅은? — TBM(Tool Box Meeting)

056 사고의 결과로 오는 상해의 정도를 최소화하기 위하여 작업자가 신체 일부에 부착 또는 착용하는 도구는?

057 안전표지의 사용 목적 2가지를 쓰시오.

058 안전표지를 구성하는 3가지를 쓰시오.

정답 Answer

보호구

- 유해하고 위험한 기계, 기구나 장소의 위험성을 경고
- 작업환경을 통제하고 예상되는 재해를 사전에 예방
- 시각적으로 주의력을 키워 인간의 불안전한 행동을 배제
- 재해를 예방하고 보다 안전한 상태를 유지

모양, 색채, 내용

8 실기[필답형] 기출문제

001 연속식 이동격자를 사용하는 소결기의 명칭은?

정답: 드와이드-로이드(DL : Dwight Lloyd)식 소결기

002 파쇄 및 선별과정을 통하여 생산되는 8mm 이하의 광석 원료는?

정답: 사하분

003 소결광의 기계적 품질을 측정하는 지수 중 SI(Shatter Index)란?

정답: 소결광 낙하강도 지수

004 파쇄 및 선별과정을 통하여 생산되는 30mm 규격의 원료 광석은?

정답: 정립광

005 소결 작업 시 그레이트 바 위에 깔아주는 원료의 명칭은?

정답: 상부광

006 자용성 소결광이란 무엇인가?

정답: 석회석을 함유한 광석

007	정광을 체질하여 정립광과 사하분으로 분류하는 설비는?	선별기(Screen)
008	각종 제선원료를 사용목적에 따라 일시 저장하는 설비는?	저광조(Bin)
009	소결광 제조 시 사용되는 소결기의 종류 2가지는?	• 연속식(DL식) • 배치식(그리나발트식)
010	소결조업 중 혼합기에서 혼합된 원료를 8mm 이하로 의사 입자화하는 설비는?	조립기(RD : Rerolling Drum)
011	소결원료에서 1mm 이상의 핵입자에 미분이 부착되어 있는 형상은?	의사 입자
012	배합원료를 소결기에 고루 장입시키기 위한 중간 저광조는?	서지 호퍼(Surge Hopper)
013	소결 배합원료 중 분 코크스의 입도가 굵으면 조업상 일어나는 현상 2가지는?	• 그레이트 바 소결광 부착 • Wind Box 온도상승

		정답 Answer
014	소결 조업에서 수분의 역할 2가지는?	혼합과 조립, 통기성 향상, 열의 매개체, 연진비산방지
015	펠레타이징법의 조립기에서 만들어진 반제품의 구형 광석의 명칭은?	생펠렛
016	서지 호퍼에 저광된 배합원료를 드럼 회전에 따라 일정한 두께와 속도로 소결기에 장입하는 설비는?	원료 장입기(DF : Drum Feeder)
017	소결기에 장입된 원료 표면에 착화시키기 위한 장치는?	점화로(IGF : Ignition Furnace)
018	소결이 완료된 적열소결광을 1차로 파쇄하는 설비는?	핫 크러셔(Hot Crusher)
019	소결배합설비 중 드럼믹서의 역할 2가지는?	혼합, 조립, 수분첨가
020	소결 조업에서 상부광의 역할은?	• 그레이트 바의 막힘방지 • 적열소결광의 용융부착 방지 • 세립원료가 새어나가는 것을 방지 • 통기성 향상

021 소결광이 고로 내에서 환원될 때 환원정도를 나타내는 지수 RI(Reducibility Index)는?

정답 *Answer*

고온환원지수

022 소결조업에서 코크스 편석 장입을 상층부와 하층부로 나누어 설명하시오.

- 상층 : 분 코크스를 많게
- 하층 : 분 코크스를 적게

023 소결광의 소결정도를 결정하는 원료의 조건은?

- 분 코크스 배합량
- 원료층의 두께
- 장입밀도
- 원료의 이동속도

024 벨트 컨베이어를 이용해 수입된 원료를 야드에 적치하는 설비는?

스태커

025 소결 조업에서 소결 배드 높이를 높여서 조업하는 방법은?

고 층후조업

026 광석의 소결에서 결합작용 2가지는?

- 용융결합
- 확산결합

027 1차 파쇄 및 선별이 끝난 고온의 소결광을 100℃ 이하로 강제 냉각하는 설비는?

냉각기(CL : Cooler)

028 소결조업에서 고온에서 용융 중인 맥석이 용재(Slag)로 되어 고체 상태의 철광석을 결합시키는 것을 무엇이라고 하는지 쓰시오.

정답: 용융결합

029 펠레타이징 소결법에서 원료를 구형으로 소성시켜주는 설비의 명칭을 2가지 쓰시오.

정답: 로타리로, 샤프트로

030 소결광의 원시료에 대한 가산백분율로 나타내는 강도를 무엇이라 하는가?

정답: 회절강도, 마크로강도, 드럼강도, 텀블러강도

031 소결광을 생산하는 데 사용되는 연료의 명칭을 쓰시오.

정답: 분 코크스

032 펠레타이징 소결법에서 미분광의 점결제로 사용되는 원료명을 쓰시오.

정답: 벤토나이트

033 원료를 연속적으로 일정량씩 절출이 가능하도록 한 장치의 명칭을 쓰시오.

정답: 정량절출장치 (CFW : Constant Feed Weigher)

034 소결광 제조를 위한 소결기 장입 시 바람직한 편석요령을 쓰시오.

정답 Answer

수직편석
(조립은 하부에, 세립은 상부에)

035 소결광 제조용으로 사용되는 주원료와 연료를 쓰시오.

- 주원료 : 분광석
- 연료 : 분 코크스

036 펠레타이징법에서 분쇄에 사용되는 설비의 명칭을 쓰시오.

볼 밀(Ball Mill)

037 제선원료에서 SOR(Sinter Ore Ratio)이란 무엇인가 쓰시오.

소결광비

038 제선원료의 단광법을 2가지만 쓰시오.

소결, 펠레타이징

039 소결광을 생산하는 원료탄을 2가지만 쓰시오.

분 코크스, 분탄

040 소결 조업의 순서를 쓰시오.

장입 → 점화 → 소결 → 1차파쇄 → 냉각 → 2차파쇄

041 소결기 그레이트 바 위에 깔아주는 조립의 원료로 성품 소결광 중에서 10~15mm 정도의 것은?

정답: 상부광

042 소결조업에서 의사 입자의 형태를 세 가지 쓰시오.

정답: S형, C형, P형

043 Grate Bar가 갖추어야 할 조건은?

정답:
- 고온에서 강도가 클 것
- 고온에서 내산화성이 클 것
- 가열 시 변형균열이 없을 것

044 소결조업에서 의사 입자의 역할은?

정답:
- 생산성 및 회수율 향상
- 원단위 절감
- 품질향상(RDI, SI, 입도분포, 성분변동 등)

045 소결조업에서 생석회의 첨가 효과는?

정답:
- 의사입자 촉진
- 의사입자 강도 향상
- 배드(Bed) 내 의사 입자 붕괴량 감소
- RDI 개선 및 성분변동 감소
- 배드(Bed) 내 통기성 개선

046 펠레타이징 작업에서 생펠렛의 강도를 증가시키기 위해 첨가하는 첨가제는?

정답:
- 생석회(CaO), 염화나트륨(NaCl)
- 붕사, 벤토나이트

047 소결조업에서 점화로의 점화 온도는?

정답 1,100~1,200℃

048 소결광이 고로 내에서 환원이 진행됨에 따라 분화가 되는 정도를 나타내는 것은?

정답 RDI(환원분화지수)

049 소결원료로 사용되는 반광이란?

정답
- 생산된 소결광 중 고로에 사용하기 부적합한 작은 입도를 가진 소결광
- 입도 6mm 이하의 소결광

050 철광석 분을 입도 6~18mm 정도의 구상으로 제조하여 괴성화한 것은?

정답 펠렛(Pellet)

051 소결광이 천연광보다 피환원성이 좋은 이유는?

정답 다공질이므로

052 원료 야드에서 철광석이나 석탄 등을 벨트 컨베이어에 실어주는 장치는?

정답 리클레이머

053 해상으로 수송된 광석을 선박으로부터 하역하는 설비는?

정답 언로더(Unloader)

054 제선원료로 사용되며 열균열은 없으나 환원성이 떨어져서 소결용으로 사용되는 광석은?

자철광

055 소결조업에서 블랜딩(Blending)의 목적 3가지는?

- 성분편차 최소화(성분 균일화)
- 소량의 부원료 및 잡원료 효율적 배합
- 소결의 최적조건 유지

056 철광석의 예비처리에서 블랜딩(Blending)이란?

- 철광석의 성분과 입도를 균일하게 하기 위한 작업
- 여러 종류의 광석을 혼합하는 작업

057 소결 부원료 중에서 소결광의 성분 조정용으로 사용되며 배합원료의 조립강화를 위한 점결제 역할을 하는 것은?

생석회(CaO)

058 저품위 광석의 품위 향상을 위해 실시하는 작업은?

선광

059 원료 야적장에서 블랜딩하는 목적은?

성분안정화, 입도균일화, 편석방지, 소결빈 활용도 향상, 적은 양의 광종을 적절히 사용

060 소결 블랜딩의 목적은?

- 소결 신원료 성분안정
- 입도 균일
- 소량 Brand의 적정 사용
- 소결 Ore Bin 활용 증대

061 소결원료 혼합에서 큰 핵입자 주위에 작은 미분이 부착되어 조대화된 입자는?

의사 입자

062 소결광의 낙하강도(SI)가 저하하면 어떠한 영향을 주는가?

분율 증가로 통기성이 저하하여 노황 부조가 발생

063 코크스 원료탄을 가열하면 타르와 함께 나오는 부산물 가스 2가지는?

암모니아, 벤젠

064 적열 코크스를 소화탑에서 냉각하는 방법 2가지는?

- 수냉법(습식법, CWQ)
- 건식법(공랭법, CDQ)

065 고로에 장입되는 코크스의 품질조건 2가지는?

- 적정강도와 입도를 가질 것
- 유황과 회분이 적을 것

066 비정상 코크스 오븐 내의 COG를 대기 중으로 방출시키는 장치는?

블리더(Bleeder)

067 코크스로를 구성하는 3개실은?

연소실, 축열실, 탄화실

068 반응성 지수(R)를 나타내는 식은?

$$R = \frac{CO}{CO+CO_2}$$

069 코크스로에서 석탄의 건류 시 발생되는 가스를 GC Main에 연결시켜주는 장치는?

상승관

070 코크스 침전지에서 물과 분리된 분코크스를 수거해 주는 설비는?

디스차징카(DC : Discharging Car)

071 코크스 조업에서 각 Bin별로 이동하면서 코크스를 저장할 수 있도록 하는 작업차는?

트리퍼카(Tripper Car)

072 코크스로 Coal Tower에서 탄을 받아 탄화실로 이동시켜 장입하는 설비의 명칭을 쓰시오.

장입차

073 적열 코크스를 질소가스로 소화시키는 설비는?

건식 소화기
(CDQ : Coke Dryer Quenching)

074 코크스로에 장입되는 원료탄 대비 타르(Tar)의 회수율이 어느 정도(%)인지 쓰시오.

3~4%

		정답 Answer
075	코크스로에서 배출된 적열탄을 운반하는 곳은 어디인지 쓰시오.	소화탑
076	코크스 조업에서 코크스가 이산화탄소(CO_2)와 반응하여 형성되는 강도를 무엇이라 하는지 쓰시오.	열간강도
077	석탄 중에서 탄화가 잘 되어 연기를 내지 않고 연소하는 석탄은?	무연탄
078	비점결탄에 점결제를 첨가하여 괴성화한 탄은?	성형탄(Briquet Coal)
079	고로용 코크스가 갖추어야 할 조건 3가지는?	• 강도가 우수할 것 • 경도가 우수할 것 • 입도가 균일할 것 • 불순물이 적을 것 • 고정탄소가 많을 것
080	고로에 장입하는 코크스의 입도는?	25~75mm
081	코크스에서 함량이 가장 많은 것은?	고정탄소(탄소, C)

082 코크스 제조 시 대표적인 원료탄은? | 강점결탄, 유연탄, 역청탄

083 코크스로에서 발생하는 COG의 성분 중에 가장 많이 함유된 것을 순서대로 3가지 쓰시오. | 수소 → 메탄 → CO

084 코크스로에서 석탄을 건류하여 코크스로 만드는 곳은? | 탄화실

085 코크스로 가스의 조성 중에서 가장 높은 성분명을 쓰시오. | 수소

086 코크스로 내부 구조 중 원료탄이 장입되는 곳의 명칭을 쓰시오. | 탄화실

087 코크스 조업에서 분 코크스에 점결제를 혼합해서 만들어 괴상화한 것을 무엇이라 하는지 쓰시오. | 강점결탄

088 코크스에서 함량이 가장 많은 성분을 쓰시오. | 고정탄소

089 고로 내에서 코크스의 기능을 2가지만 쓰시오.

정답 Answer

열원, 환원기능, 통기성 향상, 통액성 향상, 열교환 매체

090 코크스로(Coke Oven) 온도 관리 목적은?

- 코크스 품위 유지
- 코크스 품질 균일화
- 코크스 제조 열 원단위 절감
- 코크스로 수명 연장
- 고로조업 안정

091 코크스로에서 탄화실에 건류된 적열 코크스를 노 외로 배출할 때 코크스를 안전하게 소화차에 적재하는 작업은?

가이드 작업

092 코크스로 내 원료탄 건류로 사용하는 열원은?

COG, BFG, 믹스가스

093 코크스 강도를 측정하기 위한 시험법은?

- 회전강도 시험법
- 낙하강도 시험법

094 코크스 원료탄을 장입해서 압출까지 석탄, 코크스가 노 내에 머무는 시간은?

탄화시간

095 코크스에 회분이 많으면 고로조업에 어떠한 영향이 있는가?

행잉 발생, 생광 하강, 출선량 저하, 연료비 상승

096 고로가스(BFG) 중에서 가장 많이 함유된 가스는?

질소

097 철광석은 장입하지 않고 코크스와 석회석만 장입하는 방법은?

공장입

098 고로에 사용되는 내화물의 구비조건은?

- 고온에서 용융, 연화되지 않을 것
- 용선, 슬래그 등에 화학적으로 안정
- 고온 고압에서 충분한 강도 가질 것
- 열충격, 마모에 강해 스폴링이 없을 것

099 고로 부대설비 중 고로 내 고온의 공기를 예열하는 설비는?

열풍로(Hot Stove)

100 원료의 부족 또는 설비 고장으로 인해 조업을 1개월 이상 휴풍하고 문제해결 후 조업할 수 있도록 장입하는 방법은?

공로조업, 뱅킹조업(Banking)

101	제선공정에서 발생하는 부산물인 COG 및 BFG의 의미는?	• COG : 코크스 부생가스 • BFG : 고로 부생가스
102	고로 조업에서 연료취입 조업 시 사용되는 연료는?	중유, 분 코크스, 미분탄, LNG, COG
103	스키머의 역할은?	용선과 슬래그를 비중 차로 분리하는 장치
104	고로로 직송된 소결광이 수송도중 발생된 5mm 이하의 것은?	고로반광 (BR : Blast Furnace Return Fine)
105	고로 노체 각 부분에서 온도가 가장 높아 연와 침식이 가장 심한 부분은?	조안(보시, Bosh)
106	고로에서 섹텀 밸브(섹텀변)의 역할은?	고로 노정압 조정
107	고로 노정 온도가 상승되고 있을 때의 원인은?	• 가스상승 불균일 • 광석량 부족 • 코크스 과다

108 고로 내 장입물이 안정하게 강하되지 않고 순식간에 고로 하부로 내려앉는 현상은?

슬립

109 고로 노정 장입설비 중 노 내 장입물의 레벨을 측정하는 장치는?

Sounding(사운딩)

110 고로 열풍관에서의 에어 블리더(Air Bleeder)의 역할은?

열풍가스가 열풍 본관으로 역류하여 폭발하는 것을 방지

111 고로 냉각반 파손 시 발생하는 상황 2가지는?

- 용선온도저하
- 노정가스 중 수소의 상승
- 배수 중 백탁현상

112 고로 조업에서 미분탄을 불어넣는 조업방법은?

미분탄 취입법
(PCI : Pulverized Coal Injection 법)

113 고로조업에서 화입이란?

고로 조업 시작을 위해 노 내에 불을 붙이는 작업

114 고로조업에서 조출선을 할 때 머드재의 소성 중 발생 가스가 산소와 결합하여 발생하는 폭발현상은?

정답 Answer

생취현상

115 고로조업에서 고압조업의 효과는?

- 출선량 증가
- 연료비 저하
- 노황의 안정
- 가스 압력손실 감소

116 고로 풍구가 손상되는 원인은?

- 용선과 접촉
- 강하물에 의한 마모 균열
- 풍구의 주조 결함
- 냉각수에 의한 수격현상(Cavitation)

117 고로 내 철광석이 용선으로 변화하는 반응은?

환원반응

118 고로 내 침수, 노황불량 등으로 노저부 용융물의 유동성이 저하하거나 굳어지는 사고는?

냉입

119 중유가 석탄보다 유리한 점 3가지는?

- 발열량이 크다.
- 연소 효율이 높다.
- 저장 운반 및 취급이 용이
- 연소설비가 간단하고 조정이 용이

120 고로에서 제품 품질관리를 위한 5대 성분원소는?

정답: C, Si, Mn, P, S

121 출선비란?

정답: 고로 내용적(1m³)당 1일 출선량 (t/d/m³)

122 고로가스의 성분 중 철광석의 환원에 사용되는 성분은?

정답: CO, H_2(수소)

123 고로 상부에서 일어나는 반응은 어떠한 환원반응인가?

정답: 간접환원

124 고로 장입물의 원료 분포를 적정하게 조정하는 이유는?

정답: 통기성 향상, 환원 우수, 열교환 우수

125 고로가스 청정설비 중 코로나 방전을 발생시켜 집진하고 미세한 연진을 제거하는 설비는?

정답: 전기집진장치

126	고로 내 코크스의 역할은?	• 환원제 • 가탄제 • 연료(산화제) • 통기성 향상
127	고로청정 설비 중 노정가스 압력을 낮추고 조립의 연진을 침강하여 제거하는 것은?	제진기(Dust catcher)
128	고로 내 가스가 안정되게 상부로 빠져 나가지 못하고 고로 내부에서 30분 이상 정체되면서 장입물 강하를 정지시키는 현상은?	걸림(Hanging)
129	고로 내 장입물 분포나 노황 불균일로 발생하는 이상 조업 3가지는?	• 걸림(Hanging) • 드롭(Drop) • 슬립(Slip) • 취발(날바람, Channeling)
130	제선공정에서 연료비란?	선철 1톤 생산에 소요되는 연료량 (연료량/출선량)
131	고로에서 유효 높이란 무엇인가?	풍구에서 장입기준까지의 높이

		정답 Answer
132	출선 작업 시 용선의 응고방지 및 보온을 위해 대탕도에 넣는 것은?	왕겨
133	고로에서 철광석이 환원되는 과정은 두 가지가 있는데 각각 어느 온도에서 일어나는가?	• 고온 : 직접환원(고체환원) • 저온 : 간접환원(가스환원)
134	고로 노체 건조 후 침목 및 장입원료를 노 내에 채우는 작업은?	충진
135	고로 조업에서 생산량 저하에 가장 큰 영향을 미치는 사고는?	풍구 파손
136	고로가스(BFG) 성분 중에서 가장 많이 함유된 것을 순서대로 3가지 쓰시오.	질소 → CO → CO_2
137	CO가스에 의한 환원으로 발열반응을 하는 환원은?	간접환원

138 고로 조업에서 조습송풍의 효과는?

- 생산성 향상
- 코크스비 저하
- 송풍온도 상승

139 고로 조업에서 송풍조업의 단계를 쓰시오.

Cleaning 조업 → 감척 조업 → 노저출선 작업 → 주수냉각작업

140 고로 노상부의 열이 현저하게 저하됨으로 인해 발생하는 사고는?

냉입

141 고체 탄소(코크스)에 의한 환원으로 흡열반응하는 환원은?

직접환원

142 고로 내화물이 열에 의해 팽창수축으로 인하여 표면이 떨어져 나오는 현상은?

스폴링(Spalling) 현상

143 연소실과 축열실이 분리되어 있는 구조를 가지고 있는 열풍로의 형식은?

외연식(Koppers 식, Matin 식)

144 고로에 장입하는 원료 장입물의 분포를 제어하는 설비의 명칭을 쓰시오.

무버블 아머, 선회슈트

145 고로에 장입되는 장입물 강하 상태를 측정하는 계측기의 명칭을 쓰시오.

사운딩

146 연소실과 축열실이 동일 철피 내에 있는 구조를 가지고 있는 열풍로의 형식은?

내연식(Cowper식, Mccure식)

147 고로에서 출재된 수재 슬래그의 용도를 2가지만 쓰시오.

시멘트, 비료

148 고로 조업에서 송풍기의 고장 원인은?

고열에 의한 침식, 낙하물에 의한 충격, 용융물에 의한 침식

149 고로 원료 중에서 피환원성이 가장 좋은 철광석은 무엇인지 쓰시오.

적철광

		정답 Answer
150	제철소 내 부산물 중에서 소결원료로 사용하는 것은?	밀 스케일, 산화철, 철분진
151	고로 설비에서 지름이 가장 큰 부분을 무엇이라 하는지 쓰시오.	노복(Belly)
152	고로 내 장입물 분포나 노황의 불균일로 발생할 수 있는 조업 이상을 2가지 쓰시오.	Hanging(걸림), Slip(미끄러짐), Drop(낙하), Channeling(취발, 날바람)
153	고로 내에서 코크스(Coke)가 쌓여 있는 고로 하부의 중심부를 무엇이라고 하는지 쓰시오.	노심
154	소결광이 천연광석보다 피환성이 우수한 이유를 쓰시오.	다공질이므로
155	고로 조업에서 출선구를 폐쇄하는 장비는?	폐색기(머드건, Mud Gun)

156 고로 설비 중에서 주상작업을 하는 머드건(M/G)의 동작 3가지는?

경동, 선회, 충진

157 고로법의 문제점을 보완한 신 제철법으로 분광석과 분탄을 이용하여 용융로에서 용선을 생산하는 방식은?

코렉스

158 고로용 철광석의 구비조건은?

- 성분이 균일할 것
- 철함유량이 많을 것
- 해로운 불순물이 적을 것
- 피환원성이 좋을 것
- 충분한 강도를 가질 것

159 고로 조업에서 열풍에 의해 고로 내 열풍이 들어오는 곳에 공동이 생겨 코크스가 선회운동을 하는 공간은?

레이스 웨이

160 광석비란?

용선 1톤을 생산하는 데 필요한 철광석량

161 슬립의 원인은?

- 장입물 분포의 불균일
- 노벽파손
- 장입물의 입도불량
- 통풍 불균일
- 장입물의 노벽흡착

162 장입설비 중 무버블 아머의 역할은?

정답 *Answer*

장입물 분포제어

163 코크스비란?

선철 1톤을 생산하는 데 필요한 코크스량

164 망간광을 고로에 장입하는 이유는?

• 선철 중 Mn 성분 증가
• 노 내 탈황 및 탈산
• 슬래그 유동성 향상

165 용선과 슬래그를 분리하는 스키머가 위치하고 있는 곳은?

대탕도

166 고로 가스 이용률 계산 공식은?

$$\frac{CO}{CO+CO_2}$$

167 노정장입 장치 하부에 설치되어 장입물 표면의 온도 분포를 측정하는 장치는?

크로스 존데(Cross Sonde)

168 고로 조업의 복합송풍 조업방법은?

• 산소부화송풍
• 조습송풍
• 연료취입송풍(PCI)

번호	문제	정답 Answer
169	고로 내 용선과 슬래그가 존재하는 공간은?	노상
170	고로에서 장입기준선에서 풍구중심선까지의 내용적은?	유효내용적
171	고로 내 장입물 분포제어 방법은?	• 장입 모드 변경 • 장입물 경동각도 조정 • MCG 개도 조정 • 장입기준선 조정
172	고온 송풍의 장점은?	• 연료절감 • 출선량증가 • 노열증가
173	고로 원료장입장치 3가지는?	선회슈트식, 2벨식, 3벨식
174	코크스공장과 소결공장을 생략한 신제철법으로 우리나라에서 개발한 방법은?	파이넥스법
175	석회석을 사용하는 목적은?	• 슬래그 조재 • 탈황 • 염기도조정

176 용선 1톤을 생산하는 데 필요한 광석량은?

1.5~1.8톤

177 고로 제선공장이 배출하는 환경유해물질은?

SOx, NOx, CO, 먼지, 다이옥신, 페놀

178 고압 조업의 효과는?

- 출선량 증대
- 연료비 저하(코크스비 저하)
- 노황안정
- 노정압 발전량 증대

179 고로에 분광석이 많을 때 발생하는 문제점은?

- 행잉 발생, 풍압 상승
- 슬립 발생, 통기성 저하
- 고로능률 저하, 통액성 저하

180 고로 집진장치 중에서 가스 유속을 떨어뜨림과 동시에 방향을 전환시켜 가스 중의 조립 연진을 침강시켜 제거하는 집진장치는?

제진기(Dust Catcher)

181 고로의 풍구 손상원인?

- 풍구주변 누수
- 용융물에 의한 손상
- 장입물 불안정 하강에 의한 손상
- 노 내 가스 흐름 불량에 의한 손상

182 고로 외피 냉각방식은?

정답: 스태브식, 냉각반식, 자켓식, 스프레이식

183 고로 선회슈트의 요구 조건은?

정답:
- 노 내 고압가스에 대한 기밀성
- 장입물의 노 내 적정분포 유도
- 각 밸브 및 슈트의 내구성
- 보수 및 점검 용이

184 고로 내 송풍방법 중에서 적당량의 수분을 첨가하여 대기수분의 변동에 대한 노황변동을 억제하는 것은?

정답: 조습송풍

[산업안전보건법 시행규칙 별표 6]

안전·보건표지의 종류와 형태

1. 금지표지	101 출입금지	102 보행금지	103 차량통행금지	104 사용금지	105 탑승금지	106 금연
107 화기금지	108 물체이동금지	2. 경고표지	201 인화성물질 경고	202 산화성물질 경고	203 폭발성물질 경고	204 급성독성물질 경고
205 부식성물질 경고	206 방사성물질 경고	207 고압전기 경고	208 매달린 물체 경고	209 낙하물 경고	210 고온 경고	211 저온 경고
212 몸균형 상실 경고	213 레이저광선 경고	214 발암성·변이원성·생식독성·전신독성·호흡기과민성 물질 경고	215 위험장소 경고	3. 지시표지	301 보안경 착용	302 방독마스크 착용
303 방진마스크 착용	304 보안면 착용	305 안전모 착용	306 귀마개 착용	307 안전화 착용	308 안전장갑 착용	309 안전복 착용
4. 안내표지	401 녹십자표지	402 응급구호표지	403 들것	404 세안장치	405 비상용기구 비상용 기구	406 비상구
407 좌측비상구	408 우측비상구	5. 관계자외 출입금지	501 허가대상물질 작업장 **관계자외 출입금지** **(허가물질 명칭) 제조/사용/보관 중** 보호구/보호복 착용 흡연 및 음식물 섭취 금지	502 석면취급/해체 작업장 **관계자외 출입금지** **석면 취급/해체 중** 보호구/보호복 착용 흡연 및 음식물 섭취 금지	503 금지대상물질의 취급 실험실 등 **관계자외 출입금지** **발암물질 취급 중** 보호구/보호복 착용 흡연 및 음식물 섭취 금지	
6. 문자추가시 예시문	0.1d **휘발유화기엄금** 0.25d 이상 d	▶ 내 자신의 건강과 복지를 위하여 안전을 늘 생각한다. ▶ 내 가정의 행복과 화목을 위하여 안전을 늘 생각한다. ▶ 내 자신의 실수로써 동료를 해치지 않도록 안전을 늘 생각한다. ▶ 내 자신이 일으킨 사고로 인한 회사의 재산과 손실을 방지하기 위하여 안전을 늘 생각한다. ▶ 내 자신의 방심과 불안전한 행동이 조국의 번영에 장애가 되지 않도록 하기 위하여 안전을 늘 생각한다.				

[GHS 유해화학물질 분류표시에 따른 표시사항]

국립환경과학원 자료

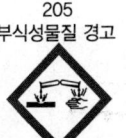

205
부식성물질 경고

PART 06 필답형 기출 복원문제

2021년 · 제4회 필답형 기출 복원문제

2022년 · 제1회 필답형 기출 복원문제

2023년 · 제1회 필답형 기출 복원문제
· 제4회 필답형 기출 복원문제

2024년 · 제3회 필답형 기출 복원문제

2021년 4회 필답형 기출 복원문제

01 광석의 배합설비에서 설정된 속도로 원료의 정량 유동을 지속시키는 절출 장비는 무엇인가?

> **정답** Answer
>
> 정량절출장비
> (Constant Feed Weigher)

02 광석이나 석탄을 붐(Boom)의 선회 및 회전하는 버킷(Bucket)을 이용, 채집하여 후 공정으로 불출하는 설비는 무엇인가?

> 리클레이머(Reclaimer)

03 고로용 노벽 내화물에 요구되는 성질 3가지를 쓰시오.

> - 내알칼리성
> - 내슬래그성
> - 내마모성
> - 내스폴링성

04. 화학물질 및 화학물질을 함유한 제제의 명칭, 구성 성분 및 함유량, 안전 보건상의 취급 주의사항, 건강 유해성 및 물리적 위험성 등을 설명한 자료는 무엇인가?

정답
물질안전보건자료(MSDS)

05. 코크스가 고로 내에서 이산화탄소(CO_2)와 반응하여 일산화탄소(CO)를 생성하는 반응[$C + CO_2 \rightarrow 2CO$]을 고로 쪽에서와 코크스 쪽에서의 반응 명칭을 각각 쓰시오.

정답
- 고로 쪽에서의 명칭 : 탄소 용해(카본 솔루션, carbon solution), 용해 손실(솔루션 로스, solution loss)
- 코크스 쪽에서의 명칭 : 코크스의 반응성

06. 흘러가는 액체의 슬래그에 고압의 물을 분사하여 얻어지는 작은 알갱이의 슬래그 처리 작업은?

정답
수재 처리

07. 소결 조업에서 수분의 역할 2가지는?

정답
혼합과 조립, 통기성 향상, 열의 매개체, 연진비산방지

08. 고로조업에서 고압조업의 효과는?

정답
- 출선량 증가
- 연료비 저하
- 노황의 안정
- 가스 압력손실 감소

09. 코크스의 고로 내 역할을 쓰시오.

정답
- 풍구 앞에서 연소하며 제선에 필요한 열원 역할
- 일산화탄소(CO)를 생성하여 철광석을 환원하는 환원제 역할
- 철에 용해되어 선철을 만들고 철의 용융점을 낮추는 역할
- 고로 안의 통기성을 좋게 해주는 역할

정답 Answer

10 제선 원료에서 슬래그 조성이나 용철 성분을 조정하기 위해 사용되는 부원료의 종류 3가지를 쓰시오.

- 석회석
- 형석
- Mn광석
- 규석
- 백운석
- 사문암

11 출선구 개공 후 노 내 압력이 분출되는 용선이나 슬래그의 비산으로부터 주변 작업자의 안전을 확보하고 주변 설비를 보호하는 데 목적이 있는 설비는?

스플래쉬 커버

12 다음 고로에 관한 물음에 답하시오.

가. 행잉(Hanging)으로 상승된 노 내압이 일시적으로 빠져 나가는 현상은?
나. 고로에서 발생한 부생가스로 열교환을 하지 않고 회수된 가스는?

가. Channeling(취발, 날바람)
나. BFG

13 다음 그림은 코크스로의 조업과정을 나타낸 것이다. ( )안에 해당하는 원료명을 쓰시오.

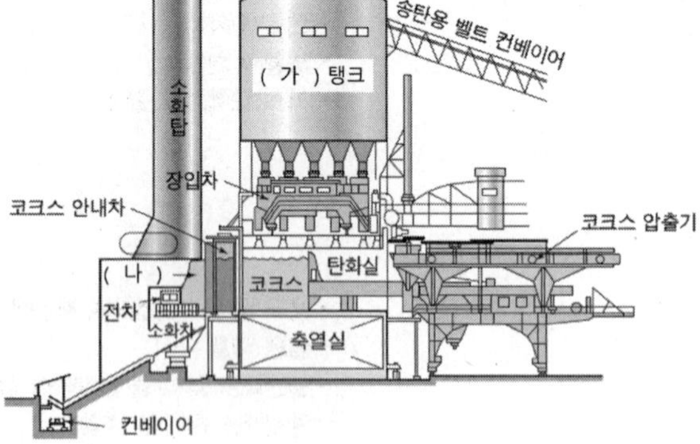

가. 장입탄(유연탄)
나. 적열 코크스

14 다음 보기를 보고 염기성 산화물과 산성 산화물을 각각 찾아 쓰시오.

SiO_2, CaO, Al_2O_3, MgO, P_2O_5, Cr_2O_3, CaF

가. 산성 산화물
나. 염기성 산화물

정답 Answer

가. CaO, MgO, CaF
나. SiO_2, P_2O_5

15 다음은 화재분류에 관한 것이다. 해당하는 화재명을 쓰시오.

가. B급 화재
나. D급 화재
다. E급 화재

가. 유류화재
나. 금속화재
다. 가스화재

16 코크스로 보수 작업에서 스프레이의 목적 2가지를 쓰시오.

• 코크스 노벽 sealing
• 노에서 벽 측으로 가스 누기 방지
• 불필요한 에어가 챔버(chamber)에 흡입되는 것을 방지

17 출선구 개공 방법의 종류 3가지를 쓰시오.

• 철봉사전타입
• 비트개공
• 산소개공
• 일발개공

18 소결조업에 대한 용어인 FFS와 BTP가 의미하는 것을 쓰시오.

가. FFS((Flame Front Speed)
  : 화염전진속도(화염진행속도)
나. BTP(Burn through point)
  : 최고도달온도(소결

19 다음 그림은 고로의 프로파일을 나타낸 것이다. ( )에 알맞은 명칭을 쓰시오.

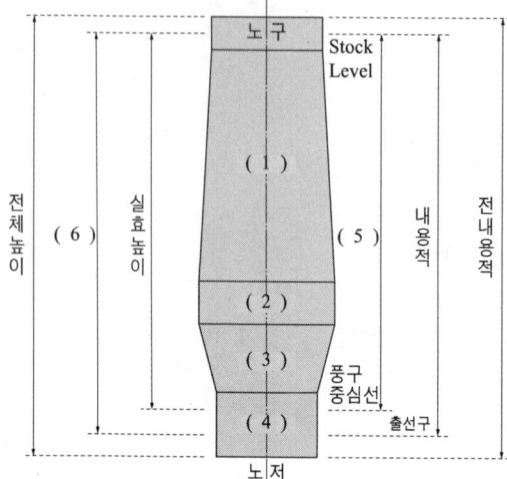

20 고로 조업의 이상 현상 중 행잉(Hanging)의 발생원인 3가지를 쓰시오.

정답 Answer

(1) 노흉(샤프트, Shaft)
(2) 노복(벨리, Belly)
(3) 조안(보시, Bosh)
(4) 노상(허스, Hearth)
(5) 유효내용적
(6) 유효 높이

• 장입물 분포 불량
• 분광의 과다
• 조기에 슬래그화 하는 광석의 다량 사용
• 노 내 열 부족

2022년 1회 필답형 기출 복원문제

01 다음은 가스처정설비에 대한 설명이다. 물음에 해당하는 설비의 명칭을 쓰시오.

가. 노정가스의 유속을 떨어뜨림과 동시에 가스의 방향을 급속히 전환시킴으로 가스 중 조립의 연진을 침강시켜 제거하는 설비는?

나. 가스배출관의 일부를 좁게하여 가스유속을 증가시킨 후 분무하여 비중이 큰 분진을 침강시켜 포집하는 습식집진설비는?

정답 *Answer*
가. 제진기
나. 벤추리스크러버

02 다음 그림은 대탕도의 단면도를 나타낸 것이다. 각각에 해당하는 설비의 명칭을 쓰시오.

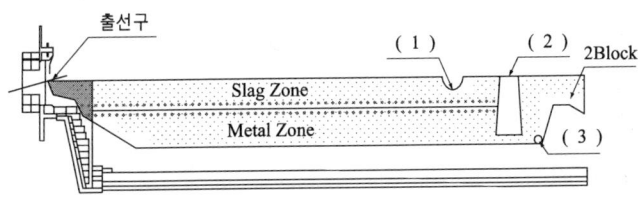

(1) 배재구
(2) 스키머
(3) 잔선구(잔선공)

03 출선구 개공 방법의 종류 3가지를 쓰시오.

• 철봉사전타입
• 비트개공
• 산소개공
• 일발개공

04 고로용 철광석의 구비조건은?

• 성분이 균일할 것
• 철함유량이 많을 것
• 해로운 불순물이 적을 것
• 피환원성이 좋을 것
• 충분한 강도를 가질 것

05 다음의 안전표지 중 해당하는 색상의 용도를 쓰시오.

가. 빨강
나. 노랑
다. 파랑

정답 *Answer*
가. 금지
나. 경고
다. 지시

06 다음은 철광석의 종류를 나타낸 것이다. 해당하는 철광석의 명칭을 쓰시오.

가. $2Fe_2O_3 \cdot 3H_2O$
나. Fe_3O_4
다. $FeCO_3$
다. Fe_2O_3

가. 갈철광
나. 자철광
다. 능철광
라. 적철광

07 다음 그림은 외연식 열풍로를 나타낸 것이다. ( )에 해당하는 명칭을 쓰시오.

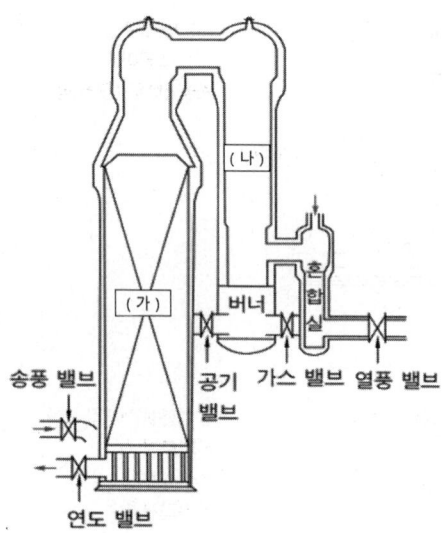

가. 축열식
나. 연소실

08 출선구 폐쇄에 사용되는 머드 건의 동작 3가지는?

선회, 경동, 충진

09 슬래그 중의 성분이 다음과 같을 때 염기도를 구하시오.

> SiO₂ 30%, CaO 50%, Al₂O₃ 15%

정답: 염기도 $= \dfrac{CaO\%}{SiO_2\%} = \dfrac{50}{30} = 1.67$

10 코크스 원료탄을 가열하면 타르와 함께 나오는 부산물 가스 2가지는?

정답: 암모니아, 벤젠

11 소결 조업에서 소결기 속도 : PS, 장입층후 : h, 유효화상길이 : L 일 때 화염전진속도 : FFS(Flame Front Speed)를 구하는 공식을 쓰시오.

정답: $FFS = \dfrac{PS \times h}{L}$

12 다음 그림은 고로의 프로파일을 나타낸 것이다. ( )에 알맞은 명칭을 쓰시오.

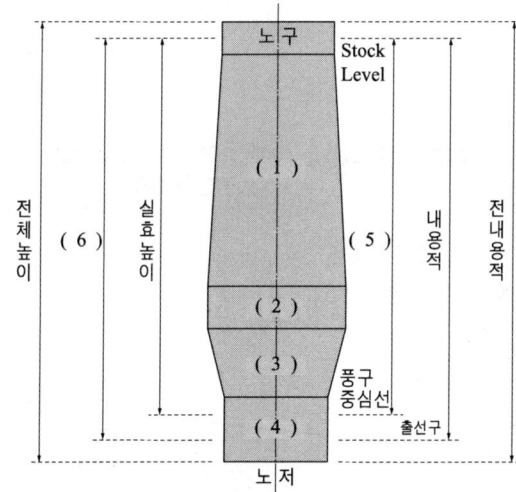

정답:
(1) 노흉(샤프트, Shaft)
(2) 노복(벨리, Belly)
(3) 조안(보시, Bosh)
(4) 노상(허스, Hearth)
(5) 유효내용적
(6) 유효 높이

13 광석이나 석탄을 야드에 적치시키는 설비는 무엇인가?

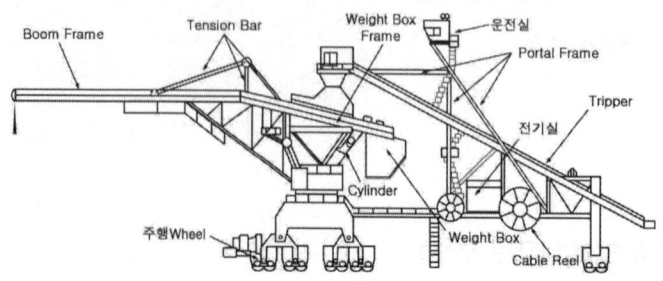

정답: 스태커(Stacker)

14 철분의 품위가 57.6%으로부터, 철분 94%의 선철 1톤을 생산하는데 필요한 철광석의 양은 몇 Kgf 인가?

철광석량
$= \dfrac{\text{목표생산량} \times \text{철분함유량}}{\text{품위}}$
$= \dfrac{1000\text{kg} \times 0.94}{0.576} = 1632\text{kg}_f$

15 용선 중 황(S)의 함량을 낮추기 위한 고로조업 조건을 2가지 쓰시오.

① 고로 내의 노열을 높인다.
② 슬래그의 염기도를 높인다.
③ 슬래그 중의 MgO 함량을 높인다.
④ 슬래그 중 Al_2O_3 함량을 줄인다.
⑤ 슬래그의 유동성을 좋게 한다.

16 다음은 출선 중 탕도에서의 탈황법을 설명한 것이다. 해당하는 탈황법의 명칭을 쓰시오.

가. 고로의 탕도 말단에 용선이 와류가 되도록 와류기 또는 와류관을 설치하여 상류에 혼합된 탈황제가 잘 섞이도록 하여 탈황하는 방법은?
나. 탕도 어느 한 부분에 설치하여 탈황제를 넣고 탈황하는 방법은?

가. 와류법(Turbulator법)
나. 평면 유동법

17 다음 보기를 보고 입열항목을 골라 쓰시오.

> 송풍 중 수분의 현열, 노정가스 현열, 간접환원열, 석회석의 분해열, 열풍의 현열, 탄소의 Carbon Solution 반응, 철광석 환원열, 송풍 중 수분의 분해열, 선철의 현열

정답
송풍 중 수분의 현열
간접환원열
열풍의 현열

18 고로 내벽에 국부적으로 얇아져서 노 내 가스나 용융물이 분출하는 조업이상의 현상은?

정답
적열(hot spot)

19 소결광 제조 공정을 순서대로 나열한 것이다. 빈칸에 들어갈 알맞은 말은?

> [소결광 제조 공정]
> 원료 절출 → ( ) → 원료 장입 → ( ) → 소결 → 1차 파쇄 → ( ) → 2차 파쇄

정답
혼합 및 조립, 점화, 냉각

20 안전보건교육 이수 시간에 대한 다음 물음에 답하시오.

가. 사무직 종사 근로자 외의 근로자로서 판매업무에 직접 종사하는 근로자외의 근로자의 정기교육 인수시간은 매분기 몇시간 이상 이수해야 하는가?

나. 채용시 교육에서 일용근로자를 제외한 근로자의 안전보건교육 이수 시간은 몇 시간이상 이수해야 하는가?

정답
가. 6시간
나. 8시간

2023년 1회 필답형 기출 복원문제

01 출선구 개공 방법의 종류 3가지를 쓰시오.

정답 Answer
- 철봉사전타입
- 비트개공
- 산소개공
- 일발개공

02 다음 보기를 보고 코크스비를 계산하시오.

> 고로에 배합원료 108톤, 코크스 32톤, 석회석 4톤을 장입하고, 선철은 64톤 생산되었다.

코크스비
$= \dfrac{\text{코크스량}}{\text{선철생산량}} = \dfrac{32}{64} = 0.5$

03 석탄을 고온 건류할 때 석탄 입자가 연화 용융하여 서로 점결하고 괴상의 코크스가 되는 성질은 무엇인가?

점결성

04 다음은 소결기의 특징에 대한 것이다. ( )에 해당하는 용어를 보기에서 골라 쓰시오.

DL식 소결기는 (가)이므로 대량생산에 적합하고, 고도의 (나)가 가능하고, 일부가 고장나면 (다) 라인이 정지할 수 있다.

> 수동식, 연속식, 자동화, 수동화, 일부, 전체

가. 연속식
나. 자동화
다. 전체

05 고로 내 침수, 노황불량 등으로 노저부 용융물의 유동성이 저하하거나 굳어지는 사고는?

정답: 냉입

06 소결기에 장입된 소결 원료의 결합 반응 2가지를 쓰시오.

정답: 확산 결합, 용융 결합

07 다음 고로조업 사고에 대한 물음에 해당하는 것을 보기에서 골라 쓰시오.

> 혈절, 배출불량, 압상, 적열개공, 출선공 확대

가. 출선구 내부에 머드재 충진 후 충진재 또는 출선구 주변에 균열이 발생하여 용선이나 슬래그 등의 용융물이 분출하는 하여 출선작업에 지장을 초래하는 현상은

나. 머드건이 머드재를 충진하지 못할 정도의 압력이 되어 더 이상 충진이 되지 않는 상태는?

정답:
가. 혈절
나. 압상

08 코크스로에서 발생하는 COG의 성분 중에 가장 많이 함유된 것을 순서대로 3가지 쓰시오.

정답: 수소 → 메탄 → CO

09 출선구 외부로부터 노 내 용융물이 존재하는 지점까지의 노벽 두께를 무엇이라 하는가?

정답: 출선구 심도

10 효율적인 작업 환경을 만들기 위한 "3정 5S"에서 5S에 해당하는 항목을 3가지만 쓰시오.

> **정답** 정리, 정돈, 청소, 청결, 습관화
> **참고**
> 3정 : 정품, 정량, 정위치

11 화학물질 및 화학물질을 함유한 제제의 명칭, 구성 성분 및 함유량, 안전 보건상의 취급 주의사항, 건강 유해성 및 물리적 위험성 등을 설명한 자료는 무엇인가?

> **정답** 물질안전보건자료(MSDS)

12 다음의 풍구에 관한 물음에 답하시오.

가. 풍구의 기능을 쓰시오.
나. 풍구의 재질은 어떤 것인가?
다. 풍구 재질이 2)와 같은 이유를 쓰시오.

> **정답**
> 가. 고로내 열풍을 공급하는 바람구멍
> 나. 순동주물
> 다. 열전도도가 우수하여

13 다음 그림과 같이 원심펌프의 일종으로 밀폐된 나선형의 케이싱 내에서 날개차를 고속으로 회전시키고, 그 원심력을 이용하여 물을 내보내는 순환펌프의 명칭을 쓰시오.

> **정답** 볼류트펌프(Volute Pump)

14 고로의 출선능력을 나타내는 출선비란 무엇인지 쓰시오.

> **정답** 내용적 1m³당 1일 출선량(t/d/m³)

15 용선 1톤을 생산하는 데 필요한 광석량은?

1.5~1.8톤

16 코크스의 품질을 평가하는 주요한 성질 3가지를 쓰시오.

강도, 회분, 황, 인, 입도, 반응성

17 다음 그림은 벨트 컨베이어의 구조를 나타낸 것이다. 물음에 답하시오.

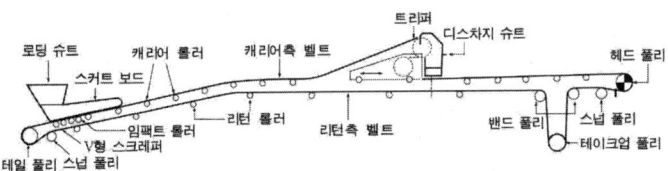

가. 벨트의 진행 방향을 바꾸는 기능을 하는 풀리의 명칭을 쓰시오.
나. 임팩트 롤러의 기능을 쓰시오.

가. 밴드 풀리(Bend Pully)
나. 운반물의 낙하에 의한 벨트의 충격 완화 장치

18 다음 그림은 고로의 프로파일을 나타낸 것이다. ( )에 알맞은 명칭을 쓰시오.

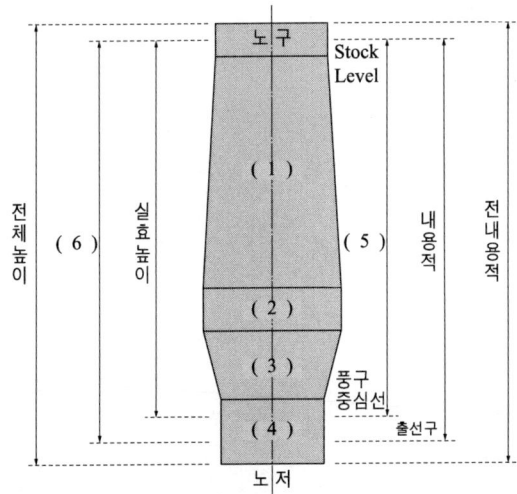

(1) 노흉(샤프트, Shaft)
(2) 노복(벨리, Belly)
(3) 조안(보시, Bosh)
(4) 노상(허스, Hearth)
(5) 유효내용적
(6) 유효 높이

19 보트(Boat) 모양의 좌우로 경동할 수 있는 통으로서 용선 탕도를 거친 용선을 용선 운반차에 수선하는 역할을 하는 주상 설비는?

정답: 경주통(Tilting Runner)

20 광석이나 석탄을 붐(Boom)의 선회 및 회전하는 버킷(Bucket)을 이용, 채집하여 후 공정으로 불출하는 설비는 무엇인가?

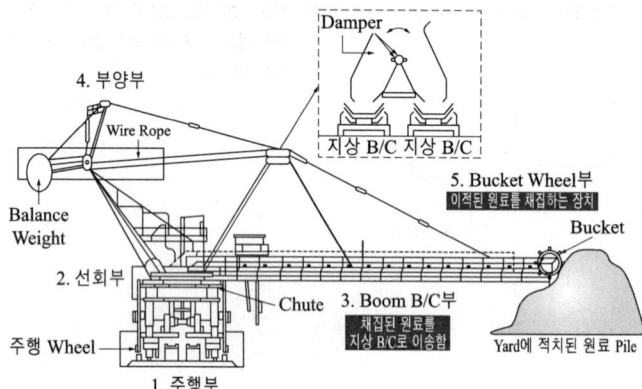

정답: 리클레이머(Reclaimer)

2023년 4회 필답형 기출 복원문제

01 선광법의 종류 3가지를 쓰시오.

정답 Answer
- 비중선광
- 중액선광
- 자력선광
- 부유선광

02 출선구 내부에 머드재 충진 후 여러 가지 원인에 의해 충진재 혹은 출선구 주변에 균열이 발생하여 슬래그 혹은 용선이 유입되어 차기 출선 작업에 지장을 초래하는 현상을 무엇이라 하는가?

혈절

03 소결 공정에서 원료 배합 중 수분 첨가의 효과 3가지를 쓰시오.

- 미분 원료가 응집되어 통기성 향상
- 온도 구배를 개선하여 열효율 향상
- 분진 흡인과 비산을 방지

04 자철광이 고로내에서 CO가스와의 반응식을 완성하시오.

$$Fe_3O_4 + 4CO \rightarrow (가) + (나)$$

가. $3Fe$
나. $4CO_2$

05 사업장 내에서 직속 상사가 강사가 되어 실시하는 개별 교육의 형태로 일상 업무를 통해 지식과 기능 및 문제 해결능력을 배양시키는 교육은 무엇인가?

O.J.T(On The Jop Training)

06 다음 그림은 주상설비를 나타낸 것이다. (가)의 설비 명칭과 기능을 쓰시오.

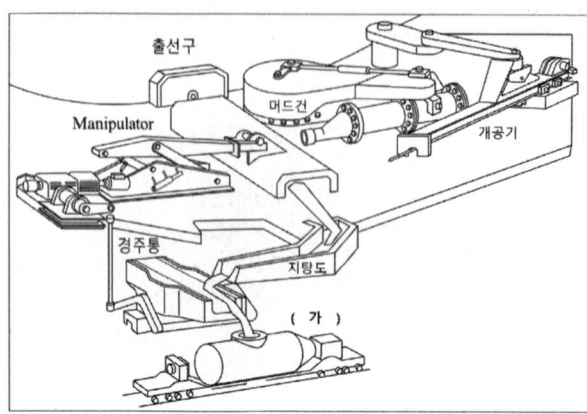

가. 명칭 :
나. 기능 :

정답 *Answer*

가. 토페도카(TLC)
나. 용선의 저장, 이송, 보온

07 다음 그림은 외연식 열풍로를 나타낸 것이다. (　)에 해당하는 명칭을 쓰시오.

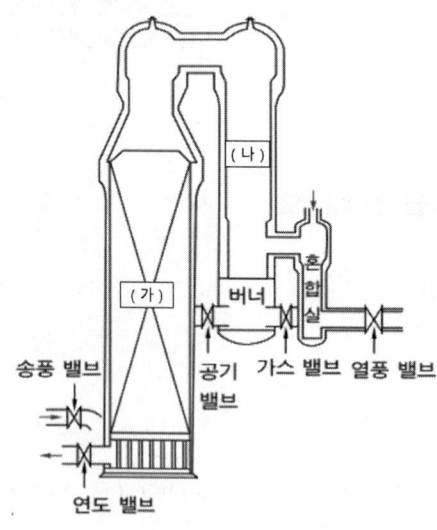

가. 축열식
나. 연소실

08 다음 풍구에 관한 물음에 답하시오.

　가. 고로의 풍구로부터 들어오는 압풍에 의하여 생기는 풍구 앞의 공간을 무엇이라고 하는가?
　나. 풍구의 재질을 쓰시오.

정답 *Answer*
가. 레이스웨이(race way)
나. 순동주물

09 다음의 노내 사고에 관한 물음에 답하시오.

　가. 고로 내 침수, 노황불량 등으로 노저부 용융물의 유동성이 저하하거나 굳어지는 사고는?
　나. 노저 파손의 원인을 2가지만 쓰시오.

가. 냉입
나. ㉠ 주수 냉각 불량
　　㉡ 출선량이 많을 경우
　　㉢ 성분 변동이 심할 때
　　㉣ 노황의 변동 발생 시
　　㉤ 노내 침수(mantle, 균열, 풍구 파손 등)

10 다음 그림은 대탕도의 단면도를 나타낸 것이다. 각각에 해당하는 설비의 명칭을 쓰시오.

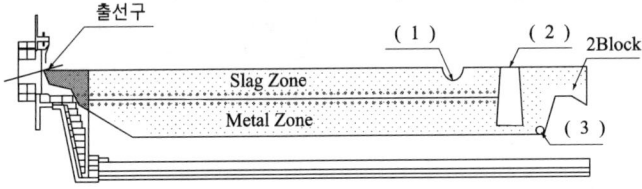

(1) 배재구
(2) 스키머
(3) 잔선구(잔선공)

11 소결 배합원료 중 분 코크스의 입도가 굵으면 조업상 일어나는 현상 2가지는?

• 그레이트 바 소결광 부착
• Wind Box 온도상승

12 코크스에서 함량이 가장 많은 것은?

고정탄소(탄소, C)

13 선철 중 유해성분으로 Mn을 투입하여 제거하여 강의 적열취성을 방지하는데, 이 유해원소는 무엇인가?

정답: 황(S)

14 광석이나 석탄을 야드에 적치시키는 설비는 무엇인가?

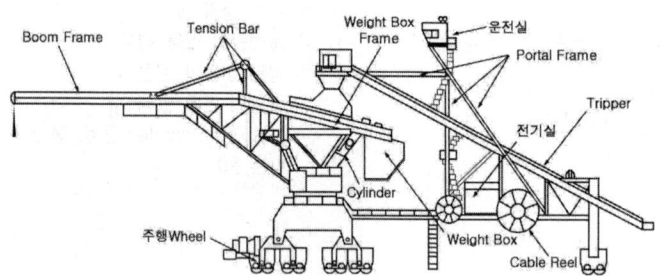

정답: 스태커(Stacker)

15 다음의 안전표지 중 해당하는 색상의 용도를 쓰시오.

가. 빨강
나. 노랑
다. 파랑

정답:
가. 금지
나. 경고
다. 지시

16 고로에 장입된 소결광이 환원 분위기의 저온 영역에서 분화하는 정도를 표현하는 지수는?

정답: 환원 분화 지수(RDI)

17 45%의 Fe 철광석 1ton으로 95%의 선철을 만들고자 할 때 선철의 양(kg_f)은 약 얼마인가? (단, 장입된 Fe분의 0.7%가 슬래그화된다고 가정한다)

정답:
선철
$= 철광석량 \times \dfrac{품위}{목표성분} \times (1-슬래그화된 Fe)$
$= 1,000 \times \dfrac{0.45}{0.95} \times (1-0.007)$
$= 471 kg_f$

18 다음 보기를 보고 출선비를 구하시오.

> 내용적 3,795m³의 고로에 풍량 6,000Nm³/min으로 송풍하여 선철을 8,160ton/일, 슬래그를 2690ton/일 생산하였을 때의 출선비(t/일/m³)는 약 얼마인가?

정답 Answer

출선비 = $\dfrac{출선량}{내용적}$ = $\dfrac{8,160}{3,795}$ = 2.15

19 소결광의 성분이 보기와 같을 때 염기도를 구하시오. (단 CaO와 SiO_2 이외 성분은 무시한다.)

> CaO 10.2%, SiO_2 6.0%, FeO 5.8%, MgO 2.0%

염기도 = $\dfrac{CaO}{SiO_2}$ = $\dfrac{10.2}{6.0}$ = 1.7

20 다음에 설명하는 펌프의 명칭을 보기에서 골라 쓰시오.

> ㉠ 원심펌프, ㉡ 축류펌프, ㉢ 사류펌프

가. 유체가 펌프의 축 방향으로 유입되어 반경 반향으로 유출하는 펌프로, 원심력이 작용한다.
나. 유체가 펌프의 축 방향으로 유입되어 반경 방향과 축 방향의 사이로 기울게 유출하는 펌프로 원심력 및 양력이 작용한다.
다. 유체가 펌프의 축 방향으로 유입되어 축 방향으로 유출하는 펌프로 양력이 작용한다.

가. 원심펌프
나. 사류펌프
다. 축류펌프

2024년 3회 필답형 기출 복원문제

01 슬래그 성분이 다음 보기와 같을 때 염기도를 두하시오.
(단 SiO_2와 CaO이외의 성분은 무시한다.)

> CaO 40.45%, SiO_2 32.12%, Al_2O_3 17.85%, MgO 9.58%

정답

염기도 $= \dfrac{CaO}{SiO_2} = \dfrac{40.45}{32.12} = 1.26$

02 다음 보기를 보고 출선비를 구하시오.

> 내용적 5,400m³의 고로에 풍량 6,000Nm³/min으로 송풍하여 선철을 11,500ton/일, 슬래그를 3,120ton/일 생산하였을 때의 출선비(t/일/m³)는 약 얼마인가?

출선비 $= \dfrac{출선량}{내용적} = \dfrac{11,500}{5,400} = 2.13$

03 다음 그림은 출선구를 폐쇄하는 설비이다. 이 설비의 명칭을 쓰시오.

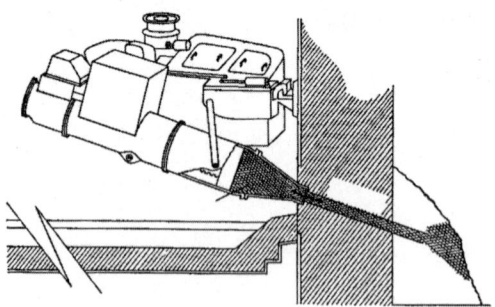

머드건(Mud Gun)

04 안전점검의 종류 3가지를 쓰시오.

정답 *Answer*

• 정기 점검
• 수시 점검(일상 점검)
• 임시 점검
• 특별 점검

05 다음 그림은 대탕도의 단면도를 나타낸 것이다. 각각에 해당하는 설비의 명칭을 쓰시오.

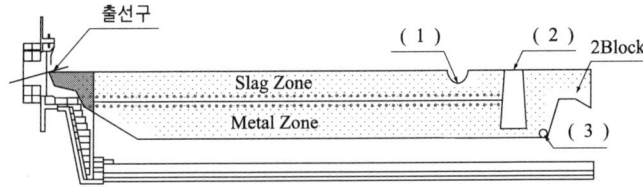

(1) 배재구
(2) 스키머
(3) 잔선구(잔선공)

06 다음 그림은 제선 연·원료 처리 작업 중 광석의 파쇄 계통도를 나타낸 것이다. (1)~(4)에 해당하는 설비의 명칭을 쓰시오.

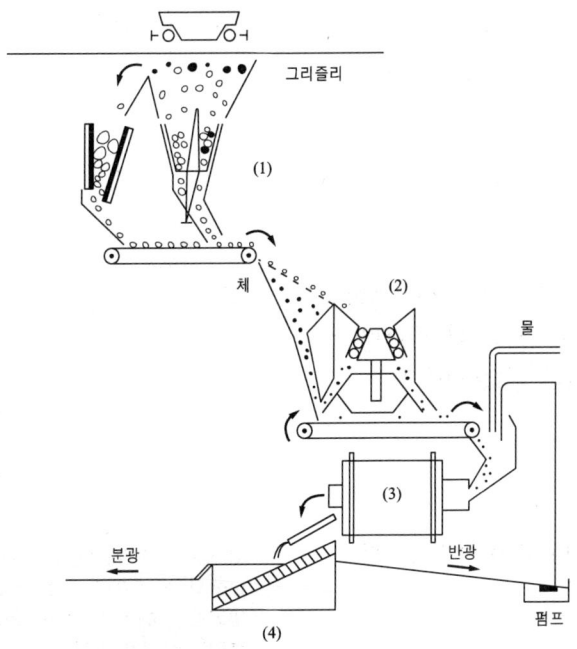

(1) 조 크러셔, 자이러토리 크러셔
(2) 콘 크러셔
(3) 볼밀, 로드밀
(4) 분급기
※ 참고
(1) 조쇄 공정
(2) 중쇄 공정
(3) 마광 공정
(4) 스크린 공정

07 다음의 안전표지 중 해당하는 색상의 용도를 쓰시오.

가. 빨강
나. 녹색
다. 파랑

정답 Answer
가. 금지
나. 안내
다. 지시

08 간접환원은 CO에 의한 철광석의 환원을 말한다. 570℃ 이상에서의 철광석의 환원과정을 순서대로 쓰시오.

$Fe_2O_3 \rightarrow Fe_3O_4 \rightarrow FeO \rightarrow Fe$

09 다음은 코크스 조업에 관한 사항이다. 물음에 답하시오.

가. 코크스 오븐에서 부생으로 생산되는 가스의 명칭을 쓰시오.
나. 타르와 함께 나오는 부산물 가스 2가지를 쓰시오.

가. COG
나. 암모니아, 벤젠

10 생산된 소결광 중 고로에 사용하기 부적합한 5mm이하의 작은 입도를 가진 소결광으로 다시 돌려보내는 소결광은?

반광

11 철광석의 종류에서 다량의 수분을 갖고 있어 결정수 제거 과정에서 분화가 심하여 부적합한 광석이지만, 최근에 사용량이 증가하는 광석은 무엇인가?

갈철광

12 코크스로 보수 작업에서 스프레이의 목적 2가지를 쓰시오.

- 코크스 노벽 sealing
- 노에서 벽 측으로 가스 누기 방지
- 불필요한 에어가 챔버(chamber)에 흡입되는 것을 방지

13 열풍로에서 나온 열풍이 고로 내부로 송입되는 과정의 순서로 골라 쓰시오.

열풍로 → 열풍지관 → (가) → (나) → 송풍지관 → Tuyere Stock → (다) → 풍구

열풍환상관, Blow Pipe, 열풍본관

정답 Answer
가. 열풍본관
나. 열풍환상관
다. Blow Pipe

14 고로 제선공장이 배출하는 환경유해물질은?

SOx, NOx, CO, 먼지, 다이옥신, 페놀

15 용선의 예치처리에서 임펠러를 사용하여 교반하여 탈황하는 방법의 명칭을 쓰시오.

KR법

16 소결광 제조 공정을 순서대로 나열한 것이다. 빈칸에 들어갈 알맞은 말은?

[소결광 제조 공정]
원료 절출 → ( ) → 원료 장입 → ( ) → 소결 → 1차 파쇄 → ( ) → 2차 파쇄

혼합 및 조립, 점화, 냉각

17 다음 보기를 보고 입열항목을 골라 쓰시오.

송풍 중 수분의 현열, 노정가스 현열, 간접환원열, 석회석의 분해열, 열풍의 현열, 탄소의 Carbon Solution 반응, 철광석 환원열, 송풍 중 수분의 분해열, 선철의 현열

송풍 중 수분의 현열
간접환원열
열풍의 현열

18 다음은 선광에 대한 설명이다. 해당하는 선광법의 명칭을 쓰시오.

가. 광석은 풍화한 점토와 더불어 산출되는 경우가 많다. 어느 광석은 수중에서 간단히 세광하면 어느 정도의 선광이 되는 수도 있고, 비중선광이나 부선 처리상 점토의 악영향을 제거키 위하여 미리 물로 씻어 점토 등을 제거하는 방법을 쓰시오.

나. 조광 중에서 유용광물과 무가치한 맥석, 모암 등을 미리 광석의 색, 광택, 무게 등에 의하여 손으로 선별하는 방법을 쓰시오.

정답 Answer
가. 세광(Washing)
나. 수선(Hand Picking)

19 철광석의 피환원성을 좋게 하는 조건 3가지만 쓰시오.

- 기공률이 클수록
- 입도가 작을수록
- 산화도가 높을수록

20 다음 그림과 같이 원심펌프의 일종으로 밀폐된 나선형의 케이싱 내에서 날개차를 고속으로 회전시키고, 그 원심력을 이용하여 물을 내보내는 순환펌프의 명칭을 쓰시오.

볼류트펌프(Volute Pump)

M·E·M·O

제선기능사 필기+실기 무료특강

무료특강 신청방법

신규 무료특강은 교재 출간 후 순차적으로 촬영 및 편집되어 업로드 됩니다.

▲ 카페 바로가기

1 나합격 카페 가입
cafe.naver.com/napass1

2 사진 촬영
하단 공란에 닉네임 기입

3 카페 게시물 작성
등업 후 영상 시청 가능

카페 닉네임

◉ 가입한 카페 닉네임과 동일하게 기입
◉ 지워지지 않는 펜으로 크게 기입
◉ 화이트 및 수정테이프 사용 금지
◉ 중복기입 및 중고도서는 등업 불가능

처음이신가요?

자세한 등업방법은 QR 코드 참조

모바일 등업방법

PC 등업방법

나합격 제선기능사 필기 + 실기 + 무료특강

2018년 3월 5일 초판 발행 | 2020년 1월 5일 2판 발행 | 2021년 2월 5일 3판 발행 | 2023년 1월 5일 4판 발행 | 2024년 1월 5일 5판 발행
2025년 3월 5일 6판 발행

지은이 나합격콘텐츠연구소 | 발행인 오정자 | 발행처 삼원북스 | 팩스 02-6280-2650
등록 제2017-000048호 | 홈페이지 www.samwonbooks.com | ISBN 979-11-93858-51-6 13500 | 정가 30,000원
Copyright©samwonbooks.Co.,Ltd.

· 낙장 및 파손된 책은 구입한 서점에서 바꿔드립니다.
· 이 책에 실린 모든 내용, 디자인, 이미지, 편집 형태에 대한 저작권은 삼원북스와 저자에게 있습니다. 허락없이 복제 및 게재는 법에 저촉을 받습니다.